全国优秀教材一等奖

“十二五”普通高等教育本科国家级规划教材

普通高等教育“十一五”国家级规划教材

普通高等教育精品教材

国家精品课程教材

清华大学计算机系列教材

郑莉 董渊 编著

C++语言程序设计

（第5版）

清华大学出版社
北京

内容简介

本书针对程序设计的初学者，以面向对象的程序设计思想为主线，以通俗易懂的方法介绍C++语言，引导读者以最自然的方式，将人类习惯的面向对象的思维方法运用到程序设计中。全书主要内容包括程序设计基础知识、类与对象的基本概念、继承与多态、输入输出流以及泛型程序设计。此外，本书还介绍了一些常用数据结构基础知识，使得读者学习本书后，能够解决一些简单的实际问题。本书语言生动、流畅，深入浅出，适用于各类学校的"C++语言程序设计"课程。

图书在版编目(CIP)数据

C++语言程序设计/郑莉，董渊编著．—5版．—北京：清华大学出版社，2020.11（2024.9重印）
清华大学计算机系列教材
ISBN 978-7-302-56691-5

Ⅰ．①C… Ⅱ．①郑… ②董… Ⅲ．①C++语言－程序设计－高等学校－教材 Ⅳ．①TP312.8

中国版本图书馆CIP数据核字(2020)第203268号

责任编辑：谢　琛
封面设计：常雪影
责任校对：时翠兰
责任印制：杨　艳

出版发行：清华大学出版社
网　　址：https://www.tup.com.cn，https://www.wqxuetang.com
地　　址：北京清华大学学研大厦A座　　**邮　　编**：100084
社 总 机：010-83470000　　**邮　　购**：010-62786544
投稿与读者服务：010-62776969，c-service@tup.tsinghua.edu.cn
质量反馈：010-62772015，zhiliang@tup.tsinghua.edu.cn
课件下载：http://www.tup.com.cn，010-83470236
印 装 者：保定市中画美凯印刷有限公司
经　　销：全国新华书店
开　　本：185mm×260mm　　**印　　张**：34　　**字　　数**：825千字
版　　次：1999年12月第1版　2020年11月第5版　　**印　　次**：2024年9月第13次印刷
定　　价：89.80元

产品编号：078478-03

前 言

一、版本说明

本书第 1 版于 1999 年出版，第 2 版于 2001 年出版，第 3 版于 2003 年出版，第 4 版于 2010 年出版。第 5 版是在前 4 版的基础上，广泛听取了读者和同行的建议，参考了最新的资料，并根据作者本人在授课过程中的经验修订而成。第 5 版的主要修改是增加了 C++ 11、C++ 14 的部分语法，并按照新的 C++ 标准重新修订更新了原有内容。

本书第 1 版于 2001 年获得中国高校科学技术奖二等奖；第 3 版于 2005 年获得北京市高等教育精品教材奖、2008 年获得清华大学优秀教材特等奖；第 4 版于 2011 年获得教育部普通高等教育国家级精品教材奖。同时，本书也是国家级教学成果二等奖、北京市教学成果一等奖和二等奖成果的重要组成部分。该书于 2008 年和 2011 年分别获评教育部"普通高等教育'十一五'国家级规划教材"和"'十二五'普通高等教育本科国家级规划教材"。该书英文版于 2019 年由德国德古意特公司正式出版。

二、本书的编写背景

C++ 语言是从 C 语言发展演变而来的一种面向对象的程序设计语言。C++ 语言的主要特点表现在两方面：一是兼容 C 语言，二是支持面向对象的方法。

面向对象的程序设计（Object-Oriented Programming，OOP）方法将数据及对数据的操作方法封装在一起，作为一个相互依存、不可分离的整体——对象。对同类型对象抽象出其共性，形成类。类中的大多数数据，只能用本类的方法进行处理。类通过一个简单的外部接口与外界发生关系，对象与对象之间通过消息进行通信。这样，程序模块间的关系简单，程序模块的独立性、数据的安全性具有良好的保障，通过继承与多态性，使程序具有很强的可重用性，使得软件的开发和维护都更为方便。

由于面向对象方法的突出优点，目前它已经成为开发大型软件时所采用的主要方法。而 C++ 语言是应用最广泛的面向对象的程序设计语言之一。

长期以来，C++ 语言被认为是较难使用的专业开发语言，所以有很多老师和学生也都认为 C++ 语言作为大学第一门程序设计课是很难的。C++ 语言与面向对象的程序设计方法真的很难吗？不是的！

其实 C 语言产生的初期，也只被少数专业开发人员使用。但随着计算机科学的发展，计算机技术已渗透到各学科的研究和应用中，C 语言已经被各专业的工程技术人员广泛应用于本专业的科研开发，也被很多学校作为第一门程序设计语言来讲授。C++ 语言兼容了 C 语言的主要语法和特点，同时提供了比 C 语言更严格、更安全的语法，更适合开发大型复杂程序。从这个意义上讲，C++ 语言首先是一个更好的 C 语言。

C++ 语言是一个面向对象的编程语言，而面向对象的编程方法一度被看作是一门比较高深的技术。这是因为在面向对象分析（Object-Oriented Analysis，OOA）和面向对象设计

(Object-Oriented Design,OOD)理论出现之前,程序员要写一个好的面向对象的程序,首先要学会运用面向对象的方法来认识问题和描述问题。现在,OOP 的工作比较简单了,认识问题域与设计系统成分的工作已经在系统分析和设计阶段完成,OOP 工作就是用一种面向对象的编程语言把 OOD 模型中的每个成分书写出来。

面向对象方法的出现,实际上是程序设计方法发展的一个返璞归真的过程。软件开发从本质上讲,就是对软件所要处理的问题域进行正确的认识,并把这种认识正确地描述出来。面向对象方法所强调的基本原则,就是直接面对客观存在的事物来进行软件开发,将人们在日常生活中习惯的思维方式和表达方式应用在软件开发中,使软件开发从过分专业化的方法、规则和技巧中回到客观世界,回到人们通常的思维。

那么,学习 C++ 语言是否应该首先学习 C 语言呢?不是的,虽然 C++ 语言是从 C 语言发展而来的,但是 C++ 语言本身是一个完整的程序设计语言,完全适合作为程序设计的入门语言来学习。

三、本书的特色

本书的特色是内容全面、深入浅出、灵活剪裁、立体配套。在学堂在线平台(https://next.xuetangx.com)上,有与本书配套的国家精品在线开放课程"C++ 语言程序设计基础"和"C++ 语言程序设计进阶",这两门在线课程合起来是清华大学本科生"C++ 语言程序设计"课程的在线版,包括了校内授课的全部内容、与校内学生作业相同的在线自动评测的编程练习题,可下载 PDF 格式的讲稿、全部例题的源代码。

对于使用本书作为教材的老师,可以联系清华大学出版社向教师提供参考讲稿(pptx 格式和 PDF 格式的演示文稿,含课堂练习题)、课堂讨论题目和参考答案(可用于混合式教学的翻转课堂)。

使用本书的教师、学生和自学读者,可以同时使用配套的《C++ 语言程序设计(第 5 版)学生用书》,其中有习题的参考解答、实验指导。

本书是面向广大初学者的教材,也是为大学的"计算机程序设计"课程教学量身定制的,这类课在多数学校一般只有 32~48 讲课学时和同等的实验学时,所以本书包含了标准 C++ 的主要内容,但是 C++ 的语法并没有 100% 涵盖,对泛型程序设计和 STL 库只做了简单介绍。

自 1999 年第 1 版出版以来,本书已经在清华大学等 100 多所学校的不同专业中使用,取得了良好的教学效果。

本书将 C++ 语言作为大学生的计算机编程入门语言,不仅详细介绍了语言本身,而且介绍了常用的数据结构和算法、面向对象的设计思想和编程方法、UML 建模语言。全书以面向对象的程序设计方法贯穿始终,每章都是首先阐述面向对象的程序设计思想和方法,由实际问题入手,然后引出必要的语法知识,在讲解语法时着重从程序设计方法学的角度讲述其意义和用途。编写本书的宗旨是,不仅要使读者掌握 C++ 语言本身,而且要能够对现实世界中较简单的问题及其解决方法用计算机语言进行描述。当然,要达到能够描述较复杂的问题域还需要学习"面向对象的软件工程"等其他课程。

针对初学者和自学读者的特点,本书力求做到深入浅出,将复杂的概念用简洁浅显的语言娓娓道来。不同学校可以针对自身的教学特点,选择不同的章节组合进行教学。如果学时较少,可以只选择第1～8章、第11章。每章的深度探索也是选学内容,可以根据不同专业的教学需求进行选择。

作者本人使用本书讲授的清华大学本科生课程,有讲课32学时和48学时两种,实验课学时数均为32学时,课外学时数为32学时,每学时45分钟。建议讲课学时数至少32学时,分配如下:

第1章2学时,第2章4学时,第3章2学时,第4章4学时,第5章2学时,第6章4学时,第7章2学时,第8章2学时,第9章4学时,第10章2学时,第11章2学时,第12章2学时。

如果课程安排的讲课学时超过32学时,可以酌情在课上穿插安排课堂练习、课堂讨论等。

实验学时数的分配请参考配套的《C++语言程序设计(第5版)学生用书》。

四、内容摘要

第1章　绪论。从发展的角度概要介绍了面向对象程序设计语言的产生和特点;面向对象方法的由来和主要的基本概念;并简单介绍了什么是面向对象的软件工程。最后,介绍了信息在计算机中的表示和存储以及程序的开发过程。

第2章　C++语言简单程序设计。讲述C++语言程序设计的基础知识。首先简要介绍C++语言的发展历史及其特点。接着学习构成C++语句的基本部分:字符集、关键字、标识符、操作符等。还有C++语言的基本数据类型和自定义数据类型,以及算法的控制结构:顺序、选择和循环结构。“深度探索”介绍变量的实现机制和C++语言表达式的执行原理。

第3章　函数。讲述C++语言的函数。在面向对象的程序设计中,函数对处理问题过程的基本抽象单元,是对功能的抽象。同时,使用函数也为代码的重用提供了技术上的支持。我们主要从应用的角度讲述各种函数的定义和使用方法。“深度探索”介绍运行栈与函数调用的执行、函数声明与类型安全。

第4章　类与对象。首先介绍面向对象程序设计的基本思想及其主要特点:抽象、封装、继承和多态。接着围绕数据封装这一特点,着重讲解面向对象设计方法的核心概念——类,其中包括类的定义、实现以及如何利用类来解决具体问题。最后,简单介绍了如何用UML描述类的特性。“深度探索”介绍位域、用构造函数定义类型转换,以及对象作为函数参数和返回值的传递方式。

第5章　数据的共享与保护。讲述标识符的作用域和可见性及变量、对象的生存期;使用局部变量、全局变量、类的数据成员、类的静态成员和友元来实现数据共享,共享数据的保护,以及使用多文件结构来组织和编写程序,解决较为复杂的问题。“深度探索”介绍常成员函数的声明原则,代码的编译、连接与执行过程。

第6章　数组、指针与字符串。讨论数组、指针与字符串。数组和指针是C++语言中最常用的复合(构造)类型数据,是数据和对象组织、表示的最主要手段,也是组织运算的有力工具。本章首先介绍数组、指针的基本概念,动态内存分配以及动态数组对象。接着围绕数据和对象组织这一问题,着重讲解如何通过使用数组和指针解决数据、函数以及对象之间的联系和协调。对于字符串及其处理,本章重点介绍string类。“深度探索”介绍指针与引用的联系、指针的安全性隐患及其应对方案,以及const_cast的应用。

第7章　类的继承。讲述类的继承特性。围绕派生过程,着重讨论不同继承方式下的基类成员的访问控制问题、添加构造函数和析构函数。接着讨论在较为复杂的继承关系中,类成员的唯一标识和访问问题。"深度探索"介绍组合与继承的区别与联系、派生类对象的内存布局,以及基类向派生类的转换及其安全性问题。

第 8 章 多态性。讲述类的另一个重要特性——多态性。多态是指同样的消息被不同类型的对象接收时导致完全不同的行为,是对类的特定成员函数的再抽象。C++ 语言支持的多态有多种类型,重载(包括函数重载和运算符重载)和虚函数是其中主要的方式。"深度探索"介绍多态类型与非多态类型的区别、运行时类型识别机制,以及虚函数动态绑定的实现原理。

第 9 章 模板与群体数据。群体是指由多个数据元素组成的集合体。群体可以分为两大类:线性群体和非线性群体。本章介绍模板的基础语法和几种常用的群体类模板。

本章讨论的群体的组织问题,指的是对数组元素的排序与查找方法。排序(sorting)又称分类或整理,是将一个无序序列调整为有序序列的过程。查找(searching)是在一个序列中,按照某种方式找出需要的特定数据元素的过程。最后"深度探索"介绍模板的实例化机制、为模板定义特殊的实现、模板元编程简介和可变参数模板简介。

第 10 章 泛型程序设计与 C++ 语言标准模板库。泛型程序设计就是要将程序写得尽可能通用,同时并不损失效率。本章简单介绍 C++ 语言标准模板库(STL)中涉及的一些概念、术语,以及它的结构、主要组件的使用方法。重点介绍容器、迭代器、算法和函数对象的基本应用。目的是使读者对 STL 与泛型程序设计方法有一个概要性的了解。"深度探索"深入介绍深层复制与浅层复制的问题;还介绍了 STL 组件的类型特征与 STL 的扩展问题;以及 Boost 库。

第 11 章 流类库与输入输出。讲述流的概念,然后介绍流类库的结构和使用。就像 C 语言一样,C++ 语言中也没有输入输出语句。但 C++ 编译系统带有一个面向对象的 I/O 软件包,它就是 I/O 流类库。"深度探索"介绍宽字符、宽字符串与宽流,以及对象的串行化问题。

第 12 章 异常处理。讲述异常处理问题。异常是一种程序定义的错误,在 C++ 语言中,异常处理是对所能预料的运行错误进行处理的一套实现机制。try、throw 和 catch 语句就是 C++ 语言中用于实现异常处理的机制。有了 C++ 异常处理,程序可以向上层模块传递异常事件,这样程序能更好地从这些异常事件中恢复过来。"深度探索"介绍异常安全性问题和避免异常发生时的资源泄露。

五、作者分工

本书前 4 版的合作作者董渊、何江舟编写的内容仍继续作为本版的重要内容。另外,王勇、梁嘉骏参与了本版教材的编写工作,对全部例题按照 C++ 11、C++ 14 标准进行了重新调试,补充了部分新的语法内容。

感谢读者选择使用本书,欢迎您对本书内容提出意见和建议,我们将不胜感激。作者的电子邮件地址为 zhengli@tsinghua.edu.cn,来信标题请包含"C++ book"。

作者

2020 年 8 月于清华大学

目录

第 1 章

绪　论

本章首先从发展的角度概要地介绍了面向对象程序设计语言的产生和特点、面向对象方法的由来及其基本概念，以及什么是面向对象的软件工程，最后介绍信息在计算机中的表示与存储以及程序的开发过程。

1.1　计算机程序设计语言的发展

语言是一套具有语法、词法规则的系统。语言是思维的工具，思维是通过语言来表述的。计算机程序设计语言是计算机可以识别的语言，用于描述解决问题的方法，供计算机阅读和执行。

1.1.1　机器语言与汇编语言

自从 1946 年 2 月世界上第一台数字电子计算机 ENIAC 诞生以来，在这短暂的 70 多年间，计算机科学得到了迅猛发展，计算机及其应用已渗透到社会的各个领域，有力地推动了整个信息化社会的发展，计算机已成为信息化社会中必不可少的工具。

计算机系统包括硬件系统和软件系统。计算机之所以有如此强大的功能，不仅因为它具有强大的硬件系统，而且依赖于软件系统。**软件包括了使计算机运行所需的各种程序及其有关的文档资料**。计算机的工作是用程序来控制的，离开了程序，计算机将一事无成。**程序是指令的集合**。软件工程师将解决问题的方法、步骤编写为由一条条指令组成的程序，输入计算机的存储设备中。计算机执行这一指令序列，便可完成预定的任务。

所谓指令，就是计算机可以识别的命令。虽然在人类社会中，各民族都有丰富的语言用来表达思想、交流感情、记录信息，但计算机却不能识别它们。计算机所能识别的指令形式，只能是简单的 0 和 1 的组合。**一台计算机硬件系统能够识别的所有指令的集合，称为它的指令系统**。

由计算机硬件系统可以识别的二进制指令组成的语言称为机器语言。毫无疑问，虽然机器语言便于计算机识别，但对于人类来说却是晦涩难懂，更难以记忆。可是在计算机发展的初期，软件工程师们只能用机器语言来编写程序。这一阶段，在人类的自然语言和计算机编程语言之间存在着巨大的鸿沟，软件开发的难度大、周期长，开发出的软件功能却很简单，界面也不友好。

不久，出现了**汇编语言，它将机器指令映射为一些可以被人读懂的助记符**，如 ADD、SUB 等。此时编程语言与人类自然语言间的鸿沟略有缩小，但仍与人类的思维相差甚远。因为它的抽象层次太低，程序员需要考虑大量的机器细节。

尽管如此,从机器语言到汇编语言,仍是一大进步。这意味着人与计算机的硬件系统不必非得使用同一种语言。程序员可以使用较适合人类思维习惯的语言,而计算机硬件系统仍只识别机器指令。那么两种语言间的沟通如何实现呢?这就需要一种翻译工具(软件)。汇编语言的翻译软件称为汇编程序,它可以将程序员写的助记符直接转换为机器指令,然后再由计算机去识别和执行。

1.1.2 高级语言

高级语言的出现是计算机编程语言的一大进步。**它屏蔽了机器的细节,提高了语言的抽象层次,程序中可以采用具有一定含义的数据命名和容易理解的执行语句**。这使得在书写程序时可以联系到程序所描述的具体事物。

20 世纪 60 年代末开始出现的结构化编程语言进一步提高了语言的层次。结构化数据、结构化语句、数据抽象、过程抽象等概念使程序更便于体现客观事物的结构和逻辑含义,这使得编程语言与人类的自然语言更接近。但是二者之间仍有不少差距。主要问题是程序中的数据和操作分离,不能够有效地组成与自然界中的具体事物紧密对应的程序成分。

1.1.3 面向对象的语言

面向对象的编程语言也是高级语言,与以往各种编程语言的根本不同点在于:它设计的出发点就是为了能更直接地描述客观世界中存在的事物(即对象)以及它们之间的关系。

开发一个软件是为了解决某些问题,这些问题所涉及的业务范围称为该软件的**问题域**。**面向对象的编程语言将客观事物看作具有属性和行为(或称服务)的对象,通过抽象找出同一类对象的共同属性和行为,形成类**。通过类的继承与多态可以很方便地实现代码重用,大大缩短了软件开发周期,并使得软件风格统一。因此,面向对象的编程语言使程序能够比较直接地反映问题域的本来面目,软件开发人员能够利用人类认识事物所采用的一般思维方法来进行软件开发。

面向对象的程序设计语言经历了一个很长的发展阶段。例如,LISP 家族的面向对象语言、Simula67 语言、Smalltalk 语言以及 CLU、Ada、Modula-2 等语言,或多或少地都引入了面向对象的概念,其中 Smalltalk 是第一个真正的面向对象的程序语言。

然而,应用最广的面向对象程序语言是在 C 语言基础上扩充出来的 C++ 语言。由于 C++ 对 C 语言兼容,而 C 语言又早已被广大程序员所熟知,所以,C++ 语言也就理所当然地成为应用最广的面向对象程序语言。

1.2 面向对象的方法

程序设计语言是编写程序的工具,因此程序设计语言的发展恰好反映了程序设计方法的演变过程。下面首先初步介绍一下面向对象方法的基本概念和基本思想,学习完本书之后,相信读者会对面向对象的方法有一个深入、完整的认识。

1.2.1 面向对象方法的由来

在面向对象方法出现以前,人们都是采用面向过程的程序设计方法。早期的计算机是用于数学计算的工具,例如,用于计算炮弹的飞行轨迹。为了完成计算,就必须设计出一个计算方法或解决问题的过程。因此,软件设计的主要工作就是设计求解问题的过程。

随着计算机硬件系统的高速发展,计算机的性能越来越强,用途也更加广泛,不再仅限于数学计算。由于所处理的问题日益复杂,程序也就越来越复杂和庞大。20世纪60年代产生的结构化程序设计思想,为使用面向过程的方法解决复杂问题提供了有力的手段。因而,在20世纪70年代到80年代,结构化程序设计方法成为所有软件开发设计领域及每个程序员都采用的方法。**结构化程序设计的思路是:自顶向下、逐步求精;其程序结构是按功能划分为若干个基本模块,这些模块形成一个树状结构;各模块之间的关系尽可能简单,在功能上相对独立;每个模块内部均是由顺序、选择和循环3种基本结构组成;其模块化实现的具体方法是使用子程序**。结构化程序设计由于采用了模块分解与功能抽象以及自顶向下、分而治之的方法,从而有效地将一个较复杂的程序系统设计任务分解成许多易于控制和处理的子任务,便于开发和维护。

虽然结构化程序设计方法具有很多优点,但它仍是一种面向过程的程序设计方法。它将数据和处理数据的过程分离为相互独立的实体,当数据结构改变时,所有相关的处理过程都要进行相应的修改,每一种相对于老问题的新方法都要带来额外的开销,程序的可重用性差。另外,由于图形用户界面的应用,使得软件使用起来越来越方便,但开发起来却越来越困难。一个好的软件,应该随时响应用户的任何操作,而不是请用户按照既定的步骤循规蹈矩地使用。例如,人们都熟悉文字处理程序的使用,一个好的文字处理程序使用起来非常方便,几乎可以随心所欲,软件说明书中绝不会规定任何固定的操作顺序,因此对这种软件的功能很难用过程来描述和实现,如果仍使用面向过程的方法,开发和维护都将很困难。

那么,什么是面向对象的方法呢?**首先,它将数据及对数据的操作方法封装在一起,作为一个相互依存、不可分离的整体——对象。然后,对同类型对象抽象出其共性,形成类。类中的大多数数据,只能用本类的方法进行处理。类通过一个简单的外部接口与外界发生关系,对象与对象之间通过消息进行通信**。这样,程序模块间的关系更为简单,程序模块的独立性、数据的安全性就有了良好的保障。另外,通过后续章节中将介绍的继承与多态性,还可以大大提高程序的可重用性,使得软件的开发和维护都更为方便。

面向对象的方法有如此多的优点,然而对于初学程序设计的人来说,是否容易理解、容易掌握呢?回答是肯定的。面向对象方法的出现,实际上是程序设计方法发展的一个返璞归真过程。软件开发从本质上讲,就是对软件所要处理的问题域进行正确的认识,并把这种认识正确地描述出来。面向对象方法所强调的基本原则,就是直接面对客观存在的事物来进行软件开发,将人们在日常生活中习惯的思维方式和表达方式应用在软件开发中,使软件开发从过分专业化的方法、规则和技巧中回到客观世界,回到人们通常的思维方式。

1.2.2　面向对象的基本概念

下面简单介绍面向对象方法中的几个基本概念。当然我们不能期望通过几句话的简单介绍就完全理解这些概念,在本书的后续章节中,会不断帮助读者加深对这些概念的理解,以达到熟练运用的目的。

1. 对象

从一般意义上讲,对象是现实世界中一个实际存在的事物,它可以是有形的(比如一辆汽车),也可以是无形的(比如一项计划)。对象是构成世界的一个独立单位,它具有自己的属性和行为(或功能)。

面向对象程序设计方法中的对象,是系统中用来描述客观事物的一个实体,它是用来构成系统的一个基本单位。对象由一组属性和一组行为构成。

2. 类

把众多的事物归纳、划分成一些类,是人类在认识客观世界时经常采用的思维方法。**分类所依据的原则是抽象**,即忽略事物的非本质特征,只注意那些与当前目标有关的本质特征,从而找出事物的共性,把具有共同性质的事物划分为一类,得出一个抽象的概念。例如,石头、树木、汽车、房屋等都是人们在长期的生产和生活实践中抽象出的概念。

面向对象程序设计方法中的"类",是具有相同属性和服务的一组对象的集合。它为属于该类的全部对象提供了抽象的描述,其内部包括属性和行为两个主要部分。类与对象的关系犹如模具与铸件之间的关系,一个属于某类的对象称为该类的一个实例。

3. 封装

封装是面向对象程序设计方法的一个重要原则,就是把对象的属性和服务结合成一个独立的系统单位,并尽可能隐蔽对象的内部细节。这里有两个含义:第一个含义是把对象的全部属性和全部服务结合在一起,形成一个不可分割的独立单位;第二个含义也称作"信息隐蔽",即尽可能隐蔽对象的内部细节,对外形成一个边界(或者说一道屏障),只保留有限的对外接口使之与外部发生联系。

4. 继承

继承是面向对象程序设计方法能够提高软件开发效率的重要原因之一,其定义是:**特殊类的对象拥有其一般类的全部属性与服务,称作特殊类对一般类的继承。**

继承具有重要的实际意义,它简化了人们对事物的认识和描述。比如我们认识了轮船的特征之后,再考虑客轮时,因为知道客轮也是轮船,于是可以认为它理所当然地具有轮船的全部一般特征,从而只需要把精力用于发现和描述客轮独有的那些特征。

继承对于软件复用有着重要意义,使特殊类继承一般类,本身就是软件复用。不仅如此,如果将开发好的类作为构件放到构件库中,在开发新系统时便可以直接使用或继承使用。

5. 多态性

多态性是指在一般类中定义的功能或行为,被特殊类继承之后,可以具有不同的具体实现。这使得同一个属性或行为在一般类及其各个特殊类中具有不同的语义。例如,可以定义一个一般类"几何图形",它具有"绘图"行为,但这个行为并不具有具体含义,也就是说并不确定执行时到底画一个什么样的图(因为此时尚不知道"几何图形"到底是一个什么图形,"绘图"行为当然也就无从实现)。然后再定义一些特殊类,如"椭圆"和"多边形",它们都继承一般类"几何图形",因此也就自动具有了"绘图"行为。接下来,可以在特殊类中根据具体需要重新定义"绘图",使之分别实现画椭圆和多边形的功能。进而,还可以定义"矩形"类继承"多边形"类,在其中使"绘图"实现绘制矩形的功能。这就是面向对象方法中的多态性。

1.3　面向对象的软件开发

在整个软件开发过程中，编写程序只是相对较小的一个部分。软件开发的真正决定性因素来自前期概念问题的提出，而非后期的实现问题。只有识别、理解和正确表达了应用问题的内在实质，才能做出好的设计，然后才是具体的编程实现。

早期的软件开发所面临的问题比较简单，从认清要解决的问题到编程实现并不是太难的事。随着计算机应用领域的扩展，计算机所处理的问题日益复杂，软件系统的规模和复杂度增加，以至于软件的复杂性和其中包含的错误已达到软件人员无法控制的程度，这就是 20 世纪 60 年代初期的"软件危机"。软件危机的出现，促进了软件工程学的形成与发展。

人们学习面向对象的程序设计，首先应该对软件开发和维护的全过程有一个初步了解。因此，在这里先简要介绍一下什么是面向对象的软件工程。**面向对象的软件工程是面向对象方法在软件工程领域的全面应用。它包括面向对象的分析、面向对象的设计、面向对象的编程、面向对象的测试和面向对象的软件维护等主要内容。**

1.3.1　分析

在分析阶段，要从问题的陈述着手，建立一个说明系统重要特性的真实情况模型。为理解问题，系统分析员需要与客户一起工作。系统分析阶段应该扼要精确地抽象出系统必须做什么，而不是关心如何去实现。

面向对象的系统分析，直接用问题域中客观存在的事物建立模型中的对象，无论是对单个事物还是对事物之间的关系，都保留它们的原貌，不做转换，也不打破原有界限而重新组合，因此能够很好地映射客观事物。

1.3.2　设计

在设计阶段，是针对系统的一个具体实现运用面向对象的方法。其中包括两方面的工作：一方面是把分析模型直接搬到设计阶段，作为系统设计的一部分；另一方面是针对具体实现中的人-机界面、数据存储、任务管理等因素补充一些与实现有关的部分。

1.3.3　编程

编程是面向对象的软件开发最终落实的重要阶段。认识问题域与设计系统成分的工作已经在分析和设计阶段完成。编程工作就是用一种面向对象的编程语言把设计模型中的每个成分书写出来。

尽管如此，我们学习面向对象的程序设计仍然要注重学习基本的思考过程，而不能仅仅学习程序的实现技巧。因此，虽然本书面向的是初学编程的读者，介绍的主要是 C++ 语言和面向对象的程序设计方法，但仍然用了一定的篇幅，通过例题介绍设计思路。

1.3.4 测试

测试的任务是发现软件中的错误,任何一个软件产品在交付使用之前都要经过严格的测试。在面向对象的软件测试中继续运用面向对象的概念与原则来组织测试,以类作为基本测试单位,可以更准确地发现程序错误,提高测试效率。

1.3.5 维护

软件在使用的过程中,需要不断地维护。

使用面向对象的方法开发的软件,其程序与问题域是一致的,软件工程各个阶段的表示是一致的,从而减少了维护人员理解软件的难度。无论是发现了程序中的错误而追溯到问题域,还是因需求发生变化而追踪到程序,道路都是比较平坦的;而且封装性使一个类的修改对其他类的影响很小。因此,运用面向对象的方法可以大大提高软件维护的效率。

读者在初学程序设计时,教科书中的例题都比较简单,从这些简单的例题中读者很难体会到软件工程的作用。而且题目本身往往已经对需要解决的问题做了清楚准确的描述。尽管如此,我们也不应直接开始编程,而应该首先进行设计。当然,本书主要的目的是介绍编程方法,建议读者在熟练掌握了 C++ 语言编程技术后,另外专门学习面向对象的软件工程。

1.4 信息的表示与存储

计算机加工的对象是数据信息,而指挥计算机操作的是控制信息,因此计算机内部的信息可以分成两大类,如图 1-1 所示。

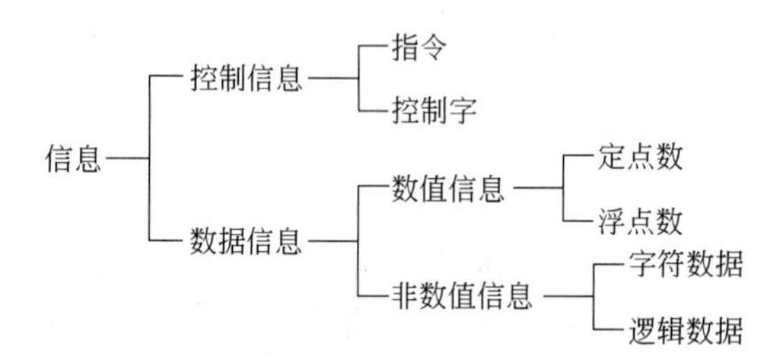

图 1-1　计算机内部信息分类示意图

本节主要介绍数据信息,有关控制信息的细节可参考有关硬件书籍。

1.4.1 计算机的数字系统

人们最熟悉十进制数系,但是,几乎所有的计算机采用的都是二进制数系。所有的外界信息在被转换为不同的二进制数后,计算机才能对其进行传送、存储和加工处理。当进行程序设计时,与二进制之间进行转换比较方便的八进制、十六进制数系表示法也经常使用。无论哪种数系,其共同之处都是进位记数制。

一般说来,如果数制只采用 R 个基本符号,则称为基 R 数制,R 称为数制的“基数”,而数制中每一固定位置对应的单位值称为“权”。

进位记数制的编码符合“逢 R 进位”的规则，各位的权是以 R 为底的幂，一个数可按权展开成为多项式。例如，一个十进制数 256.47 可按权展开为

$$256.47=2\times10^2+5\times10^1+6\times10^0+4\times10^{-1}+7\times10^{-2}$$

对任意一个 R 进制的数 X，其值 $V(X)$ 可表示为

$$V(X)=\underbrace{\sum_{i=0}^{n-1}X_iR^i}_{\text{整数部分}}+\underbrace{\sum_{i=-1}^{-m}X_iR^i}_{\text{小数部分}}$$

这里 m,n 为正整数，R^i 是第 i 位的权，在 X_0 与 X_{-1} 之间用小数点隔开。通常，数字 X_i 应满足下列条件：

$$0\leqslant X_i<R$$

换句话说，R 进制中的数使用 $0\sim(R-1)$ 个数字符号。

表 1-1 是我们需要熟悉的几种进位数制。其中，十六进制的数符 A～F 分别对应十进制的 10～15。

表 1-1　几种进位数制

进　制	基 数	进位原则	基 本 符 号
二进制	2	逢 2 进 1	0,1
八进制	8	逢 8 进 1	0,1,2,3,4,5,6,7
十进制	10	逢 10 进 1	0,1,2,3,4,5,6,7,8,9
十六进制	16	逢 16 进 1	0,1,2,3,4,5,6,7,8,9,A,B,C,D,E,F

对于二进制数来说，基数为 2，每位的权是以 2 为底的幂，遵循逢二进一原则，基本符号只有两个——0 和 1。下面是二进制数的例子：

1011.01

几乎所有的计算机都采用二进制的数系。采用二进制码表示信息，有如下几个优点。

1）易于物理实现

因为具有两种稳定状态的物理器件是很多的，如门电路的导通与截止，电压的高与低，而它们恰好对应表示 1 和 0 两个符号。假如采用十进制，要制造具有 10 种稳定状态的物理电路，那是非常困难的。

2）二进制数运算简单

数学推导证明，对 R 进制的算术求和、求积规则各有 $R(R+1)/2$ 种。如采用十进制，就有 55 种求和与求积的运算规则；而二进制仅各有 3 种，因而简化了运算器等物理器件的设计。

3）机器可靠性高

由于电压的高低、电流的有无等都是一种质的变化，两种状态分明。所以基 2 码的传递抗干扰能力强，鉴别信息的可靠性高。

4）通用性强

基 2 码不仅成功地运用于数值信息编码（二进制），而且适用于各种非数值信息的数字化编码。特别是仅有的两个符号 0 和 1 正好与逻辑命题的两个值“真”与“假”相对应，从而

为计算机实现逻辑运算和逻辑判断提供了方便。

虽然计算机内部均用基 2 码(0 和 1)来表示各种信息,但计算机与外部交往仍采用人们熟悉和便于阅读的形式,如十进制数据、文字显示以及图形描述等。其间的转换,则由计算机系统的硬件和软件来实现。

然而,基 2 码也有其不足之处,如它表示数的容量最小。表示同一个数,二进制较其他进制需要更多的位数。

1.4.2　几种进位记数制之间的转换

1. *R* 进制转换为十进制

基数为 R 的数字,只要将各位数字与它的权相乘,其积相加,和数就是十进制数。例如:

$$
\begin{aligned}
(11111111.11)_2 &= 1\times2^7+1\times2^6+1\times2^5+1\times2^4+1\times2^3+1\times2^2+\\
&\quad 1\times2^1+1\times2^0+1\times2^{-1}+1\times2^{-2}\\
&=(255.75)_{10}
\end{aligned}
$$

$$(3506.2)_8=3\times8^3+5\times8^2+0\times8^1+6\times8^0+2\times8^{-1}=(1862.25)_{10}$$

$$(0.2A)_{16}=2\times16^{-1}+10\times16^{-2}=(0.1640625)_{10}$$

从上面几个例子可以看到:当从 R 进制转换到十进制时,可以把小数点作为起点,分别向左右两边进行,即对其整数部分和小数部分分别转换。对于二进制来说,只要把数位是 1 的那些位的权值相加,其和就是等效的十进制数。因此,二-十进制转换是最简便的,同时也是最常用的一种。

2. 十进制转换为 *R* 进制

将十进制数转换为基数为 R 的等效表示时,可将此数分成整数与小数两部分分别转换,然后再拼接起来即可。

1) 十进制整数转换成 R 进制的整数

十进制整数转换成 R 进制的整数,可用十进制数连续地除以 R,其余数即为相应 R 进制数的各位系数。此方法称为除 R 取余法。

我们知道,任何一个十进制整数 N,都可以用一个 R 进制数来表示:

$$
\begin{aligned}
N &= X_0+X_1R^1+X_2R^2+\cdots+X_{n-1}R^{n-1}\\
&=X_0+(X_1+X_2R^1+\cdots+X_{n-1}R^{n-2})R\\
&=X_0+Q_1R
\end{aligned}
$$

由此可知,若用 N 除以 R,则商为 Q_1,余数是 X_0。同理:

$$Q_1=X_1+Q_2R$$

Q_1 再除以 R,则商为 Q_2,余数是 X_1。以此类推:

$$
\begin{aligned}
Q_i &= X_i+(X_{i+1}+X_{i+2}R^1+\cdots+X_{n-1}R^{n-2-i})R\\
&=X_i+Q_{i+1}R
\end{aligned}
$$

Q_i 除以 R,则商为 Q_{i+1},余数是 X_i。这样除下去,直到商为 0 时为止,每次除 R 的余数 X_0,X_1,X_2,…,X_{n-1} 即构成 R 进制数。例如,将十进制数 68 转换为二进制数,用除 2 取余法:

```
2 | 68                          余数
2 | 34 ........................ 0    低位
2 | 17 ........................ 0
2 | 8  ........................ 1
2 | 4  ........................ 0
2 | 2  ........................ 0
2 | 1  ........................ 0
    0  ........................ 1    高位
```

所以$(68)_{10}=(1000100)_2$。将$(168)_{10}$转换为八进制数,用除 8 取余法:

```
8 | 168                         余数
8 | 21 ........................ 0    低位
8 | 2  ........................ 5
    0  ........................ 2    高位
```

所以$(168)_{10}=(250)_8$。

2）十进制小数转换成 R 进制小数

十进制小数转换成 R 进制数时,可连续地乘以 R,得到的整数即组成 R 进制的数,此法称为“乘 R 取整”。

可将某十进数小数用 R 进制数表示:

$$V=\frac{X_{-1}}{R^1}+\frac{X_{-2}}{R^2}+\frac{X_{-3}}{R^3}+\cdots+\frac{X_{-m}}{R^m}$$

等式两边乘以 R 得到

$$V\times R=X_{-1}+\left(\frac{X_{-2}}{R^1}+\frac{X_{-3}}{R^2}+\cdots+\frac{X_{-m}}{R^{m-1}}\right)=X_{-1}+F_1$$

X_{-1}是整数部分,即 R 进制数小数点后第一位,F_1 是小数部分。小数部分再乘以 R:

$$F_1\times R=X_{-2}+\left(\frac{X_{-3}}{R^1}+\frac{X_{-4}}{R^2}+\cdots+\frac{X_{-m}}{R^{m-2}}\right)=X_{-2}+F_2$$

X_{-2}是整数部分,即 R 进制数小数点后第二位。依次乘下去,直到小数部分为 0 或达到所要求的精度为止(小数部分可能永不为 0)。例如,将 0.3125_{10} 转换成二进制数:

```
                  ┌──────────高位
0.3125×2 = │0│.625
0.625 ×2 = │1│.25
0.25  ×2 = │0│.5
0.5   ×2 = │1│.0
```

所以$(0.3125)_{10}=(0.0101)_2$。

需要注意的是,十进制小数常常不能准确地换算为等值的二进制小数(或其他 R 进制数),有换算误差存在。

若将十进制数68.3125转换成二进制数，可分别进行整数部分和小数部分的转换，然后再拼在一起：

$$(68.3125)_{10}=(1000100.0101)_2$$

3. 二、八、十六进制的相互转换

二、八、十六进制3种进制的权值有内在的联系，即每位八进制数相当于3位二进制数($2^3=8$)，每位十六进制数相当于4位二进制数(2^4)=16。下面结合实际例题来学习它们之间的转换。

二进制数，从小数点开始，向左右分别按三(四)位为一个单元划分，每个单元单独转换成为一个八进制(十六进制)数，就完成了二进制到八、十六进制数的转换。在转换时，位组划分是以小数点为中心向左右两边延伸，中间的0不能省略，两头不够时可以补0。

八(十六)进制数的每一位，分别独立转换成三(四)位二进制数。除了左边最高位，其他位如果不足三(四)位的要用0来补足，按照由高位到低位的顺序写在一起，就是相应的二进制数。例如：

$$(1000100)_2=(\underline{1}\ \underline{000}\ \underline{100})_2=(104)_8$$

$$(1000100)_2=(\underline{100}\ \underline{0100})_2=(44)_{16}$$

$$(1011010.10)_2=(\underline{001}\ \underline{011}\ \underline{010}\ .\ \underline{100})_2=(132.4)_8$$

$$(1011010.10)_2=(\underline{0101}\ \underline{1010}\ .\ \underline{1000})_2=(5A.8)_{16}$$

$$(F)_{16}=(\underline{1111})_2$$

$$(7)_{16}=(\underline{0111})_2$$

$$(F7)_{16}=(\underline{1111}\ \underline{0111})_2=(11110111)_2$$

1.4.3 信息的存储单位

在计算机内部，各种信息都是以二进制编码形式存储，因此这里有必要介绍一下信息存储的单位。

信息的单位通常采用“位”“字节”“字”。

- 位(bit)：量度数据的最小单位，表示1位二进制信息。
- 字节(byte)：一字节由8位二进制数字组成(1byte=8bit)。字节是信息存储中最常用的基本单位。计算机的存储器(包括内存与外存)通常也是以多少字节来表示它的容量。常用的单位有：

KB	1KB=1024B
MB	1MB=1024KB
GB	1GB=1024MB

- 字(word)：字是位的组合，并作为一个独立的信息单位处理。字又称为计算机字，它的含义取决于机器的类型、字长以及使用者的要求。常用的固定字长有8位、16位、32位、64位等。
- 机器字长：在讨论信息单位时，还有一个与机器硬件指标有关的单位，这就是机器字长。机器字长一般是指参加运算的寄存器所含有的二进制数的位数，它代表了机器的精度，如32位、64位等。

1.4.4 二进制数的编码表示

一个数在机内的表达形式称为“机器数”，而它代表的数值称为此机器数的“真值”。

前面已经提到，数值信息在计算机内是采用二进制编码表示。数有正负之分，在计算机中如何表示符号呢？一般情况下，用 0 表示正号，1 表示负号，符号位放在数的最高位。例如，8 位二进制数 $A=(+1011011)_2$，$B=(-1011011)_2$，它们在机器中可以表示为：

A：	0	1	0	1	1	0	1	1
B：	1	1	0	1	1	0	1	1

其中最左边一位代表符号位，和数字本身一起作为一个数。

数值信息在计算机内采用符号数字化处理后，计算机便可以识别和表示数符了。为了改进符号数的运算方法和简化运算器的硬件结构，人们研究了符号数的多种二进制编码方法，**其实质是对负数表示的不同编码**。

下面就来介绍几种常用的编码——原码、反码和补码。

1. 原码

将符号位数字化为 0 或 1，数的绝对值与符号一起编码，即所谓“**符号-绝对值表示**”的**编码，称为原码**。

首先介绍如何用原码表示一个带符号的整数。

如果用一字节存放一个整数，其原码表示如下：

$$X=+0101011 \quad [X]_{原}=00101011$$

$$X=-0101011 \quad [X]_{原}=10101011$$

这里，“$[X]_{原}$”就是机器数，X 称为机器数的真值。

对于一个带符号的纯小数，它的原码表示就是把小数点左边一位用作符号位。例如：

$$X=0.1011 \qquad [X]_{原}=0.1011$$

$$X=-0.1011 \quad [X]_{原}=1.1011$$

当采用原码表示法时，编码简单直观，与真值转换方便。但原码也存在一些问题，一是零的表示不唯一，因为：

$$[+0]_{原}=000\cdots0 \quad [-0]_{原}=100\cdots0$$

零有二义性，给机器判零带来麻烦。二是用原码进行四则运算时，符号位需单独处理，且运算规则复杂。例如加法运算，若两数同号，两数相加，结果取共同的符号；若两数异号，则要由大数减去小数，结果冠以大数的符号。还要指出，借位操作如果用计算机硬件来实现是很困难的。正是原码的不足之处，促使人们去寻找更好的编码方法。

2. 反码

反码很少使用，但作为一种编码方式和求补码的中间码，我们不妨先介绍一下。

正数的反码与原码表示相同。

负数的反码与原码有如下关系：**负数反码的符号位与原码相同（仍用 1 表示），其余各位取反（0 变 1，1 变 0）**。例如：

$$X=+1100110 \quad [X]_{原}=01100110 \quad [X]_{反}=01100110$$

$$X=-1100110 \quad [X]_{原}=11100110 \quad [X]_{反}=10011001$$

$$X=+0000000 \quad [X]_{原}=00000000 \quad [X]_{反}=00000000$$

$$X=-0000000 \quad [X]_{原}=10000000 \quad [X]_{反}=11111111$$

和原码一样，反码中零的表示也不唯一。

当 X 为纯小数时，反码表示如下：

$$X=0.1011 \quad [X]_{原}=0.1011 \quad [X]_{反}=0.1011$$

$$X=-0.1011 \quad [X]_{原}=1.1011 \quad [X]_{反}=1.0100$$

3. 补码

1）模数的概念

模数从物理意义上讲，是某种计量器的容量。例如，我们日常生活中用的钟表，模数就是12。钟表计时的方式是达到12就从零开始(扔掉一个12)，这在数学上是一种"取模(或取余)运算(mod)"。"%"是C++语言中求除法余数的算术运算符。例如：

$$14\%12=2$$

如果现在的准确时间是6点整，而你的手表指向8点，怎样把表拨准呢？可以有两种方法：把表往后拨2小时，或把表往前拨10小时，效果是一样的，即：

$$8-2=6$$

$$(8+10)\bmod 12=6$$

在模数系统中，

$$8-2=8+10 \pmod{12}$$

上式之所以成立，是因为2与10对模数12是互为补数的(2+10=12)。因此，可以认可这样一个结论：在模数系统中，一个数减去另一个数，或者说一个数加上一个负数，等于第一个数加上第二个数的补数：

$$8+(-2)=8+10 \pmod{12}$$

称10为−2在模12下的"补码"。负数采用补码表示后，可以使加减法统一为加法运算。

在计算机中，机器表示数据的字长是固定的。对于 n 位数来说，模数的大小是：n 位数全为1，且最末位再加1。实际上模数的值已经超过了机器所能表示的数的范围，因此模数在机器中是表示不出来的(关于数的表示范围，将在1.4.6小节中介绍)。若运算结果大于模数，则模数自动丢掉，也就等于实现了取模运算。

如果有 n 位整数(包括一位符号位)，则它的模数为 2^n；如果有 n 位小数，小数点前一位为符号位，则它的模数为2。

2）补码表示法

由以上讨论得知，对于一个二进制负数，可用其模数与真值做加法（模减去该数的绝对值)求得其补码。

例：

$$X=-0110 \quad [X]_{补}=2^4+(-0110)=1010$$

$$X=-0.1011 \quad [X]_{补}=2+(-0.1011)=1.0101$$

由于机器中不存在数的真值形式，用上述公式求补码在机器中不易实现，但从上式可推导出一个简便方法。

对于一个负数，其补码由该数反码的最末位加1求得。

例： 求 $X=-1010101$ 的补码。

$$[X]_{原}=11010101$$

$$[X]_{反}=10101010$$

$$[X]_{补}=10101011$$

例：求 $X=-0.1011$ 的补码。

$[X]_{原}=1.1011$

$[X]_{反}=1.0100$　（求反码：保留原码符号位，其余各位求反）

$[X]_{补}=1.0101$　（求补码：反码 $+0.0001$）

对于正数来说，其原码、反码、补码形式相同。

补码的特点之一就是零的表示唯一：

$$[+0]_{补}=\underbrace{0\ 0\cdots0}_{n\text{ 位}}\qquad[-0]_{补}=\underbrace{1\ 1\cdots1}_{n\text{ 位}}+1=\underset{\text{自动丢失}}{\boxed{1}}\ \underbrace{0\ 0\cdots0}_{n\text{ 位}}$$

这种简便的求补码方法经常被简称为“求反加 1”。本书不打算对此做推导和证明，读者只要初步了解补码的表示方法，在学习后续章节时对内存中数据的存储形式不感到费解就可以了。

3）补码运算规则

采用补码表示的另一个好处就是当数值信息参与算术运算时，采用补码方式是最方便的。首先，**符号位可作为数值参加运算**，最后仍可得到正确的结果符号，符号无须单独处理；其次，采用补码进行运算时，减法运算可转换为加法运算，简化了硬件中的运算电路。

例：计算 $67-10=?$

让我们看一看计算机中的运算过程（这里用下脚标的方式表示数的进制，以单字节整数为例）：

$$[+67_{10}]_{原}=01000011_2\qquad[+67_{10}]_{补}=[+67_{10}]_{原}$$

$$[-10_{10}]_{原}=10001010_2\qquad[-10_{10}]_{补}=11110110_2$$

$$\begin{array}{rll} & 0\ 1\ 0\ 0\ 0\ 0\ 1\ 1_2 & [+67_{10}]_{补}\\ + & 1\ 1\ 1\ 1\ 0\ 1\ 1\ 0_2 & [-10_{10}]_{补}\\ \hline \underset{\text{最高位的进位自然丢失}}{1} & 0\ 0\ 1\ 1\ 1\ 0\ 0\ 1_2=57_{10} & \end{array}$$

由于字长只有 8 位，因此加法最高位的进位自然丢失，达到了取模效果（即丢掉一个模数）。

应当指出：**补码运算的结果仍为补码**。上例中，从结果符号位得知，结果为正，所以补码即为原码，转换成十进制数为 57。

如果结果为负，则是负数的补码形式，若要变成原码，需要对补码再求补，即可还原为原码。

例：$10-67=?$

$$[+10_{10}]_{原}=00001010_2=[+10_{10}]_{补}$$

$$[-67_{10}]_{原}=11000011_2\ [-67_{10}]_{补}=10111101_2$$

$$\begin{array}{rl} & 0\ 0\ 0\ 0\ 1\ 0\ 1\ 0_2\\ + & 1\ 0\ 1\ 1\ 1\ 1\ 0\ 1_2\\ \hline & 1\ 1\ 0\ 0\ 0\ 1\ 1\ 1_2 \end{array}$$

$$[\text{结果}]_{补}=11000111_2\quad[\text{结果}]_{原}=10111001_2$$

所以结果的真值为 -0111001，十进制为 -57。

用上面两个例子是否就可以说明补码运算的结果总是正确的呢？下面再看一个例子。

例：$85_{10}+44_{10}=?$

$$
\begin{array}{r}
0\,1\,0\,1\,0\,1\,0\,1_2 \\
+\quad 0\,0\,1\,0\,1\,1\,0\,0_2 \\
\hline
1\,0\,0\,0\,0\,0\,0\,1_2
\end{array}
$$

从结果的符号位可以看出，结果是一个负数。但两个正数相加不可能是负数，问题出在什么地方呢？原来这是由于“**溢出**”造成的，即结果超出了一定位数的二进制数所能表示的数的范围(关于数的表示范围，将在1.4.6小节中介绍)。

1.4.5　定点数和浮点数

数值数据既有正负之分，又有整数和小数之分，本节要介绍小数点如何处理。在计算机中通常采用浮点方式表示小数，下面就来介绍数的浮点表示法。

一个数 N 用浮点形式表示(即科学表示法)，可以写成：

$$N=M\times R^{E}$$

其中 R 表示基数，一旦机器定义好了基数值，就不能再改变了。因此，基数在数据中不出现，是隐含的。在人工计算中，一般采用十进制，10就是基数。在计算机中一般用二进制，因此以2为基数。

E 表示 R 的幂，称为数 N 的阶码。阶码确定了数 N 的小数点的位置，其位数反映了该浮点数所表示的数的范围。

M 表示数 N 的全部有效数字，称为数 N 的尾数，其位数反映了数据的精度。

阶码和尾数都是带符号的数，可以采用不同的码制表示法，例如尾数常用原码或补码表示，阶码多用补码表示。

浮点数的具体格式随不同机器而有所区别。例如，假设有一台16位机，其二进制浮点数组成为阶码4位，尾数12位，则浮点数格式如下：

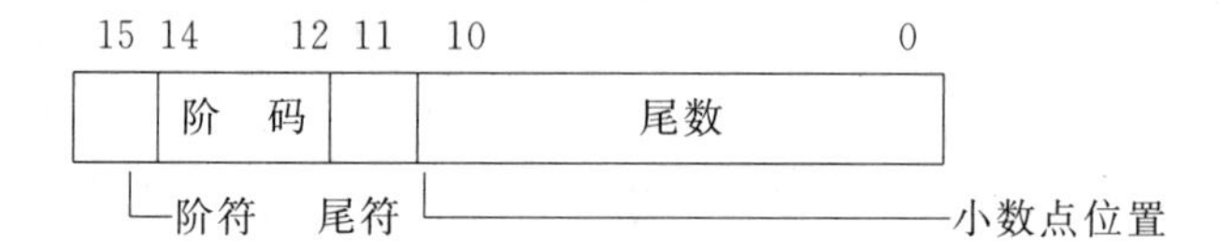

下面是一个实际的例子，其中阶码、尾数分别用补码和原码表示。

0	010	1	110…0	表示二进制 -0.11×10^{10}
1	101	0	110…0	表示二进制 0.11×10^{-11}

1.4.6　数的表示范围

机器中数的表示范围与数据位数及表示方法有关。一个 m 位整数(包括一位符号位)，如果采用原码或反码表示法，能表示的最大数为 $2^{m-1}-1$，最小数为 $-(2^{m-1}-1)$；若用补码表示，能表示的最大数值为 $2^{m-1}-1$，最小数为 -2^{m-1}。

这里要说明一点，由于补码中“0”的表示是唯一的，故 $[X]_{补}=100\cdots0$，对应的真值 $X=-2^{m-1}$，从而使补码的表示范围与原码有一点差异(注意：补码100…0的形式是一个特殊的情况，权为 2^{m-1} 位的 1 既代表符号又表示数值)。对补码的表示范围，本书不做证明，读者如果感兴趣，可以自行验证一下。

例如，设 $m=8$，则原码表示范围为 $-127\sim+127$，反码的表示范围也是 $-127\sim+127$，补码的表示范围是 $-128\sim+127$。

一个 n 位定点小数，小数点左边一位表示数的符号，采用原码或反码表示时，表示范围为 $-(1-2^{-n})\sim(1-2^{-n})$；采用补码表示时，表示范围为 $-1\sim(1-2^{-n})$。

至于浮点数的表示范围，则由阶码位数和尾数位数决定。若阶码用 r 位整数(补码)表示，尾数用 n 位定点小数(原码)表示，则浮点数范围是：

$$-(1-2^{-n})\times 2^{(2^{r-1}-1)}-1\sim+(1-2^{-n})\times 2^{(2^{r-1}-1)}$$

为了扩大数的表示范围，应该增加阶码的位数，每加一位，数的表示范围就扩大一倍。而要增加精度，就需要增加尾数的位数，在定长机器字中，阶码位数和尾数位数的比例要适当。但为了同时满足对数的范围和精度的要求，往往采用双倍字长甚至更多字长来表示一个浮点数。

1.4.7　非数值信息的表示

在计算机内部，非数值信息也是采用"0"和"1"两个符号来进行编码表示的。下面着重介绍一下中西文的编码方案。

西文字符的最流行编码方案是"美国信息交换标准代码"，简称 ASCII 码。它包括了 10 个数字，大小写英文字母和专用字符共 95 种可打印字符和 33 个控制字符。ASCII 码用一字节中的 7 位二进制数来表示一个字符，最多可以表示 $2^7=128$ 个字符。

由于 ASCII 码采用 7 位编码，所以没有用到字节的最高位。而很多系统就利用这一位作为校验码，以便提高字符信息传输的可靠性。

除了常用的 ASCII 编码外，用于表示字符的还有另一种 EBCDIC 码，即 Extended Binary Coded Decimal Interchange Code (扩展的二-十进制交换码)，采用 8 位二进制表示，有 256 个编码状态。

汉字在计算机内如何表示呢？自然，也只能采用二进制的数字化信息编码。

汉字的数量大，常用的也有几千个之多，显然用一字节(8 位编码)是不够的。目前的汉字编码方案有 2 字节、3 字节甚至 4 字节的。应用较为广泛的是"国家标准信息交换用汉字编码"(GB2312 标准)，简称国标码。国标码是 2 字节码，用两 7 位二进制数编码表示一个汉字。

在计算机内部，汉字编码和西文编码是共存的，如何区分它们是个很重要的问题，因为对不同的信息有不同的处理方式。方法之一是：对于双字节的国标码，将两字节的最高位都置成 1，而 ASCII 码所用字节最高位保持 0，然后由软件(或硬件)根据字节最高位来做出判断。

1.5　程序开发的基本概念

在学习编程之前，首先来简单了解一下程序的开发过程及基本术语。在后续章节的学习和编程实践中，读者将对它们有不断深入的理解。

1.5.1　基本术语

源程序：用源语言编写的、有待翻译的程序，称为"源程序"。源语言可以是汇编语言，也可以是高级程序设计语言(比如 C++ 语言),用它们写出的程序都是源程序。

目标程序：是源程序通过翻译加工以后所生成的程序。目标程序可以用机器语言表示(因此也称之为“目标代码”),也可以用汇编语言或其他中间语言表示。

翻译程序：是指用来把源程序翻译为目标程序的程序。对翻译程序来说,源程序是它的输入,而目标程序则是其输出。

翻译程序有 3 种不同类型：汇编程序、编译程序、解释程序。

汇编程序：其任务是把用汇编语言写成的源程序翻译成机器语言形式的目标程序。所以,用汇编语言编写的源程序先要经过汇编程序的加工,变为等价的目标代码。

编译程序：若源程序是用高级程序设计语言所写,经翻译程序加工生成目标程序,那么,该翻译程序就称为“编译程序”。所以,高级语言编写的源程序要上机执行,通常首先要经编译程序加工成为机器语言表示的目标程序。若目标程序是用汇编语言表示,则还要经过一次汇编程序的加工。

解释程序：这也是一种翻译程序,同样是将高级语言源程序翻译成机器指令。它与编译程序的不同点就在于：它是边翻译边执行的,即输入一句,翻译一句,执行一句,直至将整个源程序翻译并执行完毕。解释程序不产生整个的目标程序,对源程序中要重复执行的语句(例如循环体中的语句)需要重复地解释执行,因此较之编译方式要多花费执行时间, 效率较低。

1.5.2　完整的程序过程

C++ 程序的开发通常要经过编辑、编译、连接、运行调试这几个步骤,如图 1-2 所示。编辑是将源程序输入计算机中,生成磁盘文件。编译是将程序的源代码转换为机器语言代码。

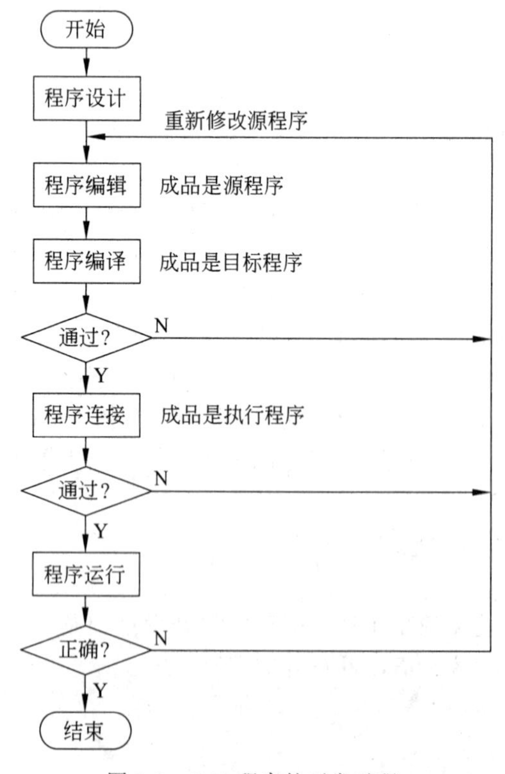

图 1-2　C++ 程序的开发过程

但是编译后的程序还不能由计算机执行，还需要连接。连接是将多个目标文件以及库中的某些文件连在一起，生成一个可执行文件。最后，还要对程序进行运行和调试。

在编译和连接时，都会对程序中的错误进行检查，并将查出的错误显示在屏幕上。编译阶段查出的错误是语法错，连接时查出的错误称连接错。

1.6　小结

语言是一套具有语法、词法规则的系统。语言是思维的工具，思维是通过语言来表述的。计算机程序设计语言是计算机可以识别的语言，用于描述解决问题的方法，供计算机阅读和执行。计算机语言可以分为机器语言、汇编语言、高级语言和面向对象的语言。在本书中我们要学习的 C++ 语言就是使用最为广泛的面向对象语言。

面向对象的软件工程是面向对象方法在软件工程领域的全面应用。它包括面向对象的分析、面向对象的设计、面向对象的编程、面向对象的测试和面向对象的软件维护（OOSM）等主要内容。

计算机加工的对象是数据信息，而指挥计算机操作的是控制信息。所有的信息在计算机内部都是用二进制数表示的，具体的表示方式根据信息的类型有所不同，这些不同的表示方式也是本章的内容之一。

习　　题

1-1　简述计算机程序设计语言的发展历程。

1-2　面向对象的编程语言有哪些特点？

1-3　什么是结构化程序设计方法？这种方法有哪些优点和缺点？

1-4　什么是对象？什么是面向对象方法？这种方法有哪些特点？

1-5　什么叫作封装？

1-6　面向对象的软件工程包括哪些主要内容？

1-7　计算机内部的信息可分为几类？简述之。

1-8　什么叫作二进制？使用二进制有哪些优点和缺点？

1-9　将以下十进制数值转换为二进制和十六进制补码。

(1) 2　　(2) 9　　(3) 93

(4) −32　　(5) 65 535　　(6) −1

1-10　将以下数值转换为十进制数：

(1) $(1010)_2$　　(2) $(10001111)_2$　　(3) $(0101111111000011)_2$

(4) $(7F)_{16}$　　(5) $(2D3E)_{16}$　　(6) $(F10E)_{16}$

1-11　简要比较原码、反码、补码等几种编码方法。

第 2 章

C++ 语言简单程序设计

本章首先简要介绍 C++ 语言的发展历史及其特点，接着介绍构成 C++ 语句的基本部分——字符集、关键字、标识符、操作等。程序设计工作主要包括数据结构和算法的设计，数据类型、数据的类型转换及简单输入输出是关于数据的基础知识，本章介绍 C++ 语言的基本数据类型和自定义数据类型。算法要由一系列控制结构组成，本章介绍的顺序、选择和循环结构是程序设计中最基本的控制结构，也是构成复杂算法的基础。

2.1　C++ 语言概述

2.1.1　C++ 语言的产生

C++ 语言是从 C 语言发展演变而来的，因此介绍 C++ 语言就不能不首先回顾一下 C 语言。C 语言最初是贝尔实验室的 Dennis Ritchie 在 B 语言基础上开发出来的，1972 年在一台 DEC PDP-11 计算机上实现了最初的 C 语言，以后经过了多次改进。

C 语言具有许多优点，例如：语言简洁灵活，运算符和数据结构丰富，具有结构化控制语句、程序执行效率高，而且同时具有高级语言与汇编语言的优点。与其他高级语言相比，C 语言具有可以直接访问物理地址的优点，与汇编语言相比又具有良好的可读性和可移植性。因此 C 语言得到了极为广泛的应用，有大量的程序员在使用 C 语言，并且，C 语言有许多的库代码和开发环境。

尽管如此，由于 C 语言毕竟是一个面向过程的编程语言，因此与其他面向过程的编程语言一样，已经不能满足运用面向对象方法开发软件的需要。C++ 语言便是在 C 语言基础上为支持面向对象的程序设计而研制的、一个通用目的的程序设计语言，它是在 1980 年由 AT&T 贝尔实验室的 Bjarne Stroustrup 博士创建的。

C++ 语言解决了 C 语言中存在的一些问题，并增加了对面向对象程序设计方法的支持。在 C++ 语言中引入了类的机制。最初的 C++ 语言被称为“带类的 C”，1983 年正式取名为C++ 语言。C++ 语言的标准化工作从 1989 年开始，于 1994 年制定了 ANSI C++ 语言标准草案。以后又经过不断完善，于 1998 年 11 月被国际标准化组织（ISO）批准为国际标准，2003 年 10 月 ISO 又发布了第二版的 C++ 语言标准。2011 年 8 月 12 日 ISO 公布了 C++ 11 标准，并于 2011 年 9 月出版。C++ 11 标准包含核心语言的新机能，而且扩展 C++ 语言标准程序库。2014 年 8 月 18 日 ISO 公布了 C++ 14，其正式名称为“International Standard ISO/IEC 14882：2014(E) Programming Language C++”。C++ 14 旨在作为 C++ 11 的一个小扩展，主要提供漏洞修复和小的改进。

2.1.2　C++ 语言的特点

最初的 C++ 语言的主要特点表现在两个方面：一是尽量兼容 C 语言；二是支持面向对象的方法。

在 C++ 语言诞生之初，它首先是一个更好的 C 语言。它保持了 C 语言的简洁、高效和接近汇编语言等特点，对 C 语言的类型系统进行了改革和扩充，因此 C++ 语言比 C 语言更安全，C++ 语言的编译系统能检查出更多的类型错误。

由于 C++ 语言与 C 语言保持兼容，这就使许多 C 语言代码不经修改就可以为 C++ 语言所用，用 C 语言编写的众多的库函数和实用软件可以用于 C++ 语言中。另外，由于 C 语言已被广泛使用，因而极大地促进了 C++ 语言的普及和面向对象技术的广泛应用。

然而，也正是由于对 C 语言的兼容，使得 C++ 语言不是一个纯正的面向对象的语言。C++ 语言既支持面向过程的程序设计，又支持面向对象的程序设计。

C++ 语言最有意义的方面是支持面向对象的特征。虽然与 C 语言的兼容使得 C++ 语言具有双重特点，但它在概念上是和 C 语言完全不同的语言，我们应该注意按照面向对象的思维方式去编写程序。

如果读者已经有其他面向过程高级语言的编程经验，那么学习 C++ 语言时应该着重学习它的面向对象的特征，对于与 C 语言兼容的部分只要了解一下就可以了。因为 C 语言与其他面向过程的高级语言在程序设计方法上是类似的。

如果读者是初学编程，那么，虽然与 C 语言兼容的部分不是 C++ 语言的主要成分，但依然不能越过它。像数据类型、算法的控制结构、函数等，不仅是面向过程程序设计的基本成分，也是面向对象编程的基础。因为，对象是程序的基本单位，然而对象的属性往往需要用某种类型的数据来表示，对象的功能和行为要由成员函数来实现，而函数的实现归根到底还是算法的设计。

2.1.3　C++ 语言程序实例

现在，我们来看一个简短的程序实例。由于我们还没有介绍有关面向对象的特征，例 2-1只是一个面向过程的程序，只是通过这个程序看一看，计算机程序是什么样子，如何能够通过程序来控制计算机的操作。

例 2-1　一个简单的 C++ 程序。

```
//2_1.cpp
#include <iostream>
using namespace std;
int main() {
    cout<<"Hello!"<<endl;
    cout<<"Welcome to C++!"<<endl;
    return 0;
}
```

这里 main 是主函数名，函数体用一对花括号包围。函数是 C++ 程序中最小的功能单位，在 C++ 程序中，必须有且只能有一个名为 main 的函数，它表示了程序执行的开始点。

main 函数之前的 int 表示 main 函数的返回值类型(关于函数的返回值将在第 3 章详细介绍)。程序由语句组成,每条语句由分号(;)作为结束符。cout 是一个输出流对象,它是 C++ 系统预定义的对象,其中包含了许多有用的输出功能。输出操作由操作符“<<”表达,其作用是将紧随其后的双引号中的字符串输出到标准输出设备(多数系统的默认标准输出设备是显示器)上。endl 表示一个换行符。在第 11 章中将对输出流做详细介绍,在这里读者只要知道可以用“cout <<”实现输出就可以了。return 0 表示退出 main 函数并以 0 作为返回值,通常用 main 函数的返回值是 0 表示程序正常结束,可以用返回非 0 值表示程序非正常结束。

程序中的下述内容:

```
#include <iostream>
```

指示编译器在对程序进行预处理时,将文件 iostream 中的代码嵌入程序中该指令所在的地方,其中 #include 被称为预处理指令。文件 iostream 中声明了程序所需要的输入和输出操作的有关信息。cout 和“<<”操作的有关信息就是在该文件中声明的。由于这类文件常被嵌入在程序的开始处,所以称之为头文件。在 C++ 程序中如果使用了系统中提供的一些功能,就必须嵌入相关的头文件。

“using namespace”是针对命名空间的指令,关于命名空间的概念,将在第 5 章介绍,编写简单程序时读者只要在嵌入 iostream 文件之后,加上如下语句即可:

using namespace std;

当编写完程序文本后,要将它存储为扩展名为 cpp 的文件,称为 C++ **源文件**,经过编译系统的编译、连接后,产生**可执行文件**。本书中的例题都可以使用 Windows 下的 Microsoft Visual Studio 2019 集成环境和 GNU C++ Compiler 7.4 编译器正确编译并执行,对于开发环境的使用方法,读者可以参考与本书配套的习题解答与实验指导。

例 2-1 运行时在屏幕输出如下:

```
Hello!
Welcome to C++!
```

2.1.4 字符集

字符集是构成 C++ 语言的基本元素。用 C++ 语言编写程序时,除字符型数据外,其他所有成分都只能由字符集中的字符构成。C++ 语言的字符集由下述字符构成:

- 英文字母:A～Z,a～z。
- 数字字符:0～9。
- 特殊字符:

```
!    #    %    ^    &    *    _(下画线)    +
=    -    ~    <    >    /    \            '
"    ;    .    ,    :    ?    (            )
[    ]    {    }    |
```

2.1.5 词法记号

词法记号是最小的词法单元,下面将介绍 C++ 语言的关键字、标识符、文字、运算符、分隔符和空白符。

1. 关键字

关键字是C++语法中预先规定的词汇，它们在程序中有特定的含义。下面列出的是C++语言中的关键字：

alignas	alignof	asm	auto	bool	break
case	catch	char	char16_t	char32_t	class
const	constexpr	const_cast	continue	decltype	default
delete	do	double	dynamic_cast	else	enum
explicit	export	extern	false	float	for
friend	goto	if	inline	int	long
mutable	namespace	new	noexcept	nullptr	operator
private	protected	public	register	reinterpret_cast	return
short	signed	sizeof	static	static_cast	struct
switch	template	this	thread_local	throw	true
try	typedef	typeid	typename	union	unsigned
using	virtual	void	volatile	wchar_t	while

关于这些关键字的意义和用法，将在后文逐渐介绍。

2. 标识符

标识符是程序员定义的单词，它命名程序正文中的一些实体，如函数名、变量名、类名、对象名等。C++语言标识符的构成规则如下。

- 以大写字母、小写字母或下画线(_)开始。
- 可以由以大写字母、小写字母、下画线(_)或数字0～9组成。
- 大写字母和小写字母代表不同的标识符。
- 不能是C++语言关键字或操作符。

例如，Rectangle、Draw_line、_No1都是合法的标识符，而No.1、1st则是不合法的标识符。

注意　override、final标识符在特定上下文中有特殊含义，将被用作语法标志而并非普通标识符。类似地C++还有一些标识符保留给标准库，这些应尽量避免使用。

3. 文字

文字是在程序中直接使用符号表示的数据，包括数字、字符、字符串和布尔文字，在2.2节将详细介绍各种文字。

4. 操作符(运算符)

操作符是用于实现各种运算的符号，例如：+、-、*、/等。C++语言中还提供了一些操作符的替代名：

and	andeq	bitand	bitor	compl	not	not_eq
or	or_eq	xor	xor_eq			

在2.2节及后续章节，将详细介绍各种操作符。

5. 分隔符

分隔符用于分隔各个词法记号或程序正文，C++语言中的分隔符是：

()　　{}　　,　　:　　;

这些分隔符不表示任何实际的操作,仅用于构造程序,其具体用法会在以后的章节中介绍。

6. 空白

在程序编译时的词法分析阶段将程序正文分解为词法记号和空白。空白是空格、制表符(TAB键产生的字符)、垂直制表符、换行符、回车符和注释的总称。

空白符用于指示词法记号的开始和结束位置,但除了这一功能外,其余的空白将被忽略。因此,C++程序可以不必严格地按行书写,凡是可以出现空格的地方,都可以出现换行。例如:

```
int i;
```

与

```
int            i;
```

或与

```
int
i
;
```

是等价的。尽管如此,在书写程序时,仍要力求清晰、易读。因为一个程序不只是要让编译器分析,还要给人阅读,以便于修改、维护。

注释在程序中的作用是对程序进行注解和说明,以便于阅读。编译系统在对源程序进行编译时不理会注释部分,因此注释对于程序的功能实现不起任何作用。而且由于编译时忽略注释部分,所以注释内容不会增加最终产生的可执行程序的大小。适当地使用注释,能够提高程序的可读性。

在C++语言中,有两种给出注释的方法。一种是沿用C语言的方法,使用"/*"和"*/"括起注释文字。例如:

```
/* This is
a comment.
 */
int i;    /*   i is an integer */
```

这里"/*"和"*/"之间的所有字符都被作为注释处理。这种形式的注释是以"/*"开始,以"*/"结束的,因此一个注释不能嵌套在另一个注释内。

另一种是使用"//"的方法,从"//"开始,直到它所在行的行尾,所有字符都被作为注释处理。例如:

```
//This is a comment.
int i;    //  i is an integer
```

2.2　基本数据类型和表达式

数据是程序处理的对象,数据可以依其本身的特点进行分类。我们知道在数学中有整数、实数等概念,在日常生活中需要用字符串来表示人的姓名和地址,有些问题的回答只能是“是”或“否”(即逻辑“真”或“假”)。不同类型的数据有不同的处理方法,例如:整数和实数可以参加算术运算,但实数的表示又不同于整数,要保留一定的小数位;字符串可以拼接;逻辑数据可以参加“与”“或”“非”等逻辑运算。

人们编写计算机程序,目的就是为了解决客观世界中的现实问题。所以,高级语言中也为人们提供了丰富的数据类型和运算。C++ 语言中的数据类型又分为基本类型和自定义类型,基本类型是 C++ 语言编译系统内置的。本节首先介绍基本数据类型。

2.2.1　基本数据类型

C++ 语言的基本数据类型如表 2-1 所示(表中各类型的长度和取值范围,以面向 IA-32 处理器的 msvc12 和 2 gcc4.8 为准)。

表 2-1　C++ 语言的基本数据类型

类　型　名	长度/B	取 值 范 围
bool	1	false,true
char	1	−128～127
signed char	1	−128～127
unsigned char	1	0～255
short(signed short)	2	−32 768～32 767
unsigned short	2	0～65535
int(signed int)	4	$-2^{31}\sim2^{31}-1$
unsigned int	4	$0\sim2^{32}-1$
long(signed long)	4	$-2^{31}\sim2^{31}-1$
unsigned long	4	$0\sim2^{32}-1$
long long	8	$-2^{63}\sim2^{63}-1$
unsigned long long	8	$0\sim2^{64}-1$
float	4	$3.4\times10^{-38}\sim3.4\times10^{38}$
double	8	$1.7\times10^{-308}\sim1.7\times10^{308}$
long double	8	$1.7\times10^{-308}\sim1.7\times10^{308}$

从表 2-1 中可以看到,C++ 语言的基本数据类型有 bool(布尔型)、char(字符型)、int(整型)、float(浮点型,表示实数)、double(双精度浮点型,简称双精度型)。除了 bool 型外,主要有两大类:整数和浮点数。因为 char 型从本质上说也是整数类型,它是长度为一字节的整数倍,通常用来存放字符的 ASCII 码。其中关键字 signed 和 unsigned,以及关键字 short 和 long 被称为修饰符。

用 short 修饰 int 时,short int 表示短整型,占 2B。此时 int 可以省略,因此表 2-1 中列出的是 short 型而不是 short int 型。long 可以用来修饰 int 和 double。用 long 修饰 int 时,long int 表示长整型,占 4B,同样此时 int 也可以省略。

细节　ISO C++ 标准并没有明确规定每种数据类型的字节数和取值范围,它只是规定它们之间的字节数大小顺序满足:

$$\text{signed char}\leqslant\text{short int}\leqslant\text{int}\leqslant\text{long int}\leqslant\text{long long int}$$

不同的编译器对此会有不同的实现。面向 32 位处理器(IA-32)的 C++ 编译器通常将 int 和 long 两种数据类型皆用 4 字节表示,但一些面向 64 位处理器(IA-64 或 x86-64)的 C++ 编译器中,int 用 4 字节表示,long 用 8 字节表示,因此(unsigned) int 和(unsigned) long 虽然在表 2-1 中具有相同的取值范围,但仍然是两种不同的类型。long long 能够保证在 32 位系统中至少有 8 个有效字节。

一般情况下,如果对一个整数所占字节数和取值范围没有特殊要求,使用(unsigned) int 型为宜,因为它通常具有最高的处理效率。

signed 和 unsigned 可以用来修饰 char 型和 int 型(也包括 short 和 long),signed 表示有符号数,unsigned 表示无符号数。有符号整数在计算机内是以二进制补码形式存储的,其最高位为符号位,0 表示"正",1 表示"负"。无符号整数只能是正数,在计算机内是以绝对值形式存放的。int 型(也包括 short 和 long)在默认(不加修饰)情况下是有符号(signed)的。

细节　char 与 int、short、long 有所不同,ISO C++ 标准并没有规定它在默认(不加修饰)情况下是有符号的还是无符号的,它会因不同的编译环境而异。因此,char、signed char 和 unsigned char 是三种不同的数据类型。

两种浮点类型除了取值范围有所不同外,精度也有所不同。C++ 标准中只规定了一个浮点数有效位数的最小值,然而多数编译器都实现了更高的精度。一般来说,float 可以保存 7 位有效数字,double 可以保存 16 位有效数字,不同的编译器实现的精度可能不同;类型 long double 常用于有特殊浮点需求的硬件,其具体实现不同,精度也各不相同。

bool(布尔型,也称逻辑型)数据的取值只能是 false(假)或 true(真)。bool 型数据所占的字节数在不同的编译系统中有可能不一样,在 VS2019 编译环境中 bool 型数据占 1 字节。

程序所处理的数据不仅分为不同的类型,而且每种类型的数据还有常量与变量之分。接下来,将详细介绍各种基本类型的数据。

2.2.2　常量

常量是指在程序运行的整个过程中其值始终不可改变的量,也就是直接使用符号(文字)表示的值。例如: 12、3.5、'A'都是常量。

1. 整型常量

整型常量即以文字形式出现的整数,包括正整数、负整数和零。整型常量的表示形式有十进制、八进制和十六进制。

十进制整型常量的一般形式与数学中我们所熟悉的表示形式是一样的:

```
若干个 0~9 的数字,但不能以 0 开头
```

八进制整型常量的数字部分要以数字 0 开头,一般形式为:

```
0 若干个 0~7 的数字
```

十六进制整型常量的数字部分要以 0x 开头,一般形式为:

```
0x 若干个 0~9 的数字及 A~F 的字母(大小写均可)
```

默认情况下,十进制整型常量是带符号数,八进制和十六进制的整型常量既可能是带符号的也可能是无符号的。十进制整型常量的类型是 int、long、long long 中能容纳其数值的尺寸最小的一个,八进制和十六进制整型常量的类型则是能容纳其数值的 int、unsigned int、long、unsigned long、long long 和 unsigned long long 中的尺寸最小者。如果整型常量的数值超过了该类型可表示的数据范围，将会产生错误。

整型常量可以用后缀指定它是否带符号以及占用多少空间：后缀 L(或 l)表示类型至少是 long，后缀 LL(或 ll)表示类型是 long long，后缀 U(或 u)表示 unsigned 类型。

例如：123、0123、0x5af 都是合法的常量形式。

2. 实型常量

实型常量即以文字形式出现的实数，实数有两种表示形式：一般形式和指数形式。

一般形式：例如，12.5、−12.5 等。

指数形式：例如，0.345E+2 表示 0.345×10^{2}，−34.4E−3 表示 -34.4×10^{-3}，其中，字母 E 可以大写或小写。当以指数形式表示一个实数时，整数部分和小数部分可以省略其一，但不能都省略。例如：.123E−1、12.E 2、1.E−3 都是正确的，但不能写成 E−3 这种形式。

实型常量默认为 double 型，如果后缀 F(或 f)可以使其成为 float 型，例如：12.3f。

3. 字符常量

字符常量是单引号括起来的一个字符，如：'a' 'D' '?' '$ '等。

另外，还有一些字符是不可显示字符，也无法通过键盘输入，例如响铃、换行、制表符、回车等。这样的字符常量该如何写到程序中呢？C++ 语言提供一种称为转义序列的表示方法来表示这些字符，表 2-2 列出了 C++ 语言预定义的转义序列。

表 2-2　C++ 语言预定义的转义序列

字符常量形式	ASCII 码（十六进制）	含　义	字符常量形式	ASCII 码（十六进制）	含　义
\a	07	响铃	\f	0C	换页
\n	0A	换行	\\	5C	字符“\”
\t	09	水平制表符	\”	22	双引号
\v	0B	垂直制表符	\’	27	单引号
\b	08	退格	\?	3F	问号
\r	0D	回车			

无论是不可显示字符还是一般字符，都可以用十六进制或八进制 ASCII 码来表示，表示形式是：

```
\nnn     八进制形式
\xnnn    十六进制形式
```

其中 nnn 表示 3 位八进制或十六进制数。

例如，'a'的十六进制 ASCII 码是 61，于是'a'也可以表示为'\x61'。

由于单引号是字符的界限符，所以单引号本身就要用转义序列表示为'\'。

问号在单独使用时可以不使用转义，在没有歧义的情况下直接使用'?'就能表示问号，转义主要是为了与三字符序列区分开。

字符数据在内存中以 ASCII 码的形式存储，每个字符占 1 字节，使用 7 个二进制位。

4. 字符串常量

字符串常量简称字符串，是用一对双引号括起来的字符序列，例如："abcd" "China"

"This is a string."都是字符串常量。由于双引号是字符串的界限符,所以字符串中间的双引号就要用转义序列来表示。例如:

```
"Please enter\"Yes\" or \"No\""
```

表示的是下列文字:

```
Please enter"Yes" or "No"
```

字符串与字符是不同的,它在内存中的存放形式是:按串中字符的排列次序顺序存放,每个字符占一字节,并在末尾添加'\0'作为结尾标记。图 2-1 是字符数据及其存储形式举例。从图中可以看出,字符串"a"与字符'a'是不同的。

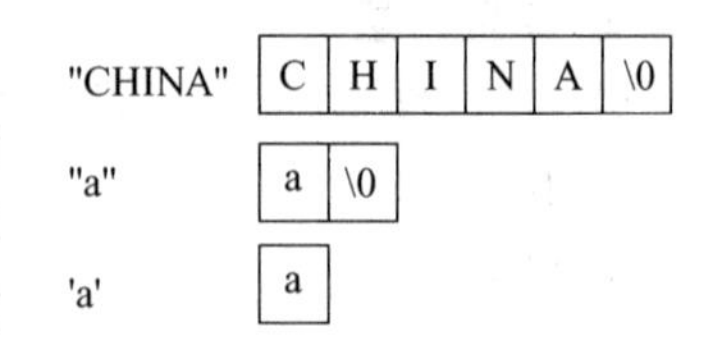

图 2-1 字符数据及其存储形式举例

通过添加前缀可以改变字符常量或者字符串常量的类型,前缀及其含义如表 2-3 所示。

表 2-3 前缀及含义

前缀	含 义	类 型
u	Unicode 16 字符	char16_t
U	Unicode 32 字符	char32_t
L	宽字符	wchar_t
u8	UTF-8(仅用于字符串字面常量)	char

5. 布尔常量

布尔型常量只有两个:false(假)和 true(真)。

2.2.3 变量

在程序的执行过程中其值可以变化的量称为变量,变量是需要用名字来标识的。

1. 变量的声明和定义

就像常量具有各种类型一样,变量也具有相应的类型,**变量在使用之前需要首先声明其类型和名称**。表 2-1 中的基本数据类型名都可以用来定义变量的类型。变量名也是一种标识符,因而给变量命名时,应该遵守 2.1 节中介绍的标识符构成规则。在同一语句中可以声明同一类型的多个变量,变量声明语句的形式如下:

```
数据类型    变量名 1, 变量名 2, ..., 变量名 n;
```

例如,下列两条语句声明了两个 int 型变量和三个 float 型变量:

```
int num, total;
float v, r, h;
```

声明一个变量只是将变量名标识符的有关信息告诉编译器,使编译器"认识"该标识符,但是声明并不一定引起内存的分配。而定义一个变量意味着给变量分配内存空间,用于存放对应类型的数据,变量名就是对相应内存单元的命名。在 C++ 程序中,大多数情况下变量声明也就是变量定义,声明变量的同时也就完成了变量的定义,只有声明外部变量时例外。关于外部变量将在第5章介绍。

注意　虽然C++中有字符串常量，却没有字符串变量。那么用什么类型的变量来存放字符串呢？标准库中有一个类型string，它是一种表示可变长字符序列（字符串）的数据类型，在第6章中，会详细地介绍string类。

2. 变量的初始化

在定义一个变量的同时，也可以给它设置初始值，称为对变量初始化。例如：

```
int a=3;
double f=3.56;
char c='a';
```

用于初始化变量的值可以是任意的表达式，在同一条定义语句中可以用先定义的变量值去初始化后定义的其他变量。例如：

```
double pi=3.14, c=10.05 * pi; // pi 先被初始化，随后被用于初始化 c
```

在C++语言中，初始化和赋值是两个完全不同的操作：初始化是指在创建变量时赋予其一个初始值，而赋值是指将变量的当前值擦除，而用一个新值替代。

C++语言中提供了多种初始化方式，例如对一个int类型的变量a进行初始化可以有以下4种方式：

```
int a=0;
int a={0};
int a{0};
int a(0);
```

其中使用花括号"{"和"}"的初始化方式称为列表初始化。列表初始化的使用条件较为严格：初始化时不允许信息的丢失。例如用double值初始化int变量，就会造成数据丢失，请看下例：

```
double pi=3.1415926;
int a{pi}, b={pi};           //错误，转换未执行，因为存在丢失信息的危险
int c(pi), d=pi;             //正确，转换执行，且确实丢失了部分值
```

由于使用double的值初始化int可能丢失数据：至少double的小数部分会丢失，另外int也可能存不下double的整数部分，因而编译器不允许a和b的列表初始化。尽管人们一般不会用double的值去初始化int变量，但是这种初始化有可能在不经意间发生。我们会在之后的章节对列表初始化做更详细的介绍。

如果定义变量时没有指定初值，那么变量会被默认初始化，变量被赋予了"默认值"，这个默认值是什么不仅由变量类型决定，定义变量的位置也会对其产生影响。如果基本数据类型的变量没有被显式地初始化，它的值将由定义的位置决定。定义于任何函数体外的变量被初始化为0；定义在函数体内部的基本数据类型将不被初始化，一个未被初始化的基本数据类型变量的值是未定义的，如果试图复制或以其他形式访问这类值将引发错误。未初始化的变量往往会带来无法预计的后果，且不容易被发现。由于未定义的值不一定导致程

序崩溃或报错,这类变量可能导致程序时对时错,难以把握。基于程序安全的考虑,对于每个基本数据类型的变量,都需要确保其正确初始化。

***3. 变量的存储类型**

变量除了具有数据类型外,还具有存储类型。对于初学编程的读者,在此可以先不理会存储类型,在学习了第5章中有关变量的作用域与可见性后,便会对变量的存储类型有进一步理解。

变量的存储类型决定了其存储方式。

register 存储类型:存放在通用寄存器中。

extern 存储类型:在所有函数和程序段中都可引用。

static 存储类型:在内存中是以固定地址存放的,在整个程序运行期间都有效。

thread_local 存储类型:具有线程存储生存期。thread_local 只能用来修饰命名空间以及块作用域中的变量或者已经被指定为 static 存储类型的变量。具有 thread_local 存储类型的变量,必然具有 static 存储类型的性质,不管是否使用了 static 关键字。

mutable 存储类型:只能用于类数据成员,并且不能与 const 或者 static 同时使用,也不能用来修饰引用变量。mutable 修饰的类数据成员会使其 const 属性无效并允许更改 mutable 类型的类数据成员,但对象中其余的成员仍是 const 类型的。

2.2.4 符号常量

除了前面讲过的直接用文字表示常量外,也可以为常量命名,这就是符号常量。**符号常量在使用之前一定要首先声明**,这一点与变量很相似。常量声明语句的形式为:

```
const 数据类型说明符  常量名=常量值;
```

或:

```
数据类型说明符  const  常量名=常量值;
```

例如,可以声明一个代表圆周率的符号常量:

```
const float PI=3.1415926;
```

注意 符号常量在声明时一定要初始化,而在程序中间不能改变其值。例如,下列语句是错误的:

```
const float PI;                //错!常量在声明时必须被初始化
PI=3.1415926;                  //错!常量不能再被赋值
```

与直接使用文字量相比,给常量起个有意义的名字有利于提高程序的可读性。而且如果程序中多处用到同一个文字常量(如圆周率3.14),当需要对该常量值进行修改时(例如改为3.1416),往往顾此而失彼,引起不一致性。使用符号常量,由于只在声明时赋以初值,修改起来十分简单,因而可以避免因修改常量值带来的不一致性。

*2.2.5 constexpr 与常量表达式

常量表达式是一类值不能发生改变的表达式,其值在编译阶段确定,便于程序优化。之前介绍的常量就是常量表达式,由常量表达式初始化的 const 对象也是常量表达式。一个对象或表达式是否为常量表达式取决于它的类型与初始值,例如:

```
const int max_size=100;           //max_size 是常量表达式
const int limit=max_size+1;       //limit 是常量表达式
int student_size=30;              //student_size 不是常量表达式
const int size=get_size();        //size 不是常量表达式
```

max_size 就是之前介绍的常量,limit 是 const int 类型,且初始值是一个常量,两者都是常量表达式;student_size 尽管初始值为一个常量,但不具有 const 属性,故不是常量表达式,size 是 const 类型,但 get_size()的具体值需要到运行时才能确定,所以也不是常量表达式。

在实际编程中,很难确定初始值是否是常量,为此引入 constexpr 关键字,以便由编译器来验证变量的值是否是一个常量表达式。constexpr 修饰的变量暗含了 const 属性,并且必须由常量表达式初始化。例如:

```
constexpr int size=get_size();
```

尽管不能用普通函数初始化 constexpr 变量的值,但当 get_size()是 constexpr 函数时上述声明能编译通过,这样就确保了 size 是常量表达式。constexpr 函数是一种特殊的函数,该函数应该足够简单以使得编译时就可以确定结果,具体细节将在后续章节介绍。

2.2.6 运算符与表达式

到现在为止,我们了解了 C++ 语言中各种类型数据的特点及其表示形式。那么如何对这些数据进行处理和计算呢?通常当要进行某种计算时,都要首先列出算式,然后求解其值。当利用 C++ 语言编写程序求解问题时也是这样。在程序中,表达式是计算求值的基本单位。

可以简单地将表达式理解为用于计算的公式,它由运算符(例如:+、-、*、/)、运算量(也称操作数,可以是常量、变量等)和括号组成。执行表达式所规定的运算,所得到的结果值便是表达式的值。例如:a+b,x/y 都是表达式。

下面再用较严格的语言给表达式下一个定义,读者如果不能够完全理解也不要紧,表达式在程序中无处不在,而且接下来还要详细讨论各种类型的表达式,用得多了自然也就理解了。

表达式可以被定义为:

- 一个常量或标识对象的标识符是一个最简单的表达式,其值是常量或对象的值。
- 一个表达式的值可以用来参与其他操作,即用作其他运算符的操作数,这就形成了更复杂的表达式。
- 包含在括号中的表达式仍是一个表达式,其类型和值与未加括号时的表达式相同。

C++ 语言中定义了丰富的运算符,如算术运算符、关系运算符、逻辑运算符等。有些运算符需要两个操作数,使用形式为:

```
操作数 1    运算符    操作数 2
```

这样的运算符称为**二元运算符**(或二目运算符)。另一些运算符只需要一个操作数,称为**一元运算符**(或单目运算符)。

运算符具有优先级与结合性。当一个表达式中包含多个运算符时,先进行优先级高的运算,再进行优先级低的运算。如果表达式中出现了多个相同优先级的运算,运算顺序就要看运算符的结合性了。所谓结合性是指当一个操作数左右两边的运算符优先级相同时,按什么样的顺序进行运算,是自左向右,还是自右向左。

下面详细介绍各种类型的运算符及表达式。

1. 算术运算符与算术表达式

C++ 语言中的算术运算符包括基本算术运算符和自增、自减运算符。**由算术运算符、操作数和括号构成的表达式称为算术表达式**。

基本算术运算符有:+(加或正号)、-(减或负号)、*(乘)、/(除)、%(取余)。其中"+"作为正号、"-"作为负号时为一元运算符,其余都为二元运算符。这些基本算术运算符的意义与数学中相应符号的意义是一致的。它们之间的相对优先级关系与数学中也是一致的,即先乘除、后加减,同级运算自左至右进行。

"%"是取余运算,只能用于整型操作数,表达式 a%b 的结果是 a 被 b 除的余数。"%"的优先级与"/"相同。

当"/"用于两个整型数据相除时,其结果取商的整数部分,小数部分被自动舍弃。因此,表达式 1/2 的结果为 0,这一点需要特别注意。结果的符号由两个操作数的符号决定,两个操作数符号相同则商为正,否则商为负。

另外,C++ 语言中的++(自增)、--(自减)运算符是使用方便的两个运算符,它们都是一元运算符。这两个运算符都有前置和后置两种使用形式,如 i++,--j 等。无论写成前置或后置的形式,它们的作用都是将操作数的值增 1(减 1)后,重新写回该操作数在内存中原有的位置。所以如果变量 i 原来的值是 1,计算表达式 i++后,表达式的结果为 2,并且 i 的值也被改变为 2。如果变量 j 原来的值是 2,计算表达式--j 后,表达式的结果为 1,并且 j 的值也被改变为 1。但是,当自增、自减运算的结果要被用来继续参与其他操作时,前置与后置时的情况就完全不同了,前置得到的是运算之后的值,后置得到的运算之前的值。例如,如果 i 的值为 1,则下列两条语句的执行效果是不一样的:

```
cout<<i++;          //首先使 i 自增为 2,然后输出 i 自增前的值 1
cout<<++i;          //首先使 i 自增为 2,然后输出 i 自增后的值 2
```

2. 赋值运算符与赋值表达式

C++ 语言提供了几个赋值运算符,最简单的赋值运算符就是"="。**带有赋值运算符的表达式被称为赋值表达式**。例如,n=n+5 就是一个赋值表达式。赋值表达式的作用就是将等号右边表达式的值赋给等号左边的对象。赋值表达式的类型为等号左边对象的类型,其结果值为等号左边对象被赋值后的值,运算的结合性为自右向左。请看下列赋值表达式的例子:

a=5	表达式的值为 5。
a=b=c=5	表达式的值为 5,a,b,c 均为 5。这个表达式从右向左运算,在 c 被更新为 5 后,表达式 c=5 的值为 5,接着 b 的值被更新为 5,

最后 a 被赋值为 5。

a=5 + (c=6)　　表达式的值为 11,a 为 11,c 为 6。

a=(b=4) + (c=6)　表达式的值为 10,a 为 10,b 为 4,c 为 6。

a=(b=10)/(c=2)　表达式的值为 5,a 为 5,b 为 10,c 为 2。

除了"="以外,C++ 还提供了 10 种复合的赋值运算符:+=、-=、*=、/=、%=、<<=、>>=、&=、^=、|=。其中前 5 个是由赋值运算符与算术运算符复合而成的,后 5 个是赋值运算符与位运算符复合而成的。关于位运算,稍后再做介绍。这 10 种复合的赋值运算符都是二元运算符,优先级与"="相同,结合性也是自右向左。现在举例说明复合赋值运算符的功能,例如:

```
a+=3    等价于   a=a+3
x *=y+8    等价于    x=x*(y+8)
a+=a -=a*a       等价于    a=a+(a=a-a*a)
```

3. 逗号运算和逗号表达式

在 C++ 语言中,逗号也是一个运算符,它的使用形式为:

```
表达式 1, 表达式 2
```

求解顺序为先求解 1,再求解 2,最终结果为表达式 2 的值。

```
a=3*5, a*4        最终结果为 60
```

4. 逻辑运算与逻辑表达式

我们在解决许多问题时都需要进行情况判断,对复杂的条件进行逻辑分析。C++ 语言中也提供了用于比较、判断的关系运算符和用于逻辑分析的逻辑运算符。

关系运算是比较简单的一种逻辑运算,关系运算符及其优先次序为:

<(小于),<=(小于或等于),>(大于),>=(大于或等于),==(等于),!=(不等于)

优先级相同(较高)　　　　优先级相同(较低)

用关系运算符将两个表达式连接起来,就是关系表达式。关系表达式是一种最简单的逻辑表达式,**其结果类型为 bool,值只能为 true 或 false**。

例如:a>b,c<=a+b,x+y==3 都是关系表达式。当 a 大于 b 时,表达式 a>b 的值为 true,否则为 false。当 c 小于或者等于 a+b 时,表达式 c<=a+b 的值为 true,否则为 false。当 x+y 的值为 3 时,表达式 x+y==3 为 true,注意这里是连续的两个等号,不要误写为赋值运算符"="。

若只有简单的关系比较是远不能满足编程需要的,还需要**用逻辑运算符将简单的关系表达式连接起来,构成较复杂的逻辑表达式。逻辑表达式的结果类型为 bool,值只能为 true 或 false**。C++ 语言中的逻辑运算符及其优先次序为:

　　　　!(非)　　&&(与)　　||(或)

优先级次序:　　高　　→　　低

"!"是一元运算符,使用形式是:**! 操作数**。非运算的作用是对操作数取反,如果操作数 a 的值为 true,则表达式!a 的值为 false;如果操作数 a 的值为 false,则表达式 !a 的值为 true。

“&&”和“||”都是二元运算符。“&&”运算的作用是求两个操作数的逻辑“与”,只有当两个操作数的值都为 true 时,与运算结果才为 true,其他情况下“与”运算结果均为 false。“||” 运算的作用是求两个操作数的逻辑“或”,只有当两个操作数的值都为 false 时,“或”运算结果才为 false,其他情况下或运算结果均为 true。

逻辑运算符的运算规则可以用真值表来说明,表 2-4 给出了操作数 a 和 b 值的各种组合,以及逻辑运算的结果。

表 2-4　逻辑运算符的真值表

a	b	!a	a&&b	a||b
true	true	false	true	true
true	false	false	false	true
false	true	true	false	true
false	false	true	false	false

例如,假设已有如下声明:

```
int a=5, b=3, x=10, y=20;
```

则逻辑表达式(a>b) && (x>y)的值为 false。

注意　“&&”和“||”运算符具有“短路”特性,这种特性具体是指:对于“&&”,运行时先对第一个操作数求值,如果其值为 false,则不再对第二个操作数求值,因为这时无论第二个操作数的值是多少,“&&”表达式的值都是 false;类似地,对于“||”,运行时先对第一个操作数求值,如果其值为 true,则不再对第二个操作数求值。

“&&”或“||”的第二个操作数在求值的过程中,还会产生副作用(例如使某些变量的值发生变化,或者产生了输入输出等),这种“短路”特性尤其值得注意。例如,对于(a==b)||(++c==1)这个表达式,a==b 的求值结果会影响到 c 的值,只有当 a==b 结果为 false 时,c 的自增才会被执行。

5. 条件运算符与条件表达式

C++ 语言中唯一的一个三元运算符是条件运算符“?”,它能够**实现简单的选择功能**。条件表达式的形式是:

```
表达式 1 ? 表达式 2 : 表达式 3
```

其中表达式 1 必须是 bool 类型,表达式 2,3 可以是任何类型,且类型可以不同。条件表达式的最终类型为 2 和 3 中较高的类型(介绍类型转换时会解释类型的高与低)。

条件表达式的执行顺序是:先求解表达式 1。若表达式 1 的值为 true,则求解表达式 2,表达式 2 的值为最终结果;若表达式 1 的值为 false,则求解表达式 3,表达式 3 的值为最终结果。注意,条件运算符优先级高于赋值运算符,低于逻辑运算符。结合方向为自右向左。

下面来看看条件表达式的应用举例。

(1) 设 a 和 b 是两个整型变量,则表达式(a<b)? a:b 的功能是求出整数 a 和 b 中较小数的值。

(2) 设变量 score 中存放着某学生的成绩，现在需要对成绩进行判断，若成绩大于或等于 60，则输出“pass”，否则输出“fail”。下列语句可以实现这一功能：

```
cout<<(score>=60 ? "pass" : "fail");
```

6. sizeof 运算符

sizeof 运算符用于计算某种类型的对象在内存中所占的字节数。该操作符使用的语法形式为：

```
sizeof (类型名)
```

或

```
sizeof (表达式)
```

运算结果值为“类型名”所指定的类型或“表达式”的结果类型所占的字节数。注意在这个计算过程中，并不对括号中的表达式本身求值。

7. 位运算

在本章的开头我们曾提到，C 语言同时具有高级语言与汇编语言的优点。具有位运算能力便是这种优点的一个体现。一般的高级语言处理数据的最小单位只能是字节，C 语言却能对数据按二进制位进行操作。当然这一优点现在也被 C++ 完全继承下来了。在 C++ 语言中提供了 6 个位运算符，可以对整数进行位操作。

1) 按位与(&)

按位与操作的作用是将两个操作数对应的每一位分别进行逻辑与操作。

例如：计算 3&5

3：	0 0 0 0 0 0 1 1
5：(&)	0 0 0 0 0 1 0 1
3 & 5：	0 0 0 0 0 0 0 1

使用按位与操作可以将操作数中的若干位置 0(其他位不变)；或者取操作数中的若干指定位。请看下面两个例子。

① 下列语句将 char 型变量 a 的最低位置 0：

```
a=a & 0xfe;
```

② 假设有“char c; int a;”，下列语句取出 a 的低字节，置于 c 中：

```
c=a & 0xff;
```

2) 按位或(|)

按位或操作的作用是将两个操作数对应的每一位分别进行逻辑或操作。

例如：计算 3 | 5

3：	0 0 0 0 0 0 1 1
5：(|)	0 0 0 0 0 1 0 1
3	5：	0 0 0 0 0 1 1 1

使用按位或操作可以将操作数中的若干位置 1(其他位不变)。例如：将 int 型变量 a 的低字节置 1：

```
a= a| 0xff;
```

3) 按位异或(^)

按位异或操作的作用是将两个操作数对应的每一个位进行异或,具体运算规则是:若对应位相同,则该位的运算结果为 0;若对应位不同,则该位的运算结果为 1。

例如:计算 0x39^0x2a

```
       0x39:       0 0 1 1 1 0 0 1
       0x2a:   (^) 0 0 1 0 1 0 1 0
----------------------------------
  0x39^0x2a:       0 0 0 1 0 0 1 1
```

使用按位异或操作可以将操作数中的若干指定位翻转。如果使某位与 0 异或,结果是该位的原值。如果使某位与 1 异或,则结果与该位原来的值相反。

例如:要使 01111010 低 4 位翻转,可以与 00001111 进行异或:

```
        0 1 1 1 1 0 1 0
(^)     0 0 0 0 1 1 1 1
-----------------------
        0 1 1 1 0 1 0 1
```

4) 按位取反(~)

按位取反是一个单目运算符,其作用是对一个二进制数的每一位取反。例如:

```
 025:0000000000010101
~025:1111111111101010
```

5) 移位

C++ 中有两个移位运算符,左移运算(＜＜)和右移运算(＞＞),都是二元运算符。移位运算符左边的操作数是需要移位的数值,右边的操作数是左移或右移的位数。

左移是按照指定的位数将一个数的二进制值向左移位。左移后,低位补 0,移出的高位舍弃。

右移是按照指定的位数将一个数的二进制值向右移位。右移后,移出的低位舍弃。如果是无符号数则高位补 0;如果是有符号数,则高位补符号位或补 0,对这一问题不同的系统可能有不同的处理方法。面向 IA-32 处理器的 VC++ 2008 和 gcc 4.2 采用的都是补符号位的方法。

下面看两个例子。

① 如果有 char 型变量 a 的值为−8,则 a 在内存中的二进制补码值为 11111000,于是表达式 a＞＞2 的值为−2。图 2-2 说明了移位操作的过程。

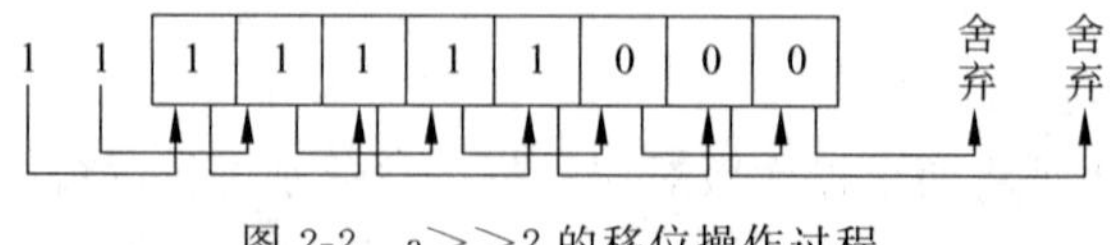

图 2-2　a＞＞2 的移位操作过程

② 表达式 2＜＜1 的值为 4。图 2-3 说明了移位操作的过程。

这里应该注意,移位运算的结果是位运算表达式(a＞＞2 或 2＜＜1)的值,移位运算符左边的表达式(变量 a 和常量 2)值本身并不会被改变。

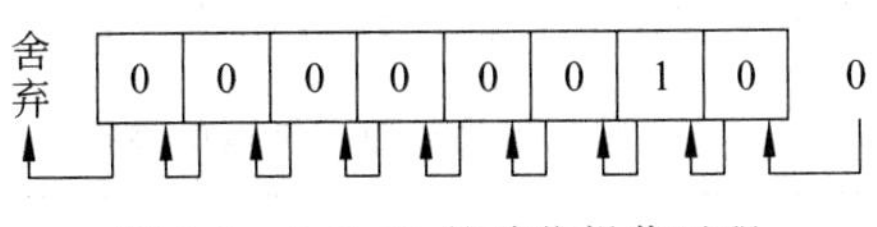

图 2-3　2＜＜1 的移位操作过程

8. 运算符优先级与结合性

在表 2-5 中列出了 C++ 语言中全部运算符的优先级与结合性，其中有一些本章已经介绍过，还有一些将在以后的章节中陆续介绍。

表 2-5　运算符优先级

<table>
<tr><th>优先级</th><th>运算符</th><th>结合性</th></tr>
<tr><td>1</td><td>[]，()，.，－＞，后置＋＋，后置－－</td><td>左→右</td></tr>
<tr><td>2</td><td>前置＋＋，前置－－，sizeof，&，*，＋(正号)，－(负号)，～，!</td><td>右→左</td></tr>
<tr><td>3</td><td>(强制转换类型)</td><td>右→左</td></tr>
<tr><td>4</td><td>.*　，－＞*</td><td>左→右</td></tr>
<tr><td>5</td><td>*，/，%</td><td>左→右</td></tr>
<tr><td>6</td><td>＋，－</td><td>左→右</td></tr>
<tr><td>7</td><td>＜＜，＞＞</td><td>左→右</td></tr>
<tr><td>8</td><td>＜，＞，＜＝，＞＝</td><td>左→右</td></tr>
<tr><td>9</td><td>＝＝，!＝</td><td>左→右</td></tr>
<tr><td>10</td><td>&</td><td>左→右</td></tr>
<tr><td>11</td><td>^</td><td>左→右</td></tr>
<tr><td>12</td><td>|</td><td>左→右</td></tr>
<tr><td>13</td><td>&&</td><td>左→右</td></tr>
<tr><td>14</td><td>||</td><td>左→右</td></tr>
<tr><td>15</td><td>?:</td><td>右→左</td></tr>
<tr><td>16</td><td>＝，*＝，/＝，%＝，＋＝，－＝，＜＜＝，＞＞＝，&＝，^＝，|＝</td><td>右→左</td></tr>
<tr><td>17</td><td>，</td><td>左→右</td></tr>
</table>

9. 混合运算时数据类型的转换

当表达式中出现了多种类型数据的混合运算时，往往需要进行类型转换。表达式中的类型转换分为两种：隐含转换和显式转换。

1）隐含转换

算术运算符、关系运算符、逻辑运算符、位运算符和赋值运算符这些二元运算符，要求两个操作数的类型一致。在算术运算和关系运算中如果参与运算的操作数类型不一致，编译系统会自动对数据进行转换(即隐含转换)。转换的基本原则是**将低类型数据转换为高类型数据**。类型越高，数据的表示范围越大，精度也越高，各种类型的高低顺序如下：

char(unsigned) short (unsigned) int (unsigned) long (unsigned) long long float double

低——————————————————————————→高

表 2-6 中列出了隐含转换的规则。**这种转换是安全的，因为在转换过程中数据的精度没有损失。**

逻辑运算符要求参与运算的操作数必须是 bool 型，如果操作数是其他类型，编译系统会自动将其转换为 bool 型。转换方法是：非 0 数据转换为 true，0 转换为 false。

表 2-6　混合运算时数据类型的转换

<table>
<tr><th colspan="2">条　件</th><th>转　换</th></tr>
<tr><td colspan="2">有一个操作数是 long double 型</td><td>将另一个操作数转换为 long double 型</td></tr>
<tr><td colspan="2">前述条件不满足，并且有一个操作数是 double 型</td><td>将另一个操作数转换为 double 型</td></tr>
<tr><td colspan="2">前述条件不满足，并且有一个操作数是 float 型</td><td>将另一个操作数转换为 float 型</td></tr>
<tr><td rowspan="7">前述条件不满足(两个操作数都不是浮点数)</td><td>有一个操作数是 unsigned long long 型</td><td>将另一个操作数转换为 unsigned long long 型</td></tr>
<tr><td>有一个操作数是 long long 型，另一个操作数是 unsigned long 型</td><td>两个操作数都转换为 unsigned long long 型</td></tr>
<tr><td>有一个操作数是 unsigned long 型</td><td>将另一个操作数转换为 unsigned long 型</td></tr>
<tr><td>有一个操作数是 long 型，另一个操作数是 unsigned int 型</td><td>将两个操作数都转换为 unsigned long 型</td></tr>
<tr><td>有一个操作数是 long 型</td><td>将另一个操作数转换为 long 型</td></tr>
<tr><td>有一个操作数是 unsigned int 型</td><td>将另一个操作数转换为 unsigned int 型</td></tr>
<tr><td>前述条件都不满足</td><td>将两个操作数都转换为 int 型</td></tr>
</table>

位运算的操作数必须是整数，当二元位运算的操作数是不同类型的整数时，编译系统也会自动进行类型转换，转换时也遵循表 2-6 中列出的隐含转换的规则。

赋值运算要求左值(赋值运算符左边的值)与右值(赋值运算符右边的值)的类型相同，若类型不同，编译系统会自动进行类型转换。但这时的转换不适用表 2-6 中列出的隐含转换的规则，而是一律将右值转换为左值的类型。

类型所能表示的值的范围决定了转换的过程：

(1) 当把一个非布尔类型的算术值赋给布尔类型时，算术值为 0 则结果为 false，否则结果为 true。

(2) 当把一个布尔值赋给非布尔类型时，布尔值为 false 则结果为 0，布尔值为 true 则结果为 1。

(3) 当把一个浮点数赋给整数类型时，结果值将只保留浮点数中的整数部分，小数部分将丢失。

(4) 当把一个整数值赋给浮点类型时，小数部分记为 0。如果整数所占的空间超过了浮点类型的容量，精度可能有损失。

(5) 当给无符号类型赋一个超出它表示范围的值时，结果是该值对无符号类型能够表示的数值总数取模之后的余数。例如，8 位的 unsigned char 可以表示 0～255 共 256 个值，如果赋了一个区间外的值，则最终的赋值结果是该值对 256 取模后的余数。因此上面的例子中，把－1 赋给 8 位的 unsigned char 得到的结果是 255。

(6) 当赋给带符号类型一个超出它表示范围的值时，结果是未定义的。此时程序可能继续工作，可能崩溃，也可能产生垃圾数据。

下面的程序段说明了类型转换的规则：

```
float fVal;
double dVal;
int iVal;
unsigned long ulVal;
dVal=iVal * ulVal;        //iVal 被转换为 unsigned long,乘法运算的结果被转换为 double
dVal=ulVal+fVal;          //ulVal 被转换为 float,加法运算的结果被转换为 double
```

2）显式转换

显式类型转换的作用是将表达式的结果类型转换为另一种指定的类型。例如在标准 C++ 之前，显式类型转换语法形式有两种：

```
类型说明符(表达式)          //C++风格的显式转换符号
```

或

```
(类型说明符)表达式          //C 语言风格的显式转换符号
```

这两种写法只是形式上有所不同，功能完全相同。

显式类型转换的作用是将表达式的结果类型转换为类型说明符所指定的类型。例如：

```
float z=7.56, fractionPart;
int wholePart;
wholePart=int(z);        //将 float 型转换为 int 型时,取整数部分,舍弃小数部分
fractionPart=z-(int)z;//用 z 减去其整数部分,得到小数部分
```

标准 C++ 也支持上面两种类型显式转换语法，此外又定义了 4 种类型转换操作符：static_cast、dynamic_cast、const_cast 和 reinterpret_cast，语法形式如下：

```
const_cast<类型说明符>(表达式)
dynamic_cast<类型说明符>(表达式)
reinterpret_cast<类型说明符>(表达式)
static_cast<类型说明符>(表达式)
```

下面对这 4 种类型转换操作符与前面所介绍的两种类型转换语法的关系进行简单介绍。由于我们已经学过的知识有限，所以这里不可能把它们的关系分析得十分透彻，如果读者有所疑惑，也没有关系，读者能够通过后面的学习，对这个问题的认识逐渐清晰。

static_cast、const_cast 和 reinterpret_cast 三种类型转换操作符的功能，都可以用标准 C++ 之前的两种类型转换语法来描述。用“类型说明符(表达式)”和“(类型说明符)表达式”所描述的显式类型转换，也可以用 static_cast、const_cast 和 reinterpret_cast 中的一种或两种的组合加以描述。也就是说，标准 C++ 之前的类型转换语法所能完成的功能被细化为 3 类，分别对应于 static_cast、const_cast 和 reinterpret_cast。初学者如果不能区分这 3 种类型转换操作符，可以统一写成“(类型说明符)表达式”的形式，但这 3 种类型转换操作符的好处在于，由于分类被细化，语义更加明确，也就更不容易出错。

本章所介绍的基本数据类型之间的转换都适用于 static_cast。例如，上例中的 int(z)和(int)z 都可以替换为 static_cast<int>(z)。static_cast 除了在基本数据类型之间转换外，还有其他功能，static_cast 的其他功能和 const_cast、dynamic_cast、reinterpret_cast 的用法

将在后面的章节中陆续介绍。

使用显式类型转换时,应该注意:

- 这种转换可能是不安全的。从上面的例子中可以看到,将高类型数据转换为低类型时,数据精度会受到损失。
- 这种转换是暂时的、一次性的。例如在上面的例子中第 3 行,强制类型转换 int(z)只是将 float 型变量 z 的值取出来,临时转换为 int 型,然后赋给 wholePart。这时变量 z 所在的内存单元中的值并未真正改变,因此再次使用 z 时,用的仍是 z 原来的浮点类型值。

2.2.7 语句

程序的执行流程是由语句来控制的,执行语句便会产生相应的效果。C++ 语言的语句包括空语句、声明语句、表达式语句、选择语句、循环语句、跳转语句、复合语句、标号语句几类。一个独立的分号(;)就构成一个空语句,空语句不产生任何操作。变量的声明就是通过声明语句来实现的。如果在表达式末尾添加一个分号(;)便构成了一个表达式语句,将多个语句用一对花括号包围,便构成一个复合语句。对于其他语句将在本章的 2.4 节详细介绍。

应该注意的是,C++ 语言没有赋值语句也没有函数调用语句,赋值与函数调用功能都是通过表达式来实现的。2.2.6 小节已经介绍了赋值表达式,第 3 章会介绍函数调用。

如果在赋值表达式后面加上分号,便成了语句。例如:

```
a=a+3;
```

便是一个表达式语句,它实现的功能与赋值表达式相同。

表达式与表达式语句的不同点在于:一个表达式可以作为另一个更复杂表达式的一部分,继续参与运算;而语句则不能。

2.3 数据的输入与输出

2.3.1 I/O 流

在 C++ 语言中,将数据从一个对象到另一个对象的流动抽象为“流”。流在使用前要被建立,使用后要被删除。从流中获取数据的操作称为提取操作,向流中添加数据的操作称为插入操作。数据的输入与输出是通过 I/O 流来实现的,cin 和 cout 是预定义的流类对象。cin 用来处理标准输入,通常为键盘输入。cout 用来处理标准输出,通常为屏幕输出。

2.3.2 预定义的插入符和提取符

“<<”是预定义的插入符,作用在流类对象 cout 上便可以实现最一般的屏幕输出。格式如下:

```
cout<<表达式<<表达式…
```

在输出语句中,可以串联多个插入运算符,输出多个数据项。在插入运算符后面可以写任意复杂的表达式,编译系统会自动计算出它们的值并传递给插入符。例如:

```
cout<<"Hello!\n";
```

将字符串"Hello!"输出到屏幕上并换行。

```
cout<<"a+b="<<a+b;
```

将字符串"a+b="和表达式 a+b 的计算结果依次输出在屏幕上。

最一般的键盘输入是将提取符作用在流类对象 cin 上。格式如下：

```
cin>>表达式>>表达式…
```

在输入语句中，提取符可以连续写多个，每个后面跟一个表达式，该表达式通常是用于存放输入值的变量。例如：

```
int a, b;
cin>>a>>b;
```

要求从键盘上输入两个 int 型数，两数之间以空格分隔。若输入：

```
5  6↵
```

这时，变量 a 得到的值为 5，变量 b 得到的值为 6。

2.3.3　简单的 I/O 格式控制

当使用 cin、cout 进行数据的输入和输出时，无论处理的是什么类型的数据，都能够自动按照正确的默认格式处理。但这还是不够，人们经常会需要设置特殊的格式。设置格式有很多方法，将在第 11 章做详细介绍，本节只介绍最简单的格式控制。

C++ I/O 流类库提供了一些操纵符，可以直接嵌入输入输出语句中来实现 I/O 格式控制。要使用操纵符，首先必须在源程序的开头包含 iomanip 头文件。表 2-7 中列出了几个常用的 I/O 流类库操纵符。

表 2-7　常用的 I/O 流类库操纵符

操纵符名	含　义
dec	数值数据采用十进制表示
hex	数值数据采用十六进制表示
oct	数值数据采用八进制表示
ws	提取空白符
endl	插入换行符，并刷新流
ends	插入空字符
setprecision(int)	设置浮点数的小数位数(包括小数点)
setw(int)	设置域宽

例如，要输出浮点数 3.1415 并换行，设置域宽为 5 个字符，小数点后保留两位有效数字，输出语句如下：

```
cout<<setw(5)<<setprecision(3)<<3.1415<<endl;
```

2.4　算法的基本控制结构

学习了数据类型、表达式、赋值语句和数据的输入输出后，可以编写程序完成一些简单的功能了。但是我们现在写的程序还只是一些顺序执行的语句序列。实际上，我们所面对的客观世界远不是这么简单，通常解决问题的方法也不是用这样的顺序步骤就可以描述清楚的。

例如，有一分段函数如下，要求输入一个 x 值，求出 y 值。

$$y=\begin{cases}-1 & (x<0)\\ 0 & (x=0)\\ 1 & (x>0)\end{cases}$$

这个问题人工计算起来并不复杂，但问题是如何将这一计算方法用编程语言描述清楚，使计算机能够计算呢？这个例子虽然可以用两次条件运算符(?:)加以描述，写法是 x<0?−1:(x==0?0:1)，但这种写法缺乏条理性，而且当分支变多、每种分支下所需进行的操作变得复杂时，程序会变得更加混乱。事实上，条件运算符只适合执行最简单的选择判断，对于复杂情况，需要用选择型控制结构。

再举一个简单的例子，例如统计任意一个人群的平均身高。这个问题人工计算起来方法很简单，每一个小学生都会做。但是当统计数据量非常大时，就不得不借助计算机了。而计算机的优势只是在于运算速度快，至于计算方法却必须由我们为它准确地描述清楚。这个算法中的一个主要部分就是进行累加，这种大量重复的相同动作，显然不适宜(数据量大的时候也不可能)用顺序执行的语句来罗列，这就需要用循环型控制结构。

算法的基本控制结构有 3 种：顺序结构、选择结构和循环结构。其中顺序结构的程序是最简单的，我们已经能够编写了，下面详细介绍 C++ 语言中的选择结构和循环结构控制语句。在此之前，为了便于描述算法，先介绍一下程序流程图。流程图是用来描述算法的工具，与自然语言相比，它具有简洁、直观、准确的优点。流程图的标准符号如图 2-4 所示。

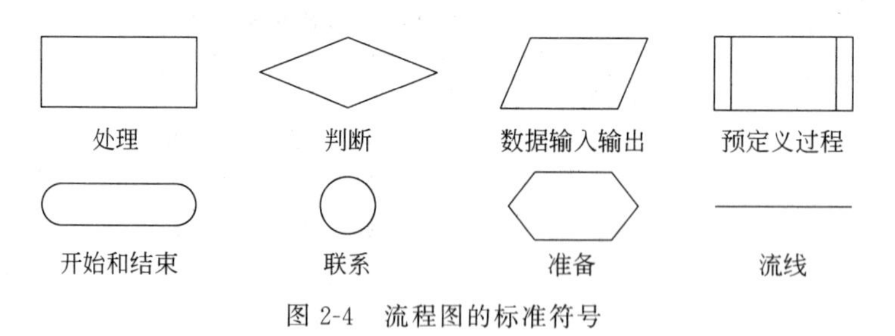

图 2-4　流程图的标准符号

2.4.1　用 if 语句实现选择结构

if 语句是专门用来实现选择型结构的语句。其语法形式为：

```
if  (表达式)  语句 1
else 语句 2
```

执行顺序是：首先计算表达式的值，若表达式为 true 则执行语句 1，否则执行语句 2，如

图 2-5 所示。

其中语句 1 和语句 2 不仅可以是一条语句，而且可以是花括号括起来的多条语句(称为复合语句)。

例如：

```
if (x>y)
    cout<<x;
else
    cout<<y;
```

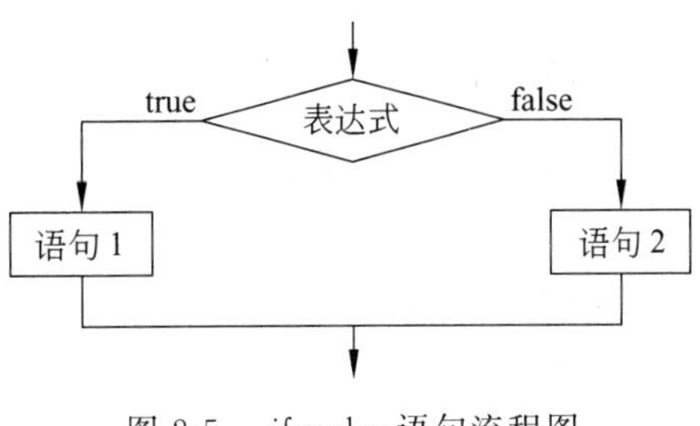

图 2-5　if…else 语句流程图

实现了从 x 和 y 中选择较大的一个输出。

if 语句中的语句 2 可以为空，当语句 2 为空时，else 可以省略，成为如下形式：

```
if  (表达式)  语句
```

例如：

```
if (x>y) cout<<x;
```

例 2-2　输入一个年份，判断是否闰年。

分析：闰年的年份可以被 4 整除而不能被 100 整除，或者能被 400 整除。因此，首先输入年份存放到变量 year 中，如果表达式((year%4==0 && year%100 !=0)||(year%400==0))的值为 true，则是闰年；否则就不是闰年。

源程序：

```
//2_2.cpp
#include <iostream>
using namespace std;
int main() {
    int year;
    bool isLeapYear;

    cout<<"Enter the year: ";
    cin>>year;
    isLeapYear=((year% 4==0 && year% 100 !=0) || (year %  400==0));

    if (isLeapYear)
        cout<<year<<" is a leap year"<<endl;
    else
        cout<<year<<" is not a leap year"<<endl;

    return 0;
}
```

运行结果(有下画线的是输入的内容，其余为输出内容。以后各例题均如此表示)：

```
Enter the year:2000
```

```
2000 is a leap year
```

2.4.2 多重选择结构

有很多问题是一次简单的判断所解决不了的,需要进行多次判断选择。这可以有以下几种方法。

1. 嵌套的 if 语句

语法形式:

```
if  (表达式 1)
     if  (表达式 2)     语句 1
     else   语句 2
else
     if  (表达式 3)     语句 3
     else   语句 4
```

注意 语句 1、2、3、4 可以是复合语句;每层的 if 要与 else 配对,如果省略某一个 else,便要用 {} 括起该层的 if 语句来确定层次关系。

例 2-3 比较两个数的大小。

分析:将两个数 x 和 y 进行比较,结果有 3 种可能性:x=y,x>y,x<y。因此需要进行多次判断,要用多重选择结构,这里选用嵌套的 if…else 语句。

源程序:

```
//2_3.cpp
#include <iostream>
using namespace std;

int main() {
    int x, y;
    cout<<"Enter x and y:";
    cin>>x>>y;

    if (x !=y)
        if (x>y)
            cout<<"x>y"<<endl;
        else
            cout<<"x<y"<<endl;
    else
        cout<<"x=y"<<endl;

    return 0;
}
```

运行结果 1:

```
Enter x and y:5 8
```

```
x<y
```

运行结果 2：

```
Enter x and y:8 8
x=y
```

运行结果 3：

```
Enter x and y:12 8
x>y
```

2. if…else if 语句

如果 if 语句的嵌套都是发生在 else 分支中，就可以应用 if…else if 语句。语法形式为：

```
if    (表达式 1)   语句 1
else   if   (表达式 2)   语句 2
else   if   (表达式 3)   语句 3
              ⋮
else   语句 n
```

其中，语句 1，2，3，…，n 可以是复合语句。if…else if 语句的执行顺序如图 2-6 所示。

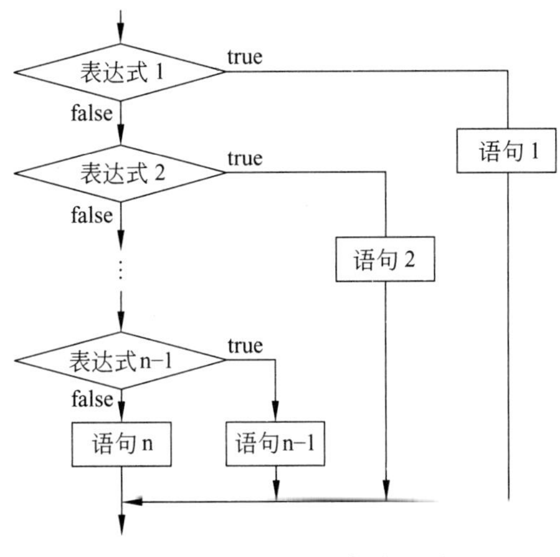

图 2-6　if…else if 语句流程图

3. switch 语句

在有的问题中，虽然需要进行多次判断选择，但是每次都是判断同一表达式的值，这样就没有必要在每个嵌套的 if 语句中都计算一遍表达式的值，为此 C++ 语言中有 switch 语句专门用来解决这类问题。switch 语句的语法形式如下：

```
switch  (表达式)
   {  case     常量表达式 1:语句 1
      case     常量表达式 2:语句 2
                     ⋮
      case     常量表达式 n:语句 n
```

```
    default :   语句 n+1
  }
```

switch 语句的执行顺序是：首先计算 switch 语句中表达式的值，然后在 case 语句中寻找值相等的常量表达式，并以此为入口标号，由此开始顺序执行。如果没有找到相等的常量表达式，则从“default：”开始执行。

使用 switch 语句应注意下列问题。

- switch 语句后面的表达式可以是整型、字符型、枚举型。
- 每个常量表达式的值不能相同，但次序不影响执行结果。
- 每个 case 分支可以有多条语句，但不必用{}。
- 每个 case 语句只是一个入口标号，并不能确定执行的终止点，因此每个 case 分支最后应该加 break 语句，用来结束整个 switch 结构，否则会从入口点开始一致执行到 switch 结构的结束点。
- 当若干分支需要执行相同操作时，可以使多个 case 分支共用一组语句。

例 2-4　输入一个 0～6 的整数，转换成星期输出。

分析：本题需要根据输入的数字决定输出的信息，由于数字 0～6 分别对应 Sunday、Monday 等 7 种情况，因此需要运用多重分支结构。但是每次判断的都是星期数，所以选用 switch 语句最为适宜。

源程序：

```
//2_4.cpp
#include <iostream>
using namespace std;

int main() {
    int day;

    cin>>day;
    switch (day) {
    case 0:
        cout<<"Sunday"<<endl;
        break;
    case 1:
        cout<<"Monday"<<endl;
        break;
    case 2:
        cout<<"Tuesday"<<endl;
        break;
    case 3:
        cout<<"Wednesday"<<endl;
        break;
    case 4:
        cout<<"Thursday"<<endl;
        break;
```

```
    case 5:
        cout<<"Friday"<<endl;
        break;
    case 6:
        cout<<"Saturday"<<endl;
        break;
    default:
        cout<<"Day out of range Sunday ... Saturday"<<endl;
        break;
    }
    return 0;
}
```

运行结果：

```
2
Tuesday
```

2.4.3　循环结构

在 C++ 中有 3 种循环控制语句。

1. while 语句

语法形式：

```
while （表达式） 语句
```

执行顺序是：先判断表达式（循环控制条件）的值，若表达式的值为 true，再执行循环体（语句）。

图 2-7 是 while 语句的流程图。

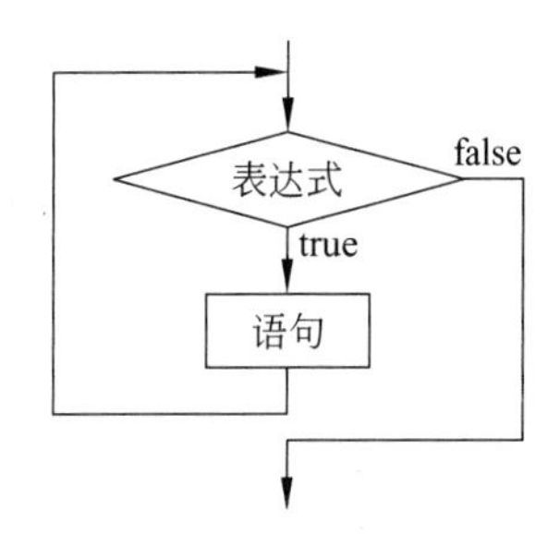

图 2-7　while 语句的流程图

应用 while 语句时应该注意，**一般来说在循环体中，应该包含改变循环条件表达式值的语句**，否则便会造成无限循环（死循环）。

例 2-5　求自然数 1～10 的和。

分析：本题需要用累加算法，累加过程是一个循环过程，可以用 while 语句实现。

源程序：

```
//2_5.cpp
#include <iostream>
using namespace std;

int main() {
    int i=1, sum=0;
    while (i <=10) {
        sum+=i;
        i++;
    }
```

```
    cout<<"sum="<<sum<<endl;
    return 0;
}
```

运行结果:

```
sum=55
```

2. do…while 语句

语法形式:

```
do  语句
while(表达式);
```

执行顺序是:先执行循环体语句,后判断循环条件表达式的值,表达式为 true 时,继续执行循环体,表达式为 false 则结束循环。图 2-8 是 do…while 语句的流程图。

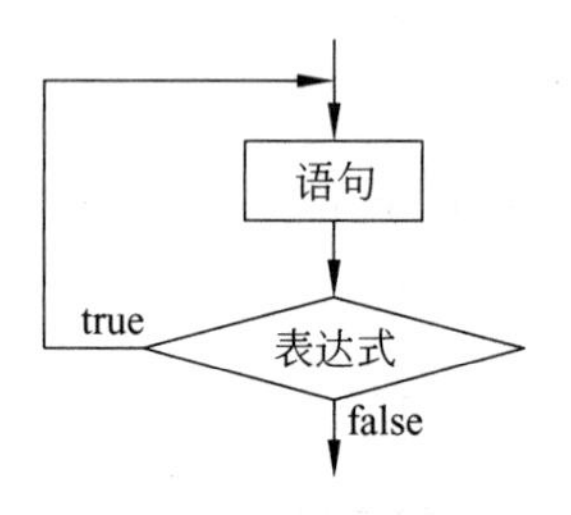

图 2-8 do…while 语句的流程图

与应用 while 语句时一样,应该注意,**在循环体中要包含改变循环条件表达式值的语句**,否则便会造成无限循环(死循环)。

例 2-6 输入一个整数,将各位数字反转后输出。

分析:将一个整数反转输出,即先输出个位然后十位、百位、……,可以采用不断除以 10 取余数的方法,直到商数等于 0 为止。这是一个循环过程,由于无论整数是几,至少要输出一个个位数(即使是 0),因此可以使用 do…while 循环语句,先执行循环体,后判断循环控制条件。

源程序:

```
//2_6.cpp
#include <iostream>
using namespace std;

int main() {
    int n, right_digit;
    cout<<"Enter the number: ";
    cin>>n;

    cout<<"The number in reverse order is ";
    do {
        right_digit=n % 10;
        cout<<right_digit;
        n /=10;
    } while (n !=0);
    cout<<endl;

    return 0;
}
```

运行结果:

```
Enter the number:365
The number in reverse order is 563
```

do…while 与 while 语句都是实现循环结构，两者的区别是：while 语句先判断表达式的值，为 true 时，再执行循环体；而 do…while 语句是先执行循环体，再判断表达式的值，下面的例 2-7 用 do…while 语句完成了与例 2-5 同样的功能。

例 2-7　用 do…while 语句编程，求自然数 1～10 的和。

```
//2_7.cpp
#include <iostream>
using namespace std;

int main() {
    int i=1, sum=0;
    do {
        sum+=i;
        i++;
    } while (i<=10);
    cout<<"sum="<<sum<<endl;

    return 0;
}
```

运行结果：

```
sum=55
```

可以看出与例 2-5 的运行结果是一样的。在大多数情况下，如果循环控制条件和循环体中的语句都相同，while 循环和 do…while 循环的结果是相同的。这是因为，大多数情况下在循环开始时控制条件都为真，所以是否先判断循环控制条件都不影响运行结果。但是如果一开始循环控制条件就为假，这两种循环的执行结果就不同了，do…while 循环至少执行一次循环体，while 循环却一次都不执行。现在将例 2-5 和例 2-7 的题目稍作修改，改为从键盘输入整数 i，请读者分析在输入的 i 值大于 10 和不大于 10 的情况下，下面两个程序的运行结果。

程序 1：

```
#include <iostream>
using namespace std;
int main() {
    int i, sum=0;
    cin>>i;
    while (i<=10) {
        sum+=i;
        i++;
    }
    cout<<"sum="<<sum<<endl;
}
```

程序 2：

```
#include <iostream>
using namespace std;
int main() {
    int i, sum=0;
    cin>>i;
    do {
        sum+=i;
        i++;
    } while (i<=10);
    cout<<"sum="<<sum<<endl;
}
```

3. for 语句

for 语句的使用最为灵活，既可以用于循环次数确定的情况，也可以用于循环次数未知的情况。for 语句的语法形式如下：

```
for  (初始语句;表达式 1;表达式 2)
语句
```

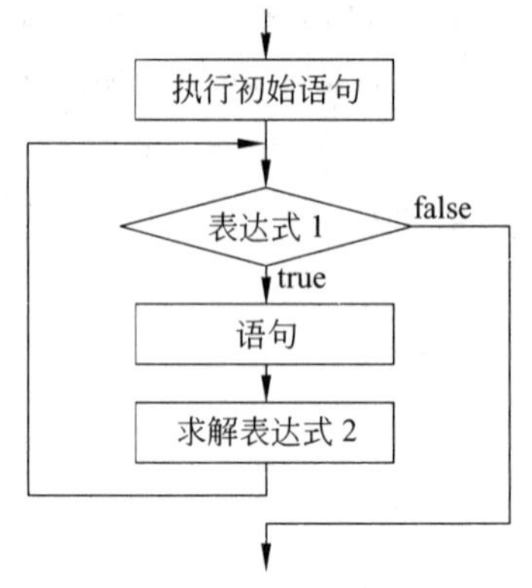

图 2-9　for 语句的执行流程

图 2-9 是 for 语句的执行流程。

由图 2-9 可以看到，for 语句的执行流程是：首先执行初始语句，再计算表达式 1(循环控制条件)的值，并根据表达式 1 的值判断是否执行循环体。如果表达式 1 的值为 true，则执行一次循环体；如果表达式 1 的值为 false，则退出循环。每执行一次循环体后，计算表达式 2 的值，然后再计算表达式 1，并根据表达式 1 的值决定是否继续执行循环体。

关于 for 语句的几点说明如下：

- 初始语句、表达式 1、表达式 2 都可以省略，分号不能省略。如果初始语句、表达式 1、表达式 2 都省略，则成为如下形式：

  ```
  for (;;)  语句      //相当于 while (true)语句
  ```

  将无终止地执行循环体(死循环)。

- 表达式 1 是循环控制条件，如果省略，循环将无终止的进行下去，一般在循环控制条件中包含一个在循环过程中会不断变化的变量，该变量称为循环控制变量。

  例如，对于循环

  ```
  for (i=1; i<=100; i++) sum=sum+i;
  ```

  这里的循环控制条件 i<=100 中的变量 i 就是循环控制变量。

- 初始语句可以是一个表达式语句或声明语句。若它是一个表达式语句，该表达式一般用于给循环控制变量赋初值，也可以是与循环控制变量无关的其他表达式。如果初始语句省略或者是与循环控制变量无关的其他表达式，则应该在 for 语句之前给循环控制变量赋初值。请看下面 3 个程序段。

  程序段 1：

  ```
  for (i=1; i<=100; i++) sum=sum+i;         //在初始语句中给循环控制变量赋初值
  ```

  程序段 2：

  ```
  i=1;                                      //在 for 语句之前给循环控制变量赋初值
  for (;i<=100 ;i++) sum=sum+i;             //省略初始语句
  ```

  程序段 3：

  ```
  i=1;                                      //在 for 语句之前给循环控制变量赋初值
  for (sum=0; i<=100; i++) sum=sum+i;       //初始语句与循环控制变量无关
  ```

- 当初始语句是一个声明语句时，一般是定义循环变量并为它进行初始化。在初始语句中声明的变量，只在循环内部有效。例如，上面的程序段 1 可以写成：

```
for (int i=1; i<=100; i++) sum=sum+i;    //在初始语句中定义变量并初始化
```

习惯　采用这种写法，在初始语句中定义循环变量，是值得推荐的方法，因为用这种方式定义的变量只在循环内部有效，这样的变量用途专一而明确。

- 当初始语句为表达式语句时，可以是简单的表达式，也可以是逗号表达式。例如：

```
for (i=0, j=100; i<=j; i++, j--)   k=i+j;
```

当初始语句是声明语句时，可以包含多个变量的声明，例如：

```
for (int i=0, j=100; i<=j; i++, j--)   k=i+j;
```

- 表达式 2 一般用于改变循环控制变量的值，如果表达式 2 省略或者是其他与循环条件无关的表达式，则应该在循环体中另有语句改变循环控制条件，以保证循环能正常结束。例如：

```
for (sum=0, i=1; i<=100; ) {//表达式 3 省略
    sum=sum+i;
    i++;                     //在循环体中改变循环控制条件
}
```

- 如果省略表达式 1 和 3，只有表达式 2，则完全等同于 while 语句。例如，下列两个程序段完全等同：

```
for (;i<=100;) {
    sum=sum+i;
    i++;
}
```

```
while (i<=100) {
    sum=sum+i;
    i++;
}
```

*** 选学**

for 语句还有另一种更加简洁的写法称为范围 for 语句。在讨论范围 for 语句之前，我们需要先了解一个常用的标准库类型 string，它是一种表示可变长字符序列（字符串）的数据类型，我们将在第 6 章对其做更详细的介绍。string 拥有名为 begin 和 end 的成员函数，分别返回第一个元素的迭代器和尾元素下一位置的迭代器。关于迭代器，会在后续章节详细解释，这里读者只需要知道迭代器是一种通用的元素访问机制，可以用来访问某个元素，也可以从一个元素移动到另一个元素。

范围 for 语法形式为：

```
for (声明: 表达式)
语句
```

其中表达式表示的必须是一个序列，比如数组、vector、string 等类型的对象，这些类型的共同点是拥有能返回迭代器的 begin 和 end 成员。声明定义了循环变量，序列中的每个元素都必须能转换成该变量的类型，确保类型相容最简单的办法是使用 auto 类型说明符，该关键字可以令编译器帮助我们指定合适的类型，如果需要对序列中的元素执行写操作，循环变量必须声明成引用类型。

每次迭代都会将循环变量初始化为序列中的下一个值,之后执行循环体中的语序,当序列中所有元素都处理完毕后循环中止。

下面的一个例子将把string对象中的每个元素数值都加1,它涵盖了范围for语句的几乎所有语法特征:

```
string s="abcde";
for (auto &r: s)
    r+=1;
```

for语句头声明了循环控制变量r,并与s关联到了一起。使用auto关键字让编译器为r指定正确的类型,由于需要改变s中元素的值,r被声明为引用类型。循环体内我们给r赋值,即改变了r所绑定的变量的值。这段代码的结果是将string类型的变量s由"abcde"变为"bcdef"。

将上面的范围for语句改写为等价的传统for语句:

```
for (auto beg=s.begin(), end=s.end(); beg !=end;++beg) {
    auto &r= * beg;
    r+=1;
}
```

可以看到使用范围for语句更为简洁,对于遍历序列的操作更推荐使用范围for语句。

for语句是功能极强的循环语句,完全包含了while语句的功能,除了可以给出循环条件以外,还可以赋初值,使循环变量自动增值等。用for语句可以解决编程中的所有循环问题。

例2-8　输入一个整数,求出它的所有因子。

分析:求一个整数 n 的所有因子可以采用穷举法,对 $1 \sim n$ 的全部整数进行判断,凡是能够整除 n 的均为 n 的因子。这是一个已知循环次数的循环,故可以使用for语句。

源程序:

```
//2_8.cpp
#include <iostream>
using namespace std;

int main() {
    int n;

    cout<<"Enter a positive integer: ";
    cin>>n;
    cout<<"Number  "<<n<<"  Factors  ";

    for (int k=1; k <=n; k++)
        if (n % k==0)
            cout<<k<<"  ";
    cout<<endl;
```

```
    return 0;
}
```

运行结果 1：

```
Enter a positive integer: 36
Number  36   Factors  1  2  3  4  6  9  12  18  36
```

运行结果 2：

```
Enter a positive integer: 7
Number  7   Factors  1  7
```

2.4.4　循环结构与选择结构的嵌套

1. 选择结构的嵌套

前面已经介绍过,利用嵌套的选择结构可以实现多重选择。

2. 循环结构的嵌套

一个循环体内又可以包含另一个完整的循环结构,构成多重循环结构。while、do…while 和 for 三种循环语句可以互相嵌套。

例 2-9　编写程序输出以下图案。

```
      *
     ***
    *****
   *******
   *****
   ***
   *
```

源程序：

```
//2_9.cpp
#include <iostream>
using namespace std;

int main() {
    const int N=4;
    for (int i=1; i<=N; i++) {       //输出前 4 行图案
        for (int j=1; j<=30; j++)
            cout<<' ';      //在图案左侧空 30 列
        for (int j=1; j<=8-2*i; j++)
            cout<<' ';
        for (int j=1; j<=2*i-1; j++)
            cout<<'*';
        cout<<endl;
    }
```

```
    for (int i=1; i<=N-1; i++) {     //输出后3行图案
        for (int j=1; j<=30; j++)
            cout<<' ';     //在图案左侧空30列
        for (int j=1; j<=7-2*i ;j++)
            cout<<'*';
        cout<<endl;
    }
    return 0;
}
```

3. 循环结构与选择结构相互嵌套

循环结构与选择结构可以相互嵌套,以实现复杂算法。选择结构的任意一个分支中都可以嵌套一个完整的循环结构,同样循环体中也可以包含完整的选择结构。例如,下列程序是求100～200不能被3整除的数,for语句的循环体中嵌入了if语句。

```
#include <iostream>
using namespace std;
int main() {
    for (int n=100; n<=200; n++) {
        if (n%3 !=0)
            cout<<n<<endl;
    }
    return 0;
}
```

例2-10　读入一系列整数,统计出正整数个数i和负整数个数j,读入0则结束。

分析:本题需要读入一系列整数,但是整数个数不定,要在每次读入之后进行判断,当读入的数不为0时再进行统计并继续读入。因此使用while循环最为合适,循环控制条件应该是n !=0。由于要判断数的正负并分别进行统计,所以需要在循环内部嵌入选择结构。

源程序:

```
//2_10.cpp
#include <iostream>
using namespace std;

int main() {
    int i=0, j=0, n;
    cout<<"Enter some integers please (enter 0 to quit):"<<endl;
    cin>>n;
    while (n !=0) {
        if (n>0) i+=1;
        else j+=1;
        cin>>n;
    }
    cout<<"Count of positive integers: "<<i<<endl;
```

```
    cout<<"Count of negative integers: "<<j<<endl;
    return 0;
}
```

运行结果：

```
Enter some integers please (enter 0 to quit):
2 3 -19 54 -67 8 3 0
Count of positive integers: 5
Count of negative integers: 2
```

2.4.5　其他控制语句

1. break 语句

出现在 switch 语句或循环体中时，使程序从循环体和 switch 语句内跳出，继续执行逻辑上的下一条语句。break 语句不宜用在别处。

2. continue 语句

可以出现在循环体中，其作用是结束本次循环，接着开始判断决定是否继续执行下一次循环。

3. goto 语句

goto 语句的语法格式为：

```
goto 语句标号
```

其中，"语句标号"是用来标识语句的标识符，放在语句的最前面，并用冒号(:)与语句分开。

goto 语句的作用是使程序的执行流程跳转到语句标号所指定的语句。goto 语句的使用会破坏程序的结构，应该少用或不用。

提示　由于 goto 语句不具有结构性，它的频繁使用会使程序变得混乱，因此 goto 语句被广为诟病。然而，也有适宜使用 goto 语句的地方，例如在一个多重循环的循环体中使执行流程跳出这多重循环，用 break 语句就难以直接做到，这时 goto 语句就能派上用场。

2.5　类型别名与类型推断

为了程序的可读性与类型管理的便利，C++ 语言提供了类型别名和类型推断的功能。

2.5.1　类型别名

在编写程序时，除了可以使用内置的基本数据类型名和自定义的数据类型名以外，还可以为一个已有的数据类型另外命名。这样，就可以根据不同的应用场合，给已有的类型起一些有具体意义的别名，有利于提高程序的可读性。给比较长的类型名另起一个短名，还可以使程序简洁。C++ 语言提供了两种方法用于定义类型别名。

传统的方法是使用关键字 typedef，将一个标识符声明成某个数据类型的别名，然后将这个标识符当作数据类型使用。

类型声明的语法形式是：

```
typedef  已有类型名  新类型名表;
```

其中，新类型名表中可以有多个标识符，它们之间以逗号分隔。可见，在一个 typedef 语句中，可以为一个已有数据类型声明多个别名。

例如：

```
typedef double Area, Volume;
typedef int Natural;
Natural i1,i2;
Area a;
Volume v;
```

另外，还可以使用别名声明来定义一个类型别名。别名声明的语法形式是：

```
using  新类型名=已有类型名;
```

这种方法用关键字 using 作为别名声明的开始，其后紧跟别名和等号，其作用是把等号左侧的名字规定成等号右侧类型的别名。

与 typedef 不同的是，别名声明只能为已有数据类型声明一个别名。上面的例子中

```
typedef double Area, Volume;
```

需要写成：

```
using Area=double;
using Volume=double;
```

2.5.2　auto 类型与 decltype 类型

编程时常常需要将一个表达式的值赋给变量，这要求在声明变量的时候清楚地知道表达式的类型。然而要做到这一点并没有那么容易，有时甚至是做不到的。为了解决这个问题，C++ 标准中引入了 auto 类型说明符，以便让编译器替我们分析表达式所属的类型。和原来那些只对应一种特定类型的说明符(比如 int)不同，auto 让编译器通过初始值自动推断变量的类型。显然，定义 auto 变量必须要有初始值，例如：

```
auto val=val1+val2;
```

上述声明中，val 的类型取决于表达式 val1＋val2 的类型，如果 val1 和 val2 均是 int 类型，那么 val 将是 int 类型；如果 val1 和 val2 均是 double 类型，那么 val 将变成是 double 类型。

与其他类型一样，auto 类型也可以定义多个变量，但是一个声明中只能有一种变量类型，因此变量的初始表达式类型需要一致。例如：

```
auto i=0, j=1;              //正确: i,j 都是 int 类型
auto size=0, pi=3.14;       //错误: size 和 pi 类型不一致
```

在某些情况下，我们定义一个变量与某一表达式的类型相同，但并不想用该表达式初始

化这个变量，这时需要 decltype 变量，它的作用是选择并返回操作数的数据类型。在此过程中编译器分析表达式得到其类型，但没有实际计算表达式的值。使用 decltype 时需要紧跟一个圆括号，圆括号内为一个表达式，声明的变量与该表达式类型一致。一个 decltype 变量声明的例子如下：

```
decltype(i) j=2;
```

上述声明表示 j 以 2 作为初始值，类型与 i 一致。

2.6　深度探索

通过本章的学习，已经能够编写一些简单的 C++ 程序。使用文字和符号所编写的是 C++ 程序的源代码，源代码只有通过C++ 编译器转换为机器代码（目标代码）才能够执行。C++ 语言的一个重要特色是它与底层更加接近，C++ 语言的源代码与编译后生成的目标代码具有较好的对应关系。如果能够对于 C++ 源代码级别的各项功能在底层的实现机制略知一二，则很有助于写好 C++ 程序。本节将抓住变量和表达式这两个要点，对它们的底层实现机制进行分析。

2.6.1　变量的实现机制

在声明一个变量时，需要指定它的数据类型和变量名，在源代码中它们都用文字来表示。虽然这种文字的形式便于人们阅读，但计算机的 CPU 无法直接识别，那么它们在目标代码中又是以什么形式表示的呢？

在 C++ 源程序中，之所以要使用变量名，是为了把不同的变量区别开。在运行程序时，C++ 变量的值都存储在内存中。内存中的每个单元都有一个唯一的编号，这个编号就是它的地址，不同的内存单元的地址互不相同，因此不同名称的变量在运行时占据的内存单元具有互不相同的地址，C++ 的目标代码就是靠地址来区别不同的变量。

下面看一个具体的例子。对于下面这段简单的 C++ 代码：

```
int a=1, b=2;
int main() {
    a++;
    b++;
    return 0;
}
```

将它编译为可执行文件后，再反汇编，得到汇编语言代码。源程序中的 a＋＋和 b＋＋两条语句，对应于下面的代码（用 gcc 4.2 以 IA-32 为目标编译后的反汇编结果）：

```
incl    0x80495f8        //把 0x80495f8 地址中的整数值加 1
incl    0x80495fc        //把 0x80495fc 地址中的整数值加 1
```

提示　所谓反汇编，是指将机器语言代码转换成与之对应的汇编语言代码的过程。由于汇编语言与机器语言的指令具有一一对应的关系，而且汇编语言比机器语言更便于人们理解，所以观察可执行文件反汇编后的代码，便于理解程序的工作机制。

提示　汇编语言代码是以指令为单位的,每条指令占一行,每条指令对应于一条 CPU 可以直接执行的指令。每条指令都包括操作符和操作数,操作符表示这一条指令的操作类型,上面两条指令的操作符都是 incl,用来执行加 1 的操作。操作数表示这一操作执行的对象,操作数可能是一个或多个,不同的操作符所需的操作数数量和用途各不相同,上面两条指令的操作数分别是 0x80495f8 和 0x80495fc,它们在这里就是表示执行 incl 的加 1 操作的内存地址。

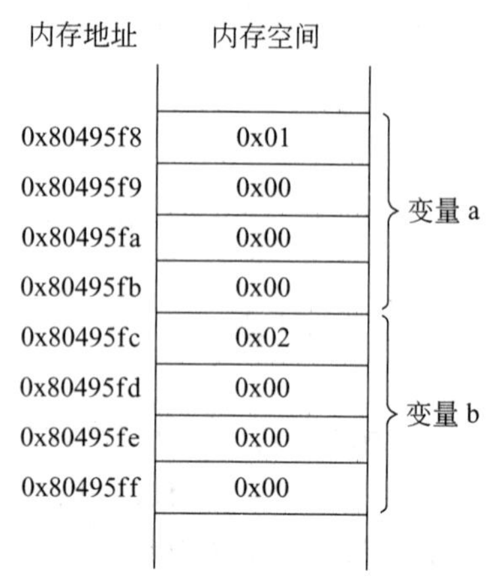

图 2-10　内存空间的地址

incl 0x80495f8 所执行的操作就是将从 0x80495f8 内存地址开始的 4 字节的内容加 1。0x80495f8 和 0x80495fc 就是 a 和 b 两个变量的首地址,二者之差为 4,这是因为它们都在内存中占据 4 字节,它们在内存中的布局如图 2-10 所示,它清楚地显示了,在目标代码中,不同的变量是通过它们各自的地址来加以区别的。

细节　这里的 0x80495f8 和 0x80495fc 其实并不是内存真实的物理地址,而是一个虚拟地址,有兴趣的读者可以参考介绍操作系统原理的相关书籍。

下面再讨论有关数据类型的问题。任何类型的数据,在内存中都是用二进制的形式存储的,一串二进制数,只有与适当的数据类型关联后,才有真实的含义。同样的二进制串可以用来表示不同数据类型下的不同数据。例如,32 位长的二进制数 10111111 10000000 00000000 00000000,既可以表示 int 型的数据－1 082 130 432,又可以表示 unsigned int 型的数据 3 212 836 864,还可以表示 float 型的数据－1.0。

我们先看看,为什么需要对不同的数据类型加以区分。如果对于变量 a 和变量 b,执行下面的操作:

```
int a=-1082130432;      //a 的二进制表示是 10111111 10000000 00000000 00000000
unsigned b=3212836864;  //b 的二进制表示也是 10111111 10000000 00000000 00000000
a++;                    //a 加 1 后的二进制表示是 10111111 10000000 00000000 00000001
b++;                    //b 加 1 后的二进制表示也是 10111111 10000000 00000000 00000001
```

如前所述,a 和 b 的初值具有相同的二进制表示 10111111 10000000 00000000 00000000,a 加 1 后的结果是－1 082 130 431,其二进制表示为 10111111 10000000 00000000 00000001;b 加 1 后的结果则为 3 212 836 865,其二进制表示仍然是 10111111 10000000 00000000 00000001。在这种情况下,即使不对 int 类型和 unsigned 两种类型加以区分,也没有关系,因为 a 和 b 虽然具有不同的类型,但它们经过相同的操作后得到的是相同的结果。

然而,有时的情况会有所不同,例如对 a 和 b 执行的是下列操作:

```
a=a/2;    //a 除以 2 以后的二进制表示是 11011111 11000000 00000000 00000000
b=b/2;    //b 除以 2 以后的二进制表示是 01011111 11000000 00000000 00000000
```

a 除以 2 后的结果应当是－541 065 216,其二进制表示为 11011111 11000000 00000000

00000000;b除以2后的结果应当是1 606 418 432,其二进制表示为01011111 11000000 00000000 00000000。这时,两种不同数据类型的差异就清楚地体现出来了。严格地说,这两个运算在源代码层次上虽然都是除法运算,但对于CPU来说,它们却是两个不同的运算,因为它们能够在操作数的二进制表示相同的情况下得到不同的运算结果。CPU需要用两个不同的指令来处理这两类不同的除法,因此编译器需要把这两个除法编译成两个不同的指令。源代码中为变量规定的数据类型,就是通过编译器在编译各个具体操作时所选择的指令来体现在目标代码中的。

再举一个简单的例子。对于下面的程序片段:

```
short a=-1;                //a的二进制表示为 11111111 11111111
unsigned short b=65535;  //b的二进制表示也是 11111111 11111111
int c, d;
c=a;        //对 a 执行"符号扩展",得到 11111111 11111111 11111111 11111111,赋给 c
d=b;        //对 b 执行"零扩展",得到 00000000 00000000 11111111 11111111,赋给 d
```

short和unsigned short类型的变量都占用2字节,这里的a和b的16个二进制位全为1。在使用a和b分别给c和d赋值时,需要执行从原类型到int类型的转换,这里所执行的是不同的操作。把有符号的a转换为int类型,需要将a的16位复制到c的低16位,然后用a的符号位(1)填充c的高16位,这样得到了全为1的32位二进制数,也就是int类型的-1(这种用符号位填充高位的操作叫作"符号扩展");把无符号的b转换为int类型,需要将b的低16位复制到d的低16位,然后用0填充d的高16位,这样得到了高16位为0、低16位为1的32位二进制数,也就是int类型的65 535(这种用0填充高位的操作叫作"零扩展")。示意图参见图2-11。

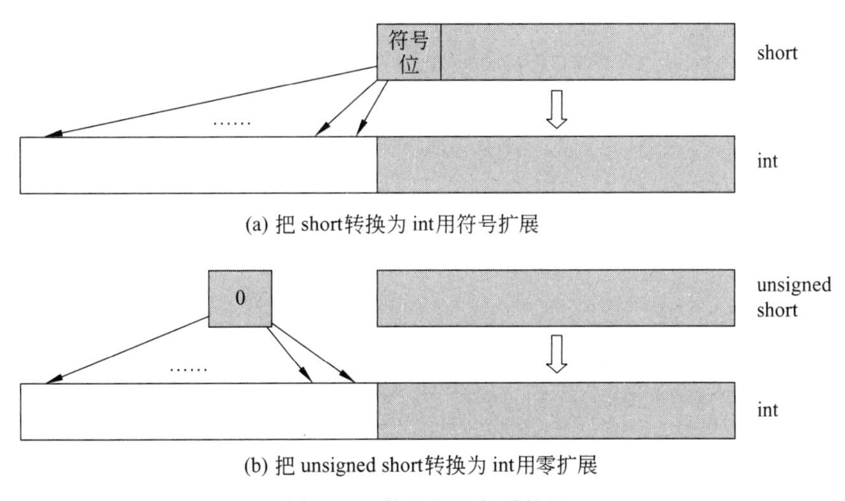

(a) 把short转换为int用符号扩展

(b) 把unsigned short转换为int用零扩展

图2-11　符号扩展与零扩展

细节　由于有些CPU并没有符号扩展的功能,C++标准也允许short到更长的整数的转换采取零扩展的方式来实现,但对于硬件实现了符号扩展功能的目标处理器,一般都采用符号扩展。

这样,**每种类型的全部特性全部蕴含在了它所执行的操作当中,CPU所执行的指令并**

不对操作数的类型加以区分,对各个操作数都执行相同的操作,编译器需要根据变量的数据类型选择适当的指令。如果读者理解了这一点,到后面学习指针时,就会对不慎使用指针时所产生的程序安全性问题有更深刻的理解。

本章曾经对变量的声明和定义加以区别,指出一个变量的声明可以不是定义。通过刚才对变量属性的分析,可以对变量的声明和定义的区别有更准确的理解。

声明一个变量,一方面告诉编译器这个名字表示一个变量,另一方面还指出了它的类型。一个变量只有先声明才能使用,一个重要的原因是,只有当它的类型明确以后,它所参与的每一个表达式才具有完整的意义。当变量的类型未知时,编译器不能够将变量所参与的表达式翻译为合适的操作。

如果一个变量声明同时又是一个变量定义,意味着它指明变量类型的同时,还确定了变量地址的分配位置。由于变量地址的分配位置与变量定义的位置直接相关,在不同位置定义变量意味着为变量分配不同的地址,而一个变量有且只能有一个地址,因此在一个程序中,一个变量有且只能有一次定义。不同存储类型的变量,有不同的地址分配方式,此外,在定义变量的同时为变量赋初值的实现方式,也因变量的存储类型而异,这些都将在后面的章节中加以介绍。

2.6.2　C++语言表达式的执行原理

在探讨C++语言表达式的执行原理之前,首先对CPU中的寄存器加以简单介绍。

虽然内存是存储C++语言变量值的主要场所,但不可能一切读写操作都通过内存,事实上,CPU的大部分读写操作都是对寄存器进行的,寄存器在CPU内部,读写速度非常快,而且CPU可通过内部电路同时读写多个寄存器。

IA-32的通用寄存器有eax、ebx、ecx、edx、esp、ebp、esi、edi八个,它们都是32位寄存器。

下面通过一个具体的例子来说明C++表达式的执行过程。对于下面的源程序:

```
int a, b, c, d;
int main() {
    a=4;
    b=2;
    c=3;
    d=(a+b) * c;
    return 0;
}
```

下面分别分析各行代码的目标代码的反汇编结果。先看a=4到c=3这3条语句,它们的反汇编结果为:

```
movl   $0x4,0x80495d8       //对应"a=4",将32位整数4写入地址0x80495d8
movl   $0x2,0x80495dc       //对应"b=2",将32位整数2写入地址0x80495dc
movl   $0x3,0x80495e0       //对应"c=3",将32位整数3写入地址0x80495e0
```

movl用来把一个4字节(32位)的常数存入一个内存地址中,第一个操作数为常数,第二个操作数为内存地址。这3条指令分别把4、2、3存入a、b、c所对应的内存单元中。

下面的指令都用来执行 d=(a+b) * c：

```
mov     0x80495dc,%eax      //将 0x80495dc 地址内的 32 位整数装入 eax 寄存器
mov     0x80495d8,%ecx      //将 0x80495d8 地址内的 32 位整数装入 ecx 寄存器
add     %eax,%ecx           //将 eax 和 ecx 两寄存器内的数相加,结果放在 ecx 寄存器中
mov     0x80495e4,%eax      //将 0x80495e4 地址内的 32 位整数装入 eax 寄存器
imul    %ecx,%eax           //将 eax 和 ecx 寄存器中的两个 32 位有符号整数相乘,得到一个 64
                            //位整数,结果的低 32 位放入 eax 寄存器,高 32 位放入 edx 寄存器
mov     %eax,0x80495e4      //将 eax 寄存器中的 32 位整数存入 0x80495e4 地址中
```

mov 指令用来在寄存器和内存之间交换数据。前两条 mov 指令分别把 b 变量的值放到 eax 寄存器中，把 a 变量的值放到 ecx 寄存器中。

下面执行“add %eax, %ecx”，它会把 eax 寄存器的值与 ecx 寄存器的值相加，结果存到 ecx 寄存器中。执行完这条指令后，ecx 寄存器的值是 a + b。

接下来的一条 mov 指令，把内存中 c 变量的值放到 eax 寄存器中。

“imul %ecx, %eax”是一条执行有符号整数的乘法的指令，它将 ecx 和 eax 两个 32 位寄存器中的数相乘，得到一个 64 位整数，结果的低 32 位放到 eax 寄存器中，高 32 位放到 edx 寄存器中(高 32 位放到 edx 寄存器中是 imul 指令的规定，与 imul 使用的操作数无关)。执行完这条指令后，eax 寄存器的值变成了(a + b) * c 的低 32 位。

最后一条 mov 指令，用来将 eax 寄存器的值放到 0x80495e4 内存单元中，这就是 d 变量所对应的内存单元。由于 d 变量也是一个 32 位整数，所以这里只取乘法结果的低 32 位即可，edx 寄存器中所存储的高 32 位整数无须理会。

通过本例的分析，可以看出，虽然一个 C++ 表达式可以很复杂，但在执行过程中，只能一步一步执行，每步只能执行一次运算。在运算过程中寄存器发挥了重要作用，不仅需要用寄存器存储变量值，还需要保存每一步运算的中间结果。

C++ 分支语句和循环语句的执行原理，涉及条件跳转，这在 IA-32 中涉及状态字，比较复杂，本书不再加以介绍，感兴趣的读者可以参考介绍 Intel 微处理器汇编语言的相关书籍。

2.7　小结

C++ 语言是从 C 语言发展演变而来的。C 语言最初是贝尔实验室的 Dennis Ritchie 于 1972 年在 B 语言基础上开发出来的，它具有很多优点：语言简洁灵活、运算符和数据结构丰富、具有结构化控制语句、程序执行效率高，而且同时具有高级语言与汇编语言的优点。

C++ 语言便是在 C 语言基础上为支持面向对象的程序设计而研制的一个通用目的的程序设计语言，它是在 1980 年由 AT&T 贝尔实验室的 Bjarne Stroustrup 博士创建的。C++ 语言的主要特点表现在两个方面：一是全面兼容 C；二是支持面向对象的方法。

数据是程序处理的对象，数据可以依其本身的特点进行分类。C++ 中的数据类型又分为基本类型和自定义类型，基本类型是 C++ 编译系统内置的。C++ 的基本数据类型有 bool(布尔型)、char(字符型)、int(整型)、float(浮点型，表示实数)、double(双精度浮点型，简称双精度型)等。除了 bool 型外，主要有两大类：整数和浮点数。因为 char 型从本质上说也是整数类型，它是长度为 1 字节的整数，通常用来存放字符的 ASCII 码。本章还介绍了数

据输入输出的基本方法。

程序设计工作主要包括数据结构和算法的设计。算法要由一系列控制结构组成,顺序、选择和循环结构是程序设计中最基本的控制结构,也是构成复杂算法的基础。

习　　题

2-1 C++语言有哪些主要特点和优点?

2-2 下列标识符哪些是合法的?

Program,-page,_lock,test2,3in1,@mail,A_B_C_D

2-3 例2-1中每条语句的作用是什么?

```
#include <iostream>
using namespace std;
int main() {
    cout<<"Hello!"<<endl;
    cout<<"Welcome to C++!"<<endl;
    return 0;
}
```

2-4 请写出C++语句声明一个常量PI,值为3.1416;再声明一个浮点型变量a,把PI的值赋给a。

2-5 注释有什么作用?C++语言中有哪几种注释的方法?它们之间有什么区别?

2-6 什么叫作表达式?x=5+7是一个表达式吗?它的值是多少?

2-7 下列表达式的值是多少?

① 201/4

② 201 % 4

③ 201/4.0

2-8 执行完下列语句后,a、b、c三个变量的值分别为多少?

```
a=30;
b=a++;
c=++a;
```

2-9 在一个for语句中,可以给多个变量赋初值吗?如何实现?

2-10 执行完下列语句后,n的值为多少?

```
int n;
for (n=0; n<100; n++);
```

2-11 写一条for语句,计数条件为n从100到200,步长为2;然后用while和do…while循环完成同样的循环。

2-12 if (x=3) 和 if (x==3) 这两条语句的差别是什么?

2-13 已知x、y两个变量,写一条简单的if语句,把较小的值赋给原本值较大的变量。

2-14 修改下面这个程序中的错误,改正后它的运行结果是什么?

```
#include <iostream>
using namespace std;
int main()
    int i
    int j;
    i=10;                  //给 i 赋值
    j=20;                  //给 j 赋值
    cout<<"i+j=<<i+j;      //输出结果
    return 0;
}
```

2-15　编写一个程序,运行时提示输入一个数字,再把这个数字显示出来。

2-16　C++ 语言有哪几种数据类型?简述其值域。编程显示你使用的计算机中的各种数据类型的字节数。

2-17　输出 ASCII 码为 32～127 的字符。

2-18　运行下面的程序,观察其输出,与你的设想是否相同?

```
#include <iostream>
using namespace std;
int main() {
    unsigned int x;
    unsigned int y=100;
    unsigned int z=50;
    x=y-z;
    cout<<"Difference is: "<<x<<endl;
    x=z-y;
    cout<<"\nNow difference is: "<<x<<endl;
    return 0;
}
```

2-19　运行下面的程序,观察其输出,体会 i++与++i 的差别。

```
#include <iostream>
using namespace std;
int main() {
    int myAge=39;           //定义并初始化变量
    int yourAge=39;
    cout<<"I am: "<<myAge<<" years old. "<<endl;
    cout<<"You are: "<<yourAge<<" years old. "<<endl;
    myAge++;                //postfix increment
    ++yourAge;              //prefix increment
    cout<<"One year passes... "<<endl;
    cout<<"I am: "<<myAge<<" years old. "<<endl;
    cout<<"You are: "<<yourAge<<" years old. "<<endl;
    cout<<"Another year passes. "<<endl;
    cout<<"I am: "<<myAge++<<" years old. "<<endl;
    cout<<"You are: "<<++yourAge<<" years old. "<<endl;
```

```
    cout<<"Let's print it again. "<<endl;
    cout<<"I am: "<<myAge<<" years old. "<<endl;
    cout<<"You are: "<<yourAge<<" years old. "<<endl;
    return 0;
}
```

2-20　什么叫常量？什么叫变量？

2-21　写出下列表达式的值：

(1) 2<3 && 6<9

(2) !(4<7)

(3) !(3>5) || (6<2)

2-22　若 a=1,b=2,c=3,下列各式的结果是什么？

(1) a|b-c

(2) a^b & -c

(3) a & b|c

(4) a|b & c

2-23　若 a=1,下列各式的结果是什么？

(1) !a|a

(2) ~a|a

(3) a^a

(4) a>>2

2-24　编写一个完整的程序,实现功能：向用户提问“现在正在下雨吗?”,提示用户输入 Y 或 N。若输入为 Y,显示“现在正在下雨。”；若输入为 N,显示“现在没有下雨。”;否则继续提问“现在正在下雨吗?”。

2-25　编写一个完整的程序,运行时向用户提问“你考试考了多少分？(0~100)”,接收输入后判断其等级并显示出来。规则如下：

$$\text{等级} = \begin{cases} \text{优} & 90 \leqslant \text{分数} \leqslant 100 \\ \text{良} & 80 \leqslant \text{分数} < 90 \\ \text{中} & 60 \leqslant \text{分数} < 80 \\ \text{差} & 0 \leqslant \text{分数} < 60 \end{cases}$$

2-26　实现一个简单的菜单程序,运行时显示“Menu: A(dd) D(elete) S(ort) Q(uit), Select one:”提示用户输入,A 表示增加,D 表示删除,S 表示排序,Q 表示退出,输入为 A、D、S 时分别提示“数据已经增加、删除、排序。”输入为 Q 时程序结束。

(1) 要求使用 if … else 语句进行判断,用 break、continue 控制程序流程。

(2) 要求使用 switch 语句。

2-27　用穷举法找出 1~100 的质数并显示出来。分别使用 while、do…while、for 循环语句实现。

2-28　比较 break 语句与 continue 语句的不同用法。

2-29　在程序中定义一个整型变量,赋以 1～100 的值,要求用户猜这个数,比较两个数的大小,把结果提示给用户,直到猜对为止。分别使用 while、do…while 语句实现循环。

2-30　口袋中有红、黄、蓝、白、黑 5 种颜色的球若干个。每次从口袋中取出 3 个不同颜色的球,问有多少种取法?

2-31　输出九九乘法算表。

2-32　有符号整数和无符号整数,在计算机内部是如何区分的?

第 3 章

函　数

C++ 语言继承了 C 语言的全部语法,也包括函数的定义与使用方法。在面向过程的结构化程序设计中,函数是模块划分的基本单位,是对处理问题过程的一种抽象。在面向对象的程序设计中,函数同样有着重要的作用,它是面向对象程序设计中对功能的抽象。

一个较为复杂的系统往往需要划分为若干子系统,然后对这些子系统分别进行开发和调试。高级语言中的子程序就是用来实现这种模块划分的。C 和 C++ 语言中的子程序体现为函数。通常将相对独立的、经常使用的功能抽象为函数。函数编写好以后,可以被重复使用,使用时可以只关心函数的功能和使用方法而不必关心函数功能的具体实现。这样有利于代码重用,可以提高开发效率、增强程序的可靠性,也便于分工合作和修改维护。

3.1　函数的定义与使用

第 2 章例题中出现的 main 就是一个函数,它是 C++ 程序的主函数。一个 C++ 程序可以由一个主函数和若干子函数构成。主函数是程序执行的开始点。由主函数调用子函数,子函数还可以再调用其他子函数。

调用其他函数的被称为**主调函数**,被其他函数调用的称为**被调函数**。一个函数很可能既调用别的函数又被另外的函数调用,这样它可能在某一个调用与被调用关系中充当主调函数,而在另一个调用与被调用关系中充当被调函数。

3.1.1　函数的定义

1. 函数定义的语法形式

```
类型说明符　函数名(含类型说明的形式参数表)
{
    语句序列
}
```

2. 形式参数

形式参数(简称形参)表的内容如下:

```
type1 name1, type2 name2, …, typen namen
```

type1、type2、……、typen 是类型标识符,表示形参的类型。name1、name2、……、namen 是形参名。形参的作用是实现主调函数与被调函数之间的联系,通常将函数所处理的数据、影响函数功能的因素或者函数处理的结果作为形参。

如果一个函数的形参表为空，则表示它没有任何形参，例如第 2 章例题中的 main 函数都没有形参。main 函数也可以有形参，其形参也称命令行参数，由操作系统在启动程序时初始化。不过命令行参数的数量和类型有特殊要求，请读者参考学生用书中本章的实验指导，尝试编写带命令行参数的程序。

函数在没有被调用时是静止的，此时的形参只是一个符号，它标志着在形参出现的位置应该有一个什么类型的数据。函数在被调用时才执行，也是在被调用时才由主调函数将实际参数(简称实参)赋予形参。这与数学中的函数概念相似，例如在数学中我们都熟悉这样的函数形式：

$$f(x)=x^2+x+1$$

这样的函数只有当自变量被赋值以后，才能计算出函数的值。

3. 函数的返回值和返回值类型

函数可以有一个返回值，函数的返回值是需要返回给主调函数的处理结果。类型说明符规定了函数返回值的类型。函数的返回值由 return 语句给出，格式如下：

```
return 表达式;
```

除了指定函数的返回值外，return 语句还有一个作用，就是结束当前函数的执行。

例如，主函数 main 的返回值类型是 int，主函数中的 return 0 语句用来将 0 作为返回值，并且结束 main 函数的执行。main 函数的返回值最终传递给操作系统。

一个函数也可以不将任何值返回给主调函数，这时它的类型标识符为 void，可以不写 return 语句，但也可以写一个不带表达式的 return 语句，用于结束当前函数的调用，格式如下：

```
return;
```

3.1.2　函数的调用

1. 函数的调用形式

在 2.2.3 小节曾经提到过，变量在使用之前需要首先声明，类似地，函数在调用之前也需要声明。函数的定义就属于函数的声明，因此，在定义了一个函数之后，可以直接调用这个函数。但如果希望在定义一个函数前调用它，则需要在调用函数之前添加该函数的**函数原型**声明。函数原型声明的形式如下：

```
类型说明符　函数名 (含类型说明的形参表);
```

与变量的声明和定义类似，声明一个函数只是将函数的有关信息(函数名、参数表、返回值类型等)告诉编译器，此时并不产生任何代码；定义一个函数时除了同样要给出函数的有关信息外，主要是要写出函数的代码。2.5 节讲解过使用 decltype 来获取某个变量或表达式的类型，对于函数返回值的使用方法类似，以简化函数返回值类型定义：

```
int a=10, b=5;
decltype(a) myMax(decltype(a) lhs, decltype(a) rhs){      //返回值类型与 a 保持一致
    return lhs>rhs? lhs:rhs;
}
```

如上定义了函数返回值和形参类型与变量 a 类型一致的取最大值函数。

细节　声明函数时,形参表只要包含完整的类型信息即可,形参名可以省略,也就是说,原型声明的形参表可以按照下面的格式书写:

```
type1, type2, …, typen
```

但这并不是值得推荐的写法,因为形参名可以向编程者提示每个参数的含义。

如果是在所有函数之前声明了函数原型,那么该函数原型在本程序文件中任何地方都有效。也就是说,在本程序文件中任何地方都可以依照该原型调用相应的函数。如果是在某个主调函数内部声明了被调函数原型,那么该原型就只能在这个函数内部有效。

声明了函数原型之后,便可以按如下形式调用子函数:

```
函数名(实参列表)
```

实参列表中应给出与函数原型形参个数相同、类型相符的实参,每个实参都是一个表达式。函数调用可以作为一条语句,这时函数可以没有返回值。函数调用也可以出现在表达式中,这时就必须有一个明确的返回值。

调用一个函数时,首先计算函数的实参列表中各个表达式的值,然后主调函数暂停执行,开始执行被调函数,被调函数中形参的初值就是主调函数中实参表达式的求值结果。当被调函数执行到 return 语句,或执行到函数末尾时,被调函数执行完毕,继续执行主调函数。

例 3-1　编写一个求 x 的 n 次方的函数。

```
//3_1.cpp
#include <iostream>
using namespace std;

//计算 x 的 n 次方
double power(double x, int n) {
    double val=1.0;
    while (n--)
        val *=x;
    return val;
}

int main() {
    cout<<"5 to the power 2 is "<<power(5, 2)<<endl;
    //函数调用作为一个表达式出现在输出语句中
    return 0;
}
```

运行结果:

```
5 to the power 2 is 25
```

本程序中,由于函数 power 的定义位于调用之前,所以无须再对函数原型加以声明。

例 3-2　输入一个 8 位二进制数,将其转换为十进制数输出。

分析:将二进制转换为十进制,只要将二进制数的每一位乘以该位的权然后相加。例如:$(00001101)_2=0\times(2^7)+0\times(2^6)+0\times(2^5)+0\times(2^4)+1\times(2^3)+1\times(2^2)+0\times(2^1)+1\times(2^0)=(13)_{10}$,所以,如果输入 1101,则应输出 13。

这里我们调用例 3-1 中的函数 power 来求 2^n。

源程序:

```
//3_2.cpp
#include <iostream>
using namespace std;

//计算 x 的 n 次方
double power(double x, int n);

int main() {
    int value=0;

    cout<<"Enter an 8 bit binary number: ";
    for (int i=7; i>=0; i--) {
        char ch;
        cin>>ch;
        if (ch=='1')
            value+=static_cast<int>(power(2, i));
    }
    cout<<"Decimal value is "<<value<<endl;
    return 0;
}

double power (double x, int n) {
    double val=1.0;
    while (n--)
        val *=x;
    return val;
}
```

运行结果:

```
Enter an 8 bit binary number: 01101001
Decimal value is 105
```

本程序中,由于 power 函数的定义位于它的调用之后,因此要事先声明 power 函数的原型。

例 3-3　编写程序求 π 的值,公式如下:

$$\pi=16\arctan\left(\frac{1}{5}\right)-4\arctan\left(\frac{1}{239}\right)$$

其中 arctan 用如下形式的级数计算:

$$\arctan x = x - \frac{x^3}{3} + \frac{x^5}{5} - \frac{x^7}{7} + \cdots$$

直到级数某项绝对值不大于 10^{-15} 为止;π 和 x 均为 double 型。

源程序:

```
//3_3.cpp
#include <iostream>
using namespace std;

double arctan(double x) {
    double sqr=x * x;
    double e=x;
    double r=0;
    int i=1;
    while (e/i>1e-15) {
        double f=e/i;
        r=(i%4==1) ? r+f : r-f;
        e=e * sqr;
        i+=2;
    }
    return r;
}

int main() {
    double a=16.0 * arctan(1/5.0);
    double b=4.0 * arctan(1/239.0);
    //注意: 因为整数相除结果取整,如果参数写 1/5,1/239,结果就都是 0
    cout<<"PI="<<a-b<<endl;
    return 0;
}
```

运行结果:

```
PI=3.14159
```

例 3-4　寻找并输出 11～999 的数 m,它满足 m、m^2 和 m^3 均为回文数。

所谓回文数是指其各位数字左右对称的整数。例如:121、676、94249 等。满足上述条件的数如 $m=11$,$m^2=121$,$m^3=1331$。

分析:判断一个数是否回文,可以用除以 10 取余的方法,从最低位开始,依次取出该数的各位数字,然后用最低位充当最高位,按反序重新构成新的数,比较与原数是否相等,若相等,则原数为回文。

源程序:

```
//3_4.cpp
#include <iostream>
```

```
using namespace std;

//判断 n 是否为回文数
bool symm(unsigned n) {
    unsigned i=n;
    unsigned m=0;
    while (i>0) {
        m=m*10+i%10;
        i /=10;
    }
    return m==n;
}

int main() {
    for (unsigned m=11; m<1000; m++)
        if (symm(m) && symm(m*m) && symm(m*m*m)) {
            cout<<"m="<<m;
            cout<<"  m*m="<<m*m;
            cout<<"  m*m*m="<<m*m*m<<endl;
        }
    return 0;
}
```

运行结果：

```
m=11  m*m=121  m*m*m=1331
m=101  m*m=10201  m*m*m=1030301
m=111  m*m=12321  m*m*m=1367631
```

例 3-5　计算如下公式，并输出结果。

$$k=\begin{cases}\sqrt{\sin^2 r+\sin^2 s} & (r^2\leqslant s^2)\\ \frac{1}{2}\sin(rs) & (r^2>s^2)\end{cases}$$

其中 r、s 的值由键盘输入。$\sin x$ 的近似值按如下公式计算：

$$\sin x=\frac{x}{1!}-\frac{x^3}{3!}+\frac{x^5}{5!}-\frac{x^7}{7!}+\cdots=\sum_{n=1}^{\infty}(-1)^{n-1}\frac{x^{2n-1}}{(2n-1)!}$$

计算精度为 10^{-10}，当某项的绝对值小于计算精度时，停止累加，累加和即为该精度下的$\sin x$的近似值。

源程序：

```
//3_5.cpp
#include <iostream>
#include <cmath>   //头文件 cmath 中具有对 C++标准库中数学函数的说明
using namespace std;

const double TINY_VALUE=1e-10;
```

```
double tsin(double x) {
    double g=0;
    double t=x;
    int n=1;
    do {
        g+=t;
        n++;
        t=-t * x * x/(2 * n-1)/(2 * n-2);
    } while (fabs(t)>=TINY_VALUE);
    return g;
}

int main() {
    double k, r, s;
    cout<<"r=";
    cin>>r;
    cout<<"s=";
    cin>>s;
    if (r * r <=s * s)
        k=sqrt(tsin(r) * tsin(r)+tsin(s) * tsin(s));
    else
        k=tsin(r * s)/2;
    cout<<k<<endl;
    return 0;
}
```

运行结果:

```
r=5
s=8
1.37781
```

本程序中用到了两个标准 C++ 的系统函数——绝对值函数 double fabs(double x)和平方根函数 double sqrt(double x),它们的原型都在 cmath 头文件中定义。3.5 节将专门介绍标准 C++ 的系统函数。

例 3-6　投骰子的随机游戏。

游戏规则是:每个骰子有 6 面,点数分别为 1、2、3、4、5、6。游戏者在程序开始时输入一个无符号整数,作为产生随机数的种子。

每轮投两次骰子,第一轮如果和数为 7 或 11 则为胜,游戏结束;和数为 2、3 或 12 则为负,游戏结束;和数为其他值则将此值作为自己的点数,继续第二轮、第三轮……直到某轮的和数等于点数则取胜,若在此前出现和数为 7 则为负。

由 rollDice 函数负责模拟投骰子、计算和数并输出和数。

提示　系统函数 int rand(void)的功能是产生一个伪随机数,伪随机数并不是真正随机的。这个函数自己不能产生真正的随机数。如果在程序中连续调用 rand,期望由此可以产生一个随机数序列，你会发现每次运行这个程序时产生的序列都是相同的，这称为伪随机数序列。这是因为函数 rand 需要一个称为“种子”的初始值，种子不同，产生的伪随机数也就不同。因此只要每次运行时给予不同的种子，然后连续调用 rand 便可以产生不同的随机数序列。如果不设置种子，rand 总是默认种子为 1。不过设置种子的方法比较特殊，不是通过函数的参数，而是在调用它之前，需要首先调用另外一个函数 void srand(unsigned int seed)为其设置种子，其中的参数 seed 便是种子。

源程序：

```
//3_6.cpp
#include <iostream>
#include <cstdlib>
using namespace std;

//投骰子,计算和数,输出和数
int rollDice() {
    int die1=1+rand()%6;
    int die2=1+rand()%6;
    int sum=die1+die2;
    cout<<"player rolled "<<die1<<"+"<<die2<<"="<<sum<<endl;
    return sum;
}

enum GameStatus {WIN, LOSE, PLAYING};

int main() {
    int sum, myPoint;
    GameStatus status;

    unsigned seed;
    cout<<"Please enter an unsigned integer: ";
    cin>>seed;          //输入随机数种子
    srand(seed);        //将种了传递给 rand()

    sum=rollDice(); //第一轮投骰子、计算和数
    switch (sum) {
    case 7:             //如果和数为 7 或 11 则为胜,状态为 WIN
    case 11:
        status=WIN;
        break;
    case 2:             //和数为 2、3 或 12 则为负,状态为 LOSE
    case 3:
    case 12:
        status=LOSE;
        break;
    default:            //其他情况,游戏尚无结果,状态为 PLAYING,记下点数,为下一轮做准备
```

```
        status=PLAYING;
        myPoint=sum;
        cout<<"point is "<<myPoint<<endl;
        break;
    }

    while (status==PLAYING) {       //只要状态仍为 PLAYING,就继续进行下一轮
        sum=rollDice();
        if (sum==myPoint)           //某轮的和数等于点数则取胜,状态置为 WIN
            status=WIN;
        else if (sum==7)            //出现和数为 7 则为负,状态置为 LOSE
            status=LOSE;
    }

    //当状态不为 PLAYING 时上面的循环结束,以下程序段输出游戏结果
    if (status==WIN)
        cout<<"player wins"<<endl;
    else
        cout<<"player loses"<<endl;

    return 0;
}
```

运行结果 1:

```
Please enter an unsigned integer:8
player rolled 5+1=6
point is 6
player rolled 6+6=12
player rolled 6+4=10
player rolled 6+6=12
player rolled 6+6=12
player rolled 3+2=5
player rolled 2+2=4
player rolled 3+4=7
player loses
```

运行结果 2:

```
Please enter an unsigned integer:23
player rolled 6+3=9
point is 9
player rolled 5+4=9
player wins
```

2. 嵌套调用

函数允许嵌套调用。如果函数 1 调用了函数 2,函数 2 再调用函数 3,便形成了函数的

嵌套调用。

例 3-7　输入两个整数,求它们的平方和。

分析:虽然这个问题很简单,但是为了说明函数的嵌套调用问题,在这里设计两个函数:求平方和函数 fun1 和求一个整数的平方函数 fun2。由主函数调用 fun1,fun1 又调用 fun2。

源程序:

```
//3_7.cpp
#include <iostream>
using namespace std;

int fun2(int m) {
    return m * m;
}

int fun1(int x,int y) {
    return fun2(x)+fun2(y);
}

int main() {
    int a, b;
    cout<<"Please enter two integers(a and b): ";
    cin>>a>>b;
    cout<<"The sum of square of a and b: "<<fun1(a, b)<<endl;
    return 0;
}
```

运行结果:

```
Please enter two integers(a and b):3 4
The sum of square of a and b:25
```

图 3 1 说明了例 3-7 函数的调用过程,图中标号标明了执行顺序。

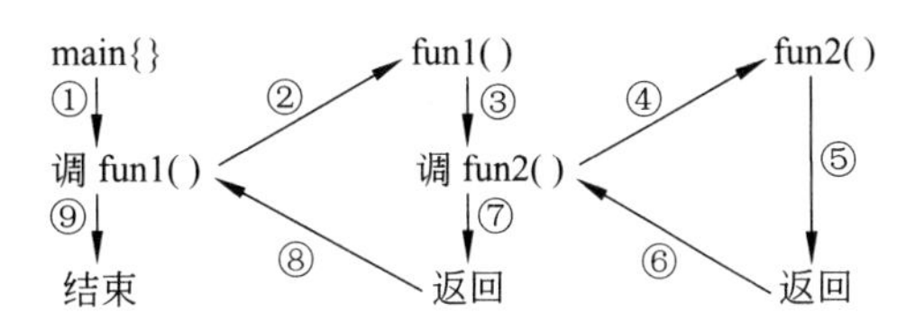

图 3-1　例 3-7 函数的调用过程

3. 递归调用

函数可以直接或间接地调用自身,称为递归调用。

所谓直接调用自身,就是指在一个函数的函数体中出现了对自身的调用表达式,例如:

```
void fun1() {
   …
```

```
    fun1();          //调用 fun1 自身
    …
}
```

就是函数直接调用自身的例子。

而下面的情况是函数间接调用自身:

```
void fun1() {
    …
    fun2();
    …
}
void fun2() {
    …
    fun1();
    …
}
```

这里 fun1 调用了 fun2,而 fun2 又调用了 fun1,于是构成了递归。

递归算法的实质是将原有的问题分解为新的问题,而解决新问题时又用到了原有问题的解法。按照这一原则分解下去,每次出现的新问题都是原有问题的简化的子集,而最终分解出来的问题,是一个已知解的问题。这便是有限的递归调用。只有有限的递归调用才是有意义的,无限的递归调用永远得不到解,没有实际意义。

递归的过程有两个阶段。

第一阶段:递推。将原问题不断分解为新的子问题,逐渐从未知向已知推进,最终达到已知的条件,即递归结束的条件,这时递推阶段结束。

例如,求 5!,可以这样分解:

5!=5×4! →4!=4×3! →3!=3×2! →2!=2×1! →1!=1×0! →0!=1

未知————————————————————→已知

第二阶段:回归。从已知的条件出发,按照递推的逆过程,逐一求值回归,最后达到递推的开始处,结束回归阶段,完成递归调用。

例如,求 5!的回归阶段如下:

5!=5×4!=120←4!=4×3!=24←3!=3×2!=6←2!=2×1!=2←1!=1×0!=1←0!=1

未知←————————————————————已知

例 3-8　求 $n!$。

分析:计算 $n!$的公式如下:

$$n!=\begin{cases}1 & (n=0)\\ n(n-1)! & (n>0)\end{cases}$$

这是一个递归形式的公式,在描述"阶乘"算法时又用到了"阶乘"这一概念,因而编程时也自然采用递归算法。递归的结束条件是 $n=0$。

源程序:

```
//3_8.cpp
```

```
#include <iostream>
using namespace std;

//计算n的阶乘
unsigned fac(unsigned n) {
    unsigned f;
    if (n==0)
        f=1;
    else
        f=fac(n-1) * n;
    return f;
}

int main() {
    unsigned n;
    cout<<"Enter a positive integer: ";
    cin>>n;
    unsigned y=fac(n);
    cout<<n<<"!="<<y<<endl;
    return 0;
}
```

运行结果：

```
Enter a positive integer: 8
8!=40320
```

注意 对同一个函数的多次不同调用中，编译器会为函数的形参和局部变量分配不同的空间，它们互不影响。例如，在执行 fac(2)时调用 fac(1)时，会用 1 为该调用中作为被调函数的 fac 函数的形参 n 初始化，但这不会改变作为主调函数的 fac 中的形参 n 的值，也就是说当 fac(1)返回后，读取 n 的值时仍然能够得到 2 这一结果。对于 fac 函数中定义的变量 f 也一样。这一问题涉及变量的生存期，会在第 5 章详细讨论。

例 3-9 用递归法计算从 n 个人中选择 k 个人组成一个委员会的不同组合数。

分析：由 n 个人里选 k 个人的组合数

=由 $n-1$ 个人里选 k 个人的组合数+由 $n-1$ 个人里选 $k-1$ 个人的组合数

由于计算公式本身是递归的，因此可以编写一个递归函数来完成这一功能，递推的结束条件是 $n=k$ 或 $k=0$，这时的组合数为 1，然后开始回归。

源程序：

```
//3_9.cpp
#include <iostream>
using namespace std;

//计算从n个人里选k个人的组合数
int comm(int n, int k) {
```

```
    if (k>n)
        return 0;
    else if (n==k || k==0)
        return 1;
    else
        return comm(n-1, k)+comm(n-1, k-1);
}

int main() {
    int n, k;
    cout<<"Please enter two integers n and k: ";
    cin>>n>>k;
    cout<<"C(n, k)="<<comm(n, k)<<endl;
    return 0;
}
```

运行结果：

```
Please enter two integers n and k: 18 5
C(n, k)=8568
```

例 3-10　汉诺塔问题。

有三根针 A、B、C。A 针上有 n 个盘子，盘子大小不等，大的在下，小的在上，如图 3-2 所示。要求把这 n 个盘子从 A 针移到 C 针，在移动过程中可以借助 B 针，每次只允许移动一个盘，且在移动过程中在三根针上都保持大盘在下，小盘在上。

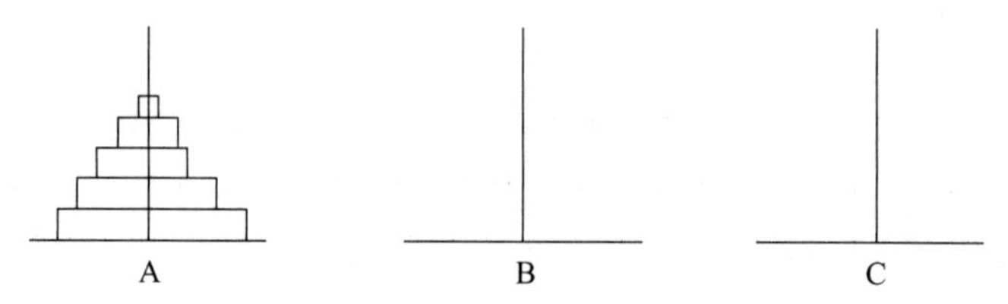

图 3-2　汉诺塔问题示意图

分析：将 n 个盘子从 A 针移到 C 针可以分解为下面三个步骤。

(1) 将 A 上 $n-1$ 个盘子移到 B 针上(借助 C 针)。

(2) 把 A 针上剩下的一个盘子移到 C 针上。

(3) 将 $n-1$ 个盘子从 B 针移到 C 针上(借助 A 针)。

事实上，上面 3 个步骤包含两种操作：

(1) 将多个盘子从一个针移到另一个针上，这是一个递归的过程。

(2) 将 1 个盘子从一个针上移到另一针上。

于是用两个函数分别实现上面两种操作，用 hanoi 函数实现第(1)种操作，用 move 函数实现第(2)种操作。

源程序：

```
//3_10.cpp
```

```
#include <iostream>
using namespace std;

//把 src 针的最上面一个盘子移动到 dest 针上
void move(char src, char dest) {
    cout<<src<<" -->"<<dest<<endl;
}

//把 n 个盘子从 src 针移动到 dest 针,以 medium 针作为中介
void hanoi(int n, char src, char medium, char dest) {
    if (n==1)
        move(src, dest);
    else {
        hanoi(n-1, src, dest, medium);
        move(src, dest);
        hanoi(n-1, medium, src, dest);
    }
}

int main() {
    int m;
    cout<<"Enter the number of disks: ";
    cin>>m;
    cout<<"the steps to move "<<m<<" disks:"<<endl;
    hanoi(m, 'A', 'B', 'C');
    return 0;
}
```

运行结果：

```
Enter the number of disks:3
the steps to move 3 disks:
A -->C
A -->B
C -->B
A -->C
B -->A
B -->C
A -->C
```

3.1.3　函数的参数传递

在函数未被调用时，函数的形参并不占有实际的内存空间，也没有实际的值。只有在函数被调用时才为形参分配存储单元，并将实参与形参结合。每个实参都是一个表达式，其类型必须与形参相符。函数的参数传递指的就是形参与实参结合（简称形实结合）的过程，形实结合的方式有值传递和引用传递。

1. 值传递

值传递是指当发生函数调用时,给形参分配内存空间,并用实参来初始化形参(直接将实参的值传递给形参)。这一过程是参数值的单向传递过程,一旦形参获得了值便与实参脱离关系,此后无论形参发生了怎样的改变,都不会影响实参。

例 3-11　将两个整数交换次序后输出。

```
//3_11.cpp
#include <iostream>
using namespace std;

void swap(int a, int b) {
    int t=a;
    a=b;
    b=t;
}

int main() {
    int x=5, y=10;
    cout<<"x="<<x<<"    y="<<y<<endl;
    swap(x, y);
    cout<<"x="<<x<<"    y="<<y<<endl;
    return 0;
}
```

运行结果:

```
x=5       y=10
x=5       y=10
```

分析:从上面的运行结果可以看出,并没有达到交换的目的。这是因为,采用的是值传递,函数调用时传递的是实参的值,是单向传递过程。形参值的改变对实参不起作用。图 3-3是程序执行时变量的情况。

2. 引用传递

我们已经看到,值传递时参数是单向传递,那么如何使在子函数中对形参做的更改对主函数中的实参有效呢?这就需要使用引用传递。

引用是一种特殊类型的变量,可以被认为是另一个变量的别名,通过引用名与通过被引用的变量名访问变量的效果是一样的,例如:

```
int i, j;
int &ri=i;          //建立一个 int 型的引用 ri,并将其初始化为变量 i 的一个别名
j=10;
ri=j;               //相当于 i=j;
```

使用引用时必须注意下列问题。

- 声明一个引用时,必须同时对它进行初始化,使它指向一个已存在的对象。
- 一旦一个引用被初始化后,就不能改为指向其他对象。

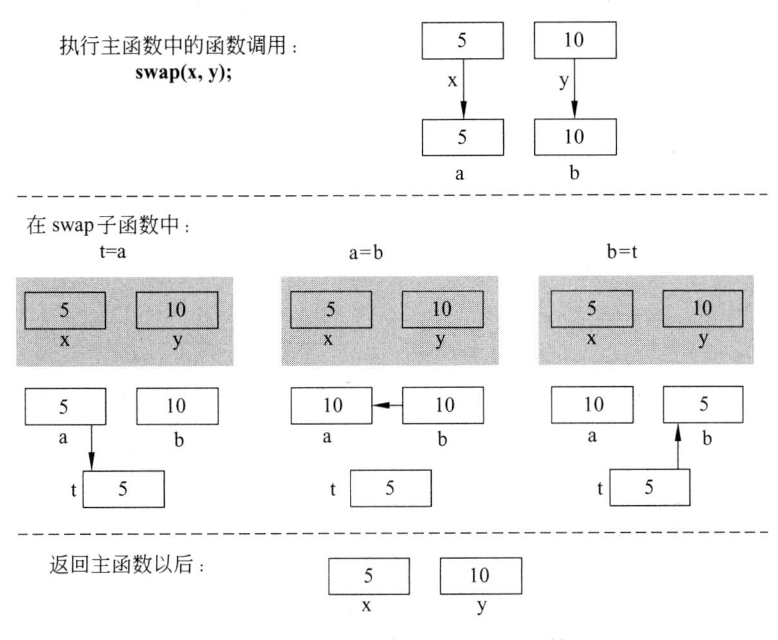

图 3-3　例 3-11 程序执行时变量的情况

也就是说，一个引用，从它诞生之时起，就必须确定是哪个变量的别名，而且始终只能作为这一个变量的别名，不能另作他用。

引用也可以作为形参，如果将引用作为形参，情况便稍有不同。这是因为，形参的初始化不在类型说明时进行，而是在执行主调函数中的调用表达式时，才为形参分配内存空间，同时用实参来初始化形参。这样引用类型的形参就通过形实结合，成为实参的一个别名，对形参的任何操作也就会直接作用于实参。

用引用作为形参，在函数调用时发生的参数传递，称为引用传递。

例 3-12　使用引用传递改写例 3-11 的程序，使两整数成功地进行交换。

```
//3_12.cpp
#include <iostream>
using namespace std;

void swap(int &a, int &b) {
    int t=a;
    a=b;
    b=t;
}

int main() {
    int x=5, y=10;
    cout<<"x="<<x<<"    y="<<y<<endl;
    swap(x, y);
    cout<<"x="<<x<<"    y="<<y<<endl;
    return 0;
```

```
}
```

运行结果:

```
x=5    y=10
x=10   y=5
```

分析:从运行结果可以看出,改用引用传递后成功地实现了交换。引用传递与值传递的区别只是函数的形参写法不同。主调函数中的调用表达式是完全一样的。图 3-4 是程序执行时变量的情况。

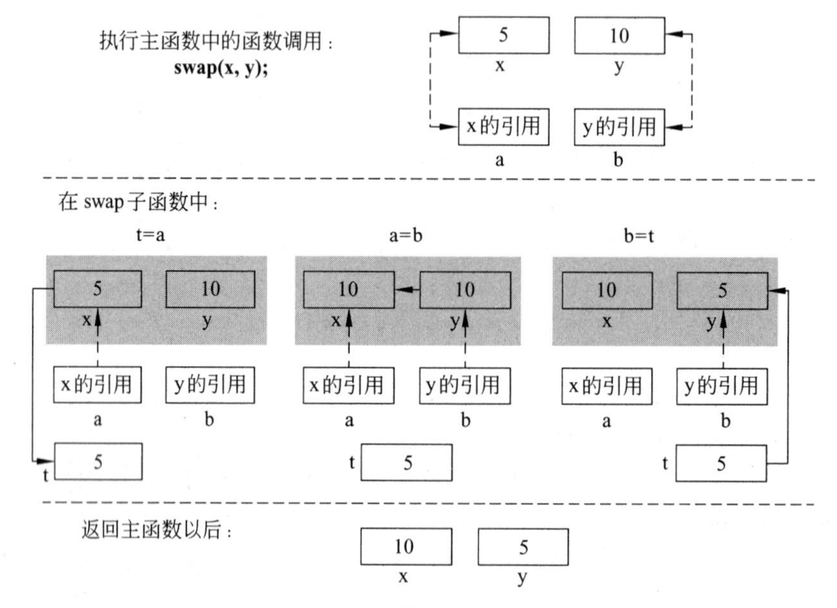

图 3-4　例 3-12 程序执行时变量的情况

例 3-13　值传递与引用传递的比较。

```
//3_13.cpp
#include <iostream>
#include <iomanip>
using namespace std;

void fiddle(int in1, int &in2) {
    in1=in1+100;
    in2=in2+100;
    cout<<"The values are ";
    cout<<setw(5)<<in1;
    cout<<setw(5)<<in2<<endl;
}

int main() {
    int v1=7, v2=12;
    cout<<"The values are ";
```

```
    cout<<setw(5)<<v1;
    cout<<setw(5)<<v2<<endl;
    fiddle(v1, v2);
    cout<<"The values are ";
    cout<<setw(5)<<v1;
    cout<<setw(5)<<v2<<endl;
    return 0;
}
```

运行结果：

```
The values are     7   12
The values are   107 112
The values are     7 112
```

分析：子函数 fiddle 的第一个参数 in1 是普通的 int 型，被调用时传递的是实参 v1 的值，第二个参数 in2 是引用，被调用时由实参 v2 初始化后成为 v2 的一个别名。于是在子函数中对参数 in1 的改变不影响实参，而对形参 in2 的改变实质上就是对主函数中变量 v2 的改变。因而返回主函数后，v1 值没有变化，而 v2 值发生了变化。

3. 含有可变数量形参的函数

当无法提前预知应该向函数传递几个实参时，例如，在编写代码输出程序产生错误信息时，最好统一用一个函数实现该功能，使得对所有错误的处理能够整齐划一。然而错误信息的种类不同，调用错误信息输出函数时传递的参数也会各不相同。

为了编写能处理不同数量实参的函数，C++ 标准中提供了两种主要的方法：如果所有的实参类型相同，可以传递一个名为 initializer_list 的标准库类型；如果实参的类型不同，可以编写可变参数模板的类，关于它的细节将在 9.5 节进行介绍。

initializer_list 是一种标准库类型，用于表示某种特定类型的值的数组，该类型定义在同名的头文件中。

initializer_list 提供的操作：

initializer_list<T> lst：默认初始化；T 类型元素的空列表。

initializer_list<T> lst{a, b, c…}：lst 的元素数量和初始值一样多；lst 的元素是对应初始值的副本；列表中的元素是 const。

lst2(lst)，lst2＝lst：复制或者赋值一个 initializer_list 对象但不复制列表中的元素；复制后原始列表和副本共享元素。

lst.size()：列表中的元素数量。

lst.begin()：返回指向 lst 首元素的指针。

lst.end()：返回指向 lst 尾元素下一位置的指针。

initializer_list 是一个类模板，模板相关内容会在第 9 章详细介绍，在这里先试着使用它。

使用模板时，需要在模板名字后面跟一对尖括号，括号内给出类型参数。例如：

```
initializer_list<string> ls;     //initializer_list 的元素类型是 string
initializer_list<int>li;         //initializer_list 的元素类型是 int
```

initializer_list 比较特殊的一点是，其对象中的元素永远是常量值，人们无法改变 initializer_list 对象中元素的值。

接下来使用 initializer_list 编写一个错误信息输出函数，使其可以作用于可变数量的形参：

```
void print_err(initializer_list<string>lst) {
    for (auto beg=lst.begin(); beg !=lst.end();++beg)
        cout<< * beg<<' ';
    cout<<endl;
}
```

如果想向 initializer_list 形参中传递一个值的序列，则必须把序列放在一对花括号内，例如：

```
//expected 和 actual 是 string 对象
if (expected !=actual)
    print_err( {"return", actual, ",", expected, "is", "expected"} );
else
    print_err( {"function", "right"} );
```

例 3-13 中调用了同一个函数 print_err，但是两次调用传递的参数数量不同：第一次传入了 6 个值，第二次只传入了 2 个值。值得注意的是，例 3-13 函数中含有 initializer_list 类对象 lst 是函数的一个形参，它也可以同时拥有其他类型的任意个形参，如添加 int 类型的错误代码形参时：

```
void print_err(initializer_list<string>lst, int error_code);  //第二个形参为 int 类型
```

3.2　内联函数

在本章的开头提到，使用函数有利于代码重用，可以提高开发效率、增强程序的可靠性，也便于分工合作，便于修改维护。但是，函数调用也会降低程序的执行效率，增加时间和空间方面的开销。因此，对于一些功能简单、规模较小又使用频繁的函数，可以设计为内联函数。**内联函数不是在调用时发生控制转移，而是在编译时将函数体嵌入在每一个调用处。**这样就节省了参数传递、控制转移等开销。

内联函数在定义与普通函数的定义方式几乎一样，只是需要使用关键字 inline，其语法形式如下：

```
inline  类型说明符  函数名(含类型说明的形参表)
{
    语句序列
}
```

需要注意的是，inline 关键字只是表示一个要求，编译器并不承诺将 inline 修饰的函数作为内联函数。而在现代编译器中，没有用 inline 修饰的函数也可能被编译为内联函数。通常内联函数应该是比较简单的函数，结构简单、语句少，调用频繁。如果将一个复杂的函

数定义为内联函数,反而会造成代码膨胀,增大开销。这种情况下,多数编译器都会自动将其转换为普通函数来处理。到底什么样的函数会被认为太复杂呢?不同的编译器处理起来是不同的。此外,有些函数是肯定无法以内联方式处理的,例如存在对自身的直接递归调用的函数。

例 3-14　内联函数应用举例。

```
//3_14.cpp
#include <iostream>
using namespace std;

const double PI=3.14159265358979;

//内联函数,根据圆的半径计算其面积
inline double calArea(double radius) {
    return PI * radius * radius;
}

int main() {
    double r=3.0;      //r 是圆的半径
    //调用内联函数求圆的面积,编译时此处被替换为 CalArea 函数体语句,
    //展开为 area=PI * radius * radius;
    double area=calArea(r);
    cout<<area<<endl;
    return 0;
}
```

运行结果:

```
28.2743
```

*3.3　constexpr 函数

constexpr 函数是指能用于常量表达式的函数。定义 constexpr 函数的方法与其他函数类似,但要遵循几项约定:函数的返回类型以及所有的形参类型必须是常量,而且函数体中必须有且仅有一条 return 语句:

```
constexpr int get_size() {return 20;}
constexpr int foo=get_size();          //正确: foo 是一个常量表达式
```

把 get_size 定义成无参数的 constexpr 函数,编译器能在程序编译时验证 get_size 函数返回的是常量表达式,因此可以用 get_size 函数初始化 constexpr 类型的变量。执行初始化任务时,编译器把对 constexpr 函数的调用替换成其结果值,为了能在编译过程中随时展开,constexpr 函数被隐式地指定为内联函数。constexpr 函数体内也可以包含其他语句,只要这些语句在运行时不执行任何操作就行。例如,constexpr 函数中可以有空语句,类型别名以及 using 声明。

constexpr 函数并不一定返回常量表达式,例如:

```
//如果 arg 是常量表达式,则 len(arg)也是常量表达式
constexpr int len(int arg) {return get_size() * arg;}
```

当 len 的实参是常量表达式时,它的返回值也是常量表达式,反之则不然。我们用下面的例子进行说明,其中会使用到 C++ 中常用的一种自定义数据类型——数组,关于数组会在第 6 章详细讨论,这里仅需知道,在声明数组长度时必须使用常量表达式:

```
int arr[len(2)];           //正确: len(2)是常量表达式
int i=2;                   //i 不是常量表达式
int a2[len(i)];            //错误,len(i)不是常量表达式
```

如上例所示,当给 len 函数传入的参数是常量表达式时,其返回类型也是常量表达式,可以用作数组长度的声明;然而我们用一个非常量表达式调用 len 时,返回的是一个非常量表达式。因此当把 len 函数用在需要常量表达式的上下文中时,编译器将会检查函数结果是否符合要求。

3.4 带默认形参值的函数

函数在定义时可以预先声明默认的形参值。调用时如果给出实参,则用实参初始化形参,如果没有给出实参,则采用预先声明的默认形参值。例如:

```
int add(int x=5, int y=6) {      //声明默认形参值
    return x+y;
}

int main() {
    add(10, 20);                 //用实参来初始化形参,实现 10+20
    add(10);                     //形参 x 采用实参值 10,y 采用默认值 6,实现 10+6
    add();                       //x 和 y 都采用默认值,分别为 5 和 6,实现 5+6
}
```

有默认值的形参必须在形参列表的最后,也就是说,在有默认值的形参右面,不能出现无默认值的形参。因为在函数调用中,实参与形参是按从左向右的顺序建立对应关系的。

例如:

```
int add(int x, int y=5, int z=6);        //正确
int add(int x=1, int y=5, int z);        //错误
int add(int x=1, int y, int z=6);        //错误
```

默认形参值应该在函数原型中给出,例如:

在相同的作用域内,不允许在同一个函数的多个声明中对同一个参数的默认值重复定义,即使前后定义的值相同也不行。这里作用域是指直接包含着函数原型说明的大括号所界定的范围,对作用域概念的详细介绍在第 5 章。注意,函数的定义也属于声明,这样,如果一个函数在定义之前又有原型声明,默认形参值需要在原型声明中给出,定义中不能再出现

默认形参值。例如：

```
int add(int x=5, int y=6);          //默认形参值在函数原型中给出
int main() {
    add();
    return 0;
}

int add(int x/ * =5 * /, int y/ * =6 * /) {
//这里不能再出现默认形参,但为了清晰,可以通过注释说明默认形参
    return x+y;
}
```

习惯　像这样在函数的定义处,在形参表中以注释来说明参数的默认值,是一种好习惯。

例 3-15　带默认形参值的函数举例。

本程序的功能是计算长方体的体积。子函数 getVolume 是计算体积的函数,有 3 个形参：length(长)、width(宽)、height(高),其中 width 和 height 带有默认值。主函数中以不同形式调用 getVolume 函数,分析程序的运行结果。

```
//3_15.cpp
#include <iostream>
#include <iomanip>
using namespace std;

int getVolume(int length, int width=2, int height=3);

int main() {
    const int X=10, Y=12, Z=15;
    cout<<"Some box data is ";
    cout<<getVolume(X, Y, Z)<<endl;
    cout<<"Some box data is ";
    cout<<getVolume(X, Y)<<endl;
    cout<<"Some box data is ";
    cout<<getVolume(X)<<endl;
    return 0;
}

int getVolume(int length, int width/ * =2 * /, int height/ * =3 * /) {
    cout<<setw(5)<<length<<setw(5)<<width<<setw(5)<<height<<'\t';
    return length * width * height;
}
```

运行结果：

```
Some box data is    10   12   15          1800
Some box data is    10   12    3          360
```

```
Some box data is    10    2    3         60
```

由于函数 getVolume 的第一个形参 length 在声明时没有给出默认值，因此每次调用函数时都必须给出第一个实参，用实参值来初始化形参 length。由于 width 和 height 带有默认值，因此如果调用时给出 3 个实参，则 3 个形参全部由实参来初始化；如果调用时给出两个实参，则第三个形参采用默认值；如果调用时只给出一个实参，则 width 和 height 都采用默认值。

3.5 函数重载

在程序中，一个函数就是一个操作的名字，正是靠类似于自然语言的各种各样的名字，才能写出易于理解和修改的程序。于是就产生了这样一个问题：如何把人类自然语言中有细微差别的概念，映射到编程语言中？通常，自然语言中一个词可以代表许多种不同的含义，需要依赖上下文来确定。这就是所谓一词多义，反映到程序中就是重载。例如：我们说“擦桌子、擦皮鞋、擦车”时，都用了同一个“擦”字，但所使用的方法截然不同。人类完全可以理解这样的语言，因为我们从生活实践中学会了各种不同的“擦”的方法，知道对不同的物品要用对应的“擦”法。所以没有人会啰唆到说“请用擦桌子的方法擦桌子，用擦皮鞋的方法擦皮鞋”。计算机是否也具有同样的能力呢？这取决于编写的程序。C++语言中提供了对函数重载的支持，使人们在编程时可以对不同的功能赋予相同的函数名，编译时会根据上下文(实参的类型和个数)来确定使用哪一具体功能。

两个以上的函数，具有相同的函数名，但是形参的个数或者类型不同，编译器根据实参和形参的类型及个数的最佳匹配，自动确定调用哪一个函数，这就是函数的重载。

如果没有重载机制，那么对不同类型的数据进行相同的操作也需要定义名称完全不同的函数。例如定义加法函数，就必须这样对整数的加法和浮点数的加法使用不同的函数名：

```
int iadd(int x, int y);
float fadd(float x, float y);
```

这在调用时实在是不方便。

C++允许功能相近的函数在相同的作用域内以相同函数名定义，从而形成重载。方便使用，便于记忆。

注意　重载函数的形参必须不同：个数不同或者类型不同。编译程序对实参和形参的类型及个数进行最佳匹配，来选择调用哪一个函数。如果函数名相同，形参类型也相同(无论函数返回值类型是否相同)，在编译时会被认为是语法错误(函数重复定义)。

例如：

```
(1) int add(int x, int y);             }形参类型不同
    float add(float x, float y);       }
(2) int add(int x, int y);             }形参个数不同
    int add(int x, int y, int z);      }
```

例如：

```
(1) int add(int x,int y);
    int add(int a,int b);                  //错误!编译器不以形参名来区分函数
(2) int add(int x,int y);
    void add(int x,int y);                 //错误!编译器不以返回值来区分函数
```

习惯 不要将不同功能的函数定义为重载函数，以免出现对调用结果的误解、混淆。例如：

```
int add(int x, int y) {return x+y;}
float add(float x, float y) {return x-y;}
```

当使用具有默认形参值的函数重载形式时，需要注意防止二义性，例如下面的两个函数原型，在编译时便无法区别为不同的重载形式：

```
void fun(int length, int width=2, int height=3);
void fun(int length);
```

也就是说，当以下面形式调用函数 fun 时，编译器无法确定应该执行哪个重载函数：

```
fun(1);
```

这时编译器会指出语法错误。

下面就来看一个应用重载函数的例子。

例 3-16 重载函数应用举例。

编写两个名为 sumOfSquare 的重载函数，分别求两整数的平方和及两实数的平方和。

源程序：

```
//3_16.cpp
#include <iostream>
using namespace std;

int sumOfSquare(int a, int b) {
    return a * a+b * b;
}

double sumOfSquare(double a, double b) {
    return a * a+b * b;
}

int main() {
    int m, n;
    cout<<"Enter two integers: ";
    cin>>m>>n;
    cout<<"Their sum of square: "<<sumOfSquare(m, n)<<endl;

    double x, y;
```

```
    cout<<"Enter two real numbers: ";
    cin>>x>>y;
    cout<<"Their sum of square: "<<sumOfSquare(x, y)<<endl;

    return 0;
}
```

运行结果：

```
Enter two integers: 3 5
Their sum of square: 34
Enter two real numbers: 2.3 5.8
Their sum of square: 38.93
```

3.6　使用 C++ 语言系统函数

C++ 语言不仅允许人们根据需要自定义函数，而且 C++ 语言的系统库中提供了几百个函数可供程序员使用。例如：求平方根函数(sqrt)、求绝对值函数(abs)等。

我们知道，调用函数之前必须先加以声明，系统函数的原型声明已经全部由系统提供了，分类存在于不同的头文件中。程序员需要做的事情，就是用 include 指令嵌入相应的头文件，然后便可以使用系统函数。例如，要使用数学函数，便要嵌入头文件 cmath。

例 3-17　系统函数应用举例。

从键盘输入一个角度值，求出该角度的正弦值、余弦值和正切值。

分析：系统函数中提供了求正弦值、余弦值和正切值的函数：sin()、cos()、tan()，函数的说明在头文件 cmath 中。

源程序：

```
//3_17.cpp
#include <iostream>
#include <cmath>
using namespace std;

const double PI=3.14159265358979;

int main() {
    double angle;
    cout<<"Please enter an angle: ";
    cin>>angle;                          //输入角度值

    double radian=angle * PI/180;        //转化为弧度值
    cout<<"sin("<<angle<<")="<<sin(radian) <<endl;
    cout<<"cos("<<angle<<")="<<cos(radian) <<endl;
    cout<<"tan("<<angle<<")="<<tan(radian) <<endl;
    return 0;
}
```

运行结果：

```
Please enter an angle: 30
sin(30)=0.5
cos(30)=0.866025
tan(30)=0.57735
```

充分利用系统函数，可以大大减少编程的工作量，提高程序的运行效率和可靠性。要使用系统函数应该注意：编译环境提供的系统函数分为两类：一类是标准 C++ 的函数；另一类是非标准 C++ 的函数，它是当前操作系统或编译环境中所特有的系统函数。例如，cmath 中所声明的 sin、cos、tan 等函数都是标准 C++ 的函数。编程时应优先使用标准 C++ 的函数，因为标准 C++ 函数是各种编译环境所普遍支持的，只使用标准 C++ 函数的程序具有很好的可移植性。

提示　标准 C++ 函数，很多是从标准 C 语言继承而来的。例 3-17 中使用的 cmath 头文件中的前缀 c，就用来表示它是一个继承自标准 C 语言的头文件，类似的头文件还有 cstdlib、cstdio、ctime 等。标准 C 语言中，这些头文件的名字分别是 math.h、stdlib.h、stdio.h、time.h，为了保持对 C 程序的兼容性，C++ 中也允许继续使用这些以 h 为扩展名的头文件。保留这些头文件仅仅是出于兼容性考虑，在编写 C++ 程序时，应尽量使用不带 h 扩展名的头文件。

本书向读者推荐一个网站 http://www.cppreference.com，这里可以查阅各种常用的标准 C++ 函数的原型、头文件和用法（如图 3-5 所示）。

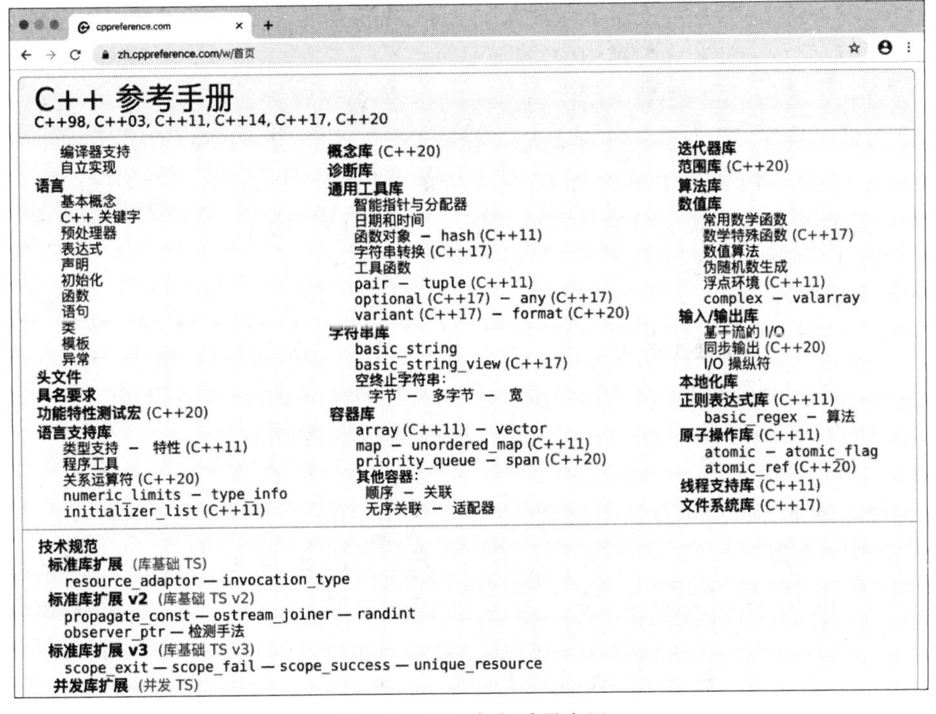

图 3-5　C++ 参考手册官网

3.7 深度探索

3.7.1 运行栈与函数调用的执行

1. 运行栈工作原理

第2章的深度探索中曾介绍过,C++变量在运行时依靠地址加以区分,其中所列举的示例程序中,变量的定义全部写在函数以外,这样的变量叫作**全局变量**。到现在为止,例题中的所有变量的定义都放在一个函数内,这样的变量叫作**局部变量**。第5章将对这两种变量进行认真的讨论,但为了便于介绍本节的话题,这里先把这两个概念提出来,读者只需对它们有一个直观的认识即可。

2.6.1小节的示例程序中的全局变量,在目标代码中都是用一个唯一确定的地址定位的。然而,对于局部变量却不能如此,这是因为:

(1) 局部变量只在调用它所在的函数时才会生效,一旦函数返回后就会失效。很多局部变量的生存周期都远小于整个程序的运行周期,如果为每个局部变量都分配不同的空间,则空间的利用率会降低。

(2) 更重要的问题是,当发生递归调用时,会存在当一个函数尚未返回、对它的另一次调用又发生的情况,对于这多次调用,相同名称的局部变量会有不同的值,这些值必须同时保存在内存中,而且不能互相影响,因此它们必然有不同的地址,像全局变量那样分配唯一确定的地址肯定是行不通的。

函数形参的情形,与局部变量非常相似,它们都不能够像全局变量那样用固定地址加以定位,而需要存储在一种特殊的结构中,这就是栈。

一般意义上的栈,是一种数据结构,它是一种能够容纳很多数据的容器,但数据进入和退出这个容器的顺序,要满足一定的要求。先来回忆一个生活中常见的例子:假设餐厅里有一摞盘子,如果我们要从中拿取盘子,只能从最上面一个开始拿,当我们要再放上一个盘子时也只能放在最上面。栈的结构正是如此,每个盘子就相当于栈中的一个数据,数据只能从栈的一端存入(叫"压入栈"),并且只能从栈的同一端取出(叫"弹出栈"),这一端叫作栈顶,而栈的另一端叫作栈底,如图3-6所示。栈中数据的添加和删除操作具有"后进先出"(LIFO)的特性,也就是说,栈中所有的数据,越早被压入的(接近栈底的),就越晚被弹出。

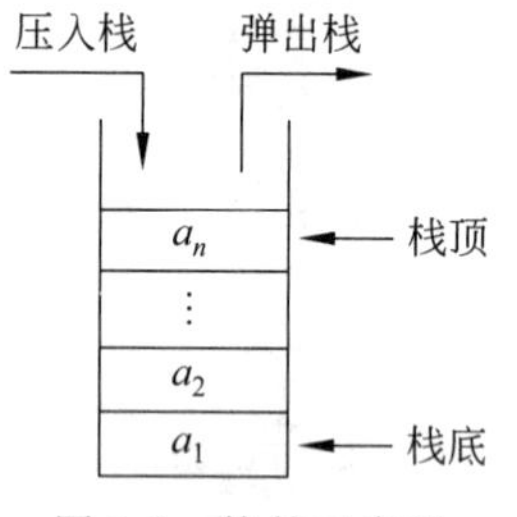

图3-6 栈的示意图

先回顾一下例3-7的嵌套调用,最早开始执行的是main函数,main函数调用fun1函数,fun1函数两次调用fun2函数,第二次对fun2函数的调用返回后,对fun1函数的调用才能返回,最后main函数才能返回。容易发现,一组嵌套的函数调用的特点是,**越早开始的调用,返回得越晚**。函数调用中的形参和局部变量,当调用开始时生效,当函数返回后即失效,它们有效的期间与函数调用的期间是重合的。这样,对于一组嵌套的函数调用中的一次调用,其形参和局部变量生效的时间越早,失效的时间就越晚,这刚好满足"后进先出"的要求。这样,很自然地,函数的形参和局部变量,可以用栈来存储,这种栈叫作**运行栈**。

运行栈实际上是一段区域的内存空间，与存储全局变量的空间无异，只是寻址的方式不同而已。运行栈中的数据分为一个一个**栈帧**，每个栈帧对应一次函数调用，栈帧中包括这次函数调用中的形参值、一些控制信息、局部变量值和一些临时数据(例如复杂表达式计算的中间值、某些函数的返回值)。每次发生函数调用时，都会有一个栈帧被压入运行栈中，而调用返回后，相应的栈帧会被弹出。一个函数在执行过程中能够直接随机访问它所对应的栈帧中的数据，即处在运行栈最顶端的栈帧的数据(执行中的函数的栈帧，总处在运行栈的最顶端)。当一个函数调用其他函数时，要为它所调用的函数设置实参，具体方式是在调用前把实参值压入栈中，运行栈中的这一部分空间是主调函数与被调函数都可以直接访问的，参数的形实结合就是通过访问这一部分公共空间完成的。虽然一个函数在被调用时的形参和局部变量地址是不确定的，但它们的地址相对于栈顶地址却是确定的，这样就可以通过栈顶的地址，定位形参和局部变量。

图3-7清楚地展示了例3-8在执行过程中的运行栈变化情况，图中标出了各次函数调用前后运行栈的变化情况。程序启动后，第一个启动的是main函数，main函数的两个局部变量——y和n进入运行栈(在y和n之前，main函数的栈帧中还存在其他数据，这里不详细讨论)；如果这时从键盘输入1，n被赋值为1，main()调用fac(1)，首先将1压入运行栈，作为fac(1)的形参n对应的实参，此外fac(1)还要将控制数据以及局部变量f压入栈中，并且还要为局部变量f留出空间；当fac(1)调用fac(0)时，将0压入运行栈，作为fac(0)的形参n对应的实参，fac(0)将控制数据和局部变量f压入栈中以后，由于达到了递归结束的条件(n ==0)，将局部变量f设为1后，将f的值返回；fac(0)返回后，将相应的栈帧弹出，这时继续执行fac(1)，其中的局部变量f的值可以计算出，得到1，将f的值返回；fac(1)返回后，将相应的栈帧弹出，继续执行main函数，main函数中用fac(1)的返回值设置局部变量y的值。

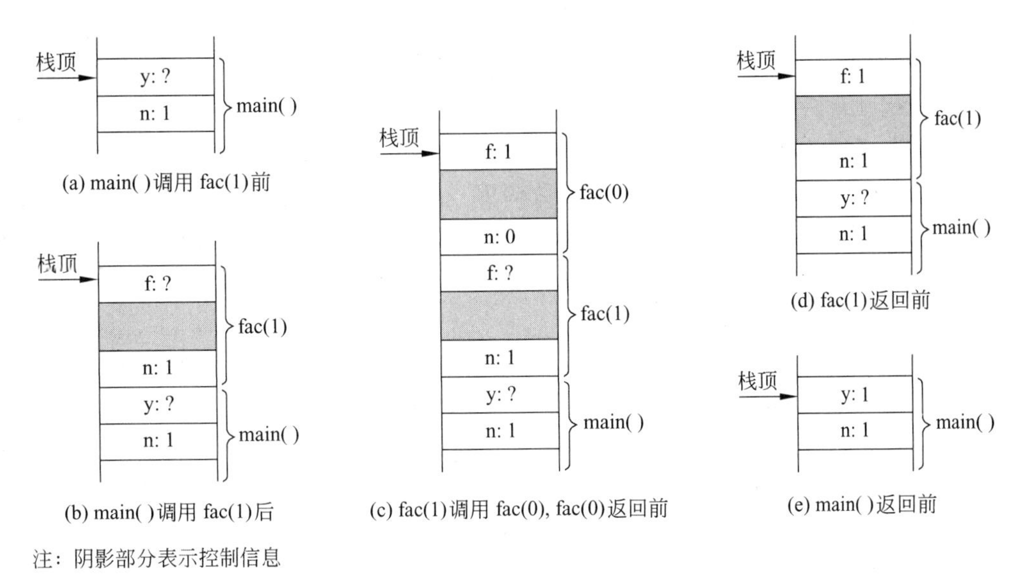

图3-7　例3-8中的运行栈变化情况

2. 函数调用的执行过程

前面介绍了形参和局部变量的存储方式，为了让感兴趣的读者能够对这一问题了解得更加具体,下面以IA-32为例,展示一下函数调用的具体执行过程。

在将数据压入和弹出运行栈、确定要访问的形参和局部变量的地址时,都需要获得栈顶的地址,因此需要有一个专门的存储单元记录栈顶地址。在IA-32中,esp寄存器就是用来记录栈顶地址的,它称为**栈指针**。

但只有一个寄存器存储栈顶地址,有时还不够用,因为有些函数的栈帧大小是不确定的,这就会在函数返回前恢复栈指针时遇到麻烦。因此,还需要使用另一个寄存器保存函数刚被调用时栈指针的位置,在IA-32中这一任务是由ebp寄存器来完成的,它称为**帧指针**。另外,由于形参和局部变量相对于帧指针的位置肯定是确定的,函数的形参和局部变量的地址常常通过帧指针来计算,而非栈指针。

下面仍然通过观察函数对应的汇编代码,来研究函数的执行过程。考虑下面这样一个简单的函数:

```
int add(int a, int b) {
    int c=a+b;
    return c;
}
```

在另外某个函数中用下面的代码对它进行调用:

```
int x=add(5, 7)
```

主调函数的这段代码对应的汇编代码如下:

```
8048459:   movl   $0x7,0x4(%esp)     //将整数7写入esp+4地址中
8048461:   movl   $0x5,(%esp)        //将整数5写入esp地址中
8048468:   call   8048434            //调用8048434地址的函数
804846d:   mov    %eax,-0x8(%ebp)    //将eax的值写入ebp-8地址中
```

提示 这里每一条指令前都有一个十六进制数,该数表示这条指令的地址。程序的机器语言代码与数据一样,在执行过程中也是保存在内存中的,因此每条指令都有它的地址。

上面这几行代码用于完成对add的函数调用。前两个movl指令用于将函数的参数值5和7写入运行栈,由于函数调用的参数是通过运行栈来传递的,需要通过栈顶指针esp来定位写入的位置。图3-8展示了运行栈的变化情况,这两条指令执行完毕后,栈顶附近的内容由图3-8(a)变成了图3-8(b)。

call指令用来调用一个函数,call后的地址表示被调用函数的第一条指令的地址(又叫函数的入口地址)。该指令执行的操作是将call指令的下一条指令的地址(0x804846d)压入运行栈(所谓"压入运行栈",包括将栈指针减4和将下一条指令地址写入栈顶这两个操作)——该地址就是被调函数完成调用后需要返回到的地址,然后开始执行被调函数,这步操作执行完毕后,运行栈的内容如图3-8(c)所示。

被调函数对应的汇编代码如下:

```
8048434:    push   %ebp               //将帧指针ebp的值压入运行栈
8048435:    mov    //%esp,%ebp        //将栈指针esp的值赋给帧指针ebp
8048437:    sub    //$0x4,%esp        //栈指针减去4
804843a:    mov    //0xc(%ebp),%eax   //将ebp+12地址内的整数载入eax寄存器
```

```
804843d:   add    //0x8(%ebp),%eax     //将 ebp+8 地址内的整数与 eax 寄存器的原值相加
8048440:   mov    //%eax,-0x4(%ebp)    //将 eax 寄存器内的值存入 ebp-4 地址内
8048443:   mov    //-0x4(%ebp),%eax    //将 ebp-4 地址内的整数装入 eax 寄存器中
8048446:   leave                       //恢复函数调用之初 esp 和 ebp 的值
8048447:   ret                         //返回到主调函数
```

第一条指令将帧指针 ebp 压入运行栈，这是为了将 ebp 的原值保存起来，以便函数调用完成后恢复。这一步操作完成后，运行栈的内容如图 3-8(d)所示。图 3-7 中阴影部分的“控制信息”，指的就是这里被存入运行栈中的 ebp 原值和函数调用的返回地址这两项信息。

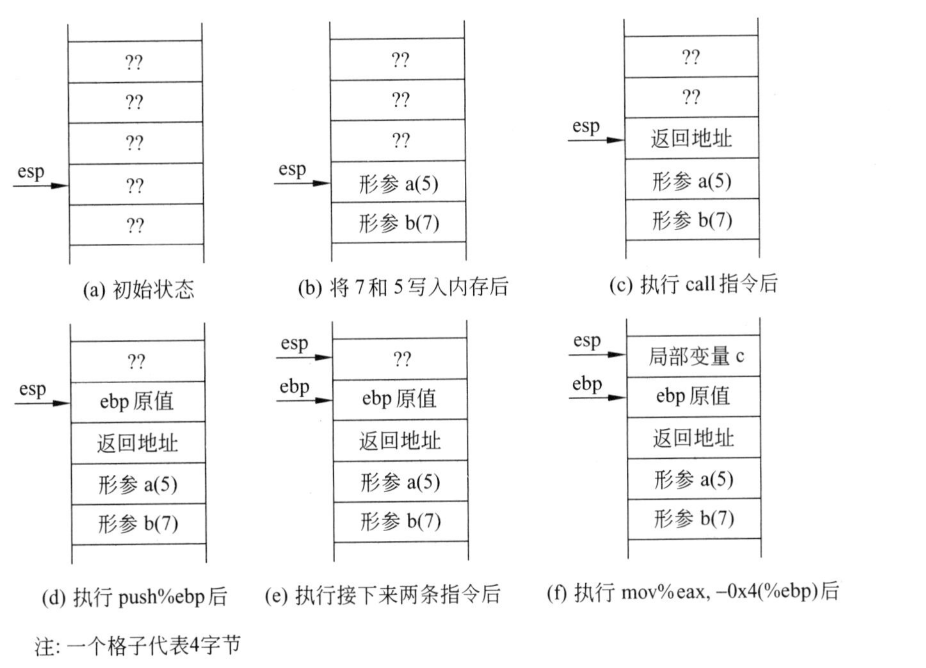

图 3-8　函数调用过程中的运行栈变化情况

下面将栈指针 esp 的值赋给帧指针 ebp，然后将栈指针 esp 的值减 4，这一步减 4 操作是为了在运行栈的栈顶为 add 函数的局部变量 c 留出空间。这两部操作完成后，运行栈的内容如图 3-8(e)所示。

经过了前面这些操作，形参 a 的地址确定为 ebp＋8，形参 b 的地址确定为 ebp＋12，接下来的 mov 指令用来将形参 b 的值装入寄存器 eax，然后再用一条 add 指令将形参 a 的值与 eax 中的值(也就是形参 b 的值)相加，这时寄存器 eax 中的内容就是 a＋b 的结果了。再用一条 mov 指令将 eax 的值写入 ebp－4 地址内，该地址就是局部变量 c 的内存地址。经过这步操作后，运行栈的内容如图 3-8(f)所示。到此为止，源代码中的“int c＝a＋b”就执行完毕了。

接下来一句 mov 指令与前一句刚好相反，它用来从内存中将局部变量 c 的内容读出，装入 eax 寄存器。当一个函数以整型作为返回值时，该返回值就由 eax 寄存器来传递，因此为了执行“return c”，就要从内存中将 c 的值读出装入 eax 寄存器。下面的 leave 指令所做的事情是将 ebp 的值赋予 esp，然后将运行栈栈顶元素弹出赋给 ebp，这两部操作刚好是函数的前两条指令的逆操作，用来将 esp 和 ebp 恢复到函数调用之初的状态。执行完 leave 指令后，栈指针 esp 再一次回到了图 3-8(c)所示的位置。

提示　细心的读者可能会发现,leave 指令前的两条 mov 指令所执行的操作刚好相反,因此似乎两条指令都可以省去。事实的确如此。本节为了使读者看清汇编指令与源代码的对应关系,所展示的是用 gcc 以"-O0"编译选项编译后的结果,"-O0"表示的是未经任何编译优化,因此这两条指令都没有被去掉。

最后一条 ret 指令用来返回主调函数,它所做的具体工作是,将栈顶元素(即返回地址)弹出,然后跳转到该地址,这样就回到了主调函数。返回地址处的"mov %eax,-0x8(%ebp)"指令将 eax 寄存器的值写入 ebp-8 地址内,如前所述,eax 寄存器存的是函数的返回值,而 ebp-8 则是主调函数的局部变量 x 的地址,这一条指令的目的是保存返回值。至此,一次函数调用就完成了。

本节只是分析了 IA-32 中 add 函数的执行方式,其他各类微处理器对函数调用的处理方式会有所差异,但通过运行栈存储形参和局部变量这一点是共同的。

通过这一小节的分析,读者应当对使用运行栈存储和访问局部变量的方式、传递参数的方式、传递返回值的方式、函数调用时执行流程的控制方式有一个初步的认识。

3.7.2　函数声明与类型安全

第 2 章的"深度探索"中曾经介绍过,不同类型的数据,在内存中都以二进制序列表示,在运行时并没有保存它的类型信息,有关类型的特性全部蕴含在数据所执行的操作中。正因为如此,在使用变量前必须声明,这样才可以为该变量所参与的每个操作赋予完整的意义。函数在使用前也必须声明,也是出于相似的原因。

一个函数的原型信息(参数个数、参数类型和返回类型),并没有写在编译后的机器语言代码中,而是全部蕴含在了这个函数所执行的操作中。例如,3.7.1 小节所讨论的 add 函数的目标代码中,参数 a 是通过 0x8(%ebp)获得的,参数 b 是通过 0xc(%ebp)获得的,这基于一个默认的前提——调用该函数的代码,在调用之前把实参值放到了运行栈的栈顶。倘若在调用前未将实参值放入栈顶,或将一个 float 型的数据放入了栈顶,那么 add 函数仍然能够被调用,只是这时再去读取 0x8(%ebp)或 0xc(%ebp),就是两个不可预料的整数值了。尽管如此,多数情况下函数仍然能够执行完毕,不会主动提示任何错误——因为仍可以从 0x8(%ebp)和 0xc(%ebp)读出两个 32 位的二进制序列,而任何一个 32 位二进制序列都可以解释为一个整数值,函数后续的操作都可以执行,只是执行的结果是没有意义的。

提示　一个错误,与其被淹没在运行中,不如暴露在编译时。一个设计良好的编程语言,应当使得尽量多的错误能够在编译时被检测出来。这一点 C++ 就比 C 语言做得好。

如果在调用一个函数前必须声明函数原型,就能够避免向一个函数传递数量不正确或类型不正确的参数,因为在提供声明的情况下,执行函数调用时,若传递的参数数量和类型不正确,编译器很容易检查出来。

同样地,对于函数的返回类型来说,也有类似的问题。如果一个函数的返回类型为 void,但却将它当作整型函数来调用,会是什么后果呢?通过 3.7.1 小节的例子很容易看出,最终的目标代码在调用一个函数时,只需要指出函数的入口地址,整型的返回值是在调用返回后通过 eax 寄存器获得的。对于一个没有返回值的函数,调用并返回后,仍然不妨碍读取 eax 寄存器的值——只是这时 eax 寄存器中存的并不是返回值,而是一个不可预料的值。同样地,计算机不会主动提示错误,因为读取 eax 寄存器在任何情况下都是合法的,错误又被淹没在了运行时。如果调用一个函数前必须声明它,那么一个函数的返回类型是可预知的,就不会有类似情况发生了。

函数的原型,就像是主调函数和被调函数之间的一个协议。在函数调用时,主调函数依据它把数量和类型正确的参数压入运行栈中,被调函数才能够读取正确的参数;被调函数依据它存储类型正确的返回值,主调函数才能够得到正确的返回值。

第 2 章曾经提到过,C++ 语言比 C 语言更安全,原因之一就在于:C 语言允许在调用函数前只对函数进行不完整的声明——只声明函数名和返回类型,而不声明参数类型,C 语言甚至允许在调用函数前根本不对函数加以声明。这有时会导致一些很隐蔽的错误发生,例如下面的 C 程序:

```
double add();      //对函数 add 进行不完整的声明
int main() {
    double s=add(1, 2);
    ...
    return 0;
}

double add(double a, double b) {
    return a+b;
}
```

该程序中的 double add()就是对 add 函数的不完整声明。

细节　与 C++ 语言不同的是,在 C 语言中,声明函数时,括号内为空,并不表示这个函数没有任何参数,而表示它所要求的参数是未知的。如果要声明一个没有参数的函数,应当在括号中写入 void。

这个程序看起来好像没什么问题,因为在调用 add 函数时,的确为它提供了两个参数,而且这两个参数都可以被转化成 double 型,可问题恰好就出在参数类型上。由于声明中没有给出参数的类型,所以编译器在编译 add(1, 2)时,不会对 1 和 2 进行类型转换,它们是被作为整型数据压入运行栈中的,函数执行的结果自然就不正确。如果对 add 函数有完整的声明,这样的错误就不会发生,因为那时在编译时两个参数 1 和 2 都会被自动转换成 double 型数据。

读者可能会问,这里虽然在 add(1, 2)前没有函数 add 的完整声明,但在同一源文件中能找到函数的定义,因此对编译器加以改进,还是能够避免这一问题的。但规模稍大的 C++ 程序,常常是多文件结构的,编译器会对每个单元分别处理,最后连接,如果 add 函数和 main 函数在不同的文件中,这一问题仍然无法避免。当学习到第 5 章的多文件结构时,相信读者会对这一问题有更深刻的认识。

通过对这个 C 语言反例的分析,希望读者能够对函数声明的意义有更深刻的认识。

3.8　小结

在面向对象的程序设计中,函数是功能抽象的基本单位。

一个较为复杂的系统往往需要划分为若干子系统,分别进行开发和调试。高级语言中的子程序就是用来实现这种模块划分的。C++ 语言中的子程序体现为函数,对对象的功能抽象也要借助于函数。函数编写好以后,可以被重复使用,使用时可以只关心函数的功能和使用方法而不必关心函数功能的具体实现。这样有利于代码重用,可以提高开发效率、增强程序的可靠性,也便于分工合作,便与修改维护。

一个 C++ 程序可以由一个主函数和若干子函数构成。主函数是程序执行的开始点,由主函数调用子函数,子函数还可以再调用其他子函数。

函数的重载使得具有类似功能的不同函数可以使用同一名称,这样便于使用,也能增加程序的可读性。重载函数是按照形参来区分的,同名的重载函数其形参类型或个数必须不同。

另外,C++ 语言的系统库中还提供了几百个函数可供程序员使用。系统函数的原型声明已经全部由系统提供了,分类存在于不同的头文件中。程序员需要用 include 指令嵌入相应的头文件,然后便可以使用系统函数。

习　　题

3-1　C++ 中的函数是什么?什么叫主调函数?什么叫被调函数?二者之间有什么关系?如何调用一个函数?

3-2　观察下面程序的运行输出,与你设想的有何不同?仔细体会引用的用法。

源程序:

```
#include <iostream>
using namespace std;
int main() {
    int intOne;
    int &rSomeRef=intOne;

    intOne=5;
    cout<<"intOne:\t"<<intOne<<endl;
    cout<<"rSomeRef:\t"<<rSomeRef<<endl;

    int intTwo=8;
    rSomeRef=intTwo;
    cout<<"\nintOne:\t"<<intOne<<endl;
    cout<<"intTwo:\t"<<intTwo<<endl;
    cout<<"rSomeRef:\t"<<rSomeRef<<endl;

    return 0;
}
```

3-3　比较值传递和引用传递的相同点与不同点。

3-4　什么叫内联函数?它有哪些特点?

3-5　函数原型中的参数名与函数定义中的参数名以及函数调用中的参数名必须一致吗?

3-6　调用被重载的函数时,通过什么来区分被调用的是哪个函数?

3-7 完成函数,参数为两个 unsigned short int 型数,返回值为第一个参数除以第二个参数的结果,数据类型为 short int;如果第二个参数为0,则返回值为−1。在主程序中实现输入输出。

3-8 编写函数把华氏温度转换为摄氏温度,公式为

$$C=\frac{5}{9}(F-32)$$

在主程序中提示用户输入一个华氏温度,转化后输出相应的摄氏温度。

3-9 编写函数判别一个数是否是质数,在主程序中实现输入输出。

3-10 编写函数求两个整数的最大公约数和最小公倍数。

3-11 什么叫作嵌套调用?什么叫作递归?

3-12 在主程序中提示输入整数 n,编写函数用递归的方法求 $1+2+\cdots+n$ 的值。

3-13 用递归的方法编写函数求 Fibonacci 级数,公式为

$$F_n=F_{n-1}+F_{n-2}(n>2),\quad F_1=F_2=1$$

观察递归调用的过程。

3-14 用递归的方法编写函数求 n 阶勒让德多项式的值,在主程序中实现输入输出。递归公式为

$$p_n(x)=\begin{cases}1 & (n=0)\\ x & (n=1)\\ [(2n-1)x\cdot p_{n-1}(x)-(n-1)p_{n-2}(x)]/n & (n>1)\end{cases}$$

3-15 编写递归函数 getPower 计算 x^y,在同一个程序中针对整型和实型实现两个重载的函数:

```
int getPower(int x, int y);             //整型版本,当 y<0 时,返回 0
double getPower(double x, int y);       //实型版本
```

在主程序中实现输入输出,分别输入一个整数 a 和一个实数 b 作为底数,再输入一个整数 m 作为指数,输出 a^m 和 b^m。另外请读者思考,如果在调用 getPower 函数计算 a^m 时希望得到一个实型结果(实型结果表示范围更大,而且可以准确表示 $m<0$ 时的结果),该如何调用?

3-16 当函数发生递归调用时,同一个局部变量在不同递归深度上可以同时存在不同的取值,这在底层是如何做到的?

第4章

类与对象

在人们熟悉的现实世界中，一切事物都是对象。对象可以是有形的，例如房屋、汽车、飞机、动物、植物；也可以是无形的，例如一项计划。对象可以是一个简单的个体，例如一个人；也可以由诸多其他对象组合而成，例如一个公司有多个部门，每个部门又由许多人组成。对类似的对象进行抽象，找出其共同属性，便构成一种类型。这些都是人们在现实世界中所熟悉的概念和方法。编写程序的目的是描述和解决现实世界中的问题，第一步就是要将现实世界中的对象和类如实地反映在程序中。作为一种面向对象的程序设计语言，C++ 语言支持这种抽象。将抽象后的数据和函数封装在一起，便构成了 C++“类”。

本章首先介绍面向对象程序设计的主要特点：抽象、封装、继承和多态；接着围绕数据封装这一特点，着重讲解面向对象设计方法的核心概念——类。其中包括类的定义、实现以及如何利用类来解决具体问题。

4.1 面向对象程序设计的基本特点

4.1.1 抽象

对于抽象，人们并不陌生，这是人类认识问题的最基本手段之一。**面向对象方法中的抽象，是指对具体问题（对象）进行概括，抽出一类对象的公共性质并加以描述的过程**。抽象的过程，也是对问题进行分析和认识的过程。在面向对象的软件开发中，首先注意的是问题的本质及描述，其次是解决问题的具体过程。一般来讲，对一个问题的抽象应该包括两个方面：**数据抽象和行为抽象**（或称为功能抽象、代码抽象）。前者描述某类对象的属性或状态，也就是此类对象区别于彼类对象的特征；后者描述的是某类对象的共同行为或功能特征。

下面来看两个简单的例子。首先在计算机上实现一个简单的时钟程序，通过对时钟进行分析可以看出，需要 3 个整型数来存储时间，分别表示时、分和秒，这就是对时钟所具有的数据进行抽象。另外，时钟要具有显示时间、设置时间等简单的功能，这就是对它的行为的抽象。用 C++ 的变量和函数可以将抽象后的时钟属性描述如下。

数据抽象：

```
int hour,int minute,int second
```

功能抽象：

```
showTime(),setTime()
```

下一个例子是对人进行抽象。通过对人类进行归纳、抽象，提取出其中的共性，可以得到如下的抽象描述。

共同的属性：如姓名、性别、年龄等，它们组成了人的数据抽象部分，用 C++ 语言的变量来表达，可以是

```
string name, string sex, int age
```

共同的行为：例如吃饭、行走这些生物性行为，以及工作、学习等社会性行为。这构成了人的行为抽象部分，也可以用 C++ 语言的函数表达：

```
eat(),walk(),work(),study()
```

如果是为一个企业开发用于人事管理的软件，这时所关心的特征就不会只限于这些。除了上述人的这些共性，还要关心工龄、工资、工作部门、工作能力，以及上下级隶属关系等。

由此也可以看出，对于同一个研究对象，由于所研究问题的侧重点不同，就可能产生不同的抽象结果。即使对于同一个问题，解决问题的要求不同，也可能产生不同的抽象结果。

4.1.2　封装

封装就是将抽象得到的数据和行为(或功能)相结合，形成一个有机的整体，也就是将数据与操作数据的函数代码进行有机地结合，形成“类”，其中的数据和函数都是类的成员。例如在抽象的基础上，可以将时钟的数据和功能封装起来，构成一个时钟类。按照 C++ 的语法，时钟类的定义如下：

```
class Clock                                          //class 关键字　类名
{                                                    //边界
public:                                              //外部接口
    void setTime(int newH, int newM, int newS);      //行为，代码成员
    void showTime();                                 //行为，代码成员
private:                                             //特定的访问权限
    int hour,minute,second;                          //属性，数据成员
};                                                   //边界
```

这里定义了一个名为 Clock 的类，其中的函数成员和数据成员，描述了的抽象结果。“{”和“}”限定了类的边界。关键字 public 和 private 是用来指定成员的不同访问权限的，这个问题将在 4.2.2 小节中详细说明。声明为 public 的两个函数为类提供了外部接口，外界只能通这个接口来与 Clock 类发生联系。声明为 private 的 3 个整型数据是本类的私有数据，外部无法直接访问。

可以看到，通过封装使一部分成员充当类与外部的接口，而将其他的成员隐蔽起来，这样就达到了对成员访问权限的合理控制，使不同类之间的相互影响减少到最低限度，进而增强数据的安全性和简化程序编写工作。

将数据和代码封装为一个可重用的程序模块，在编写程序时就可以有效利用已有的成果。由于通过外部接口，依据特定的访问规则，就可以使用封装好的模块。使用时便不必了解类的实现细节。

4.1.3　继承

现实生活中的概念具有特殊与一般的关系。例如，一般意义的“人”都有姓名、性别、年

龄等属性和吃饭、行走、工作、学习等行为,但按照职业划分,人又分为学生、教师、工程师、医生等。每一类人又有各自的特殊属性与行为,例如学生具有专业、年级等特殊属性和升级、毕业等特殊行为,这些属性和行为是医生所不具有的。如何把特殊与一般的概念间的关系描述清楚,使得特殊概念之间既能共享一般的属性和行为,又能具有特殊的属性和行为呢?

继承,就是解决这个问题的。只有继承,才可以在一般概念基础上,派生出特殊概念,使得一般概念中的属性和行为可以被特殊概念共享,摆脱重复分析、重复开发的困境。**C++ 语言中提供了类的继承机制,允许程序员在保持原有类特性的基础上,进行更具体、更详细的说明**。通过类的这种层次结构,可以很好地反映出特殊概念与一般概念的关系。第 7 章将详细介绍类的继承。

4.1.4 多态

面向对象程序设计中的多态是对人类思维方式的一种直接模拟,例如在日常生活中说"打球",这个"打",就表示了一个抽象的信息,具有多重含义。可以说:打篮球、打排球、打羽毛球,都使用"打"来表示参与某种球类运动,而其中的规则和实际动作却相差甚远。实际上这就是对多种运动行为的抽象。在程序中也是这样的,第 3 章介绍的函数重载就是实现多态性的一种手段。

从广义上说,**多态性是指一段程序能够处理多种类型对象的能力。在 C++ 语言中,这种多态性可以通过强制多态、重载多态、类型参数化多态、包含多态 4 种形式来实现**。

强制多态是通过将一种类型的数据转换成另一种类型的数据来实现的,也就是前面介绍过的数据类型转换(隐式或显式)。重载是指给同一个名字赋予不同的含义,在第 3 章介绍过函数重载,第 8 章还将介绍运算符重载。这两种多态属于特殊多态性,只是表面的多态性。

包含多态和类形参数化多态属于一般多态性,是真正的多态性。C++ 语言中采用虚函数实现包含多态。虚函数是多态性的精华,将在第 8 章介绍。模板是 C++ 语言实现参数化多态性的工具,分为函数模板和类模板两种,将在第 9 章介绍。

4.2 类和对象

类是面向对象程序设计方法的核心,利用类可以实现对数据的封装和隐藏。

在面向过程的结构化程序设计中,程序的模块是由函数构成的,函数将逻辑上相关的语句与数据封装,用于完成特定的功能。**在面向对象程序设计中,程序模块是由类构成的。类是对逻辑上相关的函数与数据的封装,它是对问题的抽象描述**。因此,后者的集成程度更高,也就更适合用于大型复杂程序的开发。

4.1 节中从抽象和封装的角度引出了类的概念。对于初学者来说,不妨再从另一个更简单的角度来理解类。首先回顾一下基本数据类型,例如 int、double、bool 等。当定义一个基本类型的变量时,究竟定义了什么呢? 请看下面的语句:

```
int i;
bool b;
```

显然定义的变量 i 是用于存储 int 型数据的，变量 b 是用来存放 bool 型数据的。但是变量声明的意义不只是这个，另一个同样重要的意义常被我们忽略了，这就是限定对变量的操作。例如对 i 可以进行算术运算、关系运算等，对 b 可以进行逻辑运算、关系运算。这说明每一种数据类型都包括了数据本身的属性以及对数据的操作。

无论哪一种程序语言，其基本数据类型都是有限的，C++ 的基本数据类型也远不能满足描述现实世界中各种对象的需要。于是 C++ 的语法提供了对自定义类型的支持，这就是类。类实际上相当于一种用户自定义的类型，原则上我们可以自定义无限多种新类型。因此不仅可以用 int 类型的变量表示整数，也可以用自定义类的变量表示“时钟”“汽车”“几何图形”或者“人”等对象。正如基本数据类型隐含包括了数据和操作，在定义一个类时也要说明数据和操作。这也正是在 4.1 节中介绍过的，通过对现实世界的对象进行数据抽象和功能(行为)抽象，得到类的数据成员和函数成员。

当定义了一个类之后，便可以定义该类的变量，这个变量就称为类的对象(或实例)，这个定义的过程也称为类的实例化。

4.2.1　类的定义

这里还是以时钟为例，时钟类的定义如下：

```
class Clock{
public:
    void setTime(int newH, int newM, int newS);
    void showTime();
private:
    int hour, minute, second;
};
```

这里，封装了时钟的数据和行为，分别称为 Clock 类的数据成员和函数成员。定义类的语法形式如下：

```
class 类名称
{
public:
    外部接口
protected:
    保护型成员
private:
    私有成员
};
```

其中 public、protected、private 分别表示对成员的不同访问权限控制，在 4.2.2 小节中将对此详细介绍。注意，在类中可以只声明函数的原型，函数的实现(即函数体)可以在类外定义，这将在 4.2.4 小节中加以介绍。

我们可以为数据成员提供一个类内初始值，在创建对象时，类内初始值用于初始化数据成员，没有初始值的成员将被默认初始化。类内初始化必须以等号或者花括号表示。因此可以定义如下时钟类,使得数据成员 hour,minute,second 都初始化为 0。

```
class Clock{
public:
    void setTime(int newH, int newM, int newS);
    void showTime();
private:
    int hour=0, minute=0, second=0;
};
```

4.2.2 类成员的访问控制

类的成员包括数据成员和函数成员,分别描述问题的属性和行为,是不可分割的两个方面。为了理解类成员的访问权限,我们还是先来看钟表这个熟悉的例子。不管哪一种钟表,都记录着时间值,都有显示面板、旋钮或按钮。正如 4.1 节所述,可以将所有钟表的共性抽象为钟表类。正常使用时使用者只能通过面板察看时间,通过旋钮或按钮来调整时间。当然,修理师可以拆开钟表,但一般人最好别尝试。这样,面板、旋钮或按钮就是我们接触和使用钟表的仅有途径,因此将它们设计为类的外部接口。而钟表记录的时间值,便是类的私有成员,使用者只能通过外部接口去访问私有成员。

对类成员访问权限的控制,是通过设置成员的访问控制属性而实现的。访问控制属性可以有以下 3 种:**公有类型(public)**、**私有类型(private)**和**保护类型(protected)**。

公有类型成员定义了类的外部接口。公有成员用 public 关键字声明,在类外只能访问类的公有成员。对于时钟类,从外部只能调用 setTime()和 showTime()这两个公有类型函数成员来改变或察看时间。

在关键字 private 后面声明的就是类的私有成员。如果私有成员紧接着类名称,则关键字 private 可以省略。**私有成员只能被本类的成员函数访问,来自类外部的任何访问都是非法的**。这样,私有成员就完全隐蔽在类中,保护了数据的安全性。时钟类中的 hour、minute 和 second 都是私有成员。

习惯　一般情况下,一个类的数据成员都应该声明为私有成员,这样,内部数据结构就不会对该类以外的其余部分造成影响,程序模块之间的相互作用就被降低到最小。

保护类型成员的性质和私有成员的性质相似,其差别在于继承过程中对产生的新类影响不同。这个问题将在第 7 章详细介绍。

用图 4-1 可以形象地描述对类的成员的访问控制属性:将需要隐蔽的成员,设为私有类型,成为一个外部无法访问的黑盒子;将提供给外界的接口,设为公有类型,对外部就是透明的;而保护成员,就相当于一个笼子,它给派生类提供一些特殊的访问属性。

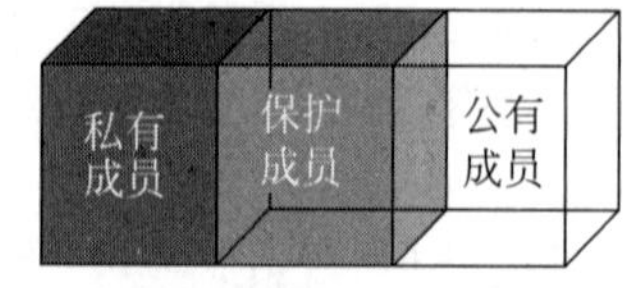

图 4-1　类成员访问控制属性

现在设想这样一种情况,如果一个钟表既不能报时,又无法调整时间,你会购买它吗?你肯定会说:要它何用!是的,这就像一个没有任何外部接口的类,是无法使用的。所以要记住,设计一个类,是为了用它,要能够使用,就一定要设计必要的外部接口。

在类的定义中,具有不同访问属性的成员,可以按任意顺序出现。修饰访问属性关键字也可以多次出现。但是一个成员只能具有一种访问属性。例如，将时钟类写成以下形式也是正确的。

```
class Clock {
public:
    void setTime(int newH, int newM, int newS);
private:
    int hour, minute, second;
public:
    void showTime();
};
```

习惯　在书写时通常习惯将公有类型放在最前面，这样便于阅读，因为它们是外部访问时所要了解的。

4.2.3　对象

类实际上一种抽象机制，它描述了一类事物的共同属性和行为。在 C++ 语言中，类的对象就是该类的某一特定实体(也称实例)。例如，将整个公司的雇员看作一个类，那么每个雇员就是该类的一个特定实体，也就是一个对象。

在第 2 章中介绍过基本数据类型和自定义类型，实际上，每种数据类型都是对一类数据的抽象，在程序中声明的每一个变量都是其所属数据类型的一个实例。如果将类看作是自定义的类型，那么类的对象就可以看成是该类型的变量。因此在本书中，有时将普通变量和类类型的对象都统称为对象。

声明一个对象和声明一个一般变量相同，采用以下的方式：

```
类名　对象名;
```

例如：

```
Clock my Clock;
```

就声明了一个时钟类型的对象 myClock。

注意　对象所占据的内存空间只是用于存放数据成员，函数成员不在每个对象中存储副本，每个函数的代码在内存中只占据一份空间。

定义了类及其对象，就可以访问对象的成员，例如设置和显示对象 myClock 的时间值。这种访问采用的是“.”操作符，访问数据成员的其一般形式是：

```
对象名.数据成员名
```

调用函数成员的一般形式是：

```
对象名.函数成员名(参数表)
```

例如，访问类 Clock 的对象 myClock 的函数成员 ShowTime()的方式如下：

```
myClock.showTime()
```

在类的外部只能访问到类的公有成员；在类的成员函数中，可以访问到类的全部成员。

4.2.4 类的成员函数

类的成员函数描述的是类的行为,例如时钟类的成员函数 setTime()和 showTime()。成员函数是程序算法的实现部分,是对封装的数据进行操作的方法。

1. 成员函数的实现

函数的原型声明要写在类体中,原型说明了函数的参数表和返回值类型。而函数的具体实现是写在类定义外的。与普通函数不同的是,实现成员函数时要指明类的名称,具体形式为:

```
返回值类型  类名::函数成员名(参数表)
{
    函数体
}
```

例如:

```
void Clock::setTime(int newH, int newM, int newS){
    hour=newH;
    minute=newM;
    second=newS;
}
void Clock::showTime(){
    cout<<hour<<":"<<minute<<":"<<second<<endl;
}
```

可以看出,与普通函数不同,类的成员函数名需要用类名来限制,例如"Clock::ShowTime"。

2. 成员函数调用中的目的对象

调用一个成员函数与调用普通函数的差异在于,需要使用"."操作符指出调用所针对的对象,这一对象在本次调用中称为**目的对象**,例如使用"myClock.showTime()"调用showTime 函数时,myClock 就是这一调用过程中的目的对象。

在成员函数中可以不使用"."操作符而直接引用目的对象的数据成员,例如上面的showTime 函数中所引用的 hour、minute、second 都是目的对象的数据成员,以 myClock.showTime()调用该函数时,被输出的是 myClock 对象的 hour、minute、second 属性。在成员函数中调用当前类的成员函数时,如果不使用"."操作符,那么这一次调用所针对的仍然是目的对象。

在成员函数中引用其他对象的属性和调用其他对象的方法时,都需要使用"."操作符。

注意 在类的成员函数中,既可以访问目的对象的私有成员,又可以访问当前类的其他对象的私有成员。

3. 带默认形参值的成员函数

在第3章中曾介绍过带默认形参值的函数。类的成员函数也可以有默认形参值,其调用规则同普通函数相同。类成员函数的默认值,一定要写在类定义中,而不能写在类定义之外的函数中。有时这个默认值可以带来很大的方便,比如时钟类的 setTime()函数,就可以使用默认值如下：

```
class Clock {
public:
    void setTime(int newH=0, int newM=0, int newS=0);
    ...
};
```

这样，如果调用这个函数时没有给出实参，就会按照默认形参值将时钟设置到午夜零点。

4. 内联成员函数

我们知道，函数的调用过程要消耗一些内存资源和运行时间来传递参数和返回值，要记录调用时的状态，以便保证调用完成后能够正确地返回并继续执行。如果有的函数成员需要被频繁调用，而且代码比较简单的，这个函数也可以定义为内联函数(inline function)。和第 3 章介绍的普通内联函数相同，内联成员函数的函数体也会在编译时被插入到每个调用它的地方。这样做可以减少调用的开销，提高执行效率，但是却增加了编译后代码的长度。所以要在权衡利弊的基础上慎重选择，只有对相当简单的成员函数才可以声明为内联函数。

内联函数的声明有两种方式：隐式声明和显式声明。

将函数体直接放在类体内，这种方法称之为隐式声明。比如，将时钟类的 showTime()函数声明为内联函数，可以写作：

```
class Clock{
public:
    void setTime(int newH, int newM, int newS);
    void showTime(){
        cout<<hour<<":"<<minute<<":"<<second<<endl;
    }
private:
    int hour, minute, second;
};
```

为了保证类定义的简洁，可以采用关键字 inline 显式声明的方式。即在函数体实现时，在函数返回值类型前加上 inline；类定义中不加入 showTime 的函数体。请看下面的表达方式：

```
inline void Clock::showTime(){
    cout<<hour<<":"<<minute<<":"<<second<<endl;
}
```

效果和前面隐式表达是完全相同的。

4.2.5　程序实例

例 4-1　时钟类的完整程序。

```
//4_1.cpp
#include <iostream>
```

```
using namespace std;

class Clock{                              //时钟类的定义
public:                                   //外部接口,公有成员函数
    void setTime(int newH=0, int newM=0, int newS=0);
    void showTime();
private:                                  //私有数据成员
    int hour, minute, second;
};

//时钟类成员函数的具体实现
void Clock::setTime(int newH, int newM, int newS) {
    hour=newH;
    minute=newM;
    second=newS;
}

inline void Clock::showTime() {
    cout<<hour<<":"<<minute<<":"<<second<<endl;
}

//主函数
int main() {
    Clock myClock;                        //定义对象 myClock
    cout<<"First time set and output:"<<endl;
    myClock.setTime();                    //设置时间为默认值
    myClock.showTime();                   //显示时间
    cout<<"Second time set and output:"<<endl;
    myClock.setTime(8, 30, 30);           //设置时间为 8: 30: 30
    myClock.showTime();                   //显示时间
    return 0;
}
```

分析：本程序可以分为三个相对独立的部分，第一个部分是类 Clock 的定义，第二个部分是时钟类成员函数的具体实现，第三个部分是主函数 main()。从前面的分析可以看到，定义类及其成员函数，只是对问题进行了高度的抽象和封装化的描述，问题的解决还要通过类的实例——对象之间的消息传递来完成，这里主函数的功能就是声明对象并传递消息。

请注意，这里的成员函数 setTime 是带有默认形参值的函数，有 3 个默认参数。而函数 showTime 是显式声明内联成员函数，设计为内联的原因是它的语句相当少。在主函数中，首先声明一个 Clock 类的对象 myClock，然后利用这个对象调用其成员函数，第一次调用设置时间为默认值并输出，第二次调用将时间设置为 8:30:30 并输出。程序运行的结果为：

```
First time set and output:
0:0:0
Second time set and output:
```

```
8:30:30
```

4.3 构造函数和析构函数

类和对象的关系就相当于基本数据类型与它的变量的关系，也就是一个一般与特殊的关系。每个对象区别于其他对象的地方主要有两个：外在的区别就是对象的名称，而内在的区别就是对象自身的属性值，即数据成员的值。就像定义基本类型变量时可以同时进行初始化一样，在定义对象时，也可以同时对它的数据成员赋初值。**在定义对象的时候进行的数据成员设置，称为对象的初始化**。在特定对象使用结束时，还经常需要进行一些清理工作。C++ 程序中的初始化和清理工作，分别由两个特殊的成员函数来完成，它们就是构造函数和析构函数。

4.3.1 构造函数

要理解构造函数，首先需要理解对象的建立过程。为此先来看看一个基本类型变量的初始化过程：每个变量在程序运行时都要占据一定的内存空间，在定义一个变量时对变量进行初始化，就意味着在为变量分配内存单元的同时，在其中写入了变量的初始值。这样的初始化在 C++ 源程序中看似很简单，但是编译器却需要根据变量的类型自动产生一些代码来完成初始化过程。

对象的建立过程也是类似的：在程序执行过程中，当遇到对象定义时，程序会向操作系统申请一定的内存空间用于存放新建的对象。我们希望程序能像对待普通变量一样，在分配内存空间的同时将数据成员的初始值写入。但是不幸得很，做到这一点不那么容易，因为与普通变量相比，类的对象毕竟太复杂了，编译器不知道如何产生代码来实现初始化。因此如果需要进行对象初始化，程序员要编写初始化程序。如果程序员没有自己编写初始化程序，却在声明对象时贸然指定对象初始值，不仅不能实现初始化，还会引起编译时的语法错误。这就是为什么本书中此前的例题都没有进行对象初始化。

尽管如此，C++ 编译系统在对象初始化的问题上还是替我们做了很多工作。C++ 中严格规定了初始化程序的接口形式，并有一套自动的调用机制。这里所说的初始化程序，便是构造函数。

构造函数的作用就是在对象被创建时利用特定的值构造对象，将对象初始化为一个特定的状态。构造函数也是类的一个成员函数，除了具有一般成员函数的特征外，还有一些特殊的性质：构造函数的函数名与类名相同，而且没有返回值；构造函数通常被声明为公有函数。只要类中有了构造函数，编译器就会在建立新对象的地方自动插入对构造函数的调用代码。因此通常说**构造函数在对象被创建的时候将被自动调用**。

调用时无须提供参数的构造函数称为默认构造函数。如果类中没有写构造函数，编译器会自动生成一个隐含的默认构造函数，该构造函数的参数列表和函数体皆为空。如果类中声明了构造函数(无论是否有参数)，编译器便不会再为之生成隐含的构造函数。在前面的时钟类例子中，没有定义与类 Clock 同名的成员函数——构造函数，这时编译系统就会在编译时自动生成一个默认形式的构造函数：

```
class Clock {
```

```
public:
    Clock() {  }      //编译系统生成的隐含的默认构造函数
    ...
};
```

这个构造函数不做任何事。为什么要生成这个不做任何事情的函数呢？这是因为在建立对象时自动调用构造函数是 C++ 程序"例行公事"的必然行为。

提示　虽然本例中编译系统生成的隐含的构造函数不做任何事情，但有时函数体为空的构造函数并非不做任何事情，因为它还要负责基类的构造和成员对象的构造，这些将在后面的章节中介绍组合和继承时加以说明。

如果程序员定义了恰当的构造函数，Clock 类的对象在建立时就能够获得一个初始的时间值。现在将例 4-1 的 Clock 类修改如下：

```
//4_1_1.cpp
class Clock{
public:
    Clock (int newH, int newM, int newS);      //构造函数
    void setTime(int newH, int newM, int newS);
    void showTime();
private:
    int hour, minute, second;
};
```

构造函数的实现：

```
Clock::Clock(int newH, int newM, int newS):hour(newH),minute(newM),second(newS)
{}
//其他函数的实现同 4_1.cpp
```

下面来看一看建立对象时构造函数的作用：

```
int main(){
    Clock c(0,0,0);
    c.ShowTime();
    c.SetTime(8,30,30);
    return 0;
}
```

在建立对象 c 时，会调用构造函数，将实参值用作初始值。

由于 Clock 类中定义了构造函数，所以编译系统就不会再为其生成隐含的默认构造函数了。而这里自定义的构造函数带有形参，所以建立对象时就必须给出初始值，用来作为调用构造函数时的实参。如果在 main 函数中这样声明对象：

```
Clock c2;
```

编译时就会指出语法错，因为没有给出必要的实参。

构造函数定义中，在冒号之后、函数体之前是初始化列表，它负责为新创建的对象中的

一个或几个数据成员指定初始值,需要初始化的数据成员使用逗号隔开,每个成员名字后面紧跟括号括起来的初始值。使用初始化列表对成员进行初始化,比在构造函数体中用赋值语句对成员赋值的效率更高。因此,如果是直接用初始值进行初始化,不需要进行复杂计算,则首选用初始化列表的方式。

作为类的成员函数,构造函数可以直接访问类的所有数据成员,可以是内联函数,可以带有参数表,可以带默认的形参值,也可以重载。这些特征,使得我们可以根据不同问题的需要,有针对性地选择合适的形式将对象初始化成特定的状态。

4.3.2　默认构造函数

如果构造一个对象时不提供初始化参数,将通过一个不含参的构造函数来进行默认初始化过程,这个函数被称为默认构造函数。默认构造函数是调用时可以不给任何实参的构造函数。

如果我们的类没有显式地定义构造函数,那么编译器就会隐式地定义一个默认的构造函数。编译器创建的构造函数又被称为合成的默认构造函数。对于大多数类来说,这个合成的默认构造函数将按照如下规则初始化类的数据成员:如果存在类内的初始值,则使用类内初始值初始化成员;否则,以默认方式初始化成员(基本类型数据成员默认是未定义的值)。

对于一个普通的类来说,通常要定义自己的默认构造函数,原因有三:第一由于编译器只在类不包含任何构造函数的情况下才会替我们生成默认构造函数,一旦我们定义了其他的构造函数,那么除非我们自己再定义一个默认的构造函数,否则构造类将没有默认构造函数。第二是合成的默认构造函数可能会执行错误的操作。比如定义在块中的基本数据类型在默认初始化后,它们的值是未定义的,这个规则同样适用于默认初始化的基本类型成员。因此,含有基本类型成员的类应该在类内部初始化这些成员,或者自定义一个默认构造函数,否则用户在创建类的对象时就有可能得到未定义的值。第三是有时候编译器不能为某些类合成默认的构造函数。例如,如果类中包含一个其他类类型的成员,并且这个类没有默认构造函数,那么编译器就无法初始化该成员。对于这种情况,我们必须自定义默认构造函数,否则该类型将没有可用的默认构造函数。

请看下面例子中重载的构造函数及其被调用情况:

```
//4_1_2.cpp
class Clock{
public:
    Clock(int newH, int newM, int newS);          //构造函数
    Clock();                                      //默认构造函数

    void setTime(int newH, int newM, int newS);
    void showTime();
private:
    int hour, minute, second;
};
Clock::Clock(): hour(0),minute(0),second(0){  //默认构造函数
```

```
    }

//其他函数实现同 4_1.cpp、4_1_1.cpp
int main(){
    Clock c1(0,0,0);                           //调用有参数的构造函数
    Clock c2;                                  //调用无参数的构造函数
...
}
```

这里的构造函数有两种重载形式：有参数的和无参数的(即默认构造函数)。

4.3.3 委托构造函数

一个委托构造函数使用它所属类的其他构造函数执行它自己的初始化过程，也就是说它把自身的一些(或者全部)职责委托给了其他构造函数。

我们使用委托构造函数重写 Clock 类的构造函数，其形式如下：

```
Clock(int newH, int newM, int newS) {       //构造函数
    hour=newH;
    minute=newM;
    second=newS;
}
    Clock():Clock(0, 0, 0) {}                //构造函数
```

可以看到第二个构造函数委托给了第一个构造函数来完成数据成员的初始化。当一个构造函数委托给另一个构造函数时，受委托的构造函数的初始值列表和函数体依次执行，然后控制权才会交还给委托者函数。

4.3.4 复制构造函数

很多人都使用过复印机，当需要一个文件的副本时，我们取来白纸，通过复印机，复制出与原件一模一样的复制品。配钥匙的情况也是类似的，通过精确的机加工，制作出与原钥匙一模一样的新钥匙。可以说，在生活和工作中制作复制品的例子是数不胜数的。面向对象的程序设计就是要能够如实反映客观世界中各种问题的本来面目，因此对象的复制，便是 C++ 程序必不可少的能力。

生成一个对象的副本有两种途径：第一种途径是建立一个新对象，然后将一个已有对象的数据成员值取出来，一一赋给新的对象。这样做虽然可行，但不免烦琐。我们何不使类具有自行复制本类对象的能力呢？这正是复制构造函数的功能。

复制构造函数是一种特殊的构造函数，具有一般构造函数的所有特性，**其形参是本类的对象的引用。其作用是使用一个已经存在的对象(由复制构造函数的参数指定)，去初始化同类的一个新对象**。

程序员可以根据实际问题的需要定义特定的复制构造函数，以实现同类对象之间数据成员的传递。如果程序员没有定义类的复制构造函数，系统就会在必要时自动生成一个隐含的复制构造函数。这个**隐含的复制构造函数的功能是，把初始值对象的每个数据成员的值都复制到新建立的对象中**。因此，也可以说是完成了同类对象的克隆(clone)，这样得到

的对象和原对象具有完全相同的数据成员，即完全相同的属性。

下面是声明和实现复制构造函数的一般方法：

```
class 类名
{
public:
    类名(形参表);                    //构造函数
    类名(类名 & 对象名);             //复制构造函数
    …
};
类名::类名(类名 & 对象名);          //复制构造函数的实现
{    函数体
}
```

下面请看一个复制构造函数的例子。通过水平和垂直两个方向的坐标值 X 和 Y 来确定屏幕上的一个点。点(Point)类定义如下：

```
class Point{
public:
    Point(int xx=0, int yy=0) {        //构造函数
        x=xx;
        y=yy;
    }
    Point(Point &p);                   //复制构造函数
    int getX() {return x;}
    int getY() {return y;}
private:
    int x, y;
};
```

类中声明了内联构造函数和复制构造函数。复制构造函数的实现如下：

```
Point::Point(Point &p) {
    x=p.x;
    y=p.y;
    cout<<"Calling the copy constructor"<<endl;
}
```

普通构造函数是在对象创建时被调用，而复制构造函数在以下 3 种情况下都会被调用。

(1) **当用类的一个对象去初始化该类的另一个对象时**。例如：

```
int main(){
    Point a(1,2);
    Point b(a);                  //用对象 a 初始化对象 b,复制构造函数被调用
    Point c=a;                   //用对象 a 初始化对象 c,复制构造函数被调用
    cout<<b.getX()<<endl;
    return 0;
}
```

细节 以上对b和c的初始化都能够调用复制构造函数,两种写法只是形式上有所不同,执行的操作完全相同。

(2) **如果函数的形参是类的对象,调用函数时,进行形参和实参结合时**。例如:

```
void f(Point p){
    cout<<p.getX()<<endl;
}
int main(){
    Point a(1,2);
    f(a);        //函数的形参为类的对象,当调用函数时,复制构造函数被调用
    return 0;
}
```

提示 只有把对象用值传递时,才会调用复制构造函数,如果传递引用,则不会调用复制构造函数。由于这一原因,传递比较大的对象时,传递引用会比传值的效率高很多。

(3) **如果函数的返回值是类的对象,函数执行完成返回调用者时**。例如:

```
Point g(){
    Point a(1,2);
    return a;        //函数的返回值是类对象,返回函数值时,调用复制构造函数
}
int main(){
    Point b;
    b=g();
    return 0;
}
```

为什么在这种情况下,返回函数值时,会调用复制构造函数呢?表面上函数g将a返回给了主函数,但是a是g()的局部对象,离开建立它的函数g以后就消亡了,不可能在返回主函数后继续生存(这一点在第5章中将详细讲解)。所以在处理这种情况时编译系统会在主函数中创建一个无名临时对象,该临时对象的生存期只在函数调用所处的表达式中,也就是表达式"b =g()"中。执行语句"return a;"时,实际上是调用复制构造函数将a的值复制到临时对象中。函数g运行结束时对象a消失,但临时对象会存在于表达式"b =g()"中。计算完这个表达式后,临时对象的使命也就完成了,该临时对象便自动消失。

例 4-2 Point类的完整程序。

在程序主函数中,3个部分分别给出复制构造函数调用的3种情况。

```
//4_2.cpp
#include <iostream>
using namespace std;

class Point {                                //Point类的定义
public:                                      //外部接口
    Point(int xx=0, int yy=0) {              //构造函数
```

```
        x=xx;
        y=yy;
    }
    Point(Point &p);          //复制构造函数
    int getX() {
        return x;
    }
    int getY() {
        return y;
    }
private:                      //私有数据
    int x, y;
};

//成员函数的实现
Point::Point(Point &p) {
    x=p.x;
    y=p.y;
    cout<<"Calling the copy constructor"<<endl;
}

//形参为 Point 类对象的函数
void fun1(Point p) {
    cout<<p.getX()<<endl;
}

//返回值为 Point 类对象的函数
Point fun2() {
    Point a(1, 2);
    return a;
}

//主程序
int main() {
    Point a(4,5);             //第一个对象 a
    Point b=a;                //情况一,用 a 初始化 b。第一次调用复制构造函数
    cout<<b.getX()<<endl;
    fun1(b);              //情况二,对象 b 作为 fun1 的实参。第二次调用复制构造函数
    b=fun2();             //情况三,函数的返回值是类对象,函数返回时,调用复制构造函数
    cout<<b.getX()<<endl;
    return 0;
}
```

程序的运行结果为:

```
Calling the copy constructor
```

```
4
Calling the copy constructor
4
Calling the copy constructor
1
```

注意　在有些编译环境下,上面的运行结果可能不尽相同,因为编译器有时会针对复制构造函数的调用做优化(Return value optimization),避免不必要的复制构造函数调用。

读者可能会有这样的疑问:例题中的复制构造函数与隐含的复制构造函数功能一样,都是直接将原对象的数据成员值一一赋给新对象中对应的数据成员。这种情况下还有必要编写复制构造函数吗?的确,如果情况总是这样,就没有必要特意编写一个复制构造函数,用隐含的就行。但是,记得使用复印机时有这样的情况吗:有时只需要某页的一部分,这时可以用白纸遮住不需要的部分再去复印。而且,还有放大复印、缩小复印等多种模式。在程序中进行对象的复制时,也是这样,可以有选择、有变化地复制。读者可以尝试修改一下例题程序,使复制构造函数可以构造一个与初始点有一定位移的新点。另外,当类的数据成员中有指针类型时,默认的复制构造函数实现的只能是浅复制。浅复制会带来数据安全方面的隐患,要实现正确的复制,也就是深复制,必须编写复制构造函数。关于指针类型及深复制问题将在第6章介绍。在第9章的例题中将进一步体现深复制的作用。

4.3.5　析构函数

做任何事情都要有始有终,在有些时候做好扫尾工作是必需的。比如借了邻家的东西来用,用过之后一定要及时归还。若只借不还,再借就难了。编程序时也要考虑扫尾工作。在C++程序中当对象消失时,往往需要处理好扫尾事宜。

对象会消失吗?当然会!自然界万物都是有生有灭,程序中的对象也是一样。我们已经知道对象在定义时诞生,至于在何时消亡,就牵涉对象的生存期问题,这将在第5章详细介绍。这里只考虑一种情况:如果在一个函数中定义了一个局部对象,那么当这个函数运行结束返回调用者时,函数中的对象也就消失了。

在对象要消失时,通常有什么善后工作需要做呢?最典型的情况是:构造对象时,在构造函数中分配了资源,例如动态申请了一些内存单元,在对象消失时就要释放这些内存单元。这种情况,在第6章的例6-18和第9章的一些例题中都有出现。在7.7.4小节中有详细介绍。关于动态内存分配,将在第6章详细介绍。本章中只简单介绍通过析构函数处理扫尾工作的途径和方法。

简单来说,析构函数与构造函数的作用几乎正好相反,它**用来完成对象被删除前的一些清理工作**,也就是专门做扫尾工作的。**析构函数是在对象的生存期即将结束的时刻被自动调用的**。它的调用完成之后,对象也就消失了,相应的内存空间也被释放。

与构造函数一样,析构函数通常也是类的一个公有函数成员,它的名称是由类名前面加"~"构成,没有返回值。与构造函数不同的是**析构函数不接受任何参数**,但可以是虚函数(将在第8章介绍)。如果不进行显式说明,系统也会生成一个函数体为空的隐含析构函数。

提示　函数体为空的析构函数未必不做任何事情,这将在后面的章节中介绍组合与继承时加以说明。

例如,给时钟类加入一个空的内联析构函数,其功能和系统自动生成的隐含析构函数相同。

```
class Clock{
public:
    Clock();            //构造函数
    void setTime(int newH, int newM, int newS);
    void showTime();
    ~Clock(){}
private:
    int hour, minute, second;
};
```

一般来讲,如果希望程序在对象被删除之前的时刻自动(不需要人为进行函数调用)完成某些事情,就可以把它们写到析构函数中。

4.3.6 移动构造函数

复制构造函数通过复制的方式构造新的对象,而很多时候被复制的对象仅作复制之用后销毁,在这时,如果使用移动已有对象而非复制对象将大大提高性能。C++ 11 标准推出以前,没有移动对象的直接方法,C++ 11 标准引入了左值和右值,定义了右值引用的概念,以表明被引用对象在使用后会被销毁,不会再继续使用。直观来看,**左值是位于赋值语句左侧的对象变量,右值是赋值语句右侧的值,不依附于对象**。3.1 节中参数引用传递中**对持久存在变量的引用,称之为左值引用,相对的对短暂存在可被移动的右值的引用称之为右值引用**。因此,可通过移动右值引用对象来安全地构造新对象,并且避免冗余复制对象的代价。

```
float n=6;
float &lr_n=n;             //对变量 n 的左值引用
float &&rr_n=n;            //错误,不能将右值引用绑定到左值 n 上
float &&rr_n=n * n;        //将乘法结果右值绑定到右值引用
float &lr_n=n * n;         //错误,不能将左值引用绑定到乘法结果右值
```

以上举例展示了右值引用和左值引用的区别和正确使用方式,注意一个左值对象不能绑定到一个右值引用上。但实际应用中,可能某个对象的作用仅限在初始化其他新对象使用后销毁,标准库 utility 中声明提供了 move 函数,将左值对象移动成为右值。

```
float n=10;
float &&rr_n=std::move(n);          //将左值对象移动为右值并绑定右值引用
```

move 函数告诉编译器变量 n 转换为当右值来使用,承诺除对 n 重新赋值或者销毁它以外,将不再通过 rr_n 右值引用以外的方式使用它。

基于右值引用的新设定,可以通过移动而不复制实参的高性能方式构建新对象,即移动构造函数。类似于复制构造函数,移动构造函数的参数为该类对象的右值引用,在构造中移动源对象资源,构造后源对象不再指向被移动的资源,源对象可重新赋值或者被销毁:

```
class MyStr {
```

```
public:
    string s;

    MyStr() : s("") {};                                //无参构造函数

    MyStr(string _s) : s(std::move(_s)) {};            //有参构造函数

    MyStr(MyStr &&str) noexcept                        //告知编译器不会抛出异常
            : s(std::move(str.s)) {}                   //移动构造函数
};
```

使用移动构造函数直接挪用已有右值对象的成员资源,因此配合 move 函数使用完成新对象移动构造。上例有参构造函数中,局部 string 类型变量因用来初始化类内 string 成员后无其他使用,也可通过 move 将其转为右值移动来避免复制。需要注意的是,移动构造函数不会分配新资源新内存,因此理论上不会报错,为配合编译器异常捕获机制,需声明 noexcept 表明函数不抛出异常(将于第 12 章异常处理详细介绍)。

4.3.7 default、delete 函数

默认构造函数、复制构造函数和移动构造函数,这些概念让人眼花缭乱,在定义一个新类时,用户可能只是希望简单地使用,不希望花太多精力在复制控制优化性能上,C++ 11 标准提供了 default 和 delete 两个关键字来简化构造函数的定义与使用。使用＝default 可显示要求编译器自动生成默认或复制构造函数。

```
class MyStr {
public:
    string s;

    MyStr()=default;                                   //默认合成的无参构造函数

    MyStr(string _s) : s(std::move(_s)) {};            //有参构造函数

    MyStr(MyStr &&str)=default;                        //默认合成的复制构造函数

    ~MyStr()=default;                                  //默认合成的析构函数
};
```

通过使用 default,可以让编译器合成简单的无参默认构造函数和复制构造函数,但其他使用参数的构造函数,由于编译器不知构造逻辑,需要用户自行定义。当用户不希望定义的类存在复制时,可以通过 delete 关键字将复制构造函数删除:

```
class MyStr {
public:
    string s;

    MyStr()=default;                                   //默认合成的无参构造函数
```

```
    MyStr(string _s) : s(std::move(_s)) {};     //有参构造函数
    MyStr(MyStr &&str)=delete;                  //删除复制构造函数
    ~MyStr()=default;                           //默认合成的析构函数
};
```

与 default 使用不同的是，delete 不限于在无参和复制构造函数上使用，除析构函数外，用户都可以指定为 delete 删除掉，以便禁止类使用过程中的相关操作，比如上例中的复制操作。

4.3.8　程序实例

例 4-3　游泳池改造预算，Circle 类。

一个圆形游泳池如图 4-2 所示，现在需在其周围建一个圆形过道，并在其四周围上栅栏。栅栏价格为 35 元/米，过道造价为 20 元/平方米。过道宽度为 3 米，游泳池半径由键盘输入。要求编程计算并输出过道和栅栏的造价。

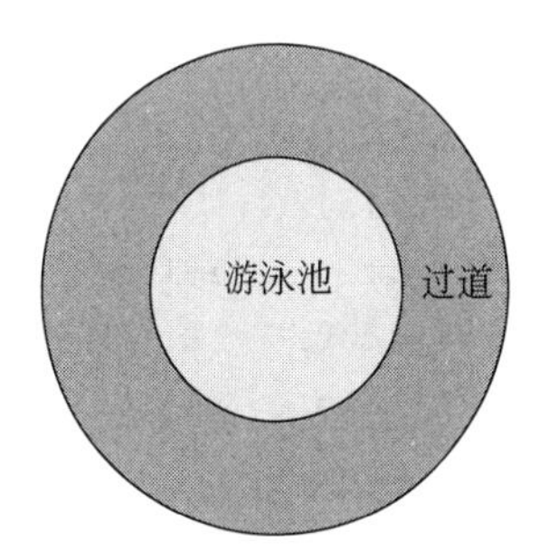

图 4-2　游泳池示意图

首先对问题进行分析，游泳池及栅栏可以看作是两个同心圆，大圆的周长就是栅栏的长度，圆环的面积就是过道的面积，而环的面积是大、小圆的面积之差。可以定义一个圆类来描述这个问题：圆的半径是私有成员数据，圆类应当具有的功能是计算周长和面积。分别用两个对象来表示栅栏和游泳池，就可以得到过道的面积和栅栏的周长。利用已知的单价，便得到了整个改建工程的预算。下面来看具体的源程序实现。

```
//4_3.cpp
#include <iostream>
using namespace std;

const float PI=3.141593;                    //给出 pI 的值
const float FENCE_PRICE=35;                 //栅栏的单价
const float CONCRETE_PRICE=20;              //过道水泥单价

class Circle {                              //声明定义类 Circle 及其数据和方法
public:                                     //外部接口
    Circle(float r);                        //构造函数
    float circumference();                  //计算圆的周长
    float area();                           //计算圆的面积
private:                                    //私有数据成员
    float radius;                           //圆半径
};
```

```
//类的实现

//构造函数初始化数据成员 radius
Circle::Circle(float r) {
    radius=r;
}

//计算圆的周长
float Circle::circumference() {
    return 2 * PI * radius;
}

//计算圆的面积
float Circle::area() {
    return PI * radius * radius;
}

//主函数实现
int main () {
    float radius;
    cout<<"Enter the radius of the pool: ";     //提示用户输入半径
    cin> > radius;

    Circle pool(radius);                        //游泳池边界
    Circle poolRim(radius+3);                   //栅栏对象

    //计算栅栏造价并输出
    float fenceCost=poolRim.circumference() * FENCE_PRICE;
    cout<<"Fencing Cost is $ "<<fenceCost<<endl;

    //计算过道造价并输出
    float concreteCost=(poolRim.area()-pool.area()) * CONCRETE_PRICE;
    cout<<"Concrete Cost is $ "<<concreteCost<<endl;

    return 0;
}
```

运行结果：

```
Enter the radius of the pool: 10
Fencing Cost is $2858.85
Concrete Cost is $4335.4
```

分析：主程序在执行时，首先声明 3 个 float 类型变量，读入游泳池的半径后建立对象 pool，这时调用构造函数将其数据成员设置为读入的数值，接着建立第二个 Circle 类的对象 poolRim 来描述栅栏。通过这两个对象调用各自的成员函数，问题就得到了圆满的解决。

4.4　类的组合

现实世界中问题的复杂性有时候是许多人都始料不及的，然而较为复杂的问题，往往可以被逐步划分为一系列稍为简单的子问题，经过不断的划分，就能达到可以描述和解决的地步。也就是说，解决复杂问题的有效方法就是将其层层分解为简单问题的组合，首先解决简单问题，较复杂问题也就迎刃而解了。实际上，这种部件组装的生产方式早已广泛应用在工业生产中。例如，电视机的一个重要部件是显示屏，但很多电视机厂自己并不生产显示屏，而是向专门的显示屏生产厂去购买。生产显示屏的厂家，会同时向多家电视机厂供货。这样的专业化分工合作，极大地提高了生产效率。目前，要提高软件的生产效率，一个重要手段就是实现软件的工业化生产。

在面向对象程序设计中，可以对复杂对象进行分解、抽象，把一个复杂对象分解为简单对象的组合，由比较容易理解和实现的部件对象装配而成。

4.4.1　组合

前面一直都在用组合的方法创建类。请看下面的圆类：

```
class Circle {                //定义类 Circle 及其数据和方法
public:                       //外部接口
    Circle(float r);          //构造函数
    float circumference();    //计算圆周长
    float area();             //计算圆面积
private:                      //私有数据成员
    float   radius;           //圆的半径
};
```

可以看到，类 Circle 中包含着 float 类型的数据。我们已经习惯于像这样用 C++ 的基本数据类型作为类的组成部件。实际上类的成员数据既可以是基本类型也可以是自定义类型，当然也可以是类的对象。由此，便可以采用部件组装的方法，利用已有类的对象来构成新的类。这些部件类比起整体类来，要更易于设计和实现。

类的组合描述的就是一个类内嵌其他类的对象作为成员的情况，它们之间的关系是一种包含与被包含的关系。例如，用一个类来描述计算机系统，首先可以把它分解为硬件和软件，而硬件包含中央处理单元(Central Processing Unit,CPU)、存储器、输入设备和输出设备，软件可以包括系统软件和应用软件。这些部分每一个都可以进一步分解，用类的观点来描述，它就是一个类的组合。图 4-3 给出了它们的相互关系。对于稍微复杂的问题都可以使用组合来描述，这比较符合逐步求精的思维规律。

当创建类的对象时，如果这个类具有内嵌对象成员，那么各个内嵌对象将被自动创建。因为部件对象是复杂对象的一部分。因此，**在创建对象时既要对本类的基本类型数据成员进行初始化，又要对内嵌对象成员进行初始化。**这时，理解这些对象的构造函数被调用的顺序就很重要。

组合类构造函数定义的一般形式为：

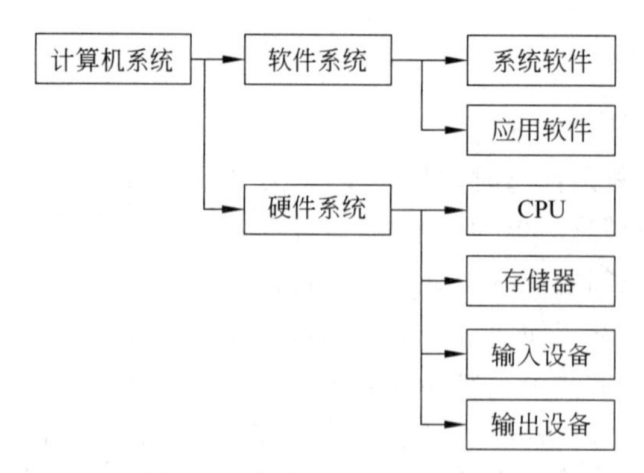

图 4-3 计算机类的组合关系

```
类名::类名(形参表):内嵌对象 1(形参表), 内嵌对象 2(形参表), …
{类的初始化}
```

其中,“内嵌对象 1(形参表), 内嵌对象 2(形参表), …”称作初始化列表,其作用是对内嵌对象进行初始化。

对基本类型的数据成员也可以这样初始化,例如,例 4-3 中 Circle 类的构造函数也可以这样写:

```
Circle::Circle(float r): radius(r){}
```

在创建一个组合类的对象时,不仅它自身的构造函数的函数体将被执行,而且还将调用其内嵌对象的构造函数。这时构造函数的调用顺序如下。

(1) 调用内嵌对象的构造函数,调用顺序按照内嵌对象在组合类的定义中出现的次序,注意,内嵌对象在构造函数的初始化列表中出现的顺序与内嵌对象构造函数的调用顺序无关。

(2) 执行本类构造函数的函数体。

提示 如果有些内嵌对象没有出现在构造函数的初始化列表中,那么在第(1)步中,该内嵌对象的默认构造函数将被执行。这样,如果一个类存在内嵌的对象,尽管编译系统自动生成的隐含的默认构造函数的函数体为空,但在执行默认构造函数时,如果声明组合类的对象时没有指定对象的初始值,则默认形式(无形参)的构造函数被调用,这时内嵌对象的默认形式构造函数也会被调用,隐含的默认构造函数并非什么也不做。

注意 有些数据成员的初始化,必须在构造函数的初始化列表中进行,这些数据成员包括两类,一类是那些没有默认构造函数的内嵌对象——因为为这类对象初始化时必须提供参数,另一类是引用类型的数据成员——因为引用型变量必须在初始化时绑定引用的对象。如果一个类包括这两类成员,那么编译器不能够为这个类提供隐含的默认构造函数,这时必须编写显式的构造函数,并且在每个构造函数的初始化列表中至少为这两类数据成员初始化。

析构函数的调用执行顺序与构造函数刚好相反。析构函数的函数体被执行完毕后,内嵌对象的析构函数被一一执行,这些内嵌对象的析构函数调用顺序与它们在组合类的定义中出现的次序刚好相反。

提示　由于要调用内嵌对象的析构函数,所以有时隐含的析构函数并非什么也不做。

当存在类的组合关系时,复制构造函数该如何编写呢？对一个类,如果程序员没有编写复制构造函数,编译系统会在必要时自动生成一个隐含的复制构造函数,这个隐含的函数会自动调用内嵌对象的复制构造函数,为各个内嵌对象初始化。

如果要为组合类编写复制构造函数,则需要为内嵌成员对象的复制构造函数传递参数。例如,假设 C 类中包含 B 类的对象 b 作为成员,C 类的复制构造函数形式如下：

```
C::C(C &c1):b(c1.b){…}
```

下面来看一个例子。

例 4-4　类的组合,线段(Line)类。

我们使用一个类来描述线段,使用 4.3 节中 Point 类的对象来表示端点。这个问题可以用类的组合来解决,使 Line 类包括 Point 类的两个对象 p1 和 p2,作为其数据成员。Line 类具有计算线段长度的功能,在构造函数中实现。源程序如下。

```
//4_4.cpp
#include <iostream>
#include <cmath>
using namespace std;

class Point {                          //Point 类定义
public:
    Point(int xx=0, int yy=0) {
        x=xx;
        y=yy;
    }
    Point(Point &p);
    int getX() {return x;}
    int getY() {return y;}
private:
    int x, y;
};

Point::Point(Point &p) {               //复制构造函数的实现
    x=p.x;
    y=p.y;
    cout<<"Calling the copy constructor of Point"<<endl;
}

//类的组合
class Line {                           //Line 类的定义
public:                                //外部接口
    Line(Point xp1, Point xp2);
    Line(Line &l);
    double getLen() {return len;}
```

```
private:                                //私有数据成员
    Point p1, p2;                       //Point类的对象p1,p2
    double len;
};

//组合类的构造函数
Line::Line(Point xp1, Point xp2) : p1(xp1), p2(xp2) {
    cout<<"Calling constructor of Line"<<endl;
    double x=static_cast<double> (p1.getX()-p2.getX());
    double y=static_cast<double> (p1.getY()-p2.getY());
    len=sqrt(x * x+y * y);
}

//组合类的复制构造函数
Line::Line (Line &l): p1(l.p1), p2(l.p2) {
    cout<<"Calling the copy constructor of Line"<<endl;
    len=l.len;
}

//主函数
int main() {
    Point myp1(1, 1), myp2(4, 5);       //建立Point类的对象
    Line line(myp1, myp2);              //建立Line类的对象
    Line line2(line);                   //利用复制构造函数建立一个新对象
    cout<<"The length of the line is: ";
    cout<<line.getLen()<<endl;
    cout<<"The length of the line2 is: ";
    cout<<line2.getLen()<<endl;
    return 0;
}
```

运行结果：

```
Calling the copy constructor of Point
Calling the copy constructor of Point
Calling the copy constructor of Point
Calling the copy constructor of Point
Calling constructor of Line
Calling the copy constructor of Point
Calling the copy constructor of Point
Calling the copy constructor of Line
The length of the line is:5
The length of the line2 is:5
```

分析：主程序在执行时，首先生成两个Point类的对象，然后构造Line类的对象line，接着通过复制构造函数建立Line类的第二个对象line2，最后输出两点的距离。在整个运

行过程中,Point 类的复制构造函数被调用了 6 次,而且都是在 Line 类构造函数体运行之前进行的,它们分别是两个对象在 Line 构造函数进行函数参数形实结合时,初始化内嵌对象时,以及复制构造 line2 时被调用的。两点的距离在 Line 类的构造函数中求得,存放在其私有数据成员 len 中,只能通过公有成员函数 getLen()来访问。

4.4.2 前向引用声明

我们知道,C++ 语言的类应当先定义,然后再使用。但是在处理相对复杂的问题、考虑类的组合时,很可能遇到两个类相互引用的情况,这种情况也称为循环依赖。例如:

```
class A{                    //A 类的定义
public:                     //外部接口
    void f(B b);            //以 B 类对象 b 为形参的成员函数
        //这里将引起编译错误,因为"B"为未知符号
};
class B    {                //B 类的定义
public:                     //外部接口
    void g(A a);            //以 A 类对象 a 为形参的成员函数
};
```

这里类 A 的公有成员函数 f 的形式参数是类 B 的对象,同时类 B 的公有成员函数 g 也以类 A 的对象为形参。由于在使用一个类之前,必须首先定义该类,因此无论将哪一个类的定义放在前面,都会引起编译错误。解决这种问题的办法,就是使用前向引用声明。前向引用声明,是在引用未定义的类之前,将该类的名字告诉编译器,使编译器知道那是一个类名。这样,当程序中使用这个类名时,编译器就不会认为是错误,而类的完整定义可以在程序的其他地方。在上述程序加上前向引用声明,问题就解决了。

```
class B;                    //前向引用声明
class A    {                //A 类的定义
public:                     //外部接口
    void f(B b);            //以 B 类对象 b 为形参的成员函数
};
class B    {                //B 类的定义
public:                     //外部接口
    void g(A a);            //以 A 类对象 a 为形参的成员函数
};
```

使用前向引用声明虽然可以解决一些问题,但它并不是万能的。需要注意的是,尽管使用了前向引用声明,但是在提供一个完整的类定义之前,不能定义该类的对象,也不能在内联成员函数中使用该类的对象。请看下面的程序段:

```
class Fred;                 //前向引用声明
class Barney {
    Fred x;                 //错误:类 Fred 的定义尚不完善
};
class Fred {
```

```
    Barney y;
};
```

对于这段程序,编译器将指出错误。原因是对类名 Fred 的前向引用声明只能说明 Fred 是一个类名,而不能给出该类的完整定义,因此在类 Barney 中就不能定义类 Fred 的数据成员。因此使两个类以彼此的对象为数据成员,是不合法的。

再看下面这一段程序:

```
class Fred;                  //前向引用声明

class Barney {
public:
    …
    void method() {
        x.yabbaDabbaDo();    //错误: Fred 类的对象在定义之前被使用
    }
private:
    Fred&x;                  //正确,经过前向引用声明,可以声明 Fred 类的对象引用或指针
};

class Fred {
public:
    …
    void yabbaDabbaDo();
private:
    Barney&y;
};
```

编译器在编译时会指出错误,因为在类 Barney 的内联函数中使用了由 x 所指向的,Fred 类的对象,而此时 Fred 类尚未被完整地定义。解决这个问题的方法是,更改这两个类的定义次序,或者将函数 method()改为非内联形式,并且在类 Fred 的完整定义之后,再给出函数的定义。

注意　当使用前向引用声明时,只能使用被声明的符号,而不能涉及类的任何细节。

4.5　UML 图形标识

我们学习了 C++ 面向对象程序设计中的类和对象的概念,那么如何通过一种更加直观的图形表示方法来表示这些概念将是本节介绍的内容。通过图形的方式把面向对象程序设计对问题的描述直观的表示出来,可以帮助人们进行方便的交流。

现在得到广泛使用的面向对象建模语言有很多种,本书前两个版本中采用的是 Coad/Yourdon 标记方法,第 3 版和第 4 版采用的是 UML(Unified Modeling Language,统一建模语言),它是由 OMG(Object Management Group, 对象管理组织)于 1997 年确认并开始推行的,是最具代表性、被广泛采用的标准化语言,包含了我们所需要的所有图形标识。

UML 是一个复杂和庞大的系统建模语言,其目标是希望能够解决整个面向对象软件

开发过程中的可视化建模，详细完整地介绍其内容远超出本书的范围，为此本节仅就与本书关系最直接的 UML 相应内容作介绍，使读者有的放矢地了解 UML 的特点，并且能够应用简单的 UML 图形标识来描述本书中涉及 C++ 语言中类、对象等核心概念及其关系等相关内容，同时为以后的学习和软件开发打下良好的基础。其实，这里介绍的内容仅是 UML 中最基本的内容之一，如果读者希望深入了解该建模语言，请参考相关网站和书籍。

4.5.1　UML 简介

UML 是一种典型的面向对象建模语言，但不是一种编程语言，在 UML 中用符号描述概念，概念间的关系描述为连接符号的线。

面向对象建模语言应该追溯于 20 世纪 70 年代中期。20 世纪 80 年代中期，大批面向对象的编程语言问世，标志着面向对象方法走向成熟。到了 20 世纪 90 年代中期，在面向对象方法研究领域出现了一大批面向对象的分析与设计方法，并引入各种独立于语言的标识符。其中，Coad/Yourdon 方法也是最早的面向对象的分析和设计方法之一，这类方法简单易学，适合于面向对象技术的初学者使用。Booch 是面向对象方法最早的倡导者之一，他提出了面向对象软件工程的概念，该方法比较适合于系统的设计和构造。Rumbaugh 等人提出了面向对象的建模技术（OMT）方法，采用面向对象的概念。Jacobson 提出的 OOSE 方法比较适合支持商业工程和需求分析。

在众多的建模语言中，用户很难明确区别不同语言之间的特征，因此很难找到一种比较适合自己应用特点的语言。另外，众多的建模语言各有千秋，尽管大多雷同，但仍存在表述上的差异，极大地妨碍了用户之间的交流。因此在客观上，极有必要寻求一种统一的建模语言。1994 年 10 月，Grady Booch 和 Jim Rumbaugh 开始致力于这方面工作。他们首先将 Booch 方法和 OMT 方法统一起来，并于 1995 年 10 月发布了这一建模语言的公开版本，并称之为**统一方法 UM 0.8（Unified Method）**。1995 年底，OOSE 的创始人 Ivar Jacobson 加盟到这一工作。于是，经过 Booch、Rumbaugh 和 Jacobson 三人的共同努力，于 1996 年 6 月发布了新的版本，即 UML 0.9，并将 UM 重新命名为统一建模语言 UML（Unified Modeling Language）。1997 年 11 月 17 日，OMG 采纳 UML 1.1 作为基于面向对象技术的统一建模语言。到 2003 年 6 月，OMG 通过 UML 的 2.0 版本。

标准建模语言 UML 的重要内容是各种类型的图形，分别描述软件模型的静态结构、动态行为和模块组织和管理。本书主要使用 UML 中的图形来描述软件中类和对象以及它们的静态关系，使用最基本的类图（Class Diagram），它属于静态结构图（Static Structure Diagrams）的一种。

4.5.2　UML 类图

一个类图是由类和与之相关的各种静态关系共同组成的图形。类图展示的是软件模型的静态结构、类的内部结构以及和其他类的关系。UML 中也定义了对象图（object diagram），静态对象图是特定对象图的一个实例，它展示的是在某一特定实际软件系统具体状态的一个特例。类图可以包含对象，一个包含了对象而没有包含类的类图就是对象图，可以认为对象图是类图的一种特例。对象图的使用是相当有限的，因此在 UML1.5 以后的版本中明确指出工具软件可以不实现这种图。

通过类图,完全能够描述本书中介绍的面向对象的相关概念,如类、模板类等和相互关系。类图由描述类或对象的图形标识以及描述它们之间的相互关系的图形标识组成,下面介绍具体的图形符号。

1. 类和对象

类图中最基本的是要图形化描述类,要表示类的名称、数据成员和函数成员,以及各成员的访问控制属性。

在 UML 中,用一个由上到下分为 3 段的矩形来表示一个类。类名写在顶部区域,数据成员(数据,UML 中称为属性)在中间区域,函数成员(行为,UML 中称为操作)出现在底部区域。当然,也可以看作是用 3 个矩形上下相叠,分别表示类的名称、属性和操作,而且,除了名称这个部分外,其他两个部分是可选的,即类的属性和操作可以不表示出来,也就是说,一个写了类名的矩形就可以代表一个类。

如图 4-4 所示,下面来以例 4-1 中的 Clock 类为例,具体看类的表示,请大家对照例 4-1 的源代码。

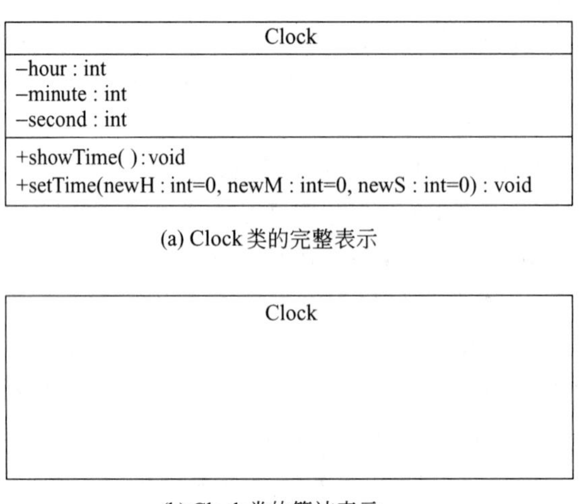

(a) Clock 类的完整表示

(b) Clock 类的简洁表示

图 4-4　例 4-1 中 Clock 类的两种表示方法

图 4-4 说明了在 UML 中表示类的不同方法。图 4-4(a)给出完整的具有可见说明的数据和行为的类。图 4-4(b)则是在隐藏类的数据和行为时的表示方法,显而易见,简单但是信息量很少。不同表示方法的使用场合不同,主要取决于绘制该图形的目标。如果我们要详细描述类的成员以及它们的访问控制属性,应当使用类似图 4-4(a)的方式;如果我们的着眼点在于类之间的关系,并不关心类内部的东西(比如在程序设计初期划分类的时候),则使用类似图 4-4(b)的方式。

下面介绍完整表示一个类的数据和函数成员的方法。

根据图的详细程度,每个数据成员可以包括其访问控制属性、名称、类型、默认值和约束特性,最简单的情况是只表示出它的名称,其余部分都是可选的。UML 规定数据成员表示的语法为:

```
[访问控制属性] 名称[重数][: 类型][=默认值][{约束特征}]
```

这里至少必须指定数据成员的名称,其他的都是可选的。其中,

访问控制属性:分为Public、Private和Protected三种,分别对应于UML中的+、-和#。

名称:是标识数据成员的字符串。

重数:可以在名称后面的方括号内添加属性的重数(在一些书籍中,也称为多重性)。

类型:表示该数据成员的种类。它可以是基本数据类型,例如整数、实数、布尔型等,也可以是用户自定义的类型,还可以是某一个类。

默认值:是赋予该数据成员的初始值。

约束特征:是用户对该数据成员性质一个约束的说明。例如"{只读}"说明它具有只读属性。

图4-4(a)中Clock类中,数据成员hour描述为:

```
- hour : int
```

访问控制属性"-"表示它是私有数据成员,其名称为"hour",类型为"int",没有默认值和约束特性。

再如下面的例子,表示某类的一个Public类型数据成员,名为size,类型为area,其默认值为(100,100)。

```
+size: area=(100,100)
```

每个函数成员可以包括其访问控制属性、名称、参数表、返回类型和约束特性,最简单的情况是只表示出它的名称,其余部分都是可选的,根据图的详细程度选择使用。UML规定数据成员表示的语法为:

```
[访问控制属性]  名称[(参数表)][: 返回类型][{约束特性}]
```

访问控制属性:分为Public、Private和Protected三种,分别对应于UML中的+、-和#。

名称;是标识函数成员的字符串。

参数表:含有由逗号分隔的参数,其表示方法为按照"[方向]名称:类型=默认值"格式给出函数的形参列表,注意其格式和cpp文件中不同。方向指明参数是用于表示输入(in)、输出(out)或是即用于输入又用于输出(inout)。

返回类型:表示该函数成员返回值的类型,它可以是基本数据类型,可以是用户自定义的类型,也可以是某一个类,还可以是上述类型的指针。

约束特性:是用户对该函数成员性质约束的说明。

图4-4(a)中Clock类中,函数成员setTime描述为:

```
+setTime(newH: int=0, newM: int=0, newS: int=0) : void
```

访问控制属性"+"表示它是公有数据成员,其名称为setTime,括号中是参数表,返回类型为void,没有约束特性。

在UML中,用一个矩形来表示一个对象,对象的名字要加下画线。对象的全名写在图

形的上部区域,由类名和对象名组成,其间用冒号隔开,表示方式为"对象名:类名"。在一些情况下,可以不出现对象名或类名。数据成员及其值在下面区域,数据成员是可选的。

如图4-5所示,仍以例4-1中的Clock类的对象为例。

myClock : Clock

–hour : int
–minute : int
–second : int

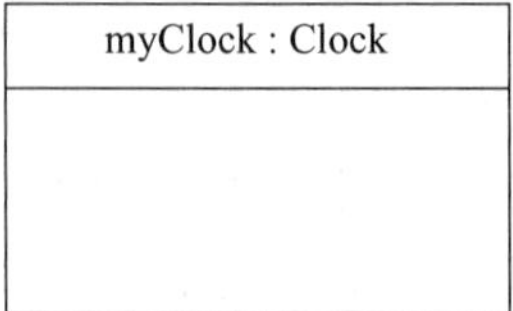

图4-5　myClock对象的不同表示

图4-5说明了在UML中表示对象的不同方法。图4-5(a)给出完整的具有数据的对象类。图4-5(b)则是只有名称的表示方法。选用原则和类的表示方法相同。

2. 几种关系的图形标识

上面介绍了UML中类和对象图形表示,但是仅仅通过这些图形符号还不能表示一个大型系统中类与类之间、对象与对象之间、类与对象之间的关系,比如,类与类有继承派生关系和调用关系等。

UML中使用带有特定符号的直线段或虚线段表示关系,下面介绍如何用这些图形来表示本书使用到的调用、类的组合、继承等各种关系。

1) 依赖关系

类或对象之间的依赖描述了一个事物的变化可能会影响到使用它的另一个事物,反之不成立。当要表明一个类使用另一个类作为它的函数成员参数时,就使用依赖关系。通常类之间的调用关系、友元(第5章将介绍)、类的实例化都属于这类关系。对于大多数依赖关系而言,简单的、不加修饰的依赖关系就足够了。然而,为了详述其含义的细微差别,UML定义了一些可以用于依赖关系的构造型。最常用的构造型是使用<<use>>。当需要显示表示两个类之间的使用关系时,要使用<<use>>构造型。对其他构造型不在这里作详细介绍,有些构造型将在后面章节的UML图形表示中用到,届时再作解释。

图4-6说明了如何表示类间的依赖关系,UML图形把依赖绘成一条指向被依赖的事物的虚线。图中的"类A"是源,"类B"是目标,表示"类A"使用了"类B",或称"类A"依赖"类B"。

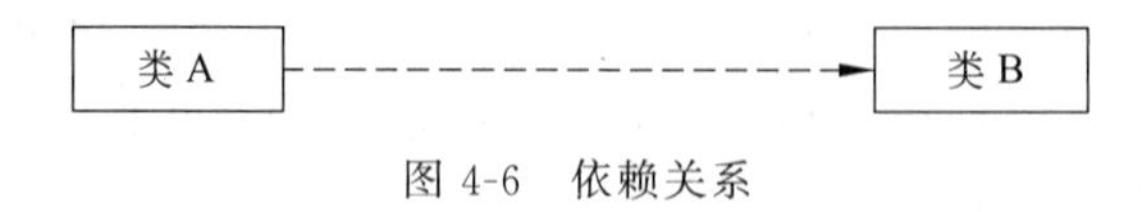

图4-6　依赖关系

2) 作用关系——关联

关联用于表述一个类的对象和另一个类的对象之间相互作用的连接。在UML中,用实线来表示的两个类(或同一个类)之间的关联,在线段两端通常包含多重性(或称重数)。多重性可说是关联最重要的特性,关联一端的多重性表明:在关联另一端的类的每个对象要求与在本端的类的多少个对象发生作用。图4-7说明了在UML中对关联的表示。

图4-7中的"重数A"决定了类B的每个对象与类A的多少个对象发生作用,同样"重数B"决定了类A的每个对象与类B的多少个对象发生作用。重数标记的形式和含义均列于表4-1中。

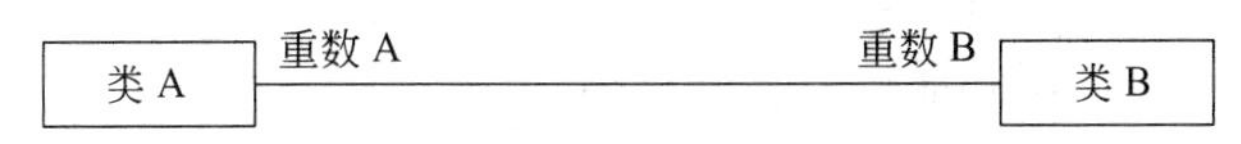

图4-7　在UML中关联的图形表示

表4-1　重数的标记及其说明

标记	说　明
*	任何数目的对象(包括0)
1	恰好一个对象
n	恰好n个对象
0..1	0个或1个对象(表明关联是可选的)
n..m	最少为n个对象,最多为m个对象(n和m是整数)
2,4	离散的结合(如2个或4个)

3)包含关系——聚集和组合

类或对象之间的包含关系在UML中由聚集和组合两个概念描述,它们是一种特殊关联。UML中的聚集表示类之间的关系是整体与部分的关系,“包含”“组成”“分为……部分”等都是聚集关系。一条直线段有两个端点,这是聚集的一个例子。聚集可以进一步划分成共享聚集和组成聚集(简称组合)。例如,课题组包含许多成员,但是每个成员又可以是另一个课题组的成员,即部分可以参加多个整体,称之为共享聚集。另一种情况是整体拥有各部分,部分与整体共存,如整体不存在了,部分也会随之消失,这称为组合。组合是一种简单聚集形式,但是它具有更强的拥有关系。例如,打开一个视窗口,它就由标题、外框和显示区所组成。在UML中,聚集表示为空心菱形,组合表示为实心菱形。

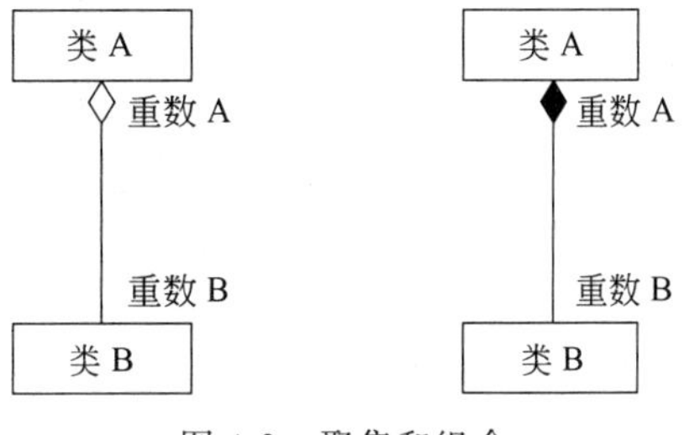

图4-8　聚集和组合

图4-8说明了怎样表示类的聚合和组合。

例4-5　采用UML方法来描述例4-4中Line类和Point类的关系。

Line类的数据成员包括了Point类的两个对象p1和p2,因此重数为2,而Point类的对象是Line类对象的一部分,因此需要应用聚集关系来描述。另外,Line类的构造函数使用了Point类对象p1和p2的公有函数,可以简洁直观地将这种使用关系通过简单的依赖关系来描述。下面采用UML方法来描述Line类和Point类的这些关系,如图4-9所示。

4)继承关系——泛化

类之间的继承关系(将在第7章详细介绍)在UML中称为泛化,使用带有三角形标识的直线段表示这种继承关系,三角的一个尖指向的父类,对边上的线指向子类。图4-10说明了泛化关系。子类1说明单继承,子类2说明多继承。

3. 注释

为了更生动地描述类、对象以及它们之间的关系,除了上述最基本的图形符号外,UML还有一些辅助性的图形符号,这里介绍注释。

UML的注释是一种最重要的能够独立存在的修饰符号。注释是附加在元素或元素集上用来表示说明或注释的图形符号。用注释可以为模型附加一些诸如说明、评述和注解等的信息。在 UML 图形上,注释表示为带有褶角的矩形,然后用虚线连接到 UML 的其他元素上,它是一种用于在图中附加文字注释的机制。

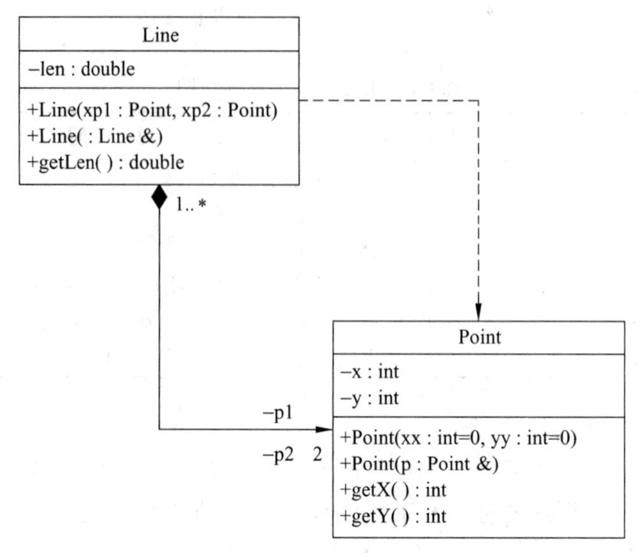

图 4-9　Line 类和 Point 类的关系

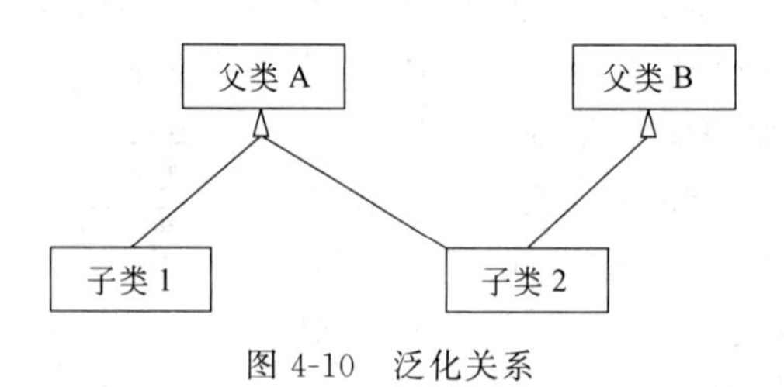

图 4-10　泛化关系

例 4-6　带有注释的 Line 类和 Point 类关系的描述(如图 4-11 所示)。

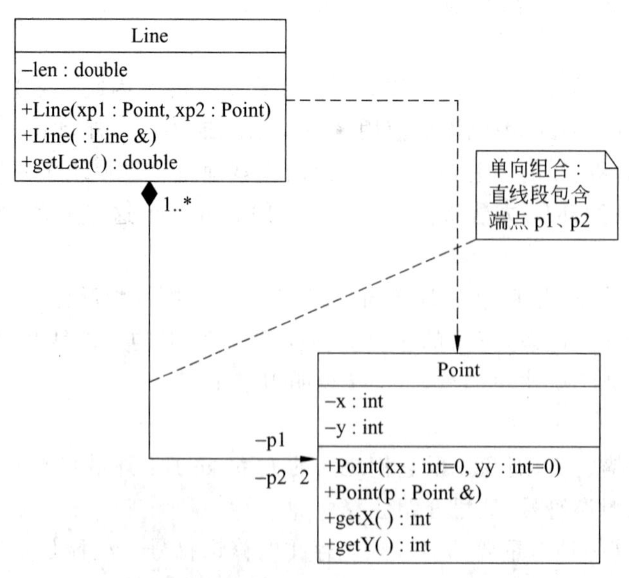

图 4-11　带有注释的 Line 类和 Point 类的关系

4.6　结构体和联合体

4.6.1　结构体

结构体是一种特殊形态的类,它和类一样,可以有自己的数据成员和函数成员,可以有自己的构造函数和析构函数,可以控制访问权限,可以继承,支持包含多态……二者定义的语法形式也几乎一样。**结构体和类的唯一区别在于,结构体和类具有不同的默认访问控制属性:在类中,对于未指定访问控制属性的成员,其访问控制属性为私有类型(private);在结构体中,对于未指定任何访问控制属性的成员,其访问控制属性为公有类型(public)**。因此,在结构体的定义中,如果把公有成员方在最前面,则最前面的"public:"可以省去,结构体可以按照如下的语法形式定义:

```
struct 结构体名称
{
    公有成员
protected:
    保护型成员
private:
    私有成员
};
```

读者一定会问,既然结构体和类的功能完全相同,只是在形式上有如此细微的差异,那么为什么 C++ 还要引入结构体呢?原因是为了保持和 C 程序的兼容性。

C 语言只有结构体,而没有类,C 语言的结构体中只允许定义数据成员,不允许定义函数成员,而且 C 语言没有访问控制属性的概念,结构体的全部成员是公有的。C 语言的结构体是为面向过程的程序服务的,并不能满足面向对象程序设计的要求,C++ 为 C 语言的结构体引入了成员函数、访问权限控制、继承、包含多态等面向对象的特性,但由于用 structure(struct 关键字是 structure 的缩写)一词来表示这种具有面向对象特性的抽象数据类型不再贴切,另外 C 语言中 struct 所留下的根深蒂固的影响,C++ 在 struct 之外引入了另外的关键字——class,并且把它作为定义抽象数据类型的首选关键字。但为了保持和 C 程序的兼容,C++ 保留了 struct 关键字,并规定结构体的默认访问控制权限为公有类型。

类和结构体的并存,是由历史原因造成的,那么,在编写 C++ 程序时,是否还需要使用结构体呢?这更多地是一个代码风格问题,如果完全不使用结构体,也丝毫不会影响程序的表达能力。

与类不同,对于结构体,人们习惯于将数据成员设置为公共的。有时在程序中需要定义一些数据类型,它们并没有什么操作,定义它们的目的只是将一些不同类型的数据组合成一个整体,从而方便地保存数据,这样的类型不妨定义为结构体。如果用类来定义,为了遵循"将数据成员设置为私有"的习惯,需要为每个数据成员编写专门的函数成员来读取和改写各个属性,反而会比较麻烦。

如果一个结构体的全部数据成员都是公共成员,并且没有用户定义的构造函数,没有基类和虚函数(基类和虚函数将在后面的章节中介绍),这个结构体的变量可以用下面的语法形式赋初值：

```
类型名 变量名={成员数据 1 初值, 成员数据 2 初值, …};
```

在语言规则上，满足以上条件的类对象也可以用同样的方式赋初值，不过由于习惯地将类的数据成员设置为私有的，因此类一般不满足以上条件。通过以上形式为结构体变量初始化，是使用结构体的另一个方便之处。

例 4-7　用结构体表示学生的基本信息。

```
//4_7.cpp
#include <iostream>
#include <iomanip>
#include <string>
using namespace std;

struct Student{          //学生信息结构体
    int num;             //学号
    string name;         //姓名,字符串对象,将在第 6 章详细介绍
    char sex;            //性别
    int age;             //年龄
};

int main() {
    Student stu={97001, "Lin Lin", 'F', 19};
    cout<<"Num:  "<<stu.num<<endl;
    cout<<"Name: "<<stu.name<<endl;
    cout<<"Sex:  "<<stu.sex<<endl;
    cout<<"Age:  "<<stu.age<<endl;
    return 0;
}
```

运行结果：

```
Num:  97001
Name: Lin Lin
Sex:  F
Age:  19
```

本程序中，Student 结构体中有的 name 成员是 string 类型的，string 是标准 C++ 中预定义的一个类，专用于存放字符串，将在第 6 章详细介绍。

4.6.2　联合体

有时，一组数据中，有的数据只在一些情况下有效，另一个数据在其他情况下有效，任何两个数据不会同时有效。例如，如果需要存储一个学生的各门课程成绩，有些课程的成绩是等级制的，需要用一个字符来存储它的等级，有些课程只记“通过”和“不通过”，需要用一个布尔值来表示是否通过，而另一些课程的成绩是百分制的，需要用一个整数来存储它的分

数，这个分数就可以用一个联合体来表示。

联合体是一种特殊形态的类，它可以有自己的数据成员和函数成员，可以有自己的构造函数和析构函数，可以控制访问权限，与结构体一样，联合体也是从 C 语言继承而来的，因此它的默认访问控制属性也是公共类型的。**联合体的全部数据成员共享同一组内存单元。** 联合体定义的语法形式如下：

```
union 联合体名称
{
    公有成员
protected:
    保护型成员
private:
    私有成员
};
```

例如，成绩这个联合体可以声明如下：

```
union Mark {
    char grade;            //等级制的成绩
    bool pass;             //只记是否通过课程的成绩
    int percent;           //百分制的成绩
};
```

联合体 Mark 类型变量的存储结构如图 4-12 所示。

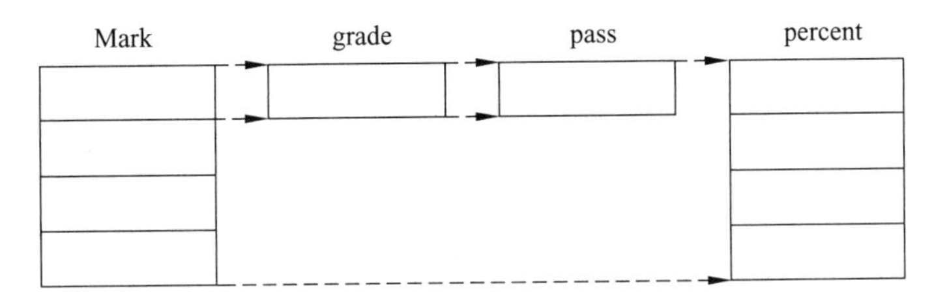

图 4-12　联合体类型 uarea 存储结构示意图

正是由于联合体的成员共用相同的内存单元，一个联合体变量的成员同时至多只有一个是有意义的。另外，不同数据单元共用相同内存单元的特性，联合体有下面一些限制。

- 联合体的各个对象成员，不能有自定义的构造函数、自定义的析构函数和重载的赋值运算符(赋值运算符的重载将在第 8 章介绍)，不仅联合体的对象成员不能有这些函数，这些对象成员的对象成员也不能有，依此类推。
- 联合体不能继承，因而也不支持包含多态。

一般只用联合体来存储一些公有的数据，而不为它定义函数成员。

联合体也可以不声明名称，称为无名联合体。无名联合体没有标记名，只是声明一个成员项的集合，这些成员项具有相同的内存地址，可以由成员项的名字直接访问。

例如，声明无名联合体如下：

```
union {
```

```
    int i;
    float f;
};
```

在程序中可以这样使用：

```
i=10;
f=2.2;
```

无名联合体通常用作类或结构体的内嵌成员，请看例 4-8。

例 4-8　使用联合体保存成绩信息，并且输出。

```
#include <string>
#include <iostream>
using namespace std;

class ExamInfo {
public:
    //三种构造函数,分别用等级、是否通过和百分来初始化
    ExamInfo(string name, char grade)
        : name(name), mode(GRADE), grade(grade) {}
    ExamInfo(string name, bool pass)
        : name(name), mode(PASS), pass(pass) {}
    ExamInfo(string name, int percent)
        : name(name), mode(PERCENTAGE), percent(percent) {}
    void show();

private:
    string name;                //课程名称
    enum {
        GRADE,
        PASS,
        PERCENTAGE
    } mode;                     //采用何种计分方式
    union {
        char grade;             //等级制的成绩
        bool pass;              //是否通过
        int percent;            //百分制的成绩
    };
};

void ExamInfo::show() {
    cout<<name<<": ";
    switch (mode) {
    case GRADE:cout<<grade;
        break;
    case PASS:
```

```
        cout<<(pass ? "PASS" : "FAIL");
        break;
    case PERCENTAGE:
        cout<<percent;
        break;
    }
    cout<<endl;
}

int main() {
    ExamInfo course1("English", 'B');
    ExamInfo course2("Calculus", true);
    ExamInfo course3("C++Programming", 85);
    course1.show();
    course2.show();
    course3.show();
    return 0;
}
```

运行结果：

```
English: B
Calculus: PASS
C++Programming: 85
```

4.7　枚举类型——enum

相信读者在解决实际问题时都遇到过这样的情形：一场比赛的结果只有胜、负、平局、比赛取消四种情况；一个袋子里只有红、黄、蓝、白、黑五种颜色的球；一个星期只有星期一、星期二、……、星期日七天。上述这些数据只有有限的几种可能值，虽然可以用 int、char 等类型来表示它们，但是对数据的合法性检查却是一件很麻烦的事情。例如，如果用整数 0～6 来代表一星期的七天，那么变量值为 8 便是不合法数据。C++ 语言中的枚举类型就是专门用来解决这类问题的。

只要将变量的可取值一一列举出来，便构成了一个枚举类型。枚举类型可以将一组整型常量组织在一起作为一个枚举类型。

C++ 语言包含两种枚举类型：不限定作用域的枚举类型和限定作用域的枚举类。

不限定作用域枚举类型声明形式如下：

```
enum (枚举类型名) {变量值列表};
```

例如：

```
enum Weekday{SUN, MON, TUE, WED, THU, FRI, SAT};
```

*** 选学**

枚举类声明形式如下：

```
enum class 枚举类型名 {变量值列表};
enum struct 枚举类型名 {变量值列表};
```

例如：

```
enum class Weekday{SUN, MON, TUE, WED, THU, FRI, SAT};
```

另外枚举类型的名字是可选的，如果 enum 未命名，我们只能在定义该 enum 时定义它的对象，即需要在 enum 定义右侧的花括号和最后的分号之间提供逗号分隔的声明列表。例如：

```
enum {SUN, MON, TUE, WED, THU, FRI, SAT}week1, week2;
```

这是未命名的、不限定作用域的枚举类型，week1、week2 都是该类型的变量。

我们可以指定 enum 的枚举值类型，即在 enum 的名字后加上冒号以及想在该 enum 中使用的类型。如果没有指定 enum 的潜在类型，默认情况下限定作用域的成员类型为 int，对于不限定作用域的 enum 来说，其枚举成员不存在默认类型，我们所知道的是成员类型足够大，肯定能容纳枚举值。如果指定了枚举元素的潜在类型，一旦某个枚举元素的值超出了该类型范围，会引发程序错误。

枚举可以进行前向声明，但 enum 的前向声明必须指定其成员类型：由于不限定作用域的 enum 没有指定成员的默认类型，因此必须显示指定；限定作用域的枚举类型默认的成员类型为 int。例如：

```
enum unscopedEnum: long long;        //不限定作用域的,必须指定成员类型
enum scopedEnum;                     //限定作用域的,可使用默认成员类型
```

和其他声明一样，enum 的声明必须和定义匹配。

关于限定作用域的 enum 类将在第 5 章详细介绍，本章此后的内容只包含不限定作用域的 enum 类型。

枚举类型应用说明：

- 对枚举元素按常量处理，不能对它们赋值。例如，下面的语句是非法的：

```
SUN=0;        //SUN 是枚举元素,此语句非法
```

- 枚举元素具有默认值，它们依次为：0,1,2,…。例如，上例中 SUN 的值为 0、MON 为 1、TUE 为 2、…、SAT 为 6。
- 也可以在声明时另行定义枚举元素的值，如：

```
enum Weekday {SUN=7, MON=1, TUE, WED, THU, FRI, SAT};
```

定义 SUN 为 7,MON 为 1,以后顺序加 1,SAT 为 6。枚举值可以不唯一。

- 枚举值可以进行关系运算。
- 整数值不能直接赋给枚举变量，如需要将整数赋值给枚举变量，应进行强制类型转换。
- 枚举元素是 const 类型，因此初始化枚举成员是提供的初始值必须是常量表达式，每个枚举元素本身就是一个常量表达式，我们可以在任何需要常量表达式的地方使用枚举元素，例如：

```
constexpr Weekday today=SUN;
```

类似的,可以将一个 enum 作为 switch 语句的表达式,而将枚举值作为 case 标签。

例 4-9　设某次体育比赛的结果有四种可能：胜(WIN)、负(LOSE)、平局(TIE)、比赛取消(CANCEL),编写程序顺序输出这四种情况。

分析：由于比赛结果只有四种可能,所以可以声明一个枚举类型,用一个枚举类型的变量来存放比赛结果。

源程序：

```
//4_9.cpp
#include <iostream>
using namespace std;

enum GameResult {WIN, LOSE, TIE, CANCEL};

int main() {
    GameResult result;                  //声明变量时,可以不写关键字 enum
    enum GameResult omit=CANCEL;        //也可以在类型名前写 enum

    for (int count=WIN; count <=CANCEL; count++) {      //隐含类型转换
        result=GameResult(count);       //显式类型转换
        if (result==omit)
            cout<<"The game was cancelled"<<endl;
        else {
            cout<<"The game was played ";
            if (result==WIN)
                cout<<"and we won!";
            if (result==LOSE)
                cout<<"and we lost.";
            cout<<endl;
        }
    }
    return 0;
}
```

运行结果：

```
The game was played and we won!
The game was played and we lost.
The game was played
The game was cancelled
```

注意：

```
GameResult result;
enum GameResult omit=CANCEL;
```

这两种写法都可以,C++ 中声明完枚举类型后,声明变量时,可以不写关键字 enum。

枚举类型的数据可以和整型数据相互转换,枚举型数据可以隐含转换为整型数据,如上例 for 循环初始语句中的

```
int count=WIN
```

就是把枚举类型的数据 WIN 隐含转换为整型,作为整型变量 count 的初值。在循环控制条件

```
count <=CANCEL
```

中,也会把枚举型数据 CANCEL 隐含转换为 count,再与 count 进行比较。

而整型数据到枚举数据的转换,则需要采用显式转换的方式,如上例中的

```
result=GameResult(count);
```

此外,也可以利用前面介绍过的 static_cast 完成转换,这样,上面的语句又可以写成:

```
result=static_cast<GameResult> (count);
```

4.8 综合实例——个人银行账户管理程序

我们以一个面向个人的银行账户管理程序为例,说明类及成员函数的设计。

4.8.1 类的设计

一个人可以有多个活期储蓄账户,一个活期储蓄账户包括账号(id)、余额(balance)、年利率(rate)等信息,还包括显示账户信息(show)、存款(deposit)、取款(withdraw)、结算利息(settle)等操作,为此,设计一个类 SavingsAccount,将 id、balance、rate 均作为其成员数据,将 deposit、withdraw、settle 均作为其成员函数。类图设计如图 4-13 所示。

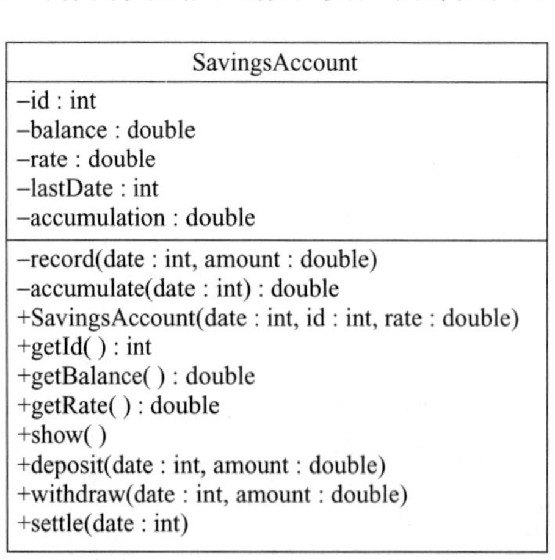

图 4-13　个人银行账户管理程序的 SavingsAccount 类的 UML 图

无论是存款、取款还是结算利息,都需要修改当前的余额并且将余额的变动输出,这些公共操作由私有成员函数 record 来执行。

实现该类的难点在于利息的计算。由于账户的余额是不断变化的,因此不能通过余额与年利率相乘的办法来计算年利,而是需要将一年当中每天的余额累积起来再除以一年的总天数,得到一个日均余额,再乘以年利率。为了计算余额的按日累积值,SavingsAccount引入了私有数据成员 lastDate、accumulation 和私有成员函数 accumulate。lastDate 用来存储上一次余额变动的日期,accumulation 用来存储上次计算利息以后直到最近一次余额变动时余额按日累加的值,accumulate 成员函数用来计算截至指定日期的账户余额按日累积值。这样,当余额变动时,需要做的是将变动前的余额与该余额所持续的天数相乘,累加到 accumulation 中,再修改 lastDate。

为简便起见,该类中的所有日期均用一个整数来表示,该整数是一个以日为单位的相对日期。例如,如果以开户日为 1,那么开户日后的第 3 天就用 4 来表示,这样通过将两个日期相减就可得到两个日期相差天数,在计算利息时非常方便。

4.8.2 源程序及说明

例 4-10 个人银行账户管理程序。

```
//4_10.cpp
#include <iostream>
#include <cmath>
using namespace std;
class SavingsAccount {              //储蓄账户类
private:
    int id;                         //账号
    double balance;                 //余额
    double rate;                    //存款的年利率
    int lastDate;                   //上次变更余额的时期
    double accumulation;            //余额按日累加之和
    //记录一笔账,date 为日期,amount 为金额,desc 为说明
    void record(int date, double amount);
    //获得到指定日期为止的存款金额按日累积值
    double accumulate(int date) const {
        return accumulation+balance * (date-lastDate);
    }
public:
    //构造函数
    SavingsAccount(int date, int id, double rate);
    int getId() {return id;}
    double getBalance() {return balance;}
    double getRate() {return rate;}
    void deposit(int date, double amount);            //存入现金
    void withdraw(int date, double amount);           //取出现金
    //结算利息,每年 1 月 1 日调用一次该函数
    void settle(int date);
    //显示账户信息
```

```
    void show();
};
//SavingsAccount 类相关成员函数的实现
SavingsAccount::SavingsAccount(int date, int id, double rate)
    : id(id), balance(0), rate(rate), lastDate(date), accumulation(0) {
    cout<<date<<"\t#"<<id<<" is created"<<endl;
}
void SavingsAccount::record(int date, double amount) {
    accumulation=accumulate(date);
    lastDate=date;
    amount=floor(amount * 100+0.5)/100;                //保留小数点后两位
    balance+=amount;
    cout<<date<<"\t#"<<id<<"\t"<<amount<<"\t"<<balance<<endl;
}
void SavingsAccount::deposit(int date, double amount) {
    record(date, amount);
}
void SavingsAccount::withdraw(int date, double amount) {
    if (amount> getBalance())
        cout<<"Error: not enough money"<<endl;
    else
        record(date, -amount);
}
void SavingsAccount::settle(int date) {
    double interest=accumulate(date) * rate/365;       //计算年息
    if (interest ! =0)
        record(date, interest);
    accumulation=0;
}
void SavingsAccount::show() {
    cout<<"#"<<id<<"\tBalance: "<<balance;
}
int main() {
    //建立几个账户
    SavingsAccount sa0(1, 21325302, 0.015);
    SavingsAccount sa1(1, 58320212, 0.015);
    //几笔账目
    sa0.deposit(5, 5000);
    sa1.deposit(25, 10000);
    sa0.deposit(45, 5500);
    sa1.withdraw(60, 4000);
    //开户后第 90 天到了银行的计息日,结算所有账户的年息
    sa0.settle(90);
    sa1.settle(90);
    //输出各个账户信息
```

```
    sa0.show();    cout<<endl;
    sa1.show();    cout<<endl;
    return 0;
}
```

运行结果：

```
1       #21325302 is created
1       #58320212 is created
5       #21325302       5000       5000
25      #58320212       10000      10000
45      #21325302       5500       10500
60      #58320212       -4000      6000
90      #21325302       27.64      10527.6
90      #58320212       21.78      6021.78
#21325302       Balance: 10527.6
#58320212       Balance: 6021.78
```

在上面程序中，首先给出了 SavingsAccount 类的定义，只有几个简短的函数实现写在了类定义中，大部分函数的实现代码写在了类定义后。在主程序中，定义了两个账户实例 sa0 和 sa1，它们的年利率都是 1.5%，随后分别在第 5 天、45 天向账户 sa0 存入 5000 元和 5500 元，在第 25 天向账户 sa1 存入 10000 元，在第 60 天从账户 sa1 取出 4000 元，账户开户后的第 90 天是银行的计息日，两个账户分别得到了 27.64 元和 21.78 元的利息。以账户 sa0 为例，它在第 5 天到第 45 天的余额为 5000 元，第 45 天到第 90 天的余额为 10500 元，因此它的利息是 $(40\times5000+45\times10500)/365\times1.5\% =27.64$ 元。

细节　以上程序的 SavingsAccount::record 函数中使用了 floor 函数，该函数是向下取整函数（在数学上称为高斯函数），用来得到不大于一个数的最大整数，声明在头文件 cmath 中。一般来说，如果需要对一个数 x 做四舍五入取整，可以通过表达式 floor(x+0.5)进行。而 record 函数中的表达式将原数事先乘以了 100，取整完毕后再除以 100，因此原数的小数点后两位得以保留。另外，cmath 中还提供了 floor 的姊妹函数——ceil，该函数为向上取整函数，用来得到不小于一个数的最小整数。

在开户（构造账户）、存款、取款、计息的过程中，每一笔记录都被输出出来了。最后分别输出两个账户的信息。

4.9　深度探索

4.9.1　位域

各种基本数据类型中，长度最小的 char 和 bool 在内存中占据 1 字节的空间，但对于某些数据只需要几个二进制位即可保存，例如例 2-11 中所定义的枚举

```
enum GameResult {WIN, LOSE, TIE, CANCEL};
```

由于它只有 4 种取值，只需 2 个二进制位就可保存，而一个 GameResult 类型变量至少

要占据 1 字节(8 个二进制位),在很多编译器中,甚至还会占据更多的空间。单一变量所浪费的空间或许并不显著,但如果一个类中有多个这样的数据成员,那么它们所浪费的空间累积起来会更大。一种可以想到的解决办法是,将类中多个这样的数据成员"打包",让它们不必从整字节开始,而是可以只占据某些字节的某几位。为了解决这一问题,C++ 允许在类中声明位域。

位域是一种允许将类中的多个数据成员打包,从而使不同成员可以共享相同的字节的机制。在类定义中,位域的定义方式为:

```
数据类型说明符 成员名 : 位数;
```

程序员可以通过冒号(:)后的位数来指定为一个位域所占用的二进制位数。使用位域,有以下几点需要注意:

- C++ 标准规定了使用这种机制用来允许编译器将不同的位域"打包",但这种"打包"的具体方式,C++ 标准并没有规定,因此不同的编译器会有不同的处理方式,不同编译器下,包含位域的类所占用的空间也会有所不同。
- 只有 bool(布尔型)、char(字符型)、int(整型)和 enum(枚举型)的成员才能够被定义为位域。
- 位域虽然节省了内存空间,但由于打包和解包的过程中需要耗费额外的操作,所以运行时间很有可能会增加。

结构体与类的唯一区别在于访问权限,因此也允许定义位域;但联合体中,各个成员本身就共用相同的内存单元,因此没必要也不允许定义位域。

下面看一个例子。

例 4-11　设计一个结构体存储学生的成绩信息,需要包括学号、年级和成绩三项内容,学号的范围是 0 到 99 999 999,年级分为 freshman、sophomore、junior、senior 四种,成绩包括 A、B、C、D 四个等级。

分析:学号包括 27 个二进制位($2^{27}=134\ 217\ 728$)的有效信息,而年级、成绩各包括 2 个二进制位的有效信息。如果用整型存储学号(占用 4 字节),分别用枚举类型存储年级和等级(各至少占用 1 字节),则总共至少占用 6 字节。如果采用位域,则需要 $27+2+2=31$ 个二进制位,只需 4 字节就能存下。

源程序:

```
#include <iostream>
using namespace std;

enum Level {FRESHMAN, SOPHOMORE, JUNIOR, SENIOR};
enum Grade {A, B, C, D};
class Student {
public:
    Student(unsigned number, Level level, Grade grade)
        : number(number), level(level), grade(grade) {}
    void show();
```

```
private:
    unsigned number : 27;
    Level level : 2;
    Grade grade : 2;
};

void Student::show() {
    cout<<"Number:    "<<number<<endl;
    cout<<"Level:     ";
    switch (level) {
        case FRESHMAN:  cout<<"freshman"; break;
        case SOPHOMORE: cout<<"sophomore"; break;
        case JUNIOR:    cout<<"junior"; break;
        case SENIOR:    cout<<"senior"; break;
    }
    cout<<endl;
    cout<<"Grade:     ";
    switch (grade) {
        case A: cout<<"A"; break;
        case B: cout<<"B"; break;
        case C: cout<<"C"; break;
        case D: cout<<"D"; break;
    }
    cout<<endl;
}

int main() {
    Student s(12345678, SOPHOMORE, B);
    cout<<"Size of Student: "<<sizeof(Student)<<endl;
    s.show();
    return 0;
}
```

运行结果(使用 Microsoft Visual Studio 2019 集成环境和 GNU C++ Compiler 7.4 编译器编译,都可以得到以下结果,但在有些编译器下,运行结果的第一行可能会有所不同):

```
Size of Student: 4
Number:     12345678
Level:      sophomore
Grade:      B
```

图 4-14 显示了上例中 Student 类各数据成员所占用的空间分布(这仍然只是一部分编译器的实现情况,并没有标准保证)。

31	30　29	28　27	26　…　0
空	grade	level	number

图 4-14　Student 类各数据成员所占用空间的分布(上面的标号为二进制位号)

4.9.2 用构造函数定义类型转换

1. 用构造函数定义的类型转换

2.2.5 小节已经介绍了基本数据类型的类型转换。事实上，用户也可以为类类型定义类型转换。而在很多时候，一个对象的类型转换，需要通过创建一个无名的临时对象来完成。因此，需要先对临时对象有进一步的了解。

4.3.2 小节曾经介绍，当一个函数的返回类型为类类型时，函数调用返回后，一个无名的临时对象会被创建，这种创建不是由用户显式指定的，而是隐含发生的。事实上，临时对象也可以显式创建，方法是直接使用类名调用这个类的构造函数。例如，如果希望使用例 4-4 中定义的 Point 和 Line 两个类计算一个线段的长度，可以不创建有名的点对象和线段对象，而使用这种方式：

```
cout<<Line(Point(1), Point(4)).getLen()<<endl;
```

这里以参数 1(以及一个默认的参数 0)调用 Point 的构造函数创建一个 Point 的临时对象，又以参数 4(以及一个默认的参数 0)调用 Point 的构造函数创建另一个 Point 的临时对象，然后以这两个 Point 的临时对象为参数调用 Line 的构造函数，创建一个 Line 的临时对象，最后以这个临时对象为目的对象，调用 Line 类的 getLine()函数，得到线段长度。

注意 临时对象的生存期很短，在它所在的表达式被执行完后，就会被销毁。

这里用 Point(1)和 Point(4)创建了两个临时对象，读者看到了这种写法，是否会想起 2.2.5 小节介绍过的形式为“类型说明符(表达式)”的显式类型转换符号。其实这正是类型转换——将整型数据转换为 Point 型对象的显式类型转换。

C++ 中可以通过构造函数，来自定义类型之间的转换。一个构造函数，只要可以用一个参数调用，那么它就设定了一种从参数类型到这个类类型的类型转换。由于是类型转换，所以上面一行代码，还可以写成下面两种等效形式：

```
cout<<Line((Point)1, (Point)4).getLen()<<endl;
cout<<Line(static_cast<Point> (1), static_cast<Point> (4)).getLen()<<endl;
```

这里的类型转换操作符甚至可以省去，因为在默认情况下，类的构造函数所规定的类型转换，允许通过隐含类型转换进行。也就是说，可以写成这种形式：

```
cout<<Line(1, 4).getLen()<<endl;
```

无论把类型转换写成哪种形式，在程序执行时，都会通过调用 Point 类的构造函数来建立 Point 类的临时对象。类型转换的结果就是这个临时对象。

2. 只允许显式执行的类型转换

然而，有时并不希望这种类型转换隐含地发生，例如，上面的写法 Line(1, 4)中，把 1 和 4 作为 Line 构造函数的两个参数的含义很不明确。如果调用 Line 构造函数时传递了类型错误的参数，但自动发生的隐含转换却会使编译系统无法将错误报告出来。因此，C++ 允许避免这种隐含转换的发生。只要在构造函数前加上 explicit 关键字，以这个构造函数定义的类型转换，只能通过显式转换的方式完成。就像这样：

```
explicit Point(int xx=0, int yy=0) {
```

```
    x=xx;
    y=yy;
}
```

细节 如果函数的实现与函数在类定义中的声明是分离的，那么 explicit 关键字应当写在类定义中的函数原型声明处，而不能写在类定义外的函数实现处——因为 explicit 是用来约束这个构造函数被调用的方式的，属于一个类的对外接口的一部分，而是否加 explicit 关键字，与函数实现代码的生成无关。

如果为 Point 的构造函数添加了 explicit 关键字，那么下面的语句就是非法的了：

```
cout<<Line(1, 4).getLen()<<endl;
```

但上面的另外几种显式类型转换的写法都是合法的。

提示 如果一个构造函数可以只用一个参数调用，并且由此定义的类型转换没有明确的意义，那么应当对这个构造函数使用 explicit 关键字，避免类型转换被误用。

4.9.3 对象作为函数参数和返回值的传递方式

4.3.2 小节曾经提到过，在函数调用时，把对象作为参数传递，需要调用复制构造函数，但这些工作具体是如何做的呢？4.9.2 节的深度探索中曾经介绍了基本类型数据在函数调用中的传递方式，其实把它和复制构造函数的调用结合起来思考，传递对象参数的问题就不难理解了。

函数调用时传递基本类型的数据是通过运行栈，传递对象也一样是通过运行栈。运行栈中，在主调函数和被调函数之间，有一块儿二者都要访问的公共区域，主调函数把实参值写入其中，函数调用发生后，被调函数通过读取这段区域就可得到形参值。需要传递的对象，只要建立在运行栈的这段区域上即可。传递基本类型数据与传递对象的不同之处在于，将实参值复制到这段区域上时，对于基本数据类型的参数，做一般的内存写操作即可，但对于对象参数，则需要调用复制构造函数。例如，例 4-2 中，在 main 函数中调用下面这个函数：

```
fun1(b);
```

调用它时，就需要调用 Point 的复制构造函数，使用对象 b 在运行栈的传参区域上构造一个临时对象，这个对象在主调函数 main 中无名，但却在被调函数 fun1 中有名(就是 fun1 函数的参数 p)，在 main 中虽然无名，但地址却可以计算，因此编译器能够生成代码调用 Point 的复制构造函数，为这个对象初始化。对象参数的复制构造函数的调用在跳转到 fun1 函数的入口地址之前完成。

有时传递对象参数时，编译器会做出适当优化，使得复制构造函数不必被调用。例如，使用 Point 型的临时对象作为 fun1 函数的参数，对它进行调用：

```
fun1(Point(1, 2));
```

最直接的做法是，先构造一个 Point 类型的临时对象，再以这个对象为参数调用复制构造函数，在运行栈的传参区域上生成一个临时对象，再执行 fun1 函数的代码。但是，构造两个临时对象有一点多余，更好的做法是，直接使用 Point 类的构造函数，在运行栈的传参区域上建立临时对象，这样就免去了一次复制构造函数的调用(如图 4-15 所示)。

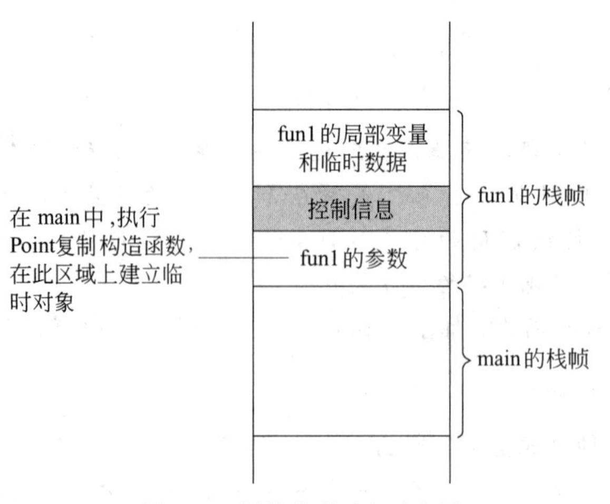

图 4-15　用栈传递对象示意图

如果在传参时发生由构造函数所定义的类型转换，复制构造函数的调用同样可以避免。例如，如果使用下面的代码调用 f 函数：

```
fun1(1);
```

fun1 函数接收 Point 类型的参数，因此这需要执行从 int 型到 Point 型的隐含类型转换，而类型转换的本质是调用 Point 的构造函数来创建临时对象，由于该临时对象同样可以直接建立在运行栈的传参区域上，因此也无须再调用一次复制构造函数。

下面探讨返回一个对象时，返回值的传递方式。4.3.2 小节已经提过，传递返回值，需要创建无名的临时对象，但是这个对象具体的创建过程是怎样的呢？由于主调函数需要获得返回值，所以这个临时对象需要创建在主调函数的栈帧上，那么被调函数如何影响主调函数所创建的临时对象的值呢？

有些比较老的编译器的实现办法是，将这个临时对象也创建在运行栈的传参区域上，主调函数在调用被调函数时，在运行栈上留出一段区域，被调函数可以在这段区域上创建返回的对象，返回后可以供主调函数读取。这固然是一种可行的办法，但由于这时创建临时对象的位置相对于栈指针必须是固定的，不利于有些优化(我们后面将看到这一点)，因此如今的大部分编译器没有采用这种方式。如今比较通行的处理方式是，由主调函数决定临时对象的创建位置，然后把临时对象的地址作为参数传递给被调函数。

以例 4-2 中的 fun2 函数为例：

```
Point fun2() {
    Point a(1, 2);
    return a;
}
```

它可以被转换为下面的形式：

```
void _fun2(Point &result) {
    Point a(1, 2);
    result.Point(a);            //调用 Point 的复制构造函数
```

```
}
```

在调用 fun2 函数时，对于下面的调用代码：

```
b=fun2();
```

可以转换为如下的形式：

```
Point temp;       //为临时对象分配空间,但是不调用构造函数
_fun2(temp);      //调用 fun2
b=temp;           //这里实际上要调用 Point 的赋值运算符,赋值运算符的重载将在第 8 章介绍
```

注意　*上面在斜体字中出现的代码并不是严格的 C++ 代码。C++ 语言中不允许将对象的定义与构造函数的调用分开，也就是说不允许只定义 Point 型的对象 temp 而不调用构造函数，也不允许用“.”去调用 Point 的构造函数。上面这种写法只是为了以一种直观的方式说明问题。*

为保存返回值所生成的临时对象，它的空间分配和构造函数执行这两步是分开的：空间分配在主调函数中进行，构造函数在被调函数中执行。4.3.2 小节提到的返回时对复制构造函数的调用，指的就是调用复制构造函数为这个临时对象初始化，但有时这个复制构造函数的调用也是可以省去的，例如，如果把 fun2 改写为：

```
Point fun2() {
    return Point(1, 2);
}
```

最直接的实现方式是，先调用 Point 的构造函数 Point(int, int)生成一个 fun2 内的临时对象，再以这个临时对象为参数调用 Point 的复制构造函数，生成返回值，这两步可以简化为一步，即用构造函数 Point(int, int)直接构造出返回值，就是下面这样的形式：

```
void _fun2(Point&result) {
    result.Point(1, 2);
}
```

另一方面，在主调函数中，也未必一定要为返回值生成临时对象。例如，如果主调函数是这样调用 fun2 的：

```
Point p=fun2();
```

这时不必为返回值生成临时对象，而可以直接用对象 p 的空间存储返回值，就是这样：

```
Point p;              //这里只分配空间,不调用构造函数
_fun2(p);             //p 的构造函数会在_fun2 函数中被调用
```

这能够省去一次复制构造函数的调用。前面提到过，如果把表示返回值的临时对象放在运行栈的传参区域上，不利于有些优化，指的就是这一项优化。按照那种实现方式，返回值的存放位置不由主调函数决定，也就无法直接将返回值存在对象 p 的空间中。

通过本小结的分析，应当能够看出，复制构造函数的调用次数，会因编译器的优化程度而有所差异，因此复制构造函数中一定要只完成对象复制的任务，而不要有其他的能产生副作用的操作，否则程序运行结果会因编译器的优化程度而有所差异。

4.10 小结

面向对象程序设计通过抽象、封装、继承和多态使程序代码达到最大限度的可重用和可扩展,提高软件的生产能力,控制软件开发和维护的费用。类是面向对象程序设计的核心,利用它可以实现数据的封装、隐蔽,通过它的继承与派生,能够实现对问题的深入的抽象描述。

类是逻辑上相关的函数与数据的封装,它是对所要处理的问题的抽象描述。类实际上也就相当于用户自定义的类型,和基本数据类型的不同之处在于,类这个特殊类型中同时包含了对数据进行操作的函数。

访问控制属性控制着对类成员的访问权限,实现了数据隐蔽。对象是类的实例,一个对象的特殊性就在于它具有不同于其他对象的自身属性,即数据成员。对象在定义的时候进行的数据成员设置,称为对象的初始化。在对象使用结束时,还要进行一些清理工作。C++中初始化和清理的工作,分别由两个特殊的成员函数来完成,它们就是构造函数和析构函数,复制构造函数是一种特殊的构造函数,可以用已有对象来初始化新对象。

习　　题

4-1 解释 public 和 private 的作用,公有类型成员与私有类型成员有些什么区别?

4-2 protected 关键字有何作用?

4-3 构造函数和析构函数有什么作用?

4-4 数据成员可以为公有的吗? 成员函数可以为私有的吗?

4-5 已知 class A 中有数据成员 int a,如果定义了 A 的两个对象 a1、a2,它们各自的数据成员 a 的值可以不同吗?

4-6 什么叫作复制构造函数? 复制构造函数何时被调用?

4-7 复制构造函数与赋值运算符(“=”)有何不同?

4-8 定义一个 Dog 类,包含的 age、weight 等属性,以及对这些属性操作的方法。实现并测试这个类。

4-9 设计并测试一个名为 Rectangle 的矩形类,其属性为矩形的左下角与右上角两个点的坐标,能计算矩形的面积。

4-10 设计一个用于人事管理的“人员”类。由于考虑到通用性,这里只抽象出所有类型人员都具有的属性:编号、性别、出生日期、身份证号等。其中“出生日期”声明为一个“日期”类内嵌子对象。用成员函数实现对人员信息的录入和显示。要求包括:构造函数和析构函数、复制构造函数、内联成员函数、带默认形参值的成员函数、类的组合。

4-11 定义并实现一个矩形类,有长、宽两个属性,有成员函数计算矩形的面积。

4-12 定义一个 DataType(数据类型)类,能处理包含字符型、整型、浮点型三种类型的数据,给出其构造函数。

4-13 定义一个 Circle 类,有数据成员 radius(半径),成员函数 getArea(),计算圆的面积,构造一个 Circle 的对象进行测试。

4-14 定义一个 Tree(树)类,有成员 ages(树龄),成员函数 grow(int years)对 ages 加上 years,age()显示 tree 对象的 ages 的值。

4-15 根据书中实例 4-3 中关于 Circle 类定义的源代码绘出该类的 UML 图形表示。

4-16 根据下面 C++ 代码绘出相应的 UML 图形表示出类 ZRF、类 SSH 和类 Person 之间的继承关系。

```
class Person{
public:
    Person(const Person& right);
    ~Person();
private:
    char Name;
    int Age;
};
class ZRF : protected Person{};
class SSH : private Person{};
```

4-17 在一个大学的选课系统中,包括两个类:CourseSchedule 类、Course 类,其关系为:CourseSchedule 类中的成员函数 add 和 remove 的参数是 Course 类的对象,请通过 UML 方法显式表示出这种依赖关系。

4-18 在一个学校院系人员信息系统中,需要对院系(Department)和教师(Teacher)之间的关系进行部分建模,其关系描述为:每个 Teacher 可以属于零个或多个 Department 的成员,而每个 Department 至少包含一个 Teacher 作为成员。根据以上关系绘制出相应的 UML 类图。

4-19 编写一个名为 CPU 的类,描述一个 CPU 的以下信息:时钟频率,最大不会超过 3000MHz;字长可以是 32 位或 64 位;核数可以是单核、双核或四核;是否支持超线程。各项信息要求使用位域来表示。通过输出 sizeof(CPU)来观察该类所占的字节数。

4-20 定义一个复数类 Complex,使得下面的代码能够工作:

```
Complex c1(3, 5);          //用复数 3+5i 初始化 c1
Complex c2=4.5;            //用实数 4.5 初始化 c2
c1.add(c2);                //将 c1 与 c2 相加,结果保存在 c1 中
c1.show();                 //将 c1 输出(这时的结果应该是 7.5+5i)
```

4-21 在下面的枚举类型中,BLUE 的值是多少?

```
enum Color {WHITE, BLACK=100, RED, BLUE, GREEN=300};
```

4-22 声明枚举类型 Weekday,包括 SUNDAY 到 SATURDAY 七个元素在程序中声明 weekday 类型的变量,对其赋值,声明整型变量,看看能否对其赋 Weekday 类型的值。

第 5 章

数据的共享与保护

C++ 语言是适合于编写大型复杂程序的语言，数据的共享与保护机制是 C++ 语言的重要特性之一。本章介绍标识符的作用域、可见性和生存期的概念，以及类成员的共享与保护问题。最后介绍程序的多文件结构和编译预处理命令，即如何用多个源代码文件来组织大型程序。

5.1 标识符的作用域与可见性

作用域讨论的是标识符的有效范围，可见性是讨论标识符是否可以被引用。我们知道，在某个函数中声明的变量就只能在这个函数中起作用，这就是受变量的作用域与可见性的限制。作用域与可见性既相互联系又存在着很大差异。

5.1.1 作用域

作用域是一个标识符在程序正文中有效的区域。 C++ 语言中标识符的作用域有函数原型作用域、局部作用域（块作用域）、类作用域、文件作用域、命名空间作用域和限定作用域的 enum 枚举类。

1. 函数原型作用域

函数原型作用域是 C++ 程序中最小的作用域。第 3 章中介绍过，在函数原型中一定要包含型参的类型说明。**在函数原型声明时形式参数的作用范围就是函数原型作用域。** 例如，有如下函数声明：

```
double area(double radius);
```

标识符 radius 的作用（或称有效）范围就在函数 area 形参列表的左右括号之间，在程序的其他地方不能引用这个标识符。因此标识符 radius 的作用域称作函数原型作用域。

注意 由于在函数原型的形参列表中起作用的只是形参类型，标识符并不起作用，因此是允许省去的。但考虑到程序的可读性，通常还是要在函数原型声明时给出形参标识符。

2. 局部作用域

为了理解局部作用域，先来看一个例子。

```
void fun(int a) {
    int b=a;
    cin>>b;
    if(b>0) {
        int c;    } c的作用域      } b的作用域  } a的作用域
        ...
    }
}
```

这里，在函数fun的形参列表中声明了形参a，在函数体内声明了变量b，并用a的值初始化b。接下来，在if语句内，又声明了变量c。a、b和c都具有局部作用域，只是它们分别属于不同的局部作用域。

函数形参列表中形参的作用域，从形参列表中的声明处开始，到整个函数体结束之处为止。因此，形参a的作用域从a的声明处开始，直到fun函数的结束处为止。**函数体内声明的变量，其作用域从声明处开始，一直到声明所在的块结束的花括号为止。**所谓块，就是一对花括号括起来的一段程序。在这个例子中，函数体是一个块，if语句之后的分支体又是一个较小的块，二者是包含关系。因此，变量b的作用域从声明处开始，到它所在的块(即整个函数体)结束处为止；而变量c的作用域从声明处开始，到它所在的块，即分支体结束为止。**具有局部作用域的变量也称为局部变量**。

3. 类作用域

类可以被看成是一组有名成员的集合，类X的成员m具有类作用域，对m的访问方式有如下3种。

(1) **如果在X的成员函数中没有声明同名的局部作用域标识符，那么在该函数内可以直接访问成员m**。也就是说m在这样的函数中都起作用。

(2) **通过表达式x.m或者X::m**。**这正是程序中访问对象成员的最基本方法**。X::m的方式用于访问类的静态成员，相关内容将在5.3节介绍。

(3) **通过ptr->m这样的表达式，其中ptr为指向X类的一个对象的指针**。关于指针将在第6章详细介绍。

C++中，类及其对象还有其他特殊的访问和作用域规则，在后续章节中还会深入讨论。

4. 文件作用域

不在前述各个作用域中出现的声明，就具有文件作用域，这样声明的标识符其作用域开始于声明点，结束于文件尾。例5-1中所声明的全局变量就具有文件作用域，它们在整个文件中都有效。

5. 命名空间作用域

生活中存在重名现象，在C++应用程序中，也存在同名变量、函数和类等情况，为避免重名冲突，使编译器能够区分来自不同库的同名实体，C++引入了命名空间的概念，它本质上定义了实体所属的空间。命名空间定义使用namespace关键字，声明方式如下：

```
namespace namespace_name{
    //代码声明
}
```

使用某个命名空间中的函数、变量等实体,需要命名空间::实体名称或通过 using namespace namespace_name 的方式。例 5-1 中 using namespace std 使得标准命名空间中实体调用无须加空间前缀,而 my_space 中的 func 通过::方式调用。

6. 限定作用域的 enum 枚举类

我们在第 4 章介绍了 enum 枚举类,枚举类分为限定作用域和不限定作用域两种,由于之前未涉及作用域的概念,因此第 4 章只给了不限定作用域的例子,在这里对限定作用域的 enum 枚举类型做更深入的讨论。

定义限定作用域的枚举类型的方式是 enum class {…},即多了 class 或 struct 限定符,此时枚举元素的名字遵循常规的作用域准则,即类作用域,在枚举类型的作用域外是不可访问的。相反,在不限定作用域的枚举类型中,枚举元素的作用域与枚举类型本身的作用域相同:

```
enum color {red, yellow, green};            //不限定作用域的枚举类型
enum color1 {red, yellow, green};           //错误,枚举元素重复定义
enum class color2 {red, yellow, green};     //正确,限定作用域的枚举元素被隐藏了
color c=red;                                //正确,color 的枚举元素在有效的作用域中
color2 c1=red;                              //错误,color2 的枚举元素不在有效的作用域中
color c2=color::red;                        //正确,允许显式地访问枚举元素
color2 c3=color2::red;                      //正确,使用了 color2 的枚举元素
```

例 5-1　作用域实例。

```
//5_1.cpp
#include <iostream>
using namespace std;

int i;                                      //全局变量,文件作用域

int main() {
    i=5;                                    //为全局变量 i 赋值
    {                                       //子块 1
        int i;                              //局部变量,局部作用域
        i=7;
        cout<<"i="<<i<<endl;                //输出 7
    }
    cout<<"i="<<i<<endl;                    //输出 5
    return 0;
}
```

运行结果:

```
i=7
i=5
```

在这个例子中,在主函数之外声明的变量 i 具有文件作用域,它的有效作用范围到文件尾才结束。在主函数开始处给这个具有文件作用域的变量赋初值 5,接下来在块 1 中又声

明了同名变量并赋初值 7。第一次输出的结果是 7，这是因为具有局部作用域的变量把具有文件作用域的变量隐藏了，也就是具有文件作用域的变量变得不可见（这是下面要讨论的可见性问题）。当程序运行到块 1 结束后，进行第二次输出时，输出的就是具有文件作用域的变量的值 5。

具有文件作用域的变量也称为全局变量。

5.1.2　可见性

现在，让我们从标识符引用的角度，来看标识符的有效范围，即标识符的可见性。**程序运行到某一点，能够引用到的标识符，就是该处可见的标识符**。为了理解可见性，先来看一看不同作用域之间的关系。文件作用域最大，接下来依次是类作用域和局部作用域。图 5-1 描述了作用域的一般关系。可见性表示从内层作用域向外层作用域“看”时能看到什么。因此，可见性和作用域之间有着密切的关系。

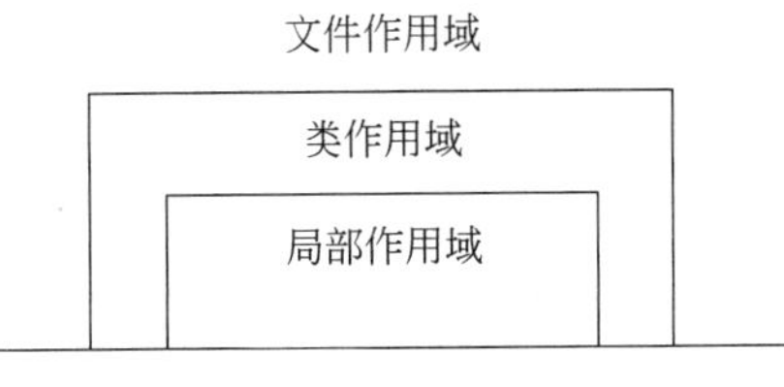

图 5-1　作用域关系图

作用域可见性的一般规则是：

- 标识符要声明在前，引用在后。
- 在同一作用域中，不能声明同名的标识符。
- 在没有互相包含关系的不同的作用域中声明的同名标识符，互不影响。
- 如果在两个或多个具有包含关系的作用域中声明了同名标识符，则外层标识符在内层不可见。

再看一下例 5-1，这是文件作用域与块作用域相互包含的实例，在主函数内块 1 之外，可以引用具有文件作用域的变量，也就是说它是可见的。当程序运行进入块 1 后，就只能引用具有局部作用域的同名变量，具有文件作用域的同名变量被隐藏了。

提示　作用域和可见性的原则不只适用于变量名，也适用于其他各种标识符，包括常量名、用户定义的类型名、函数名、枚举类型的取值等。

5.2　对象的生存期

对象（包括简单变量）都有诞生和消失的时刻。对象从诞生到结束的这段时间就是它的生存期。在生存期内，对象将保持它状态（即数据成员的值），变量也将保持它的值不变，直到它们被更新为止。本节，使用对象来统一表示类的对象和一般的变量。对象的生存期可以分为静态生存期和动态生存期两种。

5.2.1　静态生存期

如果对象的生存期与程序的运行期相同，我们称它具有静态生存期。在文件作用域中声明的对象都是具有静态生存期的。如果要在函数内部的局部作用域中声明具有静态生存期的对象，则要使用关键字 **static**，例如下列语句定义的变量 i 便是具有静态生存期的变量，也称为静态变量：

```
static int i;
```

局部作用域中静态变量的特点是，它并不会随着每次函数调用而产生一个副本，也不会随着函数返回而失效，也就是说，当一个函数返回后，下一次再调用时，该变量还会保持上一回的值，即使发生了递归调用，也不会为该变量建立新的副本，该变量会在各次调用间共享。

在定义静态变量的同时也可以为它赋初值，例如：

```
static int i=5;
```

这表示 i 会被以 5 初始化，而非每次执行函数时都将 i 赋值为 5。

类的数据成员也可以用 static 修饰，本章 5.3 节将专门讨论类的静态成员。

细节　定义时未指定初值的基本类型静态生存期变量，会被以 0 值初始化，而对于动态生存期变量，不指定初值意味着初值不确定。

5.2.2　动态生存期

除了上述两种情况，其余的对象都具有动态生存期。在局部作用域中声明的具有动态生存期的对象，习惯上也被称为局部生存期对象。**局部生存期对象诞生于声明点，结束于声明所在的块执行完毕之时。**

提示　类的成员对象也有各自的生存期。不用 static 修饰的成员对象，其生存期都与它们所属对象的生存期保持一致。

例 5-2　变量的生存期与可见性。

```
//5_2.cpp
#include <iostream>
using namespace std;
int i=1;          //i 为全局变量，具有静态生存期

void other() {
    //a, b 为静态局部变量，具有全局寿命，局部可见，只第一次进入函数时被初始化
    static int a=2;
    static int b;
    //c 为局部变量，具有动态生存期，每次进入函数时都初始化
    int c=10;
    a+=2;
    i+=32;
    c+=5;
    cout<<"---OTHER---"<<endl;
    cout<<" i: "<<i<<" a: "<<a<<" b: "<<b<<" c: "<<c<<endl;
    b=a;
}

int main() {
    //a 为静态局部变量，具有全局寿命，局部可见
    static int a;
    //b, c 为局部变量，具有动态生存期
    int b=-10;
```

```
    int c=0;

    cout<<"---MAIN---"<<endl;
    cout<<" i: "<<i<<" a: "<<a<<" b: "<<b<<" c: "<<c<<endl;
    c+=8;
    other();
    cout<<"---MAIN---"<<endl;
    cout<<" i: "<<i<<" a: "<<a<<" b: "<<b<<" c: "<<c<<endl;
    i+=10;
    other();
    return 0;
}
```

运行结果：

```
---MAIN---
i: 1 a: 0 b: -10 c: 0
---OTHER---
i: 33 a: 4 b: 0 c: 15
---MAIN---
i: 33 a: 0 b: -10 c: 8
---OTHER---
i: 75 a: 6 b: 4 c: 15
```

例 5-3　具有静态、动态生存期对象的时钟程序。

这里仍以时钟类的为例，在这个实例中，声明了具有函数原型作用域、局部作用域、类作用域和文件作用域的多个对象，我们来具体分析它们各自的可见性和生存期。

```
//5_3.cpp
#include<iostream>
using namespace std;

class Clock {              //时钟类定义
public:                    //外部接口
    Clock();
    void setTime(int newH, int newM, int newS);     //3个形参均具有函数原型作用域
    void showTime();
private:                                            //私有数据成员
    int hour, minute, second;
};

//时钟类成员函数实现
Clock::Clock() : hour(0), minute(0), second(0) {}        //构造函数

void Clock::setTime(int newH, int newM, int newS) {      //3个形参均具有局部作用域
    hour=newH;
    minute=newM;
```

```
    second=newS;
}

void Clock::showTime() {
    cout<<hour<<":"<<minute<<":"<<second<<endl;
}

Clock globClock;                    //声明对象 globClock,具有静态生存期,文件作用域
//由默认构造函数初始化为 0:0:0
int main() {                        //主函数
    cout<<"First time output:"<<endl;
    //引用具有文件作用域的对象 globClock:
    globClock.showTime();           //对象的成员函数具有类作用域
    //显示 0:0:0
    globClock.setTime(8,30,30);     //将时间设置为 8:30:30

    Clock myClock(globClock);       //声明具有块作用域的对象 myClock
    //调用复制构造函数,以 globClock 为初始值
    cout<<"Second time output:"<<endl;
    myClock.showTime();             //引用具有块作用域的对象 myClock
    //输出 8:30:30

    return 0;
}
```

运行结果:

```
First time output:
0:0:0
First time output:
8:30:30
```

在这个程序中,包含了具有各种作用域类型的变量和对象,其中时钟类定义中函数成员 setTime 的 3 个形参具有函数原型作用域;setTime 函数定义中的 3 个参数、对象 myClock 具有局部作用域;时钟类的数据、函数成员具有类作用域;对象 globClock 具有文件作用域。在主函数中,这些变量、对象及公有其成员都是可见的。就生存期而言,除了具有文件作用域的对象 globClock 具有静态生存期,与程序的运行期相同外,其余都具有动态生存期。

5.3 类的静态成员

在结构化程序设计中程序模块的基本单位是函数,因此模块间对内存中数据的共享是通过函数与函数之间的数据共享来实现的,其中包括两个途径——参数传递和全局变量。

面向对象的程序设计方法兼顾数据的共享与保护,将数据与操作数据的函数封装在一起,构成集成度更高的模块。类中的数据成员可以被同一类中的任何一个函数访问。这样一方面在类内部的函数之间实现了数据的共享,另一方面这种共享是受限制的,可以设置适

当的访问控制属性,把共享只限制在类的范围之内,对类外来说,类的数据成员仍是隐藏的,达到了共享与隐藏两全。

然而这些还不是数据共享的全部。对象与对象之间也需要共享数据。

静态成员是解决同一个类的不同对象之间数据和函数共享问题的。例如,我们可以抽象出某公司全体雇员的共性,设计如下雇员类:

```
class Employee {
private:
    int empNo;
    int id;
    string name;            //字符串对象,第 6 章详细介绍
    …
    //其他数据成员与函数成员略
}
```

如果需要统计雇员总数,这个数据存放在什么地方呢?若以类外的变量来存储总数,不能实现数据的隐藏。若在类中增加一个数据成员用以存放总数,必然在每个对象中都存储一副本,不仅冗余,而且每个对象分别维护一个“总数”,容易造成数据的不一致性。由于这个数据应该是为 Employee 类的所有对象所共享的,比较理想的方案是类的所有对象共同拥有一个用于存放总数的数据成员,这就是下面要介绍的静态数据成员。

5.3.1　静态数据成员

我们说“一个类的所有对象具有相同的属性”,是指属性的个数、名称、数据类型相同,各个对象的属性值则可以各不相同,这样的属性在面向对象方法中称为“实例属性”,在 C++ 程序中以类的非静态数据成员表示。例如上述 Employee 类中的 empNo、id、name 都是以非静态数据成员表示的实例属性,它们在类的每个对象中都有,这样的实例属性正是每个对象区别于其他对象的特征。

面向对象方法中还有“类属性”的概念。如果某个属性为整个类所共有,不属于任何一个具体对象,则采用 **static** 关键字来声明为静态成员。静态成员在每个类只有一份,由该类的所有对象共同维护和使用,从而实现了同一类的不同对象之间的数据共享。**类属性是描述类的所有对象共同特征的一个数据项,对于任何对象实例,它的属性值是相同的**。简单地说,如果将“类”比作一个工厂,对象是工厂生产出的产品,那么静态成员是存放在工厂中、属于工厂的,而不是属于每个产品的。

静态数据成员具有静态生存期。由于静态数据成员不属于任何一个对象,因此可以通过类名对它进行访问,一般的用法是“**类名::标识符**”。在类的定义中仅仅对静态数据成员进行引用性声明,必须在文件作用域的某个地方使用类名限定进行定义性声明,这时也可以进行初始化。C++ 11 标准支持常量表达式类型修饰(constexpr 或 const)的静态常量在类内初始化,此时仍可在类外定义该静态成员,但不能做再次初始化操作。在 UML 中,静态数据成员是通过在数据成员下方添加下画线来表示。从下面的例子中可以看到静态数据成员的作用。

提示　*之所以类的静态数据成员需要在类定义之外再加以定义,是因为需要以这种方*

式专门为它们分配空间。非静态数据成员无须以此方式定义,是因为它们的空间是与它们所属对象的空间同时分配的。

例 5-4 具有静态数据成员的 Point 类。

这个程序是由第 4 章的 Point 类修改而来,引入静态数据成员 count 用于统计 Point 类的对象个数。包含静态数据成员 count 的 Point 类的 UML 图形表示如图 5-2 所示。

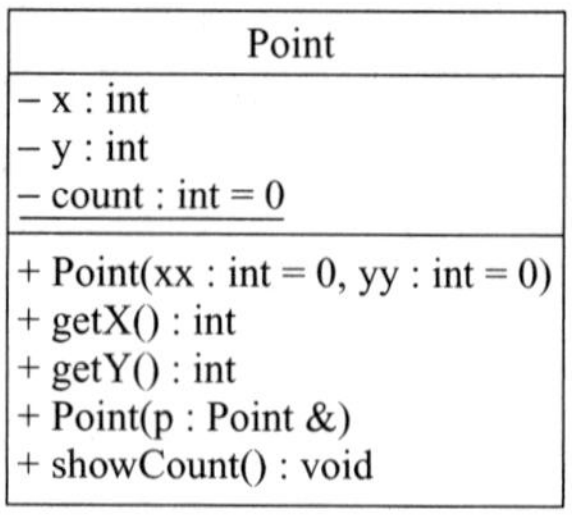

Point
− x : int − y : int − count : int = 0
+ Point(xx : int = 0, yy : int = 0) + getX() : int + getY() : int + Point(p : Point &) + showCount() : void

图 5-2 包含静态数据成员的 Point 类的 UML 图

```
//5_4.cpp
#include <iostream>
using namespace std;

class Point {          //Point 类定义
public:                //外部接口
    Point(int x=0, int y=0) : x(x), y(y) {//构造函数
        //在构造函数中对 count 累加,所有对象共同维护同一个 count
        count++;
    }
    Point(Point &p) {                       //复制构造函数
        x=p.x;
        y=p.y;
        count++;
    }
    ~Point() {  count--;}
    int getX() {return x;}
    int getY() {return y;}

    void showCount() {                      //输出静态数据成员
        cout<<"  Object count="<<count<<endl;
    }
private:                                    //私有数据成员
    int x, y;
    static int count;                       //静态数据成员声明,用于记录点的个数
    constexpr static int origin=0;          //常量静态成员类内初始化
};

int Point::count=0;                         //静态数据成员定义和初始化,使用类名限定
constexpr int Point::origin;                //类外定义常量静态成员,但不可二次初始化
int main() {                                //主函数
    Point a(4, 5);                          //定义对象 a,其构造函数会使 count 增 1
    cout<<"Point A: "<<a.getX()<<", "<<a.getY();
    a.showCount();                          //输出对象个数

    Point b(a);                             //定义对象 b,其构造函数会使 count 增 1
    cout<<"Point B: "<<b.getX()<<", "<<b.getY();
```

```
    b.showCount();                              //输出对象个数

    return 0;
}
```

运行结果：

```
Point A: 4, 5  Object count=1
Point B: 4, 5  Object count=2
```

上面的例子中，类 Point 的数据成员 count 被声明为静态，用来给 Point 类的对象计数，每定义一个新对象，count 的值就相应加 1。静态数据成员 count 的定义和初始化在类外进行，初始化时引用的方式也很值得注意，首先应该注意的是要利用类名来引用，其次，虽然这个静态数据成员是私有类型，在这里却可以直接初始化。除了这种特殊场合，在其他地方，例如主函数中就不允许直接访问了。count 的值是在类的构造函数中计算的，a 对象生成时，调用有缺省参数的构造函数，b 对象生成时，调用复制构造函数，两次调用构造函数访问的均是同一个静态成员 count。通过对象 a 和对象 b 分别调用 showCount 函数输出的也是同一个 count 在不同时刻的数值。这样，就实现了 a、b 两个直接的数据共享。

提示　在对类的静态私有数据成员初始化的同时，还可以引用类的其他私有成员。例如，如果一个类 T 存在类型为 T 的静态私有对象，那么可以引用该类的私有构造函数将其初始化。

5.3.2　静态函数成员

在例 5-4 中，函数 showCount 是专门用来输出静态成员 count 的。要输出 count 只能通过 Point 类的某个对象来调用函数 showCount。在所有对象声明之前 count 的值是初始值 0。如何输出这个初始值呢？显然由于尚未声明任何对象，无法通过对象来调用 showCount。由于 count 是为整个类所共有的，不属于任何对象，因此我们自然会希望对 count 的访问也不要通过对象。现在尝试将例 5-4 中的主函数改写如下：

```
int main() {
    Point::showCount();             //直接通过类名调用函数输出对象个数的初始值
    Point a(4,5);
    cout<<"Point A, "<<a.getX()<<", "<<a.getY();
    a.showCount();
    Point b(a);
    cout<<"Point B, "<<b.getX()<<", "<<b.getY();
    b.showCount();
}
```

但是不幸得很，编译时出错了，对普通函数成员的调用必须通过对象名。

尽管如此 C++ 中还是可以有办法实现我们上述期望的，这就是使用静态成员函数。所谓静态成员函数就是使用 static 关键字声明的函数成员，同静态数据成员一样静态成员函数也属于整个类，由同一个类的所有对象共同拥有，为这些对象所共享。

静态成员函数可以通过类名或对象名来调用，而非静态成员函数只能通过对象名来调用。

习惯　虽然静态成员函数可以通过类名和对象名两种方式调用，但一般习惯于通过类名调用。因为即使通过对象名调用，起作用的也只是对象的类型信息，与所使用的具体对象毫无关系。

静态成员函数可以直接访问该类的静态数据和函数成员。而访问非静态成员，必须通过对象名。请看下面的程序段：

```
class A {
public:
    static void f(A a);
private:
    int x;
};
void A::f(A a) {
    cout<<x;            //对 x 的引用是错误的
    cout<<a.x;          //正确
}
```

可以看到，通过静态函数成员访问非静态成员是相当麻烦的，一般情况下，它主要用来访问同一个类中的静态数据成员，维护对象之间共享的数据。

提示　之所以在静态成员函数中访问类的非静态成员需要指明对象，是因为对静态成员函数的调用是没有目的对象的，因此不能像非静态成员函数那样，隐含地通过目的对象访问类的非静态成员。

在 UML 中，静态函数成员是通过在函数成员添加<<static>>构造型来表征。

例 5-5　具有静态数据、函数成员的 Point 类。

在例 5-4 中，利用静态的私有数据成员 count 对 Point 类的对象个数进行统计，本例中使用静态函数成员来访问 count。添加静态函数成员的 Point 类的 UML 图形表示如图 5-3 所示。

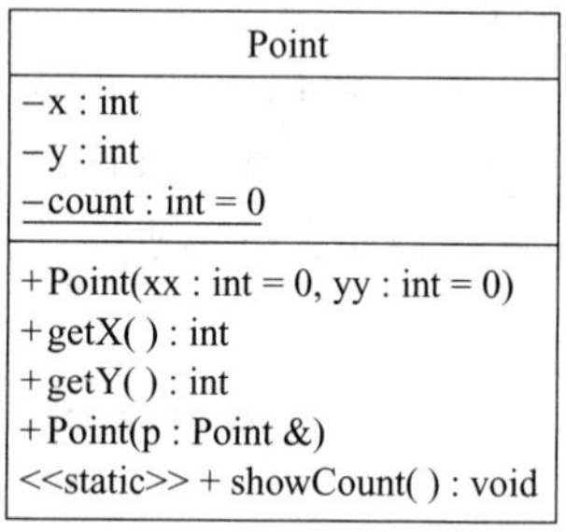

Point
−x : int −y : int −count : int = 0
+Point(xx : int = 0, yy : int = 0) +getX( ) : int +getY( ) : int +Point(p : Point &) <<static>> + showCount( ) : void

图 5-3　包含静态函数成员的 Point 类的 UML 图

```
//5_5.cpp
#include <iostream>
using namespace std;

class Point {               //Point 类定义
public:                     //外部接口
    Point(int x=0, int y=0) : x(x), y(y) {         //构造函数
        //在构造函数中对 count 累加，所有对象共同维护同一个 count
        count++;
    }
    Point(Point &p) {     //复制构造函数
        x=p.x;
        y=p.y;
        count++;
```

```
    }
    ~Point() {  count--;}
    int getX() {return x;}
    int getY() {return y;}

    static void showCount() {        //静态函数成员
        cout<<"  Object count="<<count<<endl;
    }
private:                             //私有数据成员
    int x, y;
    static int count;                //静态数据成员声明,用于记录点的个数
};

int Point::count=0;                  //静态数据成员定义和初始化,使用类名限定

int main() {                         //主函数
    Point a(4, 5);                   //定义对象 a,其构造函数会使 count 增 1
    cout<<"Point A: "<<a.getX()<<", "<<a.getY();
    Point::showCount();              //输出对象个数

    Point b(a);                      //定义对象 b,其构造函数会使 count 增 1
    cout<<"Point B: "<<b.getX()<<", "<<b.getY();
    Point::showCount();              //输出对象个数

    return 0;
}
```

与例 5-4 相比,这里只是在类的定义中,将 showCount 改写为静态成员函数。于是在主函数中既可以使用类名也可以使用对象名来调用 showCount。

这个程序的运行输出结果与例 5-4 的结果完全相同。相比而言,采用静态函数成员好处是可以不依赖于任何对象,直接访问静态数据。

5.4　类的友元

将数据与处理数据的函数封装在一起,构成类,既实现了数据的共享又实现了隐藏,无疑是面向对象程序设计的一大优点。但是封装并不总是绝对的。现在考虑一个简单的例子,就是我们熟悉的 Point 类,每个 Point 类的对象代表一个“点”。如果需要一个函数来计算任意两点间的距离,这个函数该如何设计呢?

如果将计算距离的函数设计为类外的普通函数,就不能体现这个函数与“点”之间的联系,而且类外的函数也不能直接引用“点”的坐标(私有成员),这样计算时就很不方便。

那么设计为 Point 类的成员函数又如何呢?从语法的角度这不难实现,但是理解起来却有问题。因为距离是点与点之间的一种关系,它既不属于每个单独的点,也不属于整个 Point 类。也就是说无论设计为非静态成员还是静态成员,都会影响程序的可读性。

在第4章,曾经使用类的组合,由Point类的两个对象组合成Line(线段)类,具有计算线段长度的功能。但是Line类的实质是对线段的抽象。如果面临的问题是有许多点,并且经常需要计算任意两点间的距离,那么每次计算两点间距离都需要构造一个线段。这既麻烦又影响程序的可读性。

这种情况下,很需要一个在Point类外,但与Point类有特殊关系的函数。

再看看另一段程序:

```
class A {
public:
    void display()  {cout<<x<<endl;}
    int getX()  {return x;}
    //其他成员略
private:
    int x;
};
class B {
public:
    void set(int i);
    void display();
private:
    A a;
};
```

这是类组合的情况,类B中内嵌了类A的对象,但是B的成员函数却无法直接访问A的私有成员x。从数据的安全性角度来说,这无疑是最安全的,内嵌的部件相当于一个黑盒。但是使用起来多少有些不便,例如,按如下形式实现B的成员函数set,会引起编译错误:

```
void B::set(int i) {
    a.x=i;
}
```

由于A的对象内嵌于B中,能否让B的函数直接访问A的私有数据呢?

C++为上述这些需求提供了语法支持,这就是友元关系。

友元关系提供了不同类或对象的成员函数之间、类的成员函数与一般函数之间进行数据共享的机制。通俗地说,友元关系就是一个类主动声明哪些其他类或函数是它的朋友,进而给它们提供对本类的访问特许。也就是说,通过友元关系,一个普通函数或者类的成员函数可以访问封装于另外一个类中数据。从一定程度上讲,友元是对数据隐蔽和封装的破坏。但是为了数据共享,提高程序的效率和可读性,很多情况下这种小的破坏也是必要的,关键是一个度的问题,要在共享和封装之间找到一个恰当的平衡。

在一个类中,可以利用关键字friend将其他函数或类声明为友元。如果友元是一般函数或类的成员函数,称为友元函数;如果友元是一个类,则称为友元类,友元类的所有成员函数都自动成为友元函数。

5.4.1　友元函数

友元函数是在类中用关键字 friend 修饰的非成员函数。友元函数可以是一个普通的函数,也可以是其他类的成员函数。虽然它不是本类的成员函数,但是**在它的函数体中可以通过对象名访问类的私有和保护成员**。在 UML 中,友元函数是通过在成员函数前方添加<<friend>>构造型来表征。请看下面这个例子。

例 5-6　使用友元函数计算两点间的距离。

在介绍类的组合时,使用了由 Point 类组合构成的 Line 类计算线段的长度。本例中,将采用友元函数来实现更一般的功能:计算任意两点间的距离。屏幕上的点仍然用 Point 类描述,两点的距离用普通函数 dist 来计算。计算过程中,这个函数需要访问 Point 类的私有数据成员 x 和 y,为此将 dist 声明为 Point 类的友元函数。本实例 Point 类的 UML 图形表示如图 5-4 所示。

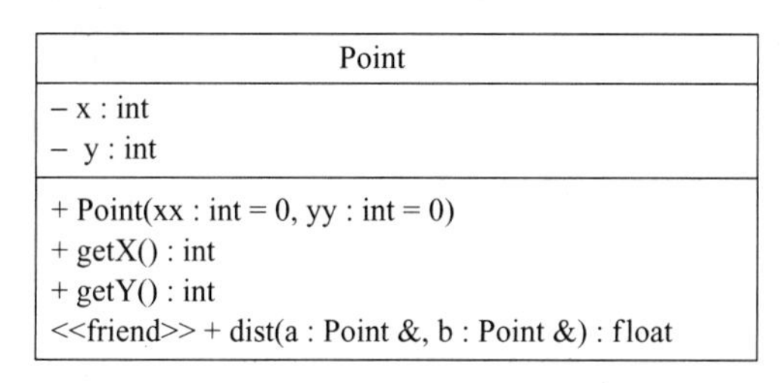

图 5-4　包含友元函数成员的 Point 类的 UML 图

```
//5_6.cpp
#include <iostream>
#include <cmath>
using namespace std;

class Point {                                       //Point 类定义
public:                                             //外部接口
    Point(int x=0, int y=0) : x(x), y(y) {}
    int getX() {return x;}
    int getY() {return y;}
    friend float dist(Point &p1, Point &p2);        //友元函数声明
private:                                            //私有数据成员
    int x, y;
};

float dist(Point &p1, Point &p2) {                  //友元函数实现
    double x=p1.x-p2.x;                             //通过对象访问私有数据成员
    double y=p1.y-p2.y;
    return static_cast<float>(sqrt(x * x+y * y));
}

int main() {                                        //主函数
```

```
    Point myp1(1, 1), myp2(4, 5);              //定义 Point 类的对象
    cout<<"The distance is: ";
    cout<<dist(myp1, myp2)<<endl;              //计算两点间的距离
    return 0;
}
```

运行结果：

```
The distance is: 5
```

在 Point 类中只声明了友元函数的原型,友元函数 dist 的定义在类外。可以看到在友元函数中通过对象名直接访问了 Point 类中的私有数据成员 x 和 y,这就是友元关系的关键所在。对于计算任意两点间距离这个问题来说,使用友元与使用类的组合相比,可以使程序具有更好的可读性。当然,如果是要表示线段,无疑使用 Line 类更为恰当。这就说明,对于同一个问题,虽然从语法上可以有多个解决方案,但应该根据问题的实质,选择一种能够比较直接地反映问题域的本来面目的方案,这样的程序才会有比较好的可读性。

友元函数不仅可以是一个普通函数,也可以是另外一个类的成员函数。友元成员函数的使用和一般友元函数的使用基本相同,只是要通过相应的类或对象名来访问。

5.4.2 友元类

同友元函数一样,一个类可以将另一个类声明为友元类。**若 A 类为 B 类的友元类,则 A 类的所有成员函数都是 B 类的友元函数,都可以访问 B 类的私有和保护成员**。声明友元类的语法形式为：

```
class B
{
    …                          //B 类的成员声明
    friend class A;            //声明 A 为 B 的友元类
    …
};
```

声明友元类,是建立类与类之间的联系,实现类之间数据共享的一种途径。在 UML 中,两个类之间的友元关系是通过<<friend>>构造型依赖来表征。现在,将本节开头部分的程序段修改成如下形式,其中 B 类是 A 类的友元类,则 B 的成员函数便可以直接访问 A 的私有成员 x。类 A 和类 B 之间的友元关系通过 UML 图形表示如图 5-5 所示。

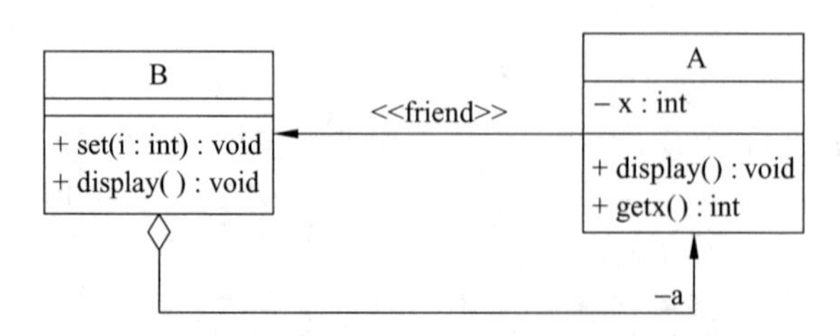

图 5-5　类 A 和类 B 友元关系的 UML 图

```
class A {
public:
    void display()  {cout<<x<<endl;}
    int getX() {return x;}
    friend class B;         //B类是A类的友元类
//其他成员略
private:
    int x;
}
class B {
public:
    void set(int i);
    void display();
private:
    A a;
};
void B::set(int i) {
    a.x=i;          //由于B是A的友元,所以在B的成员函数中可以访问A类对象的私有成员
}
//其他函数的实现略
```

在第 6 章中,将利用友元类来实现矩阵运算。

关于友元,还有几点需要注意:第一,**友元关系是不能传递的**,B 类是 A 类的友元,C 类是 B 类的友元,C 类和 A 类之间,如果没有声明,就没有任何友元关系,不能进行数据共享。第二,**友元关系是单向的**,如果声明 B 类是 A 类的友元,B 类的成员函数就可以访问 A 类的私有和保护数据,但 A 类的成员函数却不能访问 B 类的私有、保护数据。第三,友元关系是不被继承的,如果类 B 是类 A 的友元,类 B 的派生类并不会自动成为类 A 的友元。打个比方说,就好像别人信任你,但是不见得信任你的孩子。

5.5　共享数据的保护

虽然数据隐藏保证了数据的安全性,但各种形式的数据共享却又不同程度地破坏了数据的安全。因此,对于既需要共享、又需要防止改变的数据应该声明为常量。因为常量在程序运行期间是不可改变的,所以可以有效地保护数据。在第 2 章介绍过简单数据类型常量。声明对象时也可以用 const 进行修饰,称之为常对象。本节介绍常对象、对象的常成员和常引用。常数组和常指针将在第 6 章介绍。

5.5.1　常对象

常对象是这样的对象,它的数据成员值在对象的整个生存期间内不能被改变。也就是说,**常对象必须进行初始化,而且不能被更新**。声明常对象的语法形式为:

```
const 类型说明符 对象名;
```

细节　*在声明常对象时,把 const 关键字放在类型名后面也是允许的,不过人们更习惯*

于把 const 写在前。

例如:

```
class A {
public:
    A(int i, int j) : x(i), y(j) {}
    ...
private:
    int x, y;
};
const A a(3, 4);        //a 是常对象,不能被更新
```

与基本数据类型的常量相似,常对象的值也是不能被改变的。在 C++ 的语法中,对基本数据类型的常量提供了可靠的保护。如果程序中出现了类似下面这样的语句,编译时是会出错的。也就是说,语法检查时确保了常量不能被赋值。

```
const int n=10;         //正确,用 10 对常量 n 进行初始化
n=20;                   //错误,不能对常量赋值
```

注意　在定义一个变量或常量时为它指定初值叫作初始化,而在定义一个变量或常量以后使用赋值运算符修改它的值叫作赋值,请勿将初始化与赋值混淆。

语法如何保障类类型的常对象的值不被改变呢?改变对象的数据成员值有两个途径:一是通过对象名访问其成员对象,由于常对象的数据成员都被视同为常量,这时语法会限制不能赋值。二是在类的成员函数中改变数据成员的值,然而几乎无法预料和统计哪些成员函数会改变数据成员的值,对此语法只好规定不能通过常对象调用普通的成员函数。可是这样一来,常对象还有什么用呢?它没有任何可用的对外接口。别担心,办法是有的,在 5.5.2 小节中将介绍专门为常对象定义的常成员函数。

提示　基本数据类型的常量也可看作一种特殊的常对象。因此,后面将不再对基本数据类型的常量和类类型的常对象加以区分。

5.5.2　用 const 修饰的类成员

1. 常成员函数

使用 const 关键字修饰的函数为常成员函数,常成员函数声明的格式如下:

```
类型说明符　函数名(参数表) const;
```

注意:

(1) const 是函数类型的一个组成部分,因此在函数的定义部分也要带 const 关键字。

(2) 如果将一个对象说明为常对象,则通过该常对象只能调用它的常成员函数,而不能调用其他成员函数(这就是 C++ 从语法机制上对常对象的保护,也是常对象唯一的对外接口方式)。

(3) 无论是否通过常对象调用常成员函数,在常成员函数调用期间,目的对象都被视同为常对象,因此常成员函数不能更新目的对象的数据成员,也不能针对目的对象调用该类中没有用 const 修饰的成员函数(这就保证了在常成员函数中不会更改目的对象的数据成员

的值)。

(4) const 关键字可以用于对重载函数的区分,例如,如果在类中这样声明:

```
void print();
void print() const;
```

这是对 print 的有效重载。

提示　如果仅以 const 关键字为区分对成员函数重载,那么通过非 const 的对象调用该函数,两个重载的函数都可以与之匹配,这时编译器将选择最近的函数——不带 const 关键字的函数。

在 UML 中,常成员函数是通过在成员函数前添加<<const>>构造型来表征。

例 5-7　常成员函数举例。

在本实例中,类 R 中声明了一个常成员函数,其 UML 图形表示如图 5-6 所示。

R
– r1 : int – r2 : int
+ R(r1 : int, r2 : int) + print() : void <<const>> + print() : void

图 5-6　包含常成员函数的 R 类的 UML 图

```
//5_7.cpp
#include<iostream>
using namespace std;

class R {
public:
    R(int r1, int r2) : r1(r1), r2(r2) {}
    void print();
    void print() const;
private:
    int r1, r2;
};

void R::print() {
    cout<<r1<<":"<<r2<<endl;
}

void R::print() const{
    cout<<r1<<";"<<r2<<endl;
}

int main() {
    R a(5,4);
    a.print();              //调用 void print()
    const R b(20,52);
    b.print();              //调用 void print() const
    return 0;
}
```

运行结果:

```
5:4
20;52
```

分析：在 R 类中说明了两个同名函数 print，其中一个是常函数。在主函数中说明了两个对象 a 和 b，其中对象 b 是常对象。通过对象 a 调用的是没有用 const 修饰的函数，而通过对象 b 调用的是用 const 修饰的常函数。

习惯　在适当的地方使用 const 关键字，是能够提高程序质量的一个好习惯。对于无须改变对象状态的成员函数，都应当使用 const。

2. 常数据成员

就像一般数据一样，类的成员数据也可以是常量，使用 const 说明的数据成员为常数据成员。如果在一个类中说明了常数据成员，那么任何函数中都不能对该成员赋值。构造函数对该数据成员进行初始化，就只能通过初始化列表。在 UML 中，常数据成员是通过在数据成员类型前添加 const 类型来表征。请看例 5-8。

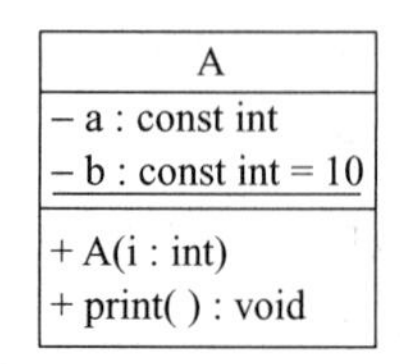

图 5-7　包含常数据成员的 A 类的 UML 图

例 5-8　常数据成员举例。

在本实例中，类 A 中声明了常数据成员，其 UML 图形表示如图 5-7 所示。

```
//5_8.cpp
#include <iostream>
using namespace std;

class A {
public:
    A(int i);
    void print();
private:
    const int a;
    static const int b;             //静态常数据成员
};

const int A::b=10;                  //静态常数据成员在类外说明和初始化

//常数据成员只能通过初始化列表来获得初值
A::A(int i) : a(i) {}

void A::print() {
    cout<<a<<":"<<b<<endl;
}
int main() {
/* 建立对象 a 和 b,并以 100 和 0 作为初值,分别调用构造函数,通过构造函数的初
    始化列表给对象的常数据成员赋初值 */
    A a1(100), a2(0);
    a1.print();
```

```
    a2.print();
    return 0;
}
```

运行结果：

```
100:10
0:10
```

细节　类成员中的静态变量和常量都应当在类体之外加以定义，但 C++ 标准规定了一个例外：类的静态常量如果具有整数类型或枚举类型，那么可以直接在类定义中为它指定常量值，例如，例 5-8 中可以直接在类定义中写：

```
static const int b=10;
```

这时，不必在类定义外定义 A∷b，因为编译器会将程序中对 A∷b 的所有引用都替换成数值 10，一般无须再为 A∷b 分配空间，但也有例外，例如如果程序中出现了对 b 取地址的情况（关于取地址，将在第 6 章介绍指针时详细介绍），则必须通过专门的定义为 A∷b 分配空间，由于已经在类定义中为它指定了初值，不能再在类定义外为它指定初值，即使两处给出的初值相同也不行。

5.5.3 常引用

如果在声明引用时用 **const** 修饰，被声明的引用就是常引用。**常引用所引用的对象不能被更新**。如果用常引用做形参，便不会意外地发生对实参的更改。常引用的声明形式如下：

```
const 类型说明符 & 引用名;
```

非 const 的引用只能绑定到普通的对象，而不能绑定到常对象，但常引用可以绑定到常对象。一个常引用，无论绑定到一个普通的对象，还是常对象，通过该引用访问该对象时，都只能把该对象当作常对象，这意味着，对于基本数据类型的引用，则不能为数据赋值，对于类类型的引用，则不能修改它的数据成员，也不能调用它的非 const 的成员函数。

例 5-9　常引用做形参。

本例在例 5-6 的基础上修改，使其中的 dist 函数的形参以常引用方式传递。

```
//5_9.cpp
#include <iostream>
#include <cmath>
using namespace std;

class Point {            //Point 类定义
public:                  //外部接口
    Point(int x=0, int y=0) : x(x), y(y) {}
    int getX() {return x;}
    int getY() {return y;}
    friend float dist(const Point &p1, const Point &p2);
```

```
private:                    //私有数据成员
    int x, y;
};

float dist(const Point &p1, const Point &p2) {      //常引用作形参
    double x=p1.x-p2.x;
    double y=p1.y-p2.y;
    return static_cast<float>(sqrt(x * x+y * y));
}

int main() {                                        //主函数
    const Point myp1(1, 1), myp2(4, 5);             //定义 Point 类的对象
    cout<<"The distance is: ";
    cout<<dist(myp1, myp2)<<endl;                   //计算两点间的距离
    return 0;
}
```

运行结果：

```
The distance is: 5
```

分析：由于 dist 函数中，无须修改两个传入对象的值，因此将传参方式改为传递常引用更合适，这样，调用 dist 函数时，就可以用常对象作为其参数。

习惯　对于在函数中无须改变其值的参数，不宜使用普通引用方式加以传递，因为那会使得常对象无法被传入，采用传值方式或传递常引用的方式可避免这一问题。对于大对象来说，传值耗时较多，因此传递常引用为宜。复制构造函数的参数一般也宜采用常引用传递。

5.6　多文件结构和编译预处理命令

5.6.1　C++ 程序的一般组织结构

到现在为止，已经学习了很多完整的 C++ 源程序实例，分析它们的结构，基本上都是由 3 部分来构成：类的定义、类的成员的实现和主函数。因为所举的例子都比较小，所有这 3 部分都写在同一个文件中。在规模较大的项目中，往往需要多个源程序文件，每个源程序文件称为一个编译单元。这时 C++ 语法要求一个类的定义必须出现在所有使用该类的编译单元中。比较好的、也是惯用的做法是将类的定义写在头文件中，使用该类的编译单元则包含这个头文件。通常一个项目至少划分为 3 个文件：类定义文件(*.h 文件)、类实现文件(*.cpp 文件)和类的使用文件(*.cpp，主函数文件)。对于更为复杂的程序，每一个类都有单独的定义和实现文件。采用这样的组织结构，可以对不同的文件进行单独编写、编译，最后再连接，同时可以充分利用类的封装特性，在程序的调试、修改时只对其中某一个类的定义和实现进行修改，而其余部分不用改动。现在将例 5-5 的程序按照这样的方法进行划分，写成如例 5-10 所示的形式。

例 5-10　具有静态数据、函数成员的 Point 类，多文件组织。

```
//文件 1,类的定义,Point.h
class Point {                                            //类的定义
public:                                                  //外部接口
    Point(int x=0, int y=0) : x(x), y(y) {count ++;}
    Point(const Point &p);
    ~Point() {count--;}
    int getX() const {return x;}
    int getY() const {return y;}
    static void showCount();                             //静态函数成员
private:                                                 //私有数据成员
    int x, y;
    static int count;                                    //静态数据成员
};

//文件 2,类的实现,Point.cpp
#include "Point.h"
#include <iostream>
using namespace std;

int Point::count=0;                                      //使用类名初始化静态数据成员

Point::Point(const Point &p) : x(p.x), y(p.y) {         //复制构造函数体
    count++;
}

void Point::showCount() {
    cout<<"  Object count="<<count<<endl;
}

//文件 3,主函数,5_10.cpp
#include "Point.h"
#include <iostream>
using namespace std;

int main() {
    Point a(4, 5);              //定义对象 a,其构造函数会使 count 增 1
    cout<<"Point A: "<<a.getX()<<", "<<a.getY();
    Point::showCount();         //输出对象个数

    Point b(a);                 //定义对象 b,其构造函数会使 count 增 1
    cout<<"Point B: "<<b.getX()<<", "<<b.getY();
    Point::showCount();         //输出对象个数

    return 0;
}
```

分析整个源程序的结构,由 3 个单独的源文件构成,它们的相互关系和编译、连接过程可以用图 5-8 表示(这里是 Windows 操作系统的情形,UNIX 操作系统中生成文件的后缀会有所不同)。

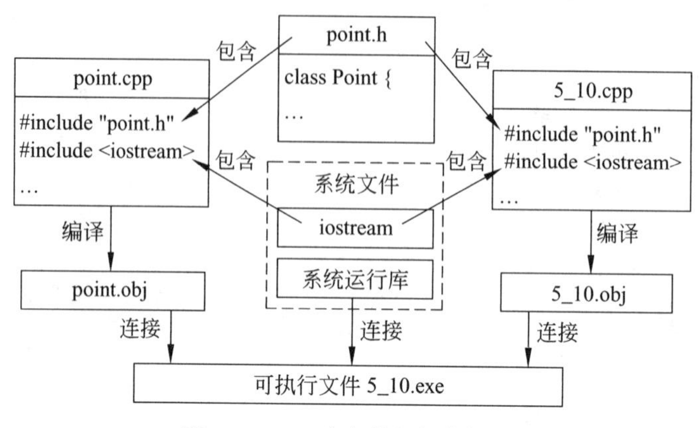

图 5-8　C++ 多文件组织结构图

在多文件结构中,看到在两个.cpp 文件中都增加了一个新的 include 语句。在使用输入输出操作时,需要使用＃include ＜iostream＞,将系统提供的标准头文件 iostream 包含到源程序中。这里,同样需要使用语句＃include "point.h"将自定义的头文件包含进来。C++ 中的＃include 指令的作用是将指定的文件嵌入到当前源文件中＃include 指令所在位置,这个被嵌入的文件可以是.h 文件,也同样可以是.cpp 文件。

指令 include 可以有两种书写方式。"＃include ＜文件名＞"表示按照标准方式搜索要嵌入的文件,该文件位于编译环境的 include 子目录下,一般要嵌入系统提供的标准文件时采用这样的方式,如对标准头文件 iostream 的包含。另一种书写为"＃include "文件名"",表示首先在当前目录下搜索要嵌入的文件,如果没有,再按照标准方式搜索,对用户自己编写的文件一般采用这种方式,如本例中类的定义文件 point.h。

＃include 属于编译预处理命令,稍后将对编译预处理命令做详细介绍。

从图 5-8 可以看到,两个.cpp 的文件被分别编译生成各自的目标文件.obj,然后再与系统的运行库共同连接生成可执行文件.exe。如果只修改了类的成员函数的实现部分,则只重新编译 point.cpp 并连接即可,其余的文件几乎可以连看都不用看。想一想,如果是一个语句很多、规模特大的程序,效率就会得到显著的提高。

这种多文件组织技术,在不同的环境下由不同的方式来完成。在 Windows 系列操作系统下的 C++ 一般使用工程来进行多文件管理,在 UNIX 系列操作系统下一般可以用 make 工具完成。在开发程序时,还需要学习编程环境的使用。

决定一个声明放在源文件中还是头文件中的一般原则是,将需要分配空间的定义放在源文件中,例如函数的定义(需要为函数代码分配空间)、文件作用域中变量的定义(需要为变量分配空间)等;而将不需要分配空间的声明放在头文件中,例如类声明、外部函数的原型声明、外部变量的声明(外部函数和外部变量将在 5.6.2 小节中详细讨论)、基本数据类型常量的声明等。内联函数比较特殊,由于它的内容需要嵌入到每个调用它的函数之中,所以对于需要被多个编译单元调用的内联函数,它们的代码应该被各个编译单元可见,这些内联函数的定义应当出现在头文件中。

习惯　如果误将分配了空间的定义写入头文件中,在多个源文件包含该头文件时,会导致空间在不同的编译单元中被分配多次,从而在连接时引发错误。

5.6.2　外部变量与外部函数

1. 外部变量

如果一个变量除了在定义它的源文件中可以使用外,还能被其他文件使用,那么就称这个变量是外部变量。文件作用域中定义的变量,默认情况下都是外部变量,但在其他文件中如果需要使用这一变量,需要用 extern 关键字加以声明。请看下面的例子。

```
//源文件 1
int i=3;              //定义变量 i
void next();          //函数原型声明

int main() {
    i++;
    next();
    return 0;
}

void next() {
    i++;
    other();
}

//源文件 2
extern int i;         //声明一个在其他文件中定义的外部变量 i
void other() {
    i++;
}
```

上述程序中,虽然 i 定义在源文件 1 中,但由于在源文件 2 中用 extern 关键字声明了,因此同样可以使用它。外部变量是可以为多个源文件所共享的全局变量。

对外部变量的声明可以是定义性声明,即在声明的同时定义(分配内存,初始化),也可以是引用性声明(引用在别处定义的变量)。在文件作用域中,不用 extern 关键字声明的变量,都是定义性声明;用 extern 关键字声明的变量,如果同时指定了初值,则是定义性声明,否则是引用性声明。例如上述源文件 1 中声明变量 i 的同时也是对 i 的定义,源文件 2 中对 i 的声明只是引用性声明。外部变量可以有多处声明,但是对变量的定义性声明只能是唯一的。

2. 外部函数

在所有类之外声明的函数(也就是非成员函数),都是具有文件作用域的,如果没有特殊说明,这样的函数都可以在不同的编译单元中被调用,只要在调用之前进行引用性声明(即声明函数原型)即可。当然,也可以在声明函数原型或定义函数时用 extern 修饰,其效果与不加修饰的默认状态是一样的。

习惯 通常情况下,变量和函数的定义都放在源文件中,而对外部变量和外部函数的引用性声明则放在头文件中。

3. 将变量和函数限制在编译单元内

文件作用域中声明的变量和函数,在默认情况下都可以被其他的编译单元访问,但有时并不希望一个源文件中定义的文件作用域的变量和函数被其他源文件引用,这种需求主要是出于两个原因,一是出于安全性考虑,不希望将一个只会在文件内使用的内部变量或函数暴露给其他编译单元,就像不希望暴露一个类的私有成员一样;二是对于大工程来说,不同文件中的、只在文件内使用的变量名很容易重名,如果将它们都暴露出来,在连接时很容易发生名字冲突。

对这一问题,曾经的解决的办法是,在定义这些变量和函数时使用 static 关键字。static 关键字用来修饰文件作用域的变量或函数时,和 extern 关键字起相反的作用,它会使得被 static 修饰的变量和函数无法被其他编译单元引用。

提示 目前已经介绍了 static 关键字的 3 种用法,当它用在局部作用域、类作用域和文件作用域时,具有不尽相同的作用。一个共同点是,凡是被 static 修饰的变量,都具有静态生存期(不管不使用 static 关键字时它们的生存期如何)。

然而,2003 年发布的 ISO C++ 2.0 标准中,已经宣布不再鼓励使用这种方式,取而代之的方式是使用匿名的命名空间。在匿名命名空间中定义的变量和函数,都不会暴露给其他的编译单元。请看下面的例子。

```
namespace {            //匿名的命名空间
    int n;
    void f() {
        n++;
    }
}
```

这里被"namespace {…}"括起的区域都属于匿名的命名空间。这里,变量 n 和函数 f 被定义在了一个匿名的命名空间中,因此它们不会被暴露给其他的源文件。

习惯 应当将不希望被其他编译单元引用的函数和变量放在匿名的命名空间中。

5.6.3 标准 C++ 库

在 C 语言中,系统函数、系统的外部变量和一些宏定义都放置在运行库(run-time library)中。C++ 的库中除继续保留了大部分 C 语言系统函数外,还加入了预定义的模板和类。标准 C++ 类库是一个极为灵活并可扩展的可重用软件模块的集合。标准 C++ 类与组件在逻辑上分为如下 6 种类型。

- 输入输出类;
- 容器类与 ADT(抽象数据类型);
- 存储管理类;
- 算法;
- 错误处理;

- 运行环境支持。

对库中预定义内容的声明分别存在于不同的头文件中，要使用这些预定义的成分，就要将相应的头文件包含到源程序中。当包含了必要的头文件后，就可以使用其中预定义的内容了。

提示　包含这些头文件的目的是在当前编译单元中引入所需的引用性声明，而它们的定义则以目标代码的形式存放于系统的运行库中。

使用标准 C++ 库时，还需要加入下面这一条语句来将指定命名空间中的名称引入当前作用域中：

```
using namespace std;
```

如果不使用上述方法，就需要在使用 std 命名空间中的标识符时冠以命名空间名“std::”。

习惯　通常情况下，using namespace 语句不宜放在头文件中，因为这会使一个命名空间不被察觉地对一个源文件开放。

5.6.4　编译预处理

在编译器对源程序进行编译之前，首先要由预处理器对程序文本进行预处理。预处理器提供了一组编译预处理指令和预处理操作符。预处理指令实际上不是 C++ 语言的一部分，它只是用来扩充 C++ 程序设计的环境。所有的预处理指令在程序中都是以“#”来引导，每一条预处理指令单独占用一行，不要用分号结束。预处理指令可以根据需要出现在程序中的任何位置。

1. #include 指令

#include 指令也称文件包含指令，其作用是将另一个源文件嵌入到当前源文件中该点处。通常我们用#include 指令来嵌入头文件。文件包含指令有两种格式：

(1) #include<文件名>

按标准方式搜索，文件位于系统目录的 include 子目录下。

(2) #include"文件名"

首先在当前目录中搜索，若没有，再按标准方式搜索。

#include 指令可以嵌套使用。假设有一个头文件 myhead.h，该头文件中又可以有如下的文件包含指令：

```
#include "file1.h"
#include "file2.h"
```

2. #define 和 #undef 指令

预处理器最初是为 C 语言设计的，#define 曾经在 C 程序中被广泛使用，但#define 能完成的一些功能，能够被 C++ 引入的一些语言特性很好地替代。

在 C 语言中，用#define 来定义符号常量，例如下列预编译指令定义了一个符号常量 PI 的值为 3.14：

```
#define PI 3.14
```

在 C++ 语言中虽然仍可以这样定义符号常量,但是更好的方法是在类型说明语句中用 const 进行修饰。

在 C 语言中,还可以用 # define 来定义带参数宏,以实现简单的函数计算,提高程序的运行效率,但是在 C++ 中这一功能已被内联函数取代。因此我们在这里不作过多的介绍。

用 # define 还可以定义空符号,例如:

```
#define MYHEAD_H
```

定义它的目的,仅仅是表示“MYHEAD_H 已经定义过”这样一种状态。将该符号配合条件编译指令一起使用,可以起到一些特殊作用,这是 C++ 程序中 # define 的最常用之处。

undef 的作用是删除由 # define 定义的宏,使之不再起作用。

3. 条件编译指令

使用条件编译指令,可以限定程序中的某些内容要在满足一定条件的情况下才参与编译。因此,利用条件编译可以使同一个源程序在不同的编译条件下产生不同的目标代码。例如,可以在调试程序时增加一些调试语句,以达到跟踪的目的,并利用条件编译指令,限定当程序调试好后,重新编译时,使调试语句不参与编译。常用的条件编译语句有下列几种形式。

1) 形式一

```
#if  常量表达式
      程序段   //当"常量表达式"非零时编译本程序段
#endif
```

2) 形式二

```
#if   常量表达式
      程序段 1  //当"常量表达式"非零时编译本程序段
#else
      程序段 2  //当"常量表达式"为零时编译本程序段
#endif
```

3) 形式三

```
#if   常量表达式 1
      程序段 1  //当"常量表达式 1"非零时编译本程序段
#elif  常量表达式 2
      程序段 2  //当"常量表达式 1"为零、"常量表达式 2"非零时编译本程序段
      ⋮
#elif  常量表达式 n
      程序段 n  //当"常量表达式 1"、…、"常量表达式 n-1"均为零、
                //"常量表达式 n"非零时编译本程序段
#else
      程序段 n+1  //其他情况下编译本程序段
#endif
```

4）形式四

```
#ifdef  标识符
      程序段 1
#else
      程序段 2
#endif
```

如果“标识符”经＃defined 定义过，且未经 undef 删除，则编译程序段 1，否则编译程序段 2。如果没有程序段 2，则＃else 可以省略：

```
#ifdef  标识符
      程序段 1
#endif
```

5）形式五

```
#ifndef  标识符
      程序段 1
#else
      程序段 2
#endif
```

如果“标识符”未被定义过，则编译程序段 1，否则编译程序段 2。如果没有程序段 2，则＃else 可以省略：

```
#ifndef  标识符
      程序段 1
#endif
```

4. defined 操作符

defined 是一个预处理操作符，而不是指令，因此不要以＃开头。defined 操作符使用的形式为：

```
defined(标识符)
```

若“标识符”在此前经＃define 定义过，并且未经＃undef 删除，则上述表达式为非 0，否则上述表达式的值为 0。下面两种写法是完全等效的。

```
#ifndef  MYHEAD_H
#define MYHEAD_H
      …
#endif
```

等价于

```
#if !defined(MYHEAD_H)
#define MYHEAD_H
      …
#endif
```

由于文件包含指令可以嵌套使用,在设计程序时要避免多次重复包含同一个头文件,否则会引起变量及类的重复定义。例如,某个工程包括如下四个源文件。

```
//main.cpp
#include "file1.h"
#include "file2.h"
int main() {
    …
}

//file1.h
#include "head.h"
    …

//file2.h
#include "head.h"
    …

//head.h
    …
class Point {
    …
}
    …
```

这时,由于#include指令的嵌套使用,使得头文件head.h被包含了两次,于是编译时系统会指出错误:类Point被重复定义。如何避免这种情况呢?这就要在可能被重复包含的头文件中使用条件编译指令。用一个唯一的标识符来标记某文件是否已参加过编译,如果已参加过编译,则说明该程序段是被重复包含的,编译时忽略重复部分。将文件"head.h"改写如下:

```
//head.h
#ifndef HEAD_H
#define HEAD_H
    …
class Point {
    …
}
    …
#endif
```

在这个头文件中,首先判断标识符HEAD_H是否被定义过。若未定义过,说明此头文件尚未参加过编译,于是编译下面的程序段,并且对标识符HEAD_H进行宏定义,标记此文件已参加过编译。若标识符HEAD_H被定义过,说明此头文件参加过编译,于是编译器忽略下面的程序段。这样便不会造成对类Point的重复定义。

5.7 综合实例——个人银行账户管理程序

在第 4 章中，以个人银行账户管理程序为例，说明了类和成员函数的设计和应用。在本节中，我们将在第 4 章综合实例的基础上对程序作如下改进。

（1）在本章 5.2.1 和 5.3.1 两小节中介绍了静态数据成员的概念。在本实例中，将为 SavingsAccount 类增加一个静态数据成员 total，用来记录各个账户的总金额，并为其增加相应的静态成员函数 getTotal 用来对其进行访问。

（2）在本章 5.3.2 小节中介绍了用 const 修饰的类成员函数，在本实例中，将 4.7 节综合实例程序中 SavingsAccount 类的诸如 getBalance、accumulate 这些不需要改变对象状态的成员函数声明为常成员函数。

（3）在本章 5.6.1 小节中介绍了 C++ 程序的一般结构。在本实例中将在第 4 章综合实例的基础上对程序结构进行调整：将 SavingsAccount 类从主函数所在的源文件中分开，建立两个新的文件 account.h 和 account.cpp，分别存放 SavingsAccount 类的定义和实现。

如图 5-9 所示，本例的类设计与第 4 章综合实例大致相同，只是在类 SavingsAccount 中增加静态数据成员 total、静态成员函数 getTotal，并将原有的部分成员函数变为了常成员函数。

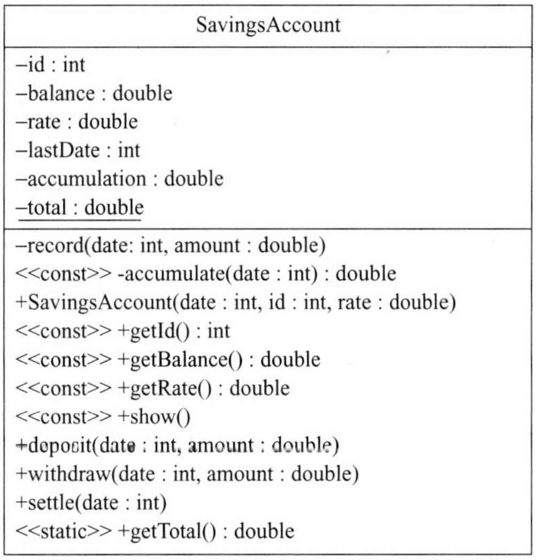

SavingsAccount
−id : int −balance : double −rate : double −lastDate : int −accumulation : double −total : double
−record(date: int, amount : double) <<const>> -accumulate(date : int) : double +SavingsAccount(date : int, id : int, rate : double) <<const>> +getId() : int <<const>> +getBalance() : double <<const>> +getRate() : double <<const>> +show() +deposit(date : int, amount : double) +withdraw(date : int, amount : double) +settle(date : int) <<static>> +getTotal() : double

图 5-9　个人银行账户管理程序的 SavingsAccount 类的 UML 图

例 5-11　个人银行账户管理程序。

整个程序分为 3 个文件：account.h 是类定义头文件，account.cpp 是类实现文件，5_11.cpp 是主函数文件。

```
//account.h
#ifndef __ACCOUNT_H__
#define __ACCOUNT_H__
class SavingsAccount {          //储蓄账户类
```

```
private:
    int id;                     //账号
    double balance;             //余额
    double rate;                //存款的年利率
    int lastDate;               //上次变更余额的时期
    double accumulation;        //余额按日累加之和
    static double total;        //所有账户的总金额
    //记录一笔账,date为日期,amount为金额,desc为说明
    void record(int date, double amount);
    //获得到指定日期为止的存款金额按日累积值
    double accumulate(int date) const {
        return accumulation+balance * (date-lastDate);
    }
public:
    //构造函数
    SavingsAccount(int date, int id, double rate);
    int getId() const {return id;}
    double getBalance() const {return balance;}
    double getRate() const {return rate;}
    static double getTotal() {return total;}
    void deposit(int date, double amount);              //存入现金
    void withdraw(int date, double amount);             //取出现金
    //结算利息,每年1月1日调用一次该函数
    void settle(int date);
    //显示账户信息
    void show() const;
};
#endif //__ACCOUNT_H__

//account.cpp
#include "account.h"
#include <cmath>
#include <iostream>
using namespace std;

double SavingsAccount::total=0;
//SavingsAccount类相关成员函数的实现
SavingsAccount::SavingsAccount(int date, int id, double rate)
    : id(id), balance(0), rate(rate), lastDate(date), accumulation(0) {
    cout<<date<<"\t#"<<id<<" is created"<<endl;
}
void SavingsAccount::record(int date, double amount) {
    accumulation=accumulate(date);
    lastDate=date;
    amount=floor(amount * 100+0.5)/100;                 //保留小数点后两位
    balance+=amount;
    total+=amount;
```

```
    cout<<date<<"\t#"<<id<<"\t"<<amount<<"\t"<<balance<<endl;
}
void SavingsAccount::deposit(int date, double amount) {
    record(date, amount);
}
void SavingsAccount::withdraw(int date, double amount) {
    if (amount>getBalance())
        cout<<"Error: not enough money"<<endl;
    else
        record(date, -amount);
}
void SavingsAccount::settle(int date) {
    double interest=accumulate(date) * rate/365;     //计算年息
    if (interest !=0)
        record(date, interest);
    accumulation=0;
}
void SavingsAccount::show() const {
    cout<<"#"<<id<<"\tBalance: "<<balance;
}

//5_11.cpp
#include "account.h"
#include <iostream>
using namespace std;
int main() {
    //建立几个账户
    SavingsAccount sa0(1, 21325302, 0.015);
    SavingsAccount sa1(1, 58320212, 0.015);
    //几笔账目
    sa0.deposit(5, 5000);
    sa1.deposit(25, 10000);
    sa0.deposit(45, 5500);
    sa1.withdraw(60, 4000);
    //开户后第 90 天到了银行的计息日,结算所有账户的年息
    sa0.settle(90);
    sa1.settle(90);
    //输出各个账户信息
    sa0.show(); cout<<endl;
    sa1.show(); cout<<endl;
    cout<<"Total: "<<SavingsAccount::getTotal()<<endl;
    return 0;
}
```

运行结果：

```
1       #21325302 is created
1       #58320212 is created
```

```
5         #21325302       5000     5000
25        #58320212       10000    10000
45        #21325302       5500     10500
60        #58320212       -4000    6000
90        #21325302       27.64    10527.6
90        #58320212       21.78    6021.78
#21325302       Balance: 10527.6
#58320212       Balance: 6021.78
Total: 16549.4
```

除了本例新增的总金额输出外,其他输出结果与第4章的综合实例完全一样。本例新增了静态数据成员total,在account.h的类定义中给出了它的声明,在account.cpp中给出了它的定义(即为它分配空间),并将其初值设为0。SavingsAccount::record函数中,每当当前账户的balance修改时,total也随之进行修改。由于deposit、withdraw和settle各函数都是通过record函数来修改余额的,因此total随时都等于所有账户的余额总和。

另外,在5.6.4小节我们介绍了条件编译指令,通过对account.h使用条件编译指令,可以避免本实例中SavingsAccount类被重复包含到文件中而导致编译错误。

5.8 深度探索

5.8.1 常成员函数的声明原则

本章介绍了类的常成员函数,这是一个重要的语言特性。对于那些不会改变对象状态的函数,都应当将其声明为常成员函数。那么,什么是改变对象状态呢?

按照语言要求,凡是会改变非静态的成员对象值的成员函数,都不能够声明为常成员函数。但这并不意味着,凡是不会改变非静态成员对象的成员函数,都不会改变对象状态。这个问题或许有些令人费解,如果不改变任何一个成员对象的值,怎么会改变对象状态呢?等到学完第6章的指针后,读者一定会认清这个问题的。

另一种意外情况也会发生,如果一个函数会改变某个成员对象的值,但它未必会改变对象状态。成员状态的改变,并不能够完全根据成员对象的值是否被改变来判定,而应当根据通过这个对象对外接口所反映出的信息来判断。如果对一个成员函数的调用,不会使得其后对该对象的接口调用的结果发生变化,那么就可以认为这个成员函数不会改变对象状态。这是从经验论角度提出的一个一般原则,对于各种有具体物理意义的对象,还应当有更具体的判别方式。比如,可以把例4-4中的Line类稍作改变如下。

```
class Line {            //Line类的定义
public:                 //外部接口
    Line(const Point &p1, const Point &p2) : p1(p1), p2(p2), len(-1) {}
    double getLen();
private:                //私有数据成员
    Point p1, p2;       //Point类的对象p1,p2
    double len;
};
```

```
double Line::getLen() {
    if (len<0) {
        double x=p1.getX()-p2.getX();
        double y=p1.getY()-p2.getY();
        len=sqrt(x * x+y * y);
    }
    return len;
}
```

例 4-4 中的 Line 类，数据成员 len 的值是在 Line 的构造函数中计算的，这里把 len 的计算放到了 getLen 函数中，这种做法的一个好处是，如果 getLen 函数不会被调用，那么可以省去计算距离的时间，但是为了避免做第二次计算，还需要将计算的结果用 len 成员变量保存起来。

读者可以发现，与例 4-4 的 Line 类相比，本类只是实现不同，但功能完全相同。例 4-4 中的 getLen 函数只是将一个成员变量返回，自然不会改变对象状态，同样地，这里的 getLen 函数也不会改变 Line 对象的状态。是啊，getLen 函数只改变了 len 的值，而 Line 所表示的线段的状态，只由它的两个端点 p1 和 p2 决定，线段的长度是依赖于它的端点位置的，len 成员只用来将线段长度暂时记录下来，使得下次无须重新计算，因此改变 len 的值不会导致对象的状态被改变。从经验论的角度说，getLen 函数是完成构造的 Line 对象的唯一接口，而无论对它调用多少次，都能得到相同的结果，因此对 getLen 的调用，不会使对象的状态发生改变。

这样问题就出现了。既然调用 getLen 不会改变对象状态，就应当将其声明为常成员函数，然而，语言上不允许，因为它会改变数据成员 len 的值。C++ 专为这种情况提供了一个解决办法，这需要用到一个新的关键字——mutable。对于这类数据成员，可以使用 mutable 关键字加以修饰，这样，即使在常成员函数中，也可以修改它们的值。上面的类可以改写成下面的形式：

```
class Line {            //Line 类的定义
public:                 //外部接口
    Line(const Point &p1, const Point &p2) : p1(p1), p2(p2), len(-1) {}
    double getLen() const;
private:                //私有数据成员
    Point p1, p2;       //Point 类的对象 p1,p2
    mutable double len;
};
double Line::getLen() const {
    if (len<0) {
        double x=p1.getX()-p2.getX();
        double y=p1.getY()-p2.getY();
        len=sqrt(x * x+y * y);
    }
    return len;
}
```

使用了 mutable 关键字后，就可以将 getLen 函数声明为常成员函数了。

其实 mutable 不只允许在常成员函数中修改被它修饰的数据成员,“常对象的成员对象被视为常对象”这一语言原则,对 mutable 修饰的成员对象不适用,被 mutable 修饰的成员对象在任何时候都不会被视为常对象,这是 mutable 更一般的含义。

尽管 mutable 能够很好地解决上例中的问题,但决不能将其滥用,否则会破坏 const 形成的语言保护机制。使用 mutable 关键字一定要有的放矢,也就是说,一定确实存在需要改变一个成员对象的常成员函数,而且对该成员函数的调用确实不会改变对象状态,只有保证了这些,mutable 才能够不被滥用。

5.8.2 代码的编译、连接与执行过程

本章介绍了多文件结构,读者或许对此还存有一些疑问,例如,为什么外部变量的定义性声明只能在一个编译单元中出现?为什么同一个函数的定义不能出现在多个编译单元中,但类定义却应当写在头文件中,从而被多个源文件包含?对程序编译、连接和执行的过程稍加探究,将会对解开这些疑问有所帮助。

后面的叙述,皆以下面这个包括两个源文件 a.cpp 和 b.cpp 的简单程序为例。另外,不同体系结构、不同操作系统下的目标文件组织方式存在这微小差异,本节介绍的内容以工作在 IA-32 微处理器上的 Linux 操作系统为准。

```
//a.cpp
extern int y;
int func(int v);
int main() {
    int z=1;
    y=func(z);
    return 0;
}
```

```
//b.cpp
int x=3;
int y;
int func(int v) {
    return v+x;
}
```

1. 编译

一个个源文件,经过编译系统的处理,生成目标文件的过程叫作编译。编译是对一个个源文件分别处理的,因此每个源文件构成了一个独立的编译单元,编译过程中不同的编译单元互不影响。a.cpp 和 b.cpp 这两个源文件经过编译后,在 Linux 下会生成 a.o 和 b.o 两个目标文件。

目标文件主要用来描述程序在运行过程中需要放在内存中的内容,这些内容包括两大类——代码和数据。相应地,目标文件也分成代码段和数据段。

代码段(.text)中的内容就是源文件中定义的一个个函数编译后得到的目标代码,在上例中,目标文件 a.o 的代码段中应当包含 main 函数的目标代码,而目标文件 b.o 中应当包含 func 函数的代码。无论是普通函数的代码,还是类的成员函数的代码,都放在代码段中。

数据段中包含对源文件中定义的各个静态生存期对象(包括基本类型变量)的描述,数据段又分为初始化的数据段(.data)和未初始化的数据段(.bss)。其中,初始化的数据段中包括了那些在定义的同时设置了初值的静态生存期对象(通过执行构造函数的方式赋值初值的不在此列)。对于这些对象,其初值被放在初始化的数据段中,这些对象在运行时占多少内存空间,在目标文件中就要提供多少空间存放它们的初值。例如,由于 b.cpp 中定义了静态生存期的整型变量 x,在 b.o 的初始化的数据段中,需要存储 x 的初值 3。

其他静态生存期对象,都放在未初始化的数据段中。由于它们没有静态的初值,目标文件中不需要保留专门空间存储它们的信息,只需记录这个段的大小。b.cpp 中的变量 y 就属于该段。

几个段的内容都是在本源文件中有定义的内容,而那些只声明而未经定义的全局变量或函数并不出现在这几个段中。例如 a.cpp 中的 y 并没有出现在 a.o 的数据段中,而 func 也没有出现在 a.o 的代码段中。但是,目标文件的信息到此还不完整,例如,a.cpp 的 main 函数中改写了变量 y 的值,但 y 是在 b.cpp 中定义的,这种不同编译单元间的相同变量或函数的联系,如何建立呢?这种联系要通过这些变量或函数的名字来建立,这些名字都存放在目标代码的符号表中。

符号表是用来把各个标识符名称和它们在各段中的地址关联起来的数据结构。具体地说,符号表应当包含若干个条目,每个静态生存期对象或函数都对应于符号表中的一个条目,这个条目存储了该静态生存期对象或函数的名字和它在该目标文件中的位置,位置是通过它所在那个段以及它相对于该段段首的偏移地址来表示。例如,a.o 的符号表的 main 条目中,就要存储 main 在 a.o 的代码段中的相对地址;b.o 的符号表中的 x 条目,则要存储 x 在 b.o 的初始化数据段中的相对地址。此外,对于那些在编译单元中被引用但未定义的外部变量、外部函数,在符号表中也有相关的条目,但条目中只有符号名,而位置信息是未定义的。a.o 和 b.o 两个目标文件中的各段和符号表的内容如图 5-10 所示。

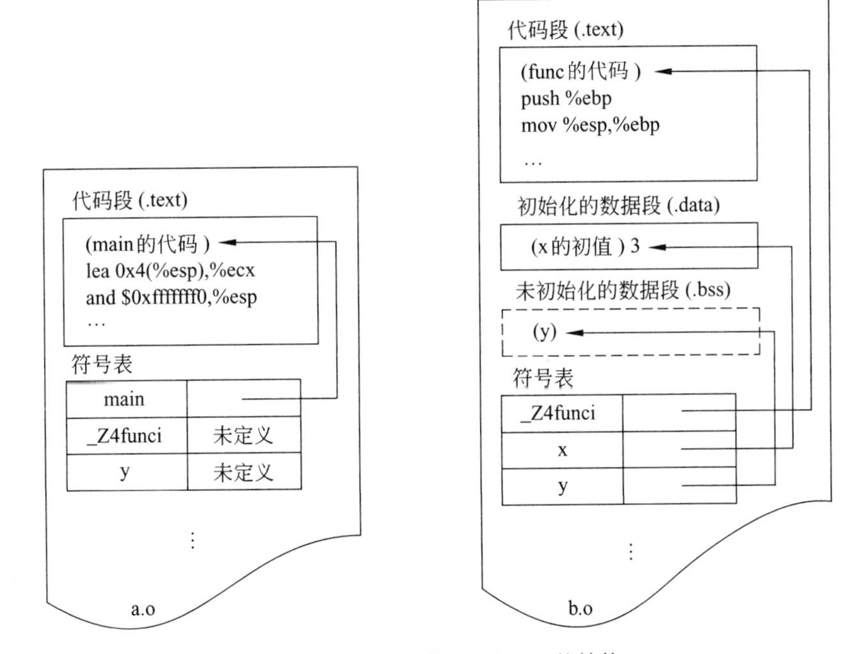

图 5-10　目标文件 a.o 和 b.o 的结构

提示　符号表中,函数并不只以它在源程序中的名字命名,函数在符号表中的名字至少要包括源程序中的函数名和参数表类型信息。因为函数可以重载,由于符号表中没有专门的类型信息,参数表信息只能在名字中有所体现,否则在目标文件中无法对函数名相同但参数表不同的函数加以区分。a.o 和 b.o 的符号表中,func 函数的名字为_Z4funci。

最后需要指出的是,目标文件代码段的目标代码中对静态生存期对象的引用和对函数的调用所使用的地址都是未定义的,因为它们的地址在连接阶段才能确定。因此,在目标文件中还需要保存一些信息,用来将目标代码中的地址和符号表中的条目建立关联,这样到连接时,通过这些信息就足够将这些指令中的地址设置为有效的地址。这些信息称为重定位信息。

2. 连接

在连接期间,需要将各个编译单元的目标文件和运行库当中被调用过的单元加以合并。运行库实际上就是一个个目标代码文件的集合,运行库的各个组成部分和 a.o、b.o 这样的目标代码具有相同的结构。经过合并后,不同编译单元的代码段和两类数据段就分别合并到一起了,程序在运行时代码和静态数据需要占据的内存空间就全部已知了,因此所有代码和数据都可以被分配确定的地址了。

与此同时,各个目标文件的符号表也可以被综合起来,符号表的每个条目都会有确定的地址。重定位信息这时也能发挥作用了,各段代码中未定义的地址,都可以被替换为有效地址。

提示　符号表能够被正确综合的一个前提是,对于同一个符号,只在刚好一个编译单元中有定义,而在其他编译单元中是未定义的。之所以要有这个要求,是因为合并后符号表中各符号地址,需要根据该符号在有定义的编译单元中的相对地址来确定。如果一个符号在各个编译单元中都没有定义,那么它的地址将无从确定,这时会出现符号未定义的连接错误;而如果在多个编译单元中都有定义,那么它的地址将无所适从,这时会出现符号定义冲突的连接错误。这从一个方面说明了,为什么对于任何一个对象或函数,引用性声明可以有多个,但定义性声明有且只能有一个。

连接的对象除了用户源程序生成的目标文件外,还有系统的运行库。例如,执行输入输出功能,调用 sin、fabs 这类标准函数,都需要通过系统运行库。此外,系统运行库中还包括程序的引导代码。在执行 main 函数之前,程序需要执行一些初始化工作;在 main 函数返回后,需要通知操作系统程序执行完毕,这些都要由运行库中的代码来完成。

连接后生成的可执行文件的主体,和目标文件一样,也是各个段的信息,只是可执行文件的代码段中所有指令的地址,都是有效地址了。符号表可以出现在可执行文件中,也可以不出现,这不会影响程序的执行,如果可执行文件中出现了符号表,也只是对调试工具有用。

3. 执行

程序的执行,是以进程为单位的。程序的一次动态执行过程称为一个进程。进程与程序的关系,就像是一次具体的函数调用与函数的关系,程序只有在执行时才会生成进程,执行结束后进程就会消失。

程序是存储在磁盘上的,在执行前,操作系统需要首先将它载入到内存中,并为它分配足够大的内存空间来容纳代码段和数据段,然后把文件中存放的代码段和初始化的数据段的内容载入其中——一部分静态生存期对象的初始化就是通过这种方式完成的,这与动态生存期对象的初始化不同。例如 b.cpp 中的:

```
int x=3;
```

x 的初始化在操作系统载入初始化的数据段时就已经完成了。而 a.cpp 中的下列代码：

```
int z=1;
```

z 在局部作用域中，z 的初始化，需要等到执行到这条语句时，由编译器生成的代码来完成。

细节　那些需要用构造函数来初始化的静态生存期对象又有所不同，它们的初始化，需要由编译器生成专门的代码来调用构造函数，这些代码被调用的时机也由编译器控制。文件作用域中的此类对象的初始化代码，一般在执行 main 函数之前，由引导代码调用；局部作用域中的此类对象，其初始化代码一般会内嵌在函数体中，并用一些静态的标志变量来标识这样的对象是否已初始化，从而保证它们的初始化代码只被执行一次。

此外，操作系统还要做一些进程的初始化工作，这些工作完成后，就会跳转到程序的引导代码，开始执行程序。当程序执行结束后，引导代码会通知操作系统，操作系统会完成一些善后工作，程序的一个执行周期就这样结束了。

5.9　小结

在 C++ 中，数据的共享与保护机制是一个很重要的特性。其包含的内容主要为标识符的作用域、可见性和生存期，通过类的静态成员实现同一个类的不同对象之间数据和操作的共享，通过常成员来设置成员的保护属性。

程序的多文件结构有助于编写多个源代码文件来组织的大型程序。另外通过编译预处理命令可以为源程序作必要的预处理工作，从而可以避免很多不必要的麻烦和错误。

习　　题

5-1　什么叫作作用域？有哪几种类型的作用域？

5-2　什么叫作可见性？可见性的一般规则是什么？

5-3　下面程序的运行结果是什么，实际运行一下，看看与你的设想有何不同。

```
#include <iostream>
using namespace std;
int x=5, y=7;
void myFunction() {
    int y=10;
    cout<<"x from myFunction: "<<x<<"\n";
    cout<<"y from myFunction: "<<y<<"\n\n";
}
int main() {
    cout<<"x from main: "<<x<<"\n";
    cout<<"y from main: "<<y<<"\n\n";
    myFunction();
    cout<<"Back from myFunction!\n\n";
    cout<<"x from main: "<<x<<"\n";
```

```
    cout<<"y from main: "<<y<<"\n";
    return 0;
}
```

5-4 假设有两个无关系的类Engine和Fuel,使用时,怎样允许Fuel成员访问Engine中的私有和保护的成员?

5-5 什么叫作静态数据成员?它有何特点?

5-6 什么叫作静态函数成员?它有何特点?

5-7 定义一个Cat类,拥有静态数据成员numOfCats,记录Cat的个体数目;静态成员函数getNumOfCats(),读取numOfCats。设计程序测试这个类,体会静态数据成员和静态成员函数的用法。

5-8 什么叫作友元函数?什么叫作友元类?

5-9 如果类A是类B的友元,类B是类C的友元,类D是类A的派生类,那么类B是类A的友元吗?类C是类A的友元吗?类D是类B的友元吗?

5-10 静态成员变量可以为私有的吗?声明一个私有的静态整型成员变量。

5-11 在一个文件中定义一个全局变量n,主函数main(),在另一个文件中定义函数fn1(),在main()中对n赋值,再调用fn1(),在fn1()中也对n赋值,显示n最后的值。

5-12 在函数fn1()中定义一个静态变量n,fn1()中对n的值加1,在主函数中,调用fn1()10次,显示n的值。

5-13 定义类X、Y、Z,函数h(X *),满足:类X有私有成员i,Y的成员函数g(X *)是X的友元函数,实现对X的成员i加1;类Z是类X的友元类,其成员函数f(X *)实现对X的成员i加5;函数h(X *)是X的友元函数,实现对X的成员i加10。在一个文件中定义和实现类,在另一个文件中实现main()函数。

5-14 定义Boat与Car两个类,二者都有weight属性,定义二者的一个友元函数getTotalWeight(),计算二者的重量和。

5-15 在函数内部定义的普通局部变量和静态局部变量在功能上有何不同?计算机底层对这两类变量做了怎样的不同处理,导致了这种差异?

5-16 编译和连接着两个步骤的输入输出分别是什么类型的文件?两个步骤的任务有什么不同?在以下几种情况下,在对程序进行编译、连接时是否会报错?会在哪个步骤报错?

(1) 定义了一个函数void f(int x, int y),以f(1)的形式调用。

(2) 在源文件起始处声明了一个函数void f(int x),但未给出其定义,以f(1)的形式调用。

(3) 在源文件起始处声明了一个函数void f(int x),但未给出其定义,也未对其进行调用。

(4) 在源文件a.cpp中定义了一个函数void f(int x),在源文件b.cpp中也定义了一个函数void f(int x),试图将两源文件编译后连接在一起。

第 6 章

数组、指针与字符串

学习了 C++ 语言基本的控制结构、函数及类的概念和应用，很多问题都可以描述和解决了。但是对于大规模的数据，尤其是相互间有一定联系的数据，或者大量相似而又有一定联系的对象，怎样表示和组织才能达到高效呢？C++ 语言的数组类型为同类型对象的组织提供了一种有效的形式。

C++ 语言从 C 语言继承来的一个重要特征就是可以直接使用地址来访问内存，指针变量便是实现这一特征的重要数据类型，应用指针，可以方便地处理连续存放的大量数据，以较低的代价实现函数间的大量数据共享，灵活地实现动态内存分配。

字符数组可以用来表示字符串，这是从 C 语言继承的有效方法，但是从面向对象的观点和安全性的角度来看，用字符数组表示的字符串有不足之处，因此标准 C++ 类库中提供了 string 类，这是通过类库来扩展数据类型的一个很好的典范。

本章介绍数组类型与指针类型、动态内存分配以及字符串数据的存储与处理。

6.1 数组

为了理解数组的作用，请考虑这样一个问题：在程序中如何存储和处理具有 n 个整数的数列？如果 n 很小，比如 n 等于 3 时，显然不成问题，简单地声明 3 个 int 变量就可以了。如果 n 为 10 000，用简单 int 变量来表示这 10 000 个数，就需要声明 10 000 个 int 变量，其烦琐程度可想而知。用什么方法来处理这 10 000 个变量呢？数组就是针对这样的问题，用于存储和处理大量同类型数据的数据结构。

数组是具有一定顺序关系的若干对象的集合体，组成数组的对象称为该数组的元素。数组元素用数组名与带方括号的下标表示，同一数组的各元素具有相同的类型。数组可以由除 void 型以外的任何一种类型构成，构成数组的类型和数组之间的关系，可以类比为数学上数与向量或矩阵的关系。

每个元素有 n 个下标的数组称为 n 维数组。如果用 array 来命名一个一维数组，且其下标为从 0 到 N 的整数，则数组的各元素为 array[0]，array[1]，…，array[N]。这样一个数组可以顺序储存 $N+1$ 个数据，因此 $N+1$ 就是数组 array 的大小，数组的下标下界为 0，数组的下标上界为 N。

6.1.1 数组的声明与使用

1. 数组的声明

数组属于自定义数据类型，因此在使用之前首先要进行类型声明。声明一个数组类型，应该包括以下几方面。

(1) 确定数组的名称。

(2) 确定数组元素的类型。

(3) 确定数组的结构(包括数组维数,每一维的大小等)。

数组类型声明的一般形式为:

```
数据类型　标识符[常量表达式 1][常量表达式 2] …;
```

数组中元素的类型是由"数据类型"给出,这个数据类型,可以是如整型、浮点型等基本类型,也可以是结构体、类等用户自定义类型。数组的名称由"标识符"指定。

"常量表达式1""常量表达式2"…… 称为数组的界,必须是在编译时就可求出的常量表达式,其值必须为正整数。数组的下标用来限定数组的元素个数、排列次序和每一个元素在数组中的位置。一个数组可以有多个下标,有 n 个下标的数组称为 n 维数组。数组元素的下标个数称为数组的维数。声明数组时,每一个下标表达式表示该维的下标个数(注意:不是下标上界)。数组元素个数是各下标表达式的乘积。例如:

```
int b[10];
```

表示 b 为 int 型数组,有 10 个元素:b[0]~b[9],可以用于存放有 10 个元素的整数序列。

```
int a[5][3];
```

表示 a 为 int 型二维数组,其中第一维有 5 个下标(0~4),第二维有 3 个下标(0~2),数组的元素个数为 15,可以用于存放 5 行 3 列的整型数据表格。值得注意的是数组下标的起始值是 0。对于上面声明的数组 a,第一个元素是 a[0][0],最后一个元素是 a[4][2]。也就是说,每一维的下标都是从 0 开始的。

2. 数组的使用

使用数组时,只能分别对数组的各个元素进行操作。数组的元素是由下标来区分的。对于一个已经声明过的数组,其元素的使用形式为:

```
数组名[下标表达式 1][ 下标表达式 2] …
```

其中,下标表达式的个数取决于数组的维数,N 维数组就有 N 个下标表达式。

数组中的每个元素都相当于一个相应类型的变量,凡是允许使用该类型变量的地方,都可以使用数组元素。可以像使用一个整型变量一样使用整型数组的每一个元素。同样,每个类类型数组的元素也可以和一个该类的普通对象一样使用。在使用过程中需要注意如下两点。

(1) 数组元素的下标表达式可以是任意合法的算术表达式,其结果必须为整数。

(2) 数组元素的下标值不得超过声明时所确定的上下界,否则运行时将出现数组越界错误。

对于数组和往后要介绍的 vector、string 等容器类型,第 2 章讲解了 C++ 11 标准支持 for 循环的一种新简单形式范围 for 语句。范围 for 语句对给定序列中的每一个元素按序列中元素的顺序进行逐一访问,配合 auto 自动推断元素类型,可快速实现数组等序列的遍历。

例 6-1　数组的定义与使用。

```
//6_1.cpp
#include <iostream>
using namespace std;
int main() {
    int a[10], b[10];
    for (int i=0; i<10; i++) {
        a[i]=i * 2-1;
        b[10-i-1]=a[i];
    }
    for (const auto &e:a)          //范围 for 循环,输出 a 中每个元素
        cout<<e<<" ";
    cout<<endl;
    for (int i=0; i<10; i++)       //下标迭代循环,输出 b 中每个元素
        cout<<b[i]<<" ";
    cout<<endl;
    return 0;
}
```

运行结果：

```
-1 1 3 5 7 9 11 13 15 17
17 15 13 11 9 7 5 3 1 -1
```

程序中,定义了两个有 10 个元素的一维数组 a 和 b,使用 for 循环对它们赋值,在引用 b 的元素时采用了算术表达式作为下标。程序运行之后,将－1,1,3,…,17 分别赋给数组 a 的元素 a[0]、a[1]、…、a[9],b 中元素的值刚好是 a 中元素的逆序排列。

如果把两个循环控制语句 for(int i=0; i < 10; i++)改写为 for(int i=1; i <=10; i++),在编译和连接过程中都不会有错,但最后运行时,不仅不会得到正确结果,而且有可能产生意想不到的错误,这就是一个典型的数组越界错误。

提示　如果发生了数组越界,运行时有时会得到提示,但有时却得不到任何提示,不可预期的结果会悄悄发生。

6.1.2　数组的存储与初始化

1. 数组的存储

数组元素在内存中是顺序、连续存储的。数组元素在内存中占据一组连续的存储单元,逻辑上相邻的元素在物理地址上也是相邻的。一维数组是简单地按照下标的顺序、连续存储的。多维数组的元素也是顺序、连续存储的,其存储次序的约定非常重要。

元素的存储次序问题关系到对数组做整体处理时,以什么样的顺序对数组元素进行操作。C++ 中很多操作都与数组元素的存储顺序相关,如数组初始化、程序单位间的数据传递等。

一个一维数组可以看作是数学上的一个列向量,各元素是按下标从小到大的顺序连续存放在计算机内存单元中。例如,数组声明语句：

```
int arr[5];
```

声明了一个有5个元素的一维int型数组,可以看作是列向量[arr[0], arr[1], arr[2], arr[3], arr[4]]^{T},元素在内存中的存放顺序如图6-1所示。

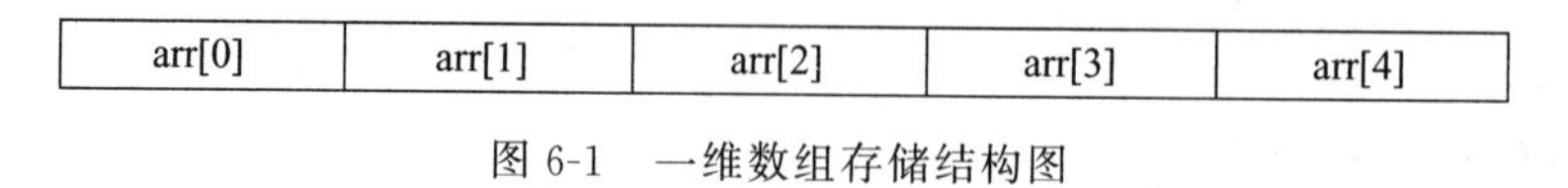

图6-1 一维数组存储结构图

一个二维数组可以看作是数学上的一个矩阵,第一个下标称为行标,第二个下标称为列标。例如,数组声明语句

```
int m[2][3]
```

声明了一个二维数组,相当于一个2行3列的矩阵:

$$\boldsymbol{M}=\begin{bmatrix} m(1,1) & m(1,2) & m(1,3) \\ m(2,1) & m(2,2) & m(2,3) \end{bmatrix}$$

但是在C++中,数组元素每一维的下标是从0开始的,因此在程序中,它就被表示为:

$$\boldsymbol{M}=\begin{bmatrix} m[0][0] & m[0][1] & m[0][2] \\ m[1][0] & m[1][1] & m[1][2] \end{bmatrix}$$

其中,元素$m[1][0]$,行标为1,列标为0,表示矩阵第2行第1个元素。二维数组在内存中是按行存放的,即先放第1行,再放第2行……,每行中的元素是按列下标由小到大的次序存放,这样的存储方式也称为行优先存储。二维数组$\boldsymbol{M}$在内存中的存放顺序如图6-2所示。

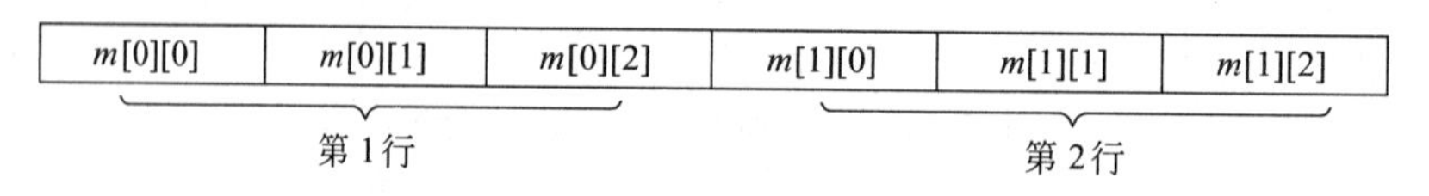

图6-2 二维数组存储结构图

提示 C++中二维数组被当作一维数组的数组。例如,int m[2][3]所定义的m,可以看作是这样一个数组,它的大小是2,它的每个元素都是一个大小为3、类型为int的数组。由于数组的每个元素都要存放在连续的空间中,因此二维数组自然会按行优先的顺序存储。下面介绍的多维数组亦如此。

同样,对多维数组,也是采取类似方式顺序存放,可以把下标看作是一个计数器,右边为低位,每一位都在上下界之间变化。当某一位计数超过上界,就向左进一位,本位及右边各位回到下界。可以看出,最左一维下标值变化最慢,而最右边一维(最后一维)下标值变化最快,其他各维下标值变化情况依此类推。值得特别注意的是下界是0,上界是下标表达式值减1。例如,数组声明语句

```
int m[2][3][4];
```

声明了一个三维数组,元素的存放顺序如图6-3所示。

一般情况下,三维和三维以上的数组很少使用,最常用的就是一维数组。

2. 数组的初始化

数组的初始化就是在声明数组时给部分或全部元素赋初值。对于基本类型的数组,初

始化过程就是给数组元素赋值；对于对象数组，每个元素都是某个类的一个对象，初始化就是调用该对象的构造函数。关于对象数组，稍后将详细介绍。

m[0][0][0]	m[0][0][1]	m[0][0][2]	m[0][0][3]	m[0][1][0]	m[0][1][1]
m[0][1][2]	m[0][1][3]	m[0][2][0]	m[0][2][1]	m[0][2][2]	m[0][2][3]
m[1][0][0]	m[1][0][1]	m[1][0][2]	m[1][0][3]	m[1][1][0]	m[1][1][1]
m[1][1][2]	m[1][1][3]	m[1][2][0]	m[1][2][1]	m[1][2][2]	m[1][2][3]

图 6-3　三维数组存储结构图

声明数组时可以给出数组元素的初值，例如：

```
int a[3]={1, 1, 1};
```

表示声明了一个具有 3 个元素的 int 型数组，数组的元素 a[0]、a[1]、a[2]的值都是 1。声明数组时如果列出全部元素的初值，可以不用说明元素个数，下面的语句和刚才的语句完全等价：

```
int a[]={1, 1, 1};
```

当然，也可以只对数组中的部分元素进行初始化，比如声明一个有 5 个元素的浮点型数组，给前 3 个元素分别赋值 1.0，2.0 和 3.0，可以写为：

```
float fa[5]={1.0, 2.0, 3.0};
```

这时，数组元素的个数必须明确指出，对于后面两个不赋值元素，也不用做任何说明。初始化只能针对所有元素或者从起始地址开始的前若干元素，而不能间隔赋初值。

细节　当指定的初值个数小于数组大小时，剩下的数组元素会被以 0 赋值。若定义数组时没有指定任何一个元素的初值，对于静态生存期的数组，每个元素仍然会被以 0 赋值；但对于动态生存期的数组，每个元素的初值都是不确定的。

多维数组的初始化也遵守同样的规则。此外，如果给出全部元素的初值，第一维的下标个数可以不用显式说明，例如：

```
int a[2][3]={1, 0, 0, 0, 1, 0};
```

等价于

```
int a[][3]={1, 0, 0, 0, 1, 0};
```

多维数组可以按第一维下标进行分组，使用括号将每一组的数据括起来。对于二维数组，可以分行用花括号括起来。下面的写法与上面的语句完全等效：

```
int a[2][3]={{1, 0, 0}, {0, 1, 0}};
```

采用括号分组的写法，容易识别，易于理解。

此外，数组也可以被声明为常量，例如：

```
const float fa[5]={1.0, 2.0, 3.0};
```

它表明 fa 数组中每个元素都被当作常量对待,也就是说它们的值在初始化后皆不可以改变。声明为常量的数组,必须给定初值。

6.1.3 数组作为函数参数

数组元素和数组名都可以作为函数的参数以实现函数间数据的传递和共享。

可以用数组元素作为调用函数时的实参,这与使用该类型的一个变量(或对象)做实参是完全相同的。

如果使用数组名做函数的参数,则实参和形参都应该是数组名,且类型要相同。和普通变量做参数不同,**使用数组名传递数据时,传递的是地址**。形参数组和实参数组的首地址重合,后面的元素按照各自在内存中的存储顺序进行对应,对应元素使用相同的数据存储地址,因此实参数组的元素个数不应该少于形参数组的元素个数。如果在被调函数中对形参数组元素值进行改变,主调函数中实参数组的相应元素值也会改变,这是值得特别注意的一点。

例 6-2 使用数组名作为函数参数。

下列程序在主函数中初始化一个矩阵并将每个元素都输出,然后调用子函数,分别计算每一行的元素之和,将和直接存放在每行的第一个元素中,返回主函数之后输出各行元素的和。

```
//6_2.cpp
#include <iostream>
using namespace std;
void rowSum(int a[][4], int nRow) {        //计算二维数组 a 每行元素的值的和,nRow 是行数
    for (int i=0; i<nRow; i++) {
        for(int j=1; j<4; j++)
            a[i][0]+=a[i][j];
    }
}
int main() {    //主函数
    int table[3][4]={{1, 2, 3, 4}, {2, 3, 4, 5}, {3, 4, 5, 6}};      //声明并初始化数组
    for (int i=0; i<3; i++)    {                                      //输出数组元素
        for (int j=0; j<4; j++)
            cout<<table[i][j]<<"   ";
        cout<<endl;
    }
    rowSum(table, 3);                  //调用子函数,计算各行的和
    for (int i=0; i<3; i++)            //输出计算结果
        cout<<"Sum of row "<<i<<" is "<<table[i][0]<<endl;
    return 0;
}
```

运行结果:

```
1   2   3   4
2   3   4   5
3   4   5   6
Sum of row 0 is 10
Sum of row 1 is 14
Sum of row 2 is 18
```

仔细分析程序的输出结果，在子函数调用之前，输出的 table[i][0]分别为 1,2,3，而调用完成之后 table[i][0]为 10,14 和 18，也就是说在子函数中对形参元素的操作结果直接影响到函数实参的相应元素。

细节　把数组作为参数时，一般不指定数组第一维的大小，即使指定，也会被忽略。

6.1.4　对象数组

数组的元素不仅可以是基本数据类型，也可以是自定义类型。例如，要存储和处理某单位全体雇员的信息，就可以建立一个雇员类的对象数组。对象数组的元素是对象，不仅具有数据成员，而且还有函数成员。因此，和基本类型数组相比，对象数组有一些特殊之处。

声明一个一维对象数组的语句形式是：

```
类名 数组名[常量表达式];
```

与基本类型数组一样，在使用对象数组时也只能引用单个数组元素。每个数组元素都是一个对象，通过这个对象，便可以访问到它的公有成员，一般形式是：

```
数组名[下标表达式].成员名
```

第 4 章曾详细介绍了使用构造函数初始化对象的过程。对象数组的初始化过程，实际上就是调用构造函数对每一个元素对象进行初始化的过程。如果在声明数组时给每一个数组元素指定初始值，在数组初始化过程中就会调用形参类型相匹配的构造函数，例如：

```
Location a[2]={Location(1, 2), Location(3, 4)};
```

在执行时会先后两次调用带形参的构造函数分别初始化 a[0]和 a[1]。如果没有指定数组元素的初始值，就会调用缺省构造函数，例如.

```
Location a[2]={Location(1, 2)};
```

在执行时首先调用带形参的构造函数初始化 a[0]，然后调用默认构造函数初始化 a[1]。

如果需要建立某个类的对象数组，在设计类的构造函数时就要充分考虑到数组元素初始化时的需要：当各元素对象的初值要求为相同的值时，应该在类中定义默认构造函数；当各元素对象的初值要求为不同的值时，需要定义带形参(无缺省值)的构造函数。

当一个数组中的元素对象被删除时，系统会调用析构函数来完成扫尾工作。

例 6-3　对象数组应用举例。

```
//Point.h
#ifndef _POINT_H
```

```
#define _POINT_H

class Point {                         //类的定义
public:                               //外部接口
    Point();
    Point(int x, int y);
    ~Point();
    void move(int newX,int newY);
    int getX() const {return x;}
    int getY() const {return y;}
    static void showCount();      //静态函数成员
private:                              //私有数据成员
    int x, y;
};

#endif    //_POINT_H

//Point.cpp
#include <iostream>
#include "Point.h"
using namespace std;

Point::Point() {
    x=y=0;
    cout<<"Default Constructor called."<<endl;
}

Point::Point(int x, int y) : x(x), y(y) {
    cout<<"Constructor called."<<endl;
}

Point::~Point() {
    cout<<"Destructor called."<<endl;
}

void Point::move(int newX,int newY) {
    cout<<"Moving the point to ("<<newX<<", "<<newY<<")"<<endl;
    x=newX;
    y=newY;
}

//6-3.cpp
#include "Point.h"
#include <iostream>
using namespace std;
```

```
int main() {
    cout<<"Entering main..."<<endl;
    Point a[2];
    for(int i=0; i<2; i++)
        a[i].move(i+10, i+20);
    cout<<"Exiting main..."<<endl;
    return 0;
}
```

运行结果：

```
Entering main...
Default Constructor called.
Default Constructor called.
Moving the point to (10, 20)
Moving the point to (11, 21)
Exiting main...
Destructor called.
Destructor called.
```

6.1.5　程序实例

例 6-4　利用 Point 类进行点的线性拟合。

1. 简单分析

点的线性拟合是一般实验数据处理最常用的方法。我们考虑一个用 n 个数据点拟合成直线的问题，直线模型为

$$y(x) = ax + b$$

这个问题称为线性回归。设变量 y 随自变量 x 变化，给定 n 组观测数据(x_i, y_i)，用直线来拟合这些点，其中 a、b 是直线的斜率和截距，称为回归系数。

为确定回归系数，通常采用最小二乘法，即要使下式达到最小。

$$Q = \sum_{i=0}^{n-1} [y_i - (ax_i + b)]^2 \tag{6-1}$$

根据极值原理，a 和 b 满足下列方程：

$$\frac{\partial Q}{\partial a} = 2\sum_{i=0}^{n-1} [y_i - (ax_i + b)](-x_i) = 0 \tag{6-2}$$

$$\frac{\partial Q}{\partial b} = 2\sum_{i=0}^{n-1} [y_i - (ax_i + b)](-1) = 0 \tag{6-3}$$

解得：

$$a = \frac{L_{xy}}{L_{xx}} = \frac{\sum_{i=0}^{n-1} (x_i - \bar{x})(y_i - \bar{y})}{\sum_{i=0}^{n-1} (x_i - \bar{x})^2} \tag{6-4}$$

$$b = \bar{y} - a\bar{x} \tag{6-5}$$

$$\bar{x}=\sum_{i=0}^{n-1} x_i/n,\quad \bar{y}=\sum_{i=0}^{n-1} y_i/n \tag{6-6}$$

最终可以得到直线方程 $y(x)=ax+b$。

对于任何一组数据,都可以用这样的方法拟合出一条直线,但是有些数据点远离直线,而有些数据点就很接近于直线,这就需要有一个判据。相关系数是对所拟合直线的线性程度的一般判据,它可以判断一组数据线性相关的密切程度,定义为:

$$r=\frac{L_{xy}}{\sqrt{L_{xx}L_{yy}}} \tag{6-7}$$

其中,L_{xy} 和 L_{xx} 的定义见公式(6-4),L_{yy} 定义为:

$$L_{yy}=\sum_{i=0}^{n-1}(y_u-\bar{y})^2 \tag{6-8}$$

r 的绝对值越接近于 1,表示数据的线性关系越好,直线关系的数据 $r=1$。相关系数接近于 0,表明数据的直线关系很差,或者二者根本就不是线性关系。因此,直线拟合之后,通常要计算相关系数,用来衡量直线关系程度。

在本例的程序中,利用第 4 章给出的 Point 类为基础,使用该类对象的数组来存储数据点,加入一个该类的友元函数来进行拟合计算,计算的结果为 a、b 和表示近似程度的 r。

类和友元函数的关系可以用如图 6-4 所示的 UML 图形标记表示。

Point
– X : float – Y : float
+ Point(xx : float = 0, yy : float = 0) + getX() : float + getY() : float <<friend>> + lineFit(points : Point [], nPoint : int) : float

图 6-4　用于线性回归的 Point 类

2. 程序源代码

整个程序分为两个文件,Point 类的头文件 point.h 和程序主函数所在文件 6_4.cpp。

```
//Point.h
#ifndef _POINT_H
#define _POINT_H

class Point {           //Point 类的定义
public:                 //外部接口
    Point(float x=0, float y=0) : x(x), y(y) {}
    float getX() const {return x;}
    float getY() const {return y;}
private:                //私有数据成员
    float x, y;
};
#endif    //_POINT_H

//6_4.cpp
```

```
#include "Point.h"
#include <iostream>
#include <cmath>
using namespace std;

//直线线性拟合,points 为各点,nPoint 为点数
float lineFit(const Point points[], int nPoint) {
    float avgX=0, avgY=0;
    float lxx=0, lyy=0, lxy=0;
    for(int i=0; i<nPoint; i++)    {                        //计算 x、y 的平均值
        avgX+=points[i].getX()/nPoint;
        avgY+=points[i].getY()/nPoint;
    }
    for(int i=0; i<nPoint; i++)    {                        //计算 Lxx、Lyy 和 Lxy
        lxx+=(points[i].getX()-avgX) * (points[i].getX()-avgX);
        lyy+=(points[i].getY()-avgY) * (points[i].getY()-avgY);
        lxy+=(points[i].getX()-avgX) * (points[i].getY()-avgY);
    }
    cout<<"This line can be fitted by y=ax+b."<<endl;
    cout<<"a="<<lxy/lxx<<"  ";                              //输出回归系数 a
    cout<<"b="<<avgY-lxy*avgX/lxx<<endl;                    //输出回归系数 b
    return static_cast<float>(lxy/sqrt(lxx*lyy));           //返回相关系数 r
}

int main() {
    Point p[10]={Point(6, 10), Point(14, 20), Point(26, 30), Point(33, 40),
                 Point(46, 50), Point(54, 60), Point(67, 70), Point(75, 80),
                 Point(84, 90), Point(100, 100)};           //初始化数据点
    float r=lineFit(p, 10);                                 //进行线性回归计算
    cout<<"Line coefficient r="<<r<<endl;                   //输出相关系数
    return 0;
}
```

3. 运行结果

程序运行的结果为：

```
This line can be fitted by y=ax+b.
a=0.97223  b=5.90237
Line coefficient r=0.998193
```

4. 分析与说明

程序主函数首先声明一个 Point 类类型的数组,用来存放需要拟合的点。在数组声明的同时,对数组进行了初始化,这种初始化是逐个调用 Point 类的构造函数来完成的。接着调用 Point 类的友元函数 lineFit 进行线性回归计算,最后输出回归系数 a、b 和线性系数 r。

lineFit 函数的第一个参数是一个常量数组,它使得在 lineFit 函数中,数组 points 的每一个元素都被当作常对象,因而不会改变其内容。

这个程序的缺点是可以处理的数据点数是固定的,由 Point 类对象数组的大小决定,这

在实际使用中是一个很大的缺憾，在以后的章节中，我们会对本程序进行改造，以适应任意多个数据对的处理。

6.2 指针

指针是C++从C中继承过来的重要数据类型，它提供了一种较为直接的地址操作手段。正确地使用指针，可以方便、灵活而有效地组织和表示复杂的数据结构。动态内存分配和管理也离不开指针。同时，指针也是C++的主要难点。为了理解指针，我们首先要理解关于内存地址的概念。

6.2.1 内存空间的访问方式

计算机的内存储器被划分为一个个的存储单元。存储单元按一定的规则编号，这个编号就是存储单元的地址。地址编码的最基本单位是字节，每字节由8个二进制位组成，也就是说每字节是一个基本内存单元，有一个地址。计算机就是通过这种地址编号的方式来管理内存数据读写的准确定位的。图6-5是内存结构的简化示意框图。

在C++程序中如何利用内存单元存取数据的呢？一是通过变量名，二是通过地址。程序中声明的变量是要占据一定的内存空间的，例如，对于一些常见的32位系统，short型占2字节，long型占4字节。具有静态生存期的变量在程序开始运行之前就已经被分配了内存空间。具有动态生存期的变量，是在程序运行时遇到变量声明语句时被分配内存空间的。在变量获得内存空间的同时，变量名也就成为相应内存空间的名称，在变量的整个生存期内都可以用这个名字访问该内存空间，表现在程序语句中就是通过变量名存取变量内容。但是，有时使用变量名不够方便或者根本没有变量名可用，这时就需要直接用地址来访问内存单元。例如，在不同的函数之间传送大量数据时，如果不传递变量的值，只传递变量的地址，就会减小系统开销，提高效率。如果是动态分配的内存单元(将在6.3节介绍)，则根本就没有名称，这时只能通过地址访问。

对内存单元的访问管理可以和学生公寓的情况类比，如图6-6所示。假设每个学生住一间房，每个学生就相当于一个变量的内容，房间是存储单元，房号就是存储地址。如果知道了学生姓名，可以通过这个名字来访问该学生，这相当于使用普通变量名访问数据。如果知道了房号，同样也可以访问该学生，这相当于通过地址访问数据。

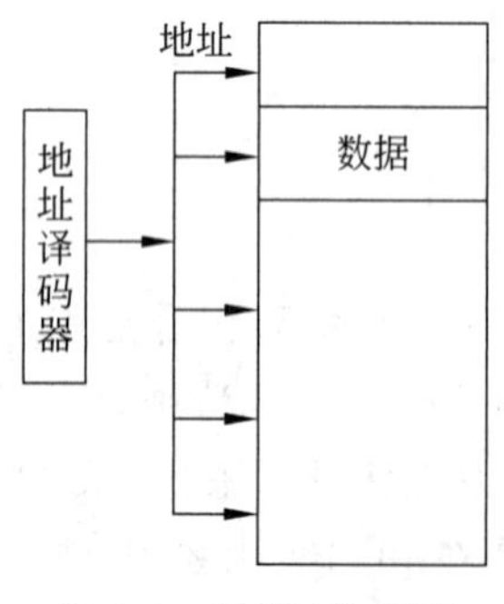

图6-5　存储结构简图

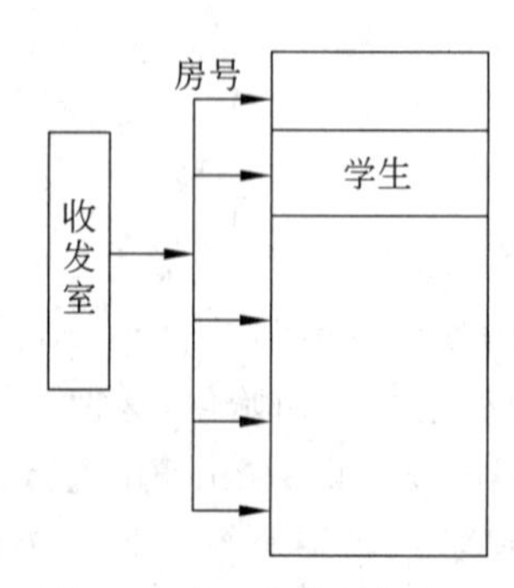

图6-6　学生公寓结构简图

在 C++ 语言中有专门用来存放内存单元地址的变量类型，这就是指针类型。

6.2.2　指针变量的声明

指针也是一种数据类型，具有指针类型的变量称为指针变量。**指针变量是用于存放内存单元地址的。**

通过变量名访问一个变量是直接的，而通过指针访问一个变量是间接的。就好像你要找一位学生，不知道他住哪，但是知道 201 房间里有他的地址，走进 201 房间后看到一张字条："找我请到 302"。这时你按照字条上的地址到 302 去，便顺利地找到了他。这个 201 房间，就相当于一个指针变量，字条上的字便是指针变量中存放的内容，而住在 302 房间的学生便是指针所指向的对象值。

指针也是先声明，后使用，声明指针的语法形式是：

```
数据类型  *标识符;
```

其中"*"表示这里声明的是一个指针类型的变量。"数据类型"可以是任意类型，指的是指针所指向的对象（包括变量和类的对象）的类型，这说明了指针所指的内存单元可以用于存放什么类型的数据，称之为指针的类型。例如，语句

```
int *ptr;
```

定义了一个指向 int 型数据的指针变量，这个指针的名称是 ptr，专门用来存放 int 型数据的地址。

读者也许有这样的疑问：为什么在声明指针变量时要指出它所指的对象是什么类型呢？为了理解这一点，首先要思考一下：当在程序中声明一个变量时声明了什么信息？也许我们所意识到的只是声明了变量需要的内存空间，但这只是一方面；另一个重要的方面就是限定了对变量可以进行的运算及其运算规则。例如，有如下语句：

```
short i;
```

它定义了 i 是一个 short 类型的变量，这不仅意味着它需要占用 2 字节的内存空间，而且规定了 i 可以参加算术运算、关系运算等运算以及相应的运算规则。

在稍后介绍指针的运算时，读者会看到指针变量的运算规则与它所指的对象类型是密切相关的，声明指针时需要明确指出它用于存放什么类型数据的地址。指针可以指向各种类型，包括基本类型、数组（数组元素）、函数、对象，同样也可以指向指针。

6.2.3　与地址相关的运算——"*"和"&"

C++ 语言提供了两个与地址相关的运算符——"*"和"&"。"*"称为指针运算符，也称解析（dereference），表示获取指针所指向的变量的值，这是一个一元操作符。例如，*ptr 表示指针 ptr 所指向的 int 型数据的值。"&"称为取地址运算符，也是一个一元操作符，用来得到一个对象的地址，例如，使用 &i 就可以得到变量 i 的存储单元地址。

必须注意，"*"和"&"出现在声明语句中和执行语句中其含义是不同的，它们作为一元运算符和作为二元运算符时含义也是不同的。"*"出现在声明语句中，在被声明的变量名之前时，表示声明的是指针，例如：

```
int * p;          //声明 p 是一个 int 型指针
```

“ * ”出现在执行语句中或声明语句的初值表达式中作为一元运算符时，表示访问指针所指对象的内容，例如：

```
cout<< * p;  //输出指针 p 所指向的内容
```

“&”出现在变量声明语句中位于被声明的变量左边时，表示声明的是引用，例如：

```
int &rf;          //声明一个 int 型的引用 rf
```

“&”在给变量赋初值时出现在等号右边或在执行语句中作为一元运算符出现时，表示取对象的地址，例如：

```
int a, b;
int * pa, * pb=&b;
pa=&a;
```

6.2.4 小节将详细介绍关于给指针赋值的问题。

6.2.4 指针的赋值

定义了一个指针，只是得到了一个用于存储地址的指针变量，但是变量中并没有确定的值，其中的地址值是一个不确定的数，也就是说，不能确定这时候的指针变量中存放的是哪个内存单元的地址。这时候指针所指的内存单元中有可能存放着重要数据或程序代码，如果盲目去访问，可能会破坏数据或造成系统的故障。因此定义指针之后必须先赋值，然后才可以引用。与其他类型的变量一样，对指针赋初值也有两种方法：

(1) 在定义指针的同时进行初始化赋值，语法形式为：

```
存储类型  数据类型  * 指针名=初始地址;
```

(2) 在定义之后，单独使用赋值语句，赋值语句的语法形式为：

```
指针名=地址;
```

如果使用对象地址作为指针的初值，或在赋值语句中将对象地址赋给指针变量，该对象必须在赋值之前就声明过，而且这个对象的类型应该和指针类型一致。也可以使用一个已经赋值的指针去初始化另一个指针，这就是说，可以使多个指针指向同一个变量。

对于基本类型的变量、数组元素、结构成员、类的对象，我们可以使用取地址运算符 & 来获得它们的地址，例如使用 &i 来取得 int 型变量 i 的地址。

一个数组，可以用它的名称来直接表示它的起始地址。**数组名称实际上就是一个不能被赋值的指针，即指针常量**。例如下面的语句：

```
int a[10];               //定义 int 型数组
int * ptr=a;             //定义并初始化 int 型指针
```

首先定义一个具有 10 个 int 类型数据的数组 a，然后定义 int 类型指针 ptr，并用数组名表示的数组首地址来初始化指针。

下面通过一个例子来回顾一下关于指针的知识。

例 6-5　指针的定义、赋值与使用。

```
//6_5.cpp
#include <iostream>
using namespace std;
int main() {
    int i;                              //定义 int 型数 i
    int * ptr=&i;                       //取 i 的地址赋给 ptr
    i=10;                               //int 型数赋初值
    cout<<"i="<<i<<endl;                //输出 int 型数的值
    cout<<" * ptr="<< * ptr<<endl;      //输出 int 型指针所指地址的内容
    return 0;
}
```

运行结果：

```
i=10
* ptr=10
```

下面分析程序的运行情况。程序首先定义了一个 int 类型变量 i，然后定义了一个 int 类型指针 ptr，并用取地址操作符求出 i 的地址作为指针 ptr 的初值，再给 int 类型变量 i 赋初值 10。这时的情况可以用图 6-7 来简单描述，这里假设 int 类型指针 ptr 和 int 类型变量 i 在内存中的地址分别为 3000 和 3004。

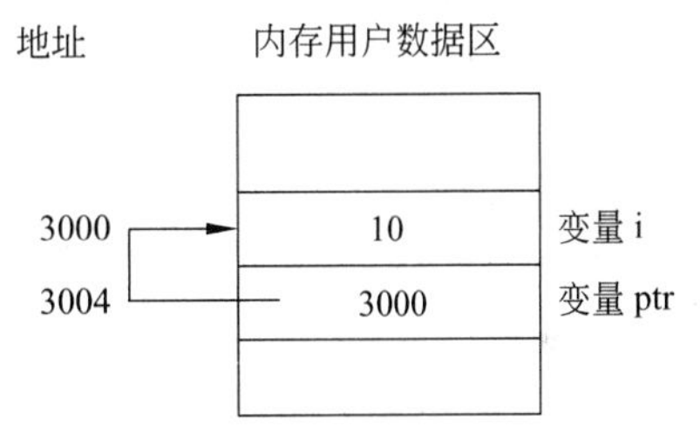

图 6-7　指针变量与变量的指针

int 类型变量 i 的内容是 10，int 类型指针变量 ptr 所存储的是变量 i 的地址 3000。&i 的运算结果是 i 的地址 3000。而 * ptr 即 ptr 所指的变量 i 的值 10。这时，输出的 i 值和 * ptr 都是 10。前者是直接访问，后者是通过指针的间接访问。

程序中两次出现 * ptr，它们具有不同含义。第一次是在指针声明语句中，标识符前面的“ * ”表示被声明的标识符是指针；第二次是在输出语句中，是指针运算符，是对指针所指向的变量的间接访问。

关于指针的类型，还应该注意以下几点。

(1) 可以声明**指向常量的指针**，此时不能通过指针来改变所指对象的值，但指针本身可以改变，可以指向另外的对象。例如：

```
int a;
const int * p1=&a;          //p1 是指向常量的指针
int b;
p1=&b;                      //正确，p1 本身的值可以改变
* p1=1;                     //编译时出错，不能通过 p1 改变所指的对象
```

使用指向常量的指针，可以确保指针所指向的常量不被意外更改。如果用一般指针存放常量的地址，编译器就不能确保指针所指的对象不被更改。

(2) 可以声明**指针类型的常量**,这时指针本身的值不能被改变。例如:

```
int * const p2=&a;
p2=&b;           //错误,p2 是指针常量,值不能改变
```

(3) 一般情况下,指针的值只能赋给相同类型的指针。但是有一种特殊的 **void 类型指针**,可以存储任何类型的对象地址,就是说任何类型的指针都可以赋值给 void 类型的指针变量。经过使用类型显式转换,通过 void 类型的指针便可以访问任何类型的数据。

例 6-6　void 类型指针的使用。

```
//6_6.cpp
#include <iostream>
using namespace std;

int main() {
//! void voidObject;     错,不能声明 void 类型的变量
    void *pv;           //对,可以声明 void 类型的指针
    int i=5;
    pv=&i;              //void 类型指针指向整型变量
    int *pint=static_cast<int *>(pv);      //void 类型指针赋值给 int 类型指针
    cout<<"*pint="<<*pint<<endl;
    return 0;
}
```

运行结果:

```
*pint=5
```

提示　void 指针一般只在指针所指向的数据类型不确定时使用。

6.2.5　指针运算

指针是一种数据类型。与其他数据类型一样,指针变量也可以参与部分运算,包括算术运算、关系运算和赋值预算。对指针赋值的运算在前面已经介绍过了,本小节介绍指针的算术运算和关系运算。

指针可以和整数进行加减运算,但是运算规则是比较特殊的。前面介绍过声明指针变量时必须指出它所指的对象是什么类型。这里将看到指针进行加减运算的结果与指针的类型密切相关。比如有指针 p1 和整数 n1,p1+n1 表示指针 p1 当前所指位置后方第 n1 个数的地址,p1−n1 表示指针 p1 当前所指位置前方第 n1 个数的地址。“指针++”或“指针−−”表示指针当前所指位置下一个或前一个数据的地址。

(p1+n1)表示 p1 当前所指位置后方第 n1 个数的内容,它也可以写作 p1[n1],这与(p1+n1)的写法是完全等价的,同样,*(p1−n1)也可以写作 p1[−n1]。

图 6-8 给出了指针加减运算的简单示意。

一般来讲,指针的算术运算是和数组的使用相联系的,因为只有在使用数组时,才会得到连续分布的可操作内存空间。对于一个独立变量的地址,如果进行算术运算,然后对其结果所指向的地址进行操作,有可能会意外破坏该地址中的数据或代码。因此,对指针进行算

术运算时,一定要确保运算结果所指向的地址是程序中分配使用的地址。

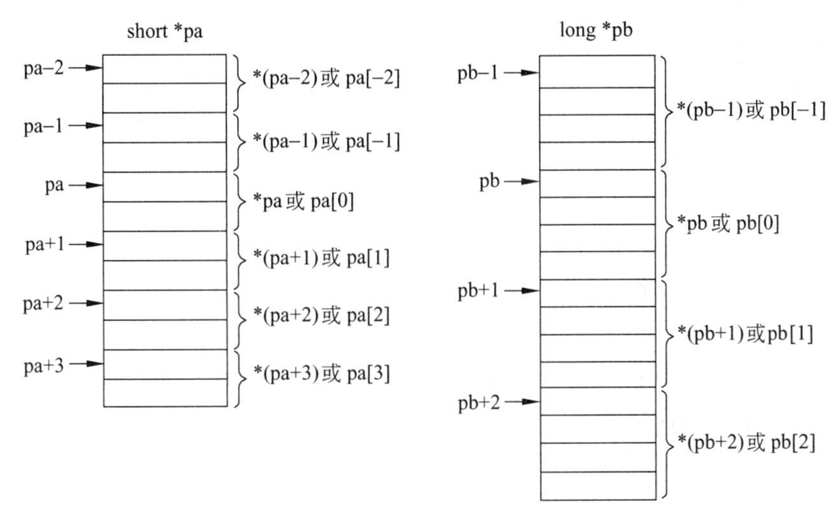

图 6-8　指针的算术运算

提示　指针算术运算的不慎使用会导致指针指向无法预期的地址,从而造成不确定的结果,因此指针的算术运算一定要慎用。

指针变量的关系运算指的是指向相同类型数据的指针之间进行的关系运算。如果两个相同类型的指针相等,就表示这两个指针是指向同一个地址。不同类型的指针之间或指针与非 0 整数之间的关系运算是毫无意义的。但是指针变量可以和整数 0 进行比较,**0 专用于表示空指针,也就是一个不指向任何有效地址的指针**,在后面的例子中将会使用。

给指针赋值的方法在 6.2.4 小节已经详细地介绍过,这里要强调的是赋给指针变量的值必须是地址常量(如数组名)或地址变量,不能是非 0 的整数,但可以给一个指针变量赋值为 0,这时表示该指针是一个空指针,不指向任何地址,例如:

```
int * p;            //声明一个 int 型指针 p
p=0;                //将 p 设置为空指针,不指向任何地址
```

细节　空指针也可以用 NULL 来表示,例如

```
int * p=NULL;
```

NULL 是一个在很多头文件中都有定义的宏,被定义为 0。

为什么有时需要用这种方法将一个指针设置为空指针呢？这是因为有时在声明一个指针时,并没有一个确定的地址值可以赋给它,当程序运行到某个时刻才会将某个地址赋给该指针。这样,从指针变量诞生起到它具有确定的值之前这一段时间,其中的值是不确定的,如果误用这个不确定的值作为地址去访问内存单元,将会造成不可预见的错误。因此在这种情况下便首先将指针设置为空。

习惯　如果不便于用一个有效地址给一个指针变量赋初值,那么应当用 0 作为它的初值,从而避免指向不确定地址的指针出现。

6.2.6 用指针处理数组元素

指针加减运算的特点使得指针特别适合于处理存储在一段连续内存空间中的同类数据。而数组恰好是具有一定顺序关系的若干同类型变量的集合体,数组元素的存储在物理上也是连续的,数组名就是数组存储的首地址。这样,便可以使用指针来对数组及其元素进行方便而快速的操作。例如,下列语句

```
int array[5];
```

声明了一个存放 5 个 int 类型数的一维数组,数组名 array 就是数组的首地址(第一个元素的地址),即 array 和 &array[0]相同。数组中 5 个整数顺序存放,因此,通过数组名这个地址常量和简单的算术运算就可以访问数组元素。数组中下标为 i 的元素就是 *(数组名+i),例如, * array 就是 array[0], * (array+3)就是数组元素 array[3]。

细节 把数组作为函数的形参,等价于把指向数组元素类型的指针作为形参。例如,下面 3 个写法,出现在形参列表中都是等价的。

```
void f(int p[]);
void f(int p[3]);
void f(int *p);
```

例 6-7 设有一个 int 型数组 a,有 10 个元素。用 3 种方法输出各元素。

程序 1:使用数组名和下标。

```
//6_7_1.cpp
#include <iostream>
using namespace std;

int main() {
    int a[10]={1, 2, 3, 4, 5, 6, 7, 8, 9, 0};
    for (int i=0; i<10; i++)
        cout<<a[i]<<"  ";
    cout<<endl;
    return 0;
}
```

程序 2:使用数组名和指针运算。

```
//6_7_2.cpp
#include <iostream>
using namespace std;

int main() {
    int a[10]={1, 2, 3, 4, 5, 6, 7, 8, 9, 0};
    for (int i=0; i<10; i++)
        cout<<*(a+i)<<"  ";
    cout<<endl;
```

```
    return 0;
}
```

程序 3：使用指针变量。

```
//6_7_3.cpp
#include <iostream>
using namespace std;

int main() {
    int a[10]={1, 2, 3, 4, 5, 6, 7, 8, 9, 0};
    for (int *p=a; p<(a+10); p++)
        cout<<*p<<"  ";
    cout<<endl;
    return 0;
}
```

上述 3 个程序的运行结果都是一样的，结果如下：

```
1  2  3  4  5  6  7  8  9  0
```

这个例题十分简单，请读者自己分析一下运行结果，仔细体会数组名、数组元素下标、指向数组元素的指针之间的联系和区别。

标准库函数 begin 和 end

上面的例子通过计算后得到尾指针，但这种方法极易出错。为了让指针的使用更简单，更安全，C++ 11 标准引入了两个名为 begin 和 end 的函数，这两个函数将数组作为它们的参数，具体的使用方法如下：

```
int a[10]={1, 2, 3, 4, 5, 6, 7, 8, 9, 0};
int *beg=begin(a);
int *last=end(a);
```

begin 函数返回指向数组 a 首元素的指针，end 函数返回指向 a 尾元素下一位置的指针，这两个函数定义在 iterator 头文件中。

使用 begin 和 end 可以很容易地写出一个循环并处理数组中的元素，例如 arr 是一个整型数组，下面的程序负责找到 arr 中的第一个负数：

```
//pbeg 指向 arr 的首元素,pend 指向 arr 尾元素的下一位置
int *pbeg=begin(arr), *pend=end(arr);
while (pbeg !=pend && *pbeg>=0)
    ++pbeg;
```

首先定义了 pbeg 和 pend 两个指针，其中 pbeg 指向 arr 的首元素，pend 指向 arr 尾元素的下一位置。while 语句的条件部分通过比较 pbeg 和 pend 确保 pbeg 指针可以安全的解析，如果 pbeg 指向的元素是负数，退出循环；否则，pbeg 指针向前移动一位考查下一个元素。

6.2.7 指针数组

如果一个数组的每个元素都是指针变量,这个数组就是指针数组。指针数组的每个元素都必须是同一类型的指针。

声明一维指针数组的语法形式为:

```
数据类型 *数组名[下标表达式];
```

下标表达式指出数组元素的个数,类型名确定每个元素指针的类型,数组名是指针数组的名称,同时也是这个数组的首地址。例如,下列语句:

```
int *pa[3];
```

声明了一个 int 类型的指针数组 pa,其中有 3 个元素,每个元素都是一个指向 int 类型数据的指针。

由于指针数组的每个元素都是一个指针,必须先赋值,后引用,因此,声明数组之后,对指针元素赋初值是必不可少的。

例 6-8 利用指针数组输出单位矩阵。

单位矩阵是主对角线元素为 1,其余元素为 0 的矩阵,本例是一个 3 行 3 列的单位矩阵。

```
//6_8.cpp
#include <iostream>
using namespace std;
int main() {
    int line1[]={1, 0, 0};          //定义数组,矩阵的第一行
    int line2[]={0, 1, 0};          //定义数组,矩阵的第二行
    int line3[]={0, 0, 1};          //定义数组,矩阵的第三行

    //定义整型指针数组并初始化
    int *pLine[3]={line1, line2, line3};

    cout<<"Matrix test:"<<endl;             //输出单位矩阵
    for (int i=0; i<3; i++) {               //对指针数组元素循环
        for (int j=0; j<3; j++)             //对矩阵每一行循环
            cout<<pLine[i][j]<<" ";
        cout<<endl;
    }
    return 0;
}
```

在程序中,定义了一个具有 3 个元素的 int 类型指针数组,并在定义的同时用 line1、line2、line3 三个数组的首地址为这 3 个元素初始化,使每个元素分别指向矩阵的一行,矩阵的每一行都用一个数组存放,然后通过指针数组的元素来访问存放矩阵数据的 int 型数组。程序的输出结果为:

```
Matrix test:
1,0,0
0,1,0
0,0,1
```

例 6-8 中的 pLine[i][j]与 *(pLine[i]+j)等价，即先把指针数组 pLine 所存储的第 i 个指针读出，然后读取它所指向的地址后方的第 j 个数。它在表示形式上与访问二维数组的元素非常相似，但在具体的访问过程上却不大一样。

二维数组在内存中是以行优先的方式按照一维顺序关系存放的。因此对于二维数组，可以将其理解为一维数组的一维数组，数组名是它的首地址，这个数组的元素个数就是行数，每个元素是一个一维数组。例如，声明一个二维 int 类型数组：

```
int array2[3][3]={{11, 12, 13}, {21, 22, 23}, {31, 32, 33}};
```

array2[0]是一个长度为 3 的一维数组，当 array2[0]在表达式中出现时，表示一个指向该一维数组首地址的整型指针，这和一维数组的数组名表示指向该数组首地址的指针是一样的道理，所以可以用 *(array2[0])来表示 array2[0][0]，用 *(array2[0]+1)来表示 array2[0][1]。上例中的 pLine[i][j]与这里的 array2[i][j]的不同之处在于，对于 pLine 来说，pLine[i]的值需要通过读取指针数组 pLine 的第 i 个元素才能得到，而 array2[i]是通过二维数组 array2 的首地址计算得到的，内存中并没有一个指针数组来存储 array2[i]的值(如图 6-9 所示)。

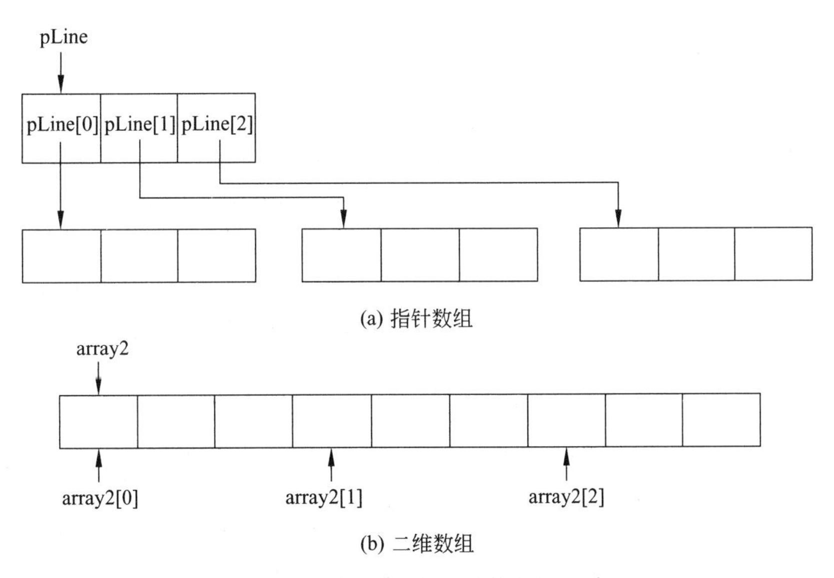

图 6-9　指针数组与二维数组的区别

尽管指针数组与二维数组存在本质的差异，但二者具有相同的访问形式，可以把二维数组当作指针数组来访问，例如下面的程序。

例 6-9　二维数组举例。

```
//6_9.cpp
#include <iostream>
```

```
using namespace std;

int main() {
    int array2[3][3]={{11, 12, 13}, {21, 22, 23}, {31, 32, 33}};
    for(int i=0; i<3; i++) {
        for(int j=0; j<3; j++)
            cout<<*(*(array2+i)+j)<<" ";      //逐个输出二维数组第 i 行元素值
        cout<<endl;
    }
    return 0;
}
```

运行结果：

```
11 12 13
21 22 23
31 32 33
```

通过数组元素的地址可以输出二维数组元素,形式如下：

```
*(*(array2+i)+j)
```

这就是 array2 数组的第 i 行 j 列元素,对应于使用下标表示的 array2[i][j]。

对多维数组,在形式上同样可以当作相应维数减 1 的一个多维指针数组,读者如果感兴趣,可以以三维数组为例自行分析。

6.2.8 用指针作为函数参数

当需要在不同的函数之间传送大量数据时,程序执行时调用函数的开销就会比较大。这时如果需要传递的数据是存放在一个连续的内存区域中,就可以只传递数据的起始地址,而不必传递数据的值,这样就会减小开销,提高效率。C++ 的语法对此提供了支持：函数的参数不仅可以是基本类型的变量、对象名、数组名或引用,而且可以是指针。如果以指针作为形参,在调用时实参将值传递给形参,也就是使实参和形参指针变量指向同一内存地址。这样在子函数运行过程中,通过形参指针对数据值的改变也同样影响实参指针所指向的数据值。

C++ 语言中的指针是从 C 语言继承过来的。在 C 语言中,以指针作为函数的形参有三个作用：第一个作用是使实参与形参指针指向共同的内存空间,以达到参数双向传递的目的,即通过在被调函数中直接处理主调函数中的数据而将函数的处理结果返回其调用者。这个作用在 C++ 语言中已经由引用实现了,这一点在第 3 章中介绍用引用作为函数参数时已经详细介绍过。第二个作用,就是减少函数调用时数据传递的开销。这一作用在 C++ 中有时可以通过引用实现,有时还是需要使用指针。以指针作形参的第三个作用,是通过指向函数的指针传递函数代码的首地址,这个问题将在稍后介绍。

习惯 *如果函数体中不需要通过指针改变指针所指向对象的内容,应在参数表中将其声明为指向常量的指针,这样使得常对象被取地址后也可作为该函数的参数。*

在设计程序时,当某个函数中以指针或引用作为形参都可以达到同样目的,使用引用会使程序的可读性更好些。

例 6-10　读入三个浮点数，将整数部分和小数部分分别输出。

程序由主函数和一个进行浮点数分解的子函数组成，浮点数在子函数中分解之后，将整数部分和小数部分传递回主函数中输出。可以想象，如果直接使用整型和浮点型变量，形参在子函数中的变化根本就无法传递到主函数，因此采用指针作为函数的参数，源代码如下：

```
//6_10.cpp
#include <iostream>
using namespace std;

//将实数 x 分成整数部分和小数部分，形参 intPart、fracPart 是指针
void splitFloat(float x, int * intPart, float * fracPart) {
    * intPart=static_cast<int>(x);          //取 x 的整数部分
    * fracPart=x- * intPart;                //取 x 的小数部分
}

int main() {
    cout<<"Enter 3 float point numbers:"<<endl;
    for(int i=0; i<3; i++) {
        float x, f;
        int n;
        cin>>x;
        splitFloat(x, &n, &f);              //变量地址作为实参
        cout<<"Integer Part="<<n<<" Fraction Part="<<f<<endl;
    }
    return 0;
}
```

程序中的 splitFloat 函数采用了两个指针变量作为参数，主函数在调用过程中使用变量的地址作为实参。形实结合时，子函数的 intPart 的值就是主函数 int 型变量 n 的地址，因此，子函数中改变 * intPart 的值，其结果也会直接影响主函数中变量 n 的值。fracPart 和浮点数 f 也有类似的关系。

运行结果：

```
Enter 3 float point numbers:
4.7
Integer Part=4   Fraction Part=0.7
8.913
Integer Part=8   Fraction Part=0.913
-4.7518
Integer Part=-4   Fraction Part=-0.7518
```

在这个程序中，使用引用作为形参也可以达到同样目的，请读者自己尝试将例 6-10 的程序改为使用引用做函数的参数。

6.2.9　指针型函数

除了 void 类型的函数外，函数在调用结束之后都要有返回值，指针也可以是函数的返

回值。当一个函数的返回值是指针类型时,这个函数就是指针型函数。使用指针型函数的最主要目的就是要在函数结束时把大量的数据从被调函数返回到主调函数中。而通常非指针型函数调用结束后,只能返回一个变量或者对象。

指针型函数的一般定义形式:

```
数据类型  *函数名(参数表)
{
    函数体
}
```

数据类型表明函数返回指针的类型;函数名和“*”标识了一个指针型的函数;参数表中是函数的形参列表。

函数返回数组指针

由于数组不能被复制,因此函数不能返回数组,但可以返回数组的指针。虽然从语法上来说,要想定义一个返回数组的指针较为烦琐,但是有一些方法可以简化这一任务,其中最直接的方法是使用第 2 章介绍的类型别名:

```
typedef int arr[10];            //arr 是一个类型别名,表示含有 10 个整数的数组
using arr=int[10];              //arr 的等价声明
arr* foo(int i);                //foo 返回一个指向含有 10 个整数的数组的指针
```

通过类型别名的方法,上面的 foo 函数可以返回数组指针。

如果不使用类型别名定义一个返回数组指针的函数,则数组的维度必须跟在函数的名字之后,而且函数的形参列表也跟在函数名字后面并先于数组的维度。返回数组指针的函数形式如下所示:

```
类型说明符  (*函数名(参数表))[数组维度]
```

来看一个具体的例子,下面的函数 foo 返回了一个数组指针但没有使用类型别名:

```
int (*foo(int i))[10]
```

可以按以下顺序逐层理解这个声明的含义:

- foo(int i) 定义了一个函数 foo,需要一个 int 类型的参数。
- (*foo(int)) 意味着对函数返回的结果执行解析操作。
- (*foo(int i))[10] 表示解析 foo 的返回结果得到的是一个大小为 10 的数组。
- int (*foo(int i))[10] 说明数组元素是 int 类型。

C++ 11 标准中提供了一种可以简化上述 foo 声明的方法,即使用尾置返回类型。任何函数的定义都可以使用尾置返回类型,但是这种形式对于返回类型复杂的函数更有效。尾置返回类型跟在形参列表后面并以->符号开头。为了表示函数真正的返回类型跟在形参列表之后,在本该出现返回类型的地方放一个 auto,之前的 foo 可以写成:

```
//foo 接受一个 int 类型的实参,返回一个指向 10 个 int 类型的数组的指针
auto foo(int i) ->int (*)[10];
```

如果知道函数返回的指针将指向哪个数组,就可以使用 decltype 关键字声明返回类型,

例如下面的 func 函数返回一个指针，该指针根据参数不同指向两个已知数组的某一个：

```
int a[]={0, 1, 2, 3, 4};
int b[]={5, 6, 7, 8, 9};
decltype(a) * func(int i) {
    return (i%2) ? &a : &b;
}
```

func 前的符号“ * ”表示返回类型是一个指针，decltype 表示指针所指对象与 a 的类型一致，由于 a 是数组，因此 func 返回了一个指针指向含有 5 个整数的数组。

6.2.10 指向函数的指针

本书中到现在为止介绍的都是指向数据的指针，例如：

```
int * intpart;
float * fracpart;
```

在程序运行时，不仅数据要占据内存空间，执行程序的代码也被调入内存并占据一定的空间。每一个函数都有函数名，实际上这个函数名就表示函数的代码在内存中的起始地址。由此看来，调用函数的通常形式“函数名(参数表)”的实质就是“函数代码首地址(参数表)”。

函数指针就是专门用来存放函数代码首地址的变量。在程序中可以像使用函数名一样使用指向函数的指针来调用函数。也就是说一旦函数指针指向了某个函数，它与函数名便具有同样的作用。函数名在表示函数代码起始地址的同时，也包括函数的返回值类型和参数的个数、类型、排列次序等信息。因此在通过函数名调用函数时，编译系统能够自动检查实参与形参是否相符，用函数的返回值参与其他运算时，能自动进行类型一致性检查。

声明一个函数指针时，也需要说明函数的返回值、形式参数列表，其一般语法如下：

```
数据类型  (* 函数指针名)(形参表)
```

数据类型说明函数指针所指函数的返回值类型；第一个圆括号中的内容指明一个函数指针的名称；形参表则列出了该指针所指函数的形参类型和个数。

提示　由于对函数指针的定义在形式上比较复杂，如果在程序中出现多个这样的定义，多次重复这样的定义会相当烦琐，一个很好的解决办法是使用 typedef。例如：

```
typedef int (* DoubleIntFunction)(double);
```

这声明了 DoubleIntFunction 为“有一个 double 形参、返回类型为 int 的函数的指针”类型的别名。下面，需要声明这一类型的变量时，可以直接使用：

```
DoubleIntFunction funcPtr;
```

这声明了一个具有该类型的名称为 funcPtr 的函数指针。用 typedef 可以很方便地为复杂类型起别名，它的语法形式很简单：把要声明的类型别名放到声明这种类型的变量时书写变量名的位置，然后前面加上 typedef 关键字。

函数指针在使用之前也要进行赋值，使指针指向一个已经存在的函数代码的起始地址。一般语法为：

函数指针名=函数名;

等号右边的函数名所指出的必须是一个已经声明过的、和函数指针具有相同返回类型和相同形参表的函数。在赋值之后,就可以通过函数指针名来直接引用这个指针指向的函数。

请看下面的例子。

例 6-11　函数指针实例。

```
//6_11.cpp
#include <iostream>
using namespace std;

void printStuff(float) {
    cout<<"This is the print stuff function."<<endl;
}

void printMessage(float data) {
    cout<<"The data to be listed is "<<data<<endl;
}

void printFloat(float data) {
    cout<<"The data to be printed is "<<data<<endl;
}

const float PI=3.14159f;
const float TWO_PI=PI * 2.0f;

int main() {                                //主函数
    void (* functionPointer)(float);        //函数指针
    printStuff(PI);
    functionPointer=printStuff;             //函数指针指向 printStuff
    functionPointer(PI);                    //函数指针调用
    functionPointer=printMessage;           //函数指针指向 printMessage
    functionPointer(TWO_PI);                //函数指针调用
    functionPointer(13.0);                  //函数指针调用
    functionPointer=printFloat;             //函数指针指向 printFloat
    functionPointer(PI);                    //函数指针调用
    printFloat(PI);
    return 0;
}
```

运行结果:

```
This is the print stuff function.
This is the print stuff function.
The data to be listed is 6.28318
```

```
The data to be listed is 13
The data to be printed is 3.14159
The data to be printed is 3.14159
```

本例的程序中声明了一个 void 类型的函数指针：

```
void (* functionPointer)(float);        //void类型的函数指针
```

在主函数运行过程中，通过赋值语句使这个指针分别指向函数 printStuff、printMessage 和 printFloat，然后通过函数指针来实现对函数的调用。

6.2.11 对象指针

1. 对象指针的一般概念

和基本类型的变量一样，每个对象在初始化之后都会在内存中占有一定的空间。因此，既可以通过对象名，也可以通过对象地址来访问一个对象。虽然对象是同时包含了数据和函数两种成员，与一般变量略有不同，但是对象所占据的内存空间只是用于存放数据成员的，函数成员不在每一个对象中存储副本。对象指针就是用于存放对象地址的变量。对象指针遵循一般变量指针的各种规则，声明对象指针的一般语法形式为：

```
类名 *对象指针名;
```

例如：

```
Point *pointPtr;              //声明 Point 类的对象指针变量 pointPtr
Point p1;                     //声明 Point 类的对象 p1
pointPtr=&p1;                 //将对象 p1 的地址赋给 pointPtr,使 pointPtr 指向 p1
```

就像通过对象名来访问对象的成员一样，使用对象指针一样可以方便地访问对象的成员，语法形式为：

```
对象指针名->成员名
```

这种形式与“(*对象指针名).成员名”的访问形式是等价的。

例 6-12　使用指针来访问 Point 类的成员。

```
//6_12.cpp
#include <iostream>
using namespace std;

class Point {                                      //类的定义
public:                                            //外部接口
    Point(int x=0, int y=0) : x(x), y(y) {}        //构造函数
    int getX() const {return x;}                   //返回 x
    int getY() const {return y;}                   //返回 y
private:                                           //私有数据
    int x, y;
};
```

```
int main() {                                    //主函数
    Point a(4, 5);                              //定义并初始化对象 a
    Point *p1=&a;                               //定义对象指针,用 a 的地址将其初始化
    cout<<p1->getX()<<endl;                     //利用指针访问对象成员
    cout<<a.getX()<<endl;                       //利用对象名访问对象成员
    return 0;
}
```

对象指针在使用之前,也一定要先进行初始化,让它指向一个已经声明过的对象,然后再使用。通过对象指针,可以访问到对象的公有成员。

在 4.4.2 小节中,介绍前向引用声明时,曾经用下面这个程序段为例:

```
class Fred;             //前向引用声明
class Barney {
   Fred x;              //错误: 类 Fred 的定义尚不完善
};
class Fred {
   Barney y;
};
```

我们已经知道这段程序是错误的,但是将程序稍加修改,成为以下形式,语法上就正确了。

```
class Fred;      //前向引用声明
class Barney {
   Fred *x;
};
class Fred {
   Barney y;
};
```

这里在类 Barney 中声明一个类 Fred 的指针(不是对象),这是允许的,而 Fred 的定义位于 Barney 的完整定义之后,当然就可以声明 Fred 类的对象作为数据成员。因此这段程序是正确的。

2. this 指针

this 指针是一个隐含于每一个类的非静态成员函数中的特殊指针(包括构造函数和析构函数),它用于指向正在被成员函数操作的对象。

细节　this 指针实际上是类成员函数的一个隐含参数。在调用类的成员函数时,目的对象的地址会自动作为该参数的值,传递给被调用的成员函数,这样被调函数就能够通过 this 指针来访问目的对象的数据成员。对于常成员函数来说,这个隐含的参数是常指针类型的。

4.2.4 小节在介绍类成员函数的调用时,曾经提到过,每次对成员函数的调用都存在一个目的对象,this 指针就是指向这个目的对象的指针。回顾一下在例 6.4 中使用 Point 类数组来解决线性回归问题时的情况:在数组中,有多个 Point 类的对象,使用数组下标来标识它们。对于每个对象,执行 getX 函数获取它的横坐标时,所使用的语句是:

```
return x;
```

系统需要区分每次执行这两条语句时被赋值的数据成员到底是属于哪一个对象，使用的就是这个 this 指针，对于系统来讲，每次调用都相当于执行的是：

```
return this->x;
```

this 指针明确地指出了成员函数当前所操作的数据所属的对象。实际过程是，this 指针是成员函数的一个隐含形参，当通过一个对象调用成员函数时，系统先将该对象的地址通过该参数传递给成员函数，成员函数对对象的数据成员进行操作时，就隐含使用了 this 指针。

this 是一个指针常量，对于常成员函数，this 同时又是一个指向常量的指针。在成员函数中，可以使用 * this 来标识正在调用该函数的对象。

提示　当局部作用域中声明了与类成员同名的标识符时，对该标识符的直接引用代表的是局部作用域中所声明的标识符，这时为了访问该类成员，可以通过 this 指针。

3. 指向类的非静态成员的指针

类的成员自身也是一些变量、函数或者对象等，因此也可以直接将它们的地址存放到一个指针变量中，这样，就可以使指针直接指向对象的成员，进而可以通过这些指针访问对象的成员。

指向对象成员的指针使用前也要先声明，再赋值，然后引用。因此首先要声明指向该对象所在类的成员的指针。声明指针的语句一般形式为：

```
类型说明符　类名::*指针名;                  //声明指向数据成员的指针
类型说明符　(类名::*指针名)(参数表);        //声明指向函数成员的指针
```

声明了指向成员的指针之后，需要对其进行赋值，也就是要确定指向类的哪一个成员。对数据成员指针赋值的一般语法形式为：

```
指针名=&类名::数据成员名;
```

注意　对类成员取地址时，也要遵守访问权限的约定，也就是说，在一个类的作用域之外不能够对它的私有成员取地址。

对于一个普通变量，用“&”运算符就可以得到它的地址，将这样的地址赋值给相应的指针就可以通过指针访问变量。但是对于类的成员来说问题就要稍微复杂些。类的定义只确定了各个数据成员的类型、所占内存大小以及它们的相对位置，在定义时并不为数据成员分配具体的地址。因此经上述赋值之后，只是说明了被赋值的指针是专门用于指向哪个数据成员的，同时在指针中存放该数据成员在类中的相对位置（即相对于起始地址的地址偏移量），当然通过这样的指针现在并不能访问什么。

由于类是通过对象而实例化的，在声明类的对象时才会为具体的对象分配内存空间，这时只要将对象在内存中的起始地址与成员指针中存放的相对偏移结合起来就可以访问到对象的数据成员了。访问数据成员时，这种结合可通过以下两种语法形式实现：

```
对象名.* 类成员指针名
```

或

```
对象指针名—>*类成员指针名
```

成员函数指针在声明之后要用以下形式的语句对其赋值:

```
指针名=&类名::函数成员名;
```

注意　常成员函数与普通成员函数具有不同的类型,因此能够被常成员函数赋值的指针,需要在声明时明确写出 const 关键字。

一个普通函数的函数名就表示它的起始地址,将起始地址赋给指针,就可以通过指针调用函数。类的成员函数虽然并不在每个对象中复制一份副本,但是由于需要确定 this 指针,因而必须通过对象来调用非静态成员函数。因此经过上述对成员函数指针赋值以后,也还不能用指针直接调用成员函数,而是需要首先声明类的对象,然后用以下形式的语句利用指针调用成员函数:

```
(对象名.* 类成员指针名)(参数表)
```

或

```
(对象指针名—>*类成员指针名)(参数表)
```

成员函数指针的声明、赋值和使用过程中的返回值类型、函数参数表一定要互相匹配。

例 6-13　访问对象的公有成员函数的不同方式。

```
int main() {             //主函数
    Point a(4,5);        //定义对象 A
    Point *p1=&a;        //定义对象指针并初始化
    int (Point::*funcPtr)() const=&Point::getX;        //定义成员函数指针并初始化

    cout<<(a.*funcPtr)()<<endl;      //(1)使用成员函数指针和对象名访问成员函数
    cout<<(p1->*funcPtr)()<<endl;    //(2)使用成员函数指针和对象指针访问成员函数
    cout<<a.getX()<<endl;            //(3)使用对象名访问成员函数
    cout<<p1->getX()<<endl;          //(4)使用对象指针访问成员函数

    return 0;
}
```

例 6-13 的程序只给出了主函数部分,类的定义部分可以参看例 6-12。本例中,声明了一个 Point 类的对象 a,分别通过对象名、对象的指针和函数成员的指针对对象 a 的公有成员函数 getX 进行访问,程序运行输出的结果都是 a 的私有数据成员 x 的值 4。请注意分析对象指针及成员指针的不同用法。

4. 指向类的静态成员的指针

对类的静态成员的访问是不依赖于对象的,因此可以用普通的指针来指向和访问静态成员。现在对第 5 章例 5-4 稍做修改,形成例 6-14 和例 6-15 的程序,用以说明如何通过普通指针变量访问类的静态成员。

例 6-14　通过指针访问类的静态数据成员。

```
//6_14.cpp
#include <iostream>
using namespace std;
```

```
class Point {                                  //Point 类定义
public:                                        //外部接口
    Point(int x=0, int y=0) : x(x), y(y) {     //构造函数
        count++;
    }
    Point(const Point &p) : x(p.x), y(p.y) {//复制构造函数
        count++;
    }
    ~Point() {count--;}
    int getX() const {return x;}
    int getY() const {return y;}
    static int count;                          //静态数据成员声明,用于记录点的个数

private:                                       //私有数据成员
    int x, y;
};

int Point::count=0;                            //静态数据成员定义和初始化,使用类名限定

int main() {                                   //主函数实现
    int *ptr=&Point::count;                    //定义一个 int 型指针,指向类的静态成员
    Point a(4, 5);                             //定义对象 a
    cout<<"Point A: "<<a.getX()<<", "<<a.getY();
    cout<<" Object count="<<*ptr<<endl; //直接通过指针访问静态数据成员

    Point b(a);                                //定义对象 b
    cout<<"Point B: "<<b.getX()<<", "<<b.getY();
    cout<<" Object count="<<*ptr<<endl; //直接通过指针访问静态数据成员

    return 0;
}
```

例 6-15　通过指针访问类的静态函数成员。

```
//6_15.cpp
#include <iostream>
using namespace std;

class Point {                                  //Point 类定义
public:                                        //外部接口
    Point(int x=0, int y=0) : x(x), y(y) {     //构造函数
        count++;
    }
    Point(const Point &p) : x(p.x), y(p.y) {//复制构造函数
        count++;
```

```
    }
    ~Point() {count--;}
    int getX() const {return x;}
    int getY() const {return y;}

    static void showCount() {       //输出静态数据成员
        cout<<"  Object count="<<count<<endl;
    }

private:                            //私有数据成员
    int x, y;
    static int count;               //静态数据成员声明,用于记录点的个数
};

int Point::count=0;                 //静态数据成员定义和初始化,使用类名限定

int main() {                        //主函数实现
    void (*funcPtr)()=Point::showCount; //定义一个指向函数的指针,指向类的静态成员函数

    Point a(4, 5);                  //定义对象 A
    cout<<"Point A: "<<a.getX()<<", "<<a.getY();
    funcPtr();                      //输出对象个数,直接通过指针访问静态函数成员

    Point b(a);                     //定义对象 B
    cout<<"Point B: "<<b.getX()<<", "<<b.getY();
    funcPtr();                      //输出对象个数,直接通过指针访问静态函数成员

    return 0;
}
```

6.3　动态内存分配

虽然通过数组,可以对大量的数据和对象进行有效的管理,但是很多情况下,在程序运行之前,并不能够确切地知道数组中会有多少个元素。就拿线性回归的例子来讲,如果每次实验得到的数据对个数并不相同而且差别很大,Point 类的对象数组到底声明为多大,就是一个很头疼的问题。如果数组声明得很大,比如有 200 个元素,而我们只处理 10 个点,就造成很大的浪费;如果数组比较小,又影响对大量数据的处理。在 C++ 中,动态内存分配技术可以保证程序在运行过程中按照实际需要申请适量的内存,使用结束后还可以释放,这种在程序运行过程中申请和释放的存储单元也称为堆对象,申请和释放过程一般称为建立和删除。

在 C++ 程序中建立和删除堆对象使用两个运算符：new 和 delete。

运算符 new 的功能是动态分配内存,或者称为动态创建堆对象,语法形式为：

```
new 数据类型 (初始化参数列表);
```

该语句在程序运行过程中申请分配用于存放指定类型数据的内存空间，并根据初始化参数列表中给出的值进行初始化。如果内存申请成功，new 运算便返回一个指向新分配内存首地址的类型的指针，可以通过这个指针对堆对象进行访问；如果申请失败，会抛出异常(有关异常，将在第 12 章介绍)。

如果建立的对象是一个基本类型变量，初始化过程就是赋值，例如：

```
int *point;
point=new int(2);
```

动态分配了用于存放 int 类型数据的内存空间，并将初值 2 存入该空间中，然后将首地址赋给指针 point。

细节　对于基本数据类型，如果不希望在分配内存后设定初值，可以把括号省去，例如：

```
int *point=new int;
```

如果保留括号，但括号中不写任何数值，则表示用 0 对该对象初始化，例如：

```
int *point=new int();
```

如果建立的对象是某一个类的实例对象，就是要根据初始化参数列表的参数类型和个数调用该类的构造函数。

细节　在用 new 建立一个类的对象时，如果该类存在用户定义的默认构造函数，则“new T”和“new T()”这两种写法的效果是相同的，都会调用这个默认构造函数。但若用户未定义默认构造函数，使用“new T”创建对象时，会调用系统生成的隐含的默认构造函数；使用“new T()”创建对象时，系统除了执行默认构造函数会执行的那些操作外，还会为基本数据类型和指针类型的成员用 0 赋初值，而且这一过程是递归的，也就是说，如果该对象的某个成员对象也没有用户定义的默认构造函数，那么对该成员对象的基本数据类型和指针类型的成员，同样会被以 0 赋初值。

运算符 delete 用来删除由 new 建立的对象，释放指针所指向的内存空间。格式为：

```
delete  指针名;
```

如果被删除的是对象，该对象的析构函数将被调用。对于用 new 建立的对象，只能使用 delete 进行一次删除操作，如果对同一内存空间多次使用 delete 进行删除将会导致运行错误。

注意　用 new 分配的内存，必须用 delete 加以释放，否则会导致动态分配的内存无法回收，使得程序占据的内存越来越大，这称为“内存泄露”。

例 6-16　动态创建对象。

```
//6_16.cpp
#include <iostream>
using namespace std;
class Point {
public:
    Point() : x(0), y(0) {
        cout<<"Default Constructor called."<<endl;
```

```
    }
    Point(int x, int y) : x(x), y(y) {
        cout<<"Constructor called."<<endl;
    }
    ~Point() {cout<<"Destructor called."<<endl;}
    int getX() const {return x;}
    int getY() const {return y;}
    void move(int newX, int newY) {
        x=newX;
        y=newY;
    }
private:
    int x, y;
};

int main() {
    cout<<"Step one: "<<endl;
    Point *ptr1=new Point;     //动态创建对象,没有给出参数列表,因此调用默认构造函数
    delete ptr1;               //删除对象,自动调用析构函数

    cout<<"Step two: "<<endl;
    ptr1=new Point(1,2);       //动态创建对象,并给出参数列表,因此调用有形参的构造函数
    delete ptr1;               //删除对象,自动调用析构函数

    return 0;
}
```

运行结果:

```
Step one:
Default Constructor called.
Destructor called.
Step two:
Constructor called.
Destructor called.
```

使用运算符 new 也可以创建数组类型的对象,这时,需要给出数组的结构说明,用 new 运算符动态创建一维数组的语法形式为:

```
new 类型名[数组长度];
```

其中数组长度指出了数组元素个数,它可以是任何能够得到正整数值的表达式。

细节 用 new 动态创建一维数组时,在方括号后仍然可以加小括号"()",但括号内不能带任何参数。是否加"()"的区别在于,不加"()",则对数组每个元素的初始化,与执行"new T"时所进行初始化的方式相同;加"()",则与执行"new T()"所进行初始化的方式相同。例如,如果这样动态生成一个整型数组:

```
int *p=new int[10] ();
```

则可以方便地为动态创建的数组用 0 值初始化。

如果是用 new 建立的数组，用 delete 删除时在指针名前面要加“[]”，格式如下：

```
delete []指针名;
```

例 6-17　动态创建对象数组。

```
//6_17.cpp
#include <iostream>
using namespace std;
class Point {
    //类的定义同例 6-16
    //…
};
int main() {
    Point *ptr=new Point[2];            //创建对象数组
    ptr[0].move(5, 10);                 //通过指针访问数组元素的成员
    ptr[1].move(15, 20);                //通过指针访问数组元素的成员
    cout<<"Deleting..."<<endl;
    delete[] ptr;                       //删除整个对象数组
    return 0;
}
```

运行结果：

```
Default Constructor called.
Default Constructor called.
Deleting...
Destructor called.
Destructor called.
```

这里利用动态内存分配操作实现了数组的动态创建，使得数组元素的个数可以根据运行时的需要而确定。但是建立和删除数组的过程使得程序略显烦琐，更好的方法是将数组的建立和删除过程封装起来，形成一个动态数组类。

另外，在动态数组类中，通过类的成员函数访问数组元素，可以在每次访问之前检查一下下标是否越界，使得数组下标越界的错误能够及早被发现。这种检查，可以通过 C++ 的 assert 来进行。assert 的含义是“断言”，它是标准 C++ 的 cassert 头文件中定义的一个宏，用来判断一个条件表达式的值是否为 true，如果不为 true，则程序会中止，并且报告出错误，这样就很容易将错误定位。一个程序一般可以以两种模式编译——调试(debug)模式和发行(release)模式，assert 只在调试模式下生效，而在发行模式下不执行任何操作，这样兼顾了调试模式的调试需求和发行模式的效率需求。

提示　由于 assert 只在调试模式下生效，一般只用 assert 来检查程序本身的逻辑错误，而用户的不当输入造成的错误，则应当用其他方式加以处理。

例 6-18 是一个简单的动态数组类示例，第 9 章将介绍较为完备的动态安全数组。

例 6-18　动态数组类。

本实例中创建的动态数组类 ArrayOfPoints 与 Point 类存在着使用关系,其 UML 图形表示如图 6-10 所示。

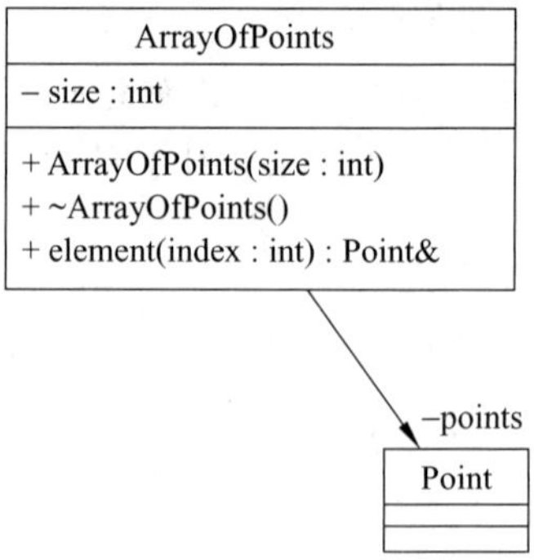

ArrayOfPoints
– size : int
+ ArrayOfPoints(size : int)
+ ~ArrayOfPoints()
+ element(index : int) : Point&
–points
Point

图 6-10　ArrayOfPoints 与 Point 类的关系

```
//6_18.cpp
#include <iostream>
#include <cassert>
using namespace std;
class Point {
    //类的定义同例 6-16
    //…
};
//动态数组类
class ArrayOfPoints {
public:
    ArrayOfPoints(int size) : size(size) {
        points=new Point[size];
    }
    //这里没有定义复制构造函数是有问题的
    ~ArrayOfPoints() {
        cout<<"Deleting..."<<endl;
        delete[] points;
    }
    //获得下标为 index 的数组元素
    Point &element(int index) {
        assert(index>=0 && index<size);     //如果数组下标越界,程序中止
        return points[index];
    }
private:
    Point *points;                          //指向动态数组首地址
    int size;                               //数组大小
};

int main() {
    int count;
    cout<<"Please enter the count of points: ";
    cin>>count;
    ArrayOfPoints points(count);            //创建对象数组
    points.element(0).move(5, 0);           //通过访问数组元素的成员
    points.element(1).move(15, 20);         //通过类访问数组元素的成员
    return 0;
}
```

运行结果:

```
Please enter the number of points: 2
```

```
Default Constructor called.
Default Constructor called.
Deleting...
Destructor called.
Destructor called.
```

在 main()函数中，只是建立一个 ArrayOfPoints 类的对象，对象的初始化参数 size 指定了数组元素的个数，创建和删除对象数组的过程都由 ArrayOfPoints 类的构造函数和析构函数完成。这虽然使 main()函数更为简洁，但是对数组元素的访问形式"points.element(0)"却显得啰唆。如果希望像使用普通数组一样，通过下标操作符"[]"来访问数组元素，就需要对下标操作符进行重载，这将在第 9 章详细介绍。

用 new 操作也可以创建多维数组，形式如下：

```
new 类型名 T[数组第 1 维长度][数组第 2 维长度]…;
```

其中数组第 1 维长度可以是任何结果为正整数的表达式，而其他各维数组长度必须是结果为正整数的常量表达式。如果内存申请成功，new 运算返回一个指向新分配内存的首字节的指针，但不是 T 类型指针，而是一个指向 T 类型数组的指针，数组元素的个数为除最左边一维外各维下标表达式的乘积。例如，下列语句

```
float * fp;
fp=new float[10][25][10];
```

便会产生错误。这是因为，在这里 new 操作产生的是指向一个 25×10 的二维 float 类型数组的指针，而 fp 是一个指向 float 型数据的指针。正确的写法应该是：

```
float (* cp)[25][10];
cp=new float[10][25][10];
```

如此得到的指针 cp，既可以作为指针使用，也可以像一个三维数组名一样使用，请看如下程序。

例 6-19　动态创建多维数组。

```
//6_19.cpp
#include <iostream>
using namespace std;
int main() {
    float (* cp)[9][8]=new float[8][9][8];

    for (int i=0; i<8; i++)
        for (int j=0; j<9; j++)
            for (int k=0; k <8; k++)
                //以指针形式数组元素
                * (* (* (cp+i)+j)+k)=static_cast<float>(i * 100+j * 10+k);

    for (int i=0; i<8; i++) {
        for (int j=0; j<9; j++) {
```

```
            for (int k=0; k <8; k++)
                //将指针 cp 作为数组名使用,通过数组名和下标访问数组元素
                cout<<cp[i][j][k]<<"  ";
            cout<<endl;
        }
        cout<<endl;
    }

    delete[] cp;
    return 0;
}
```

6.4 用 vector 创建数组对象

数组是继承自 C 语言的一种表示群体数据的方法,具有简单、高效的优点,但无论是静态数组,还是用 new 动态创建的数组,都难以检测下标越界的错误,在实际应用中常常造成困扰。例 6-18 提供了一个很好的例子,它通过将动态数组封装成一个类,允许在调试状态下访问数组元素时检查下标越界的错误。然而,它只能表示 Point 类型的动态数组,若要处理其他类型的动态数组,还需创建新的动态数组类,这是很烦琐的重复性工作。事实上,C++标准库也提供了被封装的动态数组——vector,而且这种被封装的数组可以具有各种类型,这就使我们免去了那些重复性工作。vector 不是一个类,而是一个类模板,模板的概念将在第 9 章详细介绍,读者通过本章的学习,只需在形式上记住 vector 的使用方式。用 vector 定义动态数组的形式为:

```
vector<元素类型>数组对象名(数组长度);
```

尖括号中的类型名表示数组元素的类型。数组长度是一个表达式,表达式中可以包含变量。例如,下面定义了一个大小为 10 的 int 型动态数组对象 arr:

```
int x=10;
vector<int>arr(x);
```

细节 与普通数组不同的是,用 vector 定义的数组对象的所有元素都会被初始化。如果数组的元素类型为基本数据类型,则所有元素都会被以 0 初始化;如果数组元素为类类型,则会调用类的默认构造函数初始化。因此如果以此形式定义的 vector 动态数组,需要保证作为数组元素的类具有默认构造函数。另外,初值也可以自己指定,但只能为所有元素指定相同初值,形式为:

```
vector<元素类型>数组对象名(数组长度, 元素初值);
```

对 vector 数组对象元素的访问方式,与普通数组具有相同的形式:

```
数组对象名[下标表达式]
```

但是 vector 数组对象的名字表示的就是一个数组对象，而非数组的首地址，因为数组对象不是数组，而是封装了数组的对象。

vector 定义的数组对象具有一个重要的成员函数 size()，它会返回数组的大小。下面通过一个例子来展示 vector 的用法。

例 6-20　vector 应用举例。

```
//6_20.cpp
#include <iostream>
#include <vector>
using namespace std;

//计算数组 arr 中元素的平均值
double average(const vector<double>&arr) {
    double sum=0;
    for (unsigned i=0; i<arr.size(); i++)
        sum+=arr[i];
    return sum/arr.size();
}

int main() {
    unsigned n;
    cout<<"n=";
    cin>>n;

    vector<double>arr(n);          //创建数组对象
    cout<<"Please input "<<n<<" real numbers:"<<endl;
    for (unsigned i=0; i<n; i++)
        cin>>arr[i];

    cout<<"Average="<<average(arr)<<endl;
    return 0;
}
```

运行结果：

```
n=5
Please input 5 real numbers:
1.2 3.1 5.3 7.9 9.8
Average=5.46
```

本例中，在主函数里创建了动态数组对象 arr，然后通过键盘输入的方式为数组元素赋值，再调用 average 函数计算数组元素的平均值。

vector 还具有很多其他强大的功能，例如它的大小可以扩展，这些特性都将在第 10 章详细介绍。

6.5 深层复制与浅层复制

虽然第4章已经介绍过复制构造函数,但是在此前大多数简单例题中都不需要特别编写复制构造函数,隐含的复制构造函数足以实现对象间数据元素的一一对应复制。因此,读者对于编写复制构造函数的必要性,可能一直存在疑问。其实隐含的复制构造函数并不总是适宜的,因为它完成的只是浅层复制。什么是浅层复制呢?我们还是通过下面这个例题来说明。

例 6-21 对象的浅层复制。

这里仍以 ArrayOfPoints 类来实现动态数组,在 main()函数中利用默认的复制构造函数建立两组完全相同的点,然后观察程序的效果。

```
//6_21.cpp
#include <iostream>
#include <cassert>
using namespace std;
class Point {
    //类的定义同例 6-16
    //…
};
class ArrayOfPoints {
    //类的定义同例 6-18
    //…
};
int main() {
    int count;
    cout<<"Please enter the count of points: ";
    cin>>count;
    ArrayOfPoints pointsArray1(count);              //创建对象数组
    pointsArray1.element(0).move(5,10);
    pointsArray1.element(1).move(15,20);

    ArrayOfPoints pointsArray2=pointsArray1;        //创建对象数组副本
    cout<<"Copy of pointsArray1:"<<endl;
    cout<<"Point_0 of array2: "<<pointsArray2.element(0).getX()<<", "
        <<pointsArray2.element(0).getY()<<endl;
    cout<<"Point_1 of array2: "<<pointsArray2.element(1).getX()<<", "
        <<pointsArray2.element(1).getY()<<endl;

    pointsArray1.element(0).move(25, 30);
    pointsArray1.element(1).move(35, 40);
    cout<<"After the moving of pointsArray1:"<<endl;
    cout<<"Point_0 of array2: "<<pointsArray2.element(0).getX()<<", "
        <<pointsArray2.element(0).getY()<<endl;
```

```
    cout<<"Point_1 of array2: "<<pointsArray2.element(1).getX()<<", "
        <<pointsArray2.element(1).getY()<<endl;

    return 0;
}
```

运行结果：

```
Please enter the number of points:2
Default Constructor called.
Default Constructor called.
Copy of pointsArray1:
Point_0 of array2: 5, 10
Point_1 of array2: 15, 20
After the moving of pointsArray1:
Point_0 of array2: 25, 30
Point_1 of array2: 35, 40
Deleting...
Destructor called.
Destructor called.
Deleting...
```

在某些运行环境下，接下来程序会出现异常，也就是运行错误。原因在哪里呢？首先来看一看上面的输出结果，程序中 pointsArray2 是从 pointsArray1 复制来的，它们的初始状态当然是一样的，但是当程序通过 move 函数移动 pointsArray1 中的第一组点之后，pointsArray2 中的第二组点也被移动到了同样的位置。这就说明两组点之间存在着某种必然的联系，而这种联系并不是我们所期望的，也许这就是程序最终出错的根源吧。

这里建立对象 pointsArray2 时调用的是默认的复制构造函数，实现对应数据项的直接复制。这一过程如图 6-11 所示。

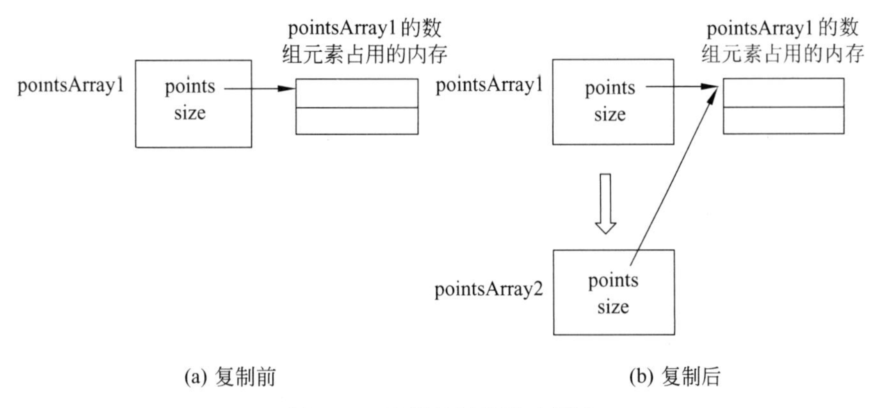

图 6-11　浅层复制效果示意图

从图6-10中可以看出默认的复制构造函数将两个对象的对应数据项简单复制后，pointsArray1的成员points和pointsArray2的成员points具有相同的值，也就是说两个指针指向的是同一内存地址，表面上好像完成了复制，但是并没有形成真正的副本。因此当程序中移动pointsArray1中的点时，也影响到了pointsArray2。这种效果就是“浅层复制”。

浅层复制还有更大的弊病，在程序结束之前pointsArray1和pointsArray2的析构函数会自动被调用，动态分配的内存空间会被释放。由于两个对象共用了同一块内存空间，因此该空间被两次释放，于是导致运行错误。解决这一问题的方法是编写复制构造函数，实现“深层复制”。例6-22是实现深层复制的程序。

例6-22　对象的深层复制。

```
//6_22.cpp
#include <iostream>
#include <cassert>
using namespace std;
class Point {
    //类的定义同例 6-16
    //…
};
class ArrayOfPoints {
public:
    ArrayOfPoints(const ArrayOfPoints& v);
    //其他成员同例 6-18
};
ArrayOfPoints::ArrayOfPoints(const ArrayOfPoints& v) {
    size=v.size;
    points=new Point[size];
    for (int i=0; i<size; i++)
        points[i]=v.points[i];
}
int main() {
    //同例 6-20
}
```

运行结果：

```
Please enter the number of points:2
Default Constructor called.
Default Constructor called.
Default Constructor called.
Default Constructor called.
Copy of pointsArray1:
Point_0 of array2: 5, 10
Point_1 of array2: 15, 20
After the moving of pointsArray1:
Point_0 of array2: 5, 10
```

```
Point_1 of array2: 15, 20
Deleting...
Destructor called.
Destructor called.
Deleting...
Destructor called.
Destructor called.
```

从这次的运行的结果可以看出，程序实现的是深层复制：移动 pointsArray1 中的点不再影响 pointsArray2 中的点，而且程序结束前分别释放 pointsArray1 和 pointsArray2 中的内存空间，也不再引起错误。深层复制的过程如图 6-12 所示。

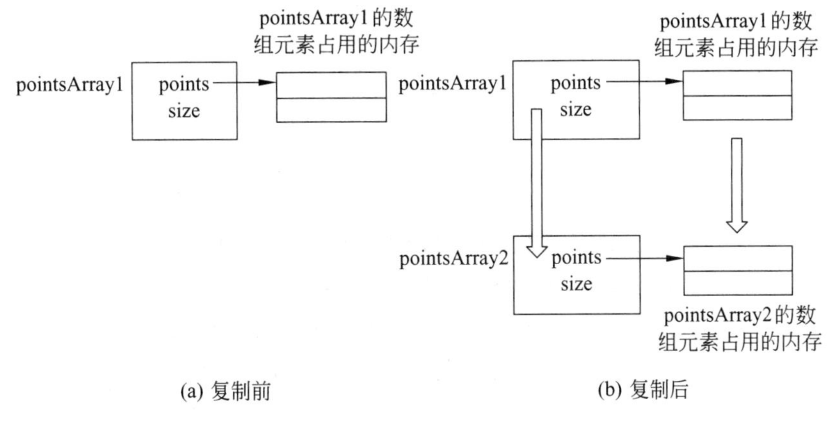

图 6-12　深层复制效果示意图

6.6　字符串

与 C 语言一样，在 C++ 的基本数据类型变量中没有字符串变量。那么如何存储和处理字符串数据呢？在 C 语言中是使用字符型数组来存放字符串，C++ 程序中也仍然可以沿用这种办法。不仅如此，标准 C++ 库中还预定义了 string 类。本节就来介绍这两种方法。

6.6.1　用字符数组存储和处理字符串

第 2 章中介绍过，字符串常量是用一对双引号括起来的字符序列，例如，"abcd" "China" "This is a string." 都是字符串常量。它在内存中的存放形式是，按串中字符的排列次序顺序存放，每个字符占 1 字节，并在末尾添加'\0'作为结尾标记。这实际上是一个隐含创建的类型为 char 的数组，一个字符串常量就表示这样一个数组的首地址。因此，可以把字符串常量赋给字符串指针，由于常量值是不能改的，应将字符串常量赋给指向常量的指针，例如：

```
const char * STRING1="This is a string.";
```

这时，可以直接对 STRING1 进行输出，例如：

```
cout<<STRING1;
```

字符串变量也可以用类似方式来表示。如果创建一个char数组,每个元素存放字符串的一个字符,在末尾放置一个'\0',便构成了C++字符串。它的存储方式与字符串常量无异,但由于它是程序员创建的数组,因此可以改写其内容,因而这就是字符串变量而非常量了。这时要注意,用于存放字符串的数组其元素个数应该不小于字符串的长度(字符个数)加1。对字符数组进行初始化赋值时,初值的形式可以是以逗号分隔的ASCII码或字符常量,也可以是整体的字符串常量(这时末尾的'\0'是隐含的),下面列出的语句都可以创建一个初值为"program"的字符串变量,3种写法是等价的。

```
char str[8]={'p', 'r', 'o', 'g', 'r', 'a', 'm', '\0'};
char str[8]="program";
char str[]="program";
```

内存中数组str的内容如下:

p	r	o	g	r	a	m	\0

尽管对用字符数组表示的字符串进行初始化还比较容易、直观,但进行许多其他字符串操作时却比较麻烦。执行很多字符串操作需要借助cstring头文件中的字符串处理函数,例如将一个字符串的内容复制到另一个字符串需要用strcpy函数,按辞典顺序比较两个的大小需要用strcmp函数,将两个字符串连接起来需要用strcat函数。另外,当字符串长度很不确定时,需要用new动态创建字符数组,最后还要用delete释放,这些都相当烦琐。

6.6.2　string类

使用数组来存放字符串,调用系统函数来处理字符串,毕竟显得不方便,而且数据与处理数据的函数分离也不符合面向对象方法的要求。为此,C++标准类库将面向对象的串的概念加入到C++语言中,预定义了字符串类(string类),string类提供了对字符串进行处理所需要的操作。使用string类需要包含头文件string。string类封装了串的属性并提供了一系列允许访问这些属性的函数。

细节　严格地说,string并非一个独立的类,而是类模板basic_string的一个特殊化实例。不过对于string的使用者来说,它的特点与一个类无异,因此可以把它当作一个类来看待。有关模板,将在第9章详细介绍。

下面简要介绍一下string类的构造函数、几个常用的成员函数和操作。为了简明起见,函数原型是经过简化的,与头文件中的形式不完全一样。读者如果需要详细了解,可以查看库参考手册。

1. 构造函数的原型

```
string();                          //默认构造函数,建立一个长度为0的串
string(const string& rhs);         //复制构造函数
string(const char * s);            //用指针s所指向的字符串常量初始化string类的对象
string(const string& rhs, unsigned int pos, unsigned int n);
        //将对象rhs中的串从位置pos开始取n个字符,用来初始化string类的对象
```

```
        //注：串中的第一个字符的位置为 0
string(const char * s, unsigned int n);
        //用指针 s 所指向的字符串中的前 n 个字符初始化 string 类的对象
string(unsigned int n, char c);
        //将参数 c 中的字符重复 n 次，用来初始化 string 类的对象
```

提示　由于 string 类具有接收 const char * 类型的构造函数，因此字符串常量和用字符数组表示的字符串变量都可以隐含地转换为 string 对象。例如，可以直接使用字符串常量对 string 对象初始化：

```
string str="Hello world!";
```

2. string 类的操作符

string 类提供了丰富的操作符，可以方便地完成字符串赋值（内容复制）、字符串连接、字符串比较等功能。表 6-1 列出了 string 类的操作符及其说明。

表 6-1　string 类的操作符

操作符	示例	注　释	操作符	示例	注　释
+	s+t	将串 s 和 t 连接成一个新串	<	s<t	判断 s 是否小于 t
=	s=t	用 t 更新 s	<=	s<=t	判断 s 是否小于或等于 t
+=	s+=t	等价于 s=s+t	>	s>t	判断 s 是否大于 t
==	s==t	判断 s 与 t 是否相等	>=	s>=t	判断 s 是否大于或等于 t
!=	s!=t	判断 s 与 t 是否不等	[]	s[i]	访问串中下标为 i 的字符

提示　之所以能够通过上面的操作符来操作 string 对象，是因为 string 类对这些操作符进行了重载。操作符的重载将在第 8 章详细介绍。

这里所说的对两串大小的比较，是依据字典顺序的比较。设有两字符串 s1 与 s2，二者大小的比较规则如下：

（1）如果 s1 与 s2 长度相同，且所有字符完全相同，则 s1=s2。

（2）如果 s1 与 s2 所有字符不完全相同，则比较第一对不相同字符的 ASCII 码，较小字符所在的串为较小的串。

（3）如果 s1 的长度 n1 小于 s2 的长度 n2，且两字符串的前 n1 个字符完全相同，则 s1<s2。

3. 常用成员函数功能简介

string 类的成员函数有很多，每个函数都有多种重载形式，这里只举例列出其中一小部分，对于其他函数和重载形式就不一一列出了，读者在使用时可以查看参考手册。在下面的函数说明中，将成员函数所属的对象称为“本对象”，其中存放的字符串称为“本字符串”。

```
string append (const char * s);          //将字符串 s 添加在本串尾
string assign (const char * s);          //赋值，将 s 所指向的字符串赋值给本对象
int compare(const string &str) const;
//比较本串与 str 串的大小，当本串<str 串时，返回负数，当本串>str 串时，返回正数，两串
//相等时，返回 0
string & insert(unsigned int p0, const char * s);
```

```
//将 s 所指向的字符串插入在本串中位置 p0 之前
string substr(unsigned int pos, unsigned int n) const;
//取子串,取本串中位置 pos 开始的 n 个字符,构成新的 string 类对象作为返回值
unsigned int find(const basic_string &str) const;
//查找并返回 str 在本串中第一次出现的位置
unsigned int length() const;
//返回串的长度(字符个数)
void swap(string& str);
//将本串与 str 中的字符串进行交换
```

下面来看一个 string 类应用的例子。

例 6-23　string 类应用举例。

```
//6_23.cpp
#include <string>
#include <iostream>
using namespace std ;

//根据 value 的值输出 true 或 false,title 为提示文字
inline void test(const char * title, bool value) {
    cout<<title<<" returns "<<(value ? "true" : "false")<<endl;
}

int main() {
    string s1="DEF";
    cout<<"s1 is "<<s1<<endl;

    string s2;
    cout<<"Please enter s2: ";
    cin>>s2;
    cout<<"length of s2: "<<s2.length()<<endl;

    //比较运算符的测试
    test("s1 <=\"ABC\"", s1 <="ABC");
    test("\"DEF\" <=s1", "DEF" <=s1);
    //连接运算符的测试
    s2+=s1;
    cout<<"s2=s2+s1: "<<s2<<endl;
    cout<<"length of s2: "<<s2.length()<<endl;
    return 0;
}
```

运行结果:

```
s1 is DEF
Please enter S2: 123
length of s2: 3
```

```
s1 <="ABC" returns false
"DEF" <=s1 returns true
s2=s2+s1: 123DEF
length of s2: 6
```

请读者分析一下运行结果，从中理解字符串的操作。

例 6-23 中，直接使用 cin 的“>>”操作符从键盘输入字符串，以这种方式输入时，空格会被作为输入的分隔符，例如，如果从键盘输入字符串“123 ABC”，那么被读入的字符串实际上是“123”，“ABC”将在下一次从键盘输入字符串时被读入。

如果希望从键盘读入字符串，直到行末为止，不以中间的空格作为输入的分隔符，可以使用头文件 string 中定义的 getline。例如，如果将上面的代码中输入 s2 的语句改为下列语句，就能达到这一目的：

```
getline(cin, s2);
```

这时，如果从键盘输入字符串“123 ABC”，那么整个字符串都会被赋给 s2。这实际表示输入字符串时只以换行符作为分隔符。getline 还允许在输入字符串时增加其他分隔符，使用方法是把可以作为分隔符的字符作为第 3 个参数传递给 getline，例如，使用下面的语句，可以把逗号作为分隔符：

```
getline(cin, s2, ',');
```

下面一个小例子说明了 getline 的用法。

例 6-24　用 getline 输入字符串。

```
#include <iostream>
#include <string>
using namespace std;

int main() {
    for (int i=0; i<2; i++)    {
        string city, state;
        getline(cin, city, ',');
        getline(cin, state);
        cout<<"City: "<<city<<"  State: "<<state<<endl;
    }
    return 0;
}
```

运行结果：

```
Beijing,China
City: Beijing State: China
San Francisco,the United States
City: San Francisco State: the United States
```

6.7 综合实例——个人银行账户管理程序

在第 4 章第 5 章中,我们以一个银行账户管理程序为例,说明了类和成员函数的设计和应用,以及类的静态成员的应用和程序结构的组织问题。在本节中,我们将在第 5 章综合实例的基础上对银行账户管理程序进一步加以完善。

(1) 第 4 章和第 5 章中,都是用一个整数来表示银行账号,但这并不是完美的方案。例如,如果银行账号以“0”开头,或账号超过整数的表示范围,或账号中包括其他字符,这种表示方式都不能胜任。本章我们学习了字符串,可以改用字符串来表示银行账号,这样以上问题得到了解决。另外,第 4 章和第 5 章的程序中所输出的账目列表,每笔账目都没有说明,使用字符串可以为各笔账目增加说明文字。此外,我们为 SavingsAccount 类专门增加了一个用来报告错误的函数,当其他函数需要输出错误信息时,直接把信息以字符串形式传递给该函数即可,简化了错误信息的输出。

(2) 第 4 章和第 5 章中,主程序创建的两个账户为两个独立的变量,只能用名字去引用它们,在主程序末尾分别对两个账户进行结算(settle)和显示(show)时,需要将几乎相同的代码书写两遍,如果账户数量增多将会带来更大麻烦。本章学习了数组后,可以将多个账户组织在一个数组中,这样可以把需要对各个账户做的事情放在循环中,避免了代码的冗余。

(3) 第 4 章和第 5 章的程序中,日期都是用一个整数来表示的,这样计算两个日期相距天数时非常方便,但这种表示很不直观,对用户很不友好。事实上,日期可以用一个类来表示,内含年、月、日三个数据成员,但这又给计算两个日期相差天数带来了麻烦。为了计算日期间相差天数,可以先选取一个比较规整的基准日期,在构造日期对象时将该日期到这个基准日期的相对天数计算出来,我们将这个相对天数称为“相对日期”。这样在计算两个日期相差的天数时,只需将二者的相对日期相减即可。我们将公元元年 1 月 1 日作为公共的基准日期,将 y 年 m 月 d 日相距这一天的天数记为 $f(y/m/d, 1/1/1)$,可以将其分解为 3 部分:

$$f(y/m/d, 1/1/1) = f(y/1/1, 1/1/1) + f(y/m/1, y/1/1) + f(y/m/d, y/m/1)$$

上面等式右式的第一项表示当年的 1 月 1 日与公元元年 1 月 1 日相距的天数,即公元元年到公元 $y-1$ 年的总天数。平年每年有 365 天,闰年多一天,因此该值为 $365(y-1)$ 加上公元元年到 $y-1$ 年之间的闰年数,由于 4 年一闰,100 的倍数免闰,400 的倍数再闰,故有:

$$f(y/1/1, 1/1/1) = 365(y-1) + \left\lfloor \frac{y-1}{4} \right\rfloor - \left\lfloor \frac{y-1}{100} \right\rfloor + \left\lfloor \frac{y-1}{400} \right\rfloor$$

其中$\lfloor x \rfloor$表示对 x 向下取整。$f(y/m/1, y/1/1)$表示 y 年的 m 月 1 日与 1 月 1 日相距的天数。由于每月的天数不同,因此这难以表示为一个统一公式。好在各平年中指定月份的 1 日与 1 月 1 日相差天数可以由月份 m 唯一确定,因此可以把每月 1 日到 1 月 1 日的天数放在一个数组中,计算时只要查询该数组,便可得到 $f(y/m/1, y/1/1)$的值。而对于闰年,仍可通过数组查询,只需在 $m>2$ 时将查得的值加 1。该值只依赖于 x 和 y,将它记为 $g(m, y)$。此外:

$$f(y/m/d, y/m/1) = d-1$$

如果把公元元年 1 月 1 日的相对日期定为 1，那么公元 y 年 m 月 d 日的相对日期就是：

$$f(y/m/d, 1/1/1)+1=365(y-1)+\left\lfloor\frac{y-1}{4}\right\rfloor-\left\lfloor\frac{y-1}{100}\right\rfloor+\left\lfloor\frac{y-1}{400}\right\rfloor+g(m,y)+d$$

相对日期得出后，计算两日期相差天数的难题就迎刃而解了。

本例中类图设计的 UML 图形表示如图 6-13 所示。

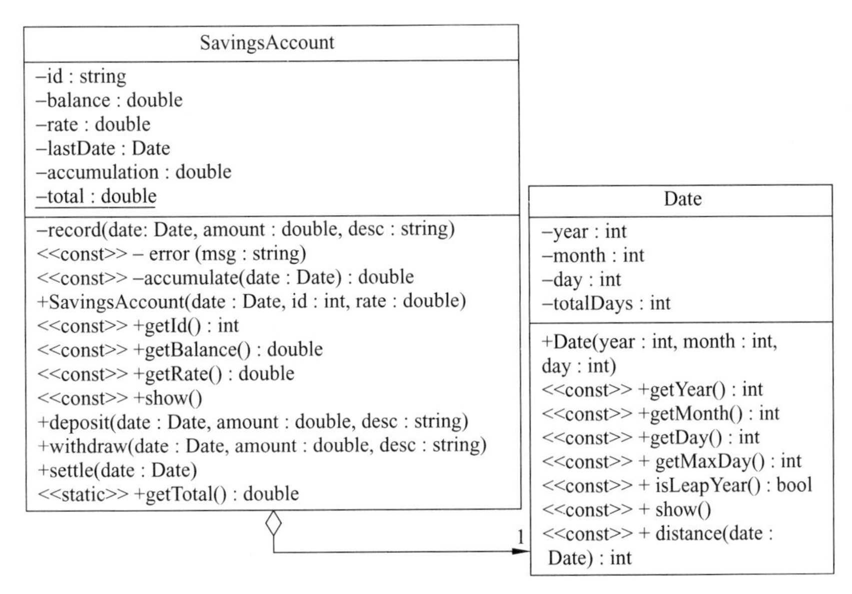

图 6-13　个人银行账户管理程序的 UML 图

本例增加了日期类 Date，该类的数据成员包括 year、month、day 和 totalDays，其中 totalDays 表示这一天的相对日期。该类的成员函数除了构造函数和用来获得年、月、日的函数外，还包括用来得到当前月的天数的 getMaxDay 函数、用来判断当前年是否为闰年的 isLeapYear 函数、用来将当前日期输出的 show 函数、用来判断当前日期与指定日期相差天数的 distance 函数，这些函数都会被 Date 类的其他成员函数或 SavingsAccount 类的函数调用。

在第 5 章综合例题的 SavingsAccount 类的基础上，将描述账号的数据类型由 int 改为了 string，将描述日期的数据类型由 int 改为了新定义的 Date 类，并且为 deposit、withdraw 和 settle 三个函数都增加了一个用来描述该笔账目说明信息的 string 型的 desc 参数，并且增加了一个专用于输出错误信息的 error 函数。

以后，假定银行对活期储蓄账户的结算日期是每年的 1 月 1 日。

例 6-25　个人银行账户管理程序改进。

整个程序分为 5 个文件：date.h 是日期类头文件，date.cpp 是日期类实现文件，account.h 是储蓄账户类定义头文件，account.cpp 是储蓄账户类实现文件，6_25.cpp 是主函数文件。

```
//date.h
#ifndef __DATE_H__
```

```
#define __DATE_H__
class Date {            //日期类
private:
    int year;           //年
    int month;          //月
    int day;            //日
    int totalDays;      //该日期是从公元元年 1 月 1 日开始的第几天
public:
    Date(int year, int month, int day);             //用年、月、日构造日期
    int getYear() const {return year;}
    int getMonth() const {return month;}
    int getDay() const {return day;}
    int getMaxDay() const;                          //获得当月有多少天
    bool isLeapYear() const {                       //判断当年是否为闰年
        return year%4==0 && year%100 !=0 || year%400==0;
    }
    void show() const;                              //输出当前日期
    //计算两个日期之间差多少天
    int distance(const Date& date) const {
        return totalDays-date.totalDays;
    }
};
#endif //__DATE_H__

//date.cpp
#include "date.h"
#include <iostream>
#include <cstdlib>
using namespace std;
namespace {     //namespace 使下面的定义只在当前文件中有效
    //存储平年中的某个月 1 日之前有多少天,为便于 getMaxDay 函数的实现,该数组多出一项
    const int DAYS_BEFORE_MONTH[]={0, 31, 59, 90, 120, 151, 181, 212, 243, 273, 304,
334, 365};
}
Date::Date(int year, int month, int day) : year(year), month(month), day(day) {
    if (day <=0 || day>getMaxDay()) {
        cout<<"Invalid date: ";
        show();
        cout<<endl;
        exit(1);
    }
    int years=year-1;
    totalDays=years * 365+years/4-years/100+years/400
        +DAYS_BEFORE_MONTH[month-1]+day;
    if (isLeapYear() && month>2) totalDays++;
```

```
}
int Date::getMaxDay() const {
    if (isLeapYear() && month==2)
        return 29;
    else
        return DAYS_BEFORE_MONTH[month]-DAYS_BEFORE_MONTH[month-1];
}
void Date::show() const {
    cout<<getYear()<<"-"<<getMonth()<<"-"<<getDay();
}

//account.h
#ifndef __ACCOUNT_H__
#define __ACCOUNT_H__
#include "date.h"
#include <string>
class SavingsAccount {          //储蓄账户类
private:
    std::string id;             //账号
    double balance;             //余额
    double rate;                //存款的年利率
    Date lastDate;              //上次变更余额的时期
    double accumulation;        //余额按日累加之和
    static double total;        //所有账户的总金额
    //记录一笔账,date 为日期,amount 为金额,desc 为说明
    void record(const Date &date, double amount, const std::string &desc);
    //报告错误信息
    void error(const std::string &msg) const;
    //获得到指定日期为止的存款金额按日累积值
    double accumulate(const Date& date) const {
        return accumulation+balance * date.distance(lastDate);
    }
public:
    //构造函数
    SavingsAccount(const Date &date, const std::string &id, double rate);
    const std::string &getId() const {return id;}
    double getBalance() const {return balance;}
    double getRate() const {return rate;}
    static double getTotal() {return total;}
    //存入现金
    void deposit(const Date &date, double amount, const std::string &desc);
    //取出现金
    void withdraw(const Date &date, double amount, const std::string &desc);
    //结算利息,每年 1 月 1 日调用一次该函数
    void settle(const Date &date);
```

```
    //显示账户信息
    void show() const;
};
#endif //__ACCOUNT_H__

//account.cpp
#include "account.h"
#include <cmath>
#include <iostream>
using namespace std;
double SavingsAccount::total=0;
//SavingsAccount类相关成员函数的实现
SavingsAccount::SavingsAccount(const Date &date, const string &id, double rate)
    : id(id), balance(0), rate(rate), lastDate(date), accumulation(0) {
    date.show();
    cout<<"\t#"<<id<<" created"<<endl;
}
void SavingsAccount:: record ( const Date &date, double amount, const string
&desc) {
    accumulation=accumulate(date);
    lastDate=date;
    amount=floor(amount * 100+0.5)/100;     //保留小数点后两位
    balance+=amount;
    total+=amount;
    date.show();
    cout<<"\t#"<<id<<"\t"<<amount<<"\t"<<balance<<"\t"<<desc<<endl;
}
void SavingsAccount::error(const string &msg) const {
    cout<<"Error(#"<<id<<"): "<<msg<<endl;
}
void SavingsAccount:: deposit ( const Date &date, double amount, const string
&desc) {
    record(date, amount, desc);
}
void SavingsAccount:: withdraw ( const Date &date, double amount, const string
&desc) {
    if (amount>getBalance())
        error("not enough money");
    else
        record(date, -amount, desc);
}
void SavingsAccount::settle(const Date &date) {
    double interest=accumulate(date) * rate     //计算年息
        / date.distance(Date(date.getYear()-1, 1, 1));
    if (interest !=0)
```

```
        record(date, interest, "interest");
    accumulation=0;
}
void SavingsAccount::show() const {
    cout<<id<<"\tBalance: "<<balance;
}

//6_25.cpp
#include "account.h"
#include <iostream>
using namespace std;
int main() {
    Date date(2008, 11, 1);     //起始日期
    //建立几个账户
    SavingsAccount accounts[]={
        SavingsAccount(date, "03755217", 0.015),
        SavingsAccount(date, "02342342", 0.015)
    };
    const int n=sizeof(accounts)/sizeof(SavingsAccount); //账户总数
    //11 月份的几笔账目
    accounts[0].deposit(Date(2008, 11, 5), 5000, "salary");
    accounts[1].deposit(Date(2008, 11, 25), 10000, "sell stock 0323");
    //12 月份的几笔账目
    accounts[0].deposit(Date(2008, 12, 5), 5500, "salary");
    accounts[1].withdraw(Date(2008, 12, 20), 4000, "buy a laptop");
    //结算所有账户并输出各个账户信息
    cout<<endl;
    for (int i=0; i<n; i++) {
        accounts[i].settle(Date(2009, 1, 1));
        accounts[i].show();
        cout<<endl;
    }
    cout<<"Total: "<<SavingsAccount::getTotal()<<endl;
    return 0;
}
```

运行结果：

```
2008-11-1       #S3755217 created
2008-11-1       #02342342 created
2008-11-5       #S3755217       5000    5000    salary
2008-11-25      #02342342       10000   10000   sell stock 0323
2008-12-5       #S3755217       5500    10500   salary
2008-12-20      #02342342       -4000   6000    buy a laptop

2009-1-1        #S3755217       17.77   10517.8 interest
```

```
S3755217        Balance: 10517.8
2009-1-1        #02342342       13.2    6013.2  interest
02342342        Balance: 6013.2
Total: 16531
```

细节　以上程序的 Date 类的构造函数中使用了 exit 函数，该函数的原型声明在 cstdlib 头文件中，它用来立即终止当前程序的执行，并且将一个整数返回给系统，该整数的作用与由主函数 main 返回的整数相同，如果是 0 表示程序正常退出，如果非 0 表示程序异常退出。

上面的程序中增加了 Date 类，把对日期的表示均替换为了 Date 类型，从输出结果可以看出，用"年-月-日"的形式所表示的日期与整数相比要直观得多。此外，本例广泛应用了字符串，这样在银行账号中可以出现字母，而且为每笔账目增加了说明文字，使得程序输出的信息更加丰富。在主程序中，两个银行账户是用数组表示的，这样在最后所执行的账户结算和输出账户信息的操作可以在一个循环中进行，无须把同样的代码书写多遍。

6.8　深度探索

6.8.1　指针与引用

读者可能会发现，指针和引用有诸多相似之处。例如，6.2.8 节曾经提到，使用它们作为形参，都可以通过该参数修改主调函数中的变量以达到参数双向传递的目的，都可以避免值复制的发生从而减少函数调用时数据传递的开销。那么，在这些共同点背后，是否隐藏着一些深层次的联系呢？

本书引入引用概念时，曾经将引用介绍为其他变量的别名。但是对于一个确定的引用来说，它可能在不同的时候表示不同变量的别名，因此一定要在内存中为引用本身分配空间，来标识它所引用的变量。在程序运行时，变量只能依靠地址来区别(请回顾 2.6.1 小节的分析)，因此，只有通过存储被引用变量的地址，在运行时才能准确定位被引用的变量。引用本身所占用的内存空间中，存储的就是被引用变量的地址，这和指针变量所存储的内容具有相同的性质。

指针是 C 语言本身就有的一个特性，C++ 在继承了 C 语言指针的同时，引入了引用。指针存储的是地址，这一点无论在语言概念上，还是在运行时的实现机制上，都是一致的，所以说指针是一种底层的机制。引用则是一种较高层的机制，它在语言概念上是另一变量的"别名"，把地址这一概念隐藏起来了，但在引用的运行时实现机制中，还不得不借助于地址。二者可以说是殊途同归，差异主要是语言形式上的，最后都是靠存储地址来实现的。

除了语言形式上的差异外，引用与指针的一个显著区别是，普通指针可以多次赋值，也就是说可以多次更改它所指向的对象，而引用只能在初始化时指定被引用的对象，其后就不能更改。因此，引用的能力，与一个指针常量差不多。表 6-2 列出了它们的对应关系。

需要指出的是，虽然在"读取 v 的地址"这一用途上 p 和 &r 是等价的(表 6-2 最后一行)，但 p 和 &r 却具有不同的含义，p 可以再被取地址，而 &r 则不行。也就是说，引用本身(而非被引用的对象)的地址是不可以获得的，引用一经定义后，对它的全部行为，全是针对被引用对象的，而引用本身所占用的空间则被完全隐藏起来了。因此，引用的能力还是要比指针常量略差一点的。

表 6-2　指针常量与引用使用形式的比较

操作	T 类型的指针常量	对 T 类型的引用
定义并用 v 初始化(v 是 T 类型变量)	T * const p=&v;	T &r=v;
取 v 的值	*p	r
访问成员 m	p->m	r.m
读取 v 的地址	p	&r

注意　只有常引用,而没有引用常量,也就是说,不能用 T & const 作为引用类型。这是因为引用只能在初始化时指定它所引用的对象,其后即不能再更改,这使得引用本身(而非被引用的对象)已经具有常量性质了。

可以肯定地说,用引用能实现的功能,用指针都可以实现。那么 C++ 为什么还要引入引用这一特性呢?

指针是一种底层机制,正因为其底层,所以使用起来很灵活,功能强大。然而,灵活不一定好用。例如,如果希望使用指针作为函数参数达到数据双向传递或减小传递开销的目的,则在主调函数中需要用"&"操作符传递参数,在被调函数中需要用"*"操作符来访问数据,程序会显得烦琐,而且在这类用途之下,指针的算术运算尽管不需要使用,但如果不慎被误用,则编译器并不会给出提示,这样会造成不必要的麻烦,指针的赋值运算亦如此,虽然将指针设为常量可避免赋值运算被误用,但那又会使参数表变得烦琐,可读性降低。为了能够更加方便、安全地处理数据双向传递,减小参数传递开销这样的简单需求,C++ 对指针做了简单的包装,引入了引用。读者可以比较下面两段等价的代码,就可看出它们的繁简:

```
//使用指针常量
void swap(int * const pa, int * const pb) {
    int temp= * pa;
    * pa= * pb;
    * pb=temp;
}
int main() {
    int a, b;
    …
    swap(&a, &b);
    …
    return 0;
}
```

```
//使用引用
void swap(int &ra, int &rb) {
    int temp=ra;
    ra=rb;
    rb=temp;
}
int main() {
    int a, b;
    …
    swap(a, b);
    …
    return 0;
}
```

对于数据参数传递、减少大对象的参数传递开销这两个用途来说,引用可以很好地代替指针,使用引用比指针更加简洁、安全。其中,如果仅仅是为了后一个目的,一般来说应当使用常引用作为参数。

注意　只有常引用,而没有引用常量,也就是说,不能用 T & const 作为引用类型。这是因为引用只能在初始化时指定它所引用的对象,其后即不能再更改,这使得引用本身(而非被引用的对象)已经具有常量性质了。

但有些时候,引用还是不能替代指针,这时还需要使用指针,这样的情况主要包括以下几种:

- 如果一个指针所指向的对象,需要用分支语句加以确定,或者在中途需要改变它所指向的对象,那么在它初始化之后需要为它赋值,而引用只能在初始化时指定被引用的对象,所以不能胜任。
- 有时一个指针的值可能是空指针,例如当把指针作为函数的参数类型或返回类型时,有时会用空指针表达特定的含义(有兴趣的读者可以查看 ctime 头文件中的 time 函数),而没有空引用之说,这时引用不能胜任。
- 使用函数指针,由于没有函数引用,所以函数指针无法被引用替代。
- 用 new 动态创建的对象或数组,需要用指针来存储它的地址。
- 以数组形式传递大批量数据时,需要用指针类型作为参数接收(注意,参数表中出现 T s[ ]与 T *s 是等价的)。

细节　对于后面两种情况,指针并非完全不能用引用代替。例如,可以这样写:

```
T &s= * (new T());
delete &s;
```

但是这样显得很不自然,矫揉造作,有为用引用而用引用之嫌,这种用法应当避免。

6.8.2 指针的安全性隐患及其应对方案

指针这样一种底层机制,虽然为程序带来了很大的灵活性,但灵活意味着较少的约束,因此对指针的不慎使用,常常能造成一些安全性问题。本节把这些可能发生的安全性问题分为 3 大类,一一加以分析,并指出应对方案。

1. 地址安全性

我们通常使用的变量,其地址是由编译器分配的,引用变量时,编译器会使用适当的地址,由编译器保证所引用的地址是分配给这个变量的有效地址,而不会访问到不允许访问的地址,也不会访问到其他变量的地址。而使用指针时,指针所存储的地址是由程序在运行时确定的,如果程序没有给指针赋予确定的有效地地址,就会造成地址安全性隐患。

如果一个指针未赋初值就被使用,就会造成地址安全性隐患。而且,一个具有动态生存期的普通变量如果不赋初值即使用,程序的结果将是不确定的,同样会造成问题,在这一点上,指针并没有特殊性。

造成地址安全性隐患的另一个原因是指针的算术运算。首先,**指针算术运算的用途,一定要限制在通过指向数组中某个元素的指针,得到指向同一个数组中另一个元素的指针**。指针算术运算的其他用法,都会得到不确定的结果。

即使把指针的算术运算限制在这一用途内,仍然存在地址安全性隐患,最典型的问题就是数组下标越界。无论是大小固定的静态数组,还是用 new 分配的动态数组,访问数组中除了第一个元素外的其他元素,都要通过对首地址指针进行算术运算。算术运算后得到的地址,如果超出了数组的空间范围,就会发生错误。这类错误往往不易查出,例如,由于对数组 a 进行下标越界的访问而导致 b 变量的值不慎被改写,则一般只能直接观察到 b 变量值的异常，而如果想找出这一异常是由对 a 的不当访问造成的，则需费一番周折了。

解决这一安全隐患的办法是，尽量不直接通过指针来使用数组，而是使用封装的数组(如 6.4 节介绍的 vector)，这样使得数组下标越界的错误很容易被检测出。即使直接使用数组，也应当像例 6-18 那样，在访问数组元素前检查数组下标。

2. 类型安全性

对于普通变量来说，由于每个变量都有明确的类型，每个变量又都有明确的地址，因此编译器保证了只把每段内存单元中存储的数据当作同一种类型来处理。例如，存进去的时候是用浮点数的格式，读出来并参加运算时，也一定被当成浮点数。唯一的例外是联合体。而使用指针时，由于指针允许做类型的隐含或显式转换，安全问题就出现了。

基本数据类型和类类型也都有类型转换的情况，为什么没有类型安全性问题呢？那是因为它们所做的转换是基于内容的转换。例如：

```
int i=2;
float x=static_cast<float>(i);
```

整型的 2 和双精度浮点型的 2，在内存中是由不同的二进制序列表示的。不过，在执行 static_cast<float>(i)这一操作时，编译器会生成目标代码，将 i 的整型的二进制表示，转换成浮点型的二进制表示，这种转换叫作基于内容的转换。但是有指针参加的转换，情况就不大一样了，例如：

```
int i=2;
float *p=reinterpret_cast<float *>(&i);
```

reinterpret_cast 是和 static_cast 并列的一种类型转换操作符，它可以将一种类型的指针转换为另一种类型的指针，这里把 int * 类型的 &i 转换为 float * 类型。这个转换是怎么进行的呢？无论是 int 类型的指针，还是 float 类型的指针，存储的都是一个地址，它们的区别只是相应地址中的数据被解释为不同类型而已。因此，这里的类型转换，无外乎就是把 &i 得到的地址值直接作为转换结果，并为这一结果赋予 float * 类型。这种转换的结果就是，p 作为浮点型指针，却指向了整型变量 i。如果通过 p 访问整型变量 i，所执行的操作只能是针对浮点型的，这能不出问题吗？

细节　reinterpret_cast 不仅可以在不同类型对象的指针之间转换，还可以在不同类型函数的指针之间、不同类数据成员的指针之间、不同类函数成员的指针之间、不同类型的引用之间相互转换。reinterpret_cast 的转换过程，在 C++ 标准中未加以明确规定，会因编译环境而异，C++ 标准只保证用 reinterpret_cast 操作符将 A 类型的 p 转换为 B 类型 q，再用 reinterpret_cast 操作符将 B 类型的 q 转换为 A 类型的 r 后，应当有(p==r)成立。

reinterpret_cast 所作的转换，一般只用于帮助实现一些非常底层的操作，在绝大多数情况下，用 reinterpret_cast 在不同类型的指针之间转换的行为，都是应当避免的。C++ 之所以要将 reinterpret_cast 所能执行的转换操作和 static_cast 分开，就是因为 reinterpret_cast 具有很大的危险性和不确定性，而 static_cast 基本上是安全的和确定的。

但是，static_cast 也并非绝对安全。即使不用 reinterpret_cast，类型安全性仍然存在，这是因为有 void 指针的存在。任何类型的指针都可以隐含地转换为 void 指针，例如：

```
int i=2;
void * vp=&i;
```

这两条语句本身没有安全性问题,因为void指针在语义上就是所指向对象内容的数据类型不确定的指针,因此它可以指向任何类型的对象。然而,通过void指针不能对它所指向的对象进行任何操作,在执行操作前,还需先将void指针转换为具体类型的指针。C++不允许void指针到具体类型指针的转换隐含地发生,这种转换需要显式地进行,但是无须借助于reinterpret_cast操作符,用static_cast操作符即可,例如:

```
int * p=static_cast<int * >(vp);
```

细节　C语言允许void指针隐含地转换为其他任何类型的指针,而C++规定这种情况只能显式转换,这是C++与C相比的一个安全之处。

如果用static_cast将void指针转换为指针原来的类型,那么这是一种安全的转换,否则仍然是不安全的,例如:

```
float * p2=static_cast<float * >(vp);
```

与reinterpret_cast相同的问题又发生了。因此,static_cast也不是绝对安全的,在对void指针使用static_cast时如使用不当就会有不安全情况出现。因此,void指针要慎用。

有很多从标准C继承而来的函数会使用void指针作为参数和返回值,例如将一段内存空间设为一个固定值(memset)、比较两段内存空间(memcmp)、复制一段内存空间(memcpy)、动态分配一段内存空间(malloc)、释放动态分配的内存空间(free)等,这些操作都是不管具体的数据类型,把不同类型的数据当作无差别的二进制序列。其中,动态内存管理的函数(malloc、free等)已经可以被C++的new、delete关键字全面替代,而直接内存操作的函数(memset、memcmp、memcpy等)只能针对对象的二进制表示进行处理,不符合面向对象的要求,一般不用,至多对一些基本数据类型的数组使用。

void指针的另一个用途在于,有时一个指针可能会指向不同类型的对象,void指针只起一定的传递作用,最终使用该指针时,还需要根据情况将指针还原为它原先的类型。不过,这样的需求,很多都可以用继承、多态(将在第7~8章介绍)的方式加以处理,如果实在无法处理,那么一定要保证用static_cast操作符将void指针转换为了正确的类型,而不能是其他的类型,这样就能够指针的类型安全性。

总结起来,保证指针类型安全性的办法有以下几点:

- 除非非常特殊的底层用途,reinterpret_cast不要用;
- 继承自标准C的涉及void指针的函数,一般不要用,至多对一些基本数据类型及其数组使用;
- 如果一定需要用void指针,那么用static_cast将void指针转换为具体类型的指针时,一定要转换为最初的类型(即当初转换到该void指针的指针类型)。

提示　在这里,C++标准中几种分工明确的类型转换操作符static_cast、reinterpret_cast等,与旧风格的类型转换形式相比,其优势就显示了出来。无论是相对安全的static_cast,还是不安全的reinterpret_cast,都使用相同的转换形式,安全和不安全的行为会变得不易区分。

3. 堆对象的管理

通常使用的局部变量，在运行栈上分配空间，空间分配和释放的过程是由编译器生成的代码控制的，一个函数返回后相应的空间会自行释放；而静态生存期变量，其空间的分配是由连接器完成的，它们占用的空间大小始终是固定的，在运行过程中无须释放。然而，用new在程序运行时动态创建的堆对象，则必须由程序用用delete显式删除。如果动态生成的对象不再需要使用也不用delete删除，会使得这部分空间始终不能被其他对象利用，造成内存资源的泄露。

“用new创建的对象，必须用delete删除”这一原则，虽然说起来很简单，但在复杂的程序中，实践起来却没那么容易。如果一个堆对象的指针，只被一个对象直接访问，而不会传递给其他对象，那么就比较容易处理，例如例6-22中ArrayOfPoints类的points指针。然而情况并非都如此简单，有时常常会出现一个堆对象的指针被传递给多个对象的情况，这时，在什么时候、由哪个对象负责删除该堆对象，就成了问题。

对于这一问题，最关键的是明确每个堆对象的归属问题，也就是说，一个堆对象应当由哪个对象、哪个函数负责删除。一般来说，最理想的情况是，一个堆对象是由哪个类的成员函数创建的，就在这个类的成员函数中被删除，例如例6-18中，ArrayOfPoints类的构造函数创建了Point数组，赋给了成员变量points，由ArrayOfPoints类的析构函数负责删除它。如果遵循这一原则，则堆对象的建立和删除都只是一个类的局部问题，不涉及其他类，因此问题简单许多。

然而，有时确实需要在不同类之间转移堆对象的归属，例如，如果一个函数需要返回一个对象，为了避免复制构造函数因传递返回值被调用(因为大对象的复制构造会有较大开销)，可以在函数内用new建立该对象，再将该对象的地址返回，但这就要求调用这个函数的类确保这个返回的堆对象最后被删除。每遇到这种情况，都应当在函数的注释中明确指出，函数的调用者应当负责删除函数所返回的堆对象。这实际上是类的对外接口约定的一部分，不过能否正确履行不由编译器来检查，而需完全由编程者来保证。

解决动态对象的管理问题，也可以借助于共享指针。共享指针是一种具有指针行为的特殊的类，它会在指向一个堆对象的所有指针都不再有效时，自动将其删除。虽然使用共享指针要付出一定的效率代价，但安全性很好，容易使用。共享指针是Boost库的一部分，这在第10章的深度探索中会加以介绍。

6.8.3　const_cast 的应用

2.2.5小节曾经介绍过，旧风格的类型转换操作符，可以用static_cast、reinterpret_cast和const_cast三者之一或其中两者的组合加以描述。static_cast已经用得很多，它用来进行比较安全的、基于内容的数据类型转换，而reinterpret_cast在6.8.2小节中也介绍了，是一种底层的、具有很大危险性和不确定性的数据类型转换。还剩下一种类型转换操作符const_cast尚未被介绍，本节将对它及其用途进行简单介绍。

通俗地说，const_cast可以用来将数据类型中的“const”属性去除。它可以将常指针转换为普通指针，将常引用转换为普通引用。例如下面的代码：

```
void foo(const int * cp) {
    int * p=const_cast<int * >(cp);
```

```
    (*p)++;
}
```

该代码使用 const_cast，将 cp 类型中的 const 去除，将常指针 cp 转换为普通指针 p，然后通过 p 修改它所指向的变量。这是一个非常丑陋的程序，因为函数 foo 通过将参数 cp 声明为常指针，承诺不会通过 cp 修改任何变量的值，而它却出尔反尔，最终还是改变了 cp 所指向的内容。

注意　const_cast 只用于将常指针转换为普通指针、将常引用转换为普通引用，而不是用来将常对象转换为普通对象，因为这是没有意义的。目的为对象(而非引用)的转换会生成对象的副本，而使用常对象本来就可以直接生成普通对象的副本，例如：

```
const int i=5;
int j=i;
```

这里把常量 i 赋给变量 j 是无须任何转换的。不过常对象可以用 const_cast 转换为普通引用，这是因为从对象到引用的转换是隐含的，常对象可以隐含地转换为常引用，而常引用又可用 const_cast 转换为普通引用。

可见，const_cast 很容易被滥用，破坏对数据的保护，因此它是不安全的，所以相对安全的 static_cast 不具备去除 const 的功能。不过，虽然 const_cast 是不安全的，但并不意味着它是一无是处的，在某些固定场合适当地使用它，可以是安全的。

请回顾一下例 6-18 的 ArrayOfPoints 类，这个类的接口实际上是有缺陷的。由于 ArrayOfPoints 的 element 成员函数不是常成员函数，所以无法通过 ArrayOfPoints 的常对象、常指针和常引用去访问 element 成员函数，这样并不合理。通过 ArrayOfPoints 的常对象、常指针和常引用对数组元素的访问，只要保证不修改数组元素的值，应当是被允许的。如何解决这个问题呢？一个可行的做法是对 element 函数进行重载，提供一个供常对象使用的版本，新增函数的代码应当是这样的：

```
//获得下标为 index 的数组元素
const Point &element(int index) const {
    assert(index>=0 && index<size);
    return points[index];
}
```

这样，如果通过常对象、常指针或常引用调用 element 函数，上面的函数就会被调用，返回一个 Point 对象的常引用，返回类型中的 const 保证了数组元素不被修改；而用普通对象、普通指针或普通引用调用 element 函数时，被调用的是另一个版本，可以返回 Point 的普通引用，使得数组元素能够被修改。这样的接口就更加完备了。

然而，两个版本中的 element 函数中的代码几乎是一模一样的。这里的代码只有两行还好办一些，如果代码更长，恐怕会更加麻烦了。当修改一个函数中的代码时，另一个也要跟着修改。这种编码方法肯定是不明智的。这时，const_cast 就可以真正派上用场了。可以将非 const 的 element 函数修改如下：

```
//获得下标为 index 的数组元素
Point &element(int index) {
```

```
    return const_cast<Point &>(
        static_cast<const ArrayOfPoints * >(this)->element(index));
}
```

它先用 static_cast 将 this 指针转换为常指针。由于从普通指针向常指针的转换是安全的,所以可以用 static_cast 执行。将 this 显示转换为常指针,是为了调用那个常成员函数 element(否则会递归调用自身,并无限递归下去)。直到完成对常成员函数 element 的调用,一切都是安全的。得到常引用类型的结果后,使用 const_cast 将其转换为普通引用,就是最后的结果。只有最后这一步,用了不能保证是安全转换的 const_cast,但在这里却是安全的,因为这种转换所能达到的唯一后果是允许主调函数通过返回的引用修改数组元素,而既然 element 并不是常成员函数,它当然可以把这种权利给主调函数。

这样一改,就可以使得以后这一版本的 element 函数不用再加以维护,一切对常成员函数 element 的修改都能反映到其中来,同时又丝毫没有破坏 const 的作用。这就是 const_cast 的安全用法。

请读者思考一下,为什么不能够反过来用,也就是说,为什么不能够把函数的内容写在普通成员函数中,而由常成员函数去调用普通成员函数?

6.9　小结

本章主要介绍了 C++ 中利用数组和指针来组织数据的方法。数组是最为常见的数据组织形式,是具有一定顺序关系的若干变量的集合体。组成数组的变量称为该数组的元素,同一数组的各元素具有相同的数据类型。这里的数据类型可以是一般的简单数据类型,也可以是用户自定义的数据类型,如结构体、类等。如果数组的数据类型是类,则数组的每一个元素都是该类的一个对象,我们称这样的数组为对象数组。对象数组的初始化就是每一个元素对象调用构造函数的过程。可以给每一个数组元素指定显式的初始值,这时会调用相应有形参的构造函数,如果没有指定初始值,就会调用默认构造函数。同样,当一个数组中的元素对象被删除时,系统会调用析构函数来完成。

指针也是一种数据类型,具有指针类型的变量称为指针变量。指针变量是用来存放地址的变量。因此,指针提供了一种直接操作地址的手段。

指针可以指向简单变量,也可以指向对象,还可以指向函数(包括普通函数和对象的函数成员)。使用指针一般要包括 3 个步骤——声明、初始化和引用。指针的初值很重要,使用指针之前必须对指针赋值,让它指向一个已经存在的数据或函数的地址,然后才可以使用;否则可能会造成严重的问题。指针是 C++ 中的一个难点,正确地使用指针,可以方便、灵活而有效地组织和表示复杂的数据结构。

本章还介绍了内存动态分配可以动态地进行内存管理。

最后,我们以字符串为例,讲解了数组的特例——字符数组的使用方法,同时介绍了对字符数组的各种操作进行了良好封装的 string 类。

习　题

6-1 数组 a[10][5][15]一共有多少个元素?

6-2 在数组 a[20]中第一个元素和最后一个元素是哪个?

6-3 用一条语句声明一个有 5 个元素的 int 型数组,并依次赋予 1~5 的初值。

6-4 已知有一个数组名叫 oneArray,用一条语句求出其元素的个数。

6-5 用一条语句声明一个有 5×3 个元素的二维 int 型数组,并依次赋予 1~15 的初值。

6-6 运算符"*"和"&"的作用是什么?

6-7 什么叫作指针?指针中储存的地址和这个地址中的值有何区别?

6-8 声明一个 int 型指针,用 new 语句为其分配包含 10 个元素的地址空间。

6-9 在字符串"Hello,world!"中结束符是什么?

6-10 声明一个有 5 个元素的 int 型数组,在程序中提示用户输入元素值,最后再在屏幕上显示出来。

6-11 引用和指针有何区别?何时只能使用指针而不能使用引用?

6-12 声明下列指针:float 类型的指针 pfloat,char 类型的指针 pstr,struct Customer 型的指针 pcus。

6-13 给定 float 类型的指针 fp,写出显示 fp 所指向的值的输出流语句。

6-14 在程序中声明一个 double 类型变量的指针,分别显示指针占了多少字节和指针所指的变量占了多少字节。

6-15 const int * p1 和 int * const p2 的区别是什么?

6-16 声明一个 int 型变量 a,一个 int 型指针 p,一个引用 r,通过 p 把 a 的值改为 10,通过 r 把 a 的值改为 5。

6-17 下列程序有何问题,请仔细体会使用指针时应避免出现这个的问题。

```
#include <iostream>
using namespace std;
int main() {
    int *p;
    *p=9;
    cout<<"The value at p: "<<*p;
    return 0;
}
```

6-18 下列程序有何问题,请改正;仔细体会使用指针时应避免出现的这个问题。

```
#include <iostream>
using namespace std;
int fn1() {
   int *p=new int (5);
   return *p;
}
int main() {
```

```
    int a=fn1();
    cout<<"the value of a is: "<<a;
    return 0;
}
```

6-19 声明一个参数为 int 型、返回值为 long 型的函数指针；声明类 A 的一个成员函数指针，其参数为 int 型，返回值 long 型。

6-20 实现一个名为 SimpleCircle 的简单圆类。其数据成员 int * itsRadius 为一个指向其半径值的指针，存放其半径值。设计对数据成员的各种操作，给出这个类的完整实现并测试这个类。

6-21 编写一个函数，统计一条英文句子中字母的个数，在主程序中实现输入输出。

6-22 编写函数 void reverse(string &s)，用递归算法使字符串 s 倒序。

6-23 设学生人数 $N=8$，提示用户输入 N 个人的考试成绩，然后计算出他们的平均成绩并显示出来。

6-24 基于 char * 设计一个字符串类 MyString，并且具有构造函数、析构函数、复制构造函数，重载运算符“+”“=”“+=”“[]”，尽可能地完善它，使之能满足各种需要(运算符重载功能为选做，参见第 8 章)。

6-25 编写一个 3×3 矩阵转置的函数，在 main()函数中输入数据。

6-26 编写一个矩阵转置的函数，矩阵的行、列数在程序中由用户输入。

6-27 定义一个 Employee 类，其中包括表示姓名、街道地址、城市和邮编等属性，包括 setName()和 display()等函数。display()使用 cout 语句显示姓名、街道地址、城市和邮编等属性，函数 setName()改变对象的姓名属性，实现并测试这个类。

6-28 分别将例 6-10 程序和例 6-16 程序中对指针的所有使用都改写为与之等价的引用形式，比较修改前后的程序，体会在哪些情况下使用指针更好，哪些情况下使用引用更好。

6-29 运行下面的程序，观察执行结果，指出该程序是如何通过指针造成安全性问题的，思考如何避免这种情况的发生：

```
#include <iostream>
using namespace std;
int main() {
    int arr[]={1, 2, 3};
    double * p=reinterpret_cast<double * >(&arr[0]);
    * p=5;
    cout<<arr[0]<<" "<<arr[1]<<" "<<arr[2]<<endl;
    return 0;
}
```

6-30 static_cast、const_cast 和 reinterpret_cast 各自应在哪些情况下使用？

第 7 章

类的继承

编写程序，在很大程度上是为了描述和解决现实世界中的现实问题。C++ 中的类很好地采用了人类思维中的抽象和分类方法，类与对象的关系恰当地反映了个体与同类群体共同特征之间的关系。进一步观察现实世界可以看到，不同的事物之间往往不是独立的，很多事物之间都有着复杂的联系。继承便是众多联系中的一种：孩子与父母有很多相像的地方，但同时也有不同；汽车与自行车都从属于一个更抽象的概念——交通工具，但它们无论从外观和功能上都各有不同、各具千秋。

面向对象的程序设计中提供了类的继承机制，允许程序员在保持原有类特性的基础上，进行更具体、更详细的类的定义。以原有的类为基础产生新的类，我们就说新类继承了原有类的特征，也可以说是从原有类派生出新类。类的派生机制有什么好处呢？好处在于代码的重用性和可扩充性。通过继承可以充分利用别人做过一些类似的研究，和已有的一些分析、解决方案。重用这些的代码，便使自己的开发工作能够站在巨人的肩膀上。软件开发完成后，当问题有了新的发展或对问题有了新的认识时，也能高效地改造和扩充已有的软件。

派生新类的过程一般包括吸收已有类的成员、调整已有类成员和添加新的成员 3 个步骤。本章围绕派生过程，着重讨论不同继承方式下的基类成员的访问控制问题、添加构造函数和析构函数；接着还将讨论在较为复杂的继承关系中，类成员的唯一标识和访问问题；最后给出类的继承实例——全选主元高斯消去法求解线性方程组和一个小型公司的人员信息管理系统。

7.1 基类与派生类

7.1.1 继承关系举例

类的继承和派生的层次结构，可以说是人们对自然界中的事物进行分类、分析和认识的过程在程序设计中的体现。现实世界中的事物都是相互联系、相互作用的，人们在认识过程中，根据它们的实际特征，抓住其共同特性和细小差别，利用分类的方法进行分析和描述。比如对于交通工具的分类，如图 7-1 所示。这个分类树反映了交通工具的派生关系，最高层是抽象程度最高的，是最具有普遍和一般意义的概念，下层具有了上层的特性，同时加入了自己的新特征，而最下层是最为具体的。在这个层次结构中，由上到下，是一个具体化、特殊化的过程；由下到上，是一个抽象化的过程。上下层之间的关系就可以看作基类与派生类的关系。

让我们回顾一下第 4 章至第 6 章综合例题中关于个人银行账户管理系统的问题，在该程序中用 SavingsAccount 类描述了活期储蓄账户。如果有一个新的需求，需要在程序中添加一类新的账户——信用账户，那么该如何对程序进行修改呢？

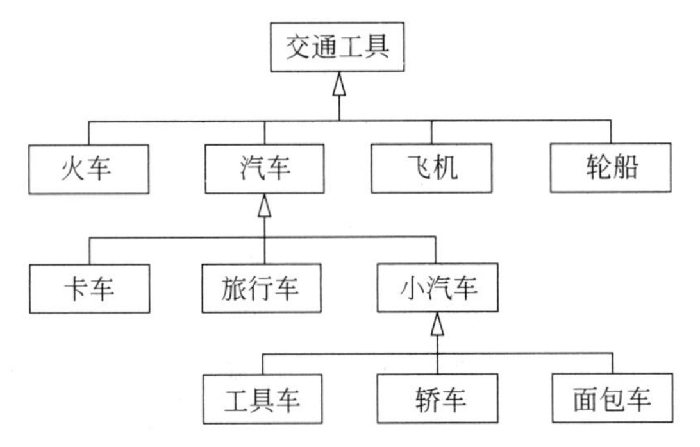

图 7-1　交通工具分类层次图的 UML 表示

信用账户具有很多和活期储蓄账户不同的特性，例如储蓄账户不能透支，而信用账户可以透支，储蓄账户中有余额时就有利息，而信用账户在余额为正数时没有利息，仅在余额为负数(即用户欠款)时才有利息。因此，需要为信用账户创建一个新的类 CreditAccount。然而，两类账户又有许多共性，例如它们都具有账号、余额等信息，当输出一条账目时可以采用相同的输出格式。如何在正确描述两类账户各自特性的同时，避免对它们的共性进行重复描述呢？这就可以借助于面向对象程序设计中的继承与派生了。可以创建一个新的类 Account，用它来描述两类具体账户的共性，再将两个具体的账户类变成 Account 类的派生类，这样就能够很好地描述两类账户的共性和各自的特性。

所谓继承就是从先辈处得到属性和行为特征。**类的继承，是新的类从已有类那里得到已有的特性**。从另一个角度来看这个问题，**从已有类产生新类的过程就是类的派生**。类的继承与派生机制允许程序员在保持原有类特性的基础上，进行更具体、更详细的修改和扩充。由原有的类产生新类时，新类便包含了原有类特征，同时也可以加入自己所特有的新特性。原有的类称为**基类**或**父类**，产生的新类称为**派生类**或**子类**。派生类同样也可以作为基类派生新的类，这样就形成了类的层次结构。类的派生实际是一种演化、发展过程，即通过扩展、更改和特殊化，从一个已知类出发建立一个新类。通过类的派生可以建立具有共同关键特征的对象家族，从而实现代码的重用，这种继承和派生的机制对于已有程序的发展和改进，是极为有利的。

7.1.2　派生类的定义

在 C++ 中，派生类的一般定义语法为：

```
class 派生类名: 继承方式  基类名 1,继承方式  基类名 2,…,继承方式  基类名 n
{
    派生类成员声明;
};
```

例如，假设基类 Base1、Base2 是已经定义的类，下面的语句定义了一个名为 Derived 的派生类，该类从基类 Base1、Base2 派生而来：

```
class Derived: public Base1, private Base2
{
public:
    Derived ();
    ~Derived ();
};
```

定义中的“基类名”(如Base1、Base2)是已有的类的名称,“派生类名”是继承原有类的特性而生成的新类的名称(如Derived)。**一个派生类,可以同时有多个基类,这种情况称为多继承**,这时的派生类同时得到了多个已有类的特征。上述例子就是一个多继承实例。**一个派生类只有一个直接基类的情况,称为单继承**。两种继承的UML表示如图7-2所示。单继承可以看作是多继承的一个最简单的特例,多继承可以看作多个单继承的组合,它们之间的很多特性是相同的,我们的学习首先从简单的单继承开始。

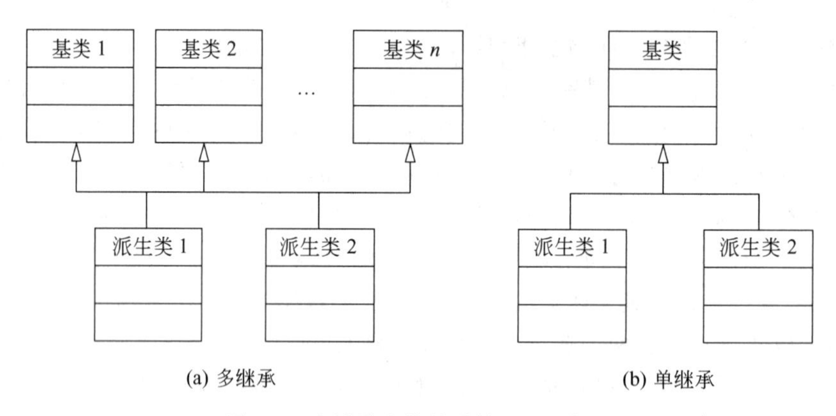

图7-2　多继承和单继承的UML表示

在派生过程中,派生出来的新类也同样可以作为基类再继续派生新的类,此外,一个基类可以同时派生出多个派生类。也就是说,一个类从父类继承来的特征也可以被其他新的类所继承,一个父类的特征,可以同时被多个子类继承。这样,就形成了一个相互关联的类的家族,有时也称作类族。在类族中,直接参与派生出某类的基类称为**直接基类**,基类的基类甚至更高层的基类称为**间接基类**。比如由“交通工具”类派生出“汽车”类,“汽车”类又派生出“卡车”类,则“汽车”类是“卡车”类的直接基类,“交通工具”类是“汽车”类的直接基类,而“交通工具”类可以称为“卡车”类的间接基类。

在派生类的定义中,除了要指定基类外,还需要指定继承方式。**继承方式规定了如何访问从基类继承的成员**。在派生类的定义语句中,每个“继承方式”,只限定紧随其后的基类。继承方式关键字为:public、protected和private,分别表示公有继承、保护继承和私有继承。如果不显式地给出继承方式关键字,系统的默认值就认为是私有继承(private)。类的继承方式指定了派生类成员以及类外对象对于从基类继承来的成员的访问权限,这将在7.2节详细介绍。

前面的例子中对Base1是公有继承,对Base2是私有继承,同时声明了派生类自己新的构造函数和析构函数。

派生类成员是指除了从基类继承来的所有成员外,新增加的数据和函数成员。这些新增的成员，正是派生类不同于基类的关键所在，是派生类对基类的发展。当重用和扩充已有的代码时，就是通过在派生类中新增成员来添加新的属性和功能。可以说，这就是类在继承基础上的进化和发展。

7.1.3 派生类生成过程

在C++程序设计中，进行了派生类的定义之后，给出该类的成员函数的实现，整个类就算完成了，可以由它来生成对象进行实际问题的处理。仔细分析派生新类这个过程，实际是经历了3个步骤：吸收基类成员、改造基类成员、添加新的成员。面向对象的继承和派生机制，其最主要目的是实现代码的重用和扩充。因此，吸收基类成员就是一个重用的过程，而对基类成员进行调整、改造以及添加新成员就是原有代码的扩充过程，二者是相辅相成的。下面以7.1.1小节中提出的个人银行账户管理系统为例分别对这几个步骤进行解释。基类Account和派生类CreditAccount定义如下，类的实现部分暂时略去，在7.7节中将列出解决这个问题的完整程序。

```
class Account {                //账户类
private:
    std::string id;            //账号
    double balance;            //余额
    static double total;       //所有账户的总金额
protected:
    Account(const Date &date, const std::string &id);
    void record(const Date &date, double amount, const std::string &desc);
    void error(const std::string &msg) const;
public:
    const std::string &getId() const {return id;}
    double getBalance() const {return balance;}
    static double getTotal() {return total;}
    void show() const;
};

class CreditAccount : public Account {      //信用账户类
private:
    Accumulator acc;                        //辅助计算利息的累加器
    double credit;                          //信用额度
    double rate;                            //欠款的日利率
    double fee;                             //信用卡年费
    double getDebt() const;
public:
    //构造函数
    CreditAccount(const Date &date, const std::string &id, double credit, double
rate, double fee);
    double getCredit() const;
    double getRate() const;
    double getFee() const;
```

```
    double getAvailableCredit();
    void deposit(const Date &date, double amount, const std::string &desc);
    void withdraw(const Date &date, double amount, const std::string &desc);
    void settle(const Date &date);
    void show() const;
};
```

1. 吸收基类成员

在C++的类继承中,第一步是将基类的成员全盘接收,这样,派生类实际上就包含了它的全部基类中除构造和析构函数之外的所有成员。在派生过程中构造函数和析构函数都不被继承,这一点将在7.3节中详细介绍。在这里,派生类CreditAccount继承了基类Account中除构造和析构函数之外的所有非静态成员:id、balance、record函数、error函数、getId函数、getBalance函数、show函数。经过派生过程这些成员便存在于派生类中。

2. 改造基类成员

对基类成员的改造包括两个方面,一个是基类成员的访问控制问题,主要依靠派生类定义时的继承方式来控制,在将在7.2节中详细介绍。另一个是对基类数据或函数成员的覆盖或隐藏,覆盖的概念将在第8章介绍,而隐藏就是在派生类中声明一个和基类数据或函数同名的成员,例如这个例子中的show()。**如果派生类声明了一个和某基类成员同名的新成员,派生的新成员就隐藏了外层同名成员**。这时在派生类中或者通过派生类的对象,直接使用成员名就只能访问到派生类中声明的同名成员,这称作**同名隐藏**。在这里派生类CreditAccount中的show()函数就隐藏了基类Account中的同名函数。

3. 添加新的成员

派生类新成员的加入是继承与派生机制的核心,是保证派生类在功能上有所发展的关键。可以根据实际情况的需要,给派生类添加适当的数据和函数成员,来实现必要的新增功能。在这里派生类CreditAccount中就添加了数据成员acc、credit、rate和fee。

由于在派生过程中,基类的构造函数和析构函数是不能被继承的,因此要实现一些特别的初始化和扫尾清理工作,就需要在派生类中加入新的构造和析构函数。例如派生类CreditAccount的构造函数CreditAccount()。

本章的内容基本上是按照派生的这3个步骤组织的。第一步实际在定义派生类之后自动完成了,程序员无法干预,我们也不再做深入讨论。第二个步骤中我们着重学习不同继承方式下的基类成员的访问控制问题。在第三步中,重点放在了构造函数和析构函数上,其他一般成员的添加,方法和规则与定义一个类时完全相同,可以参看第4章的内容。接着学习在较为复杂的继承关系中,类成员的唯一标识和访问问题。最后通过类的继承实例作为本章的回顾与总结。

7.2 访问控制

派生类继承了基类的全部数据成员和除了构造、析构函数之外的全部函数成员,但是这些成员的访问属性在派生的过程中是可以调整的。从基类继承的成员,其访问属性由继承方式控制。

基类的成员可以有 public(公有)、protected(保护)和 private(私有)三种访问属性,基类的自身成员可以对基类中任何一个其他成员进行访问,但是通过基类的对象,就只能访问该类的公有成员。

类的继承方式有 **public**(公有继承)、**protected**(保护继承)和 **private**(私有继承)三种,不同的继承方式,导致原来具有不同访问属性的基类成员在派生类中的访问属性也有所不同。这里说的访问来自两个方面:一是派生类中的新增成员访问从基类继承的成员;二是在派生类外部(非类族内的成员),通过派生类的对象访问从基类继承的成员。下面分别进行讨论。

7.2.1 公有继承

当类的继承方式为公有继承时,基类的公有和保护成员的访问属性在派生类中不变,而基类的私有成员不可直接访问。也就是说基类的公有成员和保护成员被继承到派生类中访问属性不变,仍作为派生类的公有成员和保护成员,派生类的其他成员可以直接访问它们。在类族之外只能通过派生类的对象访问从基类继承的公有成员,而无论是派生类的成员还是派生类的对象都无法**直接**访问基类的私有成员。

例 7-1 Point 类公有继承。

Point 类是在前面的章节中多次使用的类。在这个例子中,我们从 Point 类派生出新的 Rectangle(矩形)类。矩形是由一个点加上长、宽构成。矩形的点具备了 Point 类的全部特征,同时,矩形自身也有一些特点,这就需要在继承 Point 类的同时添加新的成员。这两个类的继承关系可以用 UML 图形描述,如图 7-3 所示。

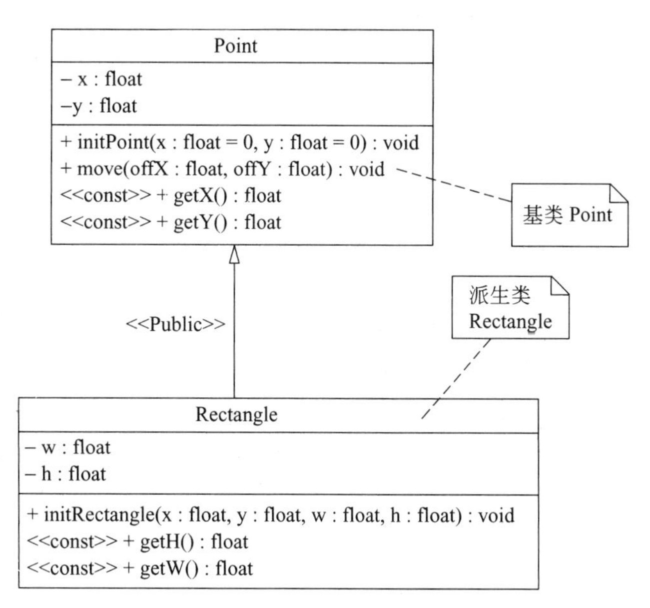

图 7-3　Point 类和 Rectangle 类的继承关系的 UML 图形表示

下面先来看程序的头文件部分。

```
//Point.h
#ifndef _POINT_H
```

```
#define _POINT_H
class Point {          //基类 Point 类的定义
public:                //公有函数成员
    void initPoint(float x=0, float y=0) {this->x=x; this->y=y;}
    void move(float offX, float offY) {x+=offX; y+=offY;}
    float getX() const {return x;}
    float getY() const {return y;}
private:               //私有数据成员
    float x, y;
};
#endif                 //_POINT_H

//Rectangle.h
#ifndef _RECTANGLE_H
#define _RECTANGLE_H
#include "Point.h"
class Rectangle: public Point {     //派生类定义部分
public:                             //新增公有函数成员
    void initRectangle(float x, float y, float w, float h) {
        initPoint(x, y);            //调用基类公有成员函数
        this->w=w;
        this->h=h;
    }
    float getH() const {return h;}
    float getW() const {return w;}
private:                            //新增私有数据成员
    float w, h;
};
#endif                              //_RECTANGLE_H
```

这里首先定义了基类 Point。派生类 Rectangle 继承了 Point 类的全部成员(隐含的默认构造和析构函数除外),因此在派生类中,实际所拥有的成员就是从基类继承过来的成员与派生类新定义成员的总和。继承方式为公有继承,这时,基类中的公有成员在派生类中访问属性保持原样,派生类的成员函数及对象可以访问到基类的公有成员(例如在派生类函数成员 initRectangle 中直接调用基类的函数 initPoint),但是无法访问基类的私有成员(例如基类的 x、y)。基类原有的外部接口(例如基类的 getX()和 getY()函数)变成了派生类外部接口的一部分。当然,派生类自己新增的成员之间都是可以互相访问的。

Rectangle 类继承了 Point 类的成员,也就实现了代码的重用,同时,通过新增成员,加入了自身的独有特征,达到了程序的扩充。

程序的主函数部分如下:

```
//7_1.cpp
#include <iostream>
#include <cmath>
#include "Rectangle.h"
```

```
using namespace std;
int main() {
    Rectangle rect;                        //定义 Rectangle 类的对象
    rect.initRectangle(2, 3, 20, 10); //设置矩形的数据
    rect.move(3,2);                        //移动矩形位置
    cout<<"The data of rect(x,y,w,h): "<<endl;
    cout<<rect.getX() <<", "           //输出矩形的特征参数
        <<rect.getY()<<", "
        <<rect.getW()<<", "
        <<rect.getH()<<endl;
    return 0;
}
```

主函数中首先声明了一个派生类的对象 rect，对象生成时调用了系统所产生的默认构造函数，这个函数的功能是什么都不做。然后通过派生类的对象，访问了派生类的公有函数 initRectangle、move 等，也访问了派生类从基类继承来的公有函数 getX()、getY()。这样我们看到了，从一个基类以公有方式产生了派生类之后，在派生类的成员函数中，以及通过派生类的对象如何访问从基类继承的公有成员。

运行结果：

```
The data of rect(X,Y,W,H):
5, 5, 20, 10
```

7.2.2　私有继承

当类的继承方式为私有继承时，基类中的公有成员和保护成员都以私有成员身份出现在派生类中，而基类的私有成员在派生类中不可直接访问。也就是说基类的公有和保护成员被继承后作为派生类的私有成员，派生类的其他成员可以直接访问它们，但是在类族外部通过派生类的对象无法直接访问它们。无论是派生类的成员还是通过派生类的对象，都无法直接访问从基类继承的私有成员。

经过私有继承之后，所有基类的成员都成为派生类的私有成员或不可直接访问的成员，如果进一步派生，基类的全部成员就无法在新的派生类中被直接访问。因此，私有继承之后，基类的成员再也无法在以后的派生类中直接发挥作用，实际是相当于终止了基类功能的继续派生，出于这种原因，一般情况下私有继承的使用比较少。

例 7-2　Point 类私有继承。

这个例子所面对的问题和例 7-1 相同，只是采用不同的继承方式，即在继承过程中对基类成员的访问权限设置不同。程序类的定义部分如下：

```
//Point.h
#ifndef _POINT_H
#define _POINT_H
class Point {                          //基类 Point 类的定义
public:                                //公有函数成员
    void initPoint(float x=0, float y=0) {this->x=x; this->y=y;}
```

```
    void move(float offX, float offY) {x+=offX; y+=offY;}
    float getX() const {return x;}
    float getY() const {return y;}
private:                                //私有数据成员
    float x, y;
};
#endif //_POINT_H

//Rectangle.h
#ifndef _RECTANGLE_H
#define _RECTANGLE_H
#include "Point.h"
class Rectangle: private Point {        //派生类定义部分
public:                                 //新增公有函数成员
    void initRectangle(float x, float y, float w, float h) {
        initPoint(x, y);                //调用基类公有成员函数
        this->w=w;
        this->h=h;
    }
    void move(float offX, float offY) {Point::move(offX, offY);}
    float getX() const {return Point::getX();}
    float getY() const {return Point::getY();}
    float getH() const {return h;}
    float getW() const {return w;}
private:                                //新增私有数据成员
    float w, h;
};
#endif //_RECTANGLE_H
```

同样,派生类 Rectangle 继承了 Point 类的成员,因此在派生类中,实际所拥有的成员就是从基类继承来的成员与派生类新成员的总和。继承方式为私有继承,这时,基类中的公有和保护成员在派生类中都以私有成员的身份出现。派生类的成员函数及对象无法访问基类的私有成员(例如基类的 x、y)。派生类的成员仍然可以访问到从基类继承过来的公有和保护成员(例如在派生类函数成员 initRectangle 中直接调用基类的函数 initPoint),但是在类外部通过派生类的对象根本无法直接访问到基类的任何成员,基类原有的外部接口(例如基类的 getX()和 getY()函数)被派生类封装和隐蔽起来。当然,派生类新增的成员之间仍然可以自由地互相访问。

在私有继承情况下,为了保证基类的一部分外部接口特征能够在派生类中也存在,就必须在派生类中重新声明同名的成员。这里在派生类 Rectangle 中,重新声明了 move、getX、getY 等函数,利用派生类对基类成员的访问能力,把基类的原有成员函数的功能照搬过来。

程序的主函数部分和例 7-1 完全相同,但是执行过程有所不同。

```
//7_2.cpp
#include <iostream>
```

```
#include <cmath>
#include "Rectangle.h"
using namespace std;

int main() {
    Rectangle rect;                        //定义 Rectangle 类的对象
    rect.initRectangle(2, 3, 20, 10);  //设置矩形的数据
    rect.move(3,2);                        //移动矩形位置
    cout<<"The data of rect(x,y,w,h): "<<endl;
    cout<<rect.getX() <<", "              //输出矩形的特征参数
        <<rect.getY()<<", "
        <<rect.getW()<<", "
        <<rect.getH()<<endl;
    return 0;
}
```

和例 7-1 主函数最大的不同是：本例的 Rectangle 类对象 rect 调用的函数都是派生类自身的公有成员，因为是私有继承，它不可能访问到任何一个基类的成员。同例 7-1 Point 类公有继承相比较，本例对程序修改的只是派生类的内容，基类和主函数部分根本没有做过任何改动，读者也可以看到面向对象程序设计封装性的优越性，Rectangle 类的外部接口不变，内部成员的实现做了改造，根本就没有影响到程序的其他部分，这正是面向对象程序设计重用与可扩充性的一个实际体现。程序运行的结果同例 7-1。

7.2.3　保护继承

保护继承中，基类的公有和保护成员都以保护成员的身份出现在派生类中，而基类的私有成员不可直接访问。这样，派生类的其他成员就可以直接访问从基类继承来的公有和保护成员，但在类外部通过派生类的对象无法直接访问它们，如图 7-4 所示。无论是派生类的成员还是派生类的对象都无法直接访问基类的私有成员。

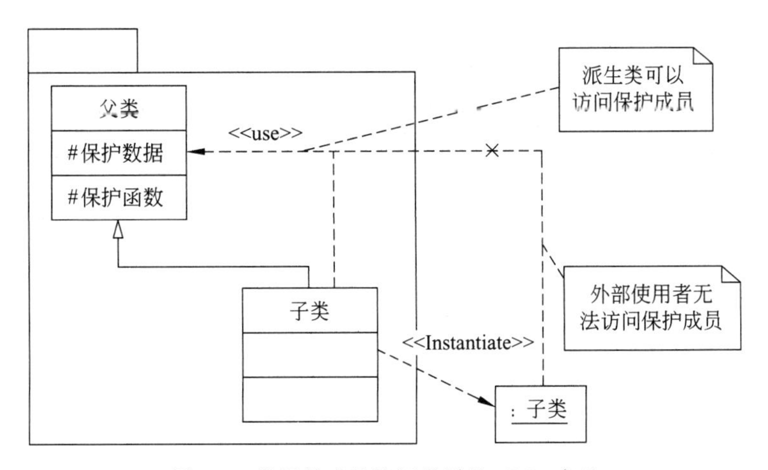

图 7-4　类保护成员访问规则的 UML 表示

比较私有继承和保护继承可以看出，实际上在直接派生类中，所有成员的访问属性都是

完全相同的。但是,如果派生类作为新的基类,继续派生时,二者的区别就出现了。假设Rectangle类以私有方式继承了Point类后,Rectangle类又派生出Square类,那么Square类的成员和对象都不能访问间接从Point类中继承来的成员。如果Rectangle类是以保护方式继承了Point类,那么Point类中的公有和保护成员在Rectangle类中都是保护成员。Rectangle类再派生出Square类后,Point类中的公有和保护成员被Square类间接继承后,有可能是保护的或者是私有的(视从Rectangle到Square的派生方式不同而不同)。因而,Square类的成员有可能可以访问间接从Point类中继承来的成员。

从继承的访问规则,可以看到类中保护成员的特征。如果Point类中含有保护成员,对于建立Point类对象的模块来讲,保护成员和该类的私有成员一样是不可访问的。如果Point类派生出子类Rectangle,则对于Rectangle类来讲,保护成员与公有成员具有相同的访问特性。换句话说,就是Point类中的保护成员有可能被它的派生类访问,但是绝不可能被其他外部使用者(例如程序中的普通函数、与Point类平行的其他类等)访问。这样,如果合理地利用保护成员,就可以在类的复杂层次关系中在共享与成员隐藏之间找到一个平衡点,既能实现成员隐藏,又能方便继承,实现代码的高效重用和扩充。

下面再通过两个简单的例子对上述问题进行深入说明,假定某一个类A有保护数据成员x,我们来讨论成员x的访问特征。

基类A的定义为:

```
class A {
protected:                    //保护数据成员
    int x;
};
```

如果主函数为:

```
int main() {
    A a;
    a.x=5;                    //错误
}
```

程序在编译阶段就会出错,错误原因就是在建立A类对象的模块——主函数中试图访问A类的保护成员,这是不允许的,因为该成员的访问规则和A类的私有成员是相同。这就说明在建立A类对象a的模块中是无法访问A类的保护成员的,在这种情况下,保护成员和私有成员一样得到了很好的隐蔽。

如果A类以公有方式派生产生了B类,则在B类中,A类保护成员和该类的公有成员一样是可以访问的。例如:

```
class A {
protected:
    int x;
};
class B: public A {           //公有派生
public:
    void function();
```

```
};
void B::function() {
    x=5;
}
```

在派生类 B 的成员函数 function 内部，是完全可以访问基类的保护成员的。

注意　如果 B 是 A 的派生类，B 的成员函数只能通过 B 的对象访问 A 中定义的 protected 成员，而不能通过 A 的对象访问 A 的 protected 成员。

7.3　类型兼容规则

类型兼容规则是指在需要基类对象的任何地方，都可以使用公有派生类的对象来替代。 通过公有继承，派生类得到了基类中除构造函数、析构函数之外的所有成员。这样，公有派生类实际就具备了基类的所有功能，凡是基类能解决的问题，公有派生类都可以解决。类型兼容规则中所指的替代包括以下情况。

- 派生类的对象可以隐含转换为基类对象。
- 派生类的对象可以初始化基类的引用。
- 派生类的指针可以隐含转换为基类的指针。

在替代之后，派生类对象就可以作为基类的对象使用，但只能使用从基类继承的成员。

如果 B 类为基类，D 为 B 类的公有派生类，则 D 类中包含了基类 B 中除构造、析构函数之外的所有成员。这时，根据类型兼容规则，在基类 B 的对象可以出现的任何地方，都可以用派生类 D 的对象来替代。在如下程序中，b1 为 B 类的对象，d1 为 D 的对象。

```
class B {…}
class D: public B {…}
B b1, *pb1;
D d1;
```

这时：

(1) 派生类对象可以隐含转换为基类对象，即用派生类对象中从基类继承来的成员，逐个赋值给基类对象的成员：

```
b1=d1;
```

(2) 派生类的对象也可以初始化基类对象的引用：

```
B &rb=d1;
```

(3) 派生类对象的地址也可以隐含转换为指向基类的指针：

```
pb1=&d1
```

由于类型兼容规则的引入，对于基类及其公有派生类的对象，可以使用相同的函数统一进行处理，因为当函数的形参为基类的对象(或引用、指针)时，实参可以是派生类的对象(或指针)，而没有必要为每一个类设计单独的模块，大大提高了程序的效率。这正是 C++ 语言的又一重要特色，即第 8 章要学习的多态性。可以说，类型兼容规则是多态性的重要基础之一。下面来看一个例子,例中使用同样的函数对同一个类族中的对象进行操作。

例 7-3 类型兼容规则实例。

本例中,基类 Base1 以公有方式派生出 Base2 类,Base2 类再作为基类以公有方式派生出 Derived 类,基类 Base1 中定义了成员函数 display(),在派生类中又定义了同名函数对基类的成员函数进行了隐藏。类的派生关系的 UML 图形表示如图 7-5 所示。

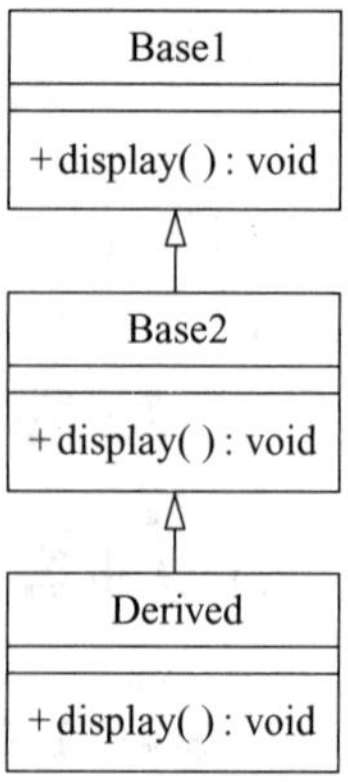

Base1
+display( ) : void

Base2
+display( ) : void

Derived
+display( ) : void

图 7-5 类的派生关系的 UML 图形表示

程序代码如下:

```
//7_3.cpp
#include <iostream>
using namespace std;

class Base1 {                    //基类 Base1 定义
public:
    void display() const {cout<<"Base1::display()"<<endl;}
};

class Base2: public Base1 {      //公有派生类 Base2 定义
public:
    void display() const {cout<<"Base2::display()"<<endl;}
};

class Derived: public Base2 {    //公有派生类 Derived 定义
public:
    void display() const {cout<<"Derived::display()"<<endl;}
};

void fun(Base1 * ptr) {          //参数为指向基类对象的指针
    ptr->display();              //"对象指针->成员名"
}

int main() {                     //主函数
    Base1 base1;                 //声明 Base1 类对象
    Base2 base2;                 //声明 Base2 类对象
    Derived derived;             //声明 Derived 类对象

    fun(&base1);                 //用 Base1 对象的指针调用 fun 函数
    fun(&base2);                 //用 Base2 对象的指针调用 fun 函数
    fun(&derived);               //用 Derived 对象的指针调用 fun 函数

    return 0;
}
```

这样,通过"对象名.成员名"或者"对象指针名－＞成员名"的方式,就应该可以访问到各派生类中继承自基类的成员。虽然根据类型兼容原则,可以将派生类对象的地址赋值给基类 Base1 的指针，但是通过这个基类类型的指针，却只能访问到从基类继承的成员。

在程序中，声明了一个形参为基类 Base1 类型指针的普通函数 fun，根据类型兼容规则，可以将公有派生类对象的地址赋值给基类类型的指针，这样，使用 fun 函数就可以统一对这个类族中的对象进行操作。程序运行过程中，分别把基类对象、派生类 Base2 的对象和派生类 Derived 的对象赋值给基类类型指针 p，但是，通过指针 p，只能使用继承下来的基类成员。也就是说，尽管指针指向派生类 Derived 的对象，fun 函数运行时通过这个指针只能访问到 Derived 类从基类 Base1 继承过来的成员函数 display，而不是 Derived 类自己的同名成员函数。因此，主函数中 3 次调用函数 fun 的结果是同样的——访问了基类的公有成员函数。

运行结果：

```
B1::display()
B1::display()
B1::display()
```

通过这个例子可以看到，根据类型兼容规则，可以在基类对象出现的场合使用派生类对象进行替代，但是替代之后派生类仅仅发挥出基类的作用。在第 8 章，将学习面向对象程序设计的另一个重要特征——多态性，多态的设计方法可以保证在类型兼容的前提下，基类、派生类分别以不同的方式来响应相同的消息。

7.4　派生类的构造和析构函数

继承的目的是为了发展，派生类继承了基类的成员，实现了原有代码的重用，这只是一部分，而代码的扩充才是最主要的，只有通过添加新的成员，加入新的功能，类的派生才有实际意义。在前面的例子中，我们已经学习了派生类一般成员的添加，本节着重讨论派生类的构造函数和析构函数的一些特点。由于基类的构造函数和析构函数不能被继承，在派生类中，如果对派生类新增的成员进行初始化，就必须为派生类添加新的构造函数。但是派生类的构造函数只负责对派生类新增的成员进行初始化，对所有从基类继承下来成员，其初始化工作还是由基类的构造函数完成。同样，对派生类对象的扫尾、清理工作也需要加入新的析构函数。

7.4.1　构造函数

定义了派生类之后，要使用派生类就需要声明该类的对象。对象在使用之前必须初始化。派生类的成员对象是由所有基类的成员对象与派生类新增的成员对象共同组成。因此**构造派生类的对象时，就要对基类的成员对象和新增成员对象进行初始化**。基类的构造函数并没有继承下来，要完成这些工作，就必须给派生类添加新的构造函数。派生类对于基类的很多成员对象是不能直接访问的，因此要完成对基类成员对象的初始化工作，需要通过调用基类的构造函数。派生类的构造函数需要以合适的初值作为参数，其中一些参数要传递给基类的构造函数，用于初始化相应的成员，另一些参数要用于对派生类新增的成员对象进行初始化。在构造派生类的对象时，会首先调用基类的构造函数，来初始化它们的数据成员,然后按照构造函数初始化列表中指定的方式初始化派生类新增的成员对象,最后才执行派生类构造函数的函数体。

派生类构造函数的一般语法形式为:

```
派生类名::派生类名(参数表):基类名1(基类1初始化参数表),…,基类名n(基类n初始化参数表),成员对象名1(成员对象1初始化参数表),…,成员对象名m(成员对象m初始化参数表),基本类型成员初始化
{
    派生类构造函数的其他初始化操作;
}
```

这里,派生类的构造函数名与类名相同。在构造函数的参数表中,需要给出初始化基类数据和新增成员对象所需要的参数。在参数表之后,列出需要使用参数进行初始化的基类名和成员对象名及各自的初始化参数表,各项之间使用逗号分隔。

当一个类同时有多个基类时,对于所有需要给予参数进行初始化的基类,都要显式给出基类名和参数表。对于使用默认构造函数的基类,可以不给出类名。同样,对于成员对象,如果是使用默认构造函数,也不需要写出对象名和参数表。

下面来讨论什么时候需要声明派生类的构造函数。**如果对基类初始化时,需要调用基类的带有形参表的构造函数时,派生类就必须声明构造函数**,提供一个将参数传递给基类构造函数的途径,保证在基类进行初始化时能够获得必要的数据。如果不需要调用基类的带参数的构造函数,也不需要调用新增的成员对象的带参数的构造函数,派生类也可以不声明构造函数,全部采用默认的构造函数,这时新增成员的初始化工作可以用其他公有函数来完成。当派生类没有显式的构造函数时,系统会隐含生成一个默认构造函数,该函数会使用基类的默认构造函数对继承自基类的数据初始化,并且调用类类型的成员对象的默认构造函数,对这些成员对象初始化。

派生类构造函数执行的一般顺序如下:

(1) 调用基类构造函数,调用顺序按照它们被继承时声明的顺序(从左向右)。

(2) 对派生类新增的成员初始化,初始化顺序按照它们在类中声明的顺序。

(3) 执行派生类的构造函数体中的内容。

细节　构造函数初始化列表中基类名、对象名之间的顺序无关紧要,它们各自出现的顺序可以是任意的,无论它们的顺序怎样安排,基类构造函数的调用和各个成员对象的初始化顺序都是确定的。

例7-4　派生类构造函数举例(多继承、含有内嵌对象)。

这是一个具有一般性特征的例子,有3个基类Base1、Base2和Base3,其中Base3只有一个默认的构造函数,其余两个基类的成员只是一个带有参数的构造函数。类Derived由这3个基类经过公有派生而来。派生类新增加了3个私有对象成员,分别是Base1、Base2和Base3类的对象,程序如下:

```
//7_4.cpp
#include <iostream>
using namespace std;
class Base1 {          //基类Base1,构造函数有参数
```

```
public:
    Base1(int i) {cout<<"Constructing Base1 "<<i<<endl;}
};
class Base2 {          //基类 Base2,构造函数有参数
public:
    Base2(int j) {cout<<"Constructing Base2 "<<j<<endl;}
};
class Base3 {          //基类 Base3,构造函数无参数
public:
    Base3() {cout<<"Constructing Base3 * "<<endl;}
};
class Derived: public Base2, public Base1, public Base3 {
//派生新类 Derived,注意基类名的顺序
public:                //派生类的公有成员
    Derived(int a, int b, int c, int d): Base1(a), member2(d), member1(c), Base2(b)
    {}
    //注意基类名的个数与顺序,注意成员对象名的个数与顺序
private:               //派生类的私有成员对象
    Base1 member1;
    Base2 member2;
    Base3 member3;
};

int main() {
    Derived obj(1, 2, 3, 4);
    return 0;
}
```

下面来仔细分析派生类构造函数的特点。因为基类及内嵌对象成员都具有非默认形式的构造函数,所以派生类中需要显式声明一个构造函数,这个派生类构造函数的主要功能就是初始化基类及内嵌对象成员,按照前面所讲过的规则,派生类的构造函数定义为:

```
Derived(int a, int b, int c, int d): Base1(a), member2(d), member1(c), Base2(b) {}
```

构造函数的参数表中给出了基类及内嵌成员对象所需的全部参数,在冒号之后,分别列出了各个基类及内嵌对象名和各自的参数。这里,有两个问题需要注意:首先,这里并没有列出全部基类和成员对象,由于 Base3 类只有默认构造函数,不需要给它传递参数,因此,基类 Base3 以及 Base3 类成员对象 member3 就不必列出。其次,基类名和成员对象名的顺序是随意的。这个派生类构造函数的函数体为空,可见实际上只是起到了传递参数和调用基类及内嵌对象构造函数的作用。

程序的主函数中只是声明了一个派生类 Derived 的对象 obj,生成对象 obj 时调用了派生类的构造函数。下面来考虑 Derived 类构造函数执行情况,它应该是先调用基类的构造函数,然后调用内嵌对象的构造函数。基类构造函数的调用顺序是按照派生类定义时的顺序,因此应该是先 Base2,再 Base1,最后 Base3,而内嵌对象的构造函数调用顺序应该是按照成员在类中声明的顺序,应该是先 Base1,再 Base2,最后 Base3,程序运行的结果也完全证实

了这种分析。

运行结果：

```
Constructing Base2 2
Constructing Base1 1
Constructing Base3 *
Constructing Base1 3
Constructing Base2 4
Constructing Base3 *
```

派生类构造函数定义中,并没有显式列出基类 Base3 和 Base3 类的对象 member3,这时系统就会自动调用该类的默认构造函数。如果一个基类同时声明了默认构造函数和带有参数的构造函数,那么在派生类构造函数声明中,既可以显式列出基类名和相应的参数,也可以不列出,程序员可以根据实际情况的需要来自行安排。

在 C++ 11 标准中,派生类能够重用其直接基类定义的构造函数。尽管这类构造函数并非以常规方式继承,但是为了方便,我们姑且称其为"继承"的。一个类只初始化它的直接基类,同样,一个类也只继承其直接基类的构造函数。派生类继承基类构造函数的方式是提供一条注明了(直接)基类名的 using 声明语句。下面的例子定义了一个 Derived 类,令其继承 Base 类的构造函数：

```
class Derived: public Base {
public:
    using Base::Base;            //继承 Base 的构造函数
    double d;
}
```

通常情况下,using 声明语句只是令某个名字在当前作用域内可见。作用于构造函数时,using 声明语句将令编译器产生如下代码：

```
Derived(params) : Base(args) {}
```

其中,params 是构造函数的形参列表,args 将派生类构造函数的形参传递给基类的构造函数。基类的每个构造函数,编译器都在派生类中生成一个与之相对应的,形参列表完全相同的构造函数。

一个构造函数的 using 声明不会改变该构造函数的访问级别：基类的私有构造函数在派生类中还是私有构造函数,公有和受保护的构造函数遵循同样的规则。当一个基类构造函数含有默认实参时,派生类将获得多个继承的构造函数,其中每个构造函数分别省略掉一个含有默认实参的形参。例如,基类有一个构造函数接受两个形参,其中第二个形参含有默认实参,那么派生类会获得两个构造函数：一个构造函数接受两个形参,不含默认实参;另一个构造函数只接受一个形参,它对应基类构造函数中没有默认值的那个形参。

多数情况下,基类含有几个构造函数,派生类会继承所有这些构造函数,但有两个例外。第一个例外是派生类可以继承一部分构造函数,为其他构造函数重新定义自己的版本。如果派生类定义的构造函数与基类的构造函数具有相同的参数列表,则该构造函数将不会被继承,定义在派生类中的构造函数将替换继承而来的构造函数。第二个例外是默认,复制和移动构造函数不会被继承。继承的构造函数不会被作为用户定义的构造函数来使用，因此如果一个类只含有继承的构造函数，则它也将拥有一个合成的默认的构造函数。

7.4.2　复制构造函数

当存在类的继承关系时，复制构造函数该如何编写呢？对一个类，如果程序员没有编写复制构造函数，编译系统会在必要时自动生成一个隐含的复制构造函数，这个隐含的复制构造函数会自动调用基类的复制构造函数，然后对派生类新增的成员对象一一执行复制。

如果要为派生类编写复制构造函数，一般需要为基类相应的复制构造函数传递参数。例如，假设 Derived 类是 Base 类的派生类，Derived 类的复制构造函数形式如下：

```
Derived::Derived(const Derived &v) : Base(v) {…}
```

对此，读者未免困惑：Base 类的复制构造函数参数类型应该是 Base 类对象的引用，怎么这里用 Derived 类对象的引用 v 作为参数呢？这是因为类型兼容规则在这里起了作用：可以用派生类的对象去初始化基类的引用。因此当函数的形参是基类的引用时，实参可以是派生类的对象。

7.4.3　析构函数

派生类的析构函数的功能是在该类对象消亡之前进行一些必要的清理工作。析构函数没有类型，也没有参数，和构造函数相比情况略为简单些。

在派生过程中，基类的析构函数也不能继承下来，如果需要析构，就要在派生类中声明新的析构函数。派生类析构函数的声明方法与没有继承关系的类中析构函数的声明方法完全相同，只要在函数体中负责把派生类新增的非对象成员的清理工作做好就够了，系统会自己调用基类及对象成员的析构函数来对基类及对象成员进行清理。但它的执行次序和构造函数正好严格相反，首先执行析构函数的函数体，然后对派生类新增的类类型的成员对象进行清理，最后对所有从基类继承来的成员进行清理。这些清理工作分别是执行派生类析构函数体、调用类类型的派生类对象成员所在类的析构函数和调用基类析构函数，对这些析构函数的调用次序，与对构造函数的调用次序刚好完全相反。

在本章前面的所有例子中，都没有显式声明过某个类的析构函数，这种情况下，编译系统会自动为每个类都生成一个默认的析构函数，并在对象生存期结束时自动调用。这样自动生成的析构函数的函数体是空的，但并非不做任何事情，它会隐含地调用派生类对象成员所在类的析构函数和调用基类的析构函数。

例 7-5　派生类析构函数举例（多继承、含有嵌入对象）。

下面对例 7-4 进行改造，分别给所有基类加入析构函数。程序如下：

```
//7_5.cpp
#include <iostream>
using namespace std;

class Base1 {            //基类 Base1，构造函数有参数
public:
    Base1(int i) {cout<<"Constructing Base1 "<<i<<endl;}
```

```
    ~Base1() {cout<<"Destructing Base1"<<endl;}
};

class Base2 {            //基类 Base2,构造函数有参数
public:
    Base2(int j) {cout<<"Constructing Base2 "<<j<<endl;}
    ~Base2() {cout<<"Destructing Base2"<<endl;}
};

class Base3 {            //基类 Base3,构造函数无参数
public:
    Base3() {cout<<"Constructing Base3 * "<<endl;}
    ~Base3() {cout<<"Destructing Base3"<<endl;}
};

class Derived: public Base2, public Base1, public Base3 {
//派生新类 Derived,注意基类名的顺序
public:                  //派生类的公有成员
    Derived(int a, int b, int c, int d): Base1(a), member2(d), member1(c), Base2(b)
    {}
    //注意基类名的个数与顺序,注意成员对象名的个数与顺序
private:                 //派生类的私有成员对象
    Base1 member1;
    Base2 member2;
    Base3 member3;
};

int main() {
    Derived obj(1, 2, 3, 4);
    return 0;
}
```

程序中,给3个基类分别加入了析构函数,派生类没有做任何改动,仍然使用的是由系统提供的默认析构函数。主函数也保持原样。程序在执行时,首先执行派生类的构造函数,然后执行派生类的析构函数。构造函数部分已经讨论过了,派生类默认的析构函数又分别调用了成员对象及基类的析构函数,这时的次序刚好和构造函数执行时严格相反。

运行结果:

```
Constructing Base2 2
Constructing Base1 1
Constructing Base3 *
Constructing Base1 3
Constructing Base2 4
Constructing Base3 *
Destructing Base3
```

```
Destructing Base2
Destructing Base1
Destructing Base3
Destructing Base1
Destructing Base2
```

程序运行时的输出验证了我们的分析。关于派生类构造函数和析构函数的问题，这里只通过一个简单的例子说明了语法规则，在以后的实例中还会结合使用情况继续进行讨论。

7.4.4　删除 delete 构造函数

在第 4 章讲过，通过 delete 来实现禁止默认构造函数或删除复制构造函数以阻止复制的做法，在基类中删除掉的构造函数，在派生类中也对应是删除状态。即如果基类中的默认构造函数、复制构造函数、移动构造函数是删除或者不可访问的，则派生类中对应的成员函数将是被删除的，因为编译器无法执行派生类对象中基类部分的构造或赋值操作：

```
class Base {
public:
    Base()=default;

    Base(string _info) : info(std::move(_info)) {}

    Base(Base &)=delete;          //删除复制构造函数
    Base(Base &&)=delete;         //删除移动构造函数
private:
    string info;
};

class Derived : public Base {
};

Derived d1;                       //正确,合成了默认构造函数
Derived d2(d1);                   //错误,删除了复制构造函数
Derived d3(std::move(d1));        //错误,删除了移动构造函数
```

基类 Base 中删除复制和移动构造函数后，派生类 Derived 无法使用复制和移动构造函数，而因为基类中通过 default 关键字生成了默认构造函数，默认构造对象 d1 正确进行，构造函数在继承与派生过程中保证了完全的一致性。

7.5　派生类成员的标识与访问

围绕类派生吸收基类成员、改造基类成员和添加新成员的过程，我们学习了 C++ 中继承与派生的语法规则。经过类的派生，就形成了一个具有层次结构的类族，这一节，主要讨论派生类使用过程中的一些问题，也就是标识和访问派生类及其对象的成员(包括了基类中继承来的部分和新增的部分)问题。

在派生类中,成员可以按访问属性划分为 4 种:

(1) **不可访问的成员**。这是从基类私有成员继承而来的,派生类或是建立派生类对象的模块都没有办法访问到它们,如果从派生类继续派生新类,也是无法访问的。

(2) **私有成员**。这里可以包括从基类继承过来的成员以及新增加的成员,在派生类内部可以访问,但是建立派生类对象的模块中无法访问,继续派生,就变成了新的派生类中的不可访问成员。

(3) **保护成员**。可能是新增也可能是从基类继承过来的,派生类内部成员可以访问,建立派生类对象的模块无法访问,进一步派生,在新的派生类中可能成为私有成员或者保护成员。

(4) **公有成员**。派生类、建立派生类的模块都可以访问,继续派生,可能是新派生类中的私有、保护或者公有成员。

在对派生类的访问中,实际上有两个问题需要解决:第一是唯一标识问题,第二个问题是成员本身的属性问题,严格讲应该是可见性问题。我们只能访问一个能够唯一标识的可见成员。如果通过某一个表达式能引用的成员不止一个,称为有二义性,二义性问题,也就是本节讨论的唯一标识问题。

7.5.1 作用域分辨符

作用域分辨符就是我们经常见到的"::",它可以用来限定要访问的成员所在的类的名称,一般的使用形式是:

```
类名::成员名                    //数据成员
类名::成员名(参数表)            //函数成员
```

下面来看看作用域分辨符在类族层次结构中是如何唯一标识成员的。

对于在不同的作用域声明的标识符,可见性原则是:如果存在两个或多个具有包含关系的作用域,外层声明了一个标识符,而内层没有再次声明同名标识符,那么外层标识符在内层仍然可见;如果在内层声明了同名标识符,则外层标识符在内层不可见,这时称内层标识符**隐藏**了外层同名标识符,这种现象称为**隐藏规则**。

在类的派生层次结构中,基类的成员和派生类新增的成员都具有类作用域,二者的作用范围不同,是相互包含的两个层,派生类在内层。这时,如果派生类声明了一个和某个基类成员同名的新成员,派生类的新成员就隐藏了外层同名成员,直接使用成员名只能访问到派生类的成员。**如果派生类中声明了与基类成员函数同名的新函数,即使函数的参数表不同,从基类继承的同名函数的所有重载形式也都会被隐藏**。如果要访问被隐藏的成员,就需要使用作用域分辨符和基类名来限定。

对于多继承情况,首先考虑各个基类之间没有任何继承关系,同时也没有共同基类的情况。最典型的情况就是所有基类都没有上级基类。**如果某派生类的多个基类拥有同名的成员,同时,派生类又新增这样的同名成员,在这种情况下,派生类成员将隐藏所有基类的同名成员**。这时使用"对象名.成员名"或"对象指针名->成员名"方式可以唯一标识和访问派生类新增成员,基类的同名成员也可以使用基类名和作用域分辨符访问。但是,如果派生类没有声明同名成员,"对象名.成员名" 或"对象指针名->成员名"方式就无法唯一标识成员,这时，从不同基类继承过来的成员具有相同的名称，同时具有相同的作用域，系统仅仅根据这些信息根本无法判断到底是调用哪个基类的成员，这时就必须通过基类名和作用域分辨符来标识成员。下面是一个程序实例。

细节　如果子类中定义的函数与父类的函数同名但具有不同的参数表，不属于函数重载，这时子类中的函数将隐藏父类中的同名函数，调用父类中的同名函数必须使用父类名称来限定。只有在相同的作用域中定义的函数才可以重载。

例 7-6　多继承同名隐藏举例(1)。

在下面的程序中，定义了基类 Base1 和 Base2，由基类 Base1、Base2 共同公有派生产生了新类 Derived，两个基类中都声明了数据成员 var 和函数 fun，在派生类中新增了同名的两个成员，这时的 Derived 类共含有六个成员，而这六个成员只有两个名字，类的派生关系及派生类的结构如图 7-6 所示。

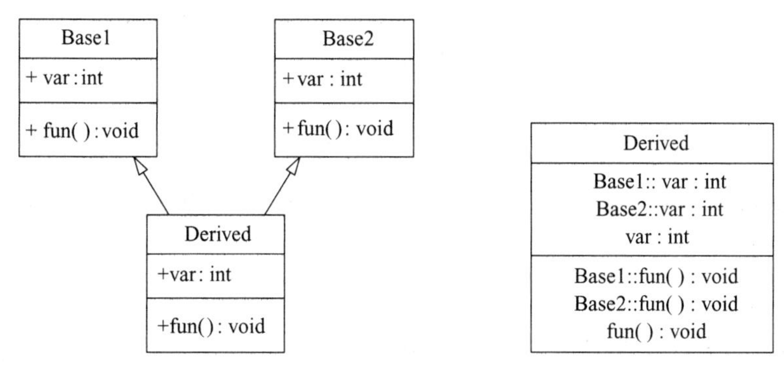

图 7-6　多继承情况下派生类 Derived 的继承关系的 UML 图形表示和成员构成图

现在来分析对派生类的访问情况。派生类中新增的成员具有更小的类作用域，因此，在派生类及建立派生类对象的模块中，派生类新增成员隐藏了基类的同名成员，这时使用“对象名.成员名”的访问方式，就只能访问到派生类新增的成员。对基类同名成员的访问，只能通过基类名和作用域分辨符来实现，也就是说，必须明确告诉系统要使用哪个基类的成员。源程序如下：

```
//7_6.cpp
#include <iostream>
using namespace std;

class Base1 {                //定义基类 Base1
public:
    int var;
    void fun() {cout<<"Member of Base1"<<endl;}
};

class Base2 {                //定义基类 Base2
public:
    int var;
    void fun() {cout<<"Member of Base2"<<endl;}
```

```
};

class Derived: public Base1, public Base2 {            //定义派生类 Derived
public:
    int var;                                           //同名数据成员
    void fun() {cout<<"Member of Derived"<<endl;}      //同名函数成员
};

int main() {
    Derived d;
    Derived *p=&d;

    d.var=1;                                           //对象名.成员名标识
    d.fun();                                           //访问 Derived 类成员

    d.Base1::var=2;                                    //作用域分辨符标识
    d.Base1::fun();                                    //访问 Base1 基类成员

    p->Base2::var=3;                                   //作用域分辨符标识
    p->Base2::fun();                                   //访问 Base2 基类成员

    return 0;
}
```

在主函数中,创建了一个派生类的对象 d,根据隐藏规则,如果通过成员名称来访问该类的成员,就只能访问到派生类新增加的两个成员,从基类继承过来的成员由于处于外层作用域而被隐藏。这时,要想访问从基类继承来的成员,就必须使用类名和作用域分辨符。程序中后面两组语句就是分别访问由基类 Base1、Base2 继承来成员,程序的运行结果为:

```
Member of Derived
Member of Base1
Member of Base2
```

通过作用域分辨符,就明确地唯一标识了派生类中由基类所继承来的成员,达到了访问的目的,解决了成员被隐藏问题。

如果在例 7-6 中,派生类没有声明与基类同名的成员,那么使用"对象名.成员名"就无法访问到任何成员,来自 Base1、Base2 类的同名成员具有相同的作用域,系统根本无法进行唯一标识,这时就必须使用作用域分辨符。

如果例 7-6 中的程序中派生类不增加新成员,改为如下形式:

```
class Derived: public Base1, public Base2 {};          //定义派生类 Derived
```

程序其余部分保持原样,主函数中"对象名.成员名"的访问方式就会出错。

```
int main() {
    Derived d;
    Derived *p=&d;
```

```
    d.var=1;                 //错误,对象名.成员名标识具有二义性
    d.fun();                 //错误,对象名.成员名标识具有二义性
    d.Base1::var=2;          //作用域分辨符标识
    d.Base1::fun();          //访问 B1 基类成员
    p->Base2::var=3;         //作用域分辨符标识
    p->Base2::fun();         //访问 B2 基类成员
}
```

细节　如果希望 d.var 和 d.fun()的用法不产生二义性,可以使用 using 关键字加以澄清。例如:

```
class Derived: public Base1, public Base2 {
public:
    using Base1::var;
    using Base1::fun;
};
```

这样,d.var 和 d.fun()都可以明确表示对 Base1 中相关成员的引用了。using 的一般功能是将一个作用域中的名字引入到另一个作用域中,它还有一个非常有用的用法:将 using 用于基类中的函数名,这样派生类中如果定义同名但参数不同的函数,基类的函数不会被隐藏,两个重载的版本将会并存在派生类的作用域中。例如:

```
Class Derived2: public Base1 {
public:
    using Base1::fun;
    void fun(int i) {…}
};
```

这时,使用 Derived2 的对象,既可以直接调用无参数的 fun 函数,又可以直接调用带 int 型参数的 fun 函数。

上面讨论多继承时,假定所有基类之间没有继承关系,如果这个条件得不到满足会出现什么情况呢? **如果某个派生类的部分或全部直接基类是从另一个共同的基类派生而来,在这些直接基类中,从上一级基类继承来的成员就拥有相同的名称,因此派生类中也就会产生同名现象,对这种类型的同名成员也要使用作用域分辨符来唯一标识,而且必须用直接基类来进行限定。**

先来看一个例子。有一个基类 Base0,声明了数据成员 var0 和函数 fun0,由 Base0 公有派生产生了类 Base1 和 Base2,再以 Base1、Base2 作为基类共同公有派生产生了新类 Derived,在派生类中不再添加新的同名成员(如果有同名成员,同样遵循隐藏规则),这时的 Derived 类,就含有通过 Base1、Base2 继承来的基类 Base0 中的同名成员 var0 和 fun0,类的派生关系及派生类的结构如图 7-7 所示。

现在来讨论同名成员 var0 和 fun0 的标识与访问问题。间接基类 Base0 的成员经过两次派生之后,通过不同的派生路径以相同的名字出现于派生类 Derived 中,这时如果使用基类名 Base0 来限定,同样无法表明成员到底是从 Base1 还是 Base2 继承过来,因此必须使用直接基类 Base1 或者 Base2 的名称来限定,才能够唯一标识和访问成员。请看源程序。

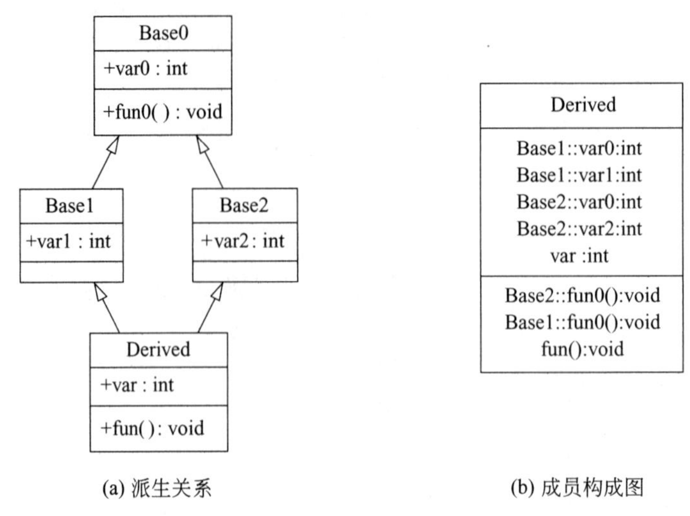

(a) 派生关系　　(b) 成员构成图

图 7-7　多层多继承情况下派生类 Derived 继承关系 UML 图形表示和成员构成

例 7-7　多继承同名隐藏举例(2)。

```
//7_7.cpp
#include <iostream>
using namespace std;

class Base0 {                          //定义基类 Base0
public:
    int var0;
    void fun0() {cout<<"Member of Base0"<<endl;}
};

class Base1: public Base0 {            //定义派生类 Base1
public:                                //新增外部接口
    int var1;
};

class Base2: public Base0 {            //定义派生类 Base2
public:                                //新增外部接口
    int var2;
};

class Derived: public Base1, public Base2 {    //定义派生类 Derived
public:                                        //新增外部接口
    int var;
    void fun() {cout<<"Member of Derived"<<endl;}
};

int main() {                                   //程序主函数
```

```
    Derived d;                          //定义 Derived类对象 d
    d.Base1::var0=2;                    //使用直接基类
    d.Base1::fun0();
    d.Base2::var0=3;                    //使用直接基类
    d.Base2::fun0();
    return 0;
}
```

在程序主函数中，创建了一个派生类的对象 d，如果只通过成员名称来访问该类的成员 var0 和 fun0，系统就无法唯一确定要引用的成员。这时，必须使用作用域分辨符，通过直接基类名来确定要访问的从基类继承来的成员。程序的运行结果为：

```
Member of Base0
Member of Base0
```

这种情况下，派生类对象在内存中就同时拥有成员 var0 的两份同名副本，对于数据成员来讲，虽然两个 var0 可以分别通过 Base1 和 Base2 调用 Base0 的构造函数进行初始化。可以存放不同的数值，也可以使用作用域分辨符通过直接基类名限定来分别进行访问。但是在很多情况下，我们只需要一个这样的数据，同一成员的多份数据增加了内存的开销。C++ 中提供了虚基类技术来解决这一问题。

提示　例 7-7 中，其实 Base0 类的函数成员 fun0 的代码始终只有一个，之所以调用 fun0 函数时仍然需要用基类名 Base1 或 Base2 加以限定，是因为调用非静态成员函数总是针对特定的对象的，执行函数调用时需要将指向该类的一个对象的指针作为隐含的参数传递给被调函数来初始化 this 指针。例 7-7 中，Derived 类的对象中存在两个 Base0 类的子对象，因此调用 fun0 函数时，需要使用 Base1 或 Base2 加以限定，这样才能明确针对哪个 Base0 对象调用。

7.5.2　虚基类

当某类的部分或全部直接基类是从另一个共同基类派生而来时，在这些直接基类中从上一级共同基类继承来的成员就拥有相同的名称。在派生类的对象中，这些同名数据成员在内存中同时拥有多个副本，同一个函数名会有多个映射。我们可以使用作用域分辨符来唯一标识并分别访问它们，也可以**将共同基类设置为虚基类，这时从不同的路径继承过来的同名数据成员在内存中就只有一个，同一个函数名也只有一个映射**。这样就解决了同名成员的唯一标识问题。

虚基类的声明是在派生类的定义过程中进行的，其语法形式为：

```
class 派生类名: virtual 继承方式 基类名
```

上述语句声明基类为派生类的虚基类。在多继承情况下，虚基类关键字的作用范围和继承方式关键字相同，只对紧跟其后的基类起作用。声明了虚基类之后，虚基类的成员在进一步派生过程中和派生类一起维护同一个内存数据。

例 7-8　虚基类举例。

本例还是考虑前面提到的问题。有一个基类 Base0，声明了数据成员 var0 和函数

fun0,由Base0公有派生产生了类Base1和Base2,与例7-7不同的是派生时声明Base0为虚基类,再以Base1、Base2作为基类共同公有派生产生了新类Derived,在派生类中不再添加新的同名成员(如果有同名成员,同样遵循隐藏规则),这时的Derived类中,通过Base1、Base2两条派生路径继承来的基类Base0中的成员var0和fun0只有一份,类的派生关系的UML图形表示及派生类的结构如图7-8所示。

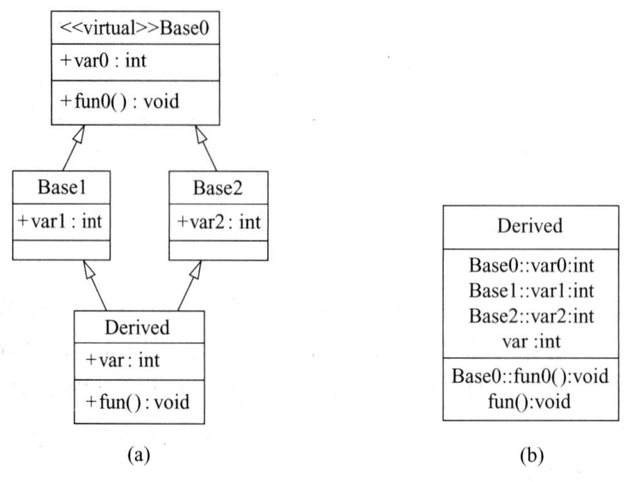

图7-8　虚基类Base0和派生类Derived继承关系的UML图形表示和成员构成

使用了虚基类之后,在派生类Derived中只有唯一的数据成员var0。在建立Derived类对象的模块中,直接使用"对象名.成员名"方式就可以唯一标识和访问这些成员。

```
//7_8.cpp
#include <iostream>
using namespace std;

class Base0 {                              //定义基类 Base0
public:
    int var0;
    void fun0() {cout<<"Member of Base0"<<endl;}
};

class Base1: virtual public Base0 {  //定义派生类 Base1
public:                                    //新增外部接口
    int var1;
};

class Base2: virtual public Base0 {  //定义派生类 Base2
public:                                    //新增外部接口
    int var2;
};

class Derived: public Base1, public Base2 {      //定义派生类 Derived
```

```
public:                              //新增外部接口
    int var;
    void fun() {cout<<"Member of Derived"<<endl;}
};

int main() {                         //程序主函数
    Derived d;                       //定义 Derived 类对象 d
    d.var0=2;                        //直接访问虚基类的数据成员
    d.fun0();                        //直接访问虚基类的函数成员
    return 0;
}
```

注意　虚基类声明只是在类的派生过程中使用了 virtual 关键字。在程序主函数中，创建了一个派生类的对象 d，通过成员名称就可以访问该类的成员 var0 和 fun0。

运行结果：

```
Member of Base0
```

比较一下使用作用域分辨符和虚基类技术的例 7-7 和例 7-8，前者在派生类中拥有同名成员的多个副本，分别通过直接基类名来唯一标识，可以存放不同的数据、进行不同的操作，后者只维护一份成员副本。相比之下，前者可以容纳更多的数据，而后者使用更为简洁，内存空间更为节省。具体程序设计中，要根据实际问题的需要来选用合适的方法。

7.5.3　虚基类及其派生类构造函数

在例 7-8 中，虚基类的使用显得非常方便、简单，这是由于该程序中所有类使用的都是编译器自动生成的默认构造函数。如果虚基类声明有非默认形式的(即带形参的)构造函数，并且没有声明默认形式的构造函数，事情就比较麻烦了。这时，在整个继承关系中，直接或间接继承虚基类的所有派生类，都必须在构造函数的成员初始化表中列出对虚基类的初始化。例如，如果例 7-8 中的虚基类声明了带参数的构造函数，程序就要改成如下形式：

```
#include <iostream>
using namespace std;
class Base0 {                                  //定义基类 Base0
public:                                        //外部接口
    Base0(int var) : var0(var) {}
    int var0;
    void fun0() {cout<<"Member of Base0"<<endl;}
};
class Base1: virtual public Base0 {            //Base0 为虚基类，派生 Base1 类
public:                                        //新增外部接口
    Base1(int var) : Base0(var) {}
    int var1;
};
class Base2: virtual public Base0 {            //Base0 为虚基类派生 Base2 类
public:                                        //新增外部接口
```

```
    Base2(int var) : Base0(var) {}
    int var2;
};
class Derived: public Base1, public Base2 {    //派生类 Derived 定义
public:                                         //新增外部接口
    Derived(int var) : Base0(var), Base1(var), Base2(var) {}
    int var;
    void fun() {cout<<"Member of Derived"<<endl;}
};
int main() {                                    //程序主函数
    Derived d(1);                               //定义 Derived 类对象 d
    d.var=2;
    d.fun();
    return 0;
}
```

这里，读者不免会担心：建立 Derived 类对象 d 时，通过 Derived 类的构造函数的初始化列表，不仅直接调用了虚基类构造函数 Base0，对从 Base0 继承的成员 var0 进行了初始化，而且还调用了直接基类 Base1 和 Base2 的构造函数 Base1()和 Base2()，而 Base1()和 Base2()的初始化列表中也都有对基类 Base0 的初始化。这样，对于从虚基类继承来的成员 var0 岂不是初始化了 3 次？对于这个问题，C++ 编译器有很好的解决办法，我们完全不必担心，可以放心地像这样写程序。下面就来看看 C++ 编译器处理这个问题的策略。为了叙述方便，我们将建立对象时所指定的类称为当时的最远派生类。例如上述程序中，建立对象 d 时，Derived 就是最远派生类。建立一个对象时，如果这个对象中含有从虚基类继承来的成员，则虚基类的成员是由最远派生类的构造函数通过调用虚基类的构造函数进行初始化的。而且，只有最远派生类的构造函数会调用虚基类的构造函数，该派生类的其他基类(例如，上例中的 Base1 和 Base2 类)对虚基类构造函数的调用都自动被忽略。

细节　构造一个类的对象的一般顺序是：

(1) 如果该类有直接或间接的虚基类，则先执行虚基类的构造函数。

(2) 如果该类有其他基类，则按照它们在继承声明列表中出现的次序，分别执行它们的构造函数，但构造过程中，不再执行它们的虚基类的构造函数。

(3) 按照在类定义中出现的顺序，对派生类中新增的成员对象进行初始化。对于类类型的成员对象，如果出现在构造函数初始化列表中，则以其中指定的参数执行构造函数，如未出现，则执行默认构造函数；对于基本数据类型的成员对象，如果出现在了构造函数的初始化列表中，则使用其中指定的值为其赋初值，否则什么也不做。

(4) 执行构造函数的函数体。

7.6　程序实例——用高斯消去法解线性方程组

很多自然科学和工程技术中问题的解决最终都归结到线性方程组的求解，高斯消去法是线性方程组解法中很经典的算法，由它改进、变形而得到的全选主元消去法，是一种效率很高、较为常用的线性方程组解法。

7.6.1　算法基本原理

设有 n 元线性方程组(考虑 C++ 程序数组表示的方便,方程的下标从 0 开始),

$$\begin{cases} a_{00}x_0 + a_{01}x_1 + \cdots + a_{0,n-1}x_{n-1} = b_0 \\ a_{10}x_0 + a_{11}x_1 + \cdots + a_{1,n-1}x_{n-1} = b_1 \\ \quad\vdots \\ a_{n-1,0}x_0 + a_{n-1,1}x_1 + \cdots + a_{n-1,n-1}x_{n-1} = b_{n-1} \end{cases} \tag{7-1}$$

写为矩阵形式为 $\boldsymbol{Ax}=\boldsymbol{b}$,其中 $\boldsymbol{A}$ 为线性方程组的系数矩阵,$\boldsymbol{x}$ 为列向量,是方程组的解,$\boldsymbol{b}$ 也是列向量。一般来讲,可以假定矩阵 $\boldsymbol{A}$ 是非奇异阵。有关矩阵方面的知识,请参看线性代数方面的书籍。

$$\boldsymbol{A} = \begin{bmatrix} a_{00} & a_{01} & \cdots & a_{0,n} \\ a_{10} & a_{11} & \cdots & a_{1,n} \\ \vdots & \vdots & \ddots & \vdots \\ a_{n-1,0} & a_{n-1,1} & \cdots & a_{n-1,n-1} \end{bmatrix},\quad \boldsymbol{x} = \begin{bmatrix} x_0 \\ x_1 \\ \vdots \\ x_{n-1} \end{bmatrix},\quad \boldsymbol{b} = \begin{bmatrix} b_0 \\ b_1 \\ \vdots \\ b_{n-1} \end{bmatrix} \tag{7-2}$$

将系数矩阵 $\boldsymbol{A}$ 和向量 $\boldsymbol{b}$ 放在一起,形成增广矩阵 $\boldsymbol{B}$:

$$\boldsymbol{B} = (\boldsymbol{A},\boldsymbol{b}) = \begin{bmatrix} a_{00} & a_{01} & \cdots & a_{0,n} & b_0 \\ a_{10} & a_{11} & \cdots & a_{1,n} & b_1 \\ \vdots & a_{i1,j1} & \ddots & \vdots & \vdots \\ a_{n-1,0} & a_{n-1,1} & \cdots & a_{n-1,n-1} & b_{n-1} \end{bmatrix} \tag{7-3}$$

全选主元消去就在这个 $\boldsymbol{B}$ 矩阵上进行。整个过程分为两个步骤:

第一步,消去过程。

对于 k 从 0 开始到 $n-2$ 结束,进行以下三步:

(1) 首先,从系数矩阵 $\boldsymbol{A}$ 的 k 行、k 列开始的子矩阵中选取绝对值最大的元素作为主元素,例如

$$|a_{i1,j1}| = \max_{\substack{k \leqslant i < n \\ k \leqslant j < n}} |a_{ij}| \neq 0 \tag{7-4}$$

然后交换 $\boldsymbol{B}$ 的第 k 行与第 i_1 行,第 k 列与第 j_1 列,这样,这个子矩阵中的具有最大绝对值的元素被交换到 k 行、k 列的位置上。

(2) 其次,进行归一化计算。计算方法为

$$\begin{cases} a_{kj} = a_{kj}/a_{kk}, \quad j = k+1, k+2, \cdots, n-1 \\ b_k = b_k/a_{kk} \end{cases} \tag{7-5}$$

(3) 最后进行消去计算

$$\begin{cases} a_{ij} = a_{ij} - a_{ik}a_{kj}, \quad j,i = k+1, k+2, \cdots, n-1 \\ b_i = b_i - a_{ik}b_k, \quad i = k+1, k+2, \cdots, n-1 \end{cases} \tag{7-6}$$

第二步,回代过程。

$$\begin{cases} x_{n-1} = b_{n-1}/a_{n-1,n-1} \\ x_i = b_i - \sum\limits_{j=i+1}^{n-1} a_{ij}x_j, \quad i = n-2, n-3, \cdots, 1, 0 \end{cases} \tag{7-7}$$

在这里,只是简要地给出了全选主元高斯消去法的算法步骤,具体推导及详细过程请大

家参看数值计算方面的有关资料。

7.6.2 程序设计分析

从上面的算法分析可以看到,本例面临的计算问题的关键是矩阵运算。可以定义一个矩阵类 Matrix 作为基类,然后由矩阵类派生出线性方程组类 LinearEqu。矩阵类 Matrix 只处理 $n \times n$ 型的方阵,方阵用一个一维数组来存放,矩阵类 Matrix 的数据成员包括数组的首地址和 n,矩阵类 Matrix 的功能有设置矩阵的值 setMatrix()和显示矩阵 printMatrix()等。

从问题的需要来看,线性方程组类 LinearEqu 的数据除了由矩阵类 Matrix 继承过来用于存放系数矩阵 $\boldsymbol{A}$ 的成员之外,还应该包括存放解向量 $\boldsymbol{x}$ 和方程右端向量 $\boldsymbol{b}$ 的数组的首地址。线性方程组类 LinearEqu 的主要操作有方程组设置 setLinearEqu ( )、显示 printLinearEqu()、求解 solve()及输出方程的解 printSolution()。可以通过定义线性方程组类 LinearEqu 的新增成员函数来实现这些针对方程组求解的功能。

矩阵类 Matrix 和线性方程组类 LinearEqu 的组成及相互关系如图 7-9 所示。

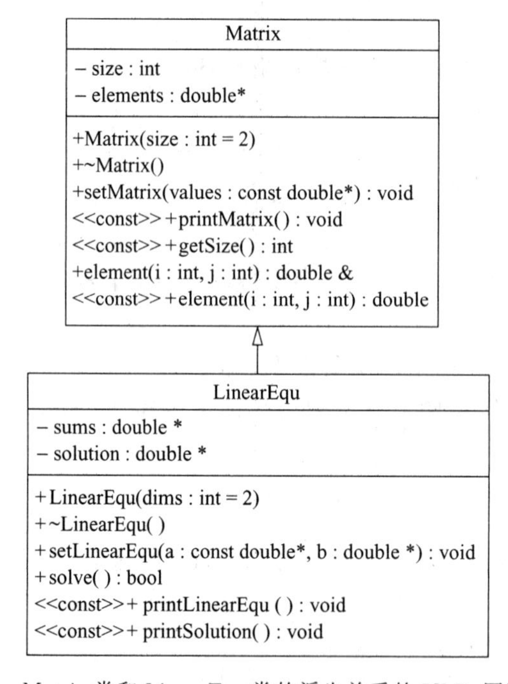

图 7-9　Matrix 类和 LinearEqu 类的派生关系的 UML 图形表示

在线性方程组求解过程中,在线性方程组类 LinearEqu 的成员函数 solve 中需要访问基类矩阵类 Matrix 的数据成员,我们利用公有继承方式派生,同时将 Matrix 类中的数据成员的访问控制设置为保护类型。这样,经过公有派生之后,基类的保护成员在派生类中依然是保护成员,可以被派生类的成员函数访问。

7.6.3 源程序及说明

例 7-9　全选主元高斯消去法解线性方程组。

整个程序分为 5 个独立的文件,LinearEqu.h 文件中包括矩阵类 Matrix 和线性方程组类 LinearEqu 的定义，LinearEqu.cpp 文件中包括这两个类的成员函数实现文件；lequmain.cpp 文件包括程序的主函数，主函数中定义了一个类 LinearEqu 的对象，通过这个对象求解一个四元线性方程组。

```
//Matrix.h  文件一,Matrix类定义
#ifndef _MATRIX_H
#define _MATRIX_H
class Matrix {                                        //基类Matrix定义
public:                                               //外部接口
    Matrix(int size=2);                               //构造函数
    ~Matrix();                                        //析构函数
    void setMatrix(const double * values);            //矩阵赋初值
    void printMatrix() const;                         //显示矩阵
    int getSize() const {return size;}                //得到矩阵大小
    double &element(int i, int j) {return elements[i * size+j];}
    double element(int i, int j) const {return elements[i * size+j];}
private:                                              //保护数据成员
    int size;                                         //矩阵的大小
    double * elements;                                //矩阵存放数组首地址
};
#endif //_MATRIX_H

//LinearEqu.h  文件二,LinearEqu类定义
#ifndef _LINEAR_EQU_H
#define _LINEAR_EQU_H
#include "Matrix.h"
class LinearEqu: public Matrix {                      //公有派生类LinearEqu定义
public:                                               //外部接口
    LinearEqu(int size=2);                            //构造函数
    ~LinearEqu();                                     //析构函数
    void setLinearEqu(const double * a, const double * b);     //方程赋值
    bool solve();                                     //全选主元高斯消去法求解方程
    void printLinearEqu() const;                      //显示方程
    void printSolution() const;                       //显示方程的解
private:                                              //私有数据
    double * sums;                                    //方程右端项
    double * solution;                                //方程的解
};
#endif //_LINEAREQU_H
```

经过公有派生，LinearEqu 类获得了除构造函数、析构函数之外的 Matrix 类的全部成员。由于基类的成员是公有和保护类型，因此在派生类中的成员函数中，基类继承来的成员全部可以访问，而对于建立 LinearEqu 类对象的外部模块来讲，基类的保护成员是无法访问的。通过保护访问类型和公有的继承方式，就实现了基类 Matrix 的数据的有效共享和可靠保护。在程序中，方程的系数矩阵、解以及右端项全部采用动态内存分配技术，这些工作都

是在基类、派生类的构造函数中完成,它们的清理工作在析构函数中完成。

```
//Matrix.cpp  文件三,Matrix类实现
#include "Matrix.h"                          //包含类的定义头文件
#include <iostream>
using namespace std;

void Matrix::setMatrix(const double * values) {     //设置矩阵
    for (int i=0; i<size * size; i++)
        elements[i]=values[i];                       //矩阵成员赋初值
}

Matrix::Matrix(int size/ * =2 * /) : size(size) {   //矩阵Matrix类的构造函数
    elements=new double[size * size];                //动态内存分配
}

Matrix::~Matrix() {                                  //矩阵Matrix类的析构函数
    delete[] elements;                               //内存释放
}

void Matrix::printMatrix() const {                   //显示矩阵的元素
    cout<<"The Matrix is:"<<endl;
    for(int i=0; i<size; i++) {
        for(int j=0; j<size; j++)
            cout<<element(i, j)<<" ";
        cout<<endl;
    }
}

//LinearEqu.cpp  文件四,LinearEqu类实现
#include "LinearEqu.h"                               //包含类的定义头文件
#include <iostream>
#include <cmath>
using namespace std;

LinearEqu::LinearEqu(int size/ * =2 * /) : Matrix(size) { //用size调用基类构造函数
    sums=new double[size];                           //动态内存分配
    solution=new double[size];
}

LinearEqu::~LinearEqu()    {                         //派生类LinearEqu的析构函数
    delete[] sums;                                   //释放内存
    delete[] solution;
    //会自动调用基类析构函数
}
```

```
void LinearEqu::setLinearEqu(const double * a, const double * b) {    //设置线性方程组
    setMatrix(a);                                        //调用基类函数
    for(int i=0; i<getSize(); i++)
        sums[i]=b[i];
}

void LinearEqu::printLincarEqu() const {                 //显示线性方程组
    cout<<"The Line eqution is:"<<endl;
    for (int i=0; i<getSize(); i++) {
        for (int j=0; j<getSize(); j++)
            cout<<element(i, j)<<" ";
            cout<<"     "<<sums[i]<<endl;
        }
}

void LinearEqu::printSolution() const {                  //输出方程的解
    cout<<"The Result is: "<<endl;
    for (int i=0; i<getSize(); i++)
        cout<<"x["<<i<<"]="<<solution[i]<<endl;
}

inline void swap(double &v1, double &v2) {               //交换两个实数
    double temp=v1;
    v1=v2;
    v2=temp;
}

bool LinearEqu::solve() {                                //全选主元素高斯消去法求解方程
    int * js=new int[getSize()];                         //存储主元素所在列号的数组
    for (int k=0; k <getSize()-1; k++)     {
        //选主元素
        int is;                                          //主元素所在行号
        double max=0;                                    //所有元素的最大值
        for (int i=k; i<getSize(); i++)
            for (int j=k; j<getSize(); j++) {
                double t=fabs(element(i, j));
                if (t>max) {
                    max=t;
                    js[k]=j;
                    is=i;
                }
            }
        if (max==0) {
            delete[] js;
            return false;
```

```
            } else {
                //通过行列交换,把主元素交换到第 k 行第 k 列
                if (js[k] !=k)
                    for (int i=0; i<getSize(); i++)
                        swap(element(i, k), element(i, js[k]));
                if (is !=k) {
                    for (int j=k; j<getSize(); j++)
                        swap(element(k, j), element(is, j));
                    swap(sums[k], sums[is]);
                }
            }
            //消去过程
            double major=element(k, k);
            for (int j=k+1; j<getSize(); j++)
                element(k, j) /=major;
            sums[k] /=major;
            for (int i=k+1; i<getSize(); i++) {
                for (int j=k+1; j<getSize(); j++)
                    element(i, j) -=element(i, k) * element(k, j);
                sums[i] -=element(i, k) * sums[k];
            }
        }
        //判断剩下的一个元素是否等于 0
        double d=element(getSize()-1, getSize()-1);
        if (fabs(d) <1e-15) {
            delete[] js;
            return false;
        }
        //回代过程
        solution[getSize()-1]=sums[getSize()-1]/d;
        for (int i=getSize()-2; i>=0; i--) {
            double t=0.0;
            for (int j=i+1; j<=getSize()-1; j++)
                t+=element(i, j) * solution[j];
            solution[i]=sums[i]-t;
        }
        js[getSize()-1]=getSize()-1;
        for (int k=getSize()-1; k>=0; k--)
            if (js[k] !=k) swap(solution[k], solution[js[k]]);
        delete[] js;
        return true;
    }
```

在类的成员函数实现过程中,派生类的构造函数使用参数调用了基类的构造函数,为矩阵动态分配了内存空间。而派生类的析构函数同样也调用了基类的析构函数,只是整个调

用过程中完全是由系统内部完成。基类的保护数据成员，经过公有派生之后，在派生类中是以保护成员的身份出现的，派生类的成员函数可以自由地进行访问。

全选主元高斯消去法求解函数返回值为整型，正常完成之后，返回值为1，非正常结束后，返回值为0，根据函数的返回值，就可以判断求解过程的完成情况。

```
//7_9.cpp  文件五，主函数
#include "LinearEqu.h"                              //类定义头文件
#include <iostream>
using namespace std;

int main() {                                        //主函数
    double a[]=    {                                //方程系数矩阵
        0.2368, 0.2471, 0.2568, 1.2671,            //第一行
        0.1968, 0.2071, 1.2168, 0.2271,            //第二行
        0.1581, 1.1675, 0.1768, 0.1871,            //第三行
        1.1161, 0.1254, 0.1397, 0.1490};           //第四行
    double b[]={1.8471, 1.7471, 1.6471, 1.5471};    //方程右端项
    LinearEqu equ(4);                               //定义一个四元方程组对象
    equ.setLinearEqu(a,b);                          //设置方程组
    equ.printLinearEqu();                           //输出方程组
    if (equ.solve())                                //求解方程组
        equ.printSolution();                        //输出方程组的解
    else
        cout<<"Fail"<<endl;
    return 0;
}
```

在程序的主函数部分，选择了一个四元方程组作为一个实际例子来验证算法。方程组的系数及右端项数据都使用一维数组来存储。首先定义一个四元方程组对象equ，在定义过程中调用派生类的构造函数，通过派生类的构造函数，又调用了基类的构造函数，对进一步求解动态分配了内存。接着给方程组的系数和右端项赋初值，把选定的方程组输入到新定义的方程组对象equ1中。对象成员函数printLinearEqu、solve和printSolution分别完成了输出方程组、求解方程组和输出求解结果的任务。

7.6.4　运行结果与分析

运行结果：

```
The Line eqution is:    //方程组
0.2368 0.2471 0.2568 1.2671     1.8471
0.1968 0.2071 1.2168 0.2271     1.7471
0.1581 1.1675 0.1768 0.1871     1.6471
1.1161 0.1254 0.1397 0.149      1.5471
The Result is:          //方程组的解
X[0]=1.04058
```

```
x[1]=0.987051
x[2]=0.93504
x[3]=0.881282
```

本例的方程组来自徐士良先生的著作《C常用算法程序集》中，计算结果与原著完全吻合。所选的方程是：

$$\begin{cases}0.2368x_0+0.2471x_1+0.2568x_2+1.2671x_3=1.8471\\0.1968x_0+0.2071x_1+1.2168x_2+0.2271x_3=1.7471\\0.1581x_0+1.1675x_1+0.1768x_2+0.1871x_3=1.6471\\1.1161x_0+0.1254x_1+0.1397x_2+0.1490x_3=1.5471\end{cases} \quad (7\text{-}8)$$

整个程序中矩阵的存储采用的是一维数组和动态内存分配方式。

提示　该例中对动态数组的应用比较简单、有规律，因此动态数组可以胜任。其实该例中的所有动态数组也可以替换成6.4节介绍过的vector，例如，Matrix类中的elements成员的定义可以改为：

```
std::vector<double> element;
```

然后Matrix的构造函数需要改为：

```
Matrix::Matrix(int size/*=2 */) : size(size), element(size) {}
```

这样Matrix可以不显式声明析构函数了。LinearEqu类中的sums、solution两个成员以及LinearEqu::solve函数中的js也都可以做类似修改，读者可以自己尝试修改，作为对vector使用的练习。

这是一个使用类的派生层次结构来解决实际问题的例子。基类是专门处理矩阵的类，公有派生类LinearEqu是针对线性方程组而设计的，除了继承基类的基本特征外，结合问题的实际需要，增加了很多线性方程组所特有的成员，使基类Matrix进一步具体化、特殊化，达到对问题的有效描述和处理。

程序的访问控制也是根据问题的需要而设计的。基类的数据成员存储、维护着矩阵数据，这正是派生类方程组的系数矩阵，是派生类解方程成员函数必须要访问的。利用保护成员的特性，将基类数据成员的访问控制属性设置为保护型，在公有派生类LinearEqu中就可以访问到由基类继承下来的保护成员；而对于类外的其余模块，这些数据无法访问。这样，就在数据的共享与隐蔽之间寻找到一个较为恰当的结合点。

在派生过程中，基类的构造函数和析构函数无法继承下来，因此在派生类中需要添加构造函数、析构函数来完成派生类的初始化和最后的清理工作。派生类的构造函数通过调用基类的构造函数来对基类数据进行初始化，在本例子中，派生类LinearEqu的构造函数调用了基类Matrix的构造函数并传递必需的初始化参数。派生类析构函数也会首先调用执行基类的析构函数，共同完成清理任务。

7.7　综合实例——个人银行账户管理程序

本节以个人银行账户管理程序为例，说明类的派生过程。

7.7.1　问题的提出

在7.1.1小节，提出了需要在4～6章个人银行账户管理程序中增加信用账户，同时给出了使用继承和派生的解决方案，本节将讨论具体的设计和实现方案。

在给出类的设计之前，须明确信用账户的需求。信用账户的最大特点是允许透支，每个信用账户都有一定的信用额度，总的透支金额应在这个额度内。如果向信用账户中存钱，不会有利息，但使用信用账户透支则需要支付利息。信用账户的利率一般以日为单位，现实生活中信用账户一般有一定的免息期，但为了简单起见，不去考虑这个免息期，即认为从透支那一天起就开始计算利息。与储蓄账户每年结算一次利息不同的是，信用账户每月进行一次结算，我们假定结算日是每月的1日，此外，信用账户每年需要交一次年费，在本例中我们认为在每年1月1日结算的时候扣缴年费。

7.7.2　类设计

根据上述需求，设计一个基类Account用来描述所有账户的共性，然后将SavingsAccount类变为其派生类，此外再从中派生出用来表示信用账户的类CreditAccount。

在基类Account中，需要保留的数据成员是表示账号的id、表示余额的balance和表示账户总金额的静态数据成员total，以及用于读取它们的成员函数和用来输出账户信息的show函数，原有的record和error成员函数的访问控制权限修改为protected，因为派生类需要访问它们，此外，需要为它设置一个保护的构造函数，供派生类调用。

用来处理存款的成员函数deposit、用来处理取款的成员函数withdraw、用来处理结算的成员函数settle都被放到了各个派生类中，原因是两类不同账户存、取款的具体处理方式不尽相同。此外，储蓄账户用来表示年利率的rate、信用账户用来表示信用额度的credit、表示日利率的rate、表示年费的fee以及用来获取它们的成员函数都作为相应派生类的成员。此外，虽然Account中存在用来输出账户信息的show函数，但对于信用账户而言，我们希望在输出账户信息的时候，除输出账号和余额外，将可用信用一并输出，因此为CreditAccount类定义了同名的show函数，而该类的getAvailableCredit函数就用来计算可用的信用。

两类账户的利息计算具有很大的差异，无论是计息的对象还是计息的周期都存在差异，因此计息的任务也不能由基类Account完成。然而，两类账户在计算利息时都需要将某个数值(余额或欠款金额)按日累加，为了避免编写重复的代码，有两种可行的解决方案。

(1) 在基类Account中设立几个保护的成员函数来协助利息计算，类似于第6章的SavingsAccount类中的成员函数accumulate，此外还须包括修改和清除当前的按日累加值的函数，然后在派生类中通过调用这些函数来计算利息。

(2) 建立一个新类，由该类提供计算一项数值的按日累加之和所需的接口，在两个派生类中分别将该类实例化，通过该类的实例来计算利息。

由于计算一项数值的按日累加之和这项功能是与其他的账户管理功能相对独立的，因此将这项功能从账户类中分离出来更好，即采用第(2)种解决方案。这样做可以降低账户类的复杂性，提高计算数值按日累加之和的代码的可复用性，也就是说日后如果需要计算某个其他数值的按日累加之和，可以直接将这个类拿来用。我们将这个类命名为Accumulator，该类包括 3 个数据成员——表示被累加数值上次变更日期的 lastDate、被累加数值当前值 value 以及到上次变更被累加数值为止的按日累加总和 sum，该类包括 4 个成员函数——构造函数、用来计算到指定日期的累加结果的函数 getSum、用来在指定日期更改数值的 change 以及用来将累加器清零并重新设定初始日期和数值的 reset。

第 6 章中引入的 Date 类维持不变。类图设计如图 7-10 所示。

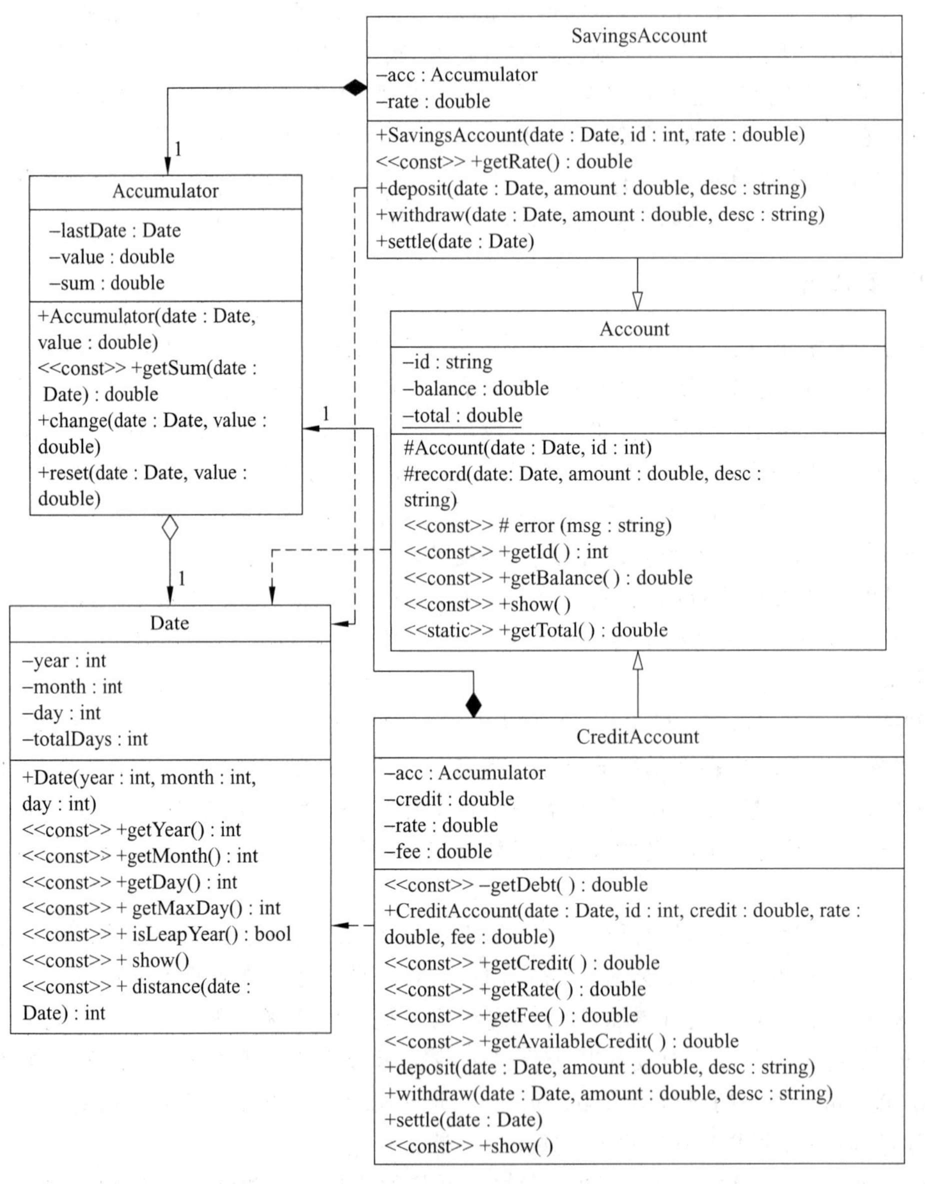

图 7-10　个人银行账户管理程序的 UML 类图

7.7.3　源程序及说明

例 7-10　个人银行账户管理程序。

整个程序分为 6 个文件：date.h 是日期类头文件，date.cpp 是日期类实现文件，

accumulator.h 为按日将数值累加的 Accumulator 类的头文件，account.h 是各个储蓄账户类定义头文件，account.cpp 是各个储蓄账户类实现文件，7_10.cpp 是主函数文件。

```
//date.h 的内容与例 6-25 完全相同,不再重复给出

//date.cpp 的内容与例 6-25 完全相同,不再重复给出

//accumulator.h
#ifndef __ACCUMULATOR_H__
#define __ACCUMULATOR_H__
#include "date.h"
class Accumulator {             //将某个数值按日累加
private:
    Date lastDate;              //上次变更数值的时期
    double value;               //数值的当前值
    double sum;                 //数值按日累加之和
public:
    //构造函数,date 为开始累加的日期,value 为初始值
    Accumulator(const Date &date, double value)
        : lastDate(date), value(value), sum(0) {}
    //获得到日期 date 的累加结果
    double getSum(const Date &date) const {
        return sum+value * date.distance(lastDate);
    }
    //在 date 将数值变更为 value
    void change(const Date &date, double value) {
        sum=getSum(date);
        lastDate=date; this->value=value;
    }
    //初始化,将日期变为 date,数值变为 value,累加器清零
    void reset(const Date &date, double value) {
        lastDate=date; this->value=value; sum=0;
    }
};
#endif //__ACCUMULATOR_H__

//account.h
#ifndef __ACCOUNT_H__
#define __ACCOUNT_H__
#include "date.h"
#include "accumulator.h"
#include <string>
class Account {             //账户类
private:
    std::string id;         //账号
```

```
    double balance;         //余额
    static double total;    //所有账户的总金额
protected:
    //供派生类调用的构造函数,id为账户
    Account(const Date &date, const std::string &id);
    //记录一笔账,date为日期,amount为金额,desc为说明
    void record(const Date &date, double amount, const std::string &desc);
    //报告错误信息
    void error(const std::string &msg) const;
public:
    const std::string &getId() const {return id;}
    double getBalance() const {return balance;}
    static double getTotal() {return total;}
    //显示账户信息
    void show() const;
};
class SavingsAccount : public Account {    //储蓄账户类
private:
    Accumulator acc;                        //辅助计算利息的累加器
    double rate;                            //存款的年利率
public:
    //构造函数
    SavingsAccount(const Date &date, const std::string &id, double rate);
    double getRate() const {return rate;}
    //存入现金
    void deposit(const Date &date, double amount, const std::string &desc);
    //取出现金
    void withdraw(const Date &date, double amount, const std::string &desc);
    void settle(const Date &date);          //结算利息,每年1月1日调用一次该函数
};
class CreditAccount : public Account {     //信用账户类
private:
    Accumulator acc;                        //辅助计算利息的累加器
    double credit;                          //信用额度
    double rate;                            //欠款的日利率
    double fee;                             //信用卡年费
    double getDebt() const {                //获得欠款额
        double balance=getBalance();
        return (balance <0 ? balance : 0);
    }
public:
    //构造函数
    CreditAccount(const Date &date, const std::string &id, double credit, double
rate, double fee);
    double getCredit() const {return credit;}
```

```
    double getRate() const {return rate;}
    double getFee() const {return fee;}
    double getAvailableCredit() const {    //获得可用信用
        if (getBalance() <0)
            return credit+getBalance();
        else
            return credit;
    }
    //存入现金
    void deposit(const Date &date, double amount, const std::string &desc);
    //取出现金
    void withdraw(const Date &date, double amount, const std::string &desc);
    void settle(const Date &date);          //结算利息和年费,每月 1 日调用一次该函数
    void show() const;
};
#endif //__ACCOUNT_H__

//account.cpp
#include "account.h"
#include <cmath>
#include <iostream>
using namespace std;
double Account::total=0;
//Account 类的实现
Account::Account(const Date &date, const string &id)
    : id(id), balance(0) {
    date.show(); cout<<"\t#"<<id<<" created"<<endl;
}
void Account::record(const Date &date, double amount, const string &desc) {
    amount=floor(amount * 100+0.5)/100;     //保留小数点后两位
    balance+=amount; total+=amount;
    date.show();
    cout<<"\t#"<<id<<"\t"<<amount<<"\t"<<balance<<"\t"<<desc<<endl;
}
void Account::show() const {cout<<id<<"\tBalance: "<<balance;}
void Account::error(const string &msg) const {
    cout<<"Error(#"<<id<<"): "<<msg<<endl;
}
//SavingsAccount 类相关成员函数的实现
SavingsAccount::SavingsAccount(const Date &date, const string &id, double rate)
    : Account(date, id), rate(rate), acc(date, 0) {}
void SavingsAccount:: deposit (const Date &date, double amount, const string
&desc) {
    record(date, amount, desc);
    acc.change(date, getBalance());
```

```
}
void SavingsAccount:: withdraw (const Date &date, double amount, const string
&desc) {
    if (amount>getBalance()) {
        error("not enough money");
    } else {
        record(date, -amount, desc);
        acc.change(date, getBalance());
    }
}
void SavingsAccount::settle(const Date &date) {
    double interest=acc.getSum(date) * rate          //计算年息
        / date.distance(Date(date.getYear()-1, 1, 1));
    if (interest !=0) record(date, interest, "interest");
    acc.reset(date, getBalance());
}
//CreditAccount 类相关成员函数的实现
CreditAccount::CreditAccount(const Date& date, const string& id, double credit,
double rate, double fee)
    : Account(date, id), credit(credit), rate(rate), fee(fee), acc(date, 0) {}
void CreditAccount:: deposit (const Date &date, double amount, const string
&desc) {
    record(date, amount, desc);
    acc.change(date, getDebt());
}
void CreditAccount:: withdraw (const Date &date, double amount, const string
&desc) {
    if (amount-getBalance()>credit) {
        error("not enough credit");
    } else {
        record(date, -amount, desc);
        acc.change(date, getDebt());
    }
}
void CreditAccount::settle(const Date &date) {
    double interest=acc.getSum(date) * rate;
    if (interest !=0) record(date, interest, "interest");
    if (date.getMonth()==1)
        record(date, -fee, "annual fee");
    acc.reset(date, getDebt());
}
void CreditAccount::show() const {
    Account::show();
    cout<<"\tAvailable credit:"<<getAvailableCredit();
}
```

```
//7_10.cpp
#include "account.h"
#include <iostream>
using namespace std;
int main() {
    Date date(2008, 11, 1);            //起始日期
    //建立几个账户
    SavingsAccount sa1(date, "S3755217", 0.015);
    SavingsAccount sa2(date, "02342342", 0.015);
    CreditAccount ca(date, "C5392394", 10000, 0.0005, 50);
    //11月份的几笔账目
    sa1.deposit(Date(2008, 11, 5), 5000, "salary");
    ca.withdraw(Date(2008, 11, 15), 2000, "buy a cell");
    sa2.deposit(Date(2008, 11, 25), 10000, "sell stock 0323");
    //结算信用卡
    ca.settle(Date(2008, 12, 1));
    //12月份的几笔账目
    ca.deposit(Date(2008, 12, 1), 2016, "repay the credit");
    sa1.deposit(Date(2008, 12, 5), 5500, "salary");
    //结算所有账户
    sa1.settle(Date(2009, 1, 1));
    sa2.settle(Date(2009, 1, 1));
    ca.settle(Date(2009, 1, 1));
    //输出各个账户信息
    cout<<endl;
    sa1.show(); cout<<endl;
    sa2.show(); cout<<endl;
    ca.show(); cout<<endl;
    cout<<"Total: "<<Account::getTotal()<<endl;
    return 0;
}
```

7.7.4 运行结果与分析

运行结果：

```
2008-11-1       #S3755217 created
2008-11-1       #02342342 created
2008-11-1       #C5392394 created
2008-11-5       #S3755217      5000     5000       salary
2008-11-15      #C5392394      -2000    -2000      buy a cell
2008-11-25      #02342342      10000    10000      sell stock 0323
2008-12-1       #C5392394      -16      -2016      interest
2008-12-1       #C5392394      2016     0          repay the credit
2008-12-5       #S3755217      5500     10500      salary
2009-1-1        #S3755217      17.77    10517.8    interest
```

```
2009-1-1        #02342342       15.16   10015.2   interest
2009-1-1        #C5392394       -50     -50       annual fee

S3755217        Balance: 10517.8
02342342        Balance: 10015.2
C5392394        Balance: -50     Available credit:9950
Total: 20482.9
```

在上述程序中,每个派生类都将基类的成员原样继承过来,因此无须为每个派生类重复定义数据成员 id、balance 和相应的获取函数,另外,基类将 record 函数设为 protected 函数,使得派生类处理每一笔具体账目时可以调用该函数来改变余额并输出账目信息。基类的 show 函数也被派生类继承了下来,但由于 CreditAccount 在 show 函数中需要输出额外的信息,因此该类重新定义了一个同名的函数,该函数首先通过 Account::show 的方式调用了基类的 show 函数,然后再将额外的信息输出。

派生类的构造函数只需直接初始化本类的新增成员,在建立派生类对象时,系统首先调用基类的构造函数来初始化从基类继承的成员,然后再根据派生类构造函数的初始化列表将派生类新增成员初始化,最后再执行派生类构造函数的函数体。

第 6 章的综合实例中,已经将各个账户放在了一个数组中,但本章又将其作为独立的对象来声明,这时因为它们是不同派生类的实例,不能用一种统一类型的数组来存储它们。这导致了对这些对象必须分别操作,例如最后在输出各个账户信息时,只能分别调用它们的 show 函数,而不能像第 6 章那样通过循环来进行。

此外,这个程序还有一个不足,两个派生类 SavingsAccout 和 CreditAccount 虽然具有相同的成员函数 deposit、withdraw 和 settle,但由于其实现不同,只能在派生类中给出它们的实现,因而它们是彼此独立的函数。即使在基类中添加具有同样名称、参数和返回值的函数,也无法将它们与派生类中的相应函数建立起真正的联系,因为它们仍然是彼此独立的函数,只是原型相同而已。正因为这样的原因,只有明确知道一个对象的具体类型之后才能够调用它的 deposit、withdraw 或 settle 函数,这正是不能将 3 个账户放在一个数组中进行操作的内在原因。

这些问题可以通过第 8 章介绍的虚函数来解决。

7.8 深度探索

7.8.1 组合与继承

4.4 节讨论了类的组合,即一个类内嵌其他类的对象,本章又详细介绍了类的继承,它们是通过已有类来构造新类的两种基本方式,它们都使得已有对象成为新对象的一部分,从而达到代码复用的目的。那么,什么时候应当用组合,什么时候应当用继承呢?用继承时,又如何在共有继承、保护继承和私有继承之间做出选择呢?

组合和继承其实反映了两种不同的对象关系。组合反映的是“有一个”(has-a)的关系,如果类 B 中存在一个类 A 的内嵌对象,表示的是每一个 B 类型的对象都“有一个”A 类型的对象,A 类型的对象与 B 类型的对象是部分与整体的关系。B 类的对象虽然包括 A 类对象的全部内容(数据),但本身并不包括A类对象的接口,因为一般A类的对象会作为B类的私有成员存在,这样B类中内嵌的A类对象的对外接口会被B类隐藏起来,这些接口只能被B类所用,而不会直接作为B类的对外接口。请看下面的抽象示例。

```
class Engine {              //发动机类
public:
    void work();            //发动机运转
    …
};
class Wheel {               //轮子类
public:
    void roll();            //轮子转动
    …
};
class Automobile {          //汽车类
public:
    void move();            //汽车移动
    …
private:
    Engine engine;          //汽车引擎
    Wheel wheels[4];        //4个车轮
    …
};
```

上面的代码,通过组合的方式,描述了一辆汽车(Automobile)有一个发动机(Engine),一辆汽车有四个轮子(Wheel),汽车是整体,发动机与轮子都是部分。发动机有运转的功能,轮子有转动(roll)的功能,这些功能可以为作为整体的汽车所用,但汽车不再具有这样的功能,汽车通过对发动机、轮子等功能的整合,具备了自己的功能——移动(move)。

继承与组合有所不同。使用最为普遍的公有继承,反映的是"是一个"(is-a)的关系,如果类A是类B的公有基类,那么这表示每个B类型的对象都"是一个"A类型的对象,B类型的对象与A类型的对象是特殊与一般的关系。7.3节介绍的"在需要基类对象的任何地方,都可以使用公有派生类的对象来替代"这一原则,正是由这一点决定的,这就好比,白马是马,马是可以用来骑的,因此白马也是可以用来骑的。

通过公有继承,B类的对象不仅包含了A类对象的全部数据(这一点类似于组合),而且还包含了A类对象的全部接口(这一点又与组合不同)。请看下面的示例。

```
class Truck: public Automobile {          //卡车
public:
    void load(…);                         //装货
    void dump(…);                         //卸货
private:
    …
};
class Pumper: public Automobile {         //消防车
```

```
public:
    void water();                        //喷水
private:
    ...
};
```

一辆卡车(Truck),是一辆汽车(Automobile),一辆消防车(Pumper),也是一辆汽车,卡车和消防车都是特殊的汽车,它们都具有汽车的功能——移动(move),汽车能做的事情,它们也能做。除了具有移动的功能外,卡车还可以装货(load)、卸货(dump),消防车还具有喷水(water)的功能。

一辆汽车中有一个发动机,不会有人认为一辆汽车是一个发动机;一辆卡车是一辆汽车,不会有人认为一辆卡车有中有一辆汽车。分清了"整体-部分"之间的"有一个"(has-a)关系,和"特殊-一般"之间的"是一个"(is-a)关系,就能够在组合和公有继承这二者之间做出恰当选择。

有时两个类间的关系会很明显,有时不那么明显,这时要根据程序的实际需要,在组合和公有继承之间做出选择。例如例7-1中,Rectangle(矩形)类继承了Point(点)类,因此可以说矩形是一个点吗?显然不是。不过不妨这样理解:任何几何图形,如果不考虑它的大小、形状,只考虑它的位置,就都可以抽象成一个点(对比一下物理学中把有质量的物体当作质点的抽象行为,就不难理解这种抽象了),因此任何表示平面图形的对象都可以认为是一个特殊的Point类型对象。另一方面,如果采用组合Point类型对象的方式来构造Rectangle类,例如:

```
class Rectangle {
public:
    void Rectangle(float x, float y, float w, float h) : p(x, y), w(w), h(h) {}
    float getH() const {return h;}
    float getW() const {return w;}
private:
    Point p;
    float w, h;
};
```

无论用继承Point类的方式来定义Rectangle类,还是用组合Point类型对象的方式来定义Rectangle类,都是有道理的,究竟继承,还是组合,要看程序的实际需要。如果程序中需要把这种图形抽象成一个个点,那么采用继承的方式实现Rectangle类就是必要的,否则完全可以用组合。

至于私有继承和保护继承,由于它们不满足7.3节所介绍的类型兼容性规则,因此它们并不表示"是一个"(is-a)的关系,不具备公有继承由类型兼容性带来的灵活性;另一方面,它们又不如组合好用,例如通过组合的方式可以定义多个对象,而继承则不可。因此私有继承和保护继承一般较少使用。

7.8.2 派生类对象的内存布局

7.3节介绍的类型兼容规则,使得一个派生类的指针可以被隐含转换为基类的指针,这意味着，一个类型的指针，既可能指向该类型的对象，又可能指向它的派生类的对象，也就是说它所指向对象的类型是不确定的。调用一个类的成员函数时，调用的目的对象也是以指针的形式(this 指针)作为参数传递给被调函数的，一个函数在执行中得到的 this 指针所指向的对象类型也是不确定的。那么，是什么机制保证了，在类型不确定的情况下，也可以通过这些指针访问到正确的数据呢？这就和派生类对象的内存布局有关了。**派生类对象的内存布局需满足的要求是，一个基类指针，无论其指向基类对象，还是派生类对象，通过它来访问一个基类中定义的数据成员，都可以用相同的步骤**。理解了这个要求，就能理解下面介绍的派生类内存布局的合理性了。

对象的内存布局问题，并不是 C++ 标准中明确规定的，不同的编译器可以有不同的实现。本节介绍一种很多编译器在使用的、最为自然的和容易理解的对象内存布局方式。

1. 单继承的情况

单继承的情况比较简单。考虑下面的情况：

```
class Base {…};
class Derived: public Base {…};
```

那么在 Derived 类的对象中，Derived 从 Base 继承来的数据成员，全部放在前面，与这些数据成员在 Base 类的对象中放置的顺序保持一致，Derived 类新增的数据成员全部放在后面，如图 7-11 所示。如果出现了从 Derived 指针到 Base 指针的隐含转换，例如：

```
Base *pba=new Base();
Derived *pd=new Derived();
Base *pbb=pd;
```

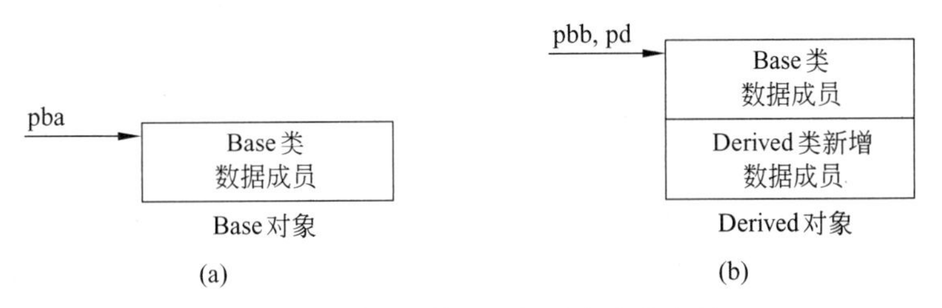

图 7-11　单继承情况下的对象内存布局

在 pd 赋给 pbb 的过程中，指针值不需要改变。pba 和 pbb 这两个 Base 类型的指针，虽然指向的对象具有不同的类型，但任何一个 Base 数据成员到该对象首地址都具有相同的偏移量，因此使用 Base 指针 pba 和 pbb 访问 Base 类中定义的数据成员时，可以采用相同的方式，而无须考虑具体的对象类型。

2. 多继承的情况

多继承的情况就要比单继承稍微复杂一些。考虑下面的继承关系：

```
class Base1 {…};
class Base2 {…};
class Derived: public Base1, public Base2 {…};
```

Derived 类继承了 Base1 类和 Base2 类，在 Derived 类的对象中，前面存放的依次是从

Base1 类和 Base2 类继承而来的数据成员，其顺序与它们在 Base1 类和 Base2 类的对象中放置的顺序保持一致，Derived 类新增的数据放在它们的后面，如图 7-12 所示。Base 如果出现了从 Derived 指针到 Base1 指针或 Base2 指针的隐含转换，例如：

```
Base1 * pb1a=new Base1();
Base2 * pb2a=new Base2();
Derived * pd=new Derived();
Base1 * pb1b=pd;
Base2 * pb2b=pd;
```

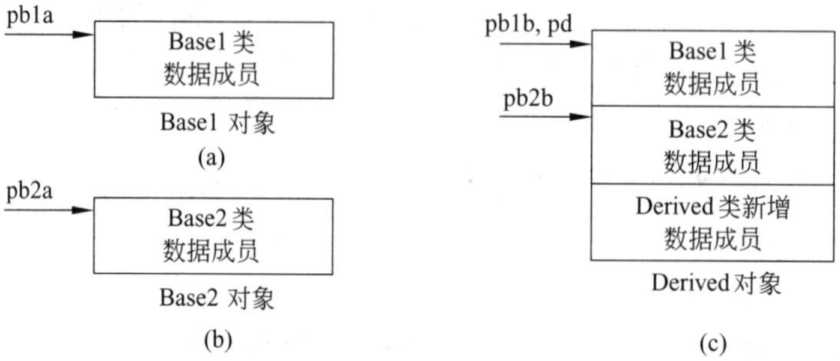

图 7-12　多继承情况下的对象内存布局

将 pd 赋给 pb1b 指针时，与单继承时的情形相似，只需要把地址复制一遍即可。但将 pd 赋给 pb2b 指针时，则不能简单地执行地址复制操作，而应当在原地址的基础上加一个偏移量，使 pb2b 指针指向 Derived 对象中 Base2 类的成员的首地址，这样，对于同为 Base2 类型指针的 pb2a 和 pb2b 来说，它们都指向 Base2 中定义的、以相同方式分布的数据成员。

提示　通过上面的介绍，我们应当认识到一个与直观不符的结论——指针转换并非都保持原先的地址不变，地址的算术运算可能在指针转换时发生。但这又不是简单的地址算术运算，因为如果 Derived 指针的值为 0，则转换后的 Base2 指针值也应为 0，而非一个非 0 值。因此，在将 Derived 类型指针转换为 Base2 类型指针时，执行的操作是，先判断原指针所存地址是否为 0，如果是 0，则以 0 作为转换后的指针值，否则以原地址加上一个偏移量后得到转换后的指针值。

3. 虚拟继承的情况

虚拟继承的情况更加复杂，考虑下面的继承关系：

```
class Base0 {…};
class Base1: virtual public Base0 {…};
class Base2: virtual public Base0 {…};
class Derived: public Base1, public Base2 {…};
```

Base1 类型指针和 Base2 类型指针都可以指向 Derived 对象，而且通过这两类指针都可以访问 Base0 类中定义的数据成员，但这些数据成员在 Derived 对象中只有一份。如果按照普通多继承情况下的布局，无论如何安排，都无法兼顾“通过 Base1 类型指针访问 Derived 对象中的 Base0 的数据成员”和“通过 Base2 类型指针访问 Derived 对象中的 Base0 的数据成员”这两个要求。因此，只能通过间接的方式来确定 Base1 对象、Base2 对象和 Derived 对象中 Base0 数据成员的位置。具体的解决办法有多种，因编译器而异，一种比较容易理解的布局方式是，在 Base1 类型对象和 Base2 类型对象中都增加一个隐含的指针，这个指针指向 Base0 中定义的数据成员的首地址。Derived 类同时继承了 Base1 类和 Base2 类，因此要把两个类中的隐含指针分别继承下来，但由于 Derived 类中的 Base0 类数据成员只有一份，因此 Derived 类型对象中的这两个隐含指针指向相同的地址。通过 Base1 类型指针和 Base2 类型指针访问 Base0 类的数据成员时，都通过指针来间接访问，这样就解决了上述矛盾。Base0 类数据成员放置的位置倒不是很重要，一般来说可以放在最后，如图 7-13 所示。

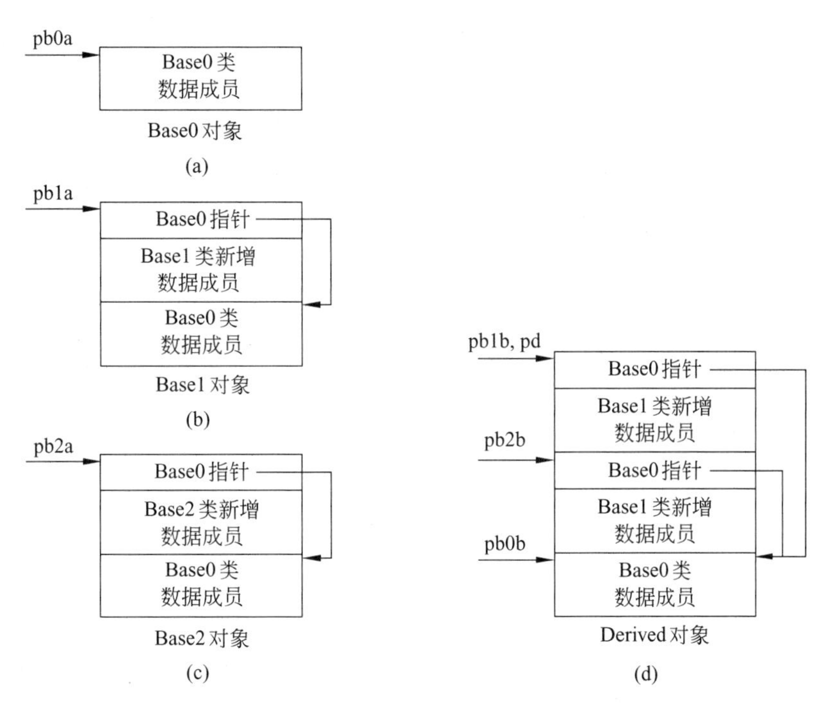

图 7-13　虚继承情况下的对象内存布局（只是一种实现方式）

如果发生了下面的指针赋值：

```
Base0 *pb0a=new Base0();
Base1 *pb1a=new Base1();
Base2 *pb2a=new Base2();
Derived *pd=new Derived();
Base1 *pb1b=pd;
Base2 *pb2b=pd;
Base0 *pb0b=pb1b;
```

将 pd 赋给 pb1b 和 pb2b 指针时，与普通多继承时的情形相似。对于 pb1a 与 pb1b 这两个 Base1 类型的指针而言，它们指向不同类的对象，而且其中的 Base0 类的数据成员到这两个指针具有不同的偏移量，但指向 Base0 成员的隐含指针相对于 pb1a 和 pb1b 两个指针值的位置是相同的，因此能够通过相同的方式取得这个隐含的 Base0 指针值，进而通过相同的步骤访问到 Base0 类的数据成员，而无须考虑具体的类型。pb2a 与 pb2b 这两个类型相同却指向不同类型对象的指针，情况也是类似的。当把 pb1b 指针赋给 pb0b 指针时，不能再按照将 pd 指针赋给 pb2b 指针时的那种将地址值加上偏移量的方式,因为 pb1b 指针可能指向 Base1 对象或 Derived 对象,在这两种情况下,这个偏移量是不同的。这里的执行方式是,通过 pb1b 指针找到隐含的指向 Base0 类数据成员的指针,将该指针值读出,赋给 pb0b 指针。这是"指针类型转换时不只是复制地址"的又一例。

7.8.3 基类向派生类的转换及其安全性问题

派生类指针可以隐含转换为基类指针,之所以允许这种转换隐含发生,是因为它是安全的转换。而派生类指针要想转换为基类指针,则转换一定要显式地进行。例如:

```
Base *pb=new Derived();                      //将 Derived 指针隐含转换为 Base 指针
Derived *pd=static_cast<Derived *>(pd);      //将 Base 指针显式转换为 Derived 指针
```

提示 void 指针和具体类型指针的关系,与基类指针和派生类指针的关系,具有一定的可比性。void 指针可以指向任何类型的对象,因此 void 类型指针和具体类型的指针具有一般与特殊的关系;基类指针可以指向任何派生类的对象,因此基类指针和派生类指针也具有一般和特殊的关系。C++ 对这两种关系也采取相同的处理方式:从特殊的指针转换到一般的指针是安全的,因此允许隐含转换;从一般的指针转换到特殊的指针是不安全的,因此只能显式地转换。

对于引用来说,情况亦如此,例如:

```
Derived d;
Base &rb=d;     //用 Derived 对象给 Base 引用初始化,发生了到 Base 引用的隐含转换
Derived &rb=static_cast<Derived &>(rb);     //将 Base 引用隐含转换为 Derived 引用
```

这里有几个问题需要说明:

(1) 基类对象一般无法被显式转换为派生类对象,也就是说,下面的写法是不合法的,除非 Derived 类有接受 Base 类型(或它的引用类型)参数的构造函数。

```
Base b;
Derived d=static_case<Derived>(b);
```

指针和引用的转换,只涉及创建新的指针或引用,而不涉及创建新的对象;而以一个类作为转换的目的类型,则需要创建新的对象。创建对象就一定要调用构造函数,Derived 中只要没有显式定义接受 Base 类型参数的构造函数,这种转换就没有办法执行。

而从派生类对象到基类对象的转换之所以能够执行,是因为基类对象的复制构造函数接受一个基类引用的参数,而用派生类对象是可以给基类引用初始化的,因此基类的复制构造函数可以被调用,转换就能够发生。

(2) 执行基类向派生类的转换时,一定要确保被转换的指针和引用所指向或引用的对象符合转换的目的类型。例如,在下面的转换中:

```
Derived *pd=static_cast<Derived *>(pb);
```

一定要保证 pb 所指向的对象具有 Derived 类型,或者是 Derived 类型的派生类。如果不满足这个条件,例如,如果上面的 pb 指针是这样得到的:

```
Base *pb=new Base();
```

pb指向的是Base类型的对象,而非Derived类型的对象,这样转换后得到的pd指向对象的实际类型也是Base,通过pd访问Derived类型特有的数据时,就会出现不确定性的错误。因此,对基类向派生类转换的不慎使用,会导致不安全的后果。

引用与指针的实现方式一致,因此目的类型为引用的转换亦如此。

(3) 在多重继承情况下,执行基类指针到派生类指针的显式转换时,有时需要将指针所存储的地址值进行调整后才能得到新指针的值,这与7.8.2小节中将派生类指针隐含转换为基类指针时,将原地址加一个偏移量是相反的过程。

但是,如果A类型是B类型的虚拟基类,虽然B类型的指针可以隐含转换为A类型指针,但A类型指针却无法通过static_cast隐含转换为B类型的指针。

提示　之所以不允许这种转换的发生,是因为,B类型和B类型的派生类中,A类型的数据的位置可能会有所不同。例如7.8.2节所举的虚继承例子中,Base1对象和Derived对象中,Base0类型数据就处于不同的位置,一个Base0指针既能指向Base1对象,又能指向Base1对象,如果把Base0指针转换为Base1指针,难以计算出转换后的地址。

引用与指针的实现方式一致,因此目的类型为引用的转换也如此。

(4) 如果指针转换过程中涉及void指针类型,即使最初的指针类型和最后的指针类型是兼容的,但只要最初和最后的类型不完全相同,转换的结果就可能是不正确的。例如,如果Derived类公共继承了Base1类和Base2类,那么:

```
Derived *pd=new Derived();
void *pv=pd;                              //将Derived指针转换为void指针
Base2 *pb=static_cast<Base2 *>(pv);       //将void指针转换为Base2指针
```

这一转换的结果,与直接将pd转换为Base2指针的结果是不一样的。因为正确的转换中,将pd转换为Base2指针,需要在原地址上增加一个偏移量,但这里的每步转换都涉及void指针,这个偏移量始终没有加上。

这提醒我们,使用void指针时,前后的类型一定要严格相同。如果前后关系仅仅满足继承关系上的兼容性,是不可靠的。当然,不用void指针是最好。

通过上面几点我们可以看出,用static_cast执行涉及类类型指针或引用的转换时,有很多不安全因素,而且还存在一些限制。第8章将介绍基类向派生类转换的更安全、更灵活的方式——dynamic_cast,不过使用它要付出一定的效率代价。

7.9　小结

本章首先介绍了类的继承。类的继承允许程序员在保持原有类特性的基础上,进行更具体、更详细的类的定义。新的类由原有的类所产生,我们说新类继承了原有类的特征,或者原有类派生出新类。派生新类的过程一般包括吸收已有类的成员、改造已有类成员和添加新的成员3个步骤。围绕派生过程,着重讨论不同继承方式下的基类成员的访问控制问题、添加构造函数和析构函数。接着讨论了在较为复杂的继承关系中,派生类成员的唯一标识和访问问题。最后讨论派生类对象的使用场合和范围问题。用全选主元高斯消去法求解线性方程组和人员信息管理的例子，是对本章内容的回顾与总结。

继承就是从先辈处得到特性和特征。类的继承，是新的类从已有类那里得到已有的特性，而从已有类产生新类的过程就是类的派生。派生类同样也可以作为基类派生新的类，这样就形成了类的层次结构。类的派生实际是一种演化、发展过程，即通过扩展、更改和特殊化，从一个已知类出发建立一个新类。类的派生通过建立具有共同关键特征的对象家族，从而实现代码的重用。这种继承和派生的机制，对于已有程序的发展和改进，是极为有利的。

在类的层次结构中，最高层是抽象程度最高的，是最具有普遍和一般意义的概念，下层具有了上层的特性，同时加入了自己的新特征，而最下层是最为具体的。在这个层次结构中，由上到下，是一个具体化、特殊化的过程，由下到上，是一个抽象化的过程。

派生新类的过程包括 3 个步骤：吸收基类成员、改造基类成员和添加新的成员。C++ 类继承中，派生类包含了它所有基类的除构造、析构函数之外的所有成员。可以根据实际情况的需要给派生类添加适当的数据和函数成员，来实现必要的新增功能。在派生过程中，基类的构造函数和析构函数是不能被继承下来的，一些特别的初始化和扫尾清理工作，需要加入新的构造和析构函数。

派生过程完成之后，讨论了派生类及其对象的成员(包括了基类中继承来的部分和新增的部分)标识和访问问题。访问过程中，实际上有两个问题需要解决，第一个是唯一标识问题，第二个是成员本身的属性问题，也就是可见性问题。为了解决成员的唯一标识问题，我们介绍了同名覆盖原则、作用域分辨符和虚基类等方法。

类型兼容规则，实际就是派生类对象的使用场合问题，基类经过公有派生产生的派生类，具有了基类的全部功能，凡是能够使用基类的地方，都可以由公有派生类来代替。这一特性，为第 8 章要学习的类的多态性奠定了基础。

习　　题

7-1 比较类的 3 种继承方式 public(公有继承)、protected(保护继承)、private(私有继承)之间的差别。

7-2 派生类构造函数执行的次序是怎样的?

7-3 如果派生类 B 已经重载了基类 A 的一个成员函数 fn1()，没有重载基类的成员函数 fn2()，如何在派生类的函数中调用基类的成员函数 fn1()、fn2()?

7-4 什么叫作虚基类? 它有何作用?

7-5 定义一个哺乳动物类 Mammal，再由此派生出狗类 Dog，定义一个 Dog 类的对象，观察基类与派生类的构造函数与析构函数的调用顺序。

7-6 定义一个基类及其派生类，在构造函数中输出提示信息，构造派生类的对象，观察构造函数的执行情况。

7-7 定义一个 Document 类，有数据成员 name，从 Document 派生出 Book 类，增加数据成员 pageCount。

7-8 定义一个基类 Base，有两个公有成员函数 fn1()、fn2()，私有派生出 Derived 类，如何通过 Derived 类的对象调用基类的函数 fn1()?

7-9 定义一个 Object 类，有数据成员 weight 及相应的操作函数，由此派生出 Box 类，增加数据成员 height 和 width 及相应的操作函数，声明一个 Box 对象，观察构造函数与析构函数的调用顺序。

7-10　定义一个基类 BaseClass，从它派生出类 DerivedClass，BaseClass 有成员函数 fn1()、fn2()，DerivedClass 也有成员函数 fn1()、fn2()，在主函数中声明一个 DerivedClass 的对象，分别用 DerivedClass 的对象以及 BaseClass 和 DerivedClass 的指针来调用 fn1()、fn2()，观察运行结果。

7-11　组合与继承有什么共同点和差异？通过组合生成的类与被组合的类之间的逻辑关系是什么？继承呢？

7-12　思考例 7-6 和例 7-8 中 Derived 类的各个数据成员在 Derived 对象中存放的位置，编写程序输出它们各自的地址来验证自己的推断。

7-13　基类与派生类的对象、指针或引用之间，哪些情况下可以隐含转换，哪些情况下可以显示转换？在涉及多重继承或虚继承的情况下，在转换时会面临哪些新问题？

7-14　下面的程序能得到预期的结果吗？如何避免类似问题的发生？

```
#include <iostream>
using namespace std;
struct Base1 {int x;};
struct Base2 {float y;};
struct Derived : Base1, Base2 {};
int main() {
    Derived* pd=new Derived;
    pd->x=1; pd->y=2.0f;
    void* pv=pd;
    Base2* pb=static_cast<Base2*>(pv);
    cout<<pd->y<<" "<<pb->y<<endl;
    delete pb;
    return 0;
}
```

第8章

多态性

面向对象程序设计的真正力量不仅仅在于继承，还在于将派生类对象当基类对象一样处理的功能。支持这种功能的机制就是多态和动态绑定。

8.1 多态性概述

多态是指同样的消息被不同类型的对象接收时导致不同的行为，所谓消息是指对类的成员函数的调用，不同的行为是指不同的实现，也就是调用了不同的函数。事实上，在程序设计中经常在使用多态的特性，最简单的例子就是运算符，使用同样的加号“+”，就可以实现整型数之间、浮点数之间、双精度浮点数之间以及它们相互的加法运算，同样的消息——相加，被不同类型的对象——变量接收后，不同类型的变量采用不同的方式进行加法运算。如果是不同类型的变量相加，例如浮点数和整型数，则要先将整型数转换为浮点数，然后再进行加法运算，这就是典型的多态现象。

8.1.1 多态的类型

面向对象的多态性可以分为4类，重载多态、强制多态、包含多态和参数多态。前面两种统称为专用多态，而后面两种称为通用多态。之前学习过的普通函数及类的成员函数的重载都属于重载多态。本章还将讲述运算符重载，上述加法运算分别使用于浮点数、整型数之间就是重载的实例。强制多态是指将一个变元的类型加以变化，以符合一个函数或者操作的要求，前面所讲的加法运算符在进行浮点数与整型数相加时，首先进行类型强制转换，把整型数变为浮点数再相加的情况，就是强制多态的实例。

包含多态是类族中定义于不同类中的同名成员函数的多态行为，主要是通过虚函数来实现。参数多态与类模板(将在第9章中介绍)相关联，在使用时必须赋予实际的类型才可以实例化。这样，由类模板实例化的各个类都具有相同的操作，而操作对象的类型却各不相同。

本章介绍的重点是重载和包含两种多态类型，函数重载在第3章和第4章曾做过详细的介绍，这里主要介绍运算符重载。虚函数是介绍包含多态时的关键内容。

8.1.2 多态的实现

多态从实现的角度来讲可以划分为两类：**编译时的多态和运行时的多态**。前者是在编译的过程中确定了同名操作的具体操作对象，而后者则是在程序运行过程中才动态地确定操作所针对的具体对象。这种确定操作的具体对象的过程就是**绑定**(binding)。**绑定是指**

计算机程序自身彼此关联的过程，也就是把一个标识符名和一个存储地址联系在一起的过程；用面向对象的术语讲，**就是把一条消息和一个对象的方法相结合的过程**。按照绑定进行的阶段的不同，可以分为两种不同的绑定方法：静态绑定和动态绑定，这两种绑定过程中分别对应着多态的两种实现方式。

绑定工作在编译连接阶段完成的情况称为静态绑定。因为绑定过程是在程序开始执行之前进行的，因此有时也称为早期绑定或前绑定。在编译、连接过程中，系统就可以根据类型匹配等特征确定程序中操作调用与执行该操作代码的关系，即确定了某一个同名标识到底是要调用哪一段程序代码。有些多态类型，其同名操作的具体对象能够在编译、连接阶段确定，通过静态绑定解决，比如重载、强制和参数多态。

和静态绑定相对应，**绑定工作在程序运行阶段完成的情况称为动态绑定**，也称为晚期绑定或后绑定。在编译、连接过程中无法解决的绑定问题，要等到程序开始运行之后再来确定，包含多态操作对象的确定就是通过动态绑定完成的。

8.2 运算符重载

C++ 语言中预定义的运算符的操作对象只能是基本数据类型，实际上，对于很多用户自定义类型（比如类），也需要有类似的运算操作。例如，下面的程序段定义了一个复数类：

```
class Complex {                 //复数类定义
public:
    Complex(double r=0.0, double i=0.0) : real(r), imag(i) {}     //构造函数
    void display() const;    //显示复数的值
private:
    double real;
    double imag;
};
```

于是我们可以这样声明复数类的对象：

```
Complex a(10, 20), b(5, 8);
```

接下来，如果需要对 a 和 b 进行加法运算，该如何实现呢？我们当然希望能使用“+”运算符，写出表达式“a+b”，但是编译的时候却会出错，因为编译器不知道该如何完成这个加法。这时候就需要自己编写程序来说明“+”在作用于 complex 类对象时，该实现什么样的功能，这就是运算符重载。**运算符重载是对已有的运算符赋予多重含义，使同一个运算符作用于不同类型的数据时导致不同的行为**。

运算符重载的实质就是函数重载。在实现过程中，首先把指定的运算表达式转化为对运算符函数的调用，运算对象转化为运算符函数的实参，然后根据实参的类型来确定需要调用的函数，这个过程是在编译过程中完成的。

8.2.1 运算符重载的规则

运算符重载的规则如下：

(1) C++ 语言中的运算符除了少数几个外,全部可以重载,而且只能重载 C++ 中已经存在的运算符。

(2) 重载之后运算符的优先级和结合性都不会改变。

(3) 运算符重载是针对新类型数据的实际需要,对原有运算符进行适当的改造。一般来讲,重载的功能应当与原有功能相类似,不能改变原运算符的操作对象个数,同时至少要有一个操作对象是自定义类型。

C++ 标准规定,有些操作符是不能重载的,它们是类属关系运算符"."、成员指针运算符".*"、作用域分辨符"::"和三目运算符"?:"。前面两个运算符保证了 C++ 语言中访问成员功能的含义不被改变。作用域分辨符的操作数是类型,而不是普通的表达式,也不具备重载的特征。

运算符的重载形式有两种,重载为类的非静态成员函数和重载为非成员函数。运算符重载为类的成员函数的一般语法形式为:

```
返回类型 类名::operator 运算符(形参表)
{
    函数体
}
```

运算符重载为非成员函数的一般语法形式为:

```
返回类型 operator 运算符(形参表)
{
    函数体
}
```

返回类型指定了重载运算符的返回值类型,也就是运算结果类型;**operator** 是定义运算符重载函数的关键字;**运算符**即是要重载的运算符名称,必须是 C++ 中可重载的运算符,比如要重载加法运算符,这里就写"+";**形参表**中给出重载运算符所需要的参数和类型。

提示　*当以非成员函数形式重载运算符时,有时需要访问运算符参数所涉及类的私有成员,这时可以把该函数声明为类的友元函数。*

当运算符重载为类的成员函数时,函数的参数个数比原来的操作数个数要少一个(后置"++""--"除外);当重载为非成员函数时,参数个数与原操作数个数相同。两种情况的参数个数有所差异的原因是,重载为类的成员函数时,第一个操作数会被作为函数调用的目的对象,因此无须出现在参数表中,函数体中可以直接访问第一个操作数的成员;而重载为非成员函数时,运算符的所有操作数必须显式通过参数传递。

运算符重载的主要优点就是可以改变现有运算符的操作方式,以用于类类型,使得程序看起来更加直观。

8.2.2　运算符重载为成员函数

运算符重载实质上就是函数重载,重载为成员函数,它就可以自由地访问本类的数据成员。实际使用时,总是通过该类的某个对象来访问重载的运算符,如果是双目运算符,左操作数是对象本身的数据,由 this 指针指出,右操作数则需要通过运算符重载函数的参数表来传递;如果是单目运算符,操作数由对象的 this 指针给出,就不再需要任何参数。下面分别介绍这两种情况。

对于双目运算符 B,如果要重载为类的成员函数,使之能够实现表达式 **oprd1 B oprd2**,其中 oprd1 为 A 类的对象,则应当把 **B 重载为 A 类的成员函数,该函数只有一个形参,形参的类型是 oprd2 所属的类型**。经过重载之后,表达式 oprd1 B oprd2 就相当于函数调用 oprd1.operator B(oprd2)。

对于前置单目运算符 U,如"－"(负号)等,如果要重载为类的成员函数,用来实现表达式 U oprd,其中 oprd 为 A 类的对象,则 U 应当重载为 A 类的成员函数,函数没有形参。经过重载之后,表达式 U oprd 相当于函数调用 oprd.operator U()。

再来看后置运算符"＋＋"和"－－",如果要将它们重载为类的成员函数,用来实现表达式 **oprd＋＋或 oprd－－**,其中 oprd 为 A 类的对象,那么运算符就应当**重载为 A 类的成员函数,这时函数要带有一个整型(int)形参**。重载之后,表达式 oprd＋＋和 oprd——就相当于函数调用 oprd.operator＋＋(0)和 oprd.operator－－(0)。这里的 int 类型参数在运算中不起任何作用,只是用于区别后置＋＋、－－与前置＋＋、－－。

在 UML 中,重载的运算符表示方法与其他成员函数类似,其形式为"operator 运算符(形参表):函数类型"。

例 8-1 复数类加减法运算重载—成员函数形式。

这个例子是重载复数加减法运算,是一个双目运算符重载为成员函数的实例。复数的加减法所遵循的规则是实部和虚部分别相加减,运算符的两个操作数都是复数类的对象,因此,可以把"＋""－"运算重载为复数类的成员函数,重载函数只有一个形参,类型同样也是复数类对象。在该实例中,带有加减法运算符重载的复数类的 UML 图形表示如图 8-1 所示。

Complex
– real : double – imag : double
+complex(r : double = 0.0, i : double = 0.0) <<const>>+ operator +(c2 : const Complex &): Complex <<const>>+ operator – (c2 : const Complex &): Complex <<const>>+ display( ) : void

图 8-1 带有加减法运算符重载的复数类的 UML 图形表示

```
//8_1.cpp
#include <iostream>
using namespace std;

class Complex {         //复数类定义
public:                 //外部接口
    Complex(double r=0.0, double i=0.0) : real(r), imag(i) {}    //构造函数
    Complex operator+ (const Complex &c2) const;          //运算符+重载成员函数
    Complex operator- (const Complex &c2) const;          //运算符-重载成员函数
    void display() const;                                 //输出复数
private:                                                  //私有数据成员
```

```
    double real;                                     //复数实部
    double imag;                                     //复数虚部
};

Complex Complex::operator+ (const Complex &c2) const { //重载运算符函数实现
    return Complex(real+c2.real, imag+c2.imag);   //创建一个临时无名对象作为返回值
}

Complex Complex::operator- (const Complex &c2) const { //重载运算符函数实现
    return Complex(real-c2.real, imag-c2.imag);   //创建一个临时无名对象作为返回值
}

void Complex::display() const {
    cout<<"("<<real<<", "<<imag<<")"<<endl;
}

int main() {                                  //主函数
    Complex c1(5, 4), c2(2, 10), c3;          //定义复数类的对象
    cout<<"c1="; c1.display();
    cout<<"c2="; c2.display();
    c3=c1-c2;                                 //使用重载运算符完成复数减法
    cout<<"c3=c1-c2="; c3.display();
    c3=c1+c2;                                 //使用重载运算符完成复数加法
    cout<<"c3=c1+c2="; c3.display();
    return 0;
}
```

在本例中,将复数的加减法这样的运算重载为复数类的成员函数,可以看出,除了在函数声明及实现的时候使用了关键字 operator 外,运算符重载成员函数与类的普通成员函数没有什么区别。在使用的时候,可以直接通过运算符、操作数的方式来完成函数调用,这时,运算符"+""-"原有的功能都不改变,对整型数、浮点数等基本类型数据的运算仍然遵循 C++ 预定义的规则,同时添加了新的针对复数运算的功能。"+"这个运算符,作用于不同的对象上,就会导致完全不同的操作行为,具有了更广泛的多态特征。

本例重载的"+""-"函数中,都是创建一个临时的无名对象作为返回值,以加法为例:

```
return Complex(real+c2.real, imag+c2.imag);
```

这是临时对象语法,它的含义是:"调用 Complex 构造函数创建一个临时对象并返回它"。当然,也可以按如下形式返回函数值:

```
Complex Complex::operator+ (const Complex &c2) const {     //重载运算符函数实现
    Complex c(real+c2.real, imag+c2.imag);
    return c;
}
```

程序输出的结果为:

```
c1=(5, 4)
c2=(2, 10)
c3=c1-c2=(3, -6)
c3=c1+c2=(7, 14)
```

例 8-2　将单目运算符"++"重载为成员函数形式。

本例是将单目运算符重载为类的成员函数。在这里仍然使用时钟类的例子，单目运算符前置++和后置++的操作数是时钟类的对象，可以把这些运算符重载为时钟类的成员函数，对于前置单目运算符，重载函数没有形参，对于后置单目运算符，重载函数有一个 int 型形参。源程序代码如下：

```
//8_2.cpp
#include <iostream>
using namespace std;
class Clock{                              //时钟类定义
public:                                   //外部接口
    Clock(int hour=0, int minute=0, int second=0);
    void showTime() const;
    Clock& operator++();                  //前置单目运算符重载
    Clock operator++(int);                //后置单目运算符重载
private:                                  //私有数据成员
    int hour, minute, second;
};

Clock::Clock(int hour/*=0*/, int minute/*=0*/, int second/*=0*/) {
    if (0 <=hour && hour <24 && 0 <=minute && minute <60
        && 0 <=second && second <60) {
        this->hour=hour;
        this->minute=minute;
        this->second=second;
    } else
        cout<<"Time error!"<<endl;
}

void Clock::showTime() const {                //显示时间函数
    cout<<hour<<":"<<minute<<":"<<second<<endl;
}

Clock & Clock::operator++() {                 //前置单目运算符重载函数
    second++;
    if (second>=60) {
        second -=60;
        minute++;
        if (minute>=60) {
            minute -=60;
```

```
            hour=(hour+1)%24;
        }
    }
    return *this;
}

Clock Clock::operator++(int) {          //后置单目运算符重载
    //注意形参表中的整型参数
    Clock old=*this;
    ++(*this);                          //调用前置"++"运算符
    return old;
}

int main() {
    Clock myClock(23, 59, 59);
    cout<<"First time output: ";
    myClock.showTime();
    cout<<"Show myClock++:    ";
    (myClock++).showTime();
    cout<<"Show++myClock:    ";
    (++myClock).showTime();
    return 0;
}
```

在本例中,把时间自增前置++和后置++运算重载为时钟类的成员函数,前置单目运算符和后置单目运算符的重载最主要的区别就在于重载函数的形参。语法规定,前置单目运算符重载为成员函数时没有形参,而后置单目运算符重载为成员函数时需要有一个 int 型形参。程序运行结果为:

```
First time output: 23:59:59
Show myClock++:    23:59:59
Show++myClock:     0:0:1
```

细节　对于函数参数表中并未使用的参数,C++ 语言允许不给出参数名。本例中重载的后置++运算符的 int 型参数在函数体中并未使用,纯粹是用来区别前置与后置,因此参数表中可以只给出类型名,没有参数名。

8.2.3　运算符重载为非成员函数

运算符也可以重载为非成员函数。这时,运算所需要的操作数都需要通过函数的形参表来传递,在形参表中形参从左到右的顺序就是运算符操作数的顺序。如果需要访问运算符参数对象的私有成员,可以将该函数声明为类的友元函数。

提示　不要机械地将重载运算符的非成员函数声明为类的友元函数,仅在需要访问类的私有成员或保护成员时再这样做。如果不将其声明为友元函数,该函数仅依赖于类的接口,只要类的接口不变化,该函数的实现就无须变化;如果将其声明为友元函数,该函数会依赖于类的实现,即使类的接口不变化,只要类的私有数据成员的设置发生了变化,该函数的实现就需要变化。

对于双目运算符 B,如果要实现 oprd1 B oprd2,其中 oprd1 和 oprd2 中只要有一个具有自定义类型,就可以将 B 重载为非成员函数,函数的形参为 oprd1 和 oprd2。经过重载之后,表达式 oprd1 B oprd2 就相当于函数调用 operator B(oprd1,oprd2)。

对于前置单目运算符 U,如"－"(负号)等,如果要实现表达式 U oprd,其中 oprd 具有自定义类型,就可以将 U 重载为非成员函数,函数的形参为 oprd。经过重载之后,表达式 U oprd 相当于函数调用 operator U(oprd)。

对于后置运算符＋＋和－－,如果要实现表达式 oprd ＋＋或 oprd －－,其中 oprd 为自定义类型,那么运算符就可以重载为非成员函数,这时函数的形参有两个,一个是 oprd,另一个是 int 类型形参。第二个参数是用于与前置运算符函数相区别的。重载之后,表达式 oprd ＋＋和 oprd－－就相当于函数调用 operator ＋＋ (oprd,0)和 operator －－ (oprd,0)。

例 8-3　以非成员函数形式重载 Complex 的加减法运算和"<<"运算符。

本例将运算符"＋""－"重载为非成员函数,并将其声明为 Complex 类的友元函数,使之实现复数加减法。本例所针对的问题和例 8-1 完全相同,运算符的两个操作数都是复数类的对象,因此重载函数有两个复数对象作为形参。

另外,本例重载了"<<"运算符,使得可以对 cout 使用"<<"操作符来输出一个 Complex 对象,使得输出变得更加方便、直观。

该实例的 UML 图形表示如图 8-2 所示。

Complex
– real : double – imag : double
+ Complex(r : double = 0.0, i : double = 0.0) <<friend>> + operator +(c1 : const Complex&, c2 : const Complex&) : Complex <<friend>> + operator – (c1 : const Complex&, c2 : const Complex&) : Complex <<friend>> + operator << (out : ostream&, c : const Complex &) : ostream&

图 8-2　加减法运算符和"<<"重载为非成员函数形式复数类的 UML 图形表示

```
//8_3.cpp
#include <iostream>
using namespace std;

class Complex {          //复数类定义
public:                  //外部接口
    Complex(double r=0.0, double i=0.0) : real(r), imag(i) {}        //构造函数
    friend Complex operator+ (const Complex &c1, const Complex &c2);  //运算符"+ "重载
    friend Complex operator- (const Complex &c1, const Complex &c2);  //运算符"- "重载
    friend ostream & operator<< (ostream &out, const Complex &c);     //运算符<<重载
private:                 //私有数据成员
    double real;         //复数实部
    double imag;         //复数虚部
};
```

```
Complex operator+(const Complex &c1, const Complex &c2) {   //重载运算符函数实现
    return Complex(c1.real+c2.real, c1.imag+c2.imag);
}

Complex operator-(const Complex &c1, const Complex &c2) {   //重载运算符函数实现
    return Complex(c1.real-c2.real, c1.imag-c2.imag);
}

ostream & operator<<(ostream &out, const Complex &c) {      //重载运算符函数实现
    out<<"("<<c.real<<", "<<c.imag<<")";
    return out;
}

int main() {                                   //主函数
    Complex c1(5, 4), c2(2, 10), c3;           //定义复数类的对象
    cout<<"c1="<<c1<<endl;
    cout<<"c2="<<c2<<endl;
    c3=c1-c2;                                  //使用重载运算符完成复数减法
    cout<<"c3=c1-c2="<<c3<<endl;
    c3=c1+c2;                                  //使用重载运算符完成复数加法
    cout<<"c3=c1+c2="<<c3<<endl;
    return 0;
}
```

将运算符重载为类的非成员函数,必须把操作数全部通过形参的方式传递给运算符重载函数。“<<”操作符的左操作数为ostream类型的引用,ostream是cout类型的一个基类,右操作数是Complex类型的引用,这样在执行cout<<c1时,就会调用operator<<(cout,c1)。该函数把通过第一个参数传入的ostream对象以引用形式返回,这是为了支持形如“cout<<c1<<c2”的连续输出,因为第二个“<<”运算符的左操作数是第一个“<<”运算符的返回结果。和例8-1相比,主函数中“+”“-”的用法没有改动,而对Complex对象的输出更加直观了,程序运行的结果完全相同。

提示　运算符的两种重载形式各有千秋。成员函数的重载方式更加方便,但有时出于以下原因,需要使用非成员函数的重载方式。

(1) 要重载的操作符的第一个操作数不是可以更改的类型,例如例8-3中“<<”运算符的第一个操作数的类型为ostream,是标准库的类型,无法向其中添加成员函数。

(2) 以非成员函数形式重载,支持更灵活的类型转换,例如例8-3中,可以直接使用5.0+c1,因为Complex的构造函数使得实数可以被隐含转换为Complex类型,这样5.0+c1就会以operator+(Complex(5.0),c1)的方式来执行,c1+5.0也一样,从而支持了实数和复数的相加,很方便也很直观;而以成员函数重载时,左操作数必须具有Complex类型,不能是实数(因为调用成员函数的目的对象不会被隐含转换),只有右操作数可以是实数(因为右操作数是函数的参数,可以隐含转换)。

(3) “=”“[]”“()”“->”只能被重载为成员函数,而且派生类中的“=”运算符函数总会

隐藏基类中的"="运算符函数。

这里,只介绍了几个简单运算符的重载,还有一些运算符,如"[]""="类型转换等,进行重载时有一些与众不同的情况。考虑到对于初学者而言,难以一下子接受太多新内容,所以暂且不讲。这些内容将在第 9 章中,结合"安全数组类模板"的例子进行介绍,以便于理解。

8.3 虚函数

在 7.7 节中介绍了一个个人银行账户管理的简单程序,其中遗留了一个问题:如何利用一个循环结构依次处理同一类族中不同类的对象。现在将例 7-10 中的主函数改写为如下形式,看看运行时会出现什么情况。

```
#include "account.h"
#include <iostream>
using namespace std;
int main() {
    Date date(2008, 11, 1);     //起始日期
    //建立几个账户
    SavingsAccount sa1(date, "S3755217", 0.015);
    SavingsAccount sa2(date, "02342342", 0.015);
    CreditAccount ca(date, "C5392394", 10000, 0.0005, 50);
    Account *accounts[]={&sa1, &sa2, &ca};
    const int n=sizeof(accounts)/sizeof(Account*);    //账户总数
    for (int i=0; i<n; i++) {
        accounts[i]->show();
        cout<<endl;
    }
    return 0;
}
```

运行结果:

```
2008-11-1        #S3755217 created
2008-11-1        #02342342 created
2008-11-1        #C5392394 created
S3755217         Balance: 0
02342342         Balance: 0
C5392394         Balance: 0
```

从 show 函数的输出结果可以看出,无论 accounts[i]指向的是哪种类型的实例,通过 accounts[i]->show()调用的函数都是 Account 类中定义的 show 函数,而我们希望根据 accounts[i]所指向的实例类型决定哪个 show 函数被调用,当 i==2 时被调用的应当是 CreditAccount 类中定义的 show 函数。这一问题如何解决呢?这就要应用虚函数来实现多态性。

虚函数是动态绑定的基础。虚函数必须是非静态的成员函数。虚函数经过派生之后,

在类族中就可以实现运行过程中的多态。

根据赋值兼容规则,可以使用派生类的对象代替基类对象。如果用基类类型的指针指向派生类对象,就可以通过这个指针来访问该对象,问题是访问到的只是从基类继承来的同名成员。解决这一问题的办法是:如果需要通过基类的指针指向派生类的对象,并访问某个与基类同名的成员,那么首先在基类中将这个同名函数说明为虚函数。这样,通过基类类型的指针,就可以使属于不同派生类的不同对象产生不同的行为,从而实现了运行过程的多态。

8.3.1　一般虚函数成员

一般虚函数成员的声明语法是:

```
virtual 函数类型 函数名(形参表);
```

这实际上就是在类的定义中使用 virtual 关键字来限定成员函数,**虚函数声明只能出现在类定义中的函数原型声明中,而不能在成员函数实现的时候**。

运行过程中的多态需要满足3个条件,首先类之间满足**赋值兼容规则**,其二是要声**明虚函数**,第三是要**由成员函数来调用或者是通过指针、引用来访问虚函数**。如果是使用对象名来访问虚函数,则绑定在编译过程中就可以进行(静态绑定),而无须在运行过程中进行。

习惯　虚函数一般不声明为内联函数,因为对虚函数的调用需要动态绑定,而对内联函数的处理是静态的,所以虚函数一般不能以内联函数处理。但将虚函数声明为内联函数也不会引起错误。

在 UML 中,一般的虚函数是通过在成员函数前添加<<virtual>>构造型来表示。

例 8-4　虚函数成员。

这个程序是由第7章例7-3"赋值兼容规则举例"改进而来。在基类 Base1 中将原有成员 display()声明为虚函数,其他部分都没有做任何修改。与例7-3不同的是,在使用基类类型的指针时,它指向哪个派生类的对象,就可以通过它访问那个对象的同名虚成员函数。类的派生关系的 UML 图形表示如图8-3所示,其中 Base1 类包含虚成员函数 display()。

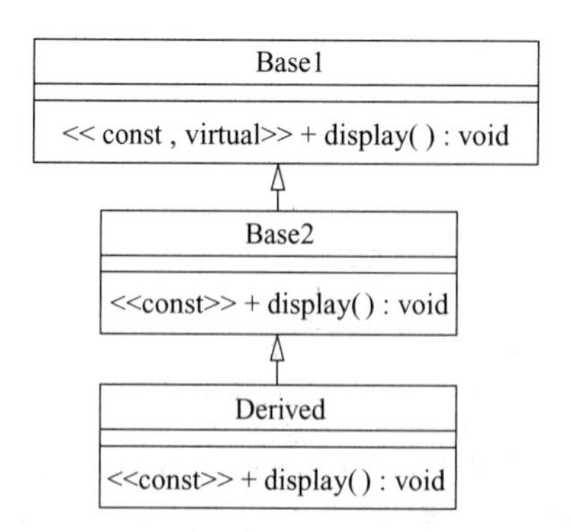

图8-3　包含虚成员函数的 Base1 类及派生关系的 UML 图形表示

```
//8_4.cpp
#include <iostream>
using namespace std;
```

```
class Base1 {                       //基类 Base1 定义
public:
    virtual void display() const; //虚函数
};
void Base1::display() const {
    cout<<"Base1::display()"<<endl;
}

class Base2: public Base1 {         //公有派生类 Base2 定义
public:
    void display() const;           //覆盖基类的虚函数
};
void Base2::display() const {
    cout<<"Base2::display()"<<endl;
}

class Derived: public Base2 {       //公有派生类 Derived 定义
public:
    void display() const;           //覆盖基类的虚函数
};
void Derived::display() const {
    cout<<"Derived::display()"<<endl;
}

void fun(Base1 * ptr) {             //参数为指向基类对象的指针
    ptr->display();                 //"对象指针->成员名"
}

int main() {                        //主函数
    Base1 base1;                    //定义 Base1 类对象
    Base2 base2;                    //定义 Base2 类对象
    Derived derived;                //定义 Derived 类对象
    fun(&base1);                    //用 Base1 对象的指针调用 fun 函数
    fun(&base2);                    //用 Base2 对象的指针调用 fun 函数
    fun(&derived);                  //用 Derived 对象的指针调用 fun 函数
    return 0;
}
```

程序中类 Base1、Base2 和 Derived 属于同一个类族，而且是通过公有派生而来，因此满足赋值兼容规则，同时，基类 Base1 的函数成员 display()声明为虚函数，程序中使用对象指针来访问函数成员，这样绑定过程就是在运行中完成，实现了运行中的多态。通过基类类型的指针就可以访问到正在指向的对象的成员，这样，能够对同一类族中的对象进行统一的处理，抽象程度更高，程序更简洁、更高效。程序的运行结果为：

```
Base1::display()
```

```
Base2::display()
Derived::display()
```

在本程序中,派生类并没有显式给出虚函数声明,这时系统就会遵循以下规则来判断派生类的一个函数成员是不是虚函数。

- 该函数是否与基类的虚函数有相同的名称。
- 该函数是否与基类的虚函数有相同的参数个数及相同的对应参数类型。
- 该函数是否与基类的虚函数有相同的返回值或者满足赋值兼容规则的指针、引用型的返回值。

如果从名称、参数及返回值3个方面检查之后,派生类的函数满足了上述条件,就会自动确定为虚函数。这时,派生类的虚函数便**覆盖**了基类的虚函数。不仅如此,派生类中的虚函数还会**隐藏**基类中同名函数的所有其他重载形式。

细节 用指向派生类对象的指针仍然可以调用基类中被派生类覆盖的成员函数,方法是使用“::”进行限定。例如,例8-4中如果把fun函数中的ptr－＞display()改为ptr－＞Base1::display(),无论ptr所指向对象的动态类型是什么,最终被调用的总是Base1类的display()函数。在派生类的函数中,有时需要先调用基类被覆盖的函数,再执行派生类特有的操作,这时就可以用“基类名::函数名(…)”来调用基类中被覆盖的函数。

习惯 派生类覆盖基类的成员函数时,既可以使用virtual关键字,也可以不使用,二者没有差别。很多人习惯于在派生类的函数中也使用virtual关键字,因为这样可以清楚地提示这是一个虚函数。

当基类构造函数调用虚函数时,不会调用派生类的虚函数。假设有基类Base和派生类Derived,两个类中有虚成员函数virt(),在执行派生类Derived的构造函数时,需要首先调用Base类的构造函数。如果Base::Base()调用了虚函数virt(),则被调用的是Base::virt(),而不是Derived::virt()。这是因为当基类被构造时,对象还不是一个派生类的对象。

同样,当基类被析构时,对象已经不再是一个派生类对象了,所以如果Base::～Base()调用了virt(),则被调用的是Base::virt(),而不是Derived::virt()。

只有虚函数是动态绑定的,如果派生类需要修改基类的行为(即重写与基类函数同名的函数),就应该在基类中将相应的函数声明为虚函数。而基类中声明的非虚函数,通常代表那些不希望被派生类改编的功能,也是不能实现多态的。一般不要重写继承而来的非虚函数(虽然语法对此没有强行限制),因为那会导致通过基类指针和派生类的指针或对象调用同名函数时,产生不同的结果,从而引起混乱。

注意 在重写继承来的虚函数时,如果函数有缺省形参值,不要重新定义不同的值,原因是:虽然虚函数是动态绑定的,但缺省形参值是静态绑定的。也就是说,通过一个指向派生类对象的基类指针,可以访问到派生类的虚函数,但缺省形参值却只能来自基类的定义。

最后,需强调的是,只有通过基类的指针或引用调用虚函数时,才会发生动态绑定。例如,如果将例8-4中的fun函数的参数类型设定为Base1而非Base1 *,那么3次fun函数的调用中,被执行的函数都会是Base1::display()。这是因为,基类的指针可以指向派生类的对象,基类的引用可以作为派生类对象的别名,但基类的对象却不能表示派生类的对象。例如:

```
Derived d;         //定义派生类对象
Base * ptr=&d;     //基类指针 ptr 可以指向派生类对象
Base &ref=d;       //基类引用 ref 可以作为派生类对象的别名
Base b=d;          //调用 Base1 的复制构造函数用 d 构造 b,b 的类型是 Base 而非 Derived
```

这里，Base b=d 会用 Derived 类型的对象 d 为 Base 类型的对象 b 初始化，初始化时使用的是 Base 的复制构造函数。由于复制构造函数接收的是 Base 类型的常引用，Derived 类型的 d 符合类型兼容性规则，可以作为参数传递给它，但由于执行的是 Base 的复制构造函数，只有 Base 类型的成员会被复制，Derived 类中新增的数据成员既不会被复制，也没有空间去存储，因此生成的对象是基类 Base 的对象。这种用派生类对象复制构造基类对象的行为称作**对象切片**。这时，如果用 b 调用 Base 类的虚函数，调用的目的对象是对象切片后得到的 Base 对象，与 Derived 类型的 d 对象全无关系，对象的类型很明确，因此无须动态绑定。

final 和 override 说明符

派生类中如果定义了一个函数与基类中虚函数的名字相同但是形参列表不同，这仍然是合法的，但是该函数与虚函数是相互独立的，派生类中的函数并没有覆盖掉基类的版本。就实际的编程习惯而言，这往往意味着错误的发生，因为我们本希望派生类能覆盖掉基类的虚函数，但是因为弄错了参数列表而没有达到预期目标。

想要调试并发现这样的错误往往非常困难，在 C++ 11 标准中可以使用 override 关键字来说明派生类中的虚函数，这么做的好处是通过标记使得编译器能够发现一些错误，如果使用 override 标记了某个函数，但该函数并没有覆盖已存在的虚函数，此时编译器将报错：

```
class Base {
public:
    virtual void f1(int) const;
    virtual void f2();
    void f3();
};
class Derived1: public Base {
public:
    void f1(int) const override;        //正确,f1 与基类中的 f1 匹配
    void f2(int) override;              //错误,基类中没有形如 f2(int)的函数
    void f3() override;                 //错误,f3 不是虚函数
    void f4() override;                 //错误,基类中没有名为 f4 的函数
};
```

Derived1 中，只有 f1 的声明是正确的，因为基类和派生类的 f1 都是 const 成员函数，并且接受一个 int 参数，返回 void。继承类中的 f2 声明与基类中不匹配，所以不能覆盖 Base 的 f2，这是一个新的函数，只是名字恰好与基类的函数相同而已。只有虚函数可以被覆盖，因此 Derived1 的 f3 函数不能使用 override 声明，类似的编译器会拒绝 Derived1 的 f4 函数，因为基类中根本没有这个函数。

相应还能把某个函数指定为 final，意味着该函数不能被覆盖，任何试图覆盖该函数的操作都将引发错误：

```
class Derived2: public Base {
public:
    void f1(int) const final;        //不允许后续的其他类覆盖 f1(int)
};
class Derived3: public Derived2 {
public:
    void f1(int) const;              //错误,Derived2 的 f1 已经声明为 final
    void f2();                       //正确,覆盖从 Base 间接继承来的 f2
};
```

值得注意的是,final 和 override 说明符需出现在参数列表以及尾置的返回类型之后。

8.3.2 虚析构函数

在 C++ 中,不能声明虚构造函数,但是可以声明虚析构函数。析构函数没有类型,也没有参数,和普通成员函数相比,虚析构函数情况略为简单些。

虚析构函数的声明语法为:

```
virtual ~类名();
```

如果一个类的析构函数是虚函数,那么,由它派生而来的所有子类的析构函数也是虚函数。析构函数设置为虚函数之后,在使用指针引用时可以动态绑定,实现运行时的多态,保证使用基类类型的指针就能够调用适当的析构函数针对不同的对象进行清理工作。

简单来说,如果有可能通过基类指针调用对象的析构函数(通过 delete),就需要让基类的析构函数成为虚函数,否则会产生不确定的后果。

例 8-5　虚析构函数举例。

首先,请看一个没有使用虚析构函数的程序:

```
//8_5.cpp
#include <iostream>
using namespace std;

class Base {
public:
    ~Base();
};
Base::~Base() {
    cout<<"Base destructor"<<endl;
}

class Derived: public Base {
public:
    Derived();
    ~Derived();
private:
    int *p;
```

```
};
Derived::Derived() {
    p=new int(0);
}
Derived::~Derived() {
    cout<<"Derived destructor"<<endl;
    delete p;
}

void fun(Base * b) {
    delete b;
}

int main() {
    Base *b=new Derived();
    fun(b);
    return 0;
}
```

运行时输出信息为：

```
Base destructor
```

这说明，通过基类指针删除派生类对象时调用的是基类的析构函数，派生类的析构函数没有被执行，因此派生类对象中动态分配的内存空间没有得到释放，造成了内存泄露。也就是说派生类对象成员 p 所指向的内存空间，在对象消失后既不能被本程序继续使用也没有被释放。对于内存需求量较大、长期连续运行程序来说，如果持续发生这样的错误是很危险的，最终将导致因内存不足而引起的程序终止。

避免上述错误的有效方法就是将析构函数声明为虚函数：

```
class Base {
public:
    virtual ~Base();
};
```

这时运行时的输出信息为：

```
Derived destructor
Base destructor
```

这说明派生类的析构函数被调用了，派生类对象中动态申请的内存空间被正确地释放了。这是由于使用了虚析构函数，实现了多态。

8.4　纯虚函数与抽象类

抽象类是一种特殊的类，它为一个类族提供统一的操作界面。抽象类是为了抽象和设计的目的而建立的，可以说，建立抽象类，就是为了通过它多态地使用其中的成员函数。抽象类处于类层次的上层,一个抽象类自身无法实例化,也就是说我们无法定义一个抽象类的对象,只能通过继承机制,生成抽象类的非抽象派生类,然后再实例化。

抽象类是带有纯虚函数的类。为了学习抽象类,我们先来了解纯虚函数。

8.4.1　纯虚函数

在 7.7 节中介绍的个人银行账户管理程序中遗留的另一个问题是,如何将不同派生类中的 deposit、withdraw 和 settle 这些用来执行相同类型操作的函数之间建立起联系。通过 8.3 节的学习,我们很容易想到在基类 Account 中也声明几个具有相同原型的函数,并且将它们作为虚函数,这样派生类中的这几个函数就是对基类相应函数的覆盖,通过基类的指针调用这些函数时,派生类的相应函数将被实际调用。然而,基类并不知道该如何处理 deposit、withdraw 和 settle 这些操作,无法给出有意义的实现。对于这种在基类中无法实现的函数,能否在基类中只说明函数原型用来规定整个类族的统一接口形式,而在派生类中再给出函数的具体实现呢？在 C++ 中提供了纯虚函数来实现这一功能。

纯虚函数是一个在基类中声明的虚函数,它在该基类中没有定义具体的操作内容,要求各派生类根据实际需要定义自己的版本,纯虚函数的声明格式为:

```
virtual 函数类型 函数名(参数表)=0;
```

实际上,它与一般虚函数成员的原型在书写格式上的不同就在于后面加了"=0"。**声明为纯虚函数之后,基类中就可以不再给出函数的实现部分**。纯虚函数的函数体由派生类给出。

细节　基类中仍然允许对纯虚函数给出实现,但即使给出实现,也必须由派生类覆盖,否则无法实例化。对基类中为纯虚函数定义的函数体的调用,必须通过"基类名::函数名(参数表)"的形式。如果将析构函数声明为纯虚函数,必须给出它的实现,因为派生类的析构函数体执行完后需要调用基类的纯虚函数。

在 UML 中,纯虚函数也称为抽象函数,它是通过斜体书写函数名称并在前面添加＜＜abstract＞＞构造型来表示。

注意　纯虚函数不同于函数体为空的虚函数:纯虚函数根本就没有函数体,而空的虚函数的函数体为空;前者所在的类是抽象类,不能直接进行实例化,而后者所在的类是可以实例化的。它们共同的特点是都可以派生出新的类,然后在新类中给出虚函数新的实现,而且这种新的实现可以具有多态特征。

8.4.2　抽象类

带有纯虚函数的类是抽象类。抽象类的主要作用是通过它为一个类族建立一个公共的接口,使它们能够更有效地发挥多态特性。抽象类声明了一族派生类的共同接口,而接口的完整实现,即纯虚函数的函数体,要由派生类自己定义。

抽象类派生出新的类之后,如果派生类给出所有纯虚函数的函数实现,这个派生类就可以定义自己的对象,因而不再是抽象类;反之,如果派生类没有给出全部纯虚函数的实现,这时的派生类仍然是一个抽象类。

抽象类不能实例化,即不能定义一个抽象类的对象,但是,我们可以定义一个抽象类的指针和引用。通过指针或引用,就可以指向并访问派生类对象,进而访问派生类的成员,这种访问是具有多态特征的。

在 UML 中,抽象类是通过斜体书写类名称来表示。

例 8-6　抽象类举例。

这个程序是由例 8-4 改进而来。在基类 Base1 中将成员 display()声明为纯虚函数,这样,基类 Base1 就是一个抽象类,我们无法定义 Base1 类的对象,但是可以定义 Base1 类的指针和引用。Base1 类经过公有派生产生了 Base2 类,Base2 类作为新的基类又派生出 Derived 类。使用抽象基类 Base1 类型的指针,当它指向某个派生类的对象时,就可以通过它访问该对象的虚成员函数。关于本例中介绍的抽象类和纯虚函数的 UML 图形表示如图 8-4 所示。

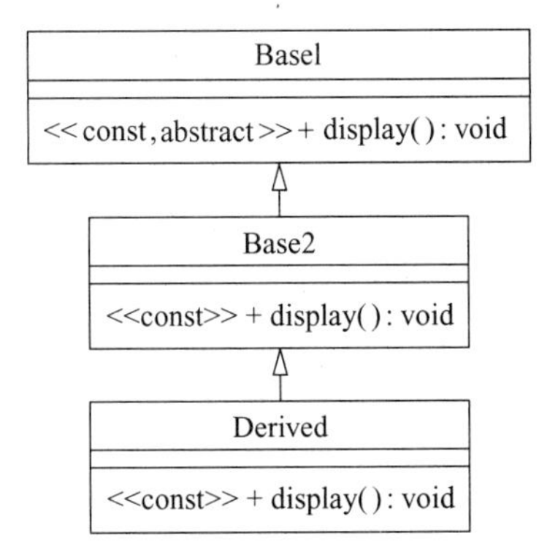

图 8-4　抽象类和纯虚函数的 UML 图形表示

源程序:

```
//8_6.cpp
#include <iostream>
using namespace std;

class Base1 {                                //基类 Base1 定义
public:
    virtual void display() const=0;          //纯虚函数
};

class Base2: public Base1 {                  //公有派生类 Base2 定义
public:
    void display() const;                    //覆盖基类的虚函数
};
void Base2::display() const {
    cout<<"Base2::display()"<<endl;
}

class Derived: public Base2 {                //公有派生类 Derived 定义
public:
    void display() const;                    //覆盖基类的虚函数
};
```

```
void Derived::display() const {
    cout<<"Derived::display()"<<endl;
}

void fun(Base1 * ptr) {                      //参数为指向基类对象的指针
    ptr->display();                           //"对象指针->成员名"
}

int main() {                                  //主函数
    Base2 base2;                              //定义 Base2 类对象
    Derived derived;                          //定义 Derived 类对象
    fun(&base2);                              //用 Base2 对象的指针调用 fun 函数
    fun(&derived);                            //用 Derived 对象的指针调用 fun 函数
    return 0;
}
```

程序中类 Base1、Base2 和 Derived 属于同一个类族，抽象类 Base1 通过纯虚函数为整个类族提供了通用的外部接口语义。通过公有派生而来的子类给出了纯虚函数的具体实现，因此是非抽象类，可以定义派生类的对象，同时根据赋值兼容规则，抽象类 Base1 类型的指针也可以指向任何一个派生类的对象，通过基类 Base1 的指针就可以访问到正在指向的派生类 Base2 和 Derived 类对象的成员。这样就实现了对同一类族中的对象进行统一的多态处理。程序的运行结果为：

```
Base2::display()
Derived::display()
```

同时，程序中派生类的虚函数并没有用关键字 virtual 显式说明，因为它们与基类的纯虚函数具有相同的名称、参数及返回值，由系统自动判断确定其为虚函数。在派生类的 display 函数原型声明中使用 virtual 也是没有错的。

8.5　程序实例——用变步长梯形积分算法求解函数的定积分

在实际工程应用中，许多定积分的求值都是通过计算机用数值计算的方法近似得到，原因是很多情况下，函数本身只有离散值，或函数的积分无法用初等函数表示，在这个例子中，将介绍最基本的变步长梯形法求解函数的定积分。

8.5.1　算法基本原理

我们只考虑最简单的情况，设被积函数是一个一元函数，定积分表达式为：

$$I=\int_a^b f(x)\mathrm{d}x \tag{8-1}$$

积分表示的意义是一元函数 $f(x)$ 在区间 $a\sim b$ 与 x 轴所夹的面积，如图 8-5 所示。

如果上述积分可积，对于任意整数 n，取 $h=(b-a)/n$，记为

$$x_k=a+kh$$

$$I_k=\int_{x_{k-1}}^{x_k} f(x)\mathrm{d}x$$

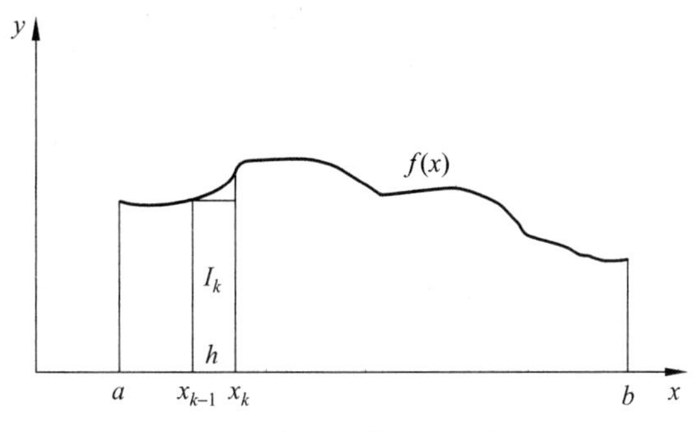

图 8-5 梯形积分原理示意图

则有：

$$I=\sum_{k=1}^{n} I_k$$

在小区间$[x_{k-1},x_k]$上，取 I_k 的某种近似，就可以求得 I 的近似值。

在区间$[x_{k-1},x_k]$上取 $I_k=[f(x_{k-1})+f(x_k)]h/2$，就是梯形积分。梯形法积分的一个简单理解就是，把原积分区间划分为一系列小区间，在每个小区间上都用小的梯形面积来近似原函数的积分，当小区间足够小时，就可以得到原来积分的近似值。这时，整个积分结果可以近似表示为

$$T_n=\sum_{k=0}^{n-1}\frac{h}{2}[f(x_k)+f(x_{k+1})] \tag{8-2}$$

在使用这个积分公式之前必须给出合适的步长 h，步长太大精度难以保证，而步长太小会导致计算量的增加。因此，实际计算往往采用变步长的方法，即在步长逐次减半（步长二分）的过程中，反复利用上述求积公式进行计算，直到所求得的积分结果满足要求的精度为止。

把积分区间$[a, b]$分成 n 等分，就得到 $n+1$ 个分点，按照公式(8-2)计算积分值 T_n，需要计算 $n+1$ 次函数值。如果积分区间再二分一次，则分点增加到 $2n+1$ 个，我们把二分前后的积分值联系起来考察，分析它们的递推关系。

在二分之后，每一个积分子区间$[x_k, x_{k+1}]$经过二分后只增加了一个分点 $x_{k+1/2}=(x_k+x_{k+1})/2$，二分之后这个区间的积分值为

$$\frac{h}{4}[f(x_k)+2f(x_{k+\frac{1}{2}})+f(x_{k+1})] \tag{8-3}$$

注意 这里的 $h=(b-a)/n$，还是二分之前的步长。把每个区间的积分值相加，就得到二分之后的积分结果：

$$T_{2n}=\frac{h}{4}\sum_{k=0}^{n-1}[f(x_k)+f(x_{k+1})]+\frac{h}{2}\sum_{k=0}^{n-1}f(x_{k+\frac{1}{2}}) \tag{8-4}$$

利用二分前的积分结果(8-2)，就可以得到递推公式

$$T_{2n}=\frac{1}{2}T_n+\frac{h}{2}\sum_{k=0}^{n-1}f(x_{k+\frac{1}{2}}) \tag{8-5}$$

对于实际问题，我们采取的一般步骤如下：

第一步，取 $n=1$，利用公式(8-2)计算积分值。

第二步，进行二分，利用递推公式(8-5)计算新的积分值。

第三步，进行判断，如果两次计算积分值的差在给定的误差范围之内，二分后的积分值就是所需的结果，计算结束。如果两次计算积分结果的差在误差范围之外，返回第二步，继续运行。

值得注意的一点是：这种积分方法对被积函数有一定的要求，设想如果一个函数刚好在积分边界 a、b 和中心点 $(a+b)/2$ 处取值都为 0，而在其他地方的某一段取值不为 0，则第一步计算结果为 0，第二步计算结果仍然是 0，就得出积分结果为 0 的结论，这显然是错误的。

8.5.2　程序设计分析

从上面的算法分析可以看到，我们面临的主要问题有两个：一是被积函数值的计算，每次计算积分值，都要在小的积分区间上计算函数的值；二是变步长梯形积分的实现。

程序中定义两个抽象类：函数类 Function 和积分类 Integration。它们所包含的纯虚函数为：

```
virtual double operator () (double x) const=0;     //纯虚函数重载运算符()
virtual double operator () (double a, double b, double eps) const=0;
```

它们都重载了运算符"()"，前者是计算函数在 x 点处的值，后者是计算被积函数在区间[a,b]，误差小于 eps 的积分值。具体的函数实现由它们的派生类给出。这样做的好处是当派生类给出不同的函数实现时，通过这两个重载运算符，就可以计算不同被积函数的值或给出不同的求积分方法(本例子只给出变步长梯形法，还可以通过派生新类，加入新的积分算法)。图 8-6 通过 UML 图形表示说明了我们设计的类及其相互关系。

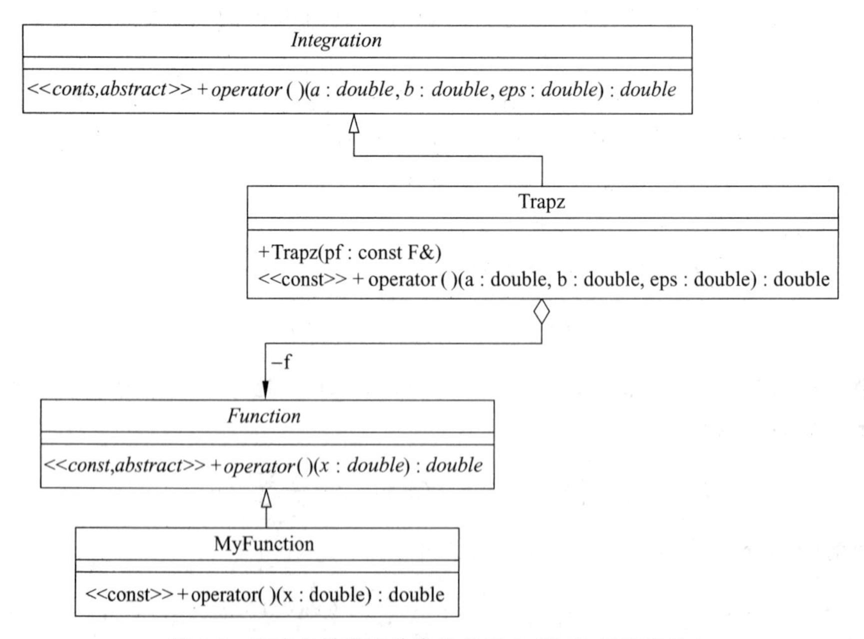

图 8-6　变步长梯形积分类的关系的 UML 图形表示

积分计算过程中，在梯形积分类 Trapz 的成员函数中需要访问函数类 Fun 的函数成员，在 Trapz 类中加入了所有数据成员 f(F 类的引用)，利用虚函数的特性和赋值兼容规则，通过这个指针，可以访问到它正在指向 F 类派生类对象的成员函数。

8.5.3 源程序及说明

例 8-7 变步长梯形积分法求解函数的定积分。

整个程序分为 3 个独立的文档，Trapzint.h 文件包括类的定义，Trapzint.cpp 文件包括类的成员函数实现。文件 8-7.cpp 是程序的主函数，主函数中定义了函数类 Fun 和梯形积分类 Trapz 的对象，通过这些对象，求一个测试函数在某给定区间的积分值，对整个程序进行了测试，误差为 eps 为 10^{-7}。公式如下：

$$I=\int_{1}^{2}\frac{\log(1+x)}{1+x^{2}}\mathrm{d}x \tag{8-6}$$

源程序：

```
//Trapzint.h  文件一，类定义

class Function {                                        //抽象类 Function 的定义
public:
    virtual double operator () (double x) const=0; //纯虚函数重载运算符()
    virtual ~Function() {}
};

class MyFunction: public Function {                     //公有派生类 MyFunction 定义
public:
    virtual double operator()(double x) const;       //覆盖虚函数
};

class Integration {                                     //抽象类 Integration 定义
public:
    virtual double operator () (double a, double b, double eps) const=0;
    virtual ~Integration() {}
};

class Trapz: public Integration    {                    //公有派生类 Trapz 定义
public:
    Trapz(const Function &f) : f(f) {}                  //构造函数
    virtual double operator ()(double a, double b,double eps) const;
private:
    const Function &f;                                  //私有成员，Function 类对象的指针
};
```

经过公有派生，MyFunction 类获得了除构造函数、析构函数之外的 Function 类的全部成员，由于基类包含一个纯虚函数，是抽象类，因此在派生类中的成员函数中，给出基类继承来的纯虚函数成员的具体实现，即表达式(8-6)中的被积函数

$$f(x)=\frac{\log(1+x)}{1+x^2} \tag{8-7}$$

如果求另外一个函数的积分,只要从基类 Function 中重新派生一个类,比如 MyFunction2,把函数写为 MyFunction2 的纯虚函数的实现即可。

公有派生之后,梯形积分类 Trapz 继承了积分类 Integration 的成员,基类 Integration 是抽象类,在派生类中的成员函数中给出基类继承来的纯虚函数成员的具体实现,函数给出了程序中所使用的变步长梯形积分算法的具体实现。变步长梯形积分算法和被积函数的实现部分是都在文件 Trapzint.cpp 中给出。

```
//Trapzint.cpp  文件二,类实现
#include "Trapzint.h"     //包含类的定义头文件
#include <cmath>

//被积函数
double MyFunction::operator () (double x) const {
    return log(1.0+x)/(1.0+x * x);
}

//积分运算过程,重载为运算符()
double Trapz::operator () (double a,double b,double eps) const {
    bool done=false;                    //是 Trapz 类的虚函数成员
    int n=1;
    double h=b-a;
    double tn=h * (f(a)+f(b))/2;        //计算 n=1 时的积分值
    double t2n;
    do {
        double sum=0;
        for(int k=0; k<n; k++) {
            double x=a+(k+0.5) * h;
            sum+=f(x);
        }
        t2n=(tn+h * sum)/2.0;           //变步长梯形法计算
        if (fabs(t2n-tn)<eps)
            done=true;                  //判断积分误差
        else {                          //进行下一步计算
            tn=t2n;
            n *=2;
            h /=2;
        }
    } while (!done);
    return t2n;
}
```

上述第一个函数以运算符"()"重载的方式给出了被积函数 $f(x)$ 的计算方法,而第二个函数用来求函数 f 在区间 $[a, b]$ 上的积分结果,积分计算误差由 eps 来控制,函数 f 是

抽象类 *Function* 的引用，其具体实现由 *Function* 的派生类 My*Function* 给出，返回值是积分结果。

```
//8_7.cpp  文件三,主函数
#include "Trapzint.h"           //类定义头文件
#include <iostream>
#include <iomanip>
using namespace std;

int main() {                    //主函数
    MyFunction f;               //定义 MyFunction 类的对象
    Trapz trapz(f);             //定义 Trapz 类的对象
    //计算并输出积分结果
    cout<<"TRAPZ Int: "<<setprecision(7)<<trapz(0, 2, 1e-7)<<endl;
    return 0;
}
```

在程序的主函数部分，定义了 MyFunction 类的对象 f 和梯形积分类 Trapz 的对象 trapz，并用 MyFunction 类的对象来初始化对象 trapz，这时，梯形积分类 Trapz 数据成员抽象类 Function 的引用就成为 MyFunction 类对象 f 的别名。在对象 trapz 中对基类 F 引用的操作，就是对 MyFunction 类对象 f 进行的。通过对象 trapz 调用重载的运算符()，就完成了函数在区间[0，2]，误差在 10^{-7} 的积分计算。

8.5.4 运行结果与分析

程序运行结果为：

```
TRAPZ Int: 0.5548952
```

如果要求其他函数的积分，可在本程序的基础上修改。首先从 MyFunction 类派生出新的类，覆盖 Function 类的虚函数从而给出被积函数的原型，用新类的对象为主函数中的 trapz 对象初始化，然后在主函数输出语句的 trapz 对象调用重载运算符“()”时给定积分区间 a 和 b 以及积分误差控制 eps 的值。如果要使用其他的积分算法，比如变步长辛普生(Simpson)算法等，就需要重新派生一个新类，比如名为 Simpson 的类，将该类中运算符“()”重载函数改写为辛普生算法，同时，在主函数中定义一个 Simpson 类的对象来计算积分值。

这是一个使用类来解决稍为复杂一些的实际问题的例子，涉及面向对象编辑的几乎全部核心内容，类的继承、运算符重载、抽象类等，尤其是利用抽象类来实现多态部分，需要认真学习、理解，当然最好是自己上机调试、运行一遍。

8.6 综合实例——对个人银行账户管理程序的改进

在第 7 章中，我们以一个个人银行管理程序为例，说明了类的派生过程。但是例 7-10 的程序存在着两个不足：

(1) 各个账户对象无法通过数组来访问,使得需要分别对每个对象执行某个操作时,只能分别写出针对各对象的代码,无法用循环来完成。

(2) 不同派生类的 deposit、withdraw、settle 等函数彼此独立,只有知道一个实例的具体类型后才能够调用这些函数。

本节中,我们应用虚函数和抽象类对该程序进行改进,解决上述不足。

本例在例 7-10 的基础上,对 Account 类做了如下改进。

(1) 将 show 函数声明为虚函数,因此通过指向 CreditAccount 类实例的 Accout 类型的指针来调用 show 函数时,被实际调用的将是为 CreditAccount 类定义的 show 函数。这样,如果创建一个 Account 指针类型的数组,使各个元素分别指向各个账户对象,就可以通过一个循环来调用它们的 show 函数。

(2) 在 Account 类中添加 deposit、withdraw、settle 这 3 个函数的声明,且将它们都声明为纯虚函数,这使得通过基类的指针可以调用派生类的相应函数,而且无须给出它们在基类中的实现。经过这一改动之后,Account 类就变成了抽象类。

需要注意的是,虽然这几个函数在两个派生类中的原型相同,但两个派生类的 settle 函数的对外接口存在着隐式的差异,原因是储蓄账户一年结算一次,SavingsAccount 函数的 settle 函数接收的参数应该是每年 1 月 1 日,而信用账户一月结算一次,CreditAccount 函数的 settle 函数接收的参数应该是每月 1 日。而使用基类 Account 的指针来调用 settle 函数时,事先并不知道该指针所指向对象的具体类型,无法决定采用何种方式调用 settle 函数,因此只能将二者允许接收的参数统一为对每月 1 日,同时对活期储蓄账户的 settle 函数进行修改,使它在结算利息之前先判断是否为 1 月,只有参数所给的日期是 1 月时才进行结算。

经过以上修改之后,由于对账户所做的各种操作都可以通过基类的指针来调用,因此可以把各账户对象的指针都放在一个数组中,只要给出数组索引就能够对几个账户对象进行操作。从本节开始,我们将综合实例的主函数改为由用户输入账户编号、对账户所需进行的操作和操作的相应参数,以增加程序的灵活性。

此外,我们使用 8.2 节介绍的运算符重载,对 Date 类进行一个小修改——将原先用来计算两日期相差天数的 distance 函数改为"-"运算符,使得计算两日期相差天数的写法更加直观,增加程序的可读性。

修改后的 UML 类图如图 8-7 所示。

例 8-8 个人银行账户管理程序。

与例 7-10 一样,程序分为 6 个文件:date.h 是日期类头文件,date.cpp 是日期类实现文件,accumulator.h 为按日将数值累加的 Accumulator 类的头文件,account.h 是各个储蓄账户类定义头文件,account.cpp 是各个储蓄账户类实现文件,8_8.cpp 是主函数文件。

```
//date.h
#ifndef __DATE_H__
#define __DATE_H__
class Date {          //日期类
private:
    int year;         //年
```

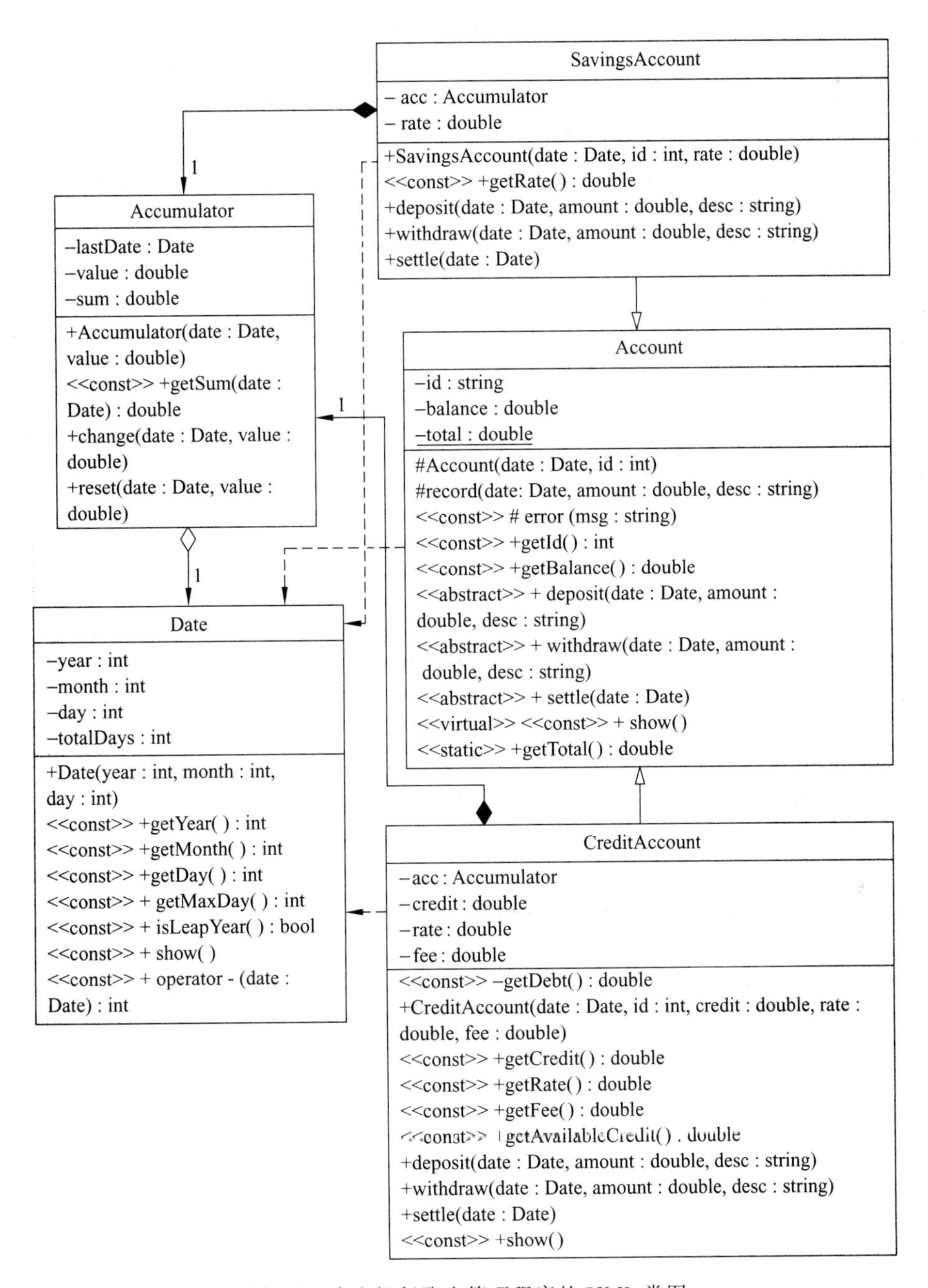

图 8-7　个人银行账户管理程序的 UML 类图

```
    int month;        //月
    int day;          //日
    int totalDays;  //该日期是从公元元年 1 月 1 日开始的第几天
public:
    Date(int year, int month, int day);          //用年、月、日构造日期
    int getYear() const {return year;}
    int getMonth() const {return month;}
```

```
    int getDay() const {return day;}
    int getMaxDay() const;                          //获得当月有多少天
    bool isLeapYear() const {                       //判断当年是否为闰年
        return year%4==0 && year%100 !=0 || year%400==0;
    }
    void show() const;                              //输出当前日期
    int operator- (const Date& date) const {        //计算两个日期之间差多少天
        return totalDays-date.totalDays;
    }
};
#endif //__DATE_H__

//date.cpp 的内容与例 6-25 完全相同,不再重复给出

//accumulator.h
#ifndef __ACCUMULATOR_H__
#define __ACCUMULATOR_H__
#include "date.h"
class Accumulator {             //将某个数值按日累加
private:
    Date lastDate;              //上次变更数值的时期
    double value;               //数值的当前值
    double sum;                 //数值按日累加之和
public:
    double getSum(const Date &date) const {
        return sum+value * (date-lastDate);
    }
    //该类其他成员函数的原型和实现与例 7-10 完全相同,不再重复给出
};
#endif //__ACCUMULATOR_H__

//account.h
#ifndef __ACCOUNT_H__
#define __ACCOUNT_H__
#include "date.h"
#include "accumulator.h"
#include <string>

class Account {                 //账户类
private:
    std::string id;             //账号
    double balance;             //余额
    static double total;        //所有账户的总金额
protected:
    //供派生类调用的构造函数,id 为账户
```

```
    Account(const Date &date, const std::string &id);
    //记录一笔账,date为日期,amount为金额,desc为说明
    void record(const Date &date, double amount, const std::string &desc);
    //报告错误信息
    void error(const std::string &msg) const;
public:
    const std::string &getId() const {return id;}
    double getBalance() const {return balance;}
    static double getTotal() {return total;}
    //存入现金,date为日期,amount为金额,desc为款项说明
    virtual void deposit(const Date &date, double amount, const std::string &desc)=0;
    //取出现金,date为日期,amount为金额,desc为款项说明
    virtual void withdraw(const Date &date, double amount, const std::string
&desc)=0;
    //结算(计算利息、年费等),每月结算一次,date为结算日期
    virtual void settle(const Date &date)=0;
    //显示账户信息
    virtual void show() const;
};
//SavingsAccount和CreditAccount两个类的定义与例7-10完全相同,不再重复给出
#endif //__ACCOUNT_H__

//account.cpp
//仅下面的函数定义与例7-10不同,其他皆相同,不再重复给出
void SavingsAccount::settle(const Date &date) {
    if (date.getMonth()==1) {          //每年的1月计算一次利息
        double interest=acc.getSum(date) * rate
            / (date-Date(date.getYear()-1, 1, 1));
        if (interest !=0)
            record(date, interest, "interest");
        acc.reset(date, getBalance());
    }
}

//8_8.cpp
#include "account.h"
#include <iostream>
using namespace std;
int main() {
    Date date(2008, 11, 1);             //起始日期
    //建立几个账户
    SavingsAccount sa1(date, "S3755217", 0.015);
    SavingsAccount sa2(date, "02342342", 0.015);
    CreditAccount ca(date, "C5392394", 10000, 0.0005, 50);
    Account * accounts[]={&sa1, &sa2, &ca};
```

```
const int n=sizeof(accounts)/sizeof(Account*);      //账户总数
cout<<"(d)deposit (w)withdraw (s)show (c)change day (n)next month (e)exit"
<<endl;
char cmd;
do {
    //显示日期和总金额
    date.show();
    cout<<"\tTotal: "<<Account::getTotal()<<"\tcommand>";
    int index, day;
    double amount;
    string desc;
    cin>>cmd;
    switch (cmd) {
    case 'd':           //存入现金
        cin>>index>>amount;
        getline(cin, desc);
        accounts[index]->deposit(date, amount, desc);
        break;
    case 'w':           //取出现金
        cin>>index>>amount;
        getline(cin, desc);
        accounts[index]->withdraw(date, amount, desc);
        break;
    case 's':           //查询各账户信息
        for (int i=0; i<n; i++) {
            cout<<"["<<i<<"] ";
            accounts[i]->show();
            cout<<endl;
        }
        break;
    case 'c':           //改变日期
        cin>>day;
        if (day <date.getDay())
            cout<<"You cannot specify a previous day";
        else if (day>date.getMaxDay())
            cout<<"Invalid day";
        else
            date=Date(date.getYear(), date.getMonth(), day);
        break;
    case 'n':           //进入下个月
        if (date.getMonth()==12)
            date=Date(date.getYear()+1, 1, 1);
        else
            date=Date(date.getYear(), date.getMonth()+1, 1);
        for (int i=0; i<n; i++)
```

```
                accounts[i]->settle(date);
            break;
        }
    } while (cmd !='e');
    return 0;
}
```

运行结果:

```
2008-11-1       #S3755217 created
2008-11-1       #02342342 created
2008-11-1       #C5392394 created
(d)deposit (w)withdraw (s)show (c)change day (n)next month (e)exit
2008-11-1       Total: 0        command>c 5
2008-11-5       Total: 0        command>d 0 5000 salary
2008-11-5       #S3755217       5000     5000      salary
2008-11-5       Total: 5000     command>c 15
2008-11-15      Total: 5000     command>w 2 2000 buy a cell
2008-11-15      #C5392394       -2000    -2000     buy a cell
2008-11-15      Total: 3000     command>c 25
2008-11-25      Total: 3000     command>d 1 10000 sell stock 0323
2008-11-25      #02342342       10000    10000     sell stock 0323
2008-11-25      Total: 13000    command>n
2008-12-1       #C5392394       -16      -2016    interest
2008-12-1       Total: 12984    command>d 2 2016 repay the credit
2008-12-1       #C5392394       2016     0         repay the credit
2008-12-1       Total: 15000    command>c 5
2008-12-5       Total: 15000    command>d 0 5500 salary
2008-12-5       #S3755217       5500     10500     salary
2008-12-5       Total: 20500    command>n
2009-1-1        #S3755217       17.77    10517.8 interest
2009-1-1        #02342342       15.16    10015.2 interest
2009-1-1        #C5392394       -50      -50      annual fee
2009-1-1        Total: 20482.9  command>s
[0] S3755217    Balance: 10517.8
[1] 02342342    Balance: 10015.2
[2] C5392394    Balance: -50    Available credit:9950
2009-1-1        Total: 20482.9  command>e
```

可以看到,本例的运行结果中对几个账户所执行的操作与例7-10完全一样。于是在基类 Account 中将账户的公共操作皆声明为虚函数,因此可以通过基类的指针来执行各种操作,因而各种类型的账户对象都可以通过一个基类指针的数组来访问,这提供了极大的便利,使得我们可以通过统一的方式来操作各个账户,因而从 cin 输入所需执行的操作就变得非常方便了。

8.7　深度探索

8.7.1　多态类型与非多态类型

C++ 的类类型分为两类——多态类型和非多态类型。多态类型是指有虚函数的类类型，非多态类型是指所有的其他类型。之所以要将这两种类型加以区别，一是因为二者具有不大一样的语言特性，二是由于在设计过程中，有关这两种类型的原则和理念有所不同。第一点会在 8.7.2 和 8.7.3 小节中有所体现，本小节仅对第二点加以讨论。

基类的指针可以指向派生类的对象。如果该基类是多态类型，那么通过该指针调用基类的虚函数时，实际执行的操作是由派生类决定的，从这个意义上讲，派生类只是继承了基类的接口，但不必继承基类中虚函数的实现，对基类虚函数的调用可以反映派生类的特殊性。

设计多态类型的一个重要原则是，把多态类型的析构函数设定为虚函数。请看下面的程序(Bread 和 Icecream 都是 Food 的派生类)：

```
Food * f;
if (weatherIsHot())
    f=new Icecream();
else
    f=new Chocolate();
eat(f);
delete f;
```

上面根据不同的情况(天气的冷热)来决定创建不同类型的对象(冰淇淋或巧克力)，但它们都具有相同的基类(食物)，所以可以在堆上创建不同类型的对象而都用基类指针 f 来追踪和访问，最终也需要通过 f 来删除该对象。必须将 Food 的析构函数声明为虚函数，才能够避免通过指针删除一个对象时发生不确定行为。

对于非多态类型来说，如果将其作为基类，虽然这时它的指针可以指向派生类的对象，但通过该指针所做的操作，只能是基类本身的操作。派生类不仅继承了基类的接口，还完全继承了基类的实现，通过基类指针(对于引用亦如此，不再赘述)调用基类成员函数，只能体现基类特性，继承的作用在这里打了很大的折扣，因为对虚函数的覆盖是继承所能提供的最大便利。凡是能通过继承非多态的基类实现的派生类，一般都能够用组合的方式加以实现。另一方面，由于基类不具有虚析构函数，对它进行派生时，删除派生类的堆对象只能通过派生类的指针，而通过基类指针删除时会出现不确定性问题，删除一个对象时所发生的行为会因指向它的指针类型的不同而有所不同，这很容易引起混乱。因此，**对非多态类的公有继承，应当慎重，而且一般没有太大必要**。

非多态类型的行为是完全静态的，不如多态类型灵活，但也有其优点——由于每个成员函数的实现都是静态绑定的，函数的执行效率更高，而且不需要分配额外的空间保存实现动态绑定所需的信息(具体情况将在 8.7.3 小节中介绍)。一般而言，如果一个函数的执行方式十分明确，不需要任何特殊处理，不希望派生类提供特殊的实现，就应将它声明为非虚函数。如果一个类的所有函数都具有这个特点，就把这个类作为非多态类型。将一个类型设计为非多态类型，一般意味着不希望其他类对它进行公有继承。换句话说，如果需要其他类对其进行公有继承，则应当将其设计为多态类型。如果基类的每个普通的成员函数都不宜让派生类覆盖，则应至少为它声明一个虚析构函数。

例如例8-2的Complex类，它的主要操作——加法、减法、输出，其执行方式都是相当明确的，只要一个对象是复数，这些操作的执行方式都是普遍适用的，因此它的成员函数都没有被覆盖的需要。另外，作为Complex类来说，也没有必要通过继承它的方式来实现"更特殊的Complex类"的必要。因此把Complex设计为一个非多态类型是合适的。

8.7.2　运行时类型识别

基类的指针可以指向派生类的对象，通过这样的指针（引用的情况亦如此，不再赘述），虽然可以利用多态性来执行派生类提供的功能，但这仅限于调用基类中声明的虚函数。如果希望对于一部分派生类的对象，调用派生类中引入的新函数，则无法通过基类指针进行。解决办法之一是用7.8.3小节介绍的static_cast，执行基类指针向派生类指针的显式转换，但那是一种不大安全的转换，只能在指针所指向对象的类型明确的情况下执行，若对象类型与转换的目的类型不兼容（即对象类型不是转换的目的类型及其派生类），则程序会发生不确定的行为。而有时只有在运行时才能知道指针所指对象的实际类型是什么，这就需要在运行时对对象的具体类型进行识别。C++提供了两种运行时类型识别的机制，下面分别加以介绍。

1.用 dynamic_cast 执行基类向派生类的转换

dynamic_cast是与static_cast、const_cast、reinterpret_cast并列的4种类型转换操作符之一，它可以将基类的指针显式转换为派生类的指针，或将基类的引用显式转换为派生类的引用。但与static_cast不同的是，它执行的不是无条件的转换，它在转换前会检查指针（或引用）所指向对象的实际类型是否与转换的目的类型兼容，如果兼容转换才会发生，才能得到派生类的指针（或引用），否则：

- 如果执行的是指针类型的转换，会得到空指针。
- 如果执行的是引用类型的转换，会抛出异常（异常机制将在第12章详细介绍）。

另外，转换前类型必须是指向多态类型的指针，或多态类型的引用，而不可以是指向非多态类型的指针或非多态类型的引用，这是因为C++只为多态类型在运行时保存用于运行时类型识别的信息。这从另一个方面说明了非多态类型为什么不宜被公有继承。

细节　当原始类型为多态类型的指针时，目的类型除了是派生类指针外，还可以是void指针，例如dynamic_cast<void *>(p)，这时所执行的实际操作是，先将p指针转换为它所指向的对象的实际类型的指针，再将其转换为void指针。换句话说，就是得到p所指向对象的首地址（请注意，在多继承存在的情况下，基类指针存储的地址未必是对象的首地址）。

请看下面的示例程序。

例8-9　dynamic_cast用法示例。

```
//8_9.cpp
#include <iostream>
using namespace std;
```

```
class Base {
public:
    virtual void fun1() {cout<<"Base::fun1()"<<endl;}
    virtual ~Base() {}
};

class Derived1: public Base {
public:
    virtual void fun1() {cout<<"Derived1::fun1()"<<endl;}
    virtual void fun2() {cout<<"Derived1::fun2()"<<endl;}
};

class Derived2: public Derived1 {
public:
    virtual void fun1() {cout<<"Derived2::fun1()"<<endl;}
    virtual void fun2() {cout<<"Derived2::fun2()"<<endl;}
};

void fun(Base * b) {
    b->fun1();
    Derived1 * d=dynamic_cast<Derived1 * >(b);        //尝试将b转换为Derived1指针
    if (d !=0) d->fun2();                              //判断转换是否成功
}

int main() {
    Base b;
    fun(&b);
    Derived1 d1;
    fun(&d1);
    Derived2 d2;
    fun(&d2);
    return 0;
}
```

运行结果:

```
Base::fun1()
Derived1::fun1()
Derived1::fun2()
Derived2::fun1()
Derived2::fun2()
```

由于fun1函数是基类Base中定义的函数,通过Base类的指针b可以直接调用fun1()函数。fun2函数是派生类Derived1中引入的新函数,只能对Derived1和Derived2类的对象调用,因此在fun函数中,需要用dynamic_cast将Base指针b转换为Derived指针d,并根据转换结果是否为空指针来判断转换是否成功，只有转换成功了，才调用 fun2 函数。d1 是 Derived1 类型的对象，对指向 d1 的指针执行转换，自然能够成功得到 Derived1 类型的指针；d2 是 Derived2 类型的对象，由于 Derived2 是 Derived1 的派生类，对指向 d2 的指针执行转换，也能够成功得到 Derived1 类型的指针。

2. 用 typeid 获取运行时类型信息

typeid 是 C++ 的一个关键字，用它可以获得一个类型的相关信息，它有两种语法形式：

```
typeid(表达式)
```

或

```
typeid(类型说明符)
```

typeid 既可以作用于一个表达式，从而得到这个表达式的类型信息，也可以直接作用于一个类型的说明符。例如：

```
typeid(5+3)                    //将 typeid 作用于一个表达式
typeid(int)                    //将 typeid 作用于一个类型说明符
```

通过 typeid 得到的是一个 type_info 类型的常引用，type_info 是 C++ 标准库中的一个类，专用于在运行时表示类型信息，其定义在 typeinfo 头文件中。type_info 类有一个名为 name 的函数，用来获得类型的名称，其原型如下：

```
const char * name() const;     //获得类型名称
```

此外，它还重载了“==”和“!=”操作符，使得两个 type_info 对象之间可以进行比较，从而判定两个类型是否相同。

如果 typeid 所作用于的表达式具有多态类型，那么这个表达式会被求值，用 typeid 得到的是用于描述表达式求值结果的运行时类型（动态类型）的 type_info 对象的常引用。而如果表达式具有非多态类型，那么用 typeid 得到的是表达式的静态类型，由于这个静态类型在编译时就能确定，这时表达式不会被求值。因此，虽然 typeid 可以作用于任何类型的表达式，但只有它作用域多态类型的表达式时，进行的才是运行时类型识别，否则只是简单的静态类型信息的获取。

下面的例子详细展示了 typeid 的用法。

例 8-10　typeid 用法示例。

```
//8_10.cpp
#include <iostream>
#include <typeinfo>
using namespace std;

class Base {
public:
    virtual ~Base() {}
};
class Derived: public Base {};
```

```
void fun(Base * b) {
    //得到表示 b 和 * b 类型信息的对象
    const type_info &info1=typeid(b);
    const type_info &info2=typeid( * b);
    cout<<"typeid(b): "<<info1.name()<<endl;
    cout<<"typeid( * b): "<<info2.name()<<endl;
    if (info2==typeid(Base))      //判断 * b 是否为 Base 类型
        cout<<"A base class!"<<endl;
}

int main() {
    Base b;
    fun(&b);
    Derived d;
    fun(&d);
    return 0;
}
```

运行时输出信息为:

```
typeid(b): class Base *
typeid( * b): class Base
A base class!
typeid(b): class Base *
typeid( * b): class Derived
```

该例中,由于 * b 的类型是 Base,而 Base 是多态类型,所以用 typeid(* b)得到的是 b 指针所指向对象的具体类型。因此,两次调用 fun 函数时得到了不同结果。虽然 b 是指向多态类型的指针,但指针类型本身不是多态类型,因此两次调用 fun 函数时,用 typeid(b)得到的是相同的结果。

本例中还直接对类型名 Base 使用 typeid,将其与 typeid(* b)的结果比较时,只有第一次用指向 Base 实例的指针调用 fun 函数时,比较的结果才为 true;第二次传入的 d 对象虽然也具有 Base 类型,但它最特殊的类型是 Derived,因此与 typeid(Base)的比较结果为 false。从此可以看出,使用 typeid 只能判断一个对象是否为某个具体类型,而不会把它的子类型也包括在内,如要达到判断一个对象是否为某个类型或其子类型的目的,还是用 dynamic_cast 更方便。

细节 C++ 标准中并没有明确规定 type_info 对象的 name()成员函数所返回字符串的构造方式,因此各个编译器的实现会有所不同。

运行时类型识别机制提供了很大的灵活性,然而使用这一机制时也需要付出一定的效率代价,因此不能把它作为一种常规手段。多数情况下,派生类的特殊性是可以通过在基类中定义虚函数加以体现的,运行时类型检查只是一种辅助性手段,在必要时才用。

8.7.3 虚函数动态绑定的实现原理

通过指针、引用来调用一个虚函数,实际被调用的函数到运行时才能确定,似乎有一种神秘感，使得我们不能够用思考普通函数的方式去思考虚函数。对于初学者来说，对虚函数保持着这种神秘感倒也无妨，只要清楚它的用法就好，但如果想深究一步，也并不困难。

动态绑定的关键是，在运行时决定被调用的函数，这个要求很容易让我们想起第 6 章曾经介绍过的函数指针(6.2.10 小节介绍过函数指针，6.2.11 小节介绍过指向类的非静态成员的指针)。一个函数指针可以被赋予不同函数的入口地址，如果通过函数指针去调用函数，实际被调用的函数一般到了运行时才能确定。因此，通过函数指针去调用函数，也是一种动态绑定，是一种由源程序进行显式控制的动态绑定。而虚函数的动态绑定，一些控制细节被隐藏了起来，由编译器自动处理了。

编译器实现虚函数的动态绑定的细节，并没有在 C++ 标准中规定，因此会因编译器而异。下面以下列代码为例，进行讨论。

```
class Base {                          //基类定义
public:
    virtual void f();                 //基类的虚函数 f()
    virtual void g();                 //基类的虚函数 g()
private:
    int i;                            //基类的数据成员
};
class Derived: public Base {          //派生类定义
public:
    virtual void f();                 //覆盖基类的虚函数 f()
    virtual void h();                 //声明派生类新的虚函数 h()
private:
    int j;                            //派生类的数据成员
};
//Base 类和 Derived 类成员函数的实现略去
```

一种最直接的处理方式是，在每个对象中，除了存储数据成员外，还为每个虚函数设置一个函数指针，分别存放这些虚函数对应的代码的入口地址。由于派生类也要继承这些虚函数的接口，因此也保留这些指针，而把派生类中引入的新的数据成员和函数指针置于从基类继承下来的数据成员和函数指针之后(即保持 7.8.2 小节所属的对象布局)。在各个类的构造函数中，为各个函数指针初始化，使得基类对象中的函数指针指向为基类定义的函数，派生类对象中的函数指针指向派生类覆盖后的函数。在通过指针或引用进行函数调用时，先读取相应的函数指针，再通过函数指针调用相应的函数。一切如图 8-8 所示。由于 Derived 类覆盖了 Base 类的 f 函数，因此 Base 对象和 Derived 对象中为 f 函数设置的指针，指向不同的函数代码；Derived 类未覆盖 Base 类的 g 函数，因此两个类的对象中为 g 函数设置的指针，指向相同的函数代码；至于 h 函数，它是派生类新增的函数，只有 Derived 对象中有为它准备的指针。

这种方式存在一个致命的问题——额外占用的空间太大，例如每个 Base 对象要占用两个指针的额外空间，每个 Derived 对象要占用 3 个指针的额外空间。这并不是被广泛采用的方法，之所以要先将它提出，是因为它简单、直接、易于理解，只要在此基础上再向前走一步，就能得到更好的处理方法了。

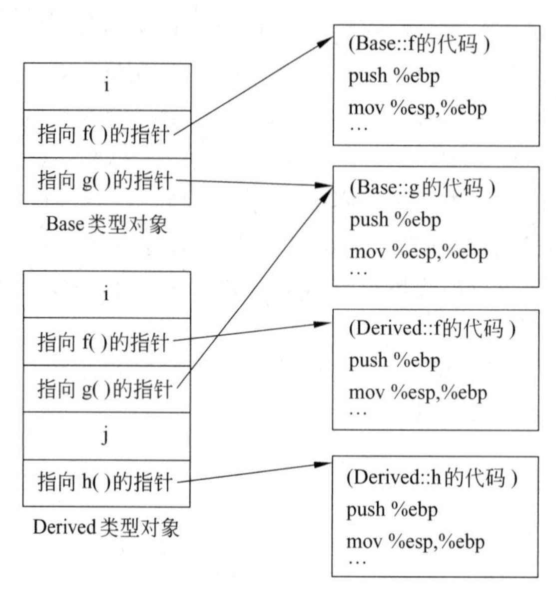

图 8-8　一种简单、直接的动态绑定的实现方式

上述处理方式实际在对象中保存了大量的重复信息,例如不同的 Derived 类型的对象所保存的这 3 个指针都是一样的——它们都分别指向 Derived∷f、Base∷g 和 Derived∷h 的入口地址。因此,这些指针都可以只保存一份,它们构成一个表,称为虚表(Virtual Table),每个对象中不再保存一个个函数指针,而是只保存一个指向这个虚表首地址的指针——虚表指针(vptr)。这样,每个多态类型的对象只需要占用一个指针的额外空间,虽然虚表本身还要占用空间,但每个多态类型只有一个虚表,这一部分空间不会因新对象的创建而有所增加。相应的布局如图 8-9 所示。

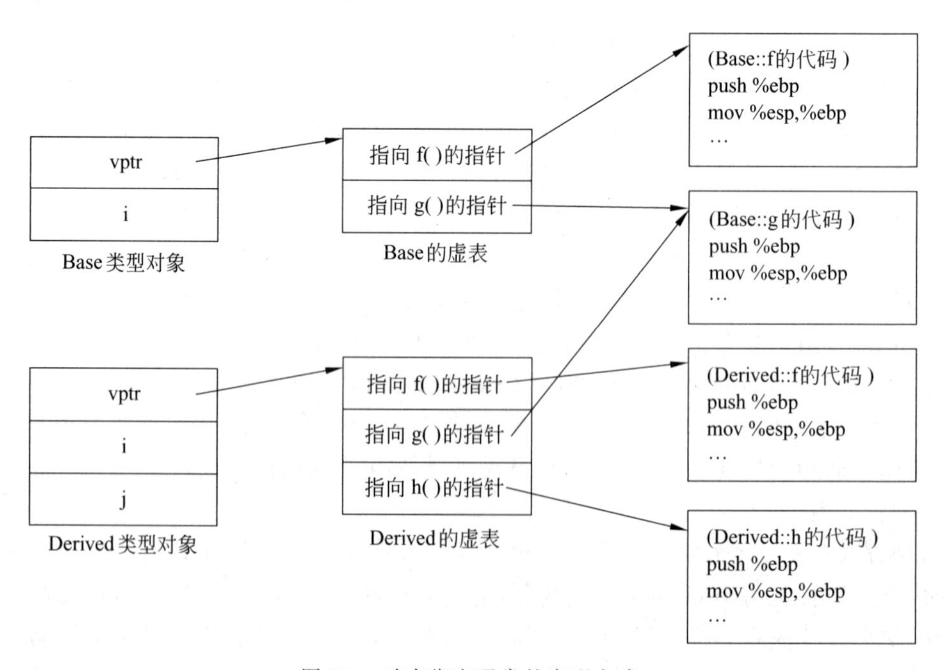

图 8-9　动态绑定通常的实现方式

每个类各有一个虚表,虚表的内容是由编译器安排的,派生类的虚表中,基类声明的虚函数对应的指针放在前面,派生类新增的虚函数的对应指针放在后面,这样一个虚函数的指针在基类虚表和派生类虚表中具有相同的位置。每个多态类型的对象中都有一个指向当前类型的虚表的指针,该指针在构造函数中被赋值。当通过基类的指针或引用调用一个虚函数时,就可以通过虚表指针找到该对象的虚表,进而找到存放该虚函数的指针的虚表条目,将该条目中存放的指针读出后,就可获得应当被调用的函数的入口地址,然后调用该虚函数,虚函数的动态绑定就是这样完成的。

提示　执行一个类的构造函数时,首先被执行的是基类的构造函数,因此构造一个派生类的对象时,该对象的虚表指针首先会被指向基类的虚表,只有当基类构造函数执行完后,虚表指针才会被指向派生类的虚表,这就是基类构造函数调用虚函数时不会调用派生类的虚函数的原因。

在多继承时,情况会更加复杂,因为每个基类都有各自的虚函数,每个基类也会有各自的虚表,这样继承了多个基类的派生类需要多个虚表(或一个虚表分为多段,每个基类的虚表指针指向其中一段的首地址)。

事实上,一个类的虚表中存放的不只是虚函数的指针,用于支持运行时类型识别的对象的运行时类型信息也需要通过虚表来访问。只有多态类型有虚表,因此只有多态类型支持运行时类型识别。

8.8　小结

本章介绍了类的多态特性。多态是指同样的消息被不同类型的对象接收时导致完全不同的行为,是对类的特定成员函数的再抽象。这里的消息是指对类的成员函数的调用,不同的行为是指不同的实现,也就是调用了不同的函数。

C++ 支持的多态又可以分为 4 类,重载多态、强制多态、包含多态和参数多态,前面两种统称为专用多态,而后面两种也称为通用多态。我们学习过的普通函数及类的成员函数的重载都属于重载多态。重载指的是同一个函数、过程可以操作于不同类型的对象。强制多态是通过语义操作把一个变元的类型加以变化,以符合一个函数或者操作的要求。包含多态是研究类族中定义于不同类中的同名成员函数的多态行为,主要是通过虚函数来实现。参数多态与类属相关联,类属是一个可以参数化的模板,其中包含的操作所涉及的类型必须用类型参数实例化,这样,由类属实例化的各类都具有相同的操作,而操作对象的类型却各不相同。本章主要介绍了重载和包含两种多态类型,其中运算符重载,虚函数是学习的重点。

多态从实现的角度来讲可以划分为两类,即编译时的多态和运行时的多态。前者是在编译的过程中确定了同名操作的具体操作对象,而后者则是在程序运行过程中才动态地确定操作所针对的具体对象。这种确定操作的具体对象的过程就是绑定(binding),也有的文献称为编联、束定或绑定。

运算符重载是对已有的运算符赋予多重含义,使用已有运算符对用户自定义类型(比如类)进行操作。运算符重载的实质就是函数重载,在实现过程中,首先把指定的运算表达式转换为对运算符函数的调用,运算对象转换为运算符函数的实参,然后根据实参的类型来确定需要调用的函数,这个过程是在编译过程中完成的。

虚函数是用 virtual 关键字声明的非静态成员函数。根据赋值兼容规则,可以用基类类型的指针指向派生类对象,如果这个对象的成员函数是普通的成员函数,通过基类类型指针访问到的只能是基类的同名成员。若将基类的同名函数设置为虚函数,使用基类类型指针就可以访问到该指针正在指向的派生类的同名函数。这样,通过基类类型的指针,就可以导致属于不同派生类的不同对象产生不同的行为,从而实现了运行过程的多态。

变步长梯形法是求解函数的定积分的基本方法。在实际工程应用中的很多情况下,函数本身只有离散值,或函数的积分无法用初等函数表示,因此许多定积分的求值都是通过计算机用数值计算的方法近似得到。在用变步长梯形法求函数定积分的例子中,利用了类的继承、运算符重载、抽象类等多方面的知识。

本章最后,仍以一个个人银行账户管理程序为例,对例 7-10 进行了改进,以此说明了虚函数的作用和使用方法。

习　题

8-1 什么叫作多态性?在 C++ 中是如何实现多态的?

8-2 什么叫作抽象类?抽象类有何作用?抽象类的派生类是否一定要给出纯虚函数的实现?

8-3 在 C++ 中,能否声明虚构造函数?为什么?能否声明虚析构函数?有何用途?

8-4 请编写一个计数器 Counter 类,对其重载运算符"+"。

8-5 编写一个哺乳动物类 Mammal,再由此派生出狗类 Dog,二者都声明 speak()成员函数,该函数在基类中被声明为虚函数,声明一个 Dog 类的对象,通过此对象调用 speak 函数,观察运行结果。

8-6 请编写一个抽象类 Shape,在此基础上派生出类 Rectangle 和 Circle,二者都有计算对象面积的函数 getArea()、计算对象周长的函数 getPerim()。

8-7 对类 Point 重载"++"(自增)、"--"(自减)运算符,要求同时重载前缀和后缀的形式。

8-8 定义一个基类 BaseClass,从它派生出类 DerivedClass。BaseClass 有成员函数 fn1()、fn2(),fn1()是虚函数;DerivedClass 也有成员函数 fn1()、fn2()。在主函数中声明一个 DerivedClass 的对象,分别用 BaseClass 和 DerivedClass 的指针指向 DerivedClass 的对象,并通过指针调用 fn1()、fn2(),观察运行结果。

8-9 请编写程序定义一个基类 BaseClass,从它派生出类 DerivedClass。在 BaseClass 中声明虚析构函数,在主函数中将一个动态分配的 DerivedClass 的对象地址赋给一个 BaseClass 的指针,然后通过指针释放对象空间。观察程序运行过程。

8-10 编写程序定义类 Point,有数据成员 x、y,为其定义友元函数实现重载"+"。

8-11 在例 8-6 的基础上,通过继承 Rectangle 得到一个新的类 Square,然后在 Shape 中增加一个函数 int getVertexCount() const 用来获得当前图形的顶点个数,用以下几种方法分别实现,并体会各自的优劣。

(1) 使用 dynamic_cast 实现 Shape::getVertexCount 函数。

(2) 使用 typeid 实现 Shape::getVertexCount 函数。

(3) 将 Shape::getVertexCount 声明为纯虚函数,在派生类中给出具体实现。

第 9 章

模板与群体数据

在第 6 章中介绍了数组，数组就是一种存放群体数据的存储结构。对于群体数据，仅有系统预定义的操作是不够的，在很多情况下，还需要设计与某些具体问题相关的特殊操作，并按照面向对象的方法将数据与操作封装起来，这就是群体类。

群体可分为两种：线性群体和非线性群体。**线性群体中的元素按位置排列有序**，可以区分为第一个元素、第二个元素等。一维数组用下标映射元素的顺序，是线性群体的典型例子(如图 9-1 所示)。**非线性群体不用位置顺序来标识元素**。例如，企业中职员的上下级关系，以及家族谱信息等都是非线性群体(如图 9-2 所示)。本章将介绍由一些常用的数据群体及其相关的操作构成的群体类。

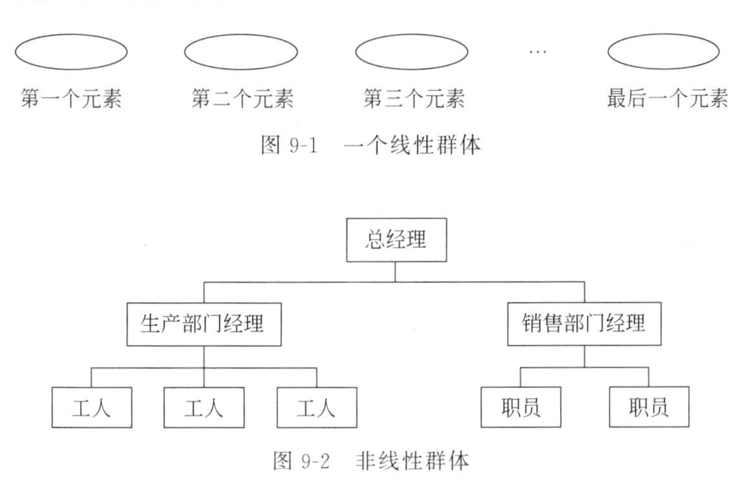

图 9-1　一个线性群体

图 9-2　非线性群体

关于群体数据的组织是属于数据结构范畴的内容，本章不一一详细介绍。这里只介绍两类常用的算法：排序和查找方法。

排序(sorting)又称分类或整理，是将一个无序序列调整为有序的过程。在排序过程中需要完成两种基本操作：一是比较两个元素的大小；二是调整元素在序列中的位置。排序方法有很多，在本章只介绍几种简单的排序方法：直接插入排序、直接选择排序和起泡排序方法。

查找(searching)是在一个序列中按照某种方式找出需要的特定数据元素的过程。查字典就是一个查找的例子。在本章只介绍最简单的顺序查找和折半查找方法。

由于在后续章节中介绍线性群体类和群体数据的组织中，采用的均是模板形式，因此，本章首先介绍函数模板和类模板的概念。

9.1　函数模板与类模板

C++ 最重要的特性之一就是代码重用,为了实现代码重用,代码必须具有通用性。通用代码需要不受数据类型的影响,并且可以自动适应数据类型的变化。这种程序设计类型称为参数化程序设计。模板是 C++ 支持参数化程序设计的工具,通过它可以实现参数化多态性。**所谓参数化多态性,就是将程序所处理的对象的类型参数化,使得一段程序可以用于处理多种不同类型的对象**。

9.1.1　函数模板

第 3 章介绍了函数重载,可以看出重载函数通常是对于不同的数据类型完成类似的操作。很多情况下,一个算法是可以处理多种数据类型的。但是用函数实现算法时,即使设计为重载函数也只是使用相同的函数名,函数体仍然要分别定义。请看下面两个求绝对值的函数:

```
int abs(int x) {
    return x<0 ? -x : x;
}
double abs(double x) {
    return x<0 ? -x : x;
}
```

这两个函数只有参数类型不同,功能完全一样。类似这样的情况,如果能写一段通用代码适用于多种不同数据类型,便会使代码的可重用性大大提高,从而提高软件的开发效率。使用函数模板就是为了这一目的。程序员只需对函数模板编写一次,然后基于调用函数时提供的参数类型,C++ 编译器将自动产生相应的函数来正确的处理该类型的数据。

函数模板的定义形式是:

```
template <模板参数表>
类型名 函数名(参数表)
{
    函数体的定义
}
```

所有函数模板的定义都是用关键字 template 开始的,该关键字之后是使用尖括号 <> 括起来的"模板参数表"。模板参数表由用逗号分隔的模板参数构成,可以包括以下内容:

(1) **class**(或 **typename**) 标识符,指明可以接受一个类型参数。这些类型参数代表的是类型,可以是预定义类型或自定义类型。

(2) **类型说明符 标识符**,指明可以接受一个由"类型说明符"所规定类型的常量作为参数;

(3) **template** <参数表> **class** 标识符,指明可以接收一个类模板名作为参数。

类型参数可以用来指定函数模板本身的形参类型、返回值类型,以及声明函数中的局部变量。函数模板中函数体的定义方式与定义普通函数类似。下面的程序是求绝对值的函数模板及其应用：

```
#include <iostream>
using namespace std;
template <typename T>
T abs(T x) {
    return x <0 ? -x : x;
}
int main() {
    int n=-5;
    double d=-5.5;
    cout<<abs(n)<<endl;
    cout<<abs(d)<<endl;
    return 0;
}
```

在上述主函数中调用 abs()时，编译器从实参的类型推导出函数模板的类型参数。例如，对于调用表达式 abs(n)，由于实参 n 为 int 类型，所以推导出模板中类型参数 T 为 int。

当类型参数的含义确定后，编译器将以函数模板为样板，生成一个函数，这一过程称为函数模板的**实例化**，该函数称为函数模板 abs 的一个**实例**：

```
int abs(int x) {
    return x <0 ? -x : x;
}
```

同样，对于调用表达式 abs(d)，由于实参 d 为 double 类型，所以推导出模板中类型参数 T 为 double。接着，编译器将以函数模板为样板，生成如下函数：

```
double abs(double x) {
    return x <0 ? -x : x;
}
```

因此，当主函数第一次调用 abs 时，执行的实际上是由函数模板生成的如下原型的函数：

```
int abs(int x);
```

第二次调用 abs 时，执行的实际上是由函数模板生成的如下原型的函数：

```
double abs(double x);
```

例 9-1 函数模板的示例。

```
//9_1.cpp
#include <iostream>
using namespace std;

template <class T>                              //定义函数模板
```

```
void outputArray(const T * array, int count) {        //实参类型如果是类,则必须为该
                                                      //类重载过"<<"运算符
    for (int i=0; i<count; i++)
        cout<<array[i]<<" ";
    cout<<endl;
}

int main() {                                          //主函数
    const int A_COUNT=8, B_COUNT=8, C_COUNT=20;
    int a [A_COUNT]={1, 2, 3, 4, 5, 6, 7, 8};         //定义 int 数组
    double b[B_COUNT]={1.1, 2.2, 3.3, 4.4, 5.5, 6.6, 7.7, 8.8};      //定义 double 数组
    char c[C_COUNT]="Welcome to see you!";            //定义 char 数组

    cout<<" a array contains:"<<endl;
    outputArray(a, A_COUNT);                          //调用函数模板
    cout<<" b array contains:"<<endl;
    outputArray(b, B_COUNT);                          //调用函数模板
    cout<<" c array contains:"<<endl;
    outputArray(c, C_COUNT);                          //调用函数模板

    return 0;
}
```

运行结果：

```
a array contains:
1 2 3 4 5 6 7 8
b array contains:
1.1 2.2 3.3 4.4 5.5 6.6 7.7 8.8
c array contains:
W e l c o m e   t o   s e e   y o u !
```

分析：函数模板中声明了类形参数 T，表示一种抽象的类型。当编译器检测到程序中调用函数模板 outputArray 时，便用 outputArray 的第一个实参的类型替换掉整个模板定义中的 T，并建立用来输出指定类型数组的一个完整的函数，然后再编译这个新建的函数。

在主函数中首先声明了 3 种类型的数组：int 数组 a、double 数组 b 和 char 数组 c，长度分别为 8、8、20。然后调用函数模板生成相应的函数，最后在屏幕上输出每个数组。编译过程中，针对这 3 种数据类型生成的函数原型如下：

```
outputArray(a, A_COUNT);          //适用于 int 类型的 outputArray 模板函数;
outputArray(b, B_COUNT);          //适用于 double 类型的 outputArray 模板函数;
outputArray(c, C_COUNT);          //适用于 char 类型的 outputArray 模板函数;
```

由上面的实例可以看出，函数模板与重载是密切相关的。从函数模板产生的相关函数都是同名的，编译器用重载的解决的方法调用相应的函数。另外函数模板本身也可以用多种方式重载。

注意　虽然函数模板的使用形式与函数类似，但二者有本质的区别，这主要表现在以下 3 方面：

(1) 函数模板本身在编译时不会生成任何目标代码,只有由模板生成的实例会生成目标代码。

(2) 被多个源文件引用的函数模板,应当连同函数体一同放在头文件中,而不能像普通函数那样只将声明放在头文件中。

(3) 函数指针也只能指向模板的实例,而不能指向模板本身。

9.1.2　类模板

使用类模板使用户可以为类定义一种模式,使得类中的某些数据成员、某些成员函数的参数、返回值或局部变量能取不同类型(包括系统预定义的和用户自定义的)。

类是对一组对象的公共性质的抽象,而类模板则是对不同类的公共性质的抽象,因此类模板是属于更高层次的抽象。由于类模板需要一种或多种类型参数,所以类模板也常常称为参数化类。当然,模板参数的实参也不总是可以用任何类型的。例如,例 9-1 中就要求实参类型应该可以进行插入运算(<<)。这类情况在 STL 库中是通过"概念"来限制的,在第 10 章有介绍。

类模板声明的语法形式是:

```
template <模板参数表>
class 类名
{
    类成员声明
}
```

其中类成员声明的方法与普通类的定义几乎相同,只是在它的各个成员(数据成员和函数成员)中通常要用到模板的类型参数 T。其中"模板参数表"的形式与函数模板中的"模板参数表"完全一样。

如果需要在类模板以外定义其成员函数,则要采用以下的形式:

```
template <模板参数表>
类型名 类名<模板参数标识符列表>::函数名(参数表)
```

一个类模板声明自身并不是一个类,只有当被其他代码引用时,模板才根据引用的需要生成具体的类。

使用一个模板类来建立对象时,应按如下形式声明:

```
模板名<模板参数表>  对象名 1,…,对象名 n;
```

6.4 节介绍过的 vector 就是一个类模板,用 vector 创建的动态数组都是 vector 类模板实例的对象。

图 9-3 说明了模板类的 UML 图表示法。在图中,形式参数是 T,把它用作类说明中的类型信息的占位符。

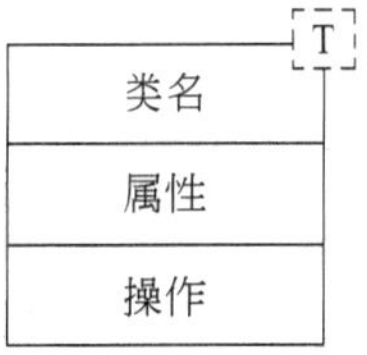

通过把参数绑定到形式参数可以创建具体的类,这称为类模板的实例化。在 UML 中对类模板的实例化是通过使用绑定(<<bind>>)构造型的依赖关系表示的。有两种说明绑定元素的形式,这两种形式如图 9-4 所示。

T
类名
属性
操作

图 9-3　具有显式属性和操作的参数化类

这里,“模板参数表”中的参数与类模板声明时“模板参数表”中的参数一一对应。经这样声明后,系统会根据指定的参数类型和常量值生成一个类,然后建立该类的对象。也就是说,对模板进行实例化生成类,再对类实例化便生成了对象。

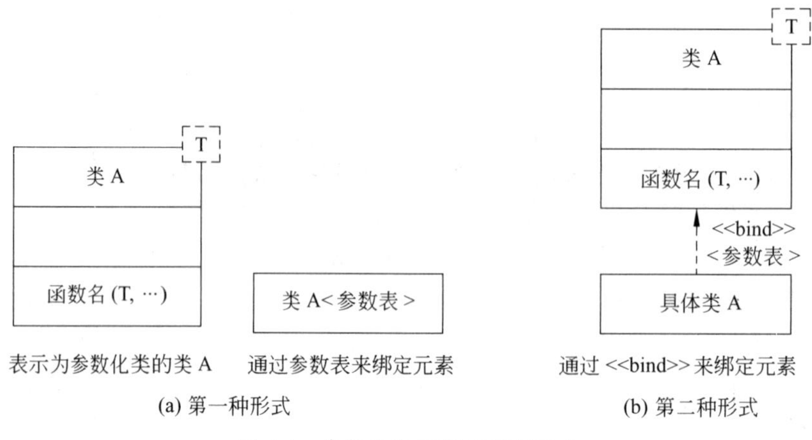

表示为参数化类的类A　　通过参数表来绑定元素　　通过<<bind>>来绑定元素

(a) 第一种形式　　(b) 第二种形式

图9-4　参数化类绑定元素的形式

5.4节介绍过类的友元,此处模板参数表中的类型参数同样可以声明为该模板类的友元类。具体声明方式如下:

```
template <typename T>
class DemoClass{
friend T;          //将参数类型T声明为DemoClass的友元类
...
}
```

以上通过将参数类型T声明为DemoClass的友元类,使得T在被用来实例化模板类DemoClass的基础上,拥有对DemoClass的成员的访问权限。有一个特殊点是,除了C++标准库和用户自定义类型外,C++内置类型也可以声明为友元,以保证内置类型可以被用来实例化模板类,例如实例化类DemoClass<int>。

在2.5节介绍了通过typedef和using来为类型设定别名。例如如下两种别名定义等价定义了int类型实例化类DemoClass<int>的别名IntDemoClass:

```
typedef DemoClass<int>IntDemoClass;
using IntDemoClcass=DemoClass<int>;
```

而typedef和using的主要区别就是,当需要为模板而非模板实例化后的类定义别名时,只能通过C++11标准下的using关键字来实现。具体方式举例如下:

```
template <typename T>using AliasDemo=DemoClass<T>;       //定义模板别名AliasDemo
template <typename T>using IntPair=pair<T, int>;         //定义模板别名IntPair
```

如上AliasDemo是DemoClass的新别名,IntPair是讲pair模板类中second项通过int类型实例化后的模板类别名。基于类的别名可以进一步实例化对象,例如:

```
AliasDemo<int>number;          //等价于DemoClass<int>number;
IntPair<string>label;          //等价于pair<string, int>label;
```

```
IntPair<MyClass>label;        //MyClass 为自定义类,等价于 pair<MyClass, int>label;
```

例 9-2　类模板应用举例。

分析：在本实例中，声明一个实现任意类型数据存取的类模板 Store，然后通过具体数据类型参数对类模板进行实例化，生成类，然后类再被实例化生成对象 s1、s2、s3 和 d。不过类模板的实例化过程（见图 9-5）在程序中是隐藏的，为了在 UML 图中表示方便，这里暂且给由模板实例化生成的类取名为 intStore、doubleStore、StudentStore，只是这些类名在程序中并不出现。

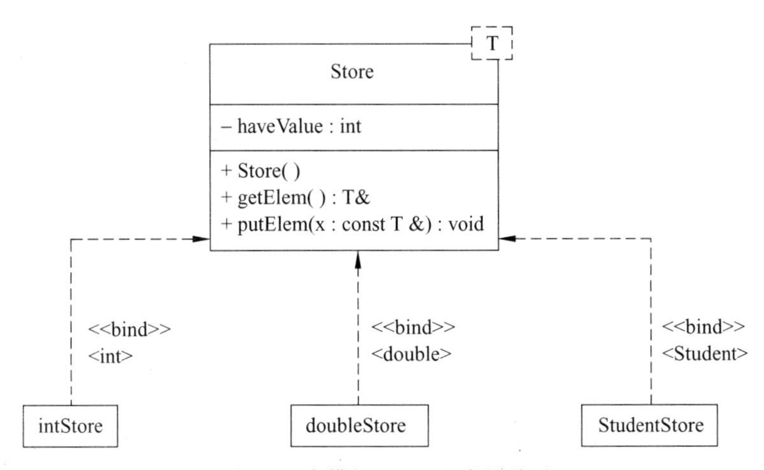

图 9-5　类模板 Store 和类的关系

```
//9_2.cpp
#include <iostream>
#include <cstdlib>
using namespace std;

struct Student {                   //结构体 Student
    int id;                        //学号
    float gpa;                     //平均分
};

template <class T>                 //类模板: 实现对任意类型数据进行存取
class Store {
private:
    T item;                        //item 用于存放任意类型的数据
    bool haveValue;                //haveValue 标记 item 是否已被存入内容
public:
    Store();                       //缺省形式(无形参)的构造函数
    T &getElem();                  //提取数据函数
    void putElem(const T &x);      //存入数据函数
};
```

```
//以下实现各成员函数
template <class T>              //缺省构造函数的实现
Store<T>::Store(): haveValue(false) {}

template <class T>              //提取数据函数的实现
T &Store<T>::getElem() {
    if (!haveValue) {           //如果试图提取未初始化的数据,则终止程序
        cout<<"No item present!"<<endl;
        exit(1);                //使程序完全退出,返回到操作系统
        //参数可用来表示程序终止的原因,可以被操作系统接收
    }
    return item;                //返回 item 中存放的数据
}

template <class T>              //存入数据函数的实现
void Store<T>::putElem(const T &x) {
    haveValue=true;             //将 haveValue 置为 true,表示 item 中已存入数值
    item=x;                     //将 x 值存入 item
}

int main() {
    Store<int>s1, s2;       //定义两个 Store<int>类对象,其中数据成员 item 为 int 类型
    s1.putElem(3);              //向对象 s1 中存入数据(初始化对象 s1)
    s2.putElem(-7);             //向对象 s2 中存入数据(初始化对象 s2)
    cout<<s1.getElem()<<"  "<<s2.getElem()<<endl;     //输出对象 s1 和 s2 的数据成员

    Student g={1000, 23};       //定义 Student 类型结构体变量的同时赋以初值
    Store<Student>s3; //定义 Store<Student>类对象 s3,其中数据成员 item 为 Student 类型
    s3.putElem(g);              //向对象 s3 中存入数据(初始化对象 s3)
    cout<<"The student id is "<<s3.getElem().id<<endl;    //输出对象 s3 的数据成员

    Store<double>d;    //定义 Store<double>类对象 d,其中数据成员 item 为 double 类型
    cout<<"Retrieving object d…";
    cout<<d.getElem()<<endl; //输出对象 d 的数据成员
    //由于 d 未经初始化,在执行函数 d.getElement()过程中导致程序终止

    return 0;
}
```

运行结果:

```
3  -7
The student id is 1000
Retrieving object d...  No item present!
```

9.2　线性群体

9.2.1　线性群体的概念

线性群体中的元素次序与其位置关系是对应的。在线性群体中，又可按照访问元素的不同方法分为直接访问、顺序访问和索引访问。在本节只介绍直接访问和顺序访问。

对可直接访问的线性群体，可以直接访问群体中的任何一个元素，而不必首先访问该元素之前的元素。例如，可以通过数组元素的下标直接访问数组中的任何元素。**对顺序访问的线性群体，只能按元素的排列顺序从头开始依次访问各个元素**。

另外，还有两种特殊的线性群体——栈和队列。

3.6.1 小节在介绍函数调用的内部实现机制时，介绍过栈的概念，这里再对其进行简单回顾。如图 3-8 所示，栈是只能从一端访问的线性群体，可以访问的这一端称为栈顶，另一端称为栈底。对栈顶位置的标记称为栈顶指针，对栈底位置的标记称为栈底指针。向栈顶添加元素称为“压入栈”，删除栈顶元素称为“弹出栈”。栈中元素的添加和删除操作具有“后进先出”(LIFO)的特性。

栈的应用非常广泛，编译系统就是利用栈来实现函数调用时的参数传递和保留返回地址，这一点在 3.6.1 小节已经作了详细介绍。编译器对高级语言中表达式的处理也可以通过栈来实现。在用高级语言编写程序时，我们经常写出类似下列形式的表达式：

```
a/b+c*d
```

编译系统在处理表达式时，需要确定运算次序。为此，需要建立两个栈：操作数栈(ODS)和操作符栈(OPS)，然后自左至右扫描表达式。为叙述方便，这里将一个操作数或一个操作符统称为“一个词”。图 9-6 是经过简化的处理表达式的算法流程。图 9-7 是利用栈处理表达式 a/b+c*d 的示意图。

和栈一样，队列也是一种特殊的线性群体。对于队列我们并不陌生，例如商场、银行的柜台前需要排队，餐厅的收款机旁需要排队。**队列是只能向一端添加元素，从另一端删除元素的线性群体，可以添加元素的一端称为队尾，可以删除元素的一端称为队头。对队头位置的标记称为队头指针，对队尾位置的标记称为队尾指针。向队尾添加元素称为“入队”，删除队头元素称为“出队”**。队列中元素的添加和删除操作具有“先进先出”(FIFO)的特性。图 9-8是队列的逻辑结构示意图。

队列的应用也很广泛，队列可以用来模拟等待，例如银行和商场的顾客队列。计算机操作系统则用队列来处理打印作业的调度。

9.2.2　直接访问群体——数组类

在第 6 章我们介绍了数组，C++ 语言中的数组是具有固定元素个数的群体，其中的元素可以通过下标直接访问。尽管数组是十分重要的数据结构，但也存在缺憾，因为其大小在编译时就已经确定，在运行时无法修改。而且使用数组时，不能有效地避免下标越界问题。

第 6 章还介绍了用 vector 建立动态数组的方法，vector 其实就是一个类模板。下面将实现一个简单的**动态数组类模板 Array**,它由任意多个位置连续的、类型相同的元素组成,其元素个数可在程序运行时改变。它虽然比 vector 简单,但与 vector 的工作原理类似。

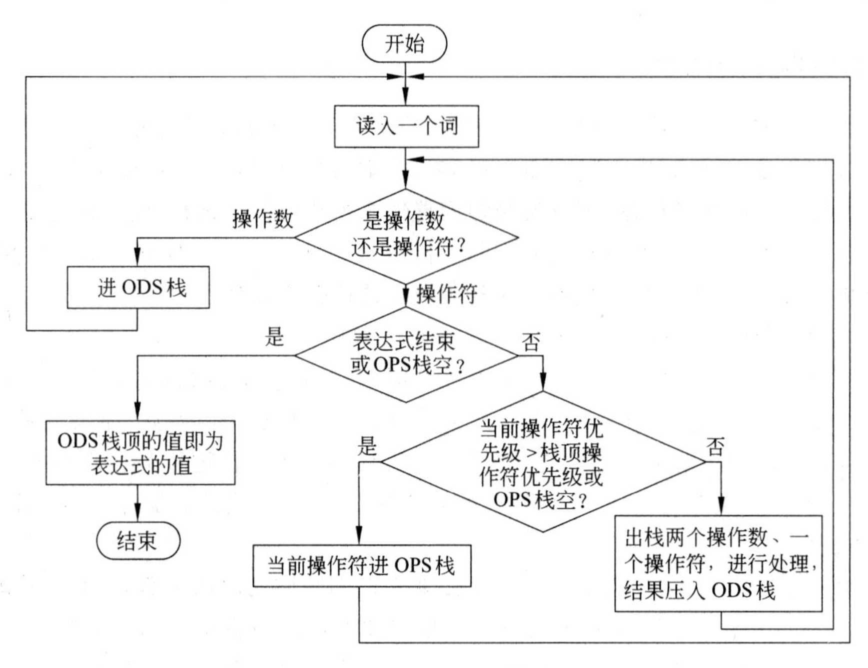

图 9-6　处理表达式的算法流程

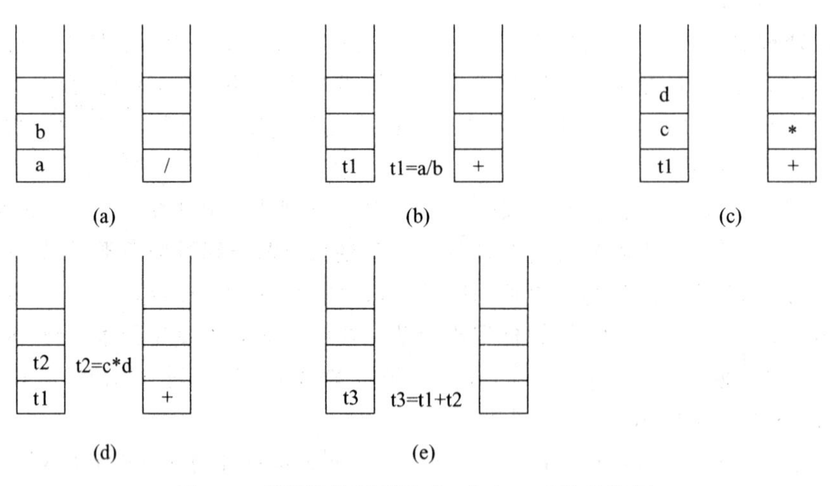

图 9-7　利用栈处理表达式 a/b+c * d 的示意图

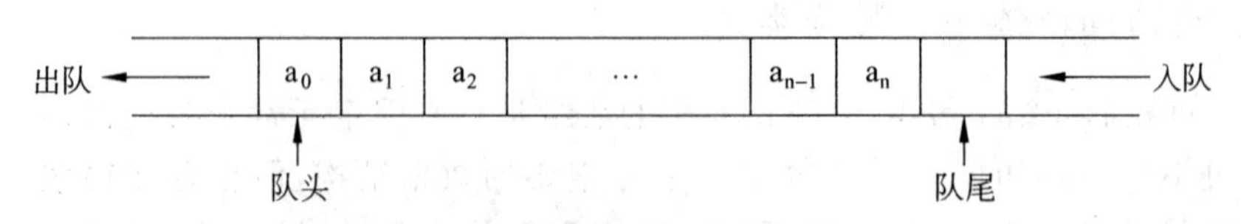

图 9-8　队列的逻辑结构示意图

例 9-3　数组类。

数组类模板 Array 的声明和实现都在文件 Array.h 中，程序清单及注释如下：

```
//Array.h
#ifndef ARRAY_H
#define ARRAY_H
#include <cassert>

//数组类模板定义
template <class T>
class Array {
private:
    T* list;                    //T类型指针,用于存放动态分配的数组内存首地址
    int size;                   //数组大小(元素个数)
public:
    Array(int sz=50);           //构造函数
    Array(const Array<T>&a);    //复制构造函数
    ~Array();                   //析构函数
    Array<T>& operator=(const Array<T>&rhs);   //重载"="使数组对象可以整体赋值
    T & operator [] (int i);         //重载"[]",使 Array 对象可以起到 C++普通数组的作用
    const T & operator [] (int i) const;       //"[]"运算符的 const 版本
    operator T * ();     //重载到 T * 类型的转换,使 Array 对象可以起到 C++普通数组的作用
    operator const T * () const;     //到 T * 类型转换操作符的 const 版本
    int getSize() const;                       //取数组的大小
    void resize(int sz);                       //修改数组的大小
};

//构造函数
template <class T>
Array<T>::Array(int sz) {
    assert(sz>=0);          //sz 为数组大小(元素个数),应当非负
    size=sz;                //将元素个数赋值给变量 size
    list=new T [size];      //动态分配 size 个 T 类型的元素空间
}

//析构函数
template <class T>
Array<T>::~Array() {
    delete [] list;
}

//复制构造函数
template <class T>
Array<T>::Array(const Array<T>&a) {
    //从对象 x 取得数组大小,并赋值给当前对象的成员
    size=a.size;
    //为对象申请内存并进行出错检查
```

```
    list=new T[size];       //动态分配 n 个 T 类型的元素空间
    //从对象 X 复制数组元素到本对象
    for (int i=0; i<size; i++)
        list[i]=a.list[i];
}

//重载"="运算符,将对象 rhs 赋值给本对象。实现对象之间的整体赋值
template <class T>
Array<T> &Array<T>::operator= (const Array<T>& rhs) {
    if (&rhs !=this) {
        //如果本对象中数组大小与 rhs 不同,则删除数组原有内存,然后重新分配
        if (size !=rhs.size) {
            delete [] list;             //删除数组原有内存
            size=rhs.size;              //设置本对象的数组大小
            list=new T[size];           //重新分配 n 个元素的内存
        }
        //从对象 X 复制数组元素到本对象
        for (int i=0; i<size; i++)
            list[i]=rhs.list[i];
    }
    return * this;                      //返回当前对象的引用
}

//重载下标运算符,实现与普通数组一样通过下标访问元素,并且具有越界检查功能
template <class T>
T &Array<T>::operator[] (int n) {
    assert(n>=0 && n<size);             //检查下标是否越界
    return list[n];                     //返回下标为 n 的数组元素
}

template <class T>
const T &Array<T>::operator[] (int n) const {
    assert(n>=0 && n<size);             //检查下标是否越界
    return list[n];                     //返回下标为 n 的数组元素
}

//重载指针转换运算符,将 Array 类的对象名转换为 T 类型的指针,指向当前对象中的私有数组。
//因而可以像使用普通数组首地址一样使用 Array 类的对象名
template <class T>
Array<T>::operator T * () {
    return list;                        //返回当前对象中私有数组的首地址
}

template <class T>
Array<T>::operator const T * () const {
    return list;                        //返回当前对象中私有数组的首地址
}
```

```
//取当前数组的大小
template <class T>
int Array<T>::getSize() const {
    return size;
}

//将数组大小修改为 sz
template <class T>
void Array<T>::resize(int sz) {
    assert(sz>=0);                  //检查 sz 是否非负
    if (sz==size)                   //如果指定的大小与原有大小一样,什么也不做
        return;
    T* newList=new T[sz];           //申请新的数组内存
    int n=(sz<size) ? sz : size;    //将 sz 与 size 中较小的一个赋值给 n
    //将原有数组中前 n 个元素复制到新数组中
    for (int i=0; i<n; i++)
        newList[i]=list[i];
    delete[] list;                  //删除原数组
    list=newList;                   //使 list 指向新数组
    size=sz;                        //更新 size
}
#endif  //ARRAY_H
```

分析:类 Array 弥补了数组的不足,其大小可变,且具有边界检查功能,可以捕捉非法的数组下标。由于对下标运算符“[]”和指针转换运算符“T *”进行了重载,使得 Array 类的对象可以像普通数组一样使用。因此我们可以用类 Array 来代替 C++ 语言本身的数组,充分利用其安全性和可调性。

对于这个程序,读者可能会有这样几个问题:为什么这里的复制构造函数需要这么复杂,不再是进行简单赋值?为什么有些函数返回值类型是对象的引用,改为返回对象值可以吗?重载指针转换运算符有什么必要?下面就详细讲解这几个问题。

1. 浅层复制与深层复制

在第 6 章 6.4 节中曾经讲过浅层复制与深层复制问题,所谓浅层复制,就是默认的复制构造函数所实现的,将对应数据成员一一赋值。对于本例来说,如果将复制构造函数改为如下形式(或者不显式定义),实现的就是浅层复制。

```
template <class T>
Array<T>::Array(const Array<T>& a) {
    size=a.size;
    alist=a.alist;
}
```

这时,如果主函数中有这样的语句:

```
int main() {
    Array<int>  a(10);
```

```
    ...
    Array<int>  b(a);
    ...
}
```

则浅层复制效果如图 9-9 所示。

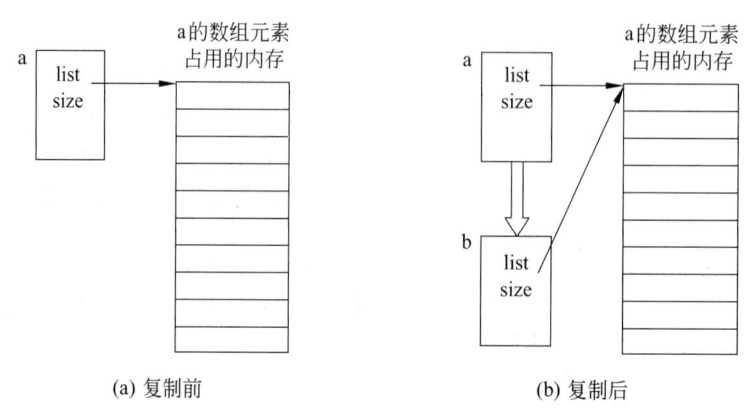

图 9-9　浅层复制效果示意图

从图 9-9 可以看出,只是将对象 a 中数组元素首地址简单赋值给了对象 b 的指针成员,数组元素并没有真的被复制,对象 b 根本就没有构造自己的数组。结果造成对象 a 和 b 共同使用同一段内存空间存放数组元素,这样不仅会造成混乱,更严重的是执行析构函数时,会出现严重的错误。本例中析构函数是这样写的:

```
template <class T>
Array<T>::~Array() {
    delete [] list;
}
```

在程序结束时,会自动调用两次析构函数,分别释放对象 b 和对象 a 的数组空间。但是 a 和 b 使用的是同一段内存,这样便导致了对同一内存空间的两次释放,这当然是不允许的,必然引起运行错误。

所以,正确的复制方法,应该是本程序中使用的深层复制方法:

```
template <class T>
Array<T>::Array(const Array<T> &a) {
    //从对象 x 取得数组大小,并赋值给当前对象的成员
    size=a.size;
    //为对象申请内存并进行出错检查
    list=new T[size];          //动态分配 n 个 T 类型的元素空间
    //从对象 X 复制数组元素到本对象
    for (int i=0; i<size; i++)
        list[i]=a.list[i];
}
```

进行深层复制后,效果如图 9-10 所示。这才是复制的本意,是我们真正要达到的目的。

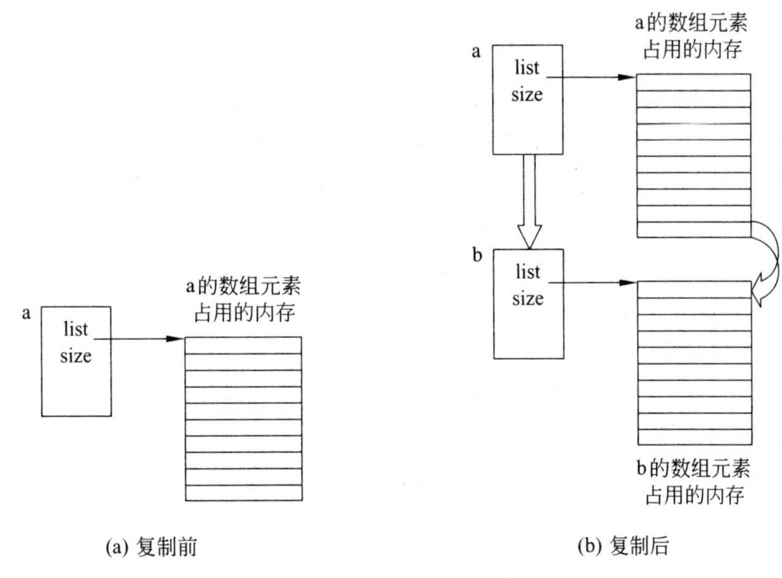

(a) 复制前　　　　　　　　　　　　(b) 复制后

图 9-10　深层复制效果示意图

2. 与众不同的运算符

在本例中，重载的“＝”和“[]”运算符函数，返回值类型都是对象的引用，为什么要这样做呢？

为了确定运算符重载函数的返回值类型，首先我们来看一看这些返回值将用来做什么。一个含算术运算符(例如“＋”“－”)的表达式，可以用来继续参与其他运算或放在赋值运算符右边用于给其他对象赋值，还可以有很多其他用途，但是绝不会被放在赋值运算符左边，被再赋值。你见过 C++ 中有“a＋b＝c”这样的表达式吗？当然没有，这是不允许的。

但是“[]”运算符就不同了，我们经常会写这样的表达式：“a[3]＝5”。这时“[ ]”运算的结果被放在赋值运算符左边，称为左值。

如果一个函数的返回值是一个对象的值，它是不应成为左值的，对于“＋”“－”这样的运算符，直接返回变量或对象的值是应该的，因为对其结果赋值没有任何意义。然而“[ ]”运算符就不同了，恰恰经常需要将它作为左值。实现这个愿望的办法就是，将“[ ]”重载函数的返回值指定为引用。由于引用表示的是对象的别名，所以通过引用可以改变对象的值。

细节　对于类类型的“＋”“－”等运算符而言，即使其返回类型不是引用，也可以作为左值，即(a＋b)＝c 是允许的。(a＋b)＝c 相当于调用(a＋b).operator＝(c)，既然利用 a＋b的结果调用其他成员函数是允许的，利用其结果调用赋值运算符也没有理由被禁止。不过，这种情况下被赋值的只是函数返回的一个临时无名对象，赋值没有任何意义。为避免这种赋值的发生，可以在重载“＋”“－”等运算符时，令其返回常对象。

对于 Array 的常对象而言，由于不希望通过“[ ]”来修改其值，因此返回类型为常引用。之所以返回常引用而不返回对象，是为了在 T 为较复杂的类型时，避免创建新对象时执行复制构造的开销。

“[ ]”的运算结果需要能够作为左值是容易理解的，那么“＝”运算符呢？请看下面的语句：

```
int a, b=5;
(a=b)++;
```

这在 C++ 中是允许的,运行之后 a 的值为 6。这说明 C++ 中要求赋值表达式是可以作为左值的。因此本例中将"="重载函数返回值也指定为引用类型。

提示 若不对"="运算符进行重载,系统会为其自动生成一个隐含的版本,该版本会分别对每个数据成员执行"="运算符。

一般而言,当对象需要通过显式定义的复制构造函数执行深层复制时,也需要重载赋值运算符,执行类似的深层复制操作。

细节 语法规定"=""[]""()""->"只能被重载为成员函数,而且派生类中的"="运算符函数总会隐藏基类中的"="运算符函数。

3. 指针转换运算符的作用

为了说明重载指针转换运算符的必要性,来看一看下面这段程序:

```
#include <iostream>
using namespace std;
void read(int *p, int n) {
    for (int i=0; i<n; i++)
        cin>>p[i];
}
int main() {
    int a[10];
    read(a, 10);
    return 0;
}
```

这里函数 read 的第一个形参是 int 指针,而数组名 a 是一个 int 型地址常量,类型恰好是匹配的。如果希望在程序中像使用普通数组一样使用 Array 类的对象,将上述 main 函数修改如下:

```
int main() {
    Array<int>a(10);
    read(a, 10);
    return 0;
}
```

情况会怎样呢?这回在调用 read 时会发现实参类型与形参类型不同,这时编译系统会试图进行自动类型转换:将对象名 a 转换为 int * 类型。由于 a 是自定义类型的对象,所以编译系统提供的自动转换功能当然无法实现这一转换,因此我们需要自行编写重载的指针类型转换函数。

C++ 中,如果想将自定义类型 T 的对象隐含或显式地转换为 S 类型,可以将 operator S 定义为 T 的成员函数。这样,在把 T 类型对象显式隐含转换为 S 类型,或用 static_cast 显式转换为 S 类型时,该成员函数会被调用。转换操作符的重载函数不用指定返回值的类型,这是由于这种情况下重载函数的返回类型与操作符名称一致,因此 C++ 标准规定不能为这类函数指定返回值类型(也不要写 void)。

而当对象本身为常对象时,为了避免通过指针对数组内容进行修改,只能将对象转换为常指针。

提示　这是本书介绍的第二种自定义类型转换的方式。在 4.8.1 小节中曾介绍另一种方式——通过构造函数,读者不妨回顾一下。

例 9-4　Array 类的应用。

求范围为 2～n 的质数,n 在程序运行时由键盘输入。

分析:质数是一大于或等于 2 的整数,它只能被其本身和 1 整除。本题由于 n 的值是在运行时才输入的,不能预知用来存放质数的数组大小,需要使用动态数组。因此,这里应用例 9-3 中设计的类 Array。程序如下:

```
//9_4.cpp
#include <iostream>
#include <iomanip>
#include "Array.h"
using namespace std;

int main() {
    Array<int> a(10);                //用来存放质数的数组,初始状态有 10 个元素
    int count=0;

    int n;
    cout<<"Enter a value>=2 as upper limit for prime numbers: ";
    cin>>n;

    for (int i=2; i<=n; i++) {
        //检查 i 是否能被比它小的质数整除
        bool isPrime=true;
        for (int j=0; j<count; j++)
            if (i%a[j]==0) {         //若 i 被 a[j]整除,说明 i 不是质数
                isPrime=false;
                break;
            }

        //把 i 写入质数表中
        if (isPrime) {
            //如果质数表满了,将其空间加倍
            if (count==a.getSize())
                a.resize(count * 2);
            a[count++]=i;
        }
    }

    for (int i=0; i<count; i++)     //输出质数
        cout<<setw(8)<<a[i];
    cout<<endl;
```

```
    return 0;
}
```

运行结果：

```
Enter a value>=2 as the upper limit for prime numbers: 100
    2    3    5    7   11   13   17   19   23   29
   31   37   41   43   47   53   59   61   67   71
   73   79   83   89   97
```

9.2.3 顺序访问群体——链表类

在软件设计中，经常遇到这样的问题：需要表示和处理一个线性群体，但是其中的元素个数无法预先确定。这时，就需要应用动态数据结构，在程序运行期间根据需要动态申请内存，并建立元素之间的线性关系。

链表是一种动态数据结构，可以用来表示顺序访问的线性群体。链表是由一系列结点组成的，结点可以在运行时动态生成。每个结点包括数据域和指向链表中下一个结点的指针(即下一个结点的地址)。指针是维系结点的纽带，结点中可以有不止一个用于连接其他结点的指针，如果链表每个结点中只有一个指向后继结点的指针，则该链表称为**单链表**。如果每个结点中有两个用于连接其他结点的指针，一个指向前趋结点(称前趋指针)，另一个指向后继结点(称后继指针)，则构成**双向链表**。链表的第一个结点称为头结点，最后一个结点称为尾结点，尾结点的后继指针为空(NULL)。本书中只介绍单链表(如图9-11所示)。读者如果需要了解更多有关链表的知识，可以参考有关数据结构的书籍。

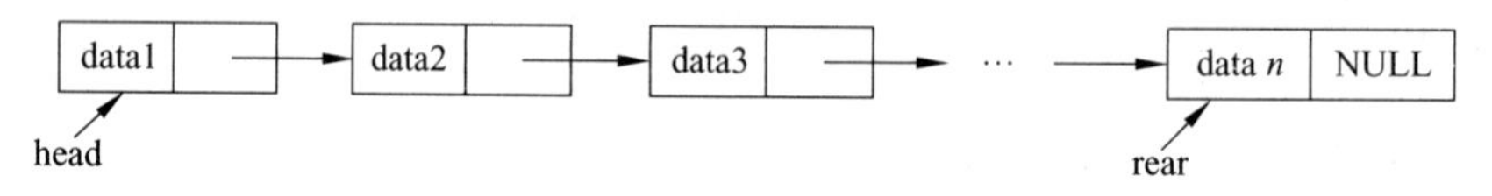

图9-11　单链表示意图

1. 结点类

链表的结点包括数据和指针域，是链表的基本构件。结点的数据域用于存放群体中元素的内容，既可以是若干个基本类型的数据，也可以是自定义类型的数据，甚至是内嵌对象。结点的指针域用于存放链表中另一个结点的地址。

结点类的数据成员中应该包括数据域和指针域的内容，函数成员中应该含有对数据和指针进行初始化的方法(函数)，以及在本结点之后插入新结点和删除后继结点的方法。后继结点的插入和删除过程分别如图9-12和图9-13所示，图中序号表明操作顺序。例9-5是一个包含上述成员的通用的结点类模板。

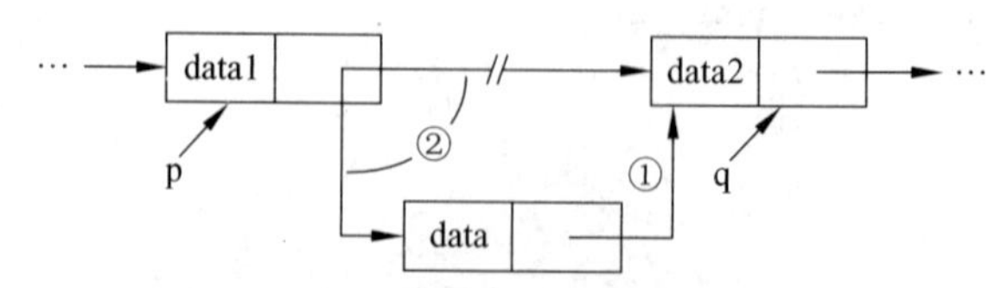

图9-12　在结点p之后插入一个结点

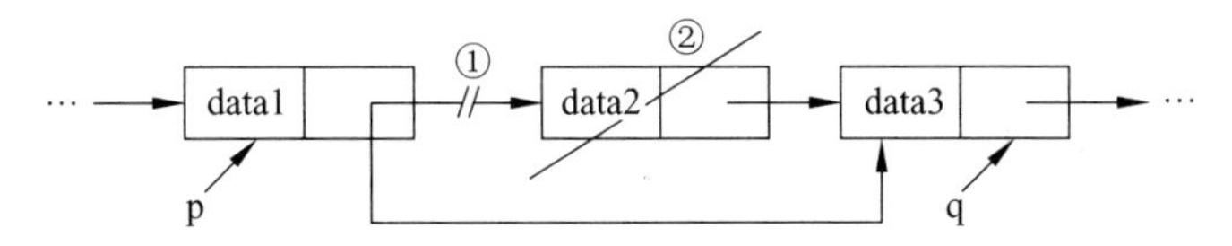

图 9-13　删除 p 结点之后的结点

例 9-5　结点类模板。

源程序清单及说明如下：

```
//Node.h
#ifndef NODE_H
#define NODE_H

//类模板的定义
template <class T>
class Node {
private:
    Node<T> * next;                              //指向后继结点的指针
public:
    T data;                                      //数据域

    Node (const T &data, Node<T> * next=0);  //构造函数
    void insertAfter(Node<T> * p);               //在本结点之后插入一个同类结点 p
    Node<T> * deleteAfter();                     //删除本结点的后继结点,并返回其地址
    Node<T> * nextNode();                        //获取后继结点的地址
    const Node<T> * nextNode() const;            //获取后继结点的地址
};

//类的实现部分
//构造函数,初始化数据和指针成员
template <class T>
Node<T>::Node(const T& data, Node<T> * next/* =0 */) : data(data), next(next) {}

//返回后继结点的指针
template <class T>
Node<T> * Node<T>::nextNode() {
    return next;
}

//返回后继结点的指针
template <class T>
const Node<T> * Node<T>::nextNode() const {
    return next;
}
```

```
//在当前结点之后插入一个结点 p
template <class T>
void Node<T>::insertAfter(Node<T> * p) {
    p->next=next;                    //p 结点指针域指向当前结点的后继结点
    next=p;                          //当前结点的指针域指向 p
}

//删除当前结点的后继结点,并返回其地址
template <class T>
Node<T> * Node<T>::deleteAfter() {
    Node<T> * tempPtr=next;          //将欲删除的结点地址存储到 tempPtr 中
    if (next==0)                     //如果当前结点没有后继结点,则返回空指针
        return 0;
    next=tempPtr->next;              //使当前结点的指针域指向 tempPtr 的后继结点
    return tempPtr;                  //返回被删除的结点的地址
}

#endif //NODE_H
```

2. 链表类

建立链表和遍历链表(逐个访问链表的每个结点)以及插入和删除结点是应用程序中广泛使用的基本链表算法。按照面向对象的方法,将结点与操作封装起来,便构成链表类。

1) 链表类的数据成员

链表类表示的是一个顺序访问的线性群体,由一组用指针域串联的 Node 模板对象构成,对链表的任何操作都要由头结点开始。因此对于所有应用链表的程序来说,链表的头指针是必然要使用的。尾指针对许多应用来说也是有用的信息。

由于链表是动态数据结构,其结点个数是动态变化的,因此需要封装在类中进行实时维护。

在对链表的顺序访问中,往往需要有一个指针自头结点开始依次遍历各结点,最终达到需要的位置,将这一指针所指向的结点称为当前结点;另外还需要一个伴随指针,始终指向当前结点的前趋结点,以配合完成结点的插入、删除等操作。

综上所述,在链表类的数据成员中,需要保存**表头指针**、**表尾指针**、**元素个数**、**当前的遍历位置**等信息。

2) 链表类的成员函数

链表的基本操作应该包括:**生成新结点**、**插入结点**、**删除结点**、**访问/修改结点数据**、**遍历链表等**。因此,在链表类中应该包含完成上述操作的成员函数,以及为了实现这些函数而添加的一些**辅助函数**,为了方便链表类对象间的赋值,还应**重载"="运算符**。另外,由于面向对象的封装特性,当然还要提供一些**接口函数**。

例 9-6 是链表类模板的声明,链表类的实现(LinkedList.h)作为实验内容由读者参照学生用书完成。

例 9-6　链表类模板声明。

```
//9_6.h
```

```
#ifndef LINKEDLIST_H
#define LINKEDLIST_H
#include "Node.h"

template <class T>
class LinkedList {
private:
    //数据成员:
    Node<T> * front, * rear;        //表头和表尾指针
    Node<T> * prevPtr, * currPtr; //记录表当前遍历位置的指针,由插入和删除操作更新
    int size;                       //表中的元素个数
    int position;                   //当前元素在表中的位置序号。由函数 reset 使用

    //函数成员:
    //生成新结点,数据域为 item,指针域为 ptrNext
    Node<T> * newNode(const T &item,Node<T> * ptrNext=NULL);

    //释放结点
    void freeNode(Node<T> * p);

    //将链表 L 复制到当前表(假设当前表为空)。
    //被复制构造函数、operator=调用
    void copy(const LinkedList<T>& L);

public:
    LinkedList();                          //构造函数
    LinkedList(const LinkedList<T>&L);     //复制构造函数
    ~LinkedList();                         //析构函数
    LinkedList<T>& operator=(const LinkedList<T>&L);        //重载赋值运算符

    int getSize() const;                   //返回链表中元素个数
    bool isEmpty() const;                  //链表是否为空

    void reset(int pos=0);                 //初始化游标的位置
    void next();                           //使游标移动到下一个结点
    bool endOfList() const;                //游标是否到了链尾
    int currentPosition() const;           //返回游标当前的位置

    void insertFront(const T &item);       //在表头插入结点
    void insertRear(const T &item);        //在表尾添加结点
    void insertAt(const T &item);          //在当前结点之前插入结点
    void insertAfter(const T &item);       //在当前结点之后插入结点

    T deleteFront();                       //删除头结点
    void deleteCurrent();                  //删除当前结点
```

```
    T& data();                              //返回对当前结点成员数据的引用
    const T& data() const;                  //返回对当前结点成员数据的常引用

    //清空链表：释放所有结点的内存空间。被析构函数、operator=调用
    void clear();
};

#endif  //LINKEDLIST_H
```

3. 链表类应用举例

下面通过一个例子来说明链表类的应用。

例 9-7　链表类应用举例。

从键盘输入10个整数,用这些整数值作为结点数据,生成一个链表,按顺序输出链表中结点的数值。然后从键盘输入一个待查找的整数,在链表中查找该整数,若找到则删除该整数所在的结点(如果出现多次,全部删除),然后输出删除结点以后的链表。在程序结束之前清空链表。

```
//9_7.cpp
#include <iostream>
#include "LinkedList.h"
using namespace std;

int main() {
    LinkedList<int>list;

    //输入10个整数依次向表头插入
    for (int i=0; i<10; i++) {
        int item;
        cin>>item;
        list.insertFront(item);
    }

    //输出链表
    cout<<"List: ";
    list.reset();
    //输出各结点数据,直到链表尾
    while (!list.endOfList()) {
        cout<<list.data()<<"  ";
        list.next();      //使游标指向下一个结点
    }
    cout<<endl;

    //输入需要删除的整数
    int key;
    cout<<"Please enter some integer needed to be deleted: ";
```

```
    cin>>key;

    //查找并删除结点
    list.reset();
    while (!list.endOfList()) {
        if (list.data()==key)
            list.deleteCurrent();
        list.next();
    }

    //输出链表
    cout<<"List: ";
    list.reset();
    //输出各结点数据,直到链表尾
    while (!list.endOfList()) {
        cout<<list.data()<<"  ";
        list.next();          //使游标指向下一个结点
    }
    cout<<endl;

    return 0;
}
```

运行结果:

```
3 6 5 7 5 2 4 5 9 10
List: 10  9  5  4  2  5  7  5  6  3
Please enter some integer needed to be deleted: 5
List: 10  9  4  2  7  6  3
```

9.2.4　栈类

在 9.2.1 小节我们曾介绍过,栈是一种特殊的线性群体。由于栈也是一种线性群体,因此栈的数据可以用数组或链表来存储。但是对栈中元素的访问是受限制的,压入栈和弹出栈的操作都只能在栈顶进行,因此不宜直接用数组类和链表类来解决栈的问题,而是需要专门设计栈类。

要完整地保存栈的信息,栈类的数据成员至少应该包括栈元素和栈顶指针。由于栈元素既可以用数组也可以用链表来存放,栈类的结构也就有了两种:基于数组和基于链表。用数组来存储栈元素时,不仅可以使用 C++ 语言提供的数组,也可以使用 vector 或 9.2.2 小节中介绍的动态数组类。

栈的基本状态有:一般状态、栈空、栈满。当栈中没有元素时称为栈空;当栈中元素个数达到上限时,称为栈满;栈中有元素、但未达到栈满状态时,即处于一般状态。如果用静态数组存储栈元素,则元素个数达到数组声明的元素个数时即为栈满。如果使用动态数组或链表,则可以根据需要设置或不设置元素的最大个数。

无论采用哪种数据结构,栈类中都应该包括下列基本操作:初始化、入栈、出栈、栈清空、访问栈顶元素、检测栈的状态(满或空)。栈顶指针可以指向实际的栈顶元素,也可以指向下一个可用空间,只要与相应的算法设计配合好即可。

用数组存放栈元素时,栈的示意图如图9-14所示。

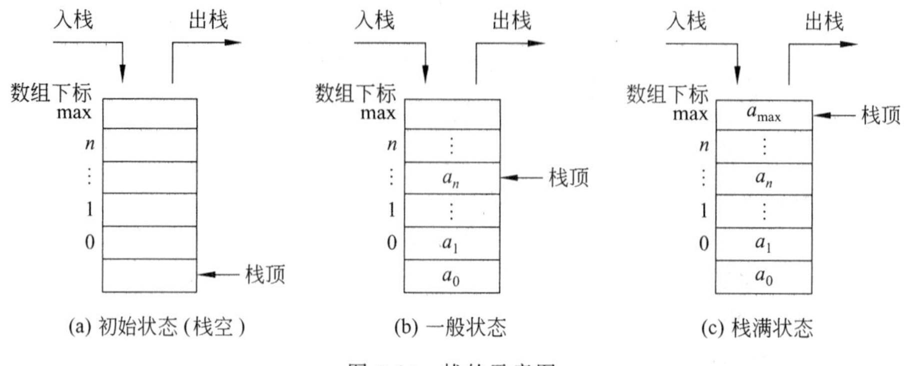

图9-14　栈的示意图

例9-8　栈类模板。

```
//Stack.h
#ifndef STACK_H
#define STACK_H
#include <cassert>

//模板的定义,SIZE为栈的大小
template <class T, int SIZE=50>
class Stack {
private:
    T list[SIZE];                   //数组,用于存放栈的元素
    int top;                        //栈顶位置(数组下标)
public:
    Stack();                        //构造函数,初始化栈
    void push(const T &item);       //将元素item压入栈
    T pop();                        //将栈顶元素弹出栈
    void clear();                   //将栈清空
    const T &peek() const;          //访问栈顶元素
    bool isEmpty() const;           //测试是否栈满
    bool isFull() const;            //测试是否栈空
};

//模板的实现
template <class T, int SIZE>
Stack<T, SIZE>::Stack() : top(-1) {}                //构造函数,栈顶初始化为-1

template <class T, int SIZE>
void Stack<T, SIZE>::push(const T &item) {          //将元素item压入栈
    assert(!isFull());                              //如果栈满了,则报错
```

```
    list[++top]=item;                          //将新元素压入栈顶
}

template <class T, int SIZE>
T Stack<T, SIZE>::pop() {                      //将栈顶元素弹出栈
    assert(!isEmpty());                        //如果栈为空,则报错
    return list[top--];                        //返回栈顶元素,并将其弹出栈顶
}

template <class T, int SIZE>
const T &Stack<T, SIZE>::peek() const {        //访问栈顶元素
    assert(!isEmpty());                        //如果栈为空,则报错
    return list[top];                          //返回栈顶元素
}

template <class T, int SIZE>
bool Stack<T, SIZE>::isEmpty() const {         //测试栈是否空
    return top==-1;
}

template <class T, int SIZE>
bool Stack<T, SIZE>::isFull() const {          //测试是否栈满
    return top==SIZE-1;
}

template <class T, int SIZE>
void Stack<T, SIZE>::clear() {                 //清空栈
    top=-1;
}

#endif    //STACK_H
```

本例中的 Stack 类有两个参数，第一个参数是在前几个例子中都用到的类型参数，而第二个参数是一个整型参数，用来表示栈内部的数组大小，并且为其设定了默认值。在将 Stack 模板实例化时，需要提供一个常数(或编译时可以计算的常量表达式)作为其参数值，若未显式指定，则会以默认值 50 作为其参数值。SIZE 参数在 Stack 模板中可以当作常数使用，因此它可以被当作 list 数组的大小。

在这里只介绍了用数组存放栈元素的方法。如果要用链表实现栈，可以在栈类中内嵌链表类对象，充分利用链表类的功能。这种方法作为实验内容，请读者自己设计。下面再通过一个例题来演示栈类的应用。

例 9-9　栈的应用——一个简单的整数计算器。

本例实现一个简单的整数计算器，能够进行加、减、乘、除和乘方运算。使用时算式采用后缀输入法，每个操作数、操作符之间都以空白符分隔。例如，若要计算"3+5"则输入"3　5　+"。乘方运算符用"^"表示。每次运算在前次结果基础上进行，若要将前次运算结果清

除,可输入“c”。当输入“q”时程序结束。

分析：本题实际上是要实现简单的表达式处理功能,在 9.2.1 小节曾介绍过栈可以用来处理表达式。对于比较复杂的表达式,需要建立两个栈：操作数栈和操作符栈。但是本题的问题比较简单,每次输入的表达式中只有一个操作符,因此没有操作优先级问题,也就不需要操作符栈,可以只设一个操作数栈。

程序的主要思路是：每当遇到操作数时,便入栈;遇到操作符时,便连续弹出两个操作数并执行运算,然后将运算结果压入栈顶。输入“c”时,清空操作数栈;输入“q”时,清空操作数栈并结束程序。

类设计的要点是：建立一个计算器类,内嵌一个栈类对象作为操作数栈。成员函数应该包括：将操作数压入栈、连续弹出两个操作数、执行运算、对表达式的输入及计算全过程的控制、清空操作数栈。

```
//Calculator.h
#ifndef CALCULATOR_H
#define CALCULATOR_H
#include "Stack.h"                          //包含栈类模板定义文件

class Calculator {                          //计算器类
private:
    Stack<double> s;                        //操作数栈
    void enter(double num);                 //将操作数 num 压入栈
    //连续将两个操作数弹出栈,放在 opnd1 和 opnd2 中
    bool getTwoOperands(double &opnd1, double &opnd2);
    void compute(char op);                  //执行由操作符 op 指定的运算
public:
    void run();                             //运行计算器程序
    void clear();                           //清空操作数栈
};
#endif //CALCULATOR_H

//Calculator.cpp
#include "Calculator.h"
#include <iostream>
#include <sstream>
#include <cmath>
using namespace std;

void Calculator::enter(double num) {    //将操作数 num 压入栈
    s.push(num);
}

//连续将两个操作数弹出栈,放在 opnd1 和 opnd2 中
//如果栈中没有两个操作数,则返回 False 并输出相关信息
bool Calculator::getTwoOperands(double &opnd1, double &opnd2) {
```

```
    if (s.isEmpty()) {                  //检查栈是否空
        cerr<<"Missing operand!"<<endl;
        return false;
    }
    opnd1=s.pop();                      //将右操作数弹出栈
    if (s.isEmpty()) {                  //检查栈是否空
        cerr<<"Missing operand!"<<endl;
        return false;
    }
    opnd2=s.pop();                      //将左操作数弹出栈
    return true;
}

void Calculator::compute(char op) {     //执行运算
    double operand1, operand2;
    bool result=getTwoOperands(operand1, operand2);          //将两个操作数弹出栈

    if (result) {                       //如果成功,执行运算并将运算结果压入栈
        switch(op) {
        case '+':
            s.push(operand2+operand1);
            break;
        case '-':
            s.push(operand2-operand1);
            break;
        case '*':
            s.push(operand2*operand1);
            break;
        case '/':
            if (operand1==0) {          //检查除数是否为 0
                cerr<<"Divided by 0!"<<endl;
                s.clear();              //除数为 0 时清空栈
            } else
                s.push(operand2/operand1);
            break;
        case '^':
            s.push(pow(operand2, operand1));
            break;
        default:
            cerr<<"Unrecognized operator!"<<endl;
            break;
        }
        cout<<"="<<s.peek()<<" ";       //输出本次运算结果
    } else
        s.clear();                      //操作数不够,清空栈
```

```
}

//工具函数,用于将字符串转换为实数
inline double stringToDouble(const string &str) {
    istringstream stream(str);          //字符串输入流
    double result;
    stream>>result;
    return result;
}

void Calculator::run() {                //读入并处理后缀表达式
    string str;
    while (cin>>str, str !="q") {
        switch(str[0]) {
        case 'c':
            s.clear();                  //遇'c'清空操作数栈
            break;
        case '-':                       //遇'-'需判断是减号还是负号
            if (str.size()>1)           //若字符串长度>1,说明读到的是负数的负号
                enter(stringToDouble(str));          //将字符串转换为整数,压入栈
            else
                compute(str[0]);        //若是减号则执行计算
            break;

        case '+':                       //遇到其他操作符时
        case '*':
        case '/':
        case '^':
            compute(str[0]);            //执行计算
            break;

        default:                        //若读入的是操作数,转换为整型后压入栈
            enter(stringToDouble(str));
            break;
        }
    }
}

void Calculator::clear() {              //清空操作数栈
    s.clear();
}

//9_9.cpp
#include "Calculator.h"
int main() {
```

```
    Calculator c;
    c.run();
    return 0;
}
```

运行结果：

```
10 20 +
=30 15 /
=2 c
2 8 *
=16 2 ^
=256 c
4 +
Missing operand!
4 6 +
=10 q
```

细节　本程序中的 stringToDouble 函数用于将字符串转换成实数，借助了 istringstream，读者如不理解，不必深究，有关内容将在第 11 章有所介绍。

9.2.5　队列类

由于队列也是特殊的线性群体，因此同样可以用数组或链表来存储队列中的元素。与栈一样，对队列中元素的访问也是受限制的，只能在一端（队尾）删除元素（出队），在另一端（队头）添加元素（入队）。由于队列操作不同于一般线性群体操作的特殊性，需要专门设计队列类。

队列也有 **3 种基本状态：一般状态、队空、队满。当队中没有元素时称为队空；当队中元素个数达到上限时，称为队满；队中有元素，但未达到队满状态时，即处于一般状态**。如果用数组存储队列元素，则元素个数达到数组声明的元素个数时即为队满。如果使用动态数组或链表，则可以根据需要设置或不设置元素的最大个数。

无论采用哪种数据结构，队列类的数据成员都应包括：队列元素、队头指针和队尾指针。队列类中函数成员应该能够实现下列基本操作：初始化、入队、出队、清空队列、访问队首元素、检测队列的状态（满、空、队列长度）。

如果用数组存储队列元素，队列的状态如图 9-15 所示。从图中可以看出，每当有元素出队时，队中元素都要向队头方向移动。因此数据移动量大，效率不高。

为了解决这一问题，可以将队列设计为循环队列。也就是在想象中将数组弯曲成环形，元素出队时，后继元素不移动，每当队尾达到数组最后一个元素时，便再回到数组开头。图 9-16是循环队列的示意图，假设队列元素最大个数为 m。为了使队尾达到数组最后一个元素时，再回到数组开头，需要运用取余运算（%）。另外，为了判断队列的状态，需要对元素个数进行记录。当元素个数为 0 时，队空。当元素个数等于最大值时，队满。例 9-10 是队列类模板的声明和实现。

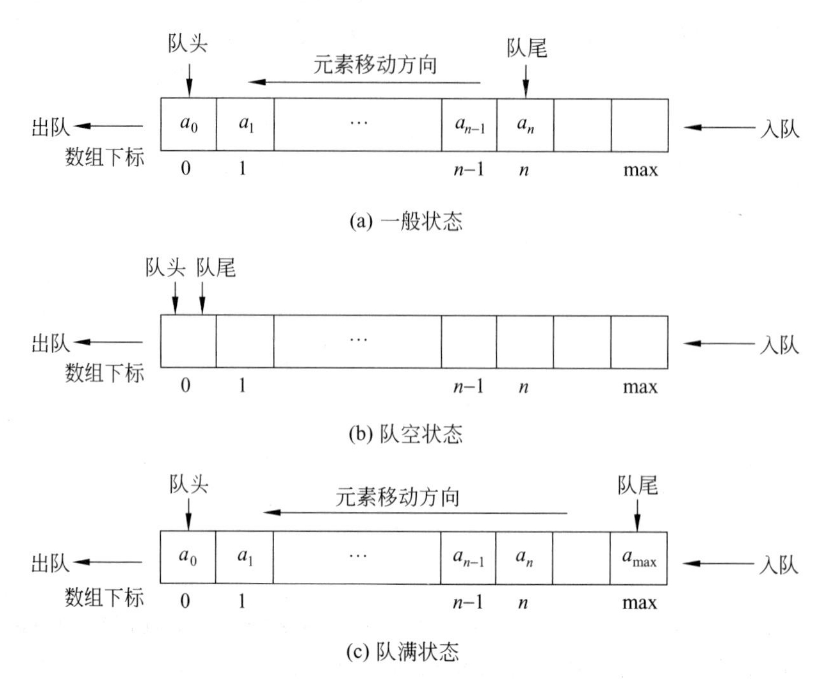

图 9-15　队列的状态

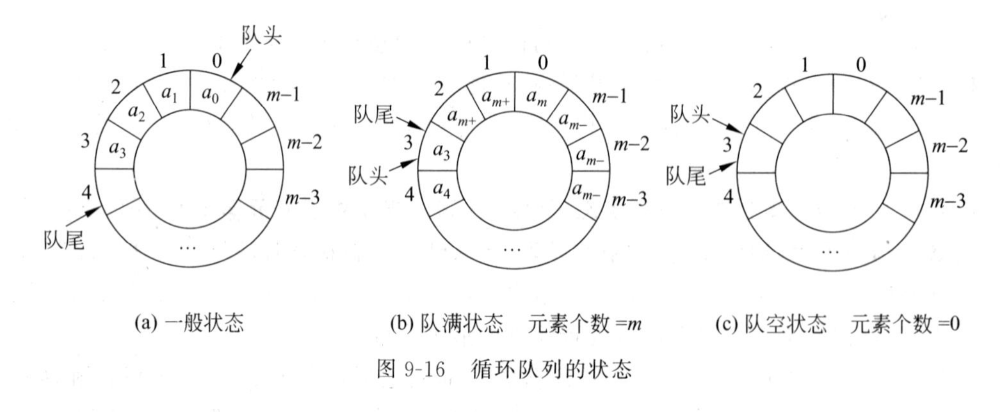

图 9-16　循环队列的状态

例 9-10　队列类模板。

```
//Queue.h
#ifndef QUEUE_H
#define QUEUE_H
#include <cassert>

//类模板的定义
template <class T, int SIZE=50>
class Queue {
private:
    int front, rear, count;                 //队头指针、队尾指针、元素个数
    T list[SIZE];                           //队列元素数组
```

```
public:
    Queue();                            //构造函数,初始化队头指针、队尾指针、元素个数
    void insert(const T &item);         //新元素入队
    T remove();                         //元素出队
    void clear();                       //清空队列
    const T &getFront() const;          //访问队首元素

    //测试队列状态
    int getLength() const;              //求队列长度(元素个数)
    bool isEmpty() const;               //判队队列空否
    bool isFull() const;                //判断队列满否
};

//构造函数,初始化队头指针、队尾指针、元素个数
template <class T, int SIZE>
Queue<T, SIZE>::Queue() : front(0), rear(0), count(0) {}

template <class T, int SIZE>
void Queue<T, SIZE>::insert (const T& item) {        //向队尾插入元素(入队)
    assert(count !=SIZE);
    count++;                            //元素个数增 1
    list[rear]=item;                    //向队尾插入元素
    rear=(rear+1)%SIZE;                 //队尾指针增 1,用取余运算实现循环队列
}

template <class T, int SIZE>
T Queue<T, SIZE>::remove() {            //删除队首元素,并返回该元素的值(出队)
    assert(count !=0);
    int temp=front;                     //记录下原先的队首指针
    count--;                            //元素个数自减
    front=(front+1)%SIZE;               //队首指针增 1。取余以实现循环队列
    return list[temp];                  //返回首元素值
}

template <class T, int SIZE>
const T &Queue<T, SIZE>::getFront() const {      //访问队列首元素(返回其值)
    return list[front];
}

template <class T, int SIZE>
int Queue<T, SIZE>::getLength() const {          //返回队列元素个数
    return count;
}

template <class T, int SIZE>
```

```
bool Queue<T, SIZE>::isEmpty() const {           //测试队空否
    return count==0;
}

template <class T, int SIZE>
bool Queue<T, SIZE>::isFull() const {            //测试队满否
    return count==SIZE;
}

template <class T, int SIZE>
void Queue<T, SIZE>::clear() {                   //清空队列
    count=0;
    front=0;
    rear=0;
}

#endif  //QUEUE_H
```

这里只介绍了用数组存放队列元素的方法。如果要用链表实现队列,可以在队列类中内嵌链表类对象,充分利用链表类的功能。这种方法作为实验内容,请读者自己设计。

9.3 群体数据的组织

9.2节介绍了群体类模板,本节将讨论群体数据的组织问题,介绍对数组元素的排序和查找等方法。

9.3.1 插入排序

插入类排序的基本思想是:每一步将一个待排序元素按其关键字值的大小插入到已排序序列的适当位置上,直到待排序元素插入完为止。如果要对具有 n 个元素的数组 a 进行排序,初始状态时,可以认为已排序序列为 a[0],待排序序列为 a[1]~a[$n-1$],排序过程如图9-17所示。在插入排序过程中,由于寻找插入位置的方法不同又可以分为不同的插入排序法,下面只介绍最简单的直接插入排序法。

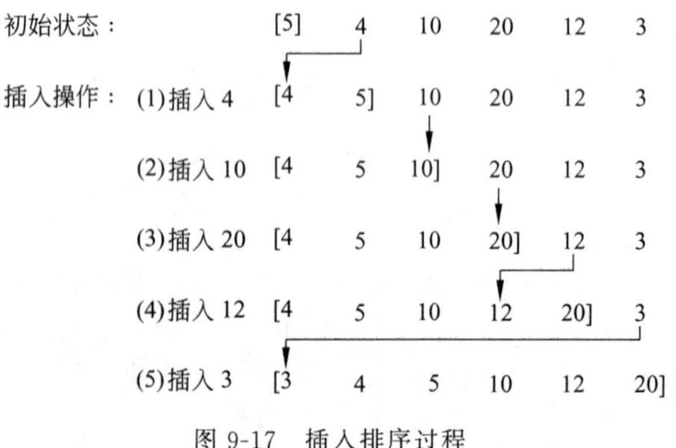

图9-17　插入排序过程

例 9-11　直接插入排序函数模板。

```
//9_11.h
#ifndef HEADER_9_11_H
#define HEADER_9_11_H

//用直接插入排序法对数组 A 中的元素进行升序排列
template <class T>
void insertionSort(T a[], int n) {
    int i, j;
    T temp;

    //将下标为 1～n-1 的元素逐个插入到已排序序列中适当的位置
    for (int i=1; i<n; i++) {
        //从 a[i-1]开始向 a[0]方向扫描各元素,寻找适当位置插入 a[i]
        int j=i;
        T temp=a[i];
        while (j>0 && temp <a[j-1]) {
            //逐个比较,直到 temp>=a[j-1]时,j 便是应插入的位置。若达到 j==0,则 0 是
            //应插入的位置
            a[j]=a[j-1];          //将元素逐个后移,以便找到插入位置时可立即插入
            j--;
        }
        //插入位置已找到,立即插入
        a[j]=temp;
    }
}
#endif    //HEADER_9_11_H
```

9.3.2　选择排序

选择排序的基本思想是：每次从待排序序列中选择一个关键字最小的元素，(当需要按关键字升序排列时)，顺序排在已排序序列的最后，直至全部排完。在选择类排序方法中，根据从待排序序列中选择元素的方法不同，又分为不同的选择排序方法，其中最简单的是通过顺序比较找出待排序序列中的最小元素，称为简单选择排序，如图 9-18 所示。

例 9-12　简单选择排序函数模板。

```
//9_12.h
#ifndef HEADER_9_12_H
#define HEADER_9_12_H

//辅助函数：交换 x 和 y 的值
template <class T>
void mySwap(T &x, T &y) {
    T temp=x;
```

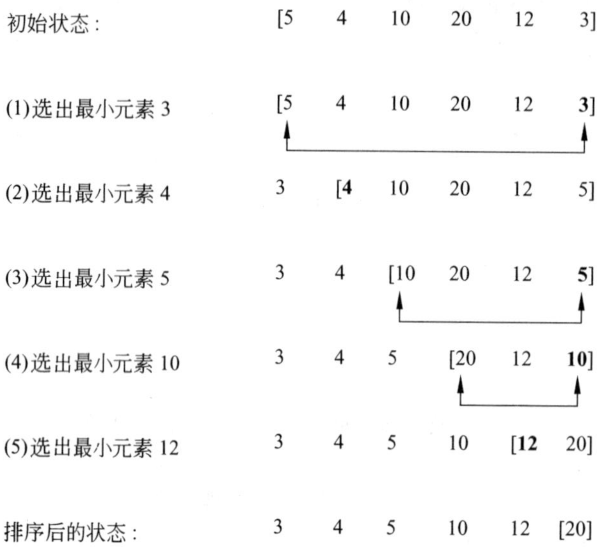

初始状态:	[5	4	10	20	12	3]
(1)选出最小元素3	[5	4	10	20	12	**3**]
(2)选出最小元素4	3	[**4**	10	20	12	5]
(3)选出最小元素5	3	4	[10	20	12	**5**]
(4)选出最小元素10	3	4	5	[20	12	**10**]
(5)选出最小元素12	3	4	5	10	[**12**	20]
排序后的状态:	3	4	5	10	12	[20]

图9-18　简单选择排序过程

```
    x=y;
    y=temp;
}

//用选择法对数组 a 的 n 个元素进行排序
template <class T>
void selectionSort(T a[], int n) {
    for (int i=0; i<n-1; i++) {
        int leastIndex=i;              //最小元素之下标初值设为 i
        //在元素 a[i+1]..a[n-1]中逐个比较显出最小值
        for (int j=i+1; j<n; j++)
            if (a[j] <a[leastIndex]) //smallIndex 始终记录当前找到的最小值的下标
                leastIndex=j;
        mySwap(a[i], a[leastIndex]); //将这一趟找到的最小元素与 a[i]交换
    }
}
#endif    //HEADER_9_12_H
```

9.3.3　交换排序

交换类排序的基本思想是：两两比较待排序序列中的元素，并交换不满足顺序要求的各对元素，直到全部满足顺序要求为止。最简单的交换排序方法是起泡排序。

对具有 n 个元素的序列按升序进行起泡排序的步骤如下：

(1)首先将第一个元素与第二个元素进行比较，若为逆序，则将两元素交换。然后比较第二、第三个元素，依次类推，直到第 $n-1$ 和第 n 个元素进行了比较和交换。此过程称为第一趟起泡排序。经过第一趟，最大的元素便被交换到第 n 个位置。

（2）对前 $n-1$ 个元素进行第二趟起泡排序，将其中最大元素交换到第 $n-1$ 个位置。

（3）如此继续，直到某一趟排序未发生任何交换时，排序完毕。对 n 个元素的序列，起泡排序最多需要进行 $n-1$ 趟。

图 9-19 是起泡排序过程的示意图。

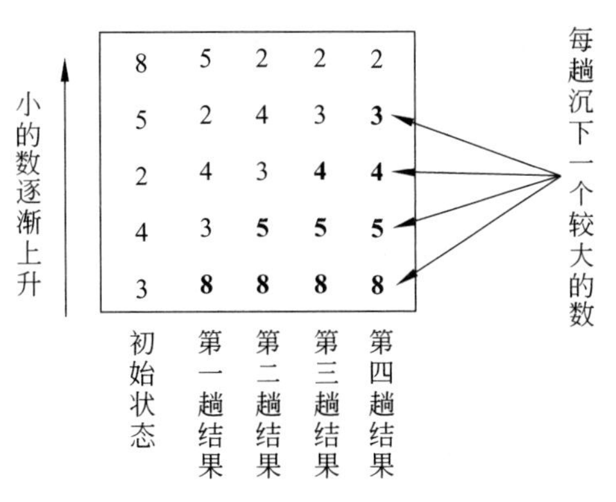

图 9-19　起泡排序过程

例 9-13　起泡排序函数模板。

```
//9_13.h
#ifndef HEADER_9_13_H
#define HEADER_9_13_H

//辅助函数：交换 x 和 y 的值
template <class T>
void mySwap(T &x, T &y) {
    T temp=x;
    x=y;
    y=temp;
}

//用起泡法对数组 A 的 n 个元素进行排序
template <class T>
void bubbleSort(T a[], int n) {
    int i=n-1;          //i 是下一趟需参与排序交换的元素之最大下标
    while (i>0) {       //持续排序过程，直到最后一趟排序没有交换发生，或已达 n-1 趟
        int lastExchangeIndex=0;        //每一趟开始时，设置交换标志为 0(未交换)
        for (int j=0; j<i; j++)         //每一趟对元素 a[0]..a[i]进行比较和交换
            if (a[j+1] <a[j]) {         //如果元素 a[j+1] <a[j]，交换之
                mySwap(a[j], a[j+1]);
                lastExchangeIndex=j;    //记录被交换的一对元素中较小的下标
            }
        i=lastExchangeIndex;          //将 i 设置为本趟被交换的最后一对元素中较小的下标
    }
}
```

```
#endif    //HEADER_9_13_H
```

9.3.4 顺序查找

顺序查找是一种最简单、最基本的查找方法。其基本思想是：从数组的首元素开始，将元素逐个与待查找的关键字进行比较，直到找到相等的为止。若整个数组中没有与待查找关键字相等的元素，则查找不成功。

例 9-14 顺序查找函数模板。

```
//9_14.h
#ifndef HEADER_9_14_H
#define HEADER_9_14_H

//用顺序查找法在数组 list 中查找值为 key 的元素
//若找到,返回该元素下标,否则返回-1
template <class T>
int seqSearch(const T list[], int n, const T &key) {
    for(int i=0; i<n; i++)
        if (list[i]==key)
            return i;
    return -1;
}

#endif    //HEADER_9_14_H
```

9.3.5 折半查找

如果是在一个元素排列有序的数组中进行查找，可以采用折半查找(也称为二分法查找)方法。

折半查找方法的基本思想是：对于已按关键字排序的序列，经过一次比较后，可将序列分割成两部分，然后只在有可能包含待查元素的一部分中继续查找，并根据试探结果继续分割，逐步缩小查找范围，直至找到或找不到为止。图 9-20 是折半查找过程的示意图。

例 9-15 折半查找函数模板。

```
//9_15.h
#ifndef HEADER_9_15_H
#define HEADER_9_15_H

//用折半查找方法,在元素呈升序排列的数组 list 中查找值为 key 的元素
template <class T>
int binSearch(const T list[], int n, const T &key) {
    int low=0;
    int high=n-1;
    while (low <=high) {            //low<=high 表示整个数组尚未查找完
        int mid=(low+high)/2;       //求中间元素的下标
```

```
        if (key==list[mid])
            return mid;                    //若找到,返回下标
        else if (key <list[mid])
            high=mid-1;                    //若 key <midvalue 将查找范围缩小到数组的前一半
        else
            low=mid+1;                     //否则将查找范围缩小到数组的后一半
    }
    return -1;                             //没有找到返回-1
}

#endif    //HEADER_9_15_H
```

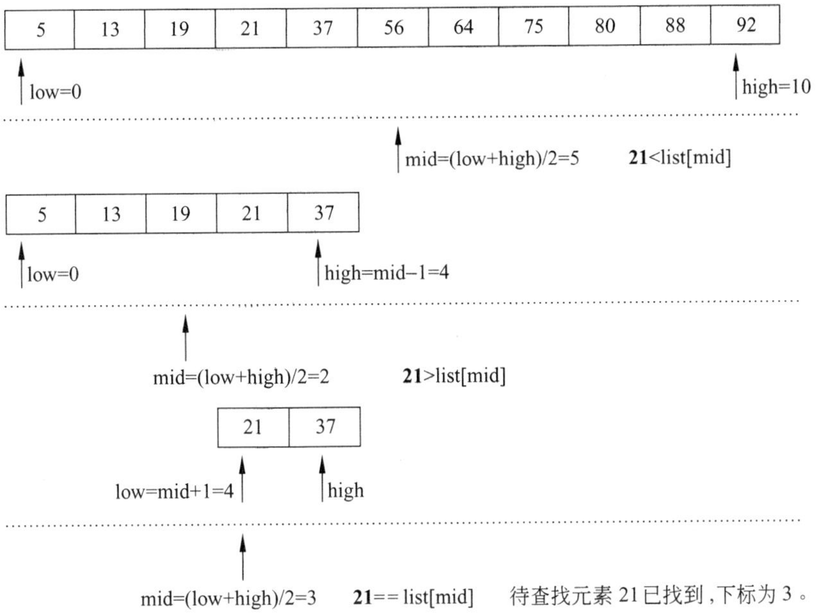

图 9-20　折半查找过程

9.4 综合实例——对个人银行账户管理程序的改进

在第 8 章中,我们以一个个人银行账户管理程序为例,用基类的指针数组来处理不同派生类对象,从而实现了多态性调用。下面,我们使用动态数组类模板 Array 来代替 C++ 预定义的数组类型也可以完成同样的功能。此外,由于 Array 数组允许动态改变大小,因此可以向 Array 数组中动态添加新的元素,因此本例的主程序中,我们不再将几个账户的构造在程序中写死,而是允许用户随时动态添加新的账户。

例 9-16　个人银行账户管理程序。

与例 8-8 一样,程序分为 7 个文件：Array.h 是数组模板的头文件(见例 9-3),date.h 是日期类头文件,date.cpp 是日期类实现文件,accumulator.h 为按日将数值累加的 Accumulator 类的头文件,account.h 是各个储蓄账户类定义头文件,account.cpp 是各个储蓄账户类实现文件,9_16.cpp 是主函数文件。只有 9_16.cpp 有所改动,其他文件未做任何

修改,因此这里只将 9_16.cpp 列出。

```
//9_16.cpp
#include "account.h"
#include "Array.h"
#include <iostream>
using namespace std;
int main() {
    Date date(2008, 11, 1);          //起始日期
    Array<Account *>accounts(0);   //创建账户数组,元素个数为 0
    cout<<"(a)add account (d)deposit (w)withdraw (s)show (c)change day (n)next
month (e)exit"<<endl;
    char cmd;
    do {
        //显示日期和总金额
        date.show();
        cout<<"\tTotal: "<<Account::getTotal()<<"\tcommand>";
        char type;
        int index, day;
        double amount, credit, rate, fee;
        string id, desc;
        Account* account;
        cin>>cmd;
        switch (cmd) {
        case 'a':                        //增加账户
            cin>>type>>id;
            if (type=='s') {
                cin>>rate;
                account=new SavingsAccount(date, id, rate);
            } else {
                cin>>credit>>rate>>fee;
                account=new CreditAccount(date, id, credit, rate, fee);
            }
            accounts.resize(accounts.getSize()+1);
            accounts[accounts.getSize()-1]=account;
            break;
        case 'd':                        //存入现金
            cin>>index>>amount;
            getline(cin, desc);
            accounts[index]->deposit(date, amount, desc);
            break;
        case 'w':                        //取出现金
            cin>>index>>amount;
            getline(cin, desc);
            accounts[index]->withdraw(date, amount, desc);
            break;
```

```
        case 's':                        //查询各账户信息
            for (int i=0; i<accounts.getSize(); i++) {
                cout<<"["<<i<<"] ";
                accounts[i]->show();
                cout<<endl;
            }
            break;
        case 'c':                        //改变日期
            cin>>day;
            if (day <date.getDay())
                cout<<"You cannot specify a previous day";
            else if (day>date.getMaxDay())
                cout<<"Invalid day";
            else
                date=Date(date.getYear(), date.getMonth(), day);
            break;
        case 'n':                        //进入下个月
            if (date.getMonth()==12)
                date=Date(date.getYear()+1, 1, 1);
            else
                date=Date(date.getYear(), date.getMonth()+1, 1);
            for (int i=0; i<accounts.getSize(); i++)
                accounts[i]->settle(date);
            break;
        }
    } while (cmd !='e');
    for (int i=0; i<accounts.getSize(); i++)
        delete accounts[i];
    return 0;
}
```

运行结果：

```
(a)add account (d)deposit (w)withdraw (s)show (c)change day (n)next month (e)exit
2008-11-1       Total: 0            command>a s S3755217 0.015
2008-11-1       #S3755217 created
2008-11-1       Total: 0            command>a s 02342342 0.015
2008-11-1       #02342342 created
2008-11-1       Total: 0            command>a c C5392394 10000 0.0005 50
2008-11-1       #C5392394 created
2008-11-1       Total: 0            command>c 5
2008-11-5       Total: 0            command>d 0 5000 salary
2008-11-5       #S3755217           5000      5000      salary
2008-11-5       Total: 5000         command>c 15
2008-11-15      Total: 5000         command>w 2 2000 buy a cell
2008-11-15      #C5392394           -2000     -2000      buy a cell
```

```
2008-11-15    Total: 3000       command>c 25
2008-11-25    Total: 3000       command>d 1 10000 sell stock 0323
2008-11-25    #02342342         10000   10000    sell stock 0323
2008-11-25    Total: 13000      command>n
2008-12-1     #C5392394         -16     -2016    interest
2008-12-1     Total: 12984      command>d 2 2016 repay the credit
2008-12-1     #C5392394         2016    0        repay the credit
2008-12-1     Total: 15000      command>c 5
2008-12-5     Total: 15000      command>d 0 5500 salary
2008-12-5     #S3755217        5500    10500    salary
2008-12-5     Total: 20500      command>n
2009-1-1      #S3755217         17.77   10517.8 interest
2009-1-1      #02342342         15.16   10015.2 interest
2009-1-1      #C5392394         -50     -50      annual fee
2009-1-1      Total: 20482.9    command>s
[0] S3755217  Balance: 10517.8
[1] 02342342  Balance: 10015.2
[2] C5392394  Balance: -50      Available credit:9950
2009-1-1      Total: 20482.9    command>e
```

该程序运行后,账户全部由用户通过输入来添加,提高了程序的灵活性。第8章以前的综合实例中,账户对象全部被声明为局部变量,无须使用delete删除,而本程序中,账户对象都是用new来创建的,因此需要在主函数的末尾加入一循环,将各账户删除。

9.5 深度探索

9.5.1 模板的实例化机制

本章介绍了函数模板和类模板,并且讲述了不少应用模板的示例,相信读者已经对模板有了感性的认识。下面将对模板实例化的相关概念进行梳理,使读者对模板有更准确的理解。

1. 对模板与模板实例关系的辨析

类模板本身也并不是类,它并不能表示一种数据类型,只有模板的实例(书写为带参数的类模板)才能够当作类来使用。例如,如果需要一个函数reverse来将一个例9-4介绍的Array模板的对象中的元素颠倒过来,这样声明函数原型是不行的:

```
void reverse(Array &arr);            //!错误的写法
```

因为Array并不是一个有效的数据类型,这样写当然不行。如果只是想对一个以int为参数的Array对象执行这一操作,可以这样写:

```
void reverse(Array<int> &arr);       //正确的写法,但是不够通用
```

这种写法是正确的,因为对Array模板使用了参数int后,它就成为一个类模板的实例,可以当作一个类来用了。然而,这样还不够好,因为它只能处理一种类型的Array。为

了让它能处理各种类型的 Array,可以把它声明为一个函数模板:

```
template <class T>void reverse(Array<T> &arr);          //正确的写法
```

这里把函数模板和类模板结合起来使用了。Array<T>表示的是一个具体的类模板实例,因此它是有资格作为参数类型的;不过 T 本身又是可变的,它是函数模板的一个参数。

总而言之,一切应当使用类型名称的地方,如需使用类模板,一定要为它提供参数,使得被引用的是类模板的实例,但这些参数中仍可以包括未定的参数,就像最后一个 reverse 那样。

另外,需要注意的是,同一个类模板根据不同的参数生成的不同实例,是完全无关的类型。以例 9-2 中的类模板 Store 为例,Store<int>和 Store<double>完全无关,主要表现在:

- Store<int>类型的对象无法为 Store<double>类型的对象初始化或赋值,两种类型的指针和引用也完全不兼容。
- 通过 Store<int>的对象调用的成员函数,无法直接访问 Store<double>的对象的私有成员。

就像类模板本身并不是类一样,函数模板本身也并不是函数,编译器并不会为函数模板本身生成目标代码。在调用一个函数模板时,虽然用的是模板名,但实际被调用的并不是抽象的函数模板,而是由函数模板生成的实例函数。例如,例 9-1 中的下列调用:

```
outputArray(a, A_COUNT);
```

虽然这里没有明确给出模板参数,但实际上被调用的是函数模板的实例 outputArray<int>。之所以不需要像引用类模板实例时那样明确地指定模板参数,是因为编译器可以根据函数调用的实参类型自动推导出函数模板的参数。显式指定函数模板的参数也是允许的,例如,下面的写法与上面的完全等价:

```
outputArray<int>(a, A_COUNT);
```

调用函数模板时的模板参数在多数情况下都可以省去,但在通过函数实参类型无法推断出模板参数类型时,必须显式指定。

2. 隐含实例化

编译器根据函数模板生成具体的函数,或根据类模板生成具体的类的过程叫作模板的实例化。对模板的实例化一般是按需进行的,编译器通过实例化只生成那些会被使用的模板实例。例如例 9-1 的程序中只有 outputArray<int>、outputArray<double>和 outputArray<char>三个实例会被生成,因为它们被调用过;而 outputArray<float>、outputArray<bool>都不会被生成,因为它们从未被调用过。同样的道理,例 9-2 的程序中只有 Store<int>和 Store<double>两个类模板实例会被生成,而 Store<char>、Store<float>、Store<bool>等都不会被生成。这种自动按需进行的模板实例化,叫作隐含实例化。

对一个类模板进行实例化时,只有它的成员的声明会被实例化。而对类模板成员函数定义的实例化也是按需进行的,只有一个函数会被使用时,它才会被实例化。类的静态数据成员的定义的实例化,同样是按需进行的。

3. 多文件结构中模板的组织

模板的按需实例化机制,决定了函数模板、类模板成员函数和类模板静态数据成员不能像普通函数、普通类的成员函数和普通类的静态数据成员那样把定义放在源文件中,而只把声明放在头文件中。

以例9-3的Array类模板为例,如果另建一个源文件Array.cpp,将Array类模板成员函数的定义皆放入其中,由于Array.cpp未对任何具体类型参数进行实例化,因此在编译Array.cpp时,不会产生Array模板的任何实例化类,更不会为任何实例化类的成员函数生成代码,因此生成的目标文件中不会包括Array类模板的任何成员函数的内容。但当其他源文件引用Array类模板时,例如例9-4的9_4.cpp,它只能从头文件Array.h中得到类模板各个成员函数的声明,9_4.cpp虽然能以int为参数对Array类模板进行实例化,但却无法将其各个成员函数的定义实例化。因为一般的编译系统对每个源文件的编译是分别进行的,编译9_4.cpp时一般不能访问Array.cpp。这样,在编译Array.cpp和9_4.cpp时都不会产生Array<int>成员函数的目标代码,但9_4.cpp却要对Array<int>成员函数进行调用,所以这时必然会在连接时发生错误。

如果将函数模板、类模板的成员函数和类模板的静态数据成员的定义都放在头文件中,就可以避免这一问题,因为这些定义在编译任何一个源文件时都是可见的,编译器可以按需对它们进行实例化。但读者或许会担心,这又会产生另一个问题,就是如果两个不同的源文件中以相同的参数对同一个函数模板(或类模板的成员函数或静态成员)的定义进行实例化时,就会在两个源文件的目标文件中生成两份相同的代码,连接时会发生冲突(就像将普通函数的定义写在头文件,并被不同的源文件引用后那样)。其实对于不同编译单元的相同模板实例的连接时"冲突"问题,是C++标准所允许的,编译系统也都做了特殊处理,能够妥善解决这些问题,因此这种担心大可不必。

细节　由于函数模板和类模板的成员函数一般放在头文件中,这与内联函数相似,因此容易被人误以为函数模板和类模板的成员函数都会被自动当作内联函数处理。其实函数模板和类模板的成员函数既可以是内联函数,也可以是非内联函数,将其声明为内联函数的方法与非模板的函数一样,都要使用inline关键字,或将成员函数写在类定义内。

如果希望将函数模板、类模板的成员函数和静态数据成员的定义放在源文件中,也有相应的解决办法。一种在理论上最为方便的解决方案是使用export关键字。遗憾的是,这种办法只是在理论上被C++标准支持,实际上很少有能够完整支持这一关键字的编译器,因为对它的支持确实有很大的技术难度,因此这里不对它做过多的介绍。

另一种解决方案是通过下面将要介绍的模板的显式实例化来进行的。

4. 显式实例化

顾名思义,显式实例化是与隐含实例化相对的。隐含实例化是按需自动进行的,而显式实例化是由专门的代码指定的。显式实例化的一般语法形式是:

```
template 实例化目标的声明;
```

显式实例化可以针对一个函数模板,例如,可以用下面的代码将例9-1的outputArray函数模板用int参数实例化:

```
template void outputArray<int>(const int * array, int count);
```

由于模板参数 int 可以根据函数的参数类型推导出来，因此参数也可以不显式指定，例如：

```
template void outputArray(const int * array, int count);
```

也可以对一个类模板进行显式实例化。例如对于例 9-2 中的 Store 类，可以将 Store<double> 显式实例化：

```
template class Store<double>;
```

对类模板的显式实例化与隐含实例化有所不同的是，对类模板进行显式实例化的同时，类模板的成员函数和静态数据成员的定义也会被实例化。

有了显式实例化的工具，就可以在一定程度上将会被其他源文件使用的函数模板、类模板成员函数或数据成员的定义放在源文件中，办法是在该源文件中对模板进行显式实例化，这样尽管该源文件没有对模板实例的需求，但目标文件中仍然会生成相关的代码，从而允许被其他源文件所生成的目标代码引用。然而，这样做也是有前提的，就是在编写模板的时候，能够穷举模板的哪些实例会被其他函数实例化。

9.5.2　为模板定义特殊的实现

模板的好处在于使得一个数据结构或算法的程序只需要写一次，就能够适用于各种具体的数据类型。这样的模板虽然具有普遍适用性，但由于针对各种数据类型都采用相同的处理方式，而不能利用一些具体数据类型的特殊性，使得设计出的模板对于具体的数据类型而言未必具有最好的效率。

例如例 9-8 介绍的栈类，如果用它来存储 bool 类型的数据，则对空间的浪费较大，因为一个 bool 类型的数据只有 false 和 true 两种取值，可以用 1 个二进制位表示，但 bool 类型的变量却占用 1 字节即 8 个二进制位。一个类型为 Stack<bool, 32> 的对象，需要建立大小为 32 的 bool 数组，该数组占用 32 字节，而理论上只需要 32/8=4 字节就能保存它们的内容，这样有 28 字节都是浪费的。解决的办法是，对于 bool 类型的栈，不用 bool 数组保存其内容，而是改用某种整型的数组，例如 unsigned 型数组。目前多数编译系统中 unsigned 表示 4 字节的无符号整数，这样它能够保存 32 个 bool 变量所能保存的信息，对于 Stack<bool, 32> 而言，如果用一个 unsigned 数据成员替换原先的 bool 数组，可以实现更高的存储效率。

1. 模板的特化

bool 型栈类的这种特殊实现，可以通过模板特化的方式来完成。C++ 允许程序员为一个函数模板或类模板在某些特定参数下提供特殊的定义，这就叫作模板的特化。我们通过具体的例子来介绍模板特化的用法。如果要对 T=bool，SIZE=32 时的 Stack 类模板进行特化，需要先将类定义特化：

```
template <>
class Stack<bool, 32>{
private:
```

```
    unsigned list;              //用来存储栈中的元素
    int top;                    //栈顶位置
public:
    Stack();                    //构造函数,初始化栈
    void push(bool item);       //将元素 item 压入栈
    bool pop();                 //将栈顶元素弹出栈
    void clear();               //将栈清空
    bool peek() const;          //访问栈顶元素
    bool isEmpty() const;       //测试是否栈满
    bool isFull() const;        //测试是否栈空
};
```

这里将 Stack 特化为了一个具体的类,class 前的“template <>”是进行特化时所需的固定格式。将类模板特化后,还需要给出特化的类模板的成员函数的定义,这里仅给出两个最重要的成员函数的定义,剩下的读者可以作为练习。这里用到了一些位运算的技巧,读者如果一时理解不了也无妨,只需关注模板特化的写法。

```
void Stack<bool, 32>::push(bool item) {      //将元素 item 压入栈
    assert(!isFull());                        //如果栈满了,则报错
    ++top;
    list=(list<<1) | (item ? 1 : 0);          //将新元素压入栈顶
}
bool Stack<bool, 32>::pop() {                //将栈顶元素弹出栈
    assert(!isEmpty());                       //如果栈为空,则报错
    bool result=((list & 1)==1);              //保存栈顶元素
    list>>=1; --top;                          //将栈顶元素从栈中弹出
    return result;                            //返回原栈顶元素
}
```

细节　由于被特化的是 Stack 类,而不是 Stack 的一个个成员函数,因此在给出 Stack<bool, 32>的成员函数定义时,无须在前面写“template <>”。Stack<bool,32>就像是普通类,push 和 pop 就像是普通类的成员函数。

这样,再用 Stack<bool,32>来创建对象时,使用的就是这个特化的版本,而对于其他模板参数,例如 Stack<int,32>或 Stack<bool,64>,用的都是从一般的类模板实例化的结果。

注意　被特化的函数模板、类模板中被特化的成员函数和静态数据成员,以及被特化的类模板的成员函数和静态数据成员,像非模板的函数和静态数据成员那样,无论是否被使用,相关的目标代码都会被生成,因此它们的定义应当放在源文件中,而非头文件中。

除了类模板以外,函数模板也可以被特化,此外,也可以对模板类的个别成员函数和个别静态数据成员进行特化。与特化类模板的写法类似,对它们进行特化时都需要将“template <>”写在前。例如,可以这样特化例 9-1 的 outputArray 函数模板:

```
template <>void outputArray(const char * array, int count) {…}
```

细节　在对 outputArray 函数模板进行特化时,也可以将函数名写成 outputArray

<char>，但由于类型参数 char 可以从形参类型中推导出，“<char>”一般被省略。

2. 类模板的偏特化

上面针对 bool 而对 Stack 所做的特化并不理想，因为它只能将大小为 32 的 bool 栈特化，但对于其他尺寸的 bool 栈，只能从通用的类模板中实例化。因此我们希望定义针对所有类型参数为 bool、大小任意的 Stack 模板的实现。C++ 允许在一部分模板参数固定而另一部分模板参数可变的情况下规定类模板的特殊实现，这种行为叫作类模板的**偏特化**。偏特化只是针对类模板的。例如，Stack 模板可以偏特化为以下形式：

```
template <int SIZE>
class Stack<bool, SIZE>{
private:
    enum {
        UNIT_BITS=sizeof(unsigned) * 8,
        ARRAY_SIZE=(SIZE-1)/UNIT_BITS+1
    };
    unsigned list[ARRAY_SIZE];              //用来存储栈中的元素
    int top;                                //栈顶位置(数组下标)
public:
    Stack();                                //构造函数,初始化栈
    void push(bool item);                   //将元素 item 压入栈
    bool pop();                             //将栈顶元素弹出栈
    void clear();                           //将栈清空
    bool peek() const;                      //访问栈顶元素
    bool isEmpty() const;                   //测试是否栈满
    bool isFull() const;                    //测试是否栈空
};
```

技巧　本例利用了一个小技巧——把枚举值当作整型常量使用。由于枚举值全部会在编译时计算出来，而且可以自动转换为整数，因此可以通过匿名枚举来达到定义常量的目的。匿名枚举的功能，完全可以用类的静态成员常量来完成，但由于历史上有些编译器对静态成员常量的编译时求值支持得不好，所以人们习惯于使用枚举。

偏特化与特化的不同之处在于，特化将所有的模板参数都固定了下来，因而对类模板、函数模板特化的结果不再是模板，而是具有普通的类、普通的函数的性质，但偏特化由于仍然保留了一部分未定的参数，使得特化的结果仍然是模板。第一行的 template<int SIZE> 中的 SIZE 就是偏特化后所保留的模板参数。下面是两个偏特化的 Stack 模板的成员函数，其他的略去：

```
template <int SIZE>
void Stack<bool, SIZE>::push(bool item) {               //将元素 item 压入栈
    assert(!isFull());                                  //如果栈满了,则报错
    int index=++top/UNIT_BITS;
    list[index]=(list[index]<<1) | (item ? 1 : 0);      //将新元素压入栈顶
}
template <int SIZE>
```

```
bool Stack<bool, SIZE>::pop() {                      //将栈顶元素弹出栈
    assert(!isEmpty());                              //如果栈为空,则报错
    int index=top--/UNIT_BITS;
    bool result=((list[index] & 1)==1);
    list[index]>>=1;                                 //将栈顶元素从栈中弹出
    return result;                                   //返回栈顶元素,并将其弹出栈顶
}
```

这里的语法形式与特化时的有明显差异。由于类模板 Stack 经过偏特化后仍然是模板,因此这里定义的是类模板的成员函数,就要像定义普通类模板的成员函数那样,以“template ＜参数表＞”开头。

这时,使用 Stack＜bool, 32＞、Stack＜bool, 64＞或 Stack＜bool＞(例 9-8 的 Stack 模板的第二个参数 SIZE 有默认值 50,因此 Stack＜bool＞等价于 Stack＜bool, 50＞)时,都会根据以上的偏特化版本的 Stack 类模板生成类模板的实例。

C++ 的偏特化功能十分灵活,不仅允许将一部分模板参数固定、将另一部分模板参数保留,还允许将某一个模板参数所能表示的类型范围缩窄,例如,对于下面接受任何类型参数的类模板:

```
template <class T>class X {…};
```

可以将其偏特化为以下形式:

```
template <class T>class X<T *>{…};
```

这样,如果使用指针类型作为 X 模板的参数,那么将会使用偏特化的模板,否则会使用普通的模板。

一个类模板可以定义多个偏特化版本,有时它们彼此还具有一般与特殊的关系,例如下面对类模板 X 的偏特化:

```
template <class T>class X<const T *>{…};
```

这个偏特化的类模板只接受常指针作为 X 的类型参数,但常指针同时又是指针,因此凡是符合这个偏特化版本的类型参数,也符合上一个偏特化版本。例如,当使用 X＜const int *＞时,对于第一种偏特化形式而言,T＝const int;对于第二种偏特化形式而言,T＝int。这时第二种偏特化形式会被选中,X＜const int *＞会被根据第二种偏特化版本的设定来实例化,这是因为第二种形式更特殊,最特殊的那一个总会被选中。

3. 函数模板的重载

C++ 不允许将函数模板偏特化,但函数模板像普通函数那样允许被重载,通过将函数模板重载也可以完成与类模板偏特化类似的功能。

例如,如果需要一个函数模板,在两个同类型的参数中,取一个最大的返回,可以这样写:

```
template <class T>
T myMax(T a, T b) {
```

```
    return (a>b) ? a : b;
}
```

但是对于指针类型而言，我们不希望仅仅对它们的地址进行比较，而是希望将它们所指向的对象进行比较，然后将指向对象较大的那个指针返回，这样可以将这个函数重载为以下形式：

```
template <class T>
T * myMax(T * a, T * b) {
    return ( * a> * b) ? a : b;
}
```

这样，在用指针调用 myMax 函数时，虽然两个模板都可以与之匹配，但由于后一个更特殊，因此实际被调用的是后一个函数模板的实例。如此就利用了对函数模板的重载达到了为函数模板针对指针类型参数定义特殊实现的目的。

4. 类模板和函数模板的默认实参

C++ 函数设计中实参列表中参数可以有默认实参以减少编写重载函数数目，对于模板来说，也有类似的默认模板实参功能。例如，用户可以定义特殊的一个返回最大值函数模板，当参数个数唯一时默认第二个参数为 0。

```
template<typename T>
T myMax(const T& lhs, const T& rhs=0){
    return lhs>rhs? lhs:rhs;
}
auto a=myMax(5, 3);              //a 的值为 3
auto b=myMax(-2);                //b 的值为 0
```

上述实例中通过设定自定义最大值函数的默认实参，将默认值设置为 0，减少了单个值与 0 比较时编写重载函数的代价。这是函数模板默认实参的一个简单示例，实际应用中可以满足各种默认实例化需求，比如编写比较函数时设定默认比较类 less<T>。对于类模板来说，类似可为模板列表参数提供默认实参，例如设计自定义的二维点类型：

```
template <typename T=double>class Point{
public:
    Point(T _x=0, T _y=0): x(_x), y(_y){}
private:
T x;
T y;
};
Point<int>point();      //给定模板参数 int,定义整数点对象(0, 0)
Point<>point();         //模板参数列表<>为空,默认 double 类型初始化
```

以上基于自定义类 Point 展示模板参数默认实参的方法，只需要在实例化模板时列表<>中少输入使用默认参数项即可。需要注意的是，与普通函数默认实参类似，需要把提供默认参数的形参放置在所有不提供默认实参的形参右边。调用实现时，函数模板通过实参会自动推断对应形参类别，而类模板实例化时必须提供实参列表，若模板参数均使用默认实

参,仍需要放置空列表<>。

9.5.3　模板元编程简介

模板是C++的一个非常灵活的语言特性,在本章所见过的示例都是一些中规中矩的模板,事实上模板还有一些非常奇特的用法,其中最为奇特的一种用法就是模板元编程。模板元编程是指在模板实例化的同时利用编译器完成一些计算任务。通过模板元编程,可以把一些需要在运行时计算的任务放到编译时来做,从而提高程序的运行时效率。本节将通过两个简单的例子向读者简单介绍模板元编程。

人们在写程序时常常需要定义一些常量,静态数组的大小常常由常量决定——或者是一个常量本身,或者是由常量构成的表达式,但有时所需的数组大小并不能通过常量的简单运算来表示,例如,如果希望以常量的阶乘作为一个静态数组的大小,该怎么办?这就可以借助于模板元编程了。下面这个模板能够神奇地在编译时计算出一个常数的阶乘来:

```
template <unsigned N>
struct Factorial {              //计算 N 的阶乘
    enum {VALUE=N * Factorial<N-1>::VALUE};
};
template <>
struct Factorial<0>{            //设定 N=0 时 N 的阶乘
    enum {VALUE=1};
};
```

习惯　由于Factorial这类模板不需要利用类的封装性,所以习惯上用struct定义这类模板。用class也没有错误,但需要加入“public:”。

以上的类模板Factorial有一个无符号整型的参数,这个参数用来表示要计算N!的N,类模板内定义的匿名枚举VALUE的值就是N!的计算结果。这里对VALUE值的计算是递归的,并通过对Factorial<0>进行特化,给出了递归的终止条件。这样,就可以通过Factorial模板在编译时计算常量的阶乘了,例如:

```
const int M=6;
int array[Factorial<M>::VALUE];
```

这样,编译器在处理对array数组的定义时,会先试图对Factorial<6>进行实例化,但类模板Factorial<N>的定义中又引用了Factorial<N−1>,因此又会试图对Factorial<5>实例化,这样递归下去,直到Factorial<1>,Factorial<1>需要Factorial<0>,而Factorial<0>有特化的定义,其VALUE值也是明确的,因此Factorial<1>的VALUE值就可根据Factorial<0>::VALUE计算出来,从而完成Factorial<1>的实例化,接下来Factorial<2>、Factorial<3>直到Factorial<6>的实例化皆可完成,最后Factorial<M>::VALUE的值就是6!=720。这个值就这样在编译时被计算出来了。

另一个可以通过模板元编程而带来的典型便利是次数固定的乘方。乘方运算可以通过cmath头文件中声明的pow函数来完成,但对于次数为较小的常整数的乘方运算来说,这种办法的效率较低,不如手工写出一个操作数多次连乘的表达式,但有时手工连乘又不很方便,特别是当乘方运算的底数本身是一个比较复杂的表达式时,一般还要先用临时变量将表达式保存，再对临时变量做乘方。通过定义一个这样的内联函数可以提供一些方便：

```
inline double power(double x, unsigned n) {       //计算 x 的 n 次方，要求 n>0
    double result=x;
    for (int i=1; i<n; i++)
        result *=x;
    return result;
}
```

当 n 比较小时，这个函数的效率通常会比 cmath 头文件的 pow 函数高，但这要在运行时执行循环，并没有达到理想的效率。模板元编程又能派上用场了。请看下面的模板：

```
template <unsigned N>
inline double power(double v) {             //计算 x 的 n 次方，要求 n>0
    return v * power<N-1>(v);
}
template <>
inline double power<1>(double v) {          //返回 x 的 1 次方的值
    return v;
}
```

这利用了函数模板的特化，同样是一个递归调用，对 power 函数模板特化的过程和对上面介绍的 Factorial 模板特化的过程差不多。由于 power 被定义为 inline，乘法运算会在编译时被展开，例如，执行 power<4>(x)的效率应该和执行 x * x * x * x 差不多。

但是这个模板还不够通用，因为它只能针对 double 类型。让它变得更通用的办法是为模板引入一个新的类型参数 T，但函数模板不支持偏特化，所以不便直接指定 N=1 时的计算结果，因此可以借助于一个类模板：

```
template <unsigned N>
struct Power {
  template <class T>
  static T value(T x) {
    return x * Power<N-1>::value(x);
  }
};
template <>
struct Power<1> {
  template <class T>
  static T value(T x) {
    return x;
  }
};
```

这里用了模板的嵌套——Power 本身是类模板，Power 的成员函数 value 又是函数模板。这样，计算 x 的 4 次方就可以通过 Power<4>::value(x)来进行。value 函数写在类模板定义内，因此都是内联函数，编译器会对函数调用进行展开，使得执行 Power <4>(x)

的效率应该和执行 x * x * x * x 差不多。但 Power<4>::value(x)这种写法仍不很方便，因此还可以设定这样一个辅助的函数模板：

```
template <unsigned N, class T>
inline T power(T v) {
    return Power<N>::value(v);
}
```

这样，x 的 4 次方就可以通过 power<4>(x)来计算了——虽然 power 有两个模板参数，但第二个参数可以通过函数调用的参数推导出来，因此在调用时可以省略。以小的常整数为次数的乘方问题就这样得到了比较理想的解决。

模板元编程的方法、技巧十分丰富，本小节仅通过两个小例子使读者对它有一个初步的认识，以达到开拓思路的目的。

9.5.4 可变参数模板简介

可变参数模板(variadic template)指接受参数个数可变的模板。C++模板设计实现了类和函数定义针对不同类型参数的高可复用性，而可变参数模板即在参数类型可变的基础上实现了参数个数的变化。在现实设计中我们常有对可变参数模板的需求，比如打印不定个数的不同类型的对象(print)，比如不定个数的对象之间比较大小(max，min)。如果函数模板不能支持不定参数个数，则每次模板参数个数变化时，需要为实现同一个设计来重写一个新模板。因此，可变参数模板可以很好地支持模板设计来应对更广泛的参数个数变化的应用场景。

可变参数模板中的可变数目的参数称为参数包(parameter packet)，它通过省略号表示零个或多个模板参数，具体对应于模板和模板函数有模板参数包(template parameter packet)和函数参数包(function parameter packet)。声明一个可变参数模板的语法为如下形式：

```
template <typename T, typename… TypeArgs>   //TypeArgs 是模板参数包
void func(T &t, TypeArgs&… args);            //args 是函数参数包
```

如上声明了可变参数模板函数 func，它的形参列表第一个参数是类型 T 的对象引用 t(引用非必须，类似可有 const 和指针等修饰)，第二个参数是模板参数包 TypeArgs 所对应的函数参数包 args。其中，typename…类型参数关键字后加省略号表示声明模板参数包 TypeArgs，包含零个或多个类型参数；TypeArgs&…模板参数包声明函数参数包 args。args 包含与 TypeArgs 中类型一一对应的对象引用。

可变参数模板功能实现上依赖于递归和参数包展开(expand)。在递归函数设计中，需要设计函数终止条件，在可变参数模板功能中对应于可变参数个数为零的情况。以标准打印输出为例，具体如下：

```
#include<iostream>
template<typename T>
void print(const T & t){
    std::cout<<t<<std::endl;
```

```
}
    template <typename T, typename… TypeArgs>
void print(const T &t, const TypeArgs&… args){
    std::cout<<t<<std::endl;
    return print(args…);            //args…为函数参数包展开
}
```

如上 print(const T& t)函数即为可变参数模板函数 print(T &t, TypeArgs&… args)的终止条件。其中当参数包中参数个数大于零时,调用非终止版本打印输出第一个参数 t,然后尾递归调用 print 函数,参数列表填充 args…展开后的所有参数。其中第一个参数对应于 T &t 形参,随后参数实例化新函数参数包 args,若参数个数为零,则调用终止打印函数。以 print(3, 4.5, "hello world!")为例,函数调用顺序如表 9-1 所示。

表 9-1　函数调用顺序

次数	递归调用	const T& 实参	constTypesArgs&... 实参
1	print(3, 4.5, "hello world!")	3	4.5, "hello world!"
2	print(4.5, "hello world!")	4.5	"hello world!"
3	print("hello world!")//终止版	"hello world!"	

可变参数模板函数 print 调用过程中,不断消耗参数列表中的第一个元素进行打印操作,最终达到终止条件,调用非可变参数重载版 print 函数终止递归,实现可变参数函数功能。在编译阶段,编译器会根据具体调用时的语句去推断参数个数,并根据实参去推断模板参数类型,以此来实例化对应版本的函数。对应于 print(3, 4.5, "hello world!")实例化的 print 函数如下:

(1) void print(const int& , const double&, const std::string&);

(2) void print(const double&, const std::string&);

(3) void print(const std::string&);//注意此处实例化的是 void print(const T & t)

注意　*在定义可变参数模板函数时,需要保证终止非可变参数版的重载函数声明在相同作用域内,以保证在编译时能找到终止版本,避免无限递归。*

对于可变参数模板的使用,除了实现不定参数功能操作外,还有确定参数个数,针对每个参数调用同一个函数的需求。前者通过 sizeof 运算符可以实现,后者通过指定每个扩展参数的模式(pattern)来实现。具体操作如下:

```
template<typename T>
void another_func(T &t);              //此处为单个参数
template <typename T, typename… TypeArgs>
void func(T &t, TypeArgs&… args){
    std::cout<<sizeof...(args)<<std::endl;             //打印参数包 args 的参数个数
    another_func(args)...;            //对 args 每一个参数调用模式 another_func
}
```

如上可以在函数中通过 sizeof...方式获取参数包中参数个数,通过在子函数调用后使用省略号 another_func(args)...来实现对每个参数的模式函数调用。注意,此处不能写成 another_ func(args...),这是对args参数包的展开,用于实现参数包传递功能,而不是对每个参数的模式调用。

9.6 小结

本章首先介绍了模板的概念,然后在模板的基础上详细介绍了几种常用的线性群体类模板:数组类、链表类、栈和队列,并基于数组介绍了群体数据的组织,简要介绍了3种排序方法和两种查找方法的原理,最后对模板的实现机制、特化、元编程和可变参数模板进行了深入探索。

模板是C++支持参数化多态性的工具,函数模板实现了类型参数化,将函数处理的数据类型作为参数,提高了代码的可重用性。类模板使用户可以为类定义一种模式,使得类中的某些数据成员、某些成员函数的参数、某些成员函数的返回值能取不同类型(包括系统预定义的和用户自定义的)。

线性群体中的元素次序与其位置关系是对应的。在线性群体中,又可按照访问元素的不同方法分为直接访问、顺序访问和索引访问。在本章介绍了直接访问和顺序访问的线性群体。

插入类排序的基本思想是:每一步将一个待排序元素按其关键字值的大小插入已排序序列的适当位置上,直到待排序元素插入完为止。

选择类排序的基本思想是:每次从待排序序列中选择一个关键字最小的元素,(当需要按关键字升序排列时),顺序排在已排序序列的最后,直至全部排完。

交换类排序的基本思想是:两两比较待排序序列中的元素,并交换不满足顺序要求的各对元素,直到全部满足顺序要求为止。

顺序查找方法的基本思想是:从数组的首元素开始,逐个元素与待查找的关键字进行比较,直到找到相等的。若整个数组中没有与待查找关键字相等的元素,就是查找不成功。

折半查找方法的基本思想是:对于已按关键字排序的序列,经过一次比较,可分割成两部分,然后只在有可能包含待查元素的一部分中继续查找,并根据试探结果继续分割,逐步缩小查找范围,直至找到或找不到为止。

对群体数据的排序和查找方法还有很多,本章介绍的只是一些最简单、常用的方法,读者如需了解更多有关这方面的问题,可参考有关数据结构的书籍。

习　题

9-1 编写程序提示用户输入一个班级中的学生人数n,再依次提示用户输入n个人在课程A中的考试成绩,然后计算出平均成绩,显示出来。请使用教材第9章中的数组类模板Array定义浮点型数组储存考试成绩。

9-2 链表的结点类至少应包含哪些数据成员?单链表和双向链表的区别是什么?

9-3 链表中元素的最大数目为多少?

9-4 在双向链表中使用的结点类与单链表中使用的结点类相比,应有何不同?试声明并实现双向链表中使用的结点类DNode。

9-5 使用本章中的链表类模板，声明两个 int 类型的链表 a 和 b，分别插入 5 个元素，然后把 b 中的元素加入 a 的尾部。

9-6 通过对从本章的链表类模板 LinkedList 进行组合，编写有序链表类模板 OrderList，添加成员函数 insert 实现链表元素的有序(递增)插入。声明两个 int 类型有序链表 a 和 b，分别插入 5 个元素，然后把 b 中的元素插入 a 中。

9-7 什么叫作栈？对栈中元素的操作有何特性？

9-8 什么叫作队列？对队列中元素的操作有和特性？

9-9 简单说明插入排序的算法思想。

9-10 初始化 int 类型数组 data1[]={1,3,5,7,9,11,13,15,17,19,2,4,6,8,10,12,14,16,18,20}，应用本章的直接插入排序函数模板进行排序。对此函数模板稍做修改，加入输出语句，在每插入一个待排序元素后显示整个数组，观察排序过程中数据的变化，加深对插入排序算法的理解。

9-11 简单说明选择排序的算法思想。

9-12 初始化 int 类型数组 data1[]={1,3,5,7,9,11,13,15,17,19,2,4,6,8,10,12,14,16,18,20}，应用本章中的直接选择排序函数模板进行排序。对此函数模板稍做修改，加入输出语句，每次从待排序序列中选择一个元素添加到已排序序列后，显示整个数组，观察排序过程中数据的变化，加深对直接选择排序算法的理解。

9-13 简单说明交换排序的算法思想。

9-14 初始化 int 类型数组 data1[]={1,3,5,7,9,11,13,15,17,19,2,4,6,8,10,12,14,16,18,20}，应用本章中的起泡排序函数模板进行排序；对此函数模板稍做修改，加入输出语句，每完成一趟起泡排序后显示整个数组，观察排序过程中数据的变化，加深对起泡排序算法的理解。

9-15 本章例题的排序算法都是升序排序，稍做修改后即可完成降序排序。请编写降序的起泡排序函数模板，然后在程序中初始化 int 类型的数组 data1[]={1,3,5,7,9,11,13, 15,17,19,2,4,6,8,10,12,14,16,18,20}，应用降序的起泡排序函数模板进行排序，加入输出语句，每完成一趟起泡排序后显示整个数组，观察排序过程中数据的变化。

9-16 简单说明顺序查找的算法思想。

9-17 初始化 int 类型数组 data1[]={1,3,5,7,9,11,13,15,17,19,2,4,6,8,10,12,14,16,18,20}，提示用户输入一个数字，应用本章的顺序查找函数模板找出它的位置。

9-18 简单说明折半查找的算法思想。

9-19 初始化 int 类型数组 data1[]={1,3,5,7,9,11,13,15,17,19,2,4,6,8,10,12,14,16,18,20}，先使用任一种算法对其进行排序，然后提示用户输入一个数字，应用本章的折半查找函数模板找出它的位置。

9-20 模板的实例化在什么情况下会发生？请指出例 9-1 和例 9-2 的程序中有哪些模板实例。

9-21 例 9-13 的 bubbleSort 函数模板可以为数组排序，但如果将一个指针数组传递给它，在排序时将比较指针所存储地址的大小。

(1) 请利用函数模板重载技术，使得对指针数组进行排序时，以指针所指向内容为比较依据。

(2) 在解决问题(1)时,如果采取了对 bubbleSort 函数模板重载的办法,将使得起泡排序的主要代码被书写两遍,造成了代码的冗余,请思考如何解决这一问题。

9-22 尝试通过模板元编程解决实现以下功能。

(1) 设计一个类模板 template <unsigned M, unsigned N> Permutation,内含一个枚举值 VALUE,Permutation<M, N>::VALUE 的值为排列数 P_M^N;

(2) 设计一个类模板 template <unsigned M, unsigned N> Gcd,内含一个枚举值 VALUE,Gcd<M, N>::VALUE 的值为 M 和 N 的最大公约数。提示:求最大公约数可以用以下的辗转相除法:

$$\mathrm{gcd}(m,n)=\begin{cases} m & (m\ \text{能整除}\ n) \\ \mathrm{gcd}(\mathrm{n}\%m,m) & (m\ \text{不能整除}\ n) \end{cases}$$

第10章

泛型程序设计与C++语言标准模板库

通过第9章，读者初步了解了群体数据的基本特征及其处理方法。然而实际上群体数据的类型还很多，处理方法也很复杂。有效地利用已有的成果，将经典的、优秀的算法标准化、模块化，从而提高软件的生产率，是软件产业化的需求。为实现这一需求，不仅需要面向对象的程序设计思想，而且需要泛型程序设计思想。C++语言提供的标准模板库(Standard Template Library，STL)便是面向对象程序设计与泛型程序设计(Generic Programming)思想相结合的一个良好典范。

本章将简单介绍STL中涉及的一些概念、术语，以及它的结构、主要的组件的使用方法。重点介绍容器、迭代器、算法和函数对象的基本应用。目的是使读者对STL与泛型程序设计方法有一个概要性的了解。如果需要详细了解STL，请读者参考专门的书籍和有关的手册。如果读者有一定的数据结构基础知识，对于理解本章的内容会很有帮助。如果一部分初学编程的读者学习本章感到困难，也可以暂时略过，这并不影响后续章节的学习。

10.1 泛型程序设计及STL的结构

10.1.1 泛型程序设计的基本概念

所谓泛型程序设计，就是编写不依赖于具体数据类型的程序。C++中，模板是泛型程序设计的主要工具。第9章曾经介绍如何用模板编写对不同数据类型都通用的数据结构(例如链表、栈)和算法(例如各种排序和查找算法)，这些实例程序都有了泛型编程的影子，但还没有把泛型编程的优势发挥得淋漓尽致。

泛型程序设计的主要思想是将算法从特定的数据结构中抽象出来，使算法成为通用的、可以作用于各种不同的数据结构。这样就不必为每种容器都编写一套同样的算法，当容器类模板修改、扩充时也不必重写大量算法函数。这种以函数模板形式实现的通用算法与各种通用容器结合，提高了软件的复用性。

在软件的复用中，被复用和复用双方需要遵守一定的协议。例如，对于过程化的软件复用而言，函数的原型就是一种协议，调用函数时除了需要提供正确的函数名外，传递的参数还需要满足一定的数量和类型要求；对于面向对象的软件复用而言，派生类如果需要覆盖(override)基类中定义的成员函数，必须维持原函数的参数表，并保证返回类型的兼容性。泛型程序设计也有相关的协议，但并不像其他两种软件复用模式那样通过显式的语法规则加以限定。以例9-11中执行插入排序的函数模板insertionSort为例，从函数模板的声明来看,类型参数 T 可以是任何数据类型,但实际情况并非如此。类型 T 必须具备 3 个功能:类型 T 的变量之间能够比较大小;类型 T 必须具有公有的复制构造函数;类型 T 的变量之间能够用"＝"赋值。并非所有的数据类型都具备这 3 个功能,例如一个没有重载"＜""＞"等运算符的类就不具备比大小的功能,复制构造函数私有的类就不具有第二个功能,而静态数组类型就不具备第三个功能(无法用"＝"给整个静态数组赋值)。

可以用概念(concept)来描述泛型程序设计中作为参数的数据类型所需具备的功能,这里的"概念"是泛型程序设计中的一个术语,它的内涵是这些功能,它的外延是具备这些功能的所有数据类型。例如,"可以用比大小、具有公有的复制构造函数并可以用'＝'赋值的所有数据类型"就是一个概念,可以把这个概念记作 Sortable。**具备一个概念所需要功能的数据类型称为这一概念的一个模型(model)**。例如,int 数据类型就是 Sortable 概念的一个模型。另外,概念之间也有包含和被包含的关系,**对于两个不同的概念 A 和 B,如果概念 A 所需求的所有功能也是概念 B 所需求的功能(即概念 B 的模型一定是概念 A 的模型),那么就说概念 B 是概念 A 的子概念**(有些书上又把它称为精炼)。我们把"可以比大小的所有数据类型"这一概念记为 Comparable,把"具有公有的复制构造函数并可以用'＝'赋值的数据类型"这一概念记为 Assignable,那么 Sortable 既是 Comparable 的子概念,也是 Assignable 的子概念。

提示　在下面各节中,将为每一个概念赋予一个名称,并使用该名称作为模板参数名。例如,将用下面的方式表示 insertionSort 这样一个函数模板的原型:

```
template <class Sortable>
void insertionSort(Sortable a[], int n);
```

如果一个模板的多个参数都要求满足同一个概念,而它们又可以是不同的数据类型,我们将在名称后面增加阿拉伯数字加以区分,例如 Sortable1 和 Sortable2。事实上,很多 STL 的实现代码就是使用概念来命名模板参数的。

10.1.2　STL 简介

标准模板库最初是由 HP 公司的 Alexander Stepanov 和 Meng Lee 开发的一个用于支持 C++ 泛型编程的模板库,1994 年被纳入 C++ 标准,成为 C++ 标准库的一部分。由于 C++ 标准库有多种不同的实现,因此 STL 也有不同的版本,但它们为用户提供的接口都遵守共同的标准。

STL 提供了一些常用的数据结构和算法,例如 6.4 节中动态数组介绍的 vector 就是 STL 提供的一个容器(以后将把它称为向量容器),9.2.3 小节介绍的链表在 STL 中也有对应容器,9.3 节所讨论的排序、顺序查找、折半查找等算法在 STL 中都有现成的函数模板。然而,这些并不是 STL 的全部。STL 更重要的意义在于,它定义了一套概念体系,为泛型程序设计提供了逻辑基础。STL 中的各个类模板、函数模板的参数都是用这个体系中的概念来规定的。使用 STL 的一个模板时所提供的类型参数既可以是 C++ 标准库中已有的类型,也可以是自定义的类型——只要这些类型是所要求概念的模型,因此,STL 是一个开放的体系。

下面首先看一个最简单的 STL 程序。

例 10-1　从标准输入读入几个整数，存入向量容器，用 STL 输出它们的相反数。

```
//10_1.cpp
#include <iostream>
#include <vector>
#include <iterator>
#include <algorithm>
#include <functional>
using namespace std;

int main() {
    const int N=5;
    vector<int>s(N);        //定义一个大小为 N 的向量容器
    //从标准输入读入向量容器的内容
    for (auto& si:s)
        cin>>si;
    //输出向量容器中每个元素的相反数
    transform(s.begin(), s.end(), ostream_iterator<int>(cout, " "), negate<int>
());
    cout<<endl;
    return 0;
}
```

运行结果：

```
4 -2 1 0 5
-4 2 -1 0 -5
```

这个例子虽然非常简单，但 STL 所涉及的 4 种基本组件一应俱全，下面结合这个程序分别介绍 STL 的这 4 种基本组件。

1. 容器

容器(container)是容纳、包含一组元素的对象。容器类库中包括 13 种基本容器：向量(vector)、双端队列(deque)、列表(list)、单向链表(forward_list)，数组(array)，集合(set)、多重集合(multiset)、映射(map)、多重映射(multimap)，以及后面四种容器的无序形式 unorder_map、unorder_set、unorder_ multimap、unorder_multiset 等。这 13 种容器可以分为两种基本类型：顺序容器(sequence container)和关联容器(associative container)。顺序容器将一组具有相同类型的元素以严格的线性形式组织起来，向量、双端队列、列表、单向链表和数组容器就属于这一种。关联容器具有根据一组索引来快速提取元素的能力，集合和映射容器就属于这一种。根据元素的组织方式，关联容器可分为有序和无序，其中有序容器中键(key)按顺序存储，无序容器则使用哈希函数组织元素。

例 10-1 中的 vector 就是一个容器。

使用不同的容器，需要包含不同的头文件。

2. 迭代器

迭代器(iterator)提供了顺序访问容器中每个元素的方法。对迭代器可以使用"++"运算符来获得指向下一个元素的迭代器,可以使用"*"运算符访问一个迭代器所指向的元素。如果元素类型是类或结构体,还可以使用"->"运算符直接访问该元素的一个成员,有些迭代器还支持通过"--"运算符获得指向上一个元素的迭代器。指针也具有同样的特性,因此指针本身就是一种迭代器,迭代器是泛化的指针。

例 10-1 中的 s.begin()、s.end()以及 ostream_iterator<int>(cout, " ")都是迭代器。s.begin()指向的是向量容器 s 第一个元素;s.end()指向的是向量容器 s 的末尾(最后一个元素的下一个位置)。ostream_iterator<int>(cout, " ")是一个输出迭代器,ostream_iterator 是一个输出迭代器的类模板,例 10-1 通过执行它的构造函数来建立了一个输出迭代器对象。ostream_iterator 的实例指向的并不是 STL 容器的元素,而是一个输出流。假设 p 是该类型的一个变量,那么执行 *(p++)=x 的结果就是将 x 输出到它所关联的输出流,并向其中输出一个分隔符。例 10-1 中,输出迭代器关联到的输出流 cout 和分隔符" "都是通过构造函数提供的。

使用独立于 STL 容器的迭代器,需要包含头文件<iterator>。

3. 函数对象

函数对象(function object)是一个行为类似函数的对象,对它可以像调用函数一样调用。任何普通的函数和任何重载了"()"运算符的类的对象都可以作为函数对象使用,函数对象是泛化的函数。

例 10-1 中的 negate<int>()就是一个函数对象。negate 是一个类模板,它重载了"()"运算符接受一个参数,该运算符返回的就是参数的相反数,negate 的模板参数 int 表示的是 negate 的"()"运算符接受和返回参数的类型。

使用 STL 的函数对象,需要包含头文件<functional>。

4. 算法

STL 包括 70 多个算法(algorithm),这些算法覆盖了相当大的应用领域,其中包括查找算法,排序算法,消除算法,计数算法,比较算法,变换算法,置换算法和容器管理等。这些算法的一个最重要的特性就是它们的统一性,并且可以广泛用于不同的对象和内置的数据类型。

例 10-1 中调用的 transform 就是一个算法,为了说明该算法的用途,下面给出该算法的一种实现:

```
template <class InputIt, class OutputIt, class UnaryFunction>
OutputIt transform(InputIt first, InputIt last, OutputIt result, Unary_
Function op) {
    for (;first !=last;++first,++result)
        * result=op( * first);
    return result;
}
```

该算法顺序遍历 first 和 last 两个迭代器所指向的元素,将每个元素的值作为函数对象 op 的参数,将 op 的返回值通过迭代器 result 顺序输出。遍历完成后 result 迭代器指向的是输出的最后一个元素的下一个位置，transform 会将该迭代器返回，例 10-1 的程序忽略了这个返回值。

使用 STL 的算法，需要包含头文件<algorithm>。

通过对例 10-1 的解释，我们已经初步了解了 STL 中的 4 类基本组件，它们之间的关系如图 10-1 所示。STL 把迭代器作为算法的参数，通过迭代器来访问容器而不是把容器直接作为算法的参数；STL 把函数对象作为算法的参数而不是把函数所执行的运算作为算法的一部分，这些都是非常成功的设计，它为 STL 提供了极大的灵活性。使用 STL 中提供的或自定义的迭代器和函数对象，配合 STL 的算法，可以组合出各种各样的功能。例如，对例 10-1 而言，transform 算法的输入数据不仅可以来自一个向量容器，还可以来自其他类型容器或者直接来自标准输入；transform 算法不仅可以直接将结果输出到标准输出，还可以将结果写到其他容器中；transform 算法不仅可以对每个元素求反，还可以进行其他运算，例如，可以定义一个 square 函数求一个整数的平方，把这个 square 作为 transform 的参数，得到的就是每个数的平方。请读者在学习 STL 的过程中，不断体会 STL 这种设计的精妙。

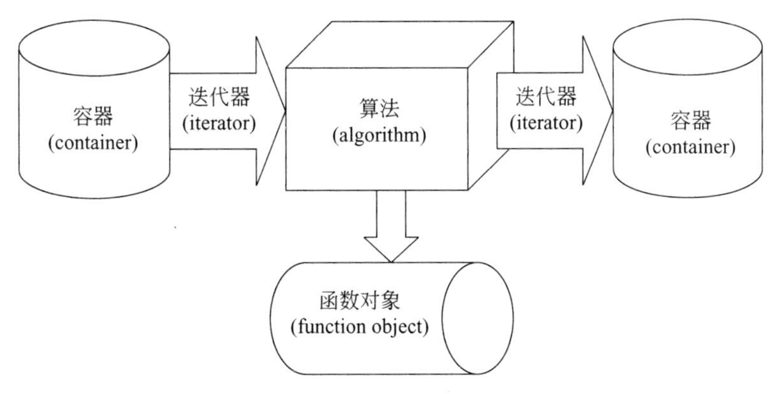

图 10-1　STL 组件之间的关系

10.2　迭代器

理解迭代器对于理解 STL 框架并掌握 STL 的使用至关重要。迭代器是泛化的指针，STL 算法利用迭代器对存储在容器中的元素序列进行遍历，迭代器提供了访问容器中每个元素的方法。虽然指针也是一种迭代器，但迭代器却不仅仅是指针。指针可以指向内存中的一个地址，通过这个地址就可以访问相应的内存单元；而迭代器更为抽象，它可以指向容器中的一个位置，我们也许不必关心这个位置的真正物理地址，只需要通过迭代器访问这个位置的元素。

在 STL 中迭代器是算法和容器的“中间人”。回忆一下第 9 章介绍的知识：遍历链表需要使用指针，对数组元素进行排序时也需要通过指针访问数组元素（数组名本身就是一个指针），指针便充当了算法和数据结构的“中间人”。在 STL 中，容器是封装起来的类模板，其内部结构无从知晓，而只能通过容器接口来使用容器。但是 STL 中的算法是通用的函数模板，并不专门针对某一个容器类型。算法要适用于多种容器，而每种容器中存放的元素又可以是任何类型，如何用普通的指针来充当中介呢？这时就必须使用更为抽象的“指针”，这就是迭代器。就像我们声明指针时要说明其指向的元素一样,STL的每个容器类模板中,都定义了一组对应的迭代器类。使用迭代器,算法函数可以访问容器中指定位置的元素,而无须关心元素的具体类型。

本节先详细介绍两种最基本的迭代器——输入流迭代器和输出流迭代器,再一般性地介绍迭代器的分类,最后介绍几个迭代器的辅助函数。由于STL中的很多迭代器都是随容器定义的,读者在后面介绍容器的各节中将会接触到更多的迭代器。

10.2.1　输入流迭代器和输出流迭代器

输入输出流将在第11章详细介绍,在本章的学习中,读者只需知道,cin是输入流的一个实例,cout是输出流的一个实例。

1. 输入流迭代器

输入流迭代器用来从一个输入流中连续地输入某种类型的数据,它是一个类模板,例如:

```
template <class T>istream_iterator<T>;
```

提示　由于STL设计得非常灵活,很多STL的模板都有三四个模板参数,但排在后面的参数一般都有默认的参数值,绝大部分程序中都会省略这些参数而使用它们的默认值。例如,istream_iterator实际上有多达4个模板参数,为避免给初学者造成不必要的麻烦,我们只给出一个没有默认值的模板参数,后面的模板参数直接省略。本章中遇到的类似情况将不再给出说明。

其中,T是使用该迭代器从输入流中输入数据的类型,类型T要满足两个条件:有默认构造函数;对该类型的数据可以使用“>>”从输入流输入。一个输入流迭代器的实例需要由下面的构造函数来构造:

```
istream_iterator(istream& in);
```

在该构造函数中,需要提供用来输入数据的输入流(例如cin)作为参数。一个输入流迭代器实例支持“*”“->”“++”等几种运算符。用“*”可以访问刚刚读取的元素;用“++”可以从输入流中读取下一个元素;若类型T是类类型或结构类型,用“->”可以直接访问刚刚读取元素的成员。那么,如何判断一个输入流是否已经结束呢? istream_iterator类模板有一个默认构造函数,用该函数构造出的迭代器指向的就是输入流的结束位置,将一个输入流与这个迭代器进行比较就可以判断输入流是否结束。

2. 输出流迭代器

输出流迭代器在例10-1中已经出现,用来向一个输出流中连续输出某种类型的数据,它也是一个类模板,例如:

```
template <class T>ostream_iterator<T>;
```

其中的T表示向输出流中输出数据的类型,类型T需要具有一个功能:对该类型的数据可以使用“<<”向输出流输出。一个输出流迭代器可以用下面两个构造函数来构造:

```
ostream_iterator(ostream& out);
ostream_iterator(ostream& out, const char* delimiter);
```

构造函数的参数 out 表示将数据输出到的输出流。参数 delimiter 是可选的，表示两个输出数据之间的分隔符。输出流迭代器也支持“ * ”运算符，但对于一个输出迭代器 iter，* iter只能作为赋值运算符的左值。例如 * iter＝x，这相当于执行了 out<<x 或 out <<x<< delimiter。

输出流迭代器也支持“＋＋”运算符，但该运算符实际上并不会使该迭代器的状态发生任何改变，支持“＋＋”运算仅仅是为了让它和其他迭代器有统一的接口。

例 10-2　从标准输入读入几个实数，分别将它们的平方输出。

```
//10_2.cpp
#include <iterator>
#include <iostream>
#include <algorithm>
using namespace std;

//求平方的函数
double square(double x) {
    return x * x;
}

int main() {
    //从标准输入读入若干个实数，分别将它们的平方输出
    transform(istream_iterator<double>(cin), istream_iterator<double>(),
        ostream_iterator<double>(cout, "\t"), square);
    cout<<endl;
    return 0;
}
```

运行结果：

```
0.5 1.1 0 -3 0.1
0.25    1.21    0       9       0.01
```

注意　由于该程序会从标准输入流中读取数据直到输入流结束，运行该程序时，输入完数据后，在 Windows 下需要按“Ctrl＋Z”组合键和回车键，在 Linux 下需要按“Ctrl＋D”组合键，表示标准输入结束。后面凡是通过一对儿 istream_iterator 读入数据的程序皆如此。

该程序利用输入流迭代器从标准输入流 cin 中读取 double 类型的数据，将每个数据使用 square 函数求平方后，用输出流迭代器将其输出到标准输出流 cout。

虽然输入流迭代器和输出流迭代器本身并不能比输入流和输出流提供更强大的功能，但由于它们采用迭代器的接口，在这两种迭代器的帮助下，输入流和输出流可以直接参与 STL 的算法，这就是引入这两种迭代器的意义。输入流迭代器和输出流迭代器可以被看作一种适配器。**适配器（adapter）是指用于为已有对象提供新的接口的对象，适配器本身一般并不提供新的功能，只为了改变对象的接口而存在。**输入流迭代器和输出流迭代器将输入流和输出流的接口变更为迭代器的接口，因此它们属于适配器。

10.2.2 迭代器的分类

到目前为止,书中共出现了 4 种不同的迭代器——输入流迭代器、输出流迭代器、通过向量容器 vector 的 begin 和 end 两个成员函数获得的迭代器以及指针。它们虽然都是迭代器,但具有不同的功能,例如输入迭代器只用于读取数据,输出迭代器只用于写数据,而通过其他两种迭代器既可读数据又可写数据。STL 根据迭代器的功能,将它们分为 5 类,这 5 类迭代器对应于 5 个概念,这 5 个概念之间的关系如图 10-2 所示。图中的箭头表示概念与子概念的关系,例如前向迭代器这一概念是输入迭代器和输出迭代器这两个概念的子概念,也就是说一个前向迭代器肯定是输入迭代器,也肯定是输出迭代器。

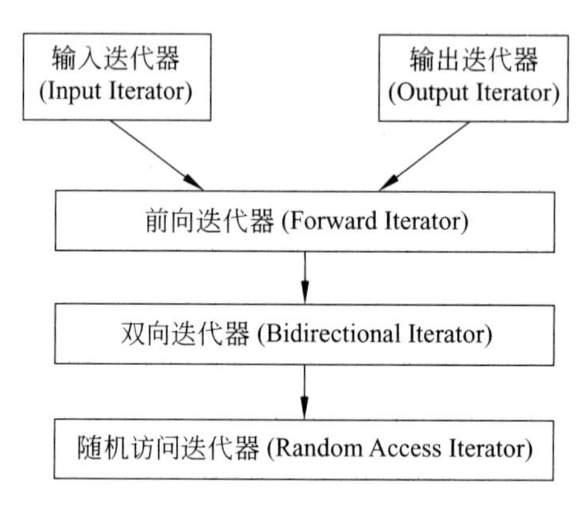

图 10-2 5 个迭代器概念之间的关系

为了将这些概念介绍清楚,就需要给出符合这些概念的迭代器类型所需具备的功能。在下面都用 P 表示一种迭代器数据类型,p1、p2 表示 P 类型的迭代器对象,T 表示 P 类型迭代器指向元素的数据类型,t 表示 T 类型的一个对象,m 表示当 T 是类或结构体时 T 的任意一个可访问到的成员,n 表示一个整数。下面是所有迭代器所具备的功能。

注意 本章所介绍的所有概念都是 10.1 节所述的 Assignable 概念的子概念,也就是说都有公有的复制构造函数和赋值运算符,因此在介绍具体概念时不再重复这两个性质。

++p1 对迭代器实例可以使用前置"++"使迭代器指向下一个元素,且该表达式的返回值为 p1 自身的引用。

p1++ 对迭代器实例可以使用前置"++"使迭代器指向下一个元素,该表达式的返回类型是不确定的。

提示 "返回类型是不确定的"中的"不确定",并不是说对于每个迭代器实例 p1++的返回类型都是不确定的,而是说对于迭代器这一概念而言 p1++的返回类型没有一个一致的定义。对前向迭代器来说,p1++的返回类型不再不确定,是因为 p1++的返回类型的定义在前向迭代器这一外延更小的概念范围内是一致的。

1. 输入迭代器

输入迭代器可以用来从序列中读取数据,但是不一定能够向其中写入数据。输入迭代器支持对序列进行不可重复的单向遍历。前面介绍的输入流迭代器就是一种典型的输入迭代器。

下面是在迭代器的通用功能之外,输入迭代器所具备的功能。

p1==p2 两个输入迭代器可以用"=="比较是否相同。

p1 !=p2 两个输入迭代器可以用"!="比较是否不同,等价于!(p1==p2)。

* p1 可以使用"*"获取输入迭代器所指向元素的值,该表达式返回值可以转换到 T 类型(可以是 T、T&、const T& 等类型)。

p1->m 等价于(*p1).m。

* p1++ 对输入迭代器而言,尽管 p1++的返回类型是不确定的,但*(p1++)的值是确定的,它的值为{T t=*p1; ++p1; return t;}。

另外,需注意的是,如果 p1==p2,并不能保证++p1==++p2,更不能保证*(++p1)==*(++p2)。由于这一点,用输入迭代器读入的序列不保证是可重复的。因此,输入流迭代器只适用于作为那些只需遍历序列一次的算法的输入。

2. 输出迭代器

输出迭代器允许向序列中写入数据,但是并不保证可以从其中读取数据。输出迭代器也支持对序列进行单向遍历。前面介绍的输出流迭代器就是一种典型的输出迭代器。

下面是在迭代器的通用功能之外,输出迭代器所具备的功能。

* p1=t 向迭代器所指向位置写入一个元素,返回类型不确定。

* p1++=t 等价于{*p1=t; ++p1;},返回类型不确定。

另外,使用输出迭代器,写入元素的操作和使用"++"自增的操作必须交替进行,如果连续两次自增之间没有写入元素,或连续两次使用*p1=t 这样的语法写入元素之间没有自增,其行为都是不确定的。

3. 前向迭代器

前向迭代器这一概念是输入迭代器和输出迭代器这两个概念的子概念,它既支持数据读取,也支持数据写入。前向迭代器支持对序列进行可重复的单向遍历。

它去掉了输入迭代器和输出迭代器这两个概念中的一些不确定性。对于前向迭代器,如果 p1==p2,那么++p1==++p2 是一定会成立的,这就意味着前后两次使用相等的输入迭代器遍历一个序列,只要序列的值在这过程中没有被改写,就一定会得到相同的结果,因此前向迭代器对序列的遍历是可重复的。另外,前向迭代器不再有输出迭代器关于"'++'自增操作和对元素的写入操作必须交替进行"的限制。

下面是在输入迭代器和输出迭代器的功能之外,前向迭代器对于下面表达式的结果给出了更加明确的保证。

* p1 对前向迭代器使用"*"运算符的结果保证具有 T& 类型。

p1++ 对迭代器实例可以使用前置"++"使迭代器指向下一个元素。

4. 双向迭代器

双向迭代器这一概念是单向迭代器的子概念。在单向迭代器所支持的功能基础上,它又支持迭代器向反向移动。

在前向迭代器的功能之外,双向迭代器还支持下面的功能。

--p1 可以使用前置"--"使迭代器指向上一个元素,返回值为 p1 自身的引用。

p1-- 可以使用前置"--"使迭代器指向上一个元素。

5. 随机访问迭代器

随机访问迭代器这一概念是双向迭代器的子概念。在双向迭代器的基础上,它又支持直接将迭代器向前或向后移动 n 个元素,因此随机访问迭代器的能力几乎和指针一样。下面是随机访问迭代器新增的功能。

p1＋＝n	将迭代器 p1 向前移动 n 个元素。
p1－＝n	将迭代器 p1 向后移动 n 个元素。
p1＋n 或 n＋p1	获得指向迭代器 p1 前第 n 个元素的迭代器。
p1－n	获得指向迭代器 p1 后第 n 个元素的迭代器。
p1－p2	返回一个满足 p1＝＝p2＋n 的整数 n。
p1 op p2	这里 op 可以是＜、＜＝、＞、＞＝,用于比较 p1 和 p2 所指向位置的前后关系,等价于 p1－p2 op 0。
p1[n]	等价于 *(p1＋n)。

通过向量容器 vector 的 begin 和 end 函数得到的迭代器就是随机访问迭代器,指针也是随机访问迭代器。

10.2.3　迭代器的区间

STL 算法的形参中常常包括一对输入迭代器,用它们所构成的区间来表示输入数据的序列。例如我们前面看到过的 transform 算法,它的前两个参数就构成了一个区间。

设 p1 和 p2 是两个输入迭代器,以后将使用[p1,p2)形式来表示它们所构成的区间。这样一个区间是一个有序序列,包括 p1 和 p2 两个迭代器所指向元素之间的所有元素但不包括 p2 所指向的元素。当 p1＝＝p2 时,[p1,p2)是一个没有任何元素的空区间。并不是任何两个迭代器都能确定一个合法的区间,例如如果 p1 和 p2 指向的是不同容器中的元素,或者它们虽指向同一容器中的元素,但 p1＞p2,[p1,p2)就不是一个合法的区间。当且仅当对 p1 执行 n 次($n \geqslant 0$)"＋＋"运算后,表达式 p1＝＝p2 的值为 true,[p1, p2)才是一个合法的区间。

下面给出一个示例程序,该程序涉及输入迭代器、输出迭代器、随机访问迭代器这 3 个迭代器概念,并且以前面两个概念为基础编写了一个通用算法

例 10-3　综合运用几种迭代器的示例。

```
//10_3.cpp
#include <algorithm>
#include <iterator>
#include <vector>
#include <iostream>
using namespace std;

//将来自输入迭代器 p 的 n 个 T 类型的数值排序,将结果通过输出迭代器 result 输出
template <class T, class InputIt, class OutputIt>
void mySort(InputIt first, InputIt last, OutputIt result) {
    //通过输入迭代器 p 将输入数据存入向量容器 s 中
    vector<T>s;
    for (;first !=last;++first)
        s.push_back(*first);
```

```
    sort(s.begin(), s.end());     //对 s 进行排序,sort 函数的参数必须是随机访问迭代器
    copy(s.begin(), s.end(), result);          //将 s 序列通过输出迭代器输出
}

int main() {
    //将 s 数组的内容排序后输出
    double a[5]={1.2, 2.4, 0.8, 3.3, 3.2};
    mySort<double>(a, a+5, ostream_iterator<double>(cout, " "));
    cout<<endl;
    //从标准输入读入若干个整数,将排序后的结果输出
    mySort<int>(istream_iterator<int>(cin), istream_iterator<int>(), ostream_
iterator<int>(cout, " "));
    cout<<endl;
    return 0;
}
```

运行结果:

```
0.8 1.2 2.4 3.2 3.3
2 -4 5 8 -1 3 6 -5
-5 -4 -1 2 3 5 6 8
```

该程序中用到了两个新的 STL 算法——sort 和 copy。sort 的原型声明如下:

```
template <class RandomAccessIterator>
void sort(RandomAccessIterator first, RandomAccessIterator last);
```

它用来将[first, last)区间内的数据从小到大排序,排序结果就放在原位。它只能接受随机访问迭代器作为参数。如果希望通过输入迭代器表示输入数据,将结果通过输出迭代器输出,就不能够直接使用 sort 函数。本例中的 mySort 函数将 sort 函数进行了包装,允许以输入迭代器表示输入数据,将结果通过输出迭代器输出。

mySort 函数中,首先构造了一个向量容器 s,构造时没有使用任何参数,表示构造的 s 的长度为 0。然后它在[first, last)区间内循环,将区间中的元素按顺序放入 s 中。vector 的 push_back 成员函数用来向 vector 末尾加入新的元素,每执行一次 push_back 函数后,向量容器的长度都会增加 1(10.3 节将详细介绍 push_back 函数和向量容器的其他一些成员函数)。循环执行完毕后,向量容器 s 的内容就是 [first, last)区间内的数据序列。由于通过向量容器的 begin 和 end 成员函数得到的是随机访问迭代器,因此可以用它们执行 sort 函数,将 s 内的数据由小到大排序。最后,执行另一个 STL 算法——copy,将排序后的 s 的内容通过输出迭代器 result 输出。copy 的原型声明如下:

```
template<class InputIt, class OutputIt>
OutputIt copy(InputIt first, InputIt last, OutputIt result);
```

它用来将[first, last)区间内的数据序列通过输出迭代器 result 顺序输出。这样,执行了 mySort 函数中的最后一条语句后,向量容器 s 的内容就通过输出迭代器 result 输出了。

主程序对 mySort 调用了两次。第一次将它作用在一个数组上,a 和 a+5 都是指针,指

针是随机访问迭代器,随机访问迭代器是输入迭代器的子概念,因而它们可以作为 mySort 函数模板的参数。输入流迭代器属于输入迭代器,也可以作为 mySort 函数模板的参数。它们的结果都通过输出迭代器输出。

mySort 函数以输入迭代器作为参数,它既能为数组排序,又能直接对来自标准输入的数据排序,通用性很好,想必读者已经领略到迭代器在泛型编程中的重要作用了。

提示 在设计一个算法时,如果用迭代器作为参数,应当尽量用内涵尽可能小、外延尽可能大的迭代器概念,这样适用范围最广。

10.2.4 迭代器的辅助函数

STL 为迭代器提供了两个辅助函数模板——advance 和 distance,它们为所有迭代器提供了一些原本只有随机访问迭代器才有的访问能力:前进或后退多个元素,以及计算两个迭代器之间的距离。

advance 函数模板的原型是:

```
template <class InputIt, class Distance>
void advance(InputIt& iter, Distance n);
```

它用来使迭代器 iter 前进 n 个元素。对于双向迭代器或随机访问迭代器,n 可以取负值,表示让 iter 后退 n 个元素。对于一个随机访问迭代器 iter,执行 advance(iter, n)就相当于执行了 iter+=n。

distance 函数模板的原型是:

```
template <class InputIt>
unsigned distance(InputIt first, InputIt last);
```

它用来计算 first 经过多少次"++"运算后可以到达 last,[first, last)必须是一个有效的区间。若 first 和 last 皆为随机访问迭代器,distance(first, last)的值等于 last-first,但调用该函数前必须有 last >=first 成立。

10.3 容器的基本功能与分类

STL 有 13 种容器,每种都具有不尽相同的功能和用法,学习起来头绪繁多。本节首先从它们的共性入手,介绍一切 STL 容器都具备的基本功能和 STL 容器的分类。

设 S 表示一种容器类型(例如 vector<int>),s1 和 s2 都是 S 类型的实例,容器支持的基本功能如下:

S s1	容器都有一个默认构造函数,用于构造一个没有任何元素的空容器。
s1op s2	这里 op 可以是==、!=、<、<=、>、>=之一,它会对两个容器之间的元素按字典序进行比较。
s1.begin()	返回指向 s1 第一个元素的迭代器。
s1.end()	返回指向 s1 最后一个元素的下一个位置的迭代器。
s1.clear()	将容器 s1 的内容清空。
s1.empty()	返回一个布尔值,表示 s1 容器是否为空。

s1.size()　　返回 s1 的元素个数。

s1.swap(s2)　将 s1 容器和 s2 容器的内容交换。

细节　上面一些操作当中,有些操作之间彼此可以转换,但未必具有相同的效率。例如:s1.empty() 可以转换为 s1.size()!=0,但后者有时比前者低效,因为在某些 STL 实现中,某些容器的 size()函数需要通过遍历整个容器来获得元素个数;s1.swap(s2)等价于{S tmp(s1); s1=s2; s2=tmp;},但前者往往比后者高效得多,具体原因将在 10.9.1 节探讨。

在前面的示例程序中,由于我们都是直接把一个容器的 begin()和 end()函数的返回值提供给了一个算法,算法的参数类型由编译器自动解析,因此无须显式写出迭代器类型。但有时显式写出一个容器的迭代器类型还是有必要的。与类型为 S 的容器相关的迭代器类型可以用下面的方式表示(T 表示容器的元素类型)。

S::iterator　　　　表示与 S 相关的普通迭代器类型,迭代器指向元素的类型为 T。

S::const_iterator　表示与 S 相关的常迭代器类型,迭代器指向元素的类型为 const T,因此只能通过迭代器读取元素,不能通过迭代器改写元素。

当 s1 是常量时,使用 s1.begin()或 s1.end()返回的迭代器的类型就是 S::const_iterator,否则是 S::iterator。为支持 auto 用法,C++ 11 标准提供了 s1.cbegin()和 s1.cend()方式用以明确返回容器的常迭代器,当使用迭代器不需要写访问时,建议使用 c 开头的常迭代器以保证容器元素不被改变。

容器作为一种 STL 的概念,有许多子概念。10.1.2 小节已经提到过,容器分为顺序容器和关联容器,这就是容器的两个子概念,这种划分是基于容器中元素的组织方式的。另一方面,按照与容器所关联的迭代器类型划分,容器又具有"可逆容器"这一子概念,可逆容器又具有"随机访问容器"这一子概念(如图 10-3 所示)。

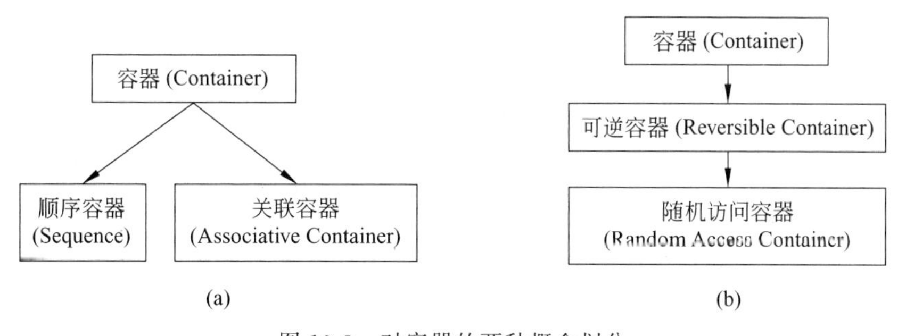

图 10-3　对容器的两种概念划分

使用一般容器的 begin()或 end()成员函数所得到的迭代器都是前向迭代器,也就是说可以对容器的元素进行单向的遍历。而可逆容器所提供的迭代器是双向迭代器,可以对容器的元素进行双向的遍历。

提示　事实上,STL 提供的标准容器都至少是可逆容器,但有些非标准的模板库提供诸如 slist(单向链表)这样的仅提供前向迭代器的容器。

对一个可逆容器进行逆向遍历时,可以通过对其迭代器使用"--"运算来进行,但有时这样做不够方便,因为 STL 算法的输入都是用正向区间来表示的。为此,STL 为每个可逆容器都提供了逆向迭代器,逆向迭代器可以通过下面的成员函数得到。

s1.rbegin()　得到指向容器的最后一个元素的逆向迭代器。

s1.rend()　　得到指向容器的第一个元素的前一个位置的逆向迭代器。

逆向迭代器的类型名的表示方式如下。

S::reverse_iterator　　　　表示与 S 相关的普通迭代器类型,迭代器指向元素的类型为 T。

S::const_reverse_iterator　表示与 S 相关的常迭代器类型,迭代器指向元素的类型为 const T,因此只能通过迭代器读取元素,不能通过迭代器改写元素。

逆向迭代器实际上是普通迭代器的适配器,逆向迭代器的"++"运算被映射为普通迭代器的"--",逆向迭代器的"--"被映射为普通迭代器的"++"。例如,如果希望把一个整型向量容器 s1 的内容逆向输出到标准输出,可以用下面的语句:

```
copy(s1.rbegin(), s1.rend(), ostream_iterator<int>(cout, " "));
```

细节　一个迭代器和它的逆向迭代器之间可以相互转换。逆向迭代器类型都有一个构造函数,用它可以构造一个迭代器的逆向迭代器。例如,若 p1 是 S::iterator 类型的迭代器,则使用表达式 S::reserve_iterator(p1)可以得到与 p1 对应的逆向迭代器。另一方面,逆向迭代器提供一个成员函数 base,用它可以得到用于构造该逆向迭代器的那一个迭代器,例如,若 r1 是一个通过 S::reverse_iterator(p1)构造的逆向迭代器,那么就有 r1.base()==p1。r1 和 p1 并不是指向同一个元素,r1 指向的元素总是与 p1-1 所指向的元素相同。事实上,调用一个可逆容器实例 s1 的成员函数 rbegin()和 rend()得到的迭代器就是分别通过 end()和 begin()来构造的,它们之间有如下的等式关系:

```
s1.rbegin()==S::reverse_iterator(s1.end()), s1.rbegin().base()==s1.end()
s1.rend()==S::reverse_iterator(s1.begin()), s1.rend().base()==s1.begin()
```

随机访问容器所提供的迭代器是随机访问迭代器,支持对容器的元素进行随机访问。使用随机访问容器,可以直接通过一个整数来访问容器中的指定元素:

s1[n]　获得容器的第 n 个元素,等价于 s1.begin()[n]。

表 10-1 给出 STL 中 7 种容器所属概念和使用它们时需要包含的头文件。

表 10-1　STL 中各容器头文件和所属概念

容器名	中文名	头文件	所属概念
vector	向量	<vector>	随机访问容器,顺序容器
deque	双端队列	<deque>	随机访问容器,顺序容器
list	列表	<list>	可逆容器,顺序容器
forward_list	单向链表	<forward_list>	单向访问容器,顺序容器
array	数组	<array>	随机访问容器,顺序容器
set	集合	<set>	可逆容器,关联容器
multiset	多重集合	<set>	可逆容器,关联容器
map	映射	<map>	可逆容器,关联容器
multimap	多重映射	<map>	可逆容器,关联容器

续表

容器名	中文名	头文件	所属概念
unordered_set	无序集合	<unordered_set>	可逆容器,关联容器
unordered_multiset	无序多重集合	<unordered_set>	可逆容器,关联容器
unordered_map	无序映射	<unordered_map>	可逆容器,关联容器
unordered_multimap	无序多重映射	<unordered_map>	可逆容器,关联容器

10.4 顺序容器

10.4.1 顺序容器的基本功能

STL 中的顺序容器包括向量(vector)、双端队列(deque)、列表(list)、单向链表(forward_list)和数组(array)。除了固定大小的 array 以外,它们在逻辑上可看作一个长度可扩展的数组,容器中的元素都线性排列,程序员可以随意决定每个元素在容器中的位置,可以随时向指定位置插入新的元素和删除已有的元素。每种类型的容器都是一个类模板,都具有一个模板参数,表示容器的元素类型,该类型必须符合 Assignable 这一概念(即具有公有的复制构造函数并可以用"="赋值)。

下面分别介绍它们的几类基本功能,由于 array 对象的大小固定,不支持添加或删除元素大小,forward_list 有特殊的添加和删除操作,下面列出的基本功能不包含这两种容器。我们仍然用 S 表示容器类型名,用 s 表示 S 类型的实例,用 T 表示 S 容器的元素类型,用 t 表示 T 类型的一个实例,用 n 表示一个整型数据,用 p1 和 p2 表示指向 s 中的元素的迭代器,用 q1 和 q2 表示任何指向 T 类型元素的输入迭代器(未必指向 S 中的元素,也未必具有 S::iterator 类型),args 表示 T 类型构造函数的参数。对于容器所具有的通用功能已在 10.3 节给出,这里不再列出。

1. 构造函数

顺序容器除了具有默认构造函数(已在 10.3 节介绍)外,还可以使用给定的元素构造,也可以使用已有迭代器的区间所表示的序列来构造。

S s(n, t);　　构造一个由 *n* 个 t 元素构成的容器实例 s。

S s(n);　　构造一个有 *n* 个元素的容器实例 s,每个元素都是 T()。

S s(q1, q2);　　使用将[q1, q2)区间内的数据作为 s 的元素构造 s。

2. 赋值函数

可以使用下面成员函数 assign 将指定的元素赋给顺序容器,顺序容器中原先的元素会被清除,赋值函数的 3 种形式是与构造函数一一对应的。

s.assign(n, t)　　赋值后的容器由 *n* 个 t 元素构成。

s.assign(n)　　赋值后的容器有 *n* 个元素的容器实例 s,每个元素都是 T()。

s.assign(q1, q2)　　赋值后的容器的元素为 [q1, q2)区间内的数据。

3. 元素的插入

向顺序容器中可以一次插入一个或多个指定元素,也可以将一个迭代器区间所表示的序列插入,插入时需要通过一个指向当前容器元素的迭代器来指示插入位置。返回值为指向新插入的元素中第一个元素的迭代器。

s.insert(p1, t)　　在 s 容器中 p1 所指向的位置插入一个新的元素 t,插入后的元素夹在原 p1 和 p1−1 所指向的元素之间,该函数会返回一个迭代器指向新插入的元素。

s.insert(p1, n, t)　　在 s 容器中 p1 所指向的位置插入 n 个新的元素 t,插入后的元素夹在原 p1 和 p1−1 所指向的元素之间,没有返回值。

s.insert(p1, q1, q2)　　将[q1, q2)区间内的元素顺序插入到 s 容器中 p1 位置处,新元素夹在原 p1 和 p1−1 所指向的元素之间。

s.emplace(p1, args)　　将参数 args 传递给 T 的构造函数构造新元素 t,在 s 容器中 p1 所指向的位置插入该元素,插入后的元素夹在原 p1 和 p1−1 所指向的元素之间,该函数会返回一个迭代器指向新插入的元素。

4. 元素的删除

使用下面的函数可以从容器中删除指定元素或清空容器。删除指定元素时需要通过指向当前容器元素的迭代器来指示被删除元素的位置或区间:

s1.erase(p1)　　删除 s1 容器中 p1 所指向的元素,返回被删除的下一个元素的迭代器。

s1.erase(p1, p2)　　删除 s1 容器中[p1, p2)区间内的元素,返回最后一个被删除的元素的下一个元素的迭代器(即在删除前 p2 所指向元素的迭代器)。

5. 改变容器的大小

可以通过下面的函数改变容器的大小:

s1.resize(n)　将容器的大小变为 n,如果原有的元素个数大于 n,则容器末尾多余的元素会被删除;如果原有的元素个数小于 n,则在容器末尾会用 T()填充。

6. 首尾元素的直接访问

可以通过顺序容器的成员函数快捷地访问容器的首尾元素:

s.front()　获得容器首元素的引用。

s.back()　获得容器尾元素的引用(不包括 forward_list)。

7. 在容器尾部插入、删除元素

虽然说使用 insert 成员函数可以在任何位置插入元素,使用 erase 成员函数可以删除任何位置的元素,但由于在顺序容器尾部插入、删除元素的操作更为常用,因此 STL 提供了更加便捷的成员函数:

s.push_back(t)　　向容器尾部插入元素 t。

s.emplace_back(args)　　将参数 args 传递给 T 的构造函数构造新元素 t,向容器尾部插入该元素。

s.pop_back()　　将容器尾部的元素删除。

8. 在容器头部插入、删除元素

列表 list 和双端队列 deque 两个容器支持高效地往容器头部插入新的元素或删除容器头部的元素,但是向量容器 vector 不支持。支持这一操作的概念构成了“前插顺序容器”(FrontInsertionSequence)这一概念,它是“顺序容器”的子概念。这些操作包括:

s.push_front(t)　　向容器头部插入元素 t。

s.emplace_front(args)　将参数 args 传递给 T 的构造函数构造新元素 t，向容器头部插入该元素。

s.pop_front()　删除容器头部的元素 t。

9. 容器的列表初始化

C++ 11 标准支持顺序容器的列表初始化方式，通过列表初始化的方式可直接用一个列表的元素实例来创建一个新的顺序容器对象，并隐式将列表元素个数指定为新建容器大小（定长数组 array 需指定大小）。初始化方法示例如下：

```
list<int>numberSeq={1,4,5,7} 包含 4 个 int 元素的列表容器对象
vector<string>strs={"Hello","World!"} 包含 2 个 string 元素的向量容器对象
```

提示　向量容器 vector 不属于前插顺序容器，但也可以直接插入或删除头部的元素，办法是调用 insert 或 erase 函数。由于 vector 内部的存储结构，执行这两个操作远没有执行 list 或 deque 的 push_front 和 pop_front 高效，这是 STL 的设计者不将其作为前插顺序容器的原因。前插顺序容器，都能够高效地插入或删除头部元素。

下面通过一个简单的例子来帮助读者熟悉顺序容器的几种基本操作。

例 10-4　顺序容器的基本操作。

```
//10_4.cpp
#include <iostream>
#include <list>
#include <deque>
#include <iterator>
using namespace std;

//输出指定的整型顺序容器的元素
template <class T>
void printContainer(const char* msg, const T& s) {
    cout<<msg<<": ";
    copy(s.begin(), s.end(), ostream_iterator<int>(cout, " "));
    cout<<endl;
}

int main() {
    //从标准输入读入 10 个整数，将它们分别从 s 的头部加入
    deque<int>s;
    for (int i=0; i<10; i++) {
        int x;
        cin>>x;
        s.push_front(x);
    }
    printContainer("deque at first", s);

    //用 s 容器的内容的逆序构造列表容器 l
    list<int>l(s.rbegin(), s.rend());
    printContainer("list at first", l);
```

```
    //将列表容器 l 的每相邻两个容器顺序颠倒
    list<int>::iterator iter=l.begin();
    while (iter !=l.end()) {
        int v= * iter;                  //得到一个元素
        iter=l.erase(iter);             //将该元素删除,得到指向下一个元素的迭代器
        l.insert(++iter, v);            //将刚刚删除的元素插入下一个位置
    }
    printContainer("list at last", l);

    //用列表容器 l 的内容给 s 赋值,将 s 输出
    s.assign(l.begin(), l.end());
    printContainer("deque at last", s);

    return 0;
}
```

运行结果：

```
0 9 8 6 4 3 2 1 5 4
deque at first: 4 5 1 2 3 4 6 8 9 0
list at first: 0 9 8 6 4 3 2 1 5 4
list at last: 9 0 6 8 3 4 1 2 4 5
deque at last: 9 0 6 8 3 4 1 2 4 5
```

该程序首先创建了一个双端队列容器 s,然后从标准输入流读入了 10 个整数,分别把它们从 s 的头部插入,因此最后 s 容器的元素顺序刚好是输入数据的反序。接下来,使用了 s 容器的逆向迭代器 rbegin 和 rend 构造了列表容器 l,可以看出 l 容器中元素的顺序与 s 容器刚好相反。最后,使用迭代器 iter 在 l 容器中遍历,对每两个元素分别执行删除和插入操作,图 10-4 给出了直观的图示,最后达到的效果是将列表中的元素位置两两交换。最后再使用顺序容器的 assign 成员函数给 s 赋值,最终 s 的值和 l 是一样的。

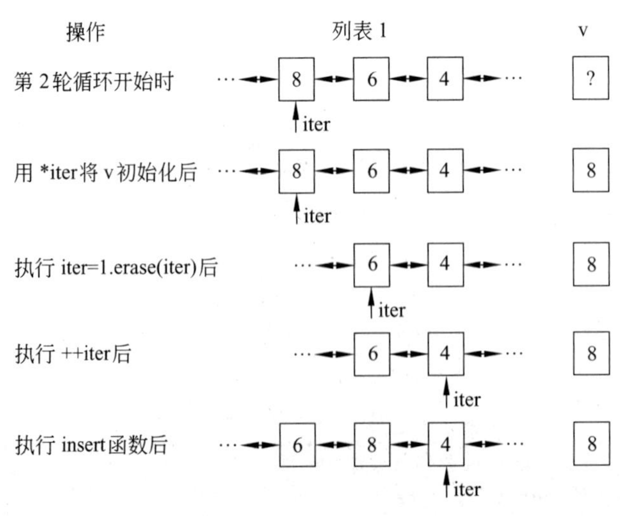

图 10-4　例 10-4 程序中执行列表插入、删除操作的过程图示

10.4.2　5 种顺序容器的特性

虽然顺序容器有很多共同的操作,但由于它们具有不同的数据存储结构,使用它们执行相同的操作时有不同的执行效率。另外,在执行插入、删除等操作时,它们所产生的后果也并不完全相同,例如在向量容器中插入新元素有事会使所有迭代器失效,而向列表容器插入新元素不会使任何迭代器失效。此外,每类顺序容器都有自己独特的成员函数。下面将结合 5 种容器的数据存储结构,讨论它们各自的特性。

1. 向量

向量(vector)容器是一种支持高效的随机访问和高效向尾部加入新元素的容器。向量容器一般实现为一个动态分配的数组,向量中的元素连续地存放在这个数组中,因此对向量容器进行随机访问,具有和动态访问动态数组几乎一样的效率。

在使用动态数组时,必须在用 new 分配空间时指定数组的大小,并不能够在使用过程中将其空间动态扩展,但向量容器具有动态扩展容器大小的功能,这是如何实现的呢?事实上,当数组的空间不够时,向量容器对象会自动用 new 分配一块更大的空间,使用赋值运算符"="将原有的数据分别复制到新的空间中,并将原有的空间释放。然而,如果每插入一个新的元素,向量容器都将"分配新空间—复制元素—释放原空间"的过程执行一遍,那么效率会低得难以接受,因此向量容器在每次扩展空间时,实际分配的空间一般大于所需的空间。另一方面,将已有元素从向量容器中删除时,多出的闲置空间并不会被释放,因为再插入新的元素时可能会重新占用这些空间。因此,向量容器对象已分配的空间所能容纳的元素个数,常常会大于容器中实际有效的元素个数,前者叫作向量容器的容量(capacity),后者叫作向量容器的大小(size),如图 10-5 所示。获得向量容器的大小通过各容器通用的 size 成员函数即可,此外,向量容器提供了两个与容量有关的函数,若 s 是一个向量容器的实例,n 是一个整型数据:

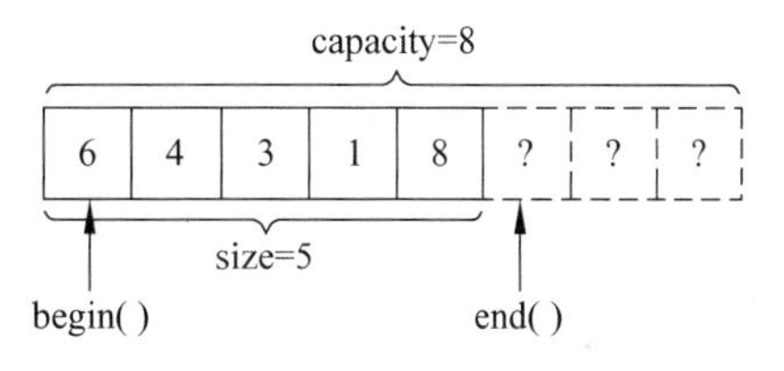

图 10-5　向量容器的存储结构

s.capacity()　返回 s 的容量。

s.reserve(n)　若当前的容量大于或等于 n,什么也不做,否则扩大 s 的容量,使得 s 的容量不小于 n。

技巧　如果在准备向向量容器中插入大量数据之前,能够粗略估计出插入元素之后向量元素的大小,就可以在插入前使用 reserve 函数来确保这部分空间被分配,避免在插入过程中多次重新分配空间,提高效率。

向量容器中插入新元素时,插入位置之后的元素都要被顺序向后移动(使用"="运算符),因此在总体上向量容器的插入操作的效率并不高,插入位置越靠前,执行插入所需的时间就越多,在向量容器尾部插入元素的效率还是比较高的。如果插入操作(也包括使用 push_back 向末尾加入新元素)引起了向量容量的扩展,那么在执行插入之前所获得的一切迭代器和指向向量元素的指针、引用都会失效(因为空间被重新分配了,元素的内存地址发生了改变);如果插入操作未引起向量容器容量的扩展,那么只有处于插入位置之后的迭代器和指针、引用会失效(因为这些元素被移动了),对插入位置之前的元素不会有影响。所谓

“失效”,是指继续使用这样的迭代器或指针,结果是不确定的。我们通过下面的例子来解释“失效”的概念。

```
vector<int>s;                                   //定义一个向量容器 s
s.reserve(3);                                   //确保 s 至少具有 3 的容量
s.push_back(1);                                 //将元素 1 加入 s 的末尾
s.push_back(2);                                 //将元素 2 加入 s 的末尾
vector<int>::iterator iter1=s.begin();          //iter1 是指向容器第 1 个元素的迭代器
int * p1=&s[0];                                 //p1 是指向容器第 1 个元素的指针
vector<int>::iterator iter2=s.begin()+1;        //iter2 是指向容器第 2 个元素的迭代器
int * p2=&s[1];                                 //p2 是指向容器第 2 个元素的指针
s.insert (s.begin()+1, 3);                      //在容器的第 2 个元素前插入新的元素 3
cout<< * iter1<<" "<< * p1<<endl;               //这是正确的,可以得到结果"1 1"
cout<< * iter2<<" "<< * p2<<endl;         //这是错误的,iter2 和 p2 均已失效,结果不确定
```

以上的例子中,由于事先通过 reserve 函数确保了容器至少有能够容纳 3 个元素的空间,执行 insert 函数时肯定不会发生容量的扩展,因此在第 2 个元素之前插入新的元素,不会引起指向第 1 个元素的迭代器 iter1 和指针 p1 失效。然而,由于 iter2 和 p2 指向的元素在插入位置以后,因此执行插入操作后,iter2 和 p2 在被重新赋值之前就不能够使用了。其实,向容器中插入了 3 以后,原先第 2 个元素的位置由 2 变成了 3,那么这时能否把 iter2 或 p2 当作指向这个新元素 3 的迭代器或指针来使用呢?事实上,在很多环境中,上面程序的最后一条语句的输出结果就是“3 3”,但这种结果是不受 C++ 标准保障的,不同的编译环境中的 STL 库具有不同的实现,一个标准的程序应当只依赖于 C++ 标准而不依赖于对标准的具体实现,否则在一个编译环境下正确的代码未必能够在另一个编译环境下正确,甚至在同一个编译环境的前后两个不同版本中,结果都未必相同。

删除向量中的元素时,被删除元素后面的元素都会被向前移动,将被删去元素留下的空位补上,删除操作的效率和插入类似,被删除元素越靠前,删除所需的时间就越多。删除操作不会引起向量容器容量的改变,因此被删除元素之前的迭代器和指针、引用都能够继续使用,而删除元素之后的迭代器和指针、引用都会失效。

vector 容器通过初始化和 reserve 函数指定可容纳元素个数,或在插入新元素时自动扩容后,可能存在一定空间未使用的情况。标准库提供了 shrink_to_fit 函数来实现将 vector 容器对象中未使用的元素空间回收的功能,即使得容器的 capacity 函数与获取元素个数的 size 函数的返回值相等。shrink_to_fit 函数同样适用于 string 和即将介绍的双端队列 deque。

技巧　删除向量容器的元素时,并不会使空闲的空间被释放,这时可以使用下面的语句达到释放多余空间的目的(s 表示目的容器,T 表示容器的元素类型):

```
vector<T>(s.begin(), s.end()).swap(s);
```

即首先用 s 的内容创建一个临时的向量容器对象,再将该容器和 s 交换,这时 s 原先占有的空间已经属于了临时对象,该语句执行完成后临时对象会被析构,空间被释放。

2. 双端队列

双端队列(deque)是一种支持向两端高效地插入数据、支持随机访问的容器。双端队列

的内部实现不如向量容器那样直观，在很多的 STL 实现中，双端队列的数据被表示为一个分段数组，容器中的元素分段存放在一个个大小固定的数组中，此外容器还需要维护一个存放这些数组首地址的索引数组（如图 10-6 所示）。

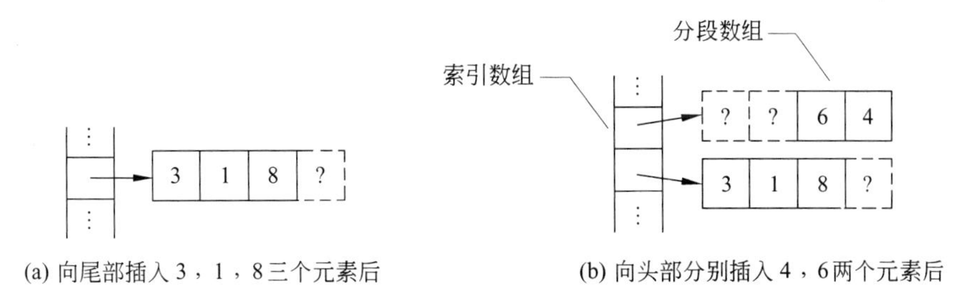

图 10-6　双端队列容器中元素的通常存储结构

由于分段数组的大小是固定的，且它们的首地址被连续存放在索引数组中，因此可以对双端队列进行随机访问，但这种随机访问的效率比起向量容器要低很多。向两端加入新元素时（包括使用 push_front 或 push_back，也包括对 begin() 或 end() 使用 insert 函数），如果这一端的分段数组未满，则可以直接加入，如果这一端的分段数组已满，只需创建新的分段数组，并把该分段数组的地址加入索引数组中即可。无论哪种情况都不需要对已有元素进行移动，因此在双端队列的两端加入新的元素都具有较高的效率。执行向两端加入元素的操作时，会使所有的迭代器失效，但是不会使任何指向已有元素的指针、引用失效，指针和引用不会失效是因为向两端加入新元素不会改变已有元素在分段数组中的位置，而迭代器之所以会失效，是因为向两端插入新元素可能会引起索引数组中已有元素位置的改变（例如索引数组被重新分配），而迭代器需要依赖索引数组。

当删除双端队列容器两端的元素时（包括使用 pop_front 或 pop_back，也包括对 begin() 或 end() − 1 使用 erase 函数），由于不需要发生元素的移动，效率也是非常高的。执行删除操作时，只会使被删除元素的迭代器或指针、引用失效，而不会影响其他元素的迭代器或指针、引用。

当向双端队列的中间插入新元素时，需要将插入点到某一端之间的所有元素向容器的这一端移动，因此向中间插入元素的效率较低，而且往往插入位置越靠近中间，效率越低。这样的插入操作不仅会使所有的迭代器失效，也会使所有的指针、引用失效，这是因为向中间插入的操作会移动已有元素，并且向哪一端移动是依 STL 的实现而定的。当删除双端队列中间的元素时，情况也类似，由于被删除元素到某一端之间的所有元素都要向中间移动，删除的位置越靠近中间，效率越低，删除操作也会使所有迭代器和指针、引用失效。

例 10-5　奇偶排序。

电影院的座位都是奇数列号和偶数列号的分布在两侧，中间的列号最小，两边的列号最大，下面的程序从标准输入读入若干个列号，按照从左到右的顺序将它们输出（即先按照从大到小顺序输出奇数，再按照从小到大顺序输出偶数）。

```
//10_5.cpp
#include <vector>
#include <deque>
```

```
#include <algorithm>
#include <iterator>
#include <iostream>
using namespace std;

int main() {
    istream_iterator<int>i1(cin), i2;   //建立一对儿输入流迭代器
    vector<int>s1(i1, i2);              //通过输入流迭代器从标准输入流中输入数据
    sort(s1.begin(), s1.end());         //将输入的整数排序
    deque<int>s2;
    //以下循环遍历 s1
    for (vector<int>::iterator iter=s1.begin(); iter !=s1.end();++iter) {
        if (*iter%2==0)                 //偶数放到 s2 尾部
            s2.push_back(*iter);
        else                            //奇数放到 s2 首部
            s2.push_front(*iter);
    }
    //将 s2 的结果输出
    copy(s2.begin(), s2.end(), ostream_iterator<int>(cout, " "));
    cout<<endl;
    return 0;
}
```

运行结果：

```
4 3 1 9 6 11 2 5
11 9 5 3 1 2 4 6
```

以上程序综合运用了向量容器 vector 和双端队列容器 deque。它先构造了两个输入迭代器 i1 和 i2,从标准输入得到一个整数序列,用这个序列构造向量容器 s1。然后用 sort 算法将 s1 排序,并创立一个双端队列容器 s2。下面的一个循环中,以迭代器 iter 作为循环变量,顺序遍历 s1 的每一个元素,把碰到的偶数元素都从尾部插入到 s2 容器中,把碰到的奇数元素都从头部插入到 s2 容器中。最后用 copy 算法将 s2 的内容输出。

该程序综合利用了向量容器和双端队列容器的优势。对向量容器进行随机访问的效率特别高,而 sort 算法需要进行大量随机访问操作,因此排序时适宜使用向量容器。而将奇偶数分开,需要向容器两端插入元素,双端队列容器能够提供最高的效率。

3. 列表

列表(list)是一种不能随机访问但可以高效地在任何位置插入和删除元素的容器。本书在 9.2.3 小节曾经介绍过链表这样一种线性群体,列表容器一般就是实现为一个链表。但 9.2.3 小节所介绍的链表中,每个结点只有一个指向下一个结点的指针,这样的链表称为单向链表,只支持单向遍历。而列表容器属于可逆容器,它支持双向遍历,因此每个结点还需要增加指向上一个结点的指针,这种链表称为双向链表(如图 10-7 所示)。

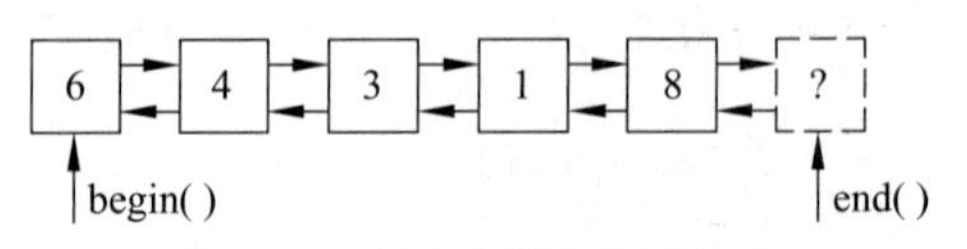

图 10-7　列表容器的存储结构

在列表中插入一个新的元素,只需要为新的元素建立一个新的链表结点,并修改前后两个结点的指针,而无须移动任何已有元素,因此在列表中插入新元素的效率很高,而且不会使任何已有元素的迭代器和指针、引用失效。删除列表中的元素时,需要释放被删除元素结点所占用的空间,然后修改前后两个结点的指针,也无须移动任何元素,效率很高,执行删除操作时只会使指向被删除元素的迭代器和指针、引用失效,而不会影响其他的迭代器或指针、引用。

列表容器还支持一种特殊的操作——接合(splice),所谓接合是指将一个列表容器的一部分连续的元素从该列表中删除后插入到另一个列表容器中。执行这一操作比起先对这些元素在第一个列表中执行删除,再将它们插入到第二个列表中要更加高效。设 s1 和 s2 分别是两个 list<T>类型的列表容器实例,p 是指向 s1 元素的迭代器,q1 和 q2 是指向 s2 元素的迭代器,下面是 splice 成员函数的几种形式。

s1.splice(p, s2)　　将 s2 列表的所有元素插入到 s1 列表中 p－1 和 p 之间,将 s2 列表清空。

s1.splice(p, s2, q1)　　将 s2 列表中 q1 所指向的元素插入到 s1 列表中 p－1 和 p 之间,将 q1 所指向的元素从 s2 列表中删除。

s1.splice(p, s2, q1, q2)　　将 s2 列表中[q1, q2)区间内的所有元素插入到 s1 列表中 p－1 和 p 之间,将[q1, q2)区间内的元素从 s2 列表中删除。

执行接合操作时,原先指向被接入 s1 列表中的那些元素的迭代器和指针、引用都会失效,其他的迭代器或指针、引用不会受到影响。

列表容器还支持其他特殊的操作,其中有很多是与一定的 STL 算法相对应的,例如删除(remove)、条件删除(remove_if)、排序(sort)、去重(unique)、归并(merge)、倒序(reverse)等,但由于列表容器存储结构的特殊性,直接使用这些 STL 算法并不能把达到最高的效率,因此这些算法提供了专门针对列表容器的版本,作为列表容器的成员函数。

例 10-6　列表容器的 splice 操作。

```
//10_6.cpp
#include <list>
#include <iterator>
#include <string>
#include <iostream>
using namespace std;

int main() {
    string names1[]={"Alice", "Helen", "Lucy", "Susan"};
    string names2[]={"Bob", "David", "Levin", "Mike"};
    list<string>s1(names1, names1+4);     //用 names1 数组的内容构造列表 s1
    list<string>s2(names2, names2+4);     //用 names2 数组的内容构造列表 s2

    //将 s1 的第一个元素放到 s2 的最后
    s2.splice(s2.end(), s1, s1.begin());
    list<string>::iterator iter1=s1.begin();     //iter1 指向 s1 首
    advance(iter1, 2);       //iter1 前进 2 个元素,它将指向 s1 第 3 个元素
    list<string>::iterator iter2=s2.begin();     //iter2 指向 s2 首
    ++iter2;                 //iter2 前进 1 个元素,它将指向 s2 第 2 个元素
```

```
    list<string>::iterator iter3=iter2;          //用 iter2 初始化 iter3
    advance(iter3, 2);        //iter3 前进 2 个元素,它将指向 s2 第 4 个元素
    //将[iter2, iter3)范围内的结点接到 s1 中 iter1 指向的结点前
    s1.splice(iter1, s2, iter2, iter3);

    //分别将 s1 和 s2 输出
    copy(s1.begin(), s1.end(), ostream_iterator<string>(cout, " "));
    cout<<endl;
    copy(s2.begin(), s2.end(), ostream_iterator<string>(cout, " "));
    cout<<endl;
    return 0;
}
```

运行结果：

```
Helen Lucy David Levin Susan
Bob Mike Alice
```

以上程序中，首先使用两个 string 型数组构造了两个列表容器 s1 和 s2，然后通过对 s2 调用 splice 函数将 s1 的第一个元素放到了 s2 的最后，执行完这一步操作后，两个列表的内容为：

```
s1:    Halen    Lucy    Susan
s2:    Alice    Bob     David    Levin    Mike
```

下面是一系列迭代器操作，iter1 会指向 s1 的第 3 个元素"Susan"，iter2 会指向 s2 的第 2 个元素"Bob"，iter3 会指向 s2 的第 4 个元素"Levin"，然后对 s1 调用 splice 函数，将[iter2，iter3)范围内带的元素"Bob"和"David"移动到了 iter1 所指向的"Susan"之前，就得到了最后的结果。

4. 单向链表和数组

单向链表(forward_list)和数组(array)是 C++ 11 标准中新增的两个顺序容器，可分别看作是 list 和第 6 章提到的内置数组的补充。forward_list 的设计目标是达到与最好的手写的单向链表数据结构相当的性能，其不支持 size 操作；array 是对内置数组的封装，提供了更安全，更方便地使用数组的方式，与内置数组一样，array 的对象的大小是固定的，定义时除了需要指定元素类型，还需要指定容器大小。

forward_list 有特殊版本的 insert 和 erase 操作。与 list 不同，它是一个单向链表，每个结点只有指向下个结点的指针，我们没有简单的方法来获取一个结点的前驱，而在添加或删除一个元素时，需要访问其前驱并改变前驱的链接。因此，forward_list 的添加或删除操作是通过改变给定元素之后的元素完成的。forward_list 未定义 insert、emplace 和 erase 操作，而定义了 insert_after、emplace_after 和 erase_after 操作，其参数与 list 的 insert、emplace 和 erase 相同，但并不是插入或删除迭代器 p1 所指的元素，而是对 p1 所指元素之后的结点进行操作。例如想要删除 forward_list 中位于第 3 个位置处的元素，应用指向第二个元素的迭代器调用 erase_after。

之前介绍的容器操作几乎都不适用于 array，array 不能动态地改变容器大小，在定义 array 时需要显示的指明容器大小：

```
array<int, 10>arr;            //arr 为保存 10 个 int 类型的数组
array<string, 20>astr;        //astr 为保存 20 个 string 类型的数组
```

由于大小是 array 类型的一部分，因此不支持普通容器的构造函数；与其他容器不同，一个默认构造的 array 是非空的：它包含与其大小一样多的元素，这些元素都被默认初始化了，这与内置数组是一样的，如果使用列表初始化，初始值的数目必须等于或小于 array 的大小。我们需要注意的是，虽然不能对内置数组类型进行复制或对象赋值操作，但 array 并无此限制。

5. 顺序容器的比较

STL 所提供的 5 种顺序容器各有所长也各有所短，没有一种万能的容器，在编写程序时应当根据我们对容器所需要执行的操作来决定选择哪一种容器。例如，如果需要执行大量的随机访问操作，而且当扩展容器时只需要向容器尾部加入新的元素，就应当选择向量容器 vector；如果需要少量的随机访问操作，需要在容器两端插入或删除元素，则应当选择双端队列容器 deque；如果不需要对容器进行随机访问，但是需要在中间位置插入或者删除元素，就应当选择列表容器 list 或 forward_list；array 相对于第 6 章介绍的内置数组类型而言，是一种更安全、更容易使用的数组类型。表 10-2 总结了几种顺序容器的差异，array 容器与其他顺序容器不同，由于其对象大小是固定的，不支持添加和删除元素以及改变容器大小等操作，因此不放入表中比较。

提示　表 10-2 中所说的快与慢是指平均情况下的，例如在多数情况下用 push_back 向向量容器中插入新元素时不需要容量扩展，这时是非常快的，但在少数情况下需要容量扩展，这时会相当慢，但由于后者发生的频率很低，因此平均情况下向量容器的 push_back 操作是很快的。感兴趣的读者可以参考有关算法书籍中对“平摊分析(amortized analysis)”的介绍。

表 10-2　STL 中顺序容器的特性比较(不包括 array)

操作	向量(vector)	双端队列(deque)	列表(list)	单向链表(forward_list)
随机访问	快	较慢	不能	不能
头部插入(push_front)	没有 push_front，只能用 insert 完成	快 已有迭代器失效，已有指针、引用不会失效	快 已有迭代器、指针、引用都不会失效	
头部删除(pop_front)	没有 pop_front，只能用 erase 完成	快 只会使被删除元素的迭代器、指针、引用失效	快 只会使被删除元素的迭代器、指针、引用失效	
尾部插入(push_back)	快 当发生容量扩展时，会使所有已有的迭代器、指针、引用失效，否则不会受到任何影响	快 已有迭代器失效，已有指针、引用不会失效	快 已有迭代器、指针、引用都不会失效	没有 push_back

续表

操作	向量(vector)	双端队列(deque)	列表(list)	单向链表(forward_list)
尾部删除(pop_back)	快 只会使被删除元素的迭代器、指针、引用失效	快 只会使被删除元素的迭代器、指针、引用失效	快 只会使被删除元素的迭代器、指针、引用失效	没有 pop_back
任意位置插入(insert)	插入位置越接近头部越慢 当发生容量扩展时,会使所有迭代器、指针、引用失效,否则之后会使插入位置之后的迭代器、指针、引用失效	插入位置越接近中间越慢 会使所有迭代器、指针、引用失效	快 已有迭代器、指针、引用都不会失效	快
任意位置删除(erase)	删除位置越接近头部越慢 只会使删除位置之后的迭代器、指针发、引用失效	删除位置越接近中间越慢 会使所有迭代器、指针、引用失效	快 只会使被删除元素的迭代器、指针、引用失效	

表10-2中insert操作的声明为iterator insert(iterator pos, const T& value),在pos位置插入后,返回的是新插入元素的迭代器,即可以实现在当前位置不断插入新元素。具体可通过如下示例理解:

```
string word;
list<string>words;
auto it_begin=words.begin();
while(cin>>word) it_begin=words.insert(it_begin, word);
```

如上代码实现对字符串列表容器对象words通过insert操作在头部不断插入新元素的功能,此处位置可更换成列表中任意元素位置。

10.4.3 顺序容器的插入迭代器

在顺序容器(不包括array)中插入元素,除了使用insert、push_front和push_back函数外,还可以通过插入迭代器。插入迭代器是一种适配器,使用它可以通过输出迭代器的接口来向指定元素的指定位置插入元素,因而如果在调用STL算法时使用输出迭代器,可以将结果顺序插入到容器的指定位置,而无须覆盖已有的元素。输出迭代器有3种:

```
template <class Container>class front_insert_iterator;
template <class Container>class back_insert_iterator;
template <class Container>class insert_iterator;
```

它们都把一个容器类型作为模板参数,分别用于向指定容器头部、尾部和中间某个指定位置插入元素。其中front_insert_iterator只适用于前插顺序容器(双端队列和列表),而

back_insert_iterator 和 insert_iterator 适用于所有顺序容器。

插入迭代器的实例可以通过构造函数来构造，但一般无须直接调用构造函数，而是可以通过下面的 3 个辅助函数：

```
template <class Container>
front_insert_iterator<Container>front_inserter(Container& s);
```

或

```
template <class Container>
back_insert_iterator<Container>back_inserter(Container& s);
```

或

```
template <class Container, class Iterator>
insert_iterator<Container>inserter(Container& s, Iterator i);
```

习惯　*使用辅助函数与直接使用构造函数的优点在于，辅助函数是一般的函数模板，调用时可以自动推导类型参数而无须显式将其给出，从而使代码变得更简短，因此人们一般用辅助函数代替构造函数。*

以上几个函数中的 s 参数表示插入元素的容器，最后一个函数的 i 参数表示插入元素的位置。例如，如果要将从标准输入得到的整数插入容器 s 的末尾，可以通过一条语句来完成：

```
copy(istream_iterator<int>(cin), istream_iterator<int>(), back_inserter(s));
```

10.4.4　顺序容器的适配器

顺序容器支持在任何位置的插入和删除操作，允许访问容器的任一个元素，但有时我们并不需要对容器进行如此灵活的操作，而是希望按照指定的顺序来访问和删除容器中的元素。请读者回顾一下 9.2.4 小节和 9.2.5 小节介绍过的两类顺序群体——栈和队列，栈是先进后出(FILO)的，即最先被压入栈的元素总是最后被弹出，而队列是先进先出(FIFO)的，即最先入队的元素总是最先出队。

其实，用顺序容器也可以实现栈和队列的功能，例如，如果建立一个顺序容器，只使用 push_back、pop_back 和 back 三个成员函数，就可以把该容器当成了一个栈来使用——用 push_back 将新元素压入栈，用 pop_back 将栈顶的元素弹出，用 back 访问栈顶的元素。同样地，如果只使用 push_back、pop_front、front、back 这 4 个成员函数，可以把双端队列或列表当作一个队列来使用。尽管如此，但从封装性的角度来说，这仍然不是栈或队列，因为一旦执行了某些其他操作之后，栈和队列的要求就会被破坏(例如对一个顺序容器执行了 push_front 操作后，它就不再是纯粹的栈)，因此我们需要对顺序容器进行封装。STL 提供了容器适配器栈(stack)和队列(queue)，就是对顺序容器的封装。

栈和队列是两个类模板：

```
template <class T, class Container=deque<T>>class stack;
template <class T, class Container=deque<T>>class queue;
```

模板参数T表示元素类型,第二个模板参数表示基础的容器类型,栈可以用任何一种顺序容器作为基础容器,而队列只允许用前插顺序容器(双端队列或列表)作为基础容器,如果使用时不指定第二个参数,则默认使用双端队列容器。

下面给出它们所共同支持的操作,设S是一种容器适配器类型,设s1、s2是S的两个实例,t是T类型的一个实例,下面是栈和队列所支持的操作:

s1op s2　这里op可以是==、!=、<、<=、>、>=之一,它会对两个容器适配器之间的元素按字典序进行比较。

s.size()　返回s的元素个数。

s.empty()　返回s是否为空。

s.push(t)　将元素t压入到s中。

s.pop()　将一个元素从s中弹出,对于栈来说,每次弹出的是最后被压入的元素,而对于队列,每次被弹出的是最先被压入的元素。

容器适配器不支持迭代器,因为它们不允许对任意元素进行访问,对于栈来说,只有栈顶的元素是可以访问到的:

s.top()　返回栈顶元素的引用。

而对于队列来说,只有队头和队尾的元素是可以访问到的:

s.front()　获得队头元素的引用。

s.back()　获得队尾元素的引用。

例10-7　利用栈反向输出单词。

```
//10_7.cpp
#include <stack>
#include <iostream>
#include <string>
using namespace std;
int main() {
    stack<char>s;
    string str;
    cin>>str;    //从键盘输入一个字符串
    //将字符串的每个元素顺序压入栈中
    for (auto iter=str.begin(); iter !=str.end();++iter)
        s.push(*iter);
    //将栈中的元素顺序弹出并输出
    while (!s.empty()) {
        cout<<s.top();
        s.pop();
    }
    cout<<endl;
    return 0;
}
```

运行结果:

```
congratulations
snoitalutargnoc
```

以上程序从键盘输入一个单词，利用 push 函数将它的每个字符从左到右压入栈中，然后再利用 pop 函数将每个字符从栈中弹出并输出，由于栈是先进后出的，所以最后得到了一个反向的单词。

提示　第 6 章介绍的 string 类事实上也是一种随机访问容器，vector<char>具有的大部分功能它都具有(除了 pop_back 以外)，因此也可以使用迭代器对它进行遍历。

除了栈和队列外，STL 还提供了一种功能强大的容器适配器——优先级队列 priority_queue：

```
template <class T, class Container=vector<T>>class priority_queue;
```

优先级队列的基础容器必须是支持随机访问的顺序容器，因此它必须是向量容器或双端队列容器，默认为向量容器。优先级队列也像栈和队列一样支持元素的压入和弹出，但元素弹出的顺序与压入的顺序无关，而是与元素的大小有关，每次弹出的总是容器中最“大”的一个元素。例如，如果有一个元素类型为 int 的优先级队列，顺序向其中压入元素 2、4、5、3，然后弹出一个元素，这个被弹出的元素应当是 5，因为 5 最大，弹出后还剩下 2、4、3 这几个元素，下一个被弹出的元素会是 4，再下一个是 3，最后是 2。

栈和队列的 size、empty、push、pop 几个成员函数是优先级队列所支持的，用法与栈和队列相同，但优先级队列并不支持比较操作。与栈类似，优先级队列提供一个 top 函数，可以获得下一个即将被弹出元素(即最“大”的元素)的引用。

当容器的元素类型是类、结构体这样的复合数据类型时，“<”运算符必须有定义，优先级队列在默认情况下就是根据“<”运算符来决定元素大小的。

优先级队列常常用于按照时间顺序来模拟一些事件，请看下面的程序。

例 10-8　细胞分裂模拟。

一种细胞在诞生(即上次分裂)后会在 500～2000 秒内分裂为两个细胞，每个细胞又按照同样的规律继续分裂。下面的程序模拟了细胞分裂的过程，会输出每个细胞分裂的时间。

```
//10_8.cpp
#include <queue>
#include <iostream>
#include <cstdlib>
#include <ctime>
using namespace std;

const int SPLIT_TIME_MIN=500;                //细胞分裂最短时间
const int SPLIT_TIME_MAX=2000;               //细胞分裂最长时间

class Cell;
priority_queue<Cell>cellQueue;

class Cell {                                 //细胞类
private:
    static int count;                        //细胞总数
    int id;                                  //当前细胞编号
```

```
    int time;                                   //细胞分裂时间
public:
    Cell(int birth) : id(count++) {             //birth为细胞诞生时间
        //初始化,确定细胞分裂时间
        time=birth+(rand()%(SPLIT_TIME_MAX-SPLIT_TIME_MIN))+SPLIT_TIME_MIN;
    }
    int getId() const {return id;}              //得到细胞编号
    int getSplitTime() const {return time;}     //得到细胞分裂时间
    bool operator <(const Cell& s) const {return time>s.time;}     //定义"<"

    //细胞分裂
    void split() {
        Cell child1(time), child2(time);        //建立两个子细胞
        cout<<time<<"s: Cell #"<<id<<" splits to #"
            <<child1.getId()<<" and #"<<child2.getId()<<endl;
        cellQueue.push(child1);                 //将第一个子细胞压入优先级队列
        cellQueue.push(child2);                 //将第二个子细胞压入优先级队列
    }
};
int Cell::count=0;

int main() {
    srand(static_cast<unsigned>(time(0)));
    int t;                                      //模拟时间长度
    cout<<"Simulation time: ";
    cin>>t;
    cellQueue.push(Cell(0));                    //将第一个细胞压入优先级队列
    while (cellQueue.top().getSplitTime() <=t) {
        cellQueue.top().split();                //模拟下一个细胞的分裂
        cellQueue.pop();                        //将刚刚分裂的细胞弹出
    }
    return 0;
}
```

运行结果:

```
Simulation time: 5000
971s: Cell #0 splits to #1 and #2
1719s: Cell #1 splits to #3 and #4
1956s: Cell #2 splits to #5 and #6
2845s: Cell #6 splits to #7 and #8
3551s: Cell #3 splits to #9 and #10
3640s: Cell #4 splits to #11 and #12
3919s: Cell #5 splits to #13 and #14
4162s: Cell #10 splits to #15 and #16
4197s: Cell #8 splits to #17 and #18
```

```
4317s: Cell #7 splits to #19 and #20
4686s: Cell #13 splits to #21 and #22
4809s: Cell #12 splits to #23 and #24
4818s: Cell #17 splits to #25 and #26
```

细节 以上程序中用到了随机函数 rand()，读者如果忘记了它的功能可以回顾一下例3-6。与例3-6所不同的是，本程序不通过键盘输入的整数作为随机种子，而是由时间函数time()获得一个以整数表示的当前时间(精确到秒)，以它作为随机种子，这样每次运行程序时会自动设置不同的随机种子，使得产生不同的伪随机数序列。

以上程序中，将每个细胞按照它们产生的顺序从小到大编号。每个细胞对象还有一个分裂时间，该时间在构造这个细胞对象时，根据细胞的诞生时间加上一个随机的时间差得到。程序为细胞类 Cell 定义了"<"运算符，该运算符是按照细胞分裂时间的反序定义的，也就是说如果 a 对象比 b 对象分裂时间要晚，那么就有 a<b。程序中把所有已诞生、未分裂的细胞放入一个优先级队列中，每次从队列中取出一个最"大"(即分裂时间最早)的细胞对象，执行分裂操作。由于每次从优先级队列中取出的都是分裂时间最早的细胞，这就确保了按照细胞分裂时间的顺序来处理分裂事件。

10.5 关联容器

10.5.1 关联容器的分类及基本功能

10.4节所介绍的顺序容器，其元素顺序都是由程序员决定的，程序员可以随意指定新元素插入的位置。而对于关联容器而言，它的每个元素都有一个键(key)，容器中元素的顺序并不能由程序员随意决定，而是按照键的取值升序排列的。也就是说，对于一个关联容器s，使用迭代器在[s.begin(), s.end())区间内遍历，访问到的序列总是升序的，即 s.begin()所指向的元素总是最小的，s.end()−1 所指向的元素总是最大的，对于指向中间位置的迭代器 iter，* iter <= * (iter+1)总是成立的。关联容器的最大优势在于，可以高效地根据键来查找容器中的一个元素。

细节 在顺序容器中，查找一个元素需要对元素进行逐一访问，对于一个有 n 个元素的容器，最坏情况下需要进行 n 次比较；而关联容器会将元素根据键的大小组织在一棵"平衡二叉树"中，最坏情况下只需要大约 $\log_2 n$ 次比较就可根据键来查找一个元素。"平衡二叉树"是一种高级的数据结构，感兴趣的读者可以参考数据结构相关书籍。

关联容器这一概念又可以划分为多个子概念(如图10-8所示)。按照容器中是否允许出现重复键值，关联容器可分为单重关联容器和多重关联容器。单重关联容器中的键值是唯一的，不允许重复，集合和映射属于这一类；多重关联容器中，相同的键值允许重复出现，多重集合和多重映射属于这一类。按照键和元素的关系可以分为简单关联容器和二元关联容器。简单关联容器以元素本身作为键，集合和多重集合属于这一类；二元关联容器的元素是由键和某种类型的附加数据共同构成的，键只是元素的一部分，映射和多重映射属于这一类。表10-3总结了4种关联容器所属的概念。

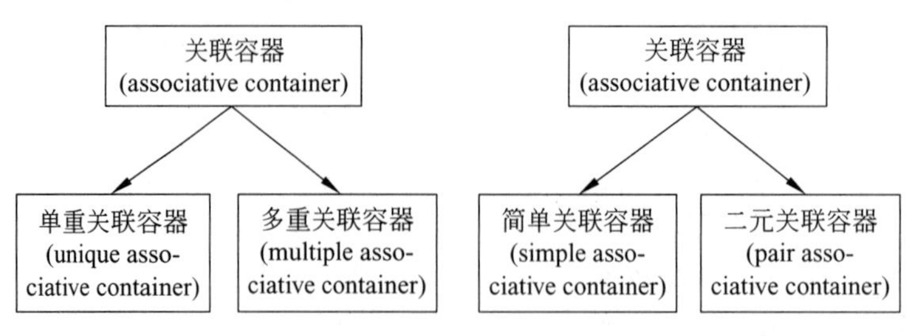

图 10-8 对关联容器的两种概念划分

表 10-3 4 种关联容器所属的概念

	简单关联容器	二元关联容器
单重关联容器	集合(set)	映射(map)
多重关联容器	多重集合(multiset)	多重映射(multimap)

简单关联容器只有一个类型参数,该类型既是键类型,又是容器类型,例如 set<int>、multiset<string>。二元关联容器则有两个类型参数,前一个是键类型,后一个是附加数据的类型,例如 map<int, double>、multimap<string, int>。二元关联容器的元素类型是由键类型和附加数据类型的组合,这种组合类型可以用一个二元组(pair)来表示,pair 是<utility>头文件中定义的结构体模板:

```
template <class T1, class T2>
struct pair {
//注意,pair类型通过 struct 定义,如下成员均为 public 的,可直接通过对象访问
    T1 first;                //二元组的第一元
    T2 second;               //二元组的第二元
    pair();                  //默认构造函数
    pair(const T1 &x, const T2 &y);     //构造 first=x, second=y 的二元组
    template<class U, class V>pair(const pair<U, V> &p);     //复制构造函数
};
```

例如,map<int, double>的元素类型是 pair<int, double>,multimap<string, int>的元素类型是pair<string, int>。pair 类型对象构造支持列表初始化方式,例如可以通过如下代码定义一个 pair<string, int>对象:

```
pair<string, int> str_int_pair={"first", 2};
```

关联容器的键之间必须能够使用"<"比大小。如果键的类型是 int、double 等基本数据类型,由于它们都有内置的比较运算符,比较操作自然可以完成。如果键的类型是类类型,则需要重载"<"运算符。

细节 对"<"的重载是有条件限制的,例如,如果 x<x 返回 true 就是不允许的。C++标准规定"<"运算符必须构成"严格弱序关系",具体地说,"<"运算符必须满足以下几条性质:

(1) 非自反性:对任何对象 x,x<x 必须返回 false。

(2) "<"传递性:若 x<y 和 y<z 皆返回 true,则 x<z 必须返回 true。

(3)“==”传递性：把 x==y 定义为!(x<y) && !(y<x)，那么若 x==y 和y==z 皆为 true，那么 x==z 必须为 true。

我们用 S 表示容器类型名，用 s 表示 S 类型的实例，用 T 表示 S 容器的元素类型，用 t 表示 T 类型的一个实例，用 K 表示 S 容器的键的类型，用 k 表示 K 的一个实例，用 n 表示一个整型数据，用 p1 和 p2 表示指向 s 的元素的迭代器，用 q1 和 q2 表示不指向 s 的元素的输入迭代器。下面给出关联容器的基本功能。单重关联容器和多重关联容器所支持的操作类型大体差不多，只在细节处有差异，这些差异也将在下面给出。

1. 构造函数

关联容器除了具有默认构造函数(已在 10.3 节介绍)，还可以用迭代器的区间所表示的序列来构造：

S s(q1, q2);　　使用将[q1, q2)区间内的数据作为 s 的元素构造 s。

* 单重关联容器　　当[q1, q2)范围内出现具有相同键的元素时，只有第一个元素会被加入 s。

* 多重关联容器　　[q1, q2)范围内的所有元素均被无条件加入 s 中。

2. 元素的插入

可以通过 insert 成员函数向关联容器中插入一个或多个元素，关联容器的 insert 函数与顺序容器相比的主要区别在于，在这里无须通过迭代器指定插入位置：

s.insert(t)　　将元素 t 插入 s 容器中。

* 单重关联容器　　只有当不存在相同键的元素时才能成功插入，该函数返回类型为 pair<S::iterator, bool>，插入成功时，返回被插入元素的迭代器和 true，否则返回与 t 的键相同的元素的迭代器和 false。

* 多重关联容器　　插入总会成功，返回已插入元素的迭代器。

s.insert(p1, t)　　将元素 t 插入 s 容器中，p1 是一个提示的插入位置，如果提示位置准确(即 t 的键的大小刚好在 p1－1 和 p1 之间)则可以提高插入效率，即使提示位置不准确也可以正确完成插入操作，该函数总是返回一个迭代器。

* 单重关联容器　　只有当不存在相同键的元素时才能成功插入，插入成功时，返回被插入元素的迭代器，否则返回与 t 的键相同的元素的迭代器。

* 多重关联容器　　插入总会成功，返回已插入元素的迭代器。

s.insert(q1, q2)　　相当于按顺序对[q1, q2)区间内的每个元素 x 分别执行 s.insert(x)。

3. 元素的删除

可以通过 erase 成员函数来删除容器中的元素，顺序容器提供的两种通过迭代器指定删除元素的调用形式对关联容器仍然有效，此外关联容器还允许通过键删除元素：

s.erase(p1)　　删除 p1 所指向的元素。

s.erase(p1, p2)　　删除[p1, p2)区间内的元素。

s.erase(k)　　删除所有键为 k 的元素，返回被删除元素个数。

4. 基于键的查找和计数

使用下面的成员函数可以查找指定键的元素，或对指定键在容器中出现的次数进行统计：

s.find(k)　　找到任意一个键为 k 的元素,返回该元素的迭代器,如果 s 中没有键为 k 的元素,则返回 s.end()。

s.lower_bound(k)　　得到 s 中第一个键值不小于 k 的元素的迭代器。

s.upper_bound(k)　　得到 s 中第一个键值大于 k 的元素的迭代器。

s.equal_range(k)　　得到一个用 pair<S::iterator, S::iterator>表示的区间,记为[p1, p2),该区间刚好包含所有键为 k 的元素,p1==s.lower_bound(k)和 p2==s.upper_bound(k)一定成立。

s.count(k)　　得到 s 容器中键为 k 的元素个数。

5. 关联容器的列表初始化

类似于顺序容器的列表初始化方式,C++ 11 标准允许对关联容器进行列表初始化,对于一元关联容器直接类似提供元素列表即可,对于二元关联容器则需要通过{key, value}元素键值对的方式实现。具体操作方式如下实例:

```
set<int>integer_set={3, 5, 7}      以列表中 int 类型的元素为键创建一元集合对象
map<string, int>id_map={{"小明", 1}, {"李华", 2}} 以列表中 string 类型的元素为键,以
                     int 类型的元素为映射元素创建从姓名到 id 的二元映射对象
```

关联容器的插入和删除操作不会使任何已有的迭代器、指针或引用失效,因此在迭代器遍历容器过程中避免使用插入和删除操作,或者操作后需要停止遍历。

10.5.2　集合

顾名思义,集合(set)所描述的对象与数学上所说的集合很相似。数学上所说的集合是由一些元素所组成的共同体,不包含重复的元素,而 STL 的集合也是由不重复的元素构成的。但 STL 集合的元素个数必须是有限的,它不能用来描述数学上的无限集。

集合用来存储一组无重复的元素。由于集合的元素本身是有序的,可以高效地查找指定元素,也可以方便地得到指定大小范围的元素在容器中所处的区间。

例 10-9　输入一串实数,将重复的去掉,取最大和最小者的中值,分别输出小于或等于此中值和大于或等于此中值的实数。

```
//10_9.cpp
#include <set>
#include <iterator>
#include <utility>
#include <iostream>
using namespace std;

int main() {
    set<double>s;
    while (true) {
        double v;
        cin>>v;
        if (v==0) break;              //输入 0 表示结束
        auto r=s.insert(v);           //尝试将 v 插入
```

```
        if (!r.second)                  //如果v已存在,输出提示信息
            cout<<v<<" is duplicated"<<endl;
    }
    auto iter1=s.begin();               //得到第一个元素的迭代器
    auto iter2=s.end();                 //得到末尾的迭代器
    double medium=(*iter1+*(--iter2))/2;        //得到最小和最大元素的中值
    //输出小于或等于中值的元素
    cout<<"<=medium: ";
    copy(s.begin(), s.upper_bound(medium), ostream_iterator<double>(cout, " "));
    cout<<endl;
    //输出大于或等于中值的元素
    cout<<">=medium: ";
    copy(s.lower_bound(medium), s.end(), ostream_iterator<double>(cout, " "));
    cout<<endl;
    return 0;
}
```

运行结果:

```
1 2.5 5 3.5 5 7 9 2.5 0
5 is duplicated
2.5 is duplicated
<=medium: 1 2.5 3.5 5
>=medium: 5 7 9
```

该程序首先定义了一个double型集合s。在while循环中,每次读入一个实数,使用insert成员函数将其插入s,通过insert函数的返回值来判断是否插入成功,没插入成功意味着之前已有相同元素被插入,这时输出提示信息。集合的第一个元素一定是最小的元素,而集合的最后一个元素一定是最大的元素,因此可以通过首尾迭代器获得最小和最大的元素,通过它们计算出中值medium。由于s.upper_bound(medium)指向的是第一个大于medium的元素,因此[s.begin(), s.upper_bound(medium))区间内的元素全部小于或等于medium;s.lower_bound(medium)指向的是第一个不小于(即大于或等于)medium的元素,因此[s.lower_bound(medium), s.end())区间内的元素全部大于或等于medium。

10.5.3 映射

映射(map)与集合同属于单重关联容器,因此用法上非常相似,它们的主要区别在于,集合的元素类型是键本身,而映射的元素类型是由键和附加数据所构成的二元组。这样,在集合中按照键查找一个元素时,一般只是用来确定这个元素是否存在,而在映射中按照键查找一个元素时,除了能确定它的存在性外,还可以得到相应的附加数据。因此,映射的一种通常用法是,根据键来查找附加数据。映射很像是一个"字典"。

例10-10 有5门课程,每门都有相应学分,从中选择3门课程,输出学分总和。

```
//10-10.cpp
#include <iostream>
#include <map>
```

```
#include <string>
#include <utility>
using namespace std;

int main() {
    map<string, int>courses;
    //将课程信息插入 courses 映射中
    courses.insert(make_pair("CSAPP", 3));
    courses.insert(make_pair("C++", 2));
    courses.insert(make_pair("CSARCH", 4));
    courses.insert(make_pair("COMPILER", 4));
    courses.insert(make_pair("OS", 5));

    int n=3;                                //剩下的可选次数
    int sum=0;                              //学分总和
    while (n>0) {
        string name;
        cin>>name;                          //输入课程名称
        auto iter=courses.find(name);       //查找课程
        if (iter==courses.end()) {          //判断是否找到
            cout<<name<<" is not available"<<endl;
        } else {
            sum+=iter->second;              //累加学分
            courses.erase(iter);            //将刚选过的课程从映射中删除
            n--;
        }
    }
    cout<<"Total credit: "<<sum<<endl;   //输出总学分
    return 0;
}
```

运行结果：

```
C++
COMPILER
C++
C++is not available
CSAPP
Total credit: 9
```

courses 映射用来保存各门课程的信息，它的键是课程名，附加数据是课程的学分。程序通过执行一连串 insert 函数将数据插入映射中。由于 courses 的元素类型是二元组 pair<string, int>，因此 insert 函数的参数也是一个二元组，二元组可以用 pair 的构造函数来生成，例如：

```
s.insert(pair<string, int>("CSAPP", 3));
```

但这样需要把键类型和附加数据类型都显示给出，比较烦琐，因此通常使用 make_pair 函数来构造二元组，它是<utility>中定义的一个专用于辅助二元组构造的函数模板：

```
template <class T1, class T2>
pair<T1, T2>make_pair(T1 v1, T2 v2) {return pair<T1, T2>(v1, v2);}
```

在程序的主循环中，每次读入一个课程名称，然后使用 find 成员函数到 courses 映射中去查询。如果查询结果为 courses.end()，表明没有找到相应的元素，则输出提示信息。如果找到了相应的元素，则通过 iter－>second 获得它的附加数据——学分，将其累加到 sum 中，然后调用 erase 成员函数将刚刚找到的元素删除，避免重复选课。这里的删除操作也可以用另一种形式的 erase 函数替代：

```
courses.erase(name);
```

即通过键来删除元素。但这种形式通常比通过迭代器来删除的效率低，因为通过键来删除元素时，还需要首先根据这个键找到这个元素，而通过迭代器则可以直接定位元素。

例 10-10 中用于插入和查找元素的函数 insert 和 find 都是关联容器的通用函数。此外，映射还提供了一种特殊的方式，可以用来插入和查找元素——“[]”运算符。“[]”运算符是可以重载的，例如例 9-3 就重载了“[]”运算符。STL 中的 map 也重载了“[]”运算符，可以通过“[]”运算符插入新元素、修改或查询已有元素的附加数据。例如，如果需要在映射 s 中获得键为 k 的元素的附加数据，可以直接通过表达式 s[k]；如果要添加键为 k 的元素或改写键为 k 的元素的附加数据，则可以为 s[k]赋值。严格地说，表达式“s[k]”所执行的操作是，在 s 中查找键为 k 的元素，如果存在，则返回它的附加数据的引用，如果不存在，则向 s 中插入一个新元素并返回该元素附加数据的引用，该附加数据的初值为V()，其中 V 是附加数据的类型。

细节　V()的值与执行 new V()时为堆对象产生的初值是一样的，例如如果 V 是数值类型或指针类型，V()的值就是 0。如果读者对 new V()的语义有疑问，请回顾本书 6.3 节。

例 10-11　统计一句话中每个字母出现的次数。

```
//10_11.cpp
#include <iostream>
#include <map>
#include <cctype>
using namespace std;
int main() {
    map<char, int>s;            //用来存储字母出现次数的映射
    char c;                     //存储输入字符
    do {
        cin>>c;                 //输入下一个字符
        if (isalpha(c)) {       //判断是否是字母
            c=tolower(c);       //将字母转换为小写
            s[c]++;             //将该字母的出现频率加 1
        }
    } while (c != '.');         //碰到"."则结束输入
    //输出每个字母出现次数
    for (map<char, int>::iterator iter=s.begin(); iter !=s.end();++iter)
```

```
        cout<<iter->first<<" "<<iter->second<<"  ";
    cout<<endl;
    return 0;
}
```

运行结果：

```
Map is a powerful associative container in STL.
a 5  c 2  e 3  f 1  i 5  l 2  m 1  n 3  o 3  p 2  r 2  s 4  t 3  u 1  v 1  w 1
```

提示　isalpha 函数用于判断一个字符是否为字母，tolower 函数用于获得一个字符的小写字母形式(它将大小字母转换成小写字母，其他字符原样返回)，它们都定义在<cctype>头文件中。

以上程序中，直接使用"[]"运算符访问映射 s 的元素，当一个字母第一次出现时，它会自动向 s 中插入一个新的元素并将其附加数据置为 0(int()所产生的值就是 0)。每次 s[c]都会返回相应元素的附加数据的引用，对其使用"++"运算符可以直接改变附加数据的值，最后使用迭代器对 s 进行遍历，输出每个已出现字母的出现次数。

"[]"运算符虽然用起来方便、直观，但却不能够完全替代 insert、find 等函数，因为它会为新键自动创建新元素，因而用它无法判断容器中是否有具有指定键的元素。

10.5.4　多重集合与多重映射

多重集合(multiset)是允许有重复元素的集合，多重映射(multimap)是允许一个键对应多个附加数据的映射，多重集合与集合、多重映射与映射的用法差不多，只在几个成员函数上有细微差异，其差异主要表现在去除了键必须唯一的限制，请读者回顾 10.5.1 小节给出的关联容器基本功能。

对于多重关联容器，一般较少使用 find 成员函数，而较多使用 equal_range 和 count 成员函数。由于一个键可能对应多个元素，因此使用 find 成员函数得到的迭代器所指向位置具有不确定性，一般只在确定一个键在容器中是否存在时才使用 find 成员函数。如果需要访问一个键所对应的每一个元素，可以使用 equal_range 成员函数。如果需要得到一个键所对应元素的个数，可以使用 count 成员函数。

映射所支持的"[]"运算符不被多重映射所支持，原因也是一个键不能对应一个唯一的元素。

例 10-12　上课时间查询。

```
#include <iostream>
#include <map>
#include <utility>
#include <string>
using namespace std;

int main() {
    multimap<string, string>courses;
    typedef multimap<string, string>::iterator CourseIter;
```

```
    //将课程上课时间插入 courses 映射中
    courses.insert(make_pair("C++", "2-6"));
    courses.insert(make_pair("COMPILER", "3-1"));
    courses.insert(make_pair("COMPILER", "5-2"));
    courses.insert(make_pair("OS", "1-2"));
    courses.insert(make_pair("OS", "4-1"));
    courses.insert(make_pair("OS", "5-5"));
    //输入一个课程名,直到找到该课程为止,记下每周上课次数
    string name;
    int count;
    do {
        cin>>name;
        count=courses.count(name);
        if (count==0)
            cout<<"Cannot find this course!"<<endl;
    } while (count==0);
    //输出每周上课次数和上课时间
    cout<<count<<" lesson(s) per week: ";
    auto range=courses.equal_range(name);
    for (CourseIter iter=range.first; iter !=range.second;++iter)
        cout<<iter->second<<" ";
    cout<<endl;

    return 0;
}
```

运行结果：

```
JAVA
Cannot find this course!
OS
3 lesson(s) per week: 1-2 4-1 5-5
```

上面的程序所建立的多重映射 courses 用于存储每门课程的上课时间，由于一门课程可能有多个上课时间，因此需要使用多重映射。随后，程序输入一个课程名，并使用 count 成员函数计算在 course 映射中该课程名出现的次数（即上课次数）。如果结果为 0 表示该课程不在多重映射中，需要用户重新输入。将上课次数输出后，程序使用 equal_range 成员函数得到该课程对应元素所处区间，然后在该区间中循环，输出每个上课时间。

10.5.5 无序容器

C++ 11 标准中定义了 4 个无序容器，与之前介绍的 4 种关联容器对应，分别为 unordered_set、unordered_map、unordered_multiset、unordered_multimap。这些容器并不是使用比较运算符来组织元素的，而是通过一个哈希函数和键类型的==运算符。哈希函数是一类将给定类型的值映射到整数值的一类函数，这类函数要求相等的值必须映射到相同的整数，而不相等的值尽量映射到不同的整数，感兴趣的读者可以参考哈希函数的相关材料。在键类

型没有明显的序关系的情况下,无序函数是非常有用的。在某些应用中,维护元素的顺序需要付出高昂的代价,我们会更倾向于使用无序容器。另外理论上哈希函数能够获得更好的平均性能,因此使用无序函数通常会有更好的性能。

无序容器提供了与有序容器相同的操作,如 find,insert 等。通常我们可以用一个无序容器替换对应的有序容器,反之亦然。但是,由于元素未按照顺序存储,一个使用无序容器的程序的输出(通常)会与使用有序容器的版本不同。

默认情况下,无序容器使用键类型的 == 运算符来比较元素,它们还使用一个 hash<key_type>类型的对象来生成每个元素的哈希值。C++ 标准库为内置类型提供了 hash 模板,还为一些标准库类型,如 string 等定义了 hash。因此我们可以直接定义关键字是内置类型的无序容器,但是,不能直接定义关键字类型为自定义类类型的无序容器,而必须提供我们自己的 hash 模板版本。

10.6 函数对象

在 10.5 节中,我们介绍了几种关联容器,在设计容器时,为了使容器能够通用,容器元素可以是任何类型,这样容器并不知道元素类型的任何信息。但是在判断键值是否相等时,除了的几种基本数据类型外,C++ 并未提供判断相等的方法;另一方面,为了在查询和更新时具有较高的时间效率,容器内部使用了平衡树的数据结构,这种数据结构依赖于对键值大小的比较。故需要一个比较函数,才能实现关联容器。

从以上分析可以看到,具体的容器类型被抽象成了通用的容器框架,框架会依赖于一些基本的函数,根据具体的问题替换这些函数,便能实现具体的容器。一般的函数调用只传值参和形参,要传递函数,只能借助于函数对象。这一节就介绍函数对象和函数对象适配器的概念,以及使用和设计的相关内容。

10.6.1 函数对象的概念

函数对象(function object or functor)是 STL 提供的一类主要组件,它使得 STL 的应用更加灵活方便,从而增强了算法的通用性。大多数 STL 算法可以用一个函数对象作为参数。**所谓函数对象其实就是一个行为类似函数的对象,它可以不需参数,也可以带有若干参数,其功能是获取一个值,或者改变操作的状态**。在 C++ 程序设计中,**任何普通的函数、函数指针、lambda 表达式(本章后续将介绍)和任何重载了调用运算符 operator()的类的对象**都满足函数对象的特征,因此都可以作为函数对象传递给算法作为参数使用。

常用的函数对象可分为产生器(Generator)、一元函数 (Unary Function)、二元函数(Binary Function)、一元谓词(Unary Predicate)和二元谓词(Binary Predicate)函数对象 5 大类。5 种类别的关系如图 10-9 所示。

下面将以数值算法 accumulate()为例,介绍函数对象的设计及应用过程。accumulate 的原型声明如下:

```
template<class InputIt, class T, class BinaryFunction>
Type accumulate(InputIt first, InputIt last, T val, BinaryFunction op);
```

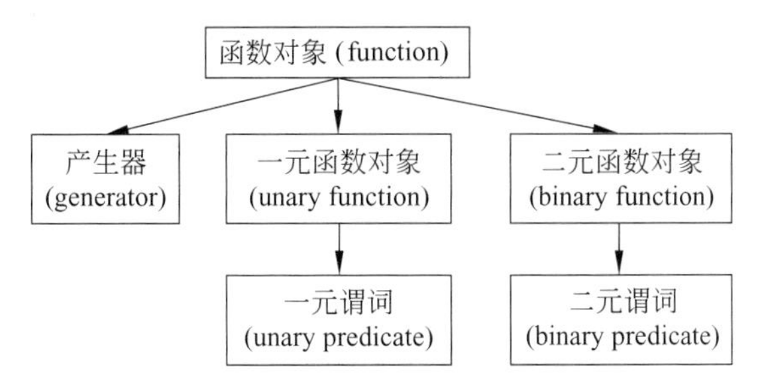

图 10-9　5 种函数对象的分类

它的功能是对数组元素进行累积运算，有两种重载形式：第一种形式是以“+”运算符作为运算规则，而第二种形式允许用户通过传递给算法相应的函数对象来指定计算规则。该声明是第二种形式，[first, last)为累加的区间，val 为累加初始值，op 为对应的累加函数。

一般来说，用户设计的**普通函数**就是一种最简单的函数对象，下面首先以一个普通函数作为算法 accumulate()的输入参数来实现数值连乘的操作。

例 10-13　利用普通函数来定义函数对象。

```
//10_13.cpp
#include <iostream>
#include <numeric>                                  //包含数值算法头文件
using namespace std;

int mult(int x, int y) {return x * y;};             //定义一个普通函数
int main() {
    int a[]={1, 2, 3, 4, 5};
    const int N=sizeof(a)/sizeof(int);
    cout<<"The result by multipling all elements in a is "
        <<accumulate(a, a+N, 1, mult)               //将普通函数 mult 传递给通用算法
        <<endl;
    return 0;
}
```

运行结果：

```
The result by multipling all elements in A is 120
```

除了普通函数，另一类函数对象可以是类的对象，并且在定义中重载函数调用运算符。下面将例 10-13 中普通函数改写为类定义形式的函数对象。

例 10-14　利用类来定义函数对象。

```
//10_14.cpp
#include <iostream>
#include <numeric>              //包含数值算法头文件
using namespace std;

class MultClass{                //定义 MultClass 类
```

```
public:
    int operator() (int x, int y) const {return x * y;}        //重载操作符 operator()
};

int main() {
    int a[]={1, 2, 3, 4, 5};
    const int N=sizeof(a)/sizeof(int);
    cout<<"The result by multipling all elements in a is "
        <<accumulate(a, a+N, 1, MultClass())        //将类 multclass 传递给通用算法
        <<endl;
    return 0;
}
```

运行结果:

```
The result by multipling all elements in A is 120
```

分析:通过在类 MultClass 中重载运算符 operator(),就定义了一种可以作为函数参数的对象,同样可以像使用普通函数 mult 一样来使用该对象。但是这里传递给算法 accumulate 的对象是通过 MultClass 类的默认构造函数 MultClass ()获得的,它可以由编译器自动提供。使用类的形式定义的函数对象能够比普通函数携带更多的额外信息。

另外,除了上面提到的通过自定义函数对象来实现算法的不同操作形式,STL 中也定义了一些**标准的函数对象**。下面将按照函数对象的分类分别介绍这些标准函数对象。

1. 产生器(generator)、一元函数(unary function)和二元函数(binary function)

在常用的 STL 算法中,对于函数对象的类型会有一定的要求。如例 10-9,accumulate 算法要求传入的函数对象必须具有 2 个参数,1 个返回值,同时还要求参数类型和 accumulate 返回类型一致,我们称这样的函数对象为二元函数对象。一般性地,**具有 0 个、1 个和 2 个传入参数的函数对象,称为产生器(generator)、一元函数(unary function)和二元函数(binary function)**。

STL 中的二元函数对象如表 10-4 所示。

表 10-4 STL 标准库中的二元函数对象

STL 函数对象	类型	功 能 说 明
plus<T>	算术	输入两个类型为 T 的操作数 x,y,返回 x+y
minus<T>	算术	输入两个类型为 T 的操作数 x,y,返回 x−y
multiplies<T>	算术	输入两个类型为 T 的操作数 x,y,返回 x * y
divides<T>	算术	输入两个类型为 T 的操作数 x,y,返回 x/y
modulus<T>	算术	输入两个类型为 T 的操作数 x,y,返回 x%y 的结果
negate<T>	算术	输入一个类型为 T 的操作数 x,返回 −x

下面举一个例子来说明如何使用 STL 定义的函数对象。为了调用这些标准函数对象,需要包含头文件<functional>。标准函数对象是内联函数。

通过 STL 提供的标准函数对象 multiplies 同样能够实现上面两个实例中对元素实现

连乘操作，下面的实例通过调用该标准函数对象来实现相同的功能。

例 10-15 利用 STL 标准函数对象。

```
//10_15.cpp
#include <iostream>
#include <numeric>              //包含数值算法头文件
#include <functional>           //包含标准函数对象头文件
using namespace std;
int main() {
    int a[]={1, 2, 3, 4, 5};
    const int N=sizeof(a)/sizeof(int);
    cout<<"The result by multipling all elements in A is "
        <<accumulate(a, a+N, 1, multiplies<int>())      //将标准函数对象传递给通用算法
        <<endl;
    return 0;
}
```

运行结果：

```
The result by multipling all elements in A is 120
```

分析：通过标准函数对象 multiplies<int>()，仅仅调用了以 int 类型实例化的 multiplies 类的默认构造函数。

2. 一元谓词(unary predicate)和二元谓词(binary predicate)函数对象

STL 算法中，经常用到判断是否为真、比较大小这样的函数对象，**这种函数对象要求返回值为 bool 型，并具有一个或两个参数，称为一元谓词或二元谓词函数对象**。STL 中的谓词函数对象如表 10-5 所示。

表 10-5 STL 标准库中的谓词函数对象

STL 函数对象	类型	功能说明
equal_to<T>	关系	输入两个类型为 T 的操作数 x 和 y，返回 x==y
not_equal_to<T>	关系	输入两个类型为 T 的操作数 x 和 y，返回 x !=y
greater<T>	关系	输入两个类型为 T 的操作数 x 和 y，返回 x>y
less<T>	关系	输入两个类型为 T 的操作数 x 和 y，返回 x<y
greater_equal<T>	关系	输入两个类型为 T 的操作数 x 和 y，返回 x>=y
less_equal<T>	关系	输入两个类型为 T 的操作数 x 和 y，返回 x<=y
logical_and<T>	逻辑	输入两个类型为 T 的操作数 x 和 y，返回逻辑"与"：x && y
logical_or<T>	逻辑	输入两个类型为 T 的操作数 x 和 y，返回逻辑"或"：x || y
logical_not<T>	逻辑	输入两个类型为 T 的操作数 x，返回逻辑"非"：!x

提示 以上 6 个用于比较大小关系的函数对象皆依赖于 T 类型的关系运算符，因此当 T 是自定义类型时需要重载它的关系运算符，但无须将 6 种关系运算符全部重载。事实上，4 种判断大小关系的函数对象只依赖于"<"，例如，less_equa(x, y)实际被转化为!(y<x)；2 种判断两值是否相等的函数对象只依赖于"=="，例如，not_equal_to(x, y)实际被转换

为!(x==y)。

下面举一个例子来说明谓词函数对象的使用。

例 10-16　利用 STL 中的二元谓词函数对象。

```
//10_16.cpp
#include <functional>
#include<iostream>
#include<vector>
#include<algorithm>
using namespace std;

int main() {
    int intArr[]={30, 90, 10, 40, 70, 50, 20, 80};
    const int N=sizeof(intArr)/sizeof(int);
    vector<int>a(intArr, intArr+N);

    cout<<"before sorting:"<<endl;
    copy(a.begin(), a.end(), ostream_iterator<int>(cout, "\t"));
    cout<<endl;

    sort(a.begin(), a.end(), greater<int>());

    cout<<"after sorting:"<<endl;
    copy(a.begin(), a.end(), ostream_iterator<int>(cout, "\t"));
    cout<<endl;
    return 0;
}
```

分析：此例实现了把一个数组按照从大到小的顺序排序的功能，默认情况下，sort 算法使用 less 比较器进行比较，从而将数组从小到大排序。此例将 greater 函数对象代入 sort 算法框架，实现了数组从大到小排序。

运行结果：

```
before sorting:
30      90      10      40      70      50      20      80
after sorting:
90      80      70      50      40      30      20      10
```

10.6.2　lambda 表达式

根据算法接受一元谓词还是二元谓词，我们传递给算法的谓词必须严格接受一个或两个参数。但是有时我们希望进行的操作需要更多参数，这样会超出算法对谓词的限制。为了解决这个问题，我们需要使用 C++ 11 标准中另外的一个语言特性——lambda 表达式。一个 lambda 表达式可以理解为一个未命名的内联函数，与任何函数类似，lambda 表达式中包含一个返回类型，一个参数列表和一个函数体。与普通函数不同的是，lambda 表达式可能定义在函数内部。一个 lambda 表达式具有如下形式：

```
[捕获列表](参数列表)->返回类型{函数体}
```

其中捕获列表是一个 lambda 所在函数中定义的局部变量的列表，通常为空；参数列表，返回类型，函数体与普通函数是一致的，但是与普通函数不同的是 lambda 函数使用尾置返回来指定返回类型。对于一个 lambda 表达式来说，参数列表和返回类型是可以忽略的，但必须包含捕获列表和函数体。我们来看一个简单的 lambda 表达式的例子：

```
auto lmda=[]{return "Hello World!";};
cout<<lmda()<<endl;        //执行 lmda 函数,打印返回值
```

这个例子中定义了一个可调用对象 lmda，它参数列表为空，函数体仅有一条 return 语句，返回"Hello World!"。lambda 的调用方式与普通函数相同，如果忽略返回类型，lambda 根据函数体中的代码自动推断返回类型：

```
[](int a, int b){return a<b;}
```

上面的 lambda 表达式中接受两个 int 参数，返回第一个参数是否小于第二个参数。我们可以用这个 lambda 调用函数 sort，就会按照给定的 lambda 表达式对元素进行排序。与调用一个普通函数类似，调用 lambda 时给定的实参被用来初始化 lambda 的形参。通常实参和形参的类型必须匹配。与普通函数不同的是，lambda 不能有默认参数，因此，一个 lambda 调用的实参数目永远与形参数目相等。lambda 可以定义在函数体内部，但函数体内部定义的局部变量 lambda 表达式是无法直接使用的，需要将局部变量包含在捕获列表中显示地指出 lambda 将会使用这些变量，并对应有值捕获、引用捕获和隐式捕获多种形式：

```
auto longer_than=[size](const string &s){return s.size()>size;}    //值捕获
auto longer_than=[&size](const string &s){return s.size()>size;}   //引用捕获
int size=10;
auto longer_than=[=](const string &s){return s.size()>size;}   //隐式值捕获
auto longer_than=[&](const string &s){return s.size()>size;}       //隐式引用捕获
```

如上 lambda 表达式分别通过值和引用方式捕获了函数中的局部变量 size，对于调用时传入的 string 类型返回是否大于 size 的判断 bool 值。此外，隐式捕获和显式捕获可以混用：

```
[=, identifier_list](参数列表)->返回类型{函数体}    //除 identifier_list 变量外,均
                                                   //值捕获
[&, identifier_list](参数列表)->返回类型{函数体}    //除 identifier_list 变量外,均
                                                   //引用捕获
```

注意　上述混用方式中，=跟随的 identifier_list 列表变量必须全部用 & 标识引用捕获，& 跟随的 identifier_list 列表变量必须不能有 &，标明是值捕获。如果希望在 lambda 表达式中改变被捕获的值或者引用对象，则需要通过 mutable 关键字实现：

```
int count1=10; //值不会随如下值捕获改变
```

```
auto increment1=[count1] () mutable {return++count1;}        //值捕获并改变值
int count2=10;          //值会随如下引用捕获改变
auto increment2=[&count2] () mutable {return++count2;}       //引用捕获并改变
                                                             //引用对象值
```

注意如上 count2 仅有在是非 const 对象时才可通过 lambda 表达式进行改变。

C++ 11 标准新增的 lambda 表达式使得在函数内编写简短有效的局部子函数成为可能性,而为了进一步支持泛型编程,C++ 14 标准将 auto 引入 lambda 表达式,使得拥有了模板能力:

```
auto lmda=[](int x, int y){return x+y;}      //C++11 标准下 int 类型求和的 lmda 表达式
auto lmda=[](auto x, auto y){return x+y;}    //C++14 支持 auto 类型推断求和
```

引入 auto 使得 lambda 表达式可支持内置和自定义重载+运算符类的多种求和需求,大大加强了 lambda 表达式的功能性。

10.6.3 函数对象参数绑定

STL 中已经定义了大量的函数对象,但是有时候需要对函数返回值进行进一步的简单计算,或者填上多余的参数,不能直接代入算法。参数绑定(bind)实现了这一功能,将一种函数对象转换为另一种符合要求的函数对象。

以 find_if 算法为例,我们需要找到数组中第一个大于 40 的元素。find_if 算法在 STL 中的原型声明为:

```
template<class InputIt, class UnaryPredicate>
InputIt find_if(InputIt first, InputIt last, UnaryPredicate pred);
```

它的功能是查找数组[first, last)区间中第一个 pred(x)为真的元素。通常只需定义一个函数 greater40:

```
greater<int>g;
bool greater40(int x) {
    return g(x, 40);
};
```

然后将 greater40 代入 find_if 算法,便满足了查找要求。进一步地,我们希望有一个一般性的函数来完成这一过程,即可将 40 替换成一个可选取值。C++ 11 标准通过 bind 参数绑定模板类实现了这一功能。它的原型声明和使用方式如下:

```
template<class F, class... Args>
bind(F && f, Args&&... args);              //原型声明
auto newFunc=bind(Func, arg_list); //绑定 Func 与 arg_list 获得新函数 newFunc
```

其中 newFunc 是一个新的可调用函数对象,arg_list 是一个逗号分隔的参数列表,对应给 Func 的参数。即当调用 newFunc 时,newFunc 会调用 Func,并传递给它 arg_list 的中的参数。此处可以注意到,需要明确 newFunc 调用时的参数与 arg_list 中部分参数的映射关系,这通过_n 占位符(placeholder)进行映射实现。其中 n 是一个整数,表示 newFunc 中的第 n

个参数，如_1 表示第一个参数，_2 表示第二个，以此类推，将_n 放置在 arg_list 不同位置即产生了不同的参数映射。例 10-17 说明了 bind 的具体使用方法。

例 10-17　bind 参数绑定实例。

```
//10_17.cpp
#include <functional>
#include<iostream>
#include<vector>
#include<algorithm>
using namespace std;
using namespace placeholders;         //占位符_n 的命名空间
int main() {
    int intArr[]={30, 90, 10, 40, 70, 50, 20, 80};
    const int N=sizeof(intArr)/sizeof(int);
    vector<int>a(intArr, intArr+N);
    auto p=find_if(a.begin(), a.end(), bind(greater<>(),_1, 40));
    if (p==a.end())
        cout<<"no element greater than 40"<<endl;
    else
        cout<<"first element greater than 40 is: "<< *p<<endl;
    return 0;
}
```

运行结果：

```
first element greater than 40 is: 90
```

分析：此例中 bind 一元参数函数对象，它的函数运算体调用 greater(x, 40)，即实现了将 40 绑定到 greater 的第 2 个参数中，其中 greater 的模板参数通过 C++ 11 标准支持的自动推断可获得，无须填写。需要注意的是，通过_1 占位符明确 bind 生成函数对象第一个参数放在 greater 函数第一个位置，此处需要声明使用占位符所在的命名空间 placeholders。此外，占位符可实现任意多个参数之间的绑定映射，比如通过更换占位符绑定位置而用 greater 实现了 less 比较方式：

```
auto myLess=bind(greater<>, _2, _1);
```

10.7　算法

在引言中，介绍过标准 C++ 算法是通过迭代器和模板来实现的，其实，**算法本身就是一种函数模板**。算法从迭代器那里获得一个元素，而迭代器则知道一个元素在容器中的什么位置。迭代器查找元素的位置并将这些信息提供给算法以便算法能够访问这些元素。算法不必关心具体的元素存储在容器中什么位置的细节，通常情况下，算法也不必知道存储元素的容器的种类。算法只需要简单地申请一个元素就可以了，根本无须知道这个元素是什么或者这个元素可能存储在什么地方。如果把算法想象成一个做手术的外科医生，那么迭代器就是外科医生的助手。当外科医生需要一把手术刀的时候，助手就提供给他，当外科医生需要一把剪刀的时候,助手就递给他。外科医生一心将精力集中在正在进行的手术上,而不是做手术用的器材放在了什么地方或者它们放在了哪一种容器中。一个标准的算法就可以处理几乎所有类型的容器,并且一个容器可以容纳几乎任何类型的元素。这种通用化使得程序员可以无须做任何额外的工作就重复地使用代码和解决方案。程序员可以花费更少的时间来编写更稳定的程序。

STL 的算法是通用的:每个算法都适合于若干种不同的数据结构,而不是仅仅能够用于一种数据结构。算法不是直接使用容器作为参数,而是使用迭代器类型。这样用户就可以在自己定义的数据结构上应用这些算法,仅仅要求这些自定义容器的迭代器类型满足算法要求。STL 中几乎所有算法的头文件都是<algorithm>。

根据算法的语义,STL 标准模板库中的算法大致上可以分为 4 类。第一类是非可变序列的算法,通常,这类算法在对容器进行操作时不会改变容器的内容。第二类是可变序列的算法,这类算法一般会改变它们所操作容器的内容。第三类是排序相关的算法,包括排序算法和合并算法、二分查找算法以及有序序列的集合操作算法等。最后一类算法是通用数值算法,这类算法的数量比较少。

算法是 C++ 标准模板库的另一个核心内容,每种算法又有各自的特点,不可能通过一个算法的应用来展示所有算法的应用特点。也就是说,读者了解了一种算法的应用,未必会在自己程序中应用其他算法。对于标准算法,关键不在于了解算法是如何设计的,而在于在自己的程序中如何应用这些算法。针对算法的此类特点,本节除了给出每个算法的功能简介外,还配合学生用书为每个算法设计了简单的应用实例。

10.7.1　STL 算法基础

前面提到,STL 算法是建立在容器和迭代器的基础之上的。STL 算法是建立在模板技术上的一种抽象的框架,它可以直接通过迭代器取得元素而无须知道容器的存储细节,甚至不需要知道容器。

在前面几个小节中,我们其实已经多次使用到算法,比如 sort、accumulate、copy 等算法。让我们回顾一下这些算法的原型声明:

```
template <class RandomIt>
void sort(RandomIt first, RandomIt last);
template<class InputIt, class Type, class BinaryFunction>
Type accumulate(InputIt first, InputIt last,
      Type val, BinaryFunction op);
template<class InputIt, class OutputIt>
OutputIt copy(InputIt first, InputIt last, OutputIt result);
```

不难发现,这些算法通常需要给出一个区间和一个运算函数或者值,目的是根据区间内的元素计算出某种数值或者对区间内的元素进行某种操作。细心的读者不禁会问,接口里面没有给出容器,怎么能够对容器内元素进行操作?其实,迭代器本身同时包含了位置信息和容器信息,对迭代器进行操作便等同于对容器元素进行了操作。

一般来说,STL 的算法可以分为 4 大类:**不可变序列算法**、**可变序列算法**、**排序和搜索算法**、**数值算法**。下面将对各类算法分别进行深入的介绍。

10.7.2　不可变序列算法

不可变序列算法(non-mutating algorithms)是指那些不直接修改所操作的容器内容的算法。这类算法包括：在序列中查找元素的算法，执行相等检查的算法，以及对序列元素进行计数的算法。其中查找算法有 3 个基本目的：在某种类型的集合或容器中，查找某个元素的位置并返回查找结果；在某种类型的集合或容器中，查找某个元素并返回该元素或该元素的值；在某种类型的集合或容器中，查找某个元素并返回该元素是否在被查找的集合或容器中。表 10-6 给出该类算法的功能列表。

表 10-6　不可变序列算法列表

名　称	功　　能	名　　称	功　　能
for_each	对区间内的每个元素进行某操作	count	计数
find	循环查找	count_if	在特定条件下计数
find_if	循环查找符合特定条件者	mismatch	找出不匹配点
adjacent_find	查找相邻而重复的元素	equal	判断两个区间是否相等
find_first_of	查找某些元素的首次出现点	search	查找某个子序列
find_end	查找某个子序列的最后一次出现点	search_n	查找连续发生 n 次的子序列

在此我们选几个常用的算法 find_if、mismatch 和 search_n 分别进行细致说明。

(1) find_if 原型如下：

```
template<class InputIt, class UnaryPredicate>
InputIt find_if(InputIt first, InputIt last, UnaryPredicate pred);
```

其功能是在区间[first, last)内寻找 pred(x)为真的首个元素，它是比 find 更加通用的形式，当 pred 为等值判断时，find_if 等效于 find。find_if 还支持循环查找，即当 last 在 first 前面时，find_if 算法会先查找 first 后的元素，然后再从第一个元素开始查找直到 last。find_if 实例可参考例 10-18。

(2) mismatch 有两种重载形式，其原型如下：

```
template<class InputIt1, class InputIt2>
pair<InputIt1, InputIt2>mismatch(
InputIt1 first1, InputIt1 last1, InputIt2 first2);
```

或

```
template<class InputIt1, class InputIt2, class BinaryPredicate>
pair<InputIt1, InputIt2>mismatch(
InputIt1 first1, InputIt1 last1, InputIt2 first2, BinaryPredicate comp);
```

它的功能是寻找两个序列中第一次不相同的位置，[first1,last1)、first2 分别指定了两个序列。第二种 mismatch 是第一种重载形式的推广，可以指定具体的匹配函数 comp，当 comp 为 true 时，两元素被视为 match。mismatch 实例可参考例 10-18。

(3) search_n 有两种重载形式，其原型声明如下：

```
template<class ForwardIt1, class Diff2, class Type>
```

```
ForwardIterator1 search_n(ForwardIt1 first1, ForwardIt1 last1,
    Diff2 count, const Type& val);
```

或

```
template<class ForwardIt1, class Diff2, class Type, class BinaryPredicate>
ForwardIterator1 search_n(ForwardIt1 first1, ForwardIt1 last1,
    Diff2 count, const Type& val, BinaryPredicate comp);
```

它的功能是寻找序列[first1,last1)中连续出现 count 次 val 的第一个位置。第二种形式作为第一种形式的通用化形式,可以指定匹配函数 comp,元素 x 和 val 相匹配时返回 true。search_n 实例可参考例 10-18。

例 10-18　不可变序列算法应用实例。

```
//10_18.cpp
#include <iostream>
#include <algorithm>
#include <functional>
#include <vector>
using namespace std;

int main() {
    int iarray[]={0, 1, 2, 3, 4, 5, 6, 6, 6, 7, 8};
    vector<int>ivector(iarray, iarray+sizeof(iarray)/sizeof(int));
    int iarray1[]={6, 6};
    vector<int>ivector1(iarray1, iarray1+sizeof(iarray1)/sizeof(int));
    int iarray2[]={5, 6};
    vector<int>ivector2(iarray2, iarray2+sizeof(iarray2)/sizeof(int));
    int iarray3[]={0, 1, 2, 3, 4, 5, 7, 7, 7, 9, 7};
    vector<int>ivector3(iarray3, iarray3+sizeof(iarray3)/sizeof(int));

    //找出 ivector 之中相邻元素值相等的第一个元素
    cout<<*adjacent_find(ivector.begin(), ivector.end())<<endl;

    //找出 ivector 之中小于 7 的元素个数
    cout<<count_if(ivector.begin(), ivector.end(), bind2nd(less<int>(), 7))<<endl;

    //找出 ivector 之中大于 2 的第一个元素所在位置的元素
    cout<<*find_if(ivector.begin(), ivector.end(), bind2nd(greater<int>(),
    2))<<endl;

    //子序列 ivector2 在 ivector 中出现的起点位置元素
    cout<<*search(ivector.begin(), ivector.end(),
        ivector2.begin(), ivector2.end())<<endl;

    //查找连续出现 3 个 6 的起点位置元素
    cout<<*search_n(ivector.begin(), ivector.end(), 3, 6, equal_to<int>())<<endl;
```

```
    //判断两个区间 ivector 和 ivector3 是否相等(0 为假,1 为真)
    cout<<equal(ivector.begin(), ivector.end(), ivector3.begin())<<endl;

    //查找区间 ivector3 在 ivector 中不匹配点的位置
    auto result=mismatch(ivector.begin(), ivector.end(), ivector3.begin());
    cout<<result.first-ivector.begin()<<endl;
    return 0;
}
```

运行结果：

```
6
9
3
5
6
0
6
```

10.7.3 可变序列算法

可变序列算法(Mutating algorithms)可以修改它们所操作的容器的元素。此类算法对序列容器的操作包括：复制(copy)、生成(generate),删除(remove),替换(replace),倒序(reverse),旋转(rotate)、交换(swap)和变换(transform)、分割(partition)、去重(unique),填充(fill),洗牌(shuffle)。表10-7给出所有的可变序列算法。

表10-7　可变序列算法列表

算法名称	功　　能
copy	复制区间所有元素
copy_n	复制区间中前n个元素
copy_backward	逆向复制区间中元素
fill	用某一数值替换区间中的所有元素
fill_n	用某一数值替换区间中的前n个元素
generate	连续调用函数对象,计算区间中元素的函数值,然后依次替换掉区间中的相应元素
generate_n	连续调用函数对象,计算区间中前n个元素的函数值,然后依次替换掉区间中的相应元素
partition	将满足函数对象关系的元素放置在不满足函数对象关系的元素之前,从而重新排列区间中元素
stable_partition	将满足函数对象关系的元素放置在不满足函数对象关系的元素之前,从而重新排列区间中元素,并保持元素的相对次序

续表

算法名称	功　　能
rotate	旋转交替排列区间元素
rotate_copy	旋转交替排列区间元素,并将结果复制到另一个容器
unique	查找并删除区间中连续相等的元素,使其成为唯一
unique_copy	查找并删除区间中连续相等的元素,使其成为唯一,并复制到别处
random_shuffle	随机重排区间元素
remove	删除区间中所有等于某数值的元素
remove_if	删除区间中所有满足某条件的元素
remove_copy	删除某类元素并将结果复制到另一个容器
remove_copy_if	有条件的删除某类元素,并将结果复制到另一个容器
replace	替换某类元素
replace_copy_if	有条件的替换某类元素,并将结果复制到另一个容器中
reverse	反转区间元素次序
reverse_copy	反转区间元素次序,并将结果复制到另一个容器
swap	交换(对调)元素
iter_swap	元素互换
swap_ranges	交换两个区间中的元素
transform	以一个序列为基础,通过函数对象产生第二个序列,或以两个序列为基础,通过函数对象产生第三个序列

由于可变序列算法可能改变元素的值,而迭代器所指向的位置可能并不可用,对不可用位置修改元素会引起访问出错,更可能导致程序崩溃。所以可变序列算法通常对操作区间有一定要求。下面选择几种常用算法进行深入讲解。

copy 算法一共有 copy、copy_n 和 copy_backward 三种,都要求迭代器区间必须可用。通常情况下可以互换使用,但是当两个区间都属于一个容器且目标头指针 first2 位于源迭代区间[first1, last1)中时,则必须使用 copy_backward。因为 copy 或 copy_n 从头开始复制,会在读取目标位置 first2 之前覆盖掉原先的值。copy 算法的使用见例 10-19。

fill 和 generate 算法各有两种形式,它们的区别是: fill 在区间内填上相同的数值而 generate 调用指定的产生函数将返回值逐一填充到区间内。fill 和 generate 算法的使用详见例 10-19。

swap 和 iter_swap 都是交换算法,它们的原型:

```
template<class Type>
void swap(Type& left, Type& right);
template<class ForwardIterator1, class ForwardIterator2>
void iter_swap(ForwardIterator1 left, ForwardIterator2 right);
```

可见,两者不同之处在于 swap 直接交换元素本身,而 iter_swap 交换的是迭代器所指元素值。swap_ranges 则对两个区间进行交换。交换算法是很多算法的基础，如 partition、sort 等。有时出于效率上的考虑，可以对特定类别的 swap 算法进行具体化，减少交换的次数。

remove、replace 和 reverse 等算法都具有好几种形式，一种是直接修改原始容器，另一种将结果输出到新的容器中。除此之外，还有能够指定判别函数的形式。它们的示例详见例 10-19。

需要特别注意的是，remove、remove_if 和 unique 这 3 个算法都会删除区间中的某些元素，但相应元素并不会真正地从容器中删除，因为通过迭代器是无法从容器中删除元素的。这几个算法对于给定的[first, last)区间所做的事情是，把留下的元素(未被删除的元素)复制到一个以 first 起始的区间[first, mid)，这时留在[mid, last)区间内的元素都是需要删除的，一般在调用这几个算法后再调用容器的 erase 函数将[mid, last)区间内的元素真正删除，其中 mid 就是算法的返回值。

提示　remove、remove_if、unique 和 reverse 等作为通用的算法，理论上可用于任何一种容器。但特殊的容器通常有更高效的实现。例如 10.4 节的顺序容器 list，因为使用了特殊的链表结构，其自身的 remove 方法可以实现更高效的删除。此外，容器本身的算法在删除元素时执行的是真正的删除操作，而无须再调用 erase 函数进行删除。

为了便于读者对该类算法的理解和应用，下面通过综合实例给出该类算法的示例。

例 10-19　以可变序列算法对数据序列进行复制、生成、删除、替换、倒序、旋转等可变性操作。

```
//10_19.cpp
#include <iostream>
#include <algorithm>
#include <functional>
#include <iterator>
#include <vector>
using namespace std;

class evenByTwo {
private:
    int x;
public:
    evenByTwo() : x(0) {}
    int operator () () {return x+=2;}
};
int main() {
    int iarray1[]={0, 1, 2, 3, 4, 4, 5, 5, 6, 6, 6, 6, 6, 7, 8};
    int iarray2[]={0, 1, 2, 3, 4, 5, 6, 6, 6, 7, 8};
    vector<int>ivector1(iarray1, iarray1+sizeof(iarray1)/sizeof(int));
    vector<int>ivector2(iarray2, iarray2+sizeof(iarray2)/sizeof(int));
    vector<int>ivector3(2);
    ostream_iterator<int>output(cout, " ");            //定义流迭代器用于输出数据
```

```
    //迭代遍历 ivector3 区间,每个元素填上-1
    fill(ivector3.begin(), ivector3.end(), -1);
    copy(ivector3.begin(), ivector3.end(), output);    //使用 copy 进行输出
    cout<<endl;
    //迭代遍历 ivector3 区间,对每个元素进行 evenByTwo 操作
    generate(ivector3.begin(), ivector3.end(), evenByTwo());
    copy(ivector3.begin(), ivector3.end(), output);
    cout<<endl;
    //将删除元素 6 后的 ivector2 序列置于另一个容器 ivector4 之中
    vector<int>ivector4;
    remove_copy(ivector2.begin(), ivector2.end(), back_inserter(ivector4), 6);
    copy(ivector4.begin(), ivector4.end(), output);
    cout<<endl;
    //删除小于 6 的元素
    ivector2.erase(remove_if(ivector2.begin(), ivector2.end(), bind2nd(less
    <int>(), 6)), ivector2.end());
    copy(ivector2.begin(), ivector2.end(), output);
    cout<<endl;
    //将所有的元素值 6,改为元素值 3
    replace(ivector2.begin(), ivector2.end(), 6, 3);
    copy(ivector2.begin(), ivector2.end(), output);
    cout<<endl;
    //逆向重排每个元素
    reverse(ivector2.begin(), ivector2.end());
    copy(ivector2.begin(), ivector2.end(), output);
    cout<<endl;
    //旋转(互换元素)[first, middle), 和[middle, end),结果直接输出
    rotate_copy(ivector2.begin(), ivector2.begin()+3, ivector2.end(), output);
    cout<<endl;
    return 0;
}
```

运行结果:

```
-1 -1
2 4
0 1 2 3 4 5 7 8
6 6 6 7 8
3 3 3 7 8
8 7 3 3 3
3 3 8 7 3
```

10.7.4 排序和搜索算法

STL 中有一系列算法都与排序有关。其中包括对序列进行排序、合并的算法、搜索算

法、有序序列的集合操作以及堆操作相关算法。所有这些算法都是通过对序列元素进行比较操作来完成的。下面按照操作对象给出这些算法的简单分类。

- 4个排序算法：sort，partial_sort，partial_sort_copy 和 stable_sort。
- 4个二分搜索算法：binary_search、lower_bound、uper_bound 和 equal_range。
- 2个用于合并有序区间的通用算法：merge 和 inplace_merge。
- 4个最值算法：min，max，min_element 和 max_element。
- 3个与排列方式有关的算法：lexicographical_compare，next_permutation 和 prev_permutation。
- 5个用于有序序列上的集合操作的算法：includes，set_uinon，set_intersection，set_difference 和 set_symmetric_difference。
- 4个为堆的创建和操作提供的算法：make_heap，pop_heap，push_heap 和 sort_heap。

另外还有一种算法 nth_element 的作用是按特定规则重排元素。表10-8给出所有的排序和搜索算法。

表10-8　排序和搜索算法列表

算法名称	功　能
sort	对区间元素进行排序
stable_sort	对区间元素进行排序并保持等值元素的相对次序
partial_sort	对区间元素进行局部排序
partial_sort_copy	对区间元素进行局部排序并复制到别处
nth_element	重新安排序列中的第n个元素的左右两侧的元素，使得左侧元素小于第n个元素，右侧元素大于第n个元素
upper_bound	在**有序区间**内按照二分查找方法查找与某一特定值相等的元素，并返回最后一个可插入的位置迭代器
lower_bound	在**有序区间**内按照二分查找方法查找与某一特定值相等的元素，并返回第一个可插入的位置迭代器
binary_search	在**有序区间**内按照二分查找方法查找是否存在与某一特定值相等的元素
equal_range	在**有序区间**内按照二分查找方法查找是否存在与某一特定值相等的元素，并返回一个上下限区间
merge	合并两个有序区间，并把结果保存到另一个和两个输入区间均不重叠的区间中
inplace_merge	合并两个相邻的有序区间，并用合并后的序列代替两个输入区间中原来序列
min	返回最小值元素
max	返回最大值元素
min_element	返回最小值元素所在位置
max_element	返回最大值所在位置

续表

算法名称	功　　能
lexicographical_compare	按词典排列方式对两个序列进行比较
next_permutation	按照词典序将序列变换为下一个排列
prev_permutation	按照词典序将序列变换为前一个排列
includes	检查区间中的元素是否包含在另一个区间中
set_union	给定的两个集合区间,生成这两个集合的并集,该集合的元素既包括第一集合区间,又包括第二集合区间
set_difference	对给定的两个集合区间,生成这两个集合的差集,该集合的元素属于第一集合区间,但不属于第二集合区间
set_intersection	对给定的两个集合区间,生成这两个集合的交集。该集合的元素既属于第一集合区间,又属于第二集合区间
set_symmetric_difference	对给定的两个集合的区间,生成这两个集合的对称差集。该集合中的元素仅属于两个集合区间中的一个,而不包括两个集合区间的交集中的元素
make_heap	将区间内的元素重新排列构成一个堆(堆的概念可参照数据结构相关书籍)
pop_heap	假定区间是一个堆,并从堆中取出第一个位置上的元素
push_heap	假定区间是一个堆,并向堆中添加一个元素
sort_heap	假定区间是一个堆,对堆中元素进行排序

在10.2.3小节我们已经大致了解了sort算法,这里将进行更加系统的介绍。sort有两种重载形式:

```
template <class RandomIt>
void sort(RandomIt first, RandomIt last);
```

或

```
template <class RandomIt, class UnaryPredicate>
void sort(RandomIt first, RandomIt last, UnaryPredicate comp);
```

第一种形式按照从小到大的顺序排序,第二种形式比第一种形式更加通用,可以指定比较函数。当元素是复杂对象时,比如元素有多个字段,则可以通过指定比较函数来按照不同的字段排序。此外,sort要求first、last必须是随机迭代器类型,因为sort的具体实现使用了快速排序算法,使用随机迭代器是出于效率上的考虑。

stable_sort原型声明和sort几乎相同,它的不同之处在于,对于相等数值的元素,排序前后的相对位置将保持不变。stable_sort可用于多关键字同时排序的场合,当字段1相等时则按照字段2排序;另一种方法是专门定义多关键字的比较函数,然后使用sort。另外,stable_sort只要求first、last为双向迭代器,对于内部结构复杂的容器,随机迭代器效率很低,这时stable_sort是很好的选择。一般情况下,stable_sort的效率要比sort的效率低一些。

还有一种排序是部分排序 partial_sort，它的原型声明有如下两种。

```
template<class RandomIt>
void partial_sort(RandomIt first,
    RandomIt sortEnd, RandomIt last);
```

或

```
template<class RandomIt, class BinaryPredicate>
void partial_sort(RandomIt first, RandomIt sortEnd,
    RandomIt last, BinaryPredicate comp);
```

它的功能是对区间[first, last)中的数进行部分排序，排序后[sortEnd, last)中的数比其余的数大，但相对顺序不变，[first, sortEnd)中的数将按从小到大排序。第二种形式可以指定比较函数。partial_sort 的使用场合为，当仅仅需要取出前 k 个较小的数并排序时，partial_sort 可以以更少的计算量去完成。如果元素个数 n 远大于 k，则可以节省非常大的计算量。排序算法的使用示例见例 10-20。

min_element 和 max_element 分别用于计算迭代区间中的最小元素和最大元素，它们的原型声明为：

```
template<class ForwardIt>
ForwardIt min_element(ForwardIt first, ForwardIt last);
template<class ForwardIt>
ForwardIt max_element(ForwardIt first, ForwardIt last);
```

这里 first、last 指定了计算最小元素的区间，要求必须是前进迭代器类型。这里返回的是最小元素的迭代器，通常我们还想知道最小元素的具体位置，这可以通过迭代器相减来获得，使用示例见例 10-20。

其他几种排序搜索算法，如 binary_search、lower_bound、upper_bound、merge、inplace_merge 等，都要求迭代区间为有序区间。这里不再对它们进行深入讲解，其使用方法可参考例 10-20。对于每种算法的详细接口规范和对数据结构的要求，可参考标准 STL 规范。

例 10-20　排序与搜索算法示例。

```
//10_20.cpp
#include <iostream>
#include <algorithm>
#include <functional>
#include <vector>
using namespace std;

int main() {
    int iarray[]={26, 17, 15, 22, 23, 33, 32, 40};
    vector<int>ivector(iarray, iarray+sizeof(iarray)/sizeof(int));

    //查找并输出第一个最大值元素及其位置
```

```
vector<int>::iterator p=max_element(ivector.begin(), ivector.end());
int n=p -ivector.begin();
cout<<"max element: "<<*p<<" found at "<<n<<endl;

//局部排序并复制到别处
vector<int>ivector1(5);
partial_sort_copy(ivector.begin(), ivector.end(), ivector1.begin(),
ivector1.end());
copy(ivector1.begin(), ivector1.end(), ostream_iterator<int>(cout, " "));
cout<<endl;

//排序,默认为递增
sort(ivector.begin(), ivector.end());
copy(ivector.begin(), ivector.end(), ostream_iterator<int>(cout, " "));
cout<<endl;

//返回小于或等于24和大于或等于24的元素的位置
cout<<*lower_bound(ivector.begin(), ivector.end(), 24)<<endl;
cout<<*upper_bound(ivector.begin(), ivector.end(), 24)<<endl;

//对于有序区间,可以用二分查找方法寻找某个元素
cout<<binary_search(ivector.begin(), ivector.end(), 33)<<endl;

//合并两个序列ivector和ivector1,并将结果放到ivector2中
vector<int>ivector2(13);
merge(ivector.begin(), ivector.end(), ivector1.begin(), ivector1.end(),
ivector2.begin());
copy(ivector2.begin(), ivector2.end(), ostream_iterator<int>(cout, " "));
cout<<endl;

//将小于*(ivector.begin()+5)的元素放置在该元素左侧
//其余置于该元素之右。不保证维持原有的相对位置
nth_element(ivector2.begin(), ivector2.begin()+5, ivector2.end());
copy(ivector2.begin(), ivector2.end(), ostream_iterator<int>(cout, " "));
cout<<endl;

//排序,并保持原来相对位置
stable_sort(ivector2.begin(), ivector2.end());
copy(ivector2.begin(), ivector2.end(), ostream_iterator<int>(cout, " "));
cout<<endl;

//合并两个有序序列,然后就地替换
int iarray3[]={1, 3, 5, 7, 2, 4, 6, 8};
vector<int>ivector3(iarray3, iarray3+sizeof(iarray3)/sizeof(int));
inplace_merge(ivector3.begin(), ivector3.begin()+4, ivector3.end());
```

```
    copy(ivector3.begin(), ivector3.end(), ostream_iterator<int>(cout, " "));
    cout<<endl;

    //以字典顺序比较序列 ivector3 和 ivector4
    int iarray4[]={1, 3, 5, 7, 1, 5, 9, 3};
    vector<int>ivector4(iarray4, iarray4+sizeof(iarray4)/sizeof(int));
    cout<<lexicographical_compare (ivector3.begin(), ivector3.end(),
                                   ivector4.begin(), ivector4.end())<<endl;

    return 0;
}
```

运行结果：

```
max element: 40 found at 7
15 17 22 23 26
15 17 22 23 26 32 33 40
26
26
1
15 15 17 17 22 22 23 23 26 26 32 33 40
15 15 17 17 22 22 23 23 26 26 32 33 40
15 15 17 17 22 22 23 23 26 26 32 33 40
1 2 3 4 5 6 7 8
1
```

10.7.5　数值算法

STL 提供了 4 个通用数值算法。为了调用此类算法，需要包含头文件<**numeric**>。表 10-9 给出了所有数值算法及其功能。

表 10-9　数值算法列表

算法名称	功　　能
accumulate	计算序列中所有元素的和
partial_sum	累加序列中部分元素的值，并将结果保存在另一个序列中
adjacent_difference	计算序列中相邻元素的差，并将结果保存在另一个序列中
inner_product	累加两个序列对应元素的乘积，也就是序列的内积

在 10.6 节，我们已经使用了 accumulate 算法进行示例，其使用方法可参考例 10-13 和例 10-14。在此着重讲 partial_sum 算法，我们经常会遇到求一个序列的连续子序列和这样的计算，当这种计算很多时，则会有很多重复计算。如果事先算好 $b_i=\mathrm{sum}_{j=1..i}\,a_j$，则对于子区间[j, k)，其和为 $b_{k-1}-b_{j-1}$，显然只需要一次减法便能完成计算，这里 b_i 称为部分和。partial_sum 则是用来计算部分和 b_i 的。它的原型有如下两种：

```
template<class InputIt, class OutputIt>
OutputIt partial_sum(InputIt first,
```

```
        InputIt last, OutputIt result);
```

或

```
template<class InputIt, class OutputIt, class BinaryFunction>
OutputIt partial_sum(InputIt first, InputIt last,
      OutputIt result, BinaryFunction binaryFunction);
```

其中[first,last)是计算部分和的区间,result为输出迭代器,存储部分和结果。第二种形式比第一种形式更加通用,可以指定运算函数,比如可以用乘法代替加法。adjacent_difference用于计算序列中相邻两元素的差,相当于partial_sum的反运算,其原型声明和partial_sum类似,在此不进行赘述。partial_sum、adjacent_difference的示例见例10-21。

例10-21　数值算法示例。

```
//10_21.cpp
#include <iostream>
#include <numeric>
#include <functional>
#include <vector>
using namespace std;

int main() {
    int iarray[]={1, 2, 3, 4, 5};
    vector<int>ivector(iarray, iarray+sizeof(iarray)/sizeof(int));

    //元素的累计
    cout<<accumulate(ivector.begin(), ivector.end(), 0)<<endl;
    //向量的内积
    cout<<inner_product(ivector.begin(), ivector.end(), ivector.begin(), 10)<<
   endl;
    //向量容器中元素局部求和
    partial_sum(ivector.begin(), ivector.end(), ostream_iterator<int>
    (cout," "));
    cout<<endl;
    //向量容器中相邻元素的差值
    adjacent_difference(ivector.begin(), ivector.end(),
                        ostream_iterator<int>(cout," "));
    cout<<endl;
    return 0;
}
```

运行结果:

```
15
65
1 3 6 10 15
1 1 1 1 1
```

10.8　综合实例——对个人银行账户管理程序的改进

在第 9 章的综合实例中，我们用自己定义的 Array 类模板来管理账户列表，事实上，STL 本身提供的向量容器 vector 能够更好地满足这一需求，例如，如使用向量容器，向其中添加新元素时，可以直接通过 push_back 成员函数完成。

另外，本例还增加了一个多重映射来存储每一笔账目，该映射的键是账目的日期，附加数据是账目的详细内容。为了将 Date 类型的数据作为键，需要为 Date 重载"<"运算符。调用该多重映射的 lower_bound 和 upper_bound 函数，可以得到指定日期范围的所有账目，再利用一个循环将它们输出，就实现了查询历史账目的功能。在用户查询历史账目时，为了使程序能够接受用户输入的日期，需要为 Date 类增加一个静态成员函数 read 专门从 cin 读入一个日期。

例 10-22　个人银行账户管理程序。

程序分为 6 个文件：date.h 是日期类头文件，date.cpp 是日期类实现文件，accumulator.h 为按日将数值累加的 Accumulator 类的头文件，account.h 是各个储蓄账户类定义头文件，account.cpp 是各个储蓄账户类实现文件，main.cpp 是主函数入口文件。

```
//date.h
#ifndef __DATE_H__
#define __DATE_H__
class Date {                  //日期类
private:
    int year;                 //年
    int month;                //月
    int day;                  //日
    int totalDays;            //该日期是从公元元年 1 月 1 日开始的第几天
public:
    Date(int year=1, int month=1, int day=1);  //用年、月、日构造日期
    static Date read();
    int getYear() const {return year;}
    int getMonth() const {return month;}
    int getDay() const {return day;}
    int getMaxDay() const;                      //获得当月有多少天
    bool isLeapYear() const {                   //判断当年是否为闰年
        return year%4==0 && year%100 !=0 || year%400==0;
    }
    void show() const;                          //输出当前日期
    //计算两个日期之间差多少天
    int operator-(const Date& date) const {
        return totalDays-date.totalDays;
    }
    //判断两个日期的前后顺序
    bool operator <(const Date& date) const {
        return totalDays <date.totalDays;
```

```
    }
};
#endif //__DATE_H__

//date.cpp 中仅 Date::read 的定义是新增的内容,其他内容与例 6-25 完全相同,不再重复给出
Date Date::read() {
    int year, month, day;
    char c1, c2;
    cin>>year>>c1>>month>>c2>>day;
    return Date(year, month, day);}

//accumulator.h
//accumulator.h 的内容与例 8-8 完全相同,不再重复给出

//account.h
#ifndef __ACCOUNT_H__
#define __ACCOUNT_H__
#include "date.h"
#include "accumulator.h"
#include <string>
#include <map>
class Account;                          //前置声明
class AccountRecord {                   //账目记录
private:
    Date date;                          //日期
    const Account * account;            //账户
    double amount;                      //金额
    double balance;                     //余额
    std::string desc;                   //描述
public:
    //构造函数
     AccountRecord (const Date &date, const Account * account, double amount,
     double balance, const std::string& desc);
    void show() const;                  //输出当前记录
};
//定义用来存储账目记录的多重映射类型
typedef std::multimap<Date, AccountRecord>RecordMap;
class Account {                         //账户类
private:
    std::string id;                     //账号
    double balance;                     //余额
    static double total;                //所有账户的总金额
    static RecordMap recordMap;         //账目记录
protected:
    //供派生类调用的构造函数,id 为账户
    Account(const Date &date, const std::string &id);
    //记录一笔账,date 为日期,amount 为金额,desc 为说明
```

```
    void record(const Date &date, double amount, const std::string &desc);
    //报告错误信息
    void error(const std::string &msg) const;
public:
    const std::string &getId() const {return id;}
    double getBalance() const {return balance;}
    static double getTotal() {return total;}
    //存入现金,date为日期,amount为金额,desc为款项说明
    virtual void deposit(const Date &date, double amount, const std::string &desc)=0;
    //取出现金,date为日期,amount为金额,desc为款项说明
    virtual void withdraw(const Date &date, double amount, const std::string
&desc)=0;
    //结算(计算利息、年费等),每月结算一次,date为结算日期
    virtual void settle(const Date &date)=0;
    virtual void show() const;          //显示账户信息
    static void query(const Date& begin, const Date& end);     //查询指定时间内
};
//SavingsAccount和CreditAccount两个类的定义与例7-10完全相同,不再重复给出
#endif //__ACCOUNT_H__

//account.cpp
#include "account.h"
#include <cmath>
#include <iostream>
#include <utility>
using namespace std;
using namespace std::rel_ops;
//AccountRecord类的实现
AccountRecord::AccountRecord(const Date &date, const Account * account, double
amount, double balance, const std::string& desc)
    : date(date), account(account), amount(amount), balance(balance), desc(desc) {}
void AccountRecord::show() const {
    date.show();
    cout<<"\t#"<<account->getId()<<"\t"<<amount<<"\t"<<balance<<"\t"<<
    desc<<endl;
}
//Account类的实现
double Account::total=0;
RecordMap Account::recordMap;
void Account::query(const Date& begin, const Date& end) {
    if (begin<=end) {
        RecordMap::iterator iter1=recordMap.lower_bound(begin);
        RecordMap::iterator iter2=recordMap.upper_bound(end);
        for (RecordMap::iterator iter=iter1; iter !=iter2;++iter)
            iter->second.show();
    }
}
```

```
//后面是 Account 类其他成员函数的实现以及 SavingsAccount、CreditAccount 两个类的实现,
//皆与例 8-8 相同,这里不再重复给出

//main.cpp
#include "account.h"
#include <iostream>
#include <vector>
#include <algorithm>
using namespace std;
struct deleter {
    template <class T>void operator () (T* p) {delete p;}
};
int main() {
    Date date(2008, 11, 1);              //起始日期
    vector<Account * >accounts;          //创建账户数组,元素个数为 0
    cout<<"(a)add account (d)deposit (w)withdraw (s)show (c)change day (n)next
    month (q)query (e)exit"<<endl;
    char cmd;
    do {
        //显示日期和总金额
        date.show();
        cout<<"\tTotal: "<<Account::getTotal()<<"\tcommand>";
        char type;
        int index, day;
        double amount, credit, rate, fee;
        string id, desc;
        Account* account;
        Date date1, date2;
        cin>>cmd;
        switch (cmd) {
        case 'a':                        //增加账户
            cin>>type>>id;
            if (type=='s') {
                cin>>rate;
                account=new SavingsAccount(date, id, rate);
            } else {
                cin>>credit>>rate>>fee;
                account=new CreditAccount(date, id, credit, rate, fee);
            }
            accounts.push_back(account);
            break;
        case 'd':                        //存入现金
            cin>>index>>amount;
            getline(cin, desc);
            accounts[index]->deposit(date, amount, desc);
            break;
        case 'w':                        //取出现金
```

```
            cin>>index>>amount;
            getline(cin, desc);
            accounts[index]->withdraw(date, amount, desc);
            break;
        case 's':                           //查询各账户信息
            for (const auto &paccount:accounts){
                cout<<"["<<i<<"] ";
                paccount->show();
                cout<<endl;
            }
            break;
        case 'c':                           //改变日期
            cin>>day;
            if (day <date.getDay())
                cout<<"You cannot specify a previous day";
            else if (day>date.getMaxDay())
                cout<<"Invalid day";
            else
                date=Date(date.getYear(), date.getMonth(), day);
            break;
        case 'n':                           //进入下个月
            if (date.getMonth()==12)
                date=Date(date.getYear()+1, 1, 1);
            else
                date=Date(date.getYear(), date.getMonth()+1, 1);
            for(auto &paccount : accounts)
                paccount->settle(date);
            break;
        case 'q':                           //查询一段时间内的账目
            date1=Date::read();
            date2=Date::read();
            Account::query(date1, date2);
            break;
        }
    } while (cmd !='e');
    for_each(accounts.begin(), accounts.end(), deleter());
    return 0;
}
```

运行结果：

```
......(前面的输入和输出与例 9-16 给出的完全相同,篇幅所限,不再重复)
2009-1-1        Total: 20482.9   command>q2008-11-01 2008-11-30
2008-11-5       #S3755217        5000     5000     salary
2008-11-15      #C5392394        -2000    -2000    buy a cell
2008-11-25      #02342342        10000    10000    sell stock 0323
2009-1-1        Total: 20482.9   command>q 2008-12-01 2008-12-31
```

```
2008-12-1       #C5392394       -16     -2016    interest
2008-12-1       #C5392394       2016    0        repay the credit
2008-12-5       #S3755217       5500    10500    salary
2009-1-1        Total: 20482.9  command>e
```

细节 上面的程序中只重载了 Date 型对象的“<”和“-”运算符,但为什么 Account::query 函数中可以对 Date 型对象使用“<=”运算符呢? 事实上,<utility>头文件通过一组函数模板对任意数据类型重载了“<=”“>”“>=”和“!=”运算符,前 3 个运算符均被转化为对“<”的调用,最后一个被转化为对“==”的调用。因此,程序中虽然只对 Date 定义了“<”,但却可以对它使用“<=”。另外,这些函数模板定义在 std::rel_ops 命名空间内,因此在使用它们前,需要用 using namespace 开启 std::rel_ops 命名空间。

从程序和输出结果可以看出,使用当前程序可以方便地根据给定日期范围查询账目。

程序中,对 accounts 向量容器内的指针执行删除操作具有一定技巧。程序中首先定义了一个结构体 struct,然后以函数模板形式重载了它的“()”运算符,这使得该结构体的“()”运算符能够接受任何类型的指针,这样,将该结构体的实例传递给 for_each 算法就可以达到对一定区间内的指针执行删除操作的目的。

10.9 深度探索

10.9.1 swap

swap 是 STL 中的一个重要函数。10.3 节已经介绍过,每个 STL 容器都有一个 swap 成员函数。此外,10.7.3 小节介绍了 STL 的 swap 算法,它可以对任意支持复制构造和“=”运算符的类型(也就是 Assignable 概念的模型)使用。下面是 swap 算法的一种典型实现:

```
template <class T>
void swap(T &a, T &b) {
    T tmp=a;
    a=b;
    b=tmp;
}
```

它使用一个临时变量 tmp 作为中介,将 a 和 b 的内容交换。它已经具有很好的通用性,既然如此,STL 为什么还要专门为每个容器提供 swap 成员函数呢?

可以思考一下,如果对两个 vector<int>类型的实例 a 和 b 使用 swap 算法,执行的过程会是什么样的。在执行下面这条语句时

```
T tmp=a;
```

需要复制构造一个新的 vector<int>类型对象 tmp,需要执行 vector<int>的复制构造函数,为 tmp 申请新的动态内存空间,然后将 a 的元素复制过去。执行下面两条赋值时,也会发生容器中的元素复制,当 a 和 b 的容量不同时,还会发生动态内存的释放和分配。当函数返回时,还需要执行 tmp 的析构函数,将其所占有的动态内存释放。其实,这些元素复制、动态内存分配和释放的操作都是多余的,可以通过最简单的交换数据成员的办法来做,这样

的效率高得多，事实上，STL 容器的 swap 成员函数就是这样做的(如图 10-10 所示)。希望读者认真思考一下，为什么执行复制构造和赋值的时候必须进行“深层复制”而不能够“浅层复制”，但是在执行交换的时候只需将二者的对应数据成员交换？

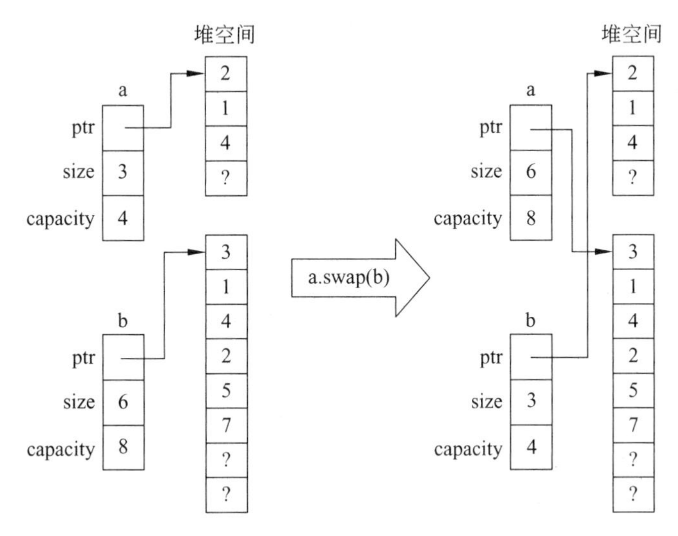

图 10-10　对 vector<int>型对象执行 swap 示意图

然而，如果对容器执行高效的交换操作只能通过 swap 成员函数进行，而对其他类型数据执行交换操作需要通过 swap 算法，这就带来了不一致性，这种不一致性是泛型编程的大忌，例如，有很多算法(例如 reverse、rotate 等)需要调用 swap 算法，无法在这些算法当中根据算法执行对象的类型来决定调用成员函数还是普通的 swap 算法。STL 通过对 swap 算法进行重载来解决这一问题(关于函数模板的重载，请读者回顾 9.5.2 节)。例如，对于向量容器，STL 提供了下列重载版本的 swap 模板：

```
template <class T>
inline void swap(vector<T>& a, vector<T>& b) {
    a.swap(b);
}
```

这样就兼顾了效率和一致性。

当我们自己写了一个需要在复制构造和执行“=”时执行深层复制的类时，如果有对该类型对象执行 swap 的需要，一般也要提供一个 swap 的特化实现。另一方面，由于这个 swap 的特化实现并不能够访问一个类的私有成员，所以一般先为这个类定义一个 swap 成员函数，再在这个特化实现中调用该函数。另一方面，由于 swap 是在 std 命名空间内，对 swap 的特化也要放在 std 命名空间内。例如对于例 6-22 的动态数组类，可以定义下面这样一个特化的 swap：

```
class ArrayOfPoints {
    …
public:
    …
```

```
    void swap(ArrayOfPoints& s) {
        std::swap(points, s.points);    //调用 std::swap 分别交换两个成员
        std::swap(size, s.size);
    }
};
namespace std {
    template <>
    inline void swap(ArrayOfPoints &a, ArrayOfPoints &b) {
        a.swap(b);                      //调用 ArrayOfPoints 的成员函数执行交换
    }
}
```

这样,对于自定义的 ArrayOfPoints 类就能够高效地使用 STL 的 swap 算法和其他依赖于 swap 的诸算法了。

细节 如果需要为自己定义的模板提供特殊的 swap 函数,情况要更加复杂,原因是针对模板只能重载 swap 模板,而不能通过特化来解决(注意,函数模板不支持偏特化);另一方面,C++ 标准规定,std 是一个系统保留的命名空间,向其中定义新的类、函数或模板会产生不确定的行为,但是对已有的 std 命名空间内的模板进行特化是允许的。对于自己定义的模板,仍然可以在其他命名空间内定义为其定义 swap 函数模板,但这样的 swap 函数一般不会被 reverse、rotate 等 STL 算法调用。

10.9.2 STL 组件的类型特征与 STL 的扩展

STL 本身不仅提供了丰富的组件,它还具有很强大的扩展性,可以设计出自己的迭代器、容器、函数对象和算法。一个 STL 组件常常用来作为其他 STL 组件的输入,例如一个函数对象可以作为函数适配器或算法的输入,而后者在完成其功能时,常常需要引用与输入组件类型相关的其他数据类型,例如,在一个函数适配器的实现代码中需要引用作为输入的函数对象的参数类型和返回值类型。为了便于其他组件引用相关的数据类型,函数对象、迭代器、容器等 STL 组件都需要提供一些类型特征。所谓类型特征,一般都是用 typedef 定义在类或结构体内的数据类型。例如,继承了 10.6.1 小节所给出的 unary_function 的函数对象就具备了 argument_type 和 result_type 两个类型特征。标准的 STL 组件都提供了完整的类型特征,因此它们可以很好地协同工作,在为 STL 编写扩展组件时,也应当为其定义相关的类型特征,才能使得组件发挥完整的功能。

本节将通过几个例子的讨论,来介绍 STL 组件对类型特征的需求。

1. 迭代器的类型特征

与函数对象类似,迭代器也具有很多类型特征,如表 10-10 所示。

细节 ptrdiff_t 是在<cstddef>头文件中定义的与指针具有相同字节数的整数类型,与 size_t 不同之处在于 ptrdiff_t 是有符号的,而 size_t 是无符号的。两个指针相减得到的数值的类型就是 ptrdiff_t。

表 10-10　迭代器的类型特征列表

类型特征名	说　　明	示　　例	
		vector<double>::iterator	**list<int>::const_iterator**
difference_type	表示两个迭代器距离的数据类型	ptrdiff_t	ptrdiff_t
value_type	迭代器所指向数据的类型	double	int
pointer	迭代器所指向数据的指针类型	double *	const int *
reference	迭代器所指向数据的引用类型	double&	const int&
iterator_category	迭代器的分类标签	random_access_iterator_tag	bidirectional_iterator_tag

其中，迭代器的类型特征 iterator_category 起到了非常特殊的作用，它可以是下面 5 个结构体之一：

```
struct input_iterator_tag {};
struct output_iterator_tag {};
struct forward_iterator_tag: public input_iterator_tag {};
struct bidirectional_iterator_tag: public forward_iterator_tag {};
struct random_access_iterator_tag: public bidirectional_iterator_tag {};
```

这 5 个结构体全部定义在<iterator>头文件中，它们都不具有任何成员，只用来表示一个迭代器所属的分类，其中每个结构体对应于一种迭代器概念，迭代器之间的继承关系也与相应概念及其子概念之间的关系一致。迭代器的分类标签有非常巧妙的用途，我们将在后面看到。

与函数对象的 unary_function 和 binary_function 这两个关联类型类似，迭代器也有相应的关联类型 iterator，它也定义在<iterator>头文件中：

```
template <class Category, class T, class Distance=ptrdiff_t,
        class Pointer=T * , class Reference=T&>
struct iterator {
    typedef T value_type;
    typedef Distance difference_type;
    typedef Pointer pointer;
    typedef Reference reference;
    typedef Category iterator_category;
};
```

这样，当定义自己的迭代器时，无须分别定义各个类型特征，只要继承 iterator 类即可。

例 10-23　自定义用来产生递增整数序列的迭代器。

```
//10_23.cpp
#include <iterator>
#include <algorithm>
#include <functional>
#include <iostream>
using namespace std;
template <class T>
```

```
class IncrementIterator
    : public iterator<input_iterator_tag, T, ptrdiff_t, const T*, const T&>{
private:
    T value;
public:
    typedef IncrementIterator<T>Self;
    IncrementIterator(const T& value=T()) : value(value) {}
    bool operator==(const Self& rhs) const {return value==rhs.value;}
    bool operator !=(const Self& rhs) const {return value !=rhs.value;}
    Self& operator++() {value++; return *this;}      //前缀"++"
    Self operator++(int) {     //后缀"++"
        Self tmp=*this; value++;
        return tmp;
    }
    const T & operator*() const {return value;}
    const T* operator->() const {return &value;}
};
int main() {
    //将[0, 10)范围内的整数输出
    copy(IncrementIterator<int>(), IncrementIterator<int>(10), ostream_
    iterator<int>(cout, " "));
    cout<<endl;
    //将下面数组中的数分别加上0、1、2、3、……,然后输出
    int s[]={5, 8, 7, 4, 2, 6, 10, 3};
    transform(s, s+sizeof(s)/sizeof(int), IncrementIterator<int>(),
            ostream_iterator<int>(cout, " "), plus<int>());
    cout<<endl;
    return 0;
}
```

运行结果：

```
0 1 2 3 4 5 6 7 8 9
5 9 9 7 6 11 16 10
```

提示　本例中使用的transform是transform的另一种形式，它遍历两个输入序列，将相应的值作为一个函数对象的参数，用函数对象的返回值生成一个输出序列。

本例中定义了一个用于生成递增整数序列的输入迭代器IncrementIterator。该迭代器不同于容器的迭代器，它不指向任何容器的元素，迭代器所指向的元素都是由迭代器自己产生的，每用“++”自增后，它会产生一个比当前元素大1的元素。由于该迭代器所产生的元素不允许修改，因此在继承iterator模板时，最后两个参数分别是常指针和常引用类型。IncrementIterator重载了“==”“!=”、前缀“++”、后缀“++”“*”“->”等几个运算符，这些都是输入迭代器所必须支持的运算符。

细节　重载“->”是为了当IncrementIterator<T>的模板参数T是类类型时允许形如iter->m的表达式，其中iter是一个IncrementIterator<T>类型的实例，m是T的一个成员。“表达式iter->m”的求值过程是：首先调用iter的operator ->，得到一个指针

(记为 p),再对"p－＞m"求值。

2. 利用类型特征实现算法

请读者回顾一下例 10-3,该例中定义了一个算法 mySort,但使用起来却不如使用其他 STL 算法那样方便——调用 mySort 时需要通过一个类型参数显式指定被排序元素的类型,而调用 STL 的 sort 等算法时就无须提供任何参数。通过前面的学习我们已经看到,迭代器所指向的类型可以由迭代器的类型特征得到,如利用类型特征获取元素类型就可避免在调用算法时显式提供类型参数。

在 mySort 函数模板中,typename InputIt∷value_type 就是输入迭代器所指向元素的类型。然而,请再仔细看看例 10-3 的主程序,对 mySort 的第一次调用中,作为输入迭代器传递给算法的是一对 double 型指针,即 InputIt＝double *,这时还能用 InputIt∷value_type 表示一个类型吗? 显然不行。好在＜iterator＞头文件中提供了一个作为中介的模板 iterator_traits,使用它可以以统一的方式得到包括指针在内的各种迭代器的数值特征。下面是 iterator_traits 的定义:

```
template <class Iterator>struct iterator_traits {
    typedef typename Iterator::difference_type difference_type;
    typedef typename Iterator::value_type value_type;
    typedef typename Iterator::pointer pointer;
    typedef typename Iterator::reference reference;
    typedef typename Iterator::iterator_category iterator_category;
};
```

可以把一个迭代器类型作为它的模板参数,该模板中定义了 5 种迭代器的类型特征,这些特征分别使用作为模板参数的迭代器的相应类型特征来定义。例如,当 InputIt＝vector＜int＞∷iterator 时,iterator_traits＜InputIt＞∷value_type 就被定义为 vector＜int＞∷iterator∷value_type,即 int。然而,当 InputIt＝double * 时,还是无法通过 iterator_traits＜InputIt＞∷value_type 得到正确的元素类型,幸好＜iterator＞中还提供了对 iterator_traits 的偏特化:

```
template <class T>struct iterator_traits<T *>{
    typedef ptrdiff_t difference_type;
    typedef T value_type;
    typedef T *pointer;
    typedef T &reference;
    typedef random_access_iterator_tag iterator_category;
};
```

如果读者对偏特化还不熟悉,请回顾一下 9.5.2 小节。通过偏特化,当 InputIt＝double * 时,由于 T＝double,这样 iterator_traits＜InputIt＞∷value_type 就被定义为 double 类型,问题就解决了。事实上,iterator_traits 还被进一步偏特化:

```
template <class T>struct iterator_traits<const T *>{
    typedef ptrdiff_t difference_type;
    typedef T value_type;
```

```
    typedef const T * pointer;
    typedef const T &reference;
    typedef random_access_iterator_tag iterator_category;
};
```

这个偏特化的类模板是为了避免当 iterator_traits 的模板参数类型为常指针(如 const double *)时,value_type 被定义为常类型(如 const double)。

这样,利用 iterator_traits 模板,就可以得到任何类型的输入迭代器所指向的元素类型。下面给出据此对例 10-3 的改进。

例 10-24 改进的 mySort 算法。

```
//10_24.cpp
#include <algorithm>
#include <iterator>
#include <vector>
#include <iostream>
using namespace std;
//将来自输入迭代器 p 的 n 个数值排序,将结果通过输出迭代器 result 输出
template <class InputIt, class OutputIt>
void mySort(InputIt first, InputIt last, OutputIt result) {
    //通过输入迭代器 p 将输入数据存入向量容器 s 中
    vector<typename iterator_traits<InputIt>::value_type>s(first, last);
    //对 s 进行排序,sort 函数的参数必须是随机访问迭代器
    sort(s.begin(), s.end());
    //将 s 序列通过输出迭代器输出
    copy(s.begin(), s.end(), result);
}
int main() {
    double a[5]={1.2, 2.4, 0.8, 3.3, 3.2};        //将 s 数组的内容排序后输出
    mySort(a, a+5, ostream_iterator<double>(cout, " "));
    cout<<endl;
    //从标准输入读入若干个整数,将排序后的结果输出
    mySort(istream_iterator<int>(cin), istream_iterator<int>(), ostream_
    iterator<int>(cout, " "));
    cout<<endl;
    return 0;
}
```

运行结果:

```
0.8 1.2 2.4 3.2 3.3
2 -4 5 8 -1 3 6 -5
-5 -4 -1 2 3 5 6 8
```

可见,使用了类型特征后,用户无须再向 mySort 显式提供元素类型,对 mySort 的调用形式与调用标准 STL 算法一样。

有些模板需要对不同的迭代器类型有不同的实现。例如 10.2.4 小节介绍的 advance,

它的第一个参数只要求是一个输入迭代器,对一个输入迭代器执行“加 n”的操作,需要通过一个循环来进行,然而如果第一个参数是一个随机访问迭代器,则可以直接使用“+=”来执行此操作,这比通过循环“加 n”的效率高得多。如何对不同类型的迭代器选择不同的实现呢?这时迭代器的分类标签就能派上用场了。下面是 advance 模板的一种可能实现:

```
template <class InputIt, class Distance>
inline void __advance_helper(InputIt& i, Distance n, input_iterator_tag) {
    while (n--!=0)++i;
}
template <class InputIt, class Distance>
inline void __advance_helper(InputIt& i, Distance n, random_access_iterator_
tag) {
    i+=n
}
template <class InputIt, class Distance>
inline void advance(InputIt &i, Distance n) {
    __advance_helper(i, n,
        typename iterator_traits<InputIt>::iterator_category());
}
```

在 advance 模板中,通过 iterator_traits 得到了 InputIt 的分类标签,并构造了一个该标签类型的实例,使用该实例作为第 3 个参数调用__advance_helper 模板。__advance_helper 函数提供了两个重载版本,它们的差异在于第 3 个参数的类型,第 3 个参数在两个函数模板中并没有被真正使用,因此无须给出参数名。这样,当 InputIt 只是一个输入迭代器、前向迭代器或双向迭代器时,由于后两类迭代器对应的分类标签 forward_iterator_tag 和 bidirectional_iterator_tag 都是 input_iterator 的派生类,因此第一个__advance_helper 会被调用;如果 InputIt 是随机访问迭代器,这时的分类标签是 random_access_iterator_tag,虽然第一个__advance_helper 也能与之匹配,但第二个__advance_helper 的参数类型更特殊,因此它会被调用。这样,就达到了针对不同类型迭代器对 advance 提供不同实现的目的。

细节 由于__advance_helper 是 inline 的,编译器很容易对程序进行优化,避免在调用__advance_helper 时为 typename iterator_traits<InputIt>::iterator_category()生成实际的对象,因此这种写法虽然增加了一个参数,但该参数在运行时并不会占用额外的空间。

STL 将迭代器分类标签的类型定义为几个有派生关系的结构体,从而可以利用分类标签和函数(函数模板)的重载来达到对不同类型迭代器提供不同实现的目的,希望读者认真体会这种设计的巧妙。

10.9.3 Boost 简介

有了 STL 以后,许多操作都可以通过 STL 来完成,从而避免重复编码,大大提高软件开发效率。然而,C++ 标准库的功能毕竟是有限的,因此还存在着形形色色的第三方程序库,它们提供了丰富多彩的功能,Boost 就是最具影响力的 C++ 第三方程序库之一。

Boost 由几十个程序库构成,一些程序库提供了 STL 之外的容器、函数对象和算法,其他程序库的功能涉及文本处理、数值计算、向量和矩阵计算、图像处理、内存管理、并行编程、分布式计算、模板元编程等方面，十分强大。此外，Boost 的重要性还在于，Boost 社区和 C++标准委员会具有非常密切的联系。Boost 中的一部分程序库是对 TR1 的实现，所谓 TR1(C++ Technical Report 1)是指 C++标准委员会发布的一个文档，文档中定义了对 C++标准库的一些扩展，TR1 已被纳入 C++11 标准。

下面选取其中几个程序库进行简要介绍，使读者对 Boost 的强大功能有一个初步的认识。下面几个程序库所实现的功能属于 TR1 的一部分。

- Array：Array 程序库提供了一个类模板 array<T, N>，对元素类型为 T、大小为 N 的静态数组进行了包装，为它增加了 size、swap、begin、end、front、back 等成员函数，使得在很多时候可以像使用一个 STL 容器那样使用静态数组，提供了很大方便，例如：

```
array<int, 10>arr={3, 4, 1, 9, 8, 0, -2, 5, 7, -1};          //初始化一个数组
cout<<arr.size()<<endl;                                     //输出数组大小
copy(arr.begin(), arr.end(), ostream_iterator<int>(cout, " "));   //输出数组元素
```

- Bind：Bind 程序库提供了函数模板 bind，它是 STL 的 bind1st 和 bind2nd 的扩展，对 bind1st 和 bind2nd 的改进主要体现在以下几个方面：它支持拥有更多参数的函数，允许对多个函数参数进行绑定；它拥有更加方便直观的调用形式；被绑定的对象无须拥有 first_argument_type、second_argument_type 和 result_type 等类型特征；除了绑定函数对象外，它还可以直接绑定普通函数指针和成员函数指针，无须通过 ptr_fun、mem_fun、mem_fun_ref 等模板将函数指针转换为函数对象。例如：

```
void fun1(int x, int y, int z);
class A {public: void fun2(int x, int y); ...};
...
bind(fun1, 3, _1, 5)(a);              //相当于调用了 fun1(3, a, 5)
bind(fun1, _1, _2, 5)(a, b);          //相当于调用了 fun1(a, b, 5)
bind(&A::fun2, _1, 7, _2)(s, a);      //相当于调用了 s->fun2(7, a)
```

- Function：Function 程序库提供了模板 function<Signature>，模板的实例可用于存储符合 Signature 类型的普通函数指针、成员函数指针或函数对象，例如：

```
int fun1(int x, int y);
function<int (int x, int y)>f;
f=fun1;                     //将一个函数指针赋给 f
f=plus<int>();              //使用 STL 的 plus 构造一个函数对象并赋给 f
cout<<f(1, 2)<<endl;        //对 f 进行调用
```

- Regex：Regex 程序库提供了对正则表达式进行处理的功能。正则表达式是一种用来进行文本匹配的强大工具，一个正则表达式可用来匹配符合某种模式的字符串。例如，“一个大写字母，后跟一个或多个数字”这一模式就可以用“[A-Z][0-9]+”这样一个正则表达式来表示，利用正则表达式可以判断一个字符串是否符合指定模式，或在一个字符串中搜索符合指定模式的子串，或对字符串中符合指定模式的子串进行替换，例如：

```
regex e("[A-Z][0-9]+");            //创建一个正则表达式对象
cout<<regex_match("F323", e)<<endl;
                                   //判断"F323"是否与正则表达式 e 匹配,结果为 true
cout<<regex_match("5314", e)<<endl;
                                   //判断"5314"是否与正则表达式 e 匹配,结果为 false
```

- Smart Ptr：Smart Ptr 程序库提供了数种智能指针，所谓智能指针是一种行为类似于指针(支持"＝""＊""－＞"等运算符)的对象，它们能够在适当的时候自动删除所指向的对象。Smart Ptr 中最常用的一种智能指针是共享指针 shared_ptr＜T＞，它可以内含一个指向 T 类型对象的指针，并且它会自动为当前指针保存一个引用计数，每当一个新的共享指针获得了该指针值后，引用计数就加 1，当已具有该指针值的共享指针析构或被赋予其他值时，引用计数就减 1，引用计数达到 0 后，指针所指向的对象就会被自动删除。
- Unordered：Unordered 程序库提供了 unordered_set、unordered_multiset、unordered_map、unordered_multimap 等 4 个关联容器，这些关联容器的功能分别对应于 set、multiset、map 和 multimap，但不能按照键的大小顺序来遍历容器，所以说它们是无序的，因此它们的名称都有"unordered"前缀。这 4 个容器的效率在一般情况下比 STL 中的对应容器更高。

下面是一些不属于 TR1 的程序库：

- Bimap：Bimap 程序库提供了一个模板 bimap＜X, Y＞，它用来建立一个双向映射，双向映射中 X 和 Y 两种类型的对象都是键，既可以使用 X 类型的对象来查询与之对应的 Y 类型对象，也可以使用 Y 类型的对象来查找与之对应的 X 类型的对象。
- Date Time：Date Time 程序库提供了用于表示日期、时间、日期(时间)长度、日期(时间)区间、时区等的数据类型，提供了日期和时间的计算(两日期相减得到日期长度，或如期与日期长度相加减得到另一个日期等)、格式化输出、时间在各时区间的转换等功能。
- GIL(Generic Image Library，通用图像库)：GIL 程序库提供了一个图像处理的框架，在该框架下可以写出对各种图像类型通用的图像处理算法，该程序库本身支持对 JPEG、TIFF、PNG 等多种图像格式的读写。
- Lambda：STL 算法常常以函数对象作为参数，我们常常需要为此专门编写函数或函数类，Lambda 程序库允许用户以一种更简便的方式创建函数对象，提供了更大的方便，例如：

```
transform(s.begin(), s.end(), cout<<_1*_1<<" ");    //将 s 容器中每个元素的平方输出
```

- String Algo：该程序库提供了一些实用的字符串算法，例如字符串的大小写转换(to_upper 和 to_lower)，去掉一个字符串首部和尾部的空白字符(trim)，判断一个字符串是否以指定字串开头或结尾(starts_with 和 ends_with)，判断一个字符串是否包含指定字串(contains)，将一个字符串容器中的所有元素连接成为一个字符串(join)，将一个字符串按指定分隔符拆分为若干个子串并放到一个字符串容器中(split)等。
- uBLAS：uBLAS 程序库提供了对矩阵和向量进行计算的功能。

- Unit：Unit 程序库允许对各种物理单位进行表示和计算。

以上列出的程序库仅是 Boost 的一小部分，读者如有兴趣进一步地了解 Boost，可以登录 Boost 的官方网站 http://www.boost.org/。

10.10 小结

泛型程序设计是一种重要的程序设计方法，合理利用泛型程序设计，可以大大提高软件的复用性。C++ 的模板是进行泛型程序设计的主要工具，标准模板库 STL 是 C++ 标准库的一部分，它定义了一套概念体系，容器、迭代器、函数对象和算法都是这个体系中最基本的概念，STL 的主要组件都是其中某种概念的模型。容器、迭代器和函数对象都有各自的子概念，每个 STL 组件所属的概念决定了它的功能以及它能和其他哪些组件协同工作。

容器是数据的载体，算法用于对数据序列执行操作，函数对象用来描述算法对单个数据执行的具体运算，迭代器充当算法和容器的桥梁。算法通过迭代器而非直接通过容器来操作数据，算法对每个元素所执行的具体运算用独立于算法的函数对象来描述，正是这两点造成了 STL 具有良好的通用性、灵活性和可扩展性。此外，STL 还提供了各种适配器，STL 的适配器包括迭代器适配器、容器适配器和函数适配器，适配器的存在进一步增强了 STL 的灵活性。

习 题

10-1 STL 的容器、迭代器和算法具有哪些子概念？vector、deque、list、set、multiset、map、multimap 各容器的迭代器各属于哪种迭代器？

10-2 若 s 是一个大小为 5 的静态数组 int s[5]，[s+1,s+4)这个区间包括数组的哪几个元素？[s+4,s+5)、[s+4,s+4)和[s+4,s+3)是合法的区间吗？

10-3 建立一个向量容器的实例 s，不断对 s 调用 push_back 向其中增加新的元素，观察在此过程中 s.capacity()的变化。

10-4 如果需要使用一个顺序容器来存储数据，在以下几种情况下，分别应当选择哪种顺序容器？

(1) 新元素全部从尾部插入，需要对容器进行随机访问。

(2) 新元素可能从头部或尾部插入，需要对容器进行随机访问。

(3) 新元素可能从任意位置插入，不需要对容器进行随机访问。

10-5 约瑟夫问题：n 个骑士编号 1、2、……、n，围坐在圆桌旁，编号为 1 的骑士从 1 开始报数，报到 m 的骑士出列，然后下一个位置再从 1 开始报数，找出最后留在圆桌旁的骑士编号。

(1) 编写一个函数模板，以一种顺序容器的类型作为模板参数，在模板中使用指定类型的顺序容器求解约瑟夫问题，m、n 是该函数模板的形参。

(2) 分别以 vector<int>、deque<int>、list<int>作为类型参数调用该函数模板，调用时将 n 设为较大的数，将 m 设为较小的数(例如令 $m=100000$，$n=5$)，观察 3 种情况下调用该函数模板所需花费的时间。

10-6　编写一个具有以下原型的函数模板：

```
template <class T>
void exchange(list<T>& l1, list<T>::iterator p1, list<T>& l2, list<T>::
iterator p2);
```

该模板用于将 l1 链表的[p1, l1.end())区间和 l2 链表的[p2, l2.end())区间的内容交换。在主函数中调用该模板，以测试该模板的正确性。

10-7　分别对 stack<int>、queue<int>、priority_queue<int>的实例执行下面的操作：调用 push 函数分别将 5、1、4、6 压入；调用两次 pop 函数；调用 push 函数分别将 2、3 压入；调用两次 pop 函数。请问对于三类容器适配器，每次调用 pop 函数时弹出的元素分别是什么？请编写程序验证自己的推断。

10-8　编写一个程序，从键盘输入一个个单词，每接收到一个单词后，输出该单词是否曾经出现过以及出现次数。可以尝试分别用多重集合(multiset)和映射(map)两种途径实现，将二者进行比较。

10-9　编写程序对比 STL 中的 3 个元素交换函数 swap、iter_swap 和 swap_ranges 对数组中的元素进行的交换操作。

10-10　编写一个程序，从键盘输入两组整数(可以看作两个集合)，分别输出同属于两组的整数(即两个集合的交集)、属于至少一组的整数(即两个集合的并集)、属于第一组但不属于第二组的整数(即两个集合的差集)。程序中需要用到 sort、set_intersection、set_union、set_difference 等算法。

10-11　下面的程序段首先构造了一个元素按升序排列的向量容器 s，然后试图调用 unique 算法去掉其中的重复元素，并将结果输出：

```
int arr[]={1, 1, 4, 4, 5};
vector<int>s(arr, arr+5);
unique(s.begin(), s.end());
copy(s.begin(), s.end(), ostream_iterator<int>(cout, "\n"));
```

(1) 以上的输出结果是什么？是否真正达到了去除重复元素的目的？如未达到目的，应如何对程序进行修改？

(2) 如果 s 是列表，是否有更方便高效的方法？

10-12　编写一个产生器，用来产生 0 到 9 范围内的随机数。建立一个顺序容器，使用该产生器和 generate 算法为该容器的元素赋值。

10-13　编写一个二元函数对象，用来计算 x 的 y 次方，其中 x 和 y 都是整数。利用该函数对象和 transform 算法，并结合适当的函数适配器，对于 10-12 题所生成的整数序列中的每个元素 n，分别输出 5^n、n^7 和 n^n。

10-14　为例 9-3 的 Array 类增加一个成员函数 swap。

10-15　对例 10-23 中的 IncrementIterator 进行扩充，使它成为一个随机访问迭代器。

10-16　对例 10-24 中的 mySort 算法进行进一步改进，使得当传入的第 3 个参数为随机访问迭代器时，直接在输出的区间中进行排序，避免使用 s 作为中转，从而节省时间和空间。

10-17　登录 Boost 的官方网站,下载最新的 Boost 程序库,阅读文档,完成以下任务:

(1) 修改例 10-3,将主函数中的静态数组 a 变为 array<double, 5>类型的对象,对与 a 相关的代码进行相应修改,比较修改前后的程序。

(2) 修改例 10-18,使用 Bind 程序库的 bind 代替 bind2nd。

(3) 用另一种方式修改例 10-18,使用 Lambda 程序库的相关功能来生成判断一个数是否大于 40 的函数对象。

(4) 改用 unordered_map 实现例 10-10 的功能。

第 11 章

流类库与输入输出

就像 C 语言一样，C++ 语言中也没有输入输出语句。但 C++ 标准库中有一个面向对象的输入输出软件包，它就是 **I/O 流类库**。流是 I/O 流类的中心概念。本章首先介绍流的概念，然后介绍流类库的结构和使用。对于流类库中类的详细说明及类成员的描述，请读者查阅 C++ 标准库的参考手册。

11.1　I/O 流的概念及流类库结构

I/O 流类库是 C 语言中 I/O 函数在面向对象的程序设计方法中的一个替换产品。

在第 2 章中曾简单介绍过，在 C++ 中，将数据从一个对象到另一个对象的流动抽象为“流”。从流中获取数据的操作称为提取操作，向流中添加数据的操作称为插入操作，数据的输入与输出就是通过 I/O 流来实现的。下面将进一步介绍流的概念。

当程序与外界环境进行信息交换时，存在着两个对象，一个是程序中的对象，另一个是文件对象。**流是一种抽象，它负责在数据的生产者和数据的消费者之间建立联系，并管理数据的流动**。程序建立一个流对象，并指定这个流对象与某个文件对象建立连接，程序操作流对象，流对象通过文件系统对所连接的文件对象产生作用。由于流对象是程序中的对象与文件对象进行交换的界面，对程序对象而言，文件对象有的特性，流对象也有，所以**程序将流对象看作是文件对象的化身**。

操作系统是将键盘、屏幕、打印机和通信端口作为扩充文件来处理的，而这种处理是通过操作系统的设备驱动程序来实现的。因此，从 C++ 程序员的角度来看，这些设备与磁盘文件是等同的，与这些设备的交互也是通过 I/O 流类来实现的。

流所涉及的范围还远不止于此，凡是数据从一个地方传输到另一个地方的操作都是流的操作。像网络数据交换、进程数据交换等都是流操作，流操作也可以针对一个字符串进行。因此，一般意义下的读操作在流数据抽象中被称为(从流中)**提取**，写操作被称为(向流中)**插入**。

I/O 流类库的基础是一组类模板，类模板提供了库中的大多数功能，而且可以作用于不同类型的元素。流的基本单位除了普通字符(char 类型)外，还可以是其他类型(例如 wchar_t，这将在深度探索中介绍)，流的基本单位的数据类型就是模板的参数。使用 I/O 流时一般无须直接引用这些模板，因为 C++ 的标准头文件中已经用 typedef 为这些模板面向 char 类型的实例定义了别名。由于模板的实例和类具有相同的性质，可以直接把这些别名看作流类的类名，为简便起见，本章把这些别名所表示的模板实例称作类。本章主要对这些类进行介绍，wchar_t 和面向 wchar_t 的 I/O 流将在深度探索中介绍。

在 I/O 流类库中,头文件 iostream 声明了 4 个预定义的流对象用来完成在标准设备上的输入输出操作:cin、cout、cerr、clog。

图 11-1 给出了 I/O 流类库中面向 char 类型的各个类之间的关系,表 11-1 是这些类的简要说明和使用它们时所需要包含的头文件名称。

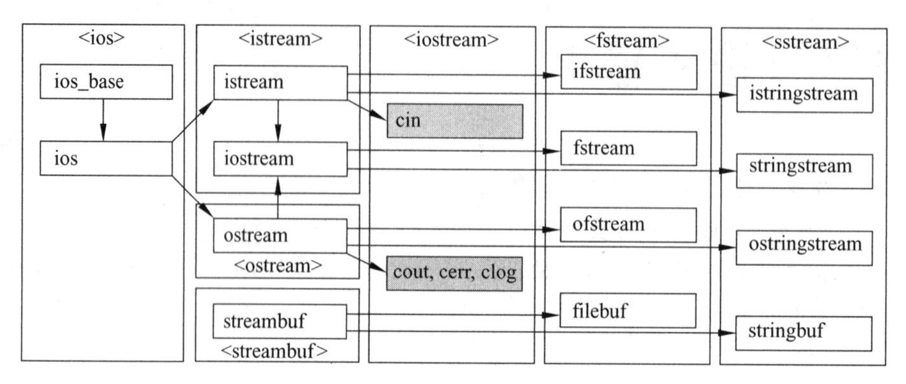

图 11-1　I/O 流类层次图

表 11-1　I/O 流类列表

类　名	说　　明	包含文件
抽象流基类		
ios	流基类	ios
输入流类		
istream	通用输入流类和其他输入流的基类	istream
ifstream	文件输入流类	fstream
istringstream	字符串输入流类	sstream
输出流类		
ostream	通用输出流类和其他输出流的基类	ostream
ofstream	文件输出流类	fstream
ostringstream	字符串输出流类	sstream
输入输出流类		
iostream	通用输入输出流类和其他输入输出流的基类	istream
fstream	文件输入输出流类	fstream
stringstream	字符串输入输出流类	sstream
流缓冲区类		
streambuf	抽象流缓冲区基类	streambuf
filebuf	磁盘文件的流缓冲区类	fstream
stringbuf	字符串的流缓冲区类	sstream

细节　表 11-1 列出的头文件 ios、istream、ostream、streambuf 有时不必显式地被包含在源程序中,因为其中描述的都是类层次结构中的基类,这些头文件已经被包含在其派生类所在的头文件中了。在一个文件中如果只需要这些类的前向声明,而不需要它们的定义,可以只包含头文件 iosfwd。

11.2　输出流

一个输出流对象是信息流动的目标，最重要的 3 个输出流是 ostream，ofstream 和 ostringstream。

预先定义的 **ostream** 类对象用来完成向标准设备的输出：

- cout 是标准输出流。
- cerr 是标准错误输出流，没有缓冲，发送给它的内容立即被输出。
- clog 类似于 cerr，但是有缓冲，缓冲区满时被输出。

细节　通过 cout、cerr、clog 输出的内容，在默认情况下都会输出到屏幕，标准输出和标准错误输出的区别在发生输出重定向时会显露出来。执行程序时可以在命令行使用“>”对标准输出进行重定向，这会使得通过 cout 输出的内容写到重定向的文件中，而通过 cerr 输出的内容仍然输出到屏幕；使用“2>”可以对标准错误输出重定向，而不会影响标准输出。

ofstream 类支持磁盘文件输出。如果你需要一个只输出的磁盘文件，可以构造一个 ofstream 类的对象。在打开文件之前或之后可以指定 ofstream 对象接受二进制或文本模式数据。很多格式化选项和成员函数可以应用于 ofstream 对象，包括基类 ios 和 ostream 的所有功能。

如果在构造函数中指定一个文件名，当构造这个文件时该文件是自动打开的。否则，你可以在调用默认构造函数之后使用 open 成员函数打开文件，或者在一个由文件指示符标识的打开文件基础上构造一个 ofstream 对象。

11.2.1　构造输出流对象

如果你仅使用预先定义的 cout、cerr 或 clog 对象，就不需要构造一个输出流。例如，在本章之前的例题中，都是将信息输出到标准输出设备，使用的是 cout。如果要使用文件流将信息输出到文件，便需要使用构造函数来建立流对象。

构造文件输出流的常用方法如下：

(1) 使用默认构造函数，然后调用 open 成员函数，例如：

```
ofstream myFile;                    //定义一个静态文件输出流对象
myFile.open("filename");            //打开文件,使流对象与文件建立联系
```

(2) 在调用构造函数时指定文件名：

```
ofstream myFile("filename");
```

(3) 也可以使用同一个流先后打开不同的文件(在同一时刻只有一个是打开的)：

```
ofstream file;
file.open("FILE1");           //打开文件"FILE1"
//……        向文件"FILE1"输出
file.close();                 //关闭 FILE1
file.open("FILE2");           //打开文件"FILE2"
//……        向文件"FILE2"输出
```

```
file.close();                //关闭 FILE2
//当对象 file 离开它的作用域时便消亡
```

C++ 11 标准以前只支持 C 风格字符数组作为文件名,C++ 11 标准引入 string 作为文件名,具体示例如下:

```
string filename="file.txt";
ofstream myFile(filename);        //通过 open 函数调用同样适用
```

本章稍后会详细介绍成员函数 open()、close()。

11.2.2　使用插入运算符和操纵符

本小节介绍如何控制输出格式。插入("<<")运算符是所有标准 C++ 数据类型预先设计的,用于传送字节到一个输出流对象。插入运算符与预先定义的操纵符(manipulator)一起工作,可以控制输出格式。

很多操纵符都定义在 ios_base 类中(如 hex())和 iomanip 头文件中(如 setprecision())。

1. 输出宽度

为了调整输出,可以通过在流中放入 setw 操纵符或调用 width 成员函数为每个项指定输出宽度。下面的例子在一列中以至少 10 个字符宽按右对齐方式输出数值。

例 11-1　使用 width 函数控制输出宽度。

```
//11_1.cpp
#include <iostream>
using namespace std;

int main() {
    double values[]={1.23, 35.36, 653.7, 4358.24};
    for(int i=0; i<4; i++) {
        cout.width(10);
        cout<<values[i]<<endl;
    }
    return 0;
}
```

其输出结果是:

```
      1.23
     35.36
     653.7
   4358.24
```

从程序的输出结果可以看到,在少于 10 个字符宽的数值前加入了引导空格。

空格是默认的填充符,当输出的数据不能充满指定的宽度时,系统会自动以空格填充,读者也可以指定用别的字符来填充。使用 fill 成员函数可以为已经指定宽度的域设置填充字符的值。为了用星号填充数值列,可以在例 11-1 中的 for 循环前加入以下函数调用:

```
cout.fill('*');
```

其输出结果如下：

```
******1.23
*****35.36
*****653.7
***4358.24
```

如果说要为同一行中输出的不同数据项分别指定宽度，也可以使用 setw 操纵符。

例 11-2　使用 setw 操纵符指定宽度。

```
//11_2.cpp
#include <iostream>
#include <iomanip>
#include <string>
using namespace std;

int main() {
    double values[]={1.23, 35.36, 653.7, 4358.24};
    string names[]={"Zoot", "Jimmy", "Al", "Stan"};
    for (int i=0; i<4; i++)
        cout<<setw(6)<<names[i]<<setw(10)<<values[i]<<endl;
    return 0;
}
```

width 成员函数在 iostream 中声明了，如果带参量使用 setw 或任何其他操纵符，就必须包括 iomanip。在输出中，字符串输出在宽度为 6 的域中，整数输出在宽度为 10 的域中。

运行结果：

```
  Zoot      1.23
 Jimmy     35.36
    Al     653.7
  Stan   4358.24
```

setw 和 width 都不截断数值。如果数值位超过了指定宽度，则显示全部值，当然还要遵守该流的精度设置。setw 和 width 仅影响紧随其后的域，在一个域输出完后域宽度恢复成它的默认值(必要的宽度)。但其他流格式选项保持有效直到发生改变，例如刚刚介绍的 fill。

2. 对齐方式

输出流默认为右对齐文本，为了在例 11-2 中实现左对齐姓名和右对齐数值，可将程序修改如下。

例 11-3　设置对齐方式。

```
//11_3.cpp
#include <iostream>
#include <iomanip>
#include <string>
using namespace std;
```

```
int main() {
    double values[]={1.23, 35.36, 653.7, 4358.24};
    string names[]={"Zoot", "Jimmy", "Al", "Stan"};
    for (int i=0;i<4;i++)
        cout<<setiosflags(ios_base::left)
            <<setw(6)<<names[i]
            <<resetiosflags(ios_base::left)
            <<setw(10)<<values[i]<<endl;
    return 0;
}
```

运行结果：

```
Zoot        1.23
Jimmy      35.36
Al         653.7
Stan     4358.24
```

这个程序中,通过使用带参数的 setiosflags 操纵符来设置左对齐,setiosflags 定义在头文件 iomanip 中。参数 ios_base∷left 是 ios_base 的静态常量,因此引用时必须包括 ios_base∷前缀。这里需要用 resetiosflags 操纵符关闭左对齐标志。setiosflags 不同于 width 和 setw,它的影响是持久的,直到用 resetiosflags 重新恢复默认值时为止。

setiosflags 的参数是该流的格式标志值,这个值由如下位掩码指定,并可用位或(|)运算符进行组合。

- ios_base∷skipws 在输入中跳过空白。
- ios_base∷left 左对齐值,用填充字符填充右边。
- ios_base∷right 右对齐值,用填充字符填充左边(默认对齐方式)。
- ios_base∷internal 在规定的宽度内,指定前缀符号之后,数值之前,插入指定的填充字符。
- ios_base∷dec 以十进制形式格式化数值(默认进制)。
- ios_base∷oct 以八进制形式格式化数值。
- ios_base∷hex 以十六进制形式格式化数值。
- ios_base∷showbase 插入前缀符号以表明整数的数制。
- ios_base∷showpoint 对浮点数值显示小数点和尾部的 0。
- ios_base∷uppercase 对于十六进制数值显示大写字母 A 到 F,对于科学格式显示大写字母 E。
- ios_base∷showpos 对于非负数显示正号("+")。
- ios_base∷scientific 以科学格式显示浮点数值。
- ios_base∷fixed 以定点格式显示浮点数值(没有指数部分)。
- ios_base∷unitbuf 在每次插入之后转储并清除缓冲区内容。

3. 精度

浮点数输出精度的默认值是 6,例如,数 3466.9768 显示为 3466.98。为了改变精度,可以使用 setprecision 操纵符(定义在头文件 iomanip 中)。此外,还有两个标志会改变浮点数的输出格式,即 ios_base∷fixed 和 ios_base∷scientific:如果不指定 fixed 或 scientific 精度值表示有效数字位数;如果设置了 ios_base∷fixed,精度值表示小数点之后的位数,该数输出为 3466.976800;如果设置了 ios_base∷scientific,精度值表示小数点之后的位数,该数输出为 3.466977e+003。为了以 1 位有效数字显示浮点数,将例 11-3 的程序修改如下。

例 11-4　控制输出精度。

```
//11_4.cpp
#include <iostream>
#include <iomanip>
#include <string>
using namespace std;

int main() {
    double values[]={1.23, 35.36, 653.7, 4358.24};
    string names[]={"Zoot", "Jimmy", "Al", "Stan"};
    for (int i=0;i<4;i++)
        cout<<setiosflags(ios_base::left)
            <<setw(6)<<names[i]
            <<resetiosflags(ios_base::left)
            <<setw(10)<<setprecision(1)<<values[i]<<endl;
    return 0;
}
```

运行结果:

```
Zoot           1
Jimmy     4e+001
Al        7e+002
Stan      4e+003
```

如果不需要科学格式,需要在 for 循环之前插入语句:

```
cout<<setiosflags(ios_base::fixed);
```

如果要采用定点标记,该程序用一个小数位输出的结果如下:

```
Zoot         1.2
Jimmy       35.4
 Al        653.7
Stan      4358.2
```

如果改变 ios_base∷fixed 为 ios_base∷scientific,该程序的输出结果为:

```
Zoot    1.2e+000
Jimmy   3.5e+001
Al      6.5e+002
Stan    4.4e+003
```

同样,该程序在小数点后输出了一位数字,这表明如果设置了 ios_base∷fixed 或 ios_base∷scientific,则精度值确定了小数点之后的小数位数。如果都未设置,则精度值确定了总的有效位数。可以用 resetiosflags 操纵符清除这些标志。

4. 进制

dec、oct 和 hex 操纵符设置输入和输出的缺省进制,例如,若将 hex 操纵符插入到输出流中,则以十六进制格式输出。如果 ios_base∷uppercase(默认)标志已清除,该数值以 a 到 f 的数字显示;否则,以大写方式显示。默认的进制是 dec(十进制)。

11.2.3 文件输出流成员函数

输出流成员函数有如下 3 种类型:

(1) 与操纵符等价的成员函数。

(2) 执行非格式化写操作的成员函数。

(3) 其他修改流状态且不同于操纵符或插入运算符的成员函数。

对于顺序的格式化输出,可以仅使用插入运算符和操纵符。对于随机访问二进制磁盘输出,使用其他成员函数,可以使用或不使用插入运算符。

1. 输出流的 open 函数

要使用一个文件输出流(ofstream),必须在构造函数或 open 函数中把该流与一个特定的磁盘文件关联起来。在这两种情况下,描述文件的参数是相同的。

打开一个与输出流关联的文件时,可以指定一个 open_mode 标志,如表 11-2 所示。可以用按位或("|")运算符组合这些标志,它们作为枚举常量定义在 ios_base 类中。例如:

```
ofstream file("filename", ios_base::out | ios_base::binary);
```

或

```
ofstream file;
file.open("filename", ios_base::out | ios_base::binary);
```

其中第二个表示打开模式的参数具有默认值 ios_base∷out,可以省略。

表 11-2 文件输出流文件打开模式

标　志	功　能
ios_base∷app	打开一个输出文件用于在文件尾添加数据
ios_base∷ate	打开一个现存文件(用于输入或输出)并查找到结尾
ios_base∷in	打开一个输入文件,对于一个 ofstream 文件,使用 ios_base∷in 作为一个 open-mode 可避免删除一个现存文件中现有的内容
ios_base∷out	打开一个文件,用于输出。对于所有 ofstream 对象,此模式是隐含指定的
ios_base∷trunc	打开一个文件,如果它已经存在则删除其中原有的内容。如果指定了 ios_base∷out,但没有指定 ios_base∷ate、ios_base∷app 和 ios_base∷in,则隐含为此模式
ios_base∷binary	以二进制模式打开一个文件(默认是文本模式)

2. 输出流的 close 函数

close 成员函数关闭与一个文件输出流关联的磁盘文件。文件使用完毕后必须将其关闭以完成所有磁盘输出。虽然 ofstream 析构函数会自动完成关闭，但如果需要在同一流对象上打开另外的文件，就需要使用 close 函数。

如果构造函数或 open 成员函数打开了该文件，并且在输出流对象析构前未调用 close 函数关闭，则输出流析构函数自动关闭这个流的文件。

3. put 函数

put 函数把一个字符写到输出流中，下面两个语句默认是相同的，但第二个受该流的格式化参量的影响：

```
cout.put('A');              //精确地输出一个字符
cout<<'A';                  //输出一个字符,但此前设置的宽度和填充方式在此起作用
```

4. write 函数

write 函数把一个内存中的一块内容写到一个文件输出流中，长度参数指出写的字节数。下面的例子建立一个文件输出流并将 Date 结构的二进制值写入文件。

例 11-5　向文件输出。

```
//11_5.cpp
#include <fstream>
using namespace std;
struct Date {
    int monday, day, year;
};
int main() {
    Date dt={6, 10, 92};
    ofstream file("date.dat", ios_base::binary);
    file.write(reinterpret_cast<char * >(&dt), sizeof(dt));
    file.close();
    return 0;
}
```

细节　由于 C++ 标准没有限定用 reinterpret_cast 转换指针时的行为，因此标准不保证以上代码总能将 dt 的全部内容输出到 date.dat 文件中。但由于用 reinterpret_cast 转换指针，一般都会被实现为对原先的地址原样复制，所以上面的代码几乎总能达到目的。关于 reinterpret_cast 的性质，可以回顾 6.8.2 节的内容。

write 函数当遇到空字符时并不停止，因此能够写入完整的类结构，该函数带两个参数：一个 char 指针(指向内存数据的起始地址)和一个所写的字节数。注意需要用 reinterpret_cast 将该对象的地址显式转换为 char * 类型。

5. seekp 和 tellp 函数

一个文件输出流保存一个内部指针指出下一次写数据的位置。seekp 成员函数设置这个指针，因此可以以随机方式向磁盘文件输出。tellp 成员函数返回该文件位置指针值。

6. 错误处理函数

错误处理成员函数的作用是在写到一个流时进行错误处理。各函数及其功能如表 11-3 所示。

表 11-3　错误处理成员函数及其功能

函数	功能及返回值
bad	如果出现一个不可恢复的错误,则返回一个非0值
fail	如果出现一个不可恢复的错误或一个预期的条件,例如一个转换错误或文件未找到,则返回一个非0值。在用零参量调用clear之后,错误标记被清除
good	如果所有错误标记和文件结束标记都是清除的,则返回一个非0值
eof	遇到文件结尾条件,则返回一个非0值
clear	设置内部错误状态,如果用默认参量调用,则清除所有错误位
rdstate	返回当前错误状态

"!"运算符经过了重载,它与fail函数执行相同的功能,因此表达式if(!cout)等价于if(cout.fail())…

void *()运算符也是经过重载的,与"!"运算符相反,因此表达式if(cout)等价于if(!cout.fail())…

void *()运算符不等价于good,因为它不检测文件结尾。

11.2.4　二进制输出文件

最初设计流的目的是用于文本,因此默认的输出模式是文本方式。在不同操作系统中,文本文件的行分隔符不大一样,例如Linux操作系统下的文本文件以一个换行符('\n',十进制10)作为行分隔符,而Windows操作系统下的文本文件以一个换行符和一个回车符('\r',十进制13)作为行分隔符。在以文本模式输出时,每输出一个换行符('\n'),都会将当前操作系统下的行分隔符写入文件中,这意味着在Windows下输出换行符后还会被自动扩充一个回车符,这种自动扩充有时可能出问题,请看下列程序:

```
#include <fstream>
using namespace std;
int array[2]={99, 10};
int main() {
    ofstream os("test.dat");
    os.write(reinterpret_cast<char *>(array), sizeof(array));
    return 0;
}
```

提示　对于IA-32结构的微处理器,int型变量占据4字节,低位存储在地址较小的内存单元中,因此int型数据10的连续4字节内容分别为10、0、0、0。如使用文本模式输出,则写到文件中的内容是10、13、0、0、0。

当执行程序,向文件中输出时,10之后会被自动添加一个13,然而这里的转换显然不是我们需要的。要想解决这一问题,就要采用二进制模式输出。使用二进制模式输出时,其中所写的字符是不转换的。如要二进制模式输出到文件,需要在打开文件时需要在打开模式中设置ios_base::binary,例如:

```
#include <fstream>
using namespace std;
int array[2]={99,10};
int main() {
    ofstream os("test.dat", ios_base::out | ios_base::binary);
    os.write(reinterpret_cast<char * >(array), sizeof(array));
    return 0;
}
```

11.2.5　字符串输出流

输出流除了可以用于向屏幕或文件输出信息外，还可以用于生成字符串，这样的流叫作字符串输出流，ostringstream 类就用来表示一个字符串输出流。

ostringstream 类有两个构造函数，第一个函数有一个形参，表示流的打开模式，与文件输出流中的第二个参数功能相同，可以取表 11-2 中的值，具有默认值 ios_base∷out，通常使用它的默认值。例如，可以用下列方式创建一个字符串输出流：

```
ostringstream os;
```

第二个构造函数接收两个形参，第一个形参是 string 型常对象，用来为这个字符串流的内容设置初值，第二个形参表示打开模式，与第一种构造函数的形参具有相同的意义。

既然 ostringstream 类与 ofstream 类同为 ostream 类的派生类，ofstream 类所具有的大部分功能，ostringstream 类都具有，例如插入运算符、操纵符、write 函数、各种控制格式的成员函数等，只有专用于文件操作的 open 函数和 close 函数是 ostringstream 类所不具有的。

ostringstream 类还有一个特有的函数 str，它返回一个 string 对象，表示用该输出流所生成字符串的内容。

ostringstream 类的一个典型用法是将一个数值转化为字符串，请看下面的示例。

例 11-6　用 ostringstream 将数值转换为字符串。

```
//11_6.cpp
#include <iostream>
#include <sstream>
#include <string>
using namespace std;

template <class T>
inline string toString(const T &v) {
    ostringstream os;              //创建字符串输出流
    os<<v;                         //将变量 v 的值写入字符串流
    return os.str();               //返回输出流生成的字符串
}

int main() {
```

```
    string str1=toString(5);
    cout<<str1<<endl;
    string str2=toString(1.2);
    cout<<str2<<endl;
    return 0;
}
```

运行结果：

```
5
1.2
```

该程序的函数模板 toString 可以把各种支持“<<”插入符的类型的对象转换为字符串。

11.3 输入流

一个输入流对象是数据流出的源头，3 个最重要的输入流类是 istream、ifstream 和 istringstream。

istream 类最适合用于顺序文本模式输入。基类 ios 的所有功能都包括在 istream 中。人们很少需要从类 istream 构造对象。预先定义的 istream 对象 cin 用来完成从标准输入设备(键盘)的输入。

细节 标准输入设备也可以在命令行中重定向，重定向的方式是使用“<”，重定向后数据不再从键盘输入，而从文件读入。

ifstream 类支持磁盘文件输入。如果需要一个仅用于输入的磁盘文件，可以构造一个 ifstream 类的对象，并且可以指定使用二进制或文本模式。如果在构造函数中指定一个文件名，在构造该对象时该文件便自动打开。否则，需要在调用默认构造函数之后使用 open 函数来打开文件。很多格式化选项和成员函数都可以应用于 ifstream 对象，基类 ios 和 istream 的所有功能都包括在 ifstream 中。

11.3.1 构造输入流对象

如果仅使用 cin 对象，则不需要构造输入流对象。如果要使用文件流从文件中读取数据，就必须构造一个输入流对象。建立一个文件输入流的常用方式如下。

(1) 使用默认构造函数建立对象，然后调用 open 成员函数打开文件，例如：

```
ifstream myFile;                        //建立一个文件流对象
myFile.open("filename");                //打开文件 filename
```

(2) 在调用构造函数建立文件流对象时指定文件名和模式，在构造过程中打开该文件，例如：

```
ifstream myFile("filename");            //C 风格字符串数组文件名
string filename="file.txt";
ifstream myFile2(filename);             //C++11 标准的 string 文件名
```

11.3.2　使用提取运算符

提取(extraction)运算符(>>)对于所有标准 C++ 数据类型都是预先设计好的，它是从一个输入流对象获取字节最容易的方法。

提取运算符用于格式化文本输入，在提取数据时，以空白符为分隔。如果要输入一段包含空白符的文本，用提取运算符就很不方便。在这种情况下，可以选择使用非格式化输入成员函数 getline，这样就可以读一个包含有空格的文本块，然后再对其进行分析。

前面介绍的输出流错误处理函数同样可应用于输入流。在提取中测试错误是重要的。

11.3.3　输入流操纵符

定义在 ios_base 类中和 iomanip 头文件中的操纵符可以应用于输入流。但是只有少数几个操纵符对输入流对象具有实际影响，其中最重要的是进制操纵符 dec、oct 和 hex。

在提取中，hex 操纵符可以接收处理各种输入流格式，例如 c、C、0xc、0xC、0Xc 和 0XC 都被解释为十进制数 12。任何除 0～9、A～F、a～f 和 X 之外的字符都引起数值变换终止。例如，序列 124n5 将变换成数值 124，并且使 fail 函数返回 true。

11.3.4　输入流相关函数

1. 输入流的 open 函数

如果要使用一个文件输入流(ifstream)，必须在构造函数中或者使用 open 函数把该流与一个特定磁盘文件关联起来。无论用哪种方式，参数是相同的。

当打开与一个输入流关联的文件时，通常要指定一个模式标志。模式标志如表 11-4 所示，该标志可以用按位或(|)运算符进行组合。用 ifstream 打开文件时，模式的默认值是 ios_base::in。

表 11-4　输入流文件打开模式

模　式	功　能
ios_base::in	打开文件用于输入(默认)
ios_base::binary	以二进制模式(默认模式是文本模式)打开文件

2. 输入流的 close 函数

close 成员函数关闭与一个文件输入流关联的磁盘文件。

虽然 ifstream 类的析构函数可以自动关闭文件，但是如果需要使用同一流对象打开另一个文件，则首先要用 close 函数关闭当前文件。

3. get 函数

非格式化 get 函数的功能与提取运算符(>>)很相像，主要的不同点是 get 函数在读入数据时包括空白字符，而提取运算符在缺省情况下拒绝接受空白字符。

例 11-7　get 函数应用举例。

```
//11_7.cpp
#include <iostream>
using namespace std;
```

```
int main() {
    char ch;
    while ((ch=cin.get()) !=EOF)
        cout.put(ch);
    return 0;
}
```

运行时如果输入：

```
abc  xyz  123
```

则输出：

```
abc  xyz  123
```

当按下 Ctrl+Z 及 Enter 键时，程序读入的值是 EOF，程序结束。

4. getline 函数

istream 类具有成员函数 getline，其功能是允许从输入流中读取多个字符，并且允许指定输入终止字符(默认值是换行字符)，在读取完成后，从读取的内容中删除该终止字符，然而该成员函数只能将输入结果存在字符数组中，字符数组的大小是不能自动扩展的，造成了使用上的不便。非成员函数 getline 能够完成相同的功能，但可以将结果保存在 string 类型的对象中，更加方便。这一函数可以接收两个参数，前两个分别表示输入流和保存结果的 string 对象，第三个参数可选，表示终止字符。使用非成员的 getline 函数的声明在 string 头文件中。

例 11-8 为输入流指定一个终止字符。

本程序连续读入一串字符，直到遇到字符't'时停止，字符个数最多不超过 99 个。

```
//11_8.cpp
#include <iostream>
#include <string>
using namespace std;
int main() {
    string line;
    cout<<"Type a line terminated by 't' "<<endl;
    getline(cin, line, 't');
    cout<<line<<endl;
    return 0;
}
```

5. read 函数

read 成员函数从一个文件读字节到一个指定的存储器区域，由长度参数确定要读的字节数。如果给出长度参数，当遇到文件结束或者在文本模式文件中遇到文件结束标记字符时读结束。

例 11-9 从一个 payroll 文件读一个二进制记录到一个结构中。

```
//11_9.cpp
```

```
#include <iostream>
#include <fstream>
#include <cstring>
using namespace std;

struct SalaryInfo {
    unsigned id;
    double salary;
};

int main() {
    SalaryInfo employee1={600001, 8000};
    ofstream os("payroll", ios_base::out | ios_base::binary);
    os.write(reinterpret_cast<char * >(&employee1), sizeof(employee1));
    os.close();

    ifstream is("payroll", ios_base::in | ios_base::binary);
    if (is) {
        SalaryInfo employee2;
        is.read(reinterpret_cast<char * >(&employee2), sizeof(employee2));
        cout<<employee2.id<<" "<<employee2.salary<<endl;
    } else {
        cout<<"ERROR: Cannot open file 'payroll'."<<endl;
    }
    is.close();

    return 0;
}
```

这里的数据记录是通过指定的结构严格格式化的,并且设有终止的回车或换行字符。

运行结果:

```
6000018000
```

6. seekg 和 tellg 函数

在文件输入流中,保留着一个指向文件中下一个将读数据的位置的内部指针,可以用 seekg 函数来设置这个指针。

例 11-10　用 seekg 函数设置位置指针。

```
//11_10.cpp
#include <iostream>
#include <fstream>
using namespace std;

int main() {
    int values[]={3, 7, 0, 5, 4};
    ofstream os("integers", ios_base::out | ios_base::binary);
```

```
    os.write(reinterpret_cast<char * >(values), sizeof(values));
    os.close();

    ifstream is("integers", ios_base::in | ios_base::binary);
    if (is) {
        is.seekg(3 * sizeof(int));
        int v;
        is.read(reinterpret_cast<char * >(&v), sizeof(int));
        cout<<"The 4th integer in the file 'integers' is "<<v<<endl;
    } else {
        cout<<"ERROR: Cannot open file 'integers'."<<endl;
    }

    return 0;
}
```

使用 seekg 可以实现面向记录的数据管理系统,用固定长度的记录尺寸乘以记录号便得到相对于文件末尾的字节位置,然后使用 get 读这个记录。

tellg 成员函数返回当前文件读指针的位置,这个值是 streampos 类型。

例 11-11　读一个文件并显示出其中 0 元素的位置。

```
//11_11.cpp
#include <iostream>
#include <fstream>
using namespace std;

int main() {
    ifstream file("integers", ios_base::in | ios_base::binary);
    if (file) {
        while (file) {
            streampos here=file.tellg();
            int v;
            file.read(reinterpret_cast<char * >(&v), sizeof(int));
            if (file && v==0)
                cout<<"Position "<<here<<" is 0"<<endl;
        }
    } else {
        cout<<"ERROR: Cannot open file 'integers'."<<endl;
    }
    file.close();
    return 0;
}
```

11.3.5　字符串输入流

字符串输入流提供了与字符串输出流相对应的功能,它可以从一个字符串中读取数据。istringstream 类就用来表示一个字符串输入流。

istringstream 类有两个构造函数,最常用的那个构造函数接受两个参数,分别表示要输入的 string 对象和流的打开模式，打开模式具有默认值 ios_base::in，通常使用这个默认值。例如，可以用下列方式创建一个字符串输入流：

```
string str=…;
istringstream is(str);
```

ifstream 类所具有的大部分功能，istringstream 类都具有，例如提取运算符、操纵符、read 函数、getline 函数等，因为这些功能都是针对它们共同的基类 istream 的。只有专用于文件操作的 open 函数和 close 函数是 istringstream 类所不具有的。

istringstream 类的一个典型用法是将一个字符串转换为数值，请看下面的示例。

例 11-12　用 ostringstream 将字符串转换为数值。

```
//11_12.cpp
#include <iostream>
#include <sstream>
#include <string>
using namespace std;

template <class T>
inline T fromString(const string &str) {
    istringstream is(str);          //创建字符串输入流
    T v;
    is>>v;                          //从字符串输入流中读取变量 v
    return v;                       //返回变量 v
}

int main() {
    int v1=fromString<int>("5");
    cout<<v1<<endl;
    double v2=fromString<double>("1.2");
    cout<<v2<<endl;
    return 0;
}
```

该程序的输出结果如下：

```
5
1.2
```

该程序的函数模板 fromString 可以把各种支持“>>”提取符的类型的字符串表示形式转换为该类型的数据。

11.4　输入输出流

一个 iostream 对象可以是数据的源或目的。有两个重要的 I/O 流类都是从 iostream 派生的，它们是 fstream 和 stringstream。这些类继承了前面描述的 istream 和 ostream 类的功能。

fstream 类支持磁盘文件输入和输出。如果需要在同一个程序中从一个特定磁盘文件读并写到该磁盘文件,可以构造一个 fstream 对象。一个 fstream 对象是有两个逻辑子流的单个流,两个子流一个用于输入,另一个用于输出。

stringstream 类支持面向字符串的输入和输出,可以用于对同一个字符串的内容交替读写,同样是由两个逻辑子流构成。

详细说明请读者参考 C++ 标准库参考手册或联机帮助。

11.5 综合实例——对个人银行账户管理程序的改进

在前几章的个人银行账户管理程序中,有关信息始终只存放于内存中,因此当程序结束时账户的信息也将随之消失,下次启动程序后还需要重新输入数据。如何将这些信息保存下来,使得下次启动程序时能够恢复上次的数据呢? 这就要用到文件。

我们可以在程序结束时将每个账户的当前状态和过往的账目列表写入文件,下次运行时再读出来,但这样由于需保存信息的种类较多,程序会比较烦琐。另一个思路是将用户输入的存款、取款、结算等各种命令保存下来,下次启动程序时将这些命令读出并执行,这样各个账户就能够恢复到上次退出程序时的状态了。

在接受用户输入的命令时,本程序将以字符串的形式读入整条命令,这样在需要将命令写入文件时,只要向文件输出整个字符串就可以了。本程序以输入的字符串为基础建立字符串输入流,使用字符串输入流来解析命令的参数。

修改后的程序,在读取文件时和接受用户输入时都需要对命令进行处理,因此本程序不再将处理命令的代码直接写在主函数中,而是对之进行模块化,建立了一个 Controller 类,用于保存账户列表、当前日期和处理指定命令。在主函数中将该类实例化,在需要处理命令的地方调用该类的成员函数即可。

另外,第 10 章的程序中,日期的读取是通过 Date 类的静态成员函数 read 来进行的,该函数从标准输入来读取日期,而本例中,在解析命令时需要从字符串输入流来读取日期。为此,对 Date 类重载“>>”运算符,使得可以从任何输入流中读取日期,下面是重载函数的原型:

```
std::istream & operator>>(std::istream &in, Date &date);
```

由于各种输入流都是 istream 的派生类,因此以上的重载允许各种输入流用“>>”运算符来读取时期。另一方面,之前的程序,输入日期和账户信息时都是通过调用 show 函数进行的,我们可以重载“<<”运算符使得日期和账户信息可以更加方便地输出:

```
std::ostream & operator<<(std::ostream &out, const Date &date);
std::ostream & operator<<(std::ostream &out, const Account &account);
```

提示 重载“<<”和“>>”时,由于在程序中“<<”和“>>”经常连续使用,因此运算符需要将输入流或输出流的引用返回。例如,表达式 cout<<a<<b 的执行过程相当于:

```
operator<<(operator<<(cout, a), b);
```

下面给出修改后的程序。

例 11-13　个人银行账户管理程序。

程序分为 6 个文件：date.h 是日期类头文件，date.cpp 是日期类实现文件，accumulator.h 为按日将数值累加的 Accumulator 类的头文件，account.h 是各个储蓄账户类定义头文件，account.cpp 是各个储蓄账户类实现文件，11_13.cpp 是主函数文件。

```
//date.h
#ifndef __DATE_H__
#define __DATE_H__
#include <iostream>
class Date {      //日期类
…
//Date 类中不再有静态成员函数 read,其他内容与例 10-24 完全相同
};
std::istream & operator>>(std::istream &in, Date &date);
std::ostream & operator<<(std::ostream &out, const Date &date);
#endif //__DATE_H__

//date.cpp 在例 10-24 的基础上删去了 Date::read,增加了下面两个函数的定义
istream & operator>>(istream &in, Date &date) {
    int year, month, day;
    char c1, c2;
    in>>year>>c1>>month>>c2>>day;
    date=Date(year, month, day);
    return in;
}
ostream & operator<<(ostream &out, const Date &date) {
    out<<date.getYear()<<"-"<<date.getMonth()<<"-"<<date.getDay();
    return out;
}

//accumulator.h 的内容与例 8-8 完全相同,不再重复给出

//account.h
#ifndef __ACCOUNT_H__
#define __ACCOUNT_H__
#include "date.h"
#include "accumulator.h"
#include <string>
#include <map>
#include <istream>
class Account {      //账户类
…
//Account 类中为以下函数增加了一个参数,其他成员与例 10-24 完全相同
    virtual void show(std::ostream &out) const;
```

```
};
inline std::ostream & operator<<(std::ostream &out, const Account &account) {
    account.show(out);
    return out;
}
class CreditAccount : public Account {      //信用账户类
...
//CreditAccount类中为以下函数增加了一个参数,其他成员与例10-24完全相同
    virtual void show(std::ostream &out) const;
};
//account.h中其他类的定义与例10-24完全一样
#endif //__ACCOUNT_H__

//account.cpp中,只有以下几个成员函数的实现有所改变,其他内容与例10-24完全相同
void AccountRecord::show() const {
    cout<<date<<"\t#"<<account->getId()<<"\t"<<amount<<"\t"
        <<balance<<"\t"<<desc<<endl;
}
Account::Account(const Date &date, const string &id)  : id(id), balance(0) {
    cout<<date<<"\t#"<<id<<" created"<<endl;
}
void Account::show(ostream &out) const {
    out<<id<<"\tBalance: "<<balance;
}
void CreditAccount::show(ostream &out) const {
    Account::show(out);
    out<<"\tAvailable credit:"<<getAvailableCredit();
}

//11_13.cpp
#include "account.h"
#include <iostream>
#include <fstream>
#include <sstream>
#include <vector>
#include <algorithm>
#include <string>
using namespace std;
struct deleter {
    template <class T>void operator () (T* p) {delete p;}
};
class Controller {                          //控制器,用来储存账户列表和处理命令
private:
    Date date;                              //当前日期
    vector<Account *>accounts;              //账户列表
```

```
    bool end;                          //用户是否输入了退出命令
public:
    Controller(const Date &date) : date(date), end(false) {}
    ~Controller();
    const Date &getDate() const {return date;}
    bool isEnd() const {return end;}
    //执行一条命名,返回该命令是否改变了当前状态(即是否需要保存该命令)
    bool runCommand(const string &cmdLine);
};
Controller::~Controller() {
    for_each(accounts.begin(), accounts.end(), deleter());
}
bool Controller::runCommand(const string &cmdLine) {
    istringstream str(cmdLine);
    char cmd, type;
    int index, day;
    double amount, credit, rate, fee;
    string id, desc;
    Account * account;
    Date date1, date2;
    str>>cmd;
    switch (cmd) {
    case 'a':           //增加账户
        …
    //对 a(增加账户)、d(存款)、w(取款)、s(查询账户信息)、c(改变日期)、
    //n(进入下个月)的处理,与例 10-24 基本相同,只是把读入参数的输入流由 cin 改为了
    //str,并且在每种情况后直接 return,其中对 s 命令返回 false,其他皆返回 true。
    //篇幅所限,不再详细给出这几种情况的代码
    case 'q':           //查询一段时间内的账目
        str>>date1>>date2;
        Account::query(date1, date2);
        return false;
    case 'e':           //退出
        end=true;
        return false;
    }
    cout<<"Inavlid command: "<<cmdLine<<endl;
    return false;
}
int main() {
    Date date(2008, 11, 1);           //起始日期
    Controller controller(date);
    string cmdLine;
    const char * FILE_NAME="commands.txt";
    ifstream fileIn(FILE_NAME);       //以读模式打开文件
```

```
    if (fileIn) {                    //如果正常打开,就执行文件中的每一条命令
        while (getline(fileIn, cmdLine))
            controller.runCommand(cmdLine);
        fileIn.close();              //关闭文件
    }
    ofstream fileOut(FILE_NAME, ios_base::app);        //以追加模式打开文件
    cout<<"(a)add account (d)deposit (w)withdraw (s)show (c)change day (n)next
month (q)query (e)exit"<<endl;
    while (!controller.isEnd()) {                    //从标准输入读入命令并执行,直到退出
        cout<<controller.getDate()<<"\tTotal: "<<Account::getTotal()
            <<"\tcommand>";
        string cmdLine;
        getline(cin, cmdLine);
        if (controller.runCommand(cmdLine))
            fileOut<<cmdLine<<endl;                  //将命令写入文件
    }
    return 0;
}
```

第一次运行结果：

…(输入和输出皆与例 9-16 给出的完全相同,篇幅所限,不再重复)

第二次运行结果：

```
2008-11-1      #S3755217 created
2008-11-1      #02342342 created
2008-11-1      #C5392394 created
2008-11-5      #S3755217      5000     5000     salary
2008-11-15     #C5392394      -2000    -2000    buy a cell
2008-11-25     #02342342      10000    10000    sell stock 0323
2008-12-1      #C5392394      -16      -2016    interest
2008-12-1      #C5392394      2016     0        repay the credit
2008-12-5      #S3755217      5500     10500    salary
2009-1-1       #S3755217      17.77    10517.8  interest
2009-1-1       #02342342      15.16    10015.2  interest
2009-1-1       #C5392394      -50      -50      annual fee
(a)add account (d)deposit (w)withdraw (s)show (c)change day (n)next month (q)
query (e)exit
2009-1-1       Total: 20482.9   command>c 15
2009-1-15      Total: 20482.9   command>w 2 1500 buy a television
2009-1-15      #C5392394      -1500    -1550    buy a television
2009-1-15      Total: 18982.9   command>q 2008-12-5 2009-1-15
2008-12-5      #S3755217      5500     10500    salary
2009-1-1       #S3755217      17.77    10517.8  interest
2009-1-1       #02342342      15.16    10015.2  interest
2009-1-1       #C5392394      -50      -50      annual fee
```

```
2009-1-15      #C5392394      -1500   -1550    buy a television
2009-1-15      Total: 18982.9  command>e
```

可见，第二次执行程序时，第一次输入的数据完全被恢复了。

文件输入流和文件输出流在析构的时候会自动关闭文件，在主函数中，之所以需要手工关闭输入文件流 fileIn，是为了保证在针对同一个文件的输出流 fileOut 建立前文件被关闭。

11.6　深度探索

11.6.1　宽字符、宽字符串与宽流

1. 普通字符和字符串的缺陷

我们使用的字符串 string 的基本单位是一个 char 类型的字符。一个 char 类型数据占 1 字节，共有 256 种可能的取值，一个数字、大小写英文字母和键盘上能找到的符号都有对应的 ASCII 码，ASCII 码的范围是 0～255，能够用一字节表示，因此这些字符都可以表示为一个 char 类型的数据。

然而，计算机需要处理的字符并不止这些，很多字符是在 ASCII 码表之外的，例如汉字，仅常用的汉字就有几千个，显然不能囊括在 ASCII 码表之内。汉字需要用另外的编码方案来表示，一个汉字需要用两字节表示，然而 char 类型只有一字节的存储空间，因此一个汉字需要用两个连续的 char 数据来表示。

虽然以 char 为单位的 string 类也能处理汉字，但会带来很多不便，例如，对于下面这一段程序：

```
#include <iostream>
#include <string>
using namespace std;
int main() {
    string s="这是一个中文字符串";
    cout<<s.size()<<endl;
    return 0;
}
```

它的输出结果是 18。虽然 s 字符串中只有 9 个汉字，但由于存储每个汉字需要用 2 字节，因此得到的结果是 18，这虽然与我们的直观感觉不符，但还不是太严重的问题，但是一个汉字既然分为两个 char 字符，它就能够被一分为二，在字符串中，一个汉字的第二个字节和下一个汉字的第一个字节仍然能够构成一个汉字，例如，如果在程序中插入下面的语句：

```
cout<<s.substr(3, 2)<<endl;
```

这时会得到一个其他的汉字。笔者的系统环境采用 GBK 的编码方式，得到的结果是“且”，在其他环境下可能会得到其他结果。这个“且”就是由“是”的第二个字节和“一”的第一个字节构成的。你或许可以说，只要截取子串时，范围都取偶数就不会出现这种现象了，可是如果这个字符串中还掺杂了 ASCII 字符，就没这么简单了。此外，下面的函数调用返回的结果是完全不能被接受的：

```
cout<<s.find("且")<<endl;
```

它的输出结果是3,这是因为以char字符为单位的string类只会以char字符为单位去做字符串的匹配,它没有办法知道这些char字符是两个一组、不能被分开的,因此会得到这个结果。如果想在这个字符串中找找有没有"且"这个汉字,却得到了这样的错误结果,是不能够容忍的。

这就是引入宽字符和宽字符串的原因。

2. 宽字符与宽字符串

宽字符解决了上面这些问题。C++标准中并没有明确规定一个宽字符所占的空间大小,但一般的编译环境中宽字符数据都占据2字节,所以一个汉字可以直接用一个宽字符来表示。宽字符类型的类型名称是wchar_t,这是一个C++的关键字。一个宽字符的文字仍然需要用单引号包含,但在第一个单引号前需要加入大写字母L,表示这是一个宽字符。例如,下面定义了一个宽字符类型的变量c,并以宽字符"人"作为它的初值。

提示 常见的汉字编码方案有GB-18030、GBK、GB-2312、BIG5等,此外还有一种国际化的编码Unicode。一个相同的汉字,在不同编码方案下会有不同的表示,但这些编码之中的文字都可以用一个宽字符来表示。

```
wchar_t c=L'人';
```

wstring用来表示宽字符串类型,除了它的元素是wchar_t类型的宽字符而非char类型的普通字符外,它的用法与string完全相同,因为二者本来就是同一个模板取不同类型参数时的实例别名,basic_string类模板和这两个别名都定义在string头文件中:

```
typedef basic_string<char>string;
typedef basic_string<wchar_t>wstring;
```

与宽字符的文字类似,如表示宽字符串的文字,需在双引号前加入大写字母L,例如下面定义了一个宽字符串类型的变量s,并以宽字符串"这是一个中文字符串"作为它的初值:

```
wstring s=L"这是一个中文字符串";
```

我们可以尝试对这里的s再进行与上面类似的操作,像这样:

```
cout<<s.size()<<endl;
if (s.find_first_of(L'且')==wstring::npos)
    cout<<"Not found"<<endl;
```

这时得到的第一个输出结果是9,表明一个汉字没有被拆成两部分;对于第二个字符查找操作,最终输出了"Not found",表明"且"字没有被找到,使用string类型字符串产生的问题得到了解决。

3. 宽流

一个wstring类型的对象,是无法用cout输出的,这是因为cout这一输出流的基本单位是char类型的字符,而wstring型字符串是由wchar_t类型字符构成的,二者并不兼容。

本章前面介绍的各种输入流、输出流、输入输出流的基本单位都是普通字符类型的,但每种类型都有一个对应的、以宽字符为基本单位的类,只要在这些流的类型名前加上一个“w”字就能得到这个类的类名，例如，wistream、wifstream、wistringstream 分别表示宽字符输入流、宽字符文件输入流、宽字符字符串输入流，此外还有 wios、wostream、wofstream、wostringstream、wiostream、wfstream、wstringstream 等类型。宽流和普通流在于它们所处理的对象的基本单位是宽字符，例如宽文件流会以宽字符为单位对文件进行输入输出，宽字符串流生成或读取的字符串是宽字符串。除了流在基本单位上的差异外，每种流的两种不同形式具有相同的功能，事实上，不同形式的流类的名称是通过对相同的模板的不同参数下的实例定义别名得到的，例如，ifstream 和 wifstream 是这样得到的：

```
typedef basic_ifstream<char>ifstream;
typedef basic_ifstream<wchar_t>wifstream;
```

由此可知它们的用法其实完全相同。

同样地，cin、cout、cerr、clog 也有对应的宽字符的实例，它们分别为 wcin、wcout、wcerr、wclog。

键盘、屏幕或文件的宽流涉及一个新的问题——编码问题。在使用这些宽流时必须正确指定其编码，这是因为文件在本质上仍然是以字节为单位的(键盘、屏幕在操作系统中也被当成文件)，字节和宽字符之间的映射需要由编码方案来决定。例如，宽字符串L"ABCD"和 L"甲乙丙丁"虽然都是长度为 4 的宽字符串，但在目前的多数操作系统中，前者写到文件中需要占据 4 字节，而后者写到文件中需要占据 8 字节，这种差异就要通过编码方案来体现。

设定编码方案需要调用流的 imbue 成员函数，该函数接收一个 locale 型的参数。locale 对象表示一组本地化配置方案，一般直接用 locale 的构造函数来构造，构造函数需要提供一个字符串表示所需的本地化配置方案，最简单的表示方式就是一个“.”符号和一个表示字符编码方案的编号(又称为代码页)，例如，GBK 编码方案的代码页是 936，因此可以用下面的方式创建 locale 对象并设置 wcout 的编码方案，随后就可以用 wcout 输出宽字符串了。

提示　C++ 提供了“本地化”功能，该功能可以按照指定的国家和语言处理字符编码方式、数字显示方式、货币符号、时间显示方式等。Locale 类就是用于表示一种“本地化”配置方案的对象。C++ 默认的本地化配置方案用字符串"C"表示。对此本书不做过多介绍，有兴趣的读者可以查阅 C++ 标准库参考手册或联机帮助。

```
locale loc(".936");                    //创建本地化配置方案对象
wcout.imbue(loc);                      //设置 wcout 对象的编码方案
wcout<<L"这是一个中文字符串"<<endl;    //输出字符串
```

下面是一个用到宽字符、宽字符串和宽流的例子，它打开文件 article.txt，以行为单位读取文件的内容，并且将包含“人”子的行输出。

例 11-14　用文件宽输入流查找文件中的“人”字。

```
//11_14.cpp
#include <iostream>
#include <string>
#include <fstream>
#include <locale>
```

```
using namespace std;

int main() {
    locale loc(".936");                 //创建本地化配置方案
    wcout.imbue(loc);                   //为 wcout 设置编码方案
    wifstream in("article.txt");        //创建文件宽输入流,打开文件 article.txt
    in.imbue(loc);                      //为 in 设置编码方案

    wstring line;                       //用来存储一行内容
    unsigned number=0;                  //记录行号
    while (getline(in, line)) {
        number++;                       //行号加 1
        if (line.find_first_of(L'人') !=wstring::npos)  //查找"人"字
            wcout<<number<<L": "<<line<<endl;           //输出包含"人"字的行
    }

    return 0;
}
```

11.6.2 对象的串行化

有时需要将一些对象写到文件中，在适当的时候(例如在下一回运行程序时)读出来，就像本章例 11-13 那样。将简单类型的变量写入文件和从文件中读出是很容易做到的，但这对于复合类型(类类型、结构体类型等)的对象来说并不是那么容易。将对象写入文件的过程叫作对象的串行化，由于文件可以被看作是一个流，流的内容是串行的，故得此名。

提示　*串行化不只用于将对象写入文件，串行化后的对象还可以通过网络传给其他计算机，或存储在数据库中。*

例 11-9 提供了一个例子，它能够将一个结构体对象写入文件中，并从文件中读出，串行化所用的方法是直接将对象所占的连续内存空间的内容写入文件中。这看起来是一个方便的办法，但并不普遍适用，原因有以下几点。

(1) 如果类或结构体中存在指针，那么在读取文件时对象无法被正常恢复。如果类或结构体中有指针，但用类似例 11-9 中的方法，写入文件中的只是一个指针值，在读取文件恢复对象时，指针所指向对象的内容无法被保存，自然也无法被恢复，恢复后得到的对象的指针值是没有意义的。

(2) 如果类或结构体中有其他符合类型，也可能导致用直接读写保存和恢复对象的方法不适用，例如如果例 11-9 的 SalaryInfo 结构体中增加一个 string 类型的成员 name，那么直接读写的办法也会失效，这是因为 string 型对象本身包含指针。

(3) 一个对象不仅是数据的集合，还包括一系列的行为，对象数据的改变有时需要触发一些行为，而 read 函数至多可以回复对象的数据，却无法触发相应的行为。

下面考查一个结构体，它是在例 11-9 程序中的 SalaryInfo 结构体基础上改编的：

```
struct SalaryInfo {
    string name;
```

```
    double salary;
    TaxInfo * tax;
};
```

其中 SalaryInfo 类有一个指针成员 tax，指向一个 TaxInfo 对象，TaxInfo 结构体的定义不是我们关注的重点。对于上面的结构体，根据我们已掌握的技术，仍然有办法将它串行化。例如，可以为 SalaryInfo 增加两个成员函数 save 和 load，这两个函数这样写：

```
void SalaryInfo::save(ostream &out) {
    out<<salary<<' ';
    out<<(tax !=0);
    if (tax) tax.save(out);
    out<<name<<endl;
}
void SalaryInfo::load(istream &in) {
    bool f;
    in>>salary>>f;
    if (f) {
        if (!tax) tax=new TaxInfo();
        tax->load(in);
    } else {
        delete tax; tax=0;
    }
    getline(in, name);
}
```

同时需要对 TaxInfo 类实现用于串行化的 save 和 load 函数。然而，这种解决方案并不理想。以上两个函数彼此互相依赖，它们要将几个数据成员以相同的顺序输入和输出，这其中就包含着某种依赖关系，当一个函数的顺序发生改变时，另一个必须跟着改变，其中必然有某种逻辑上的重复。另外，两个函数中都要处理一些琐碎的问题，例如控制何时输出空格，控制指针为空和非空时做出不同的操作。想象一下，如果这个结构体中不止一个指针，难道把这种烦琐的操作重复多次吗？当然不，遇到烦琐、重复的地方应该用模块化的方式加以解决，幸运的是，我们无须自己重新设计这些问题的解决方案，因为 boost 库中有一个名为 Serialization 的库，能够非常妥善地处理这些问题。

使用 boost 的 Serialization，以上两个函数合成一个成员函数模板即可：

```
template <class Archive>
void SalaryInfo::serialize(Archive & ar, unsigned int version) {
    ar & name & salary & tax;
}
```

以上函数定义了 SalaryInfo 类型对象的串行化方式，它通过“&”运算符指定了串行化时依次处理 name、salary、tax 三个成员，将对象恢复时也按照同一顺序。由于这里使用了模板，使得串行化和恢复这两个不同的操作可以通过同一段源代码进行，Serialization 库会在不同的时候用适当类型的对象调用该模板。

“&”是被 Serialization 库重载的运算符,该库能够自动处理针对各种基本数据类型和标准库类型的串行化,因此这里可以直接用“&”操作符将 string 型的 name 和 double 型的 salary 串行化或恢复。

如果一个指针的对象类型中也定义了 serialize 成员函数模板,那么 Serialization 库也会自动为这个指针串行化。串行化所做的操作是保存指针所指向对象的内容,恢复时做的操作是创建一个新的对象、恢复对象内容并将指针指向这个对象。因此,只要对 Archive 类也实现这样一个成员函数模板,对 tax 成员的串行化就可以完成了。

可见,Serialization 已经把很多烦琐的问题妥善解决了,使得我们只需书写很少的代码就能执行串行化操作。

Serialize 函数模板并不会通过用户调用,而是在串行化或恢复时由 Serialization 库自动调用。串行化的实际执行需要通过 Serialization 库中定义的文档类。文档类有多种,可以以不同格式对对象进行序列化,这些类的列表如表 11-5 所示。需要注意的是,每个类的声明都在一个单独的头文件中,头文件的文件名就是类名,后缀是 hpp,例如,要想使用 text_oarchive 类,则需要包含头文件 text_oarchive.hpp。

表 11-5　用于保存/读取串行化对象的文档类

用于保存对象的类名	用于读取对象的类名	保存形式
boost::archive::text_oarchive	boost::archive::text_iarchive	普通字符的文本
boost::archive::text_woarchive	boost::archive::text_wiarchive	宽字符的文本
boost::archive::xml_oarchive	boost::archive::xml_iarchive	普通字符的 XML
boost::archive::xml_woarchive	boost::archive::xml_wiarchive	宽字符的 XML
boost::archive::binary_oarchive	boost::archive::binary_iarchive	二进制

以上各类的对象都可以以流对象为参数构造,然后使用插入运算符(<<)将对象串行化后写入流中,假设 s1 是一个 SalaryInfo 类型的对象,这样可以将 s1 对象串行化后写入文件中:

```
ofstream ofs("salary.txt", ios_base::out);      //创建文件输出流
text_oarchive oa(ofs);                           //建立用于保存的串行化文档对象
oa<<s1;                                          //将 s1 对象串行化并保存
```

用提取运算符(>>)可以将流中的串行化的对象读出并恢复为正常的对象,例如:

```
ifstream ifs("salary.txt", ios_base::in);      //创建文件输入流
text_iarchive ia(ifs);                          //建立用于读取的串行化文档对象
SalaryInfo s2;
ia>>s2;        //读取串行化的 SalaryInfo 类型对象,将其恢复为 s2
```

上面给出了执行串行化主要操作的代码。由于涉及两个结构体,完整的代码较长,篇幅有限,不再列出。

上面只是对 Serialization 库功能的一瞥,Serialization 库的功能十分强大、灵活,例如,它可以进行版本控制,使得类被修改后,在修改前被串行化的对象仍然能够被恢复;它全面支持对 STL 容器的串行化;它除了允许将保存和读取操作合并定义为一个 serialize 函数模板,还允许将它们分开定义为两个不同的模板(save 和 load);它能进行“对象追踪”,如有两

个指针指向同一对象，它能保证这个对象只被串行化一次，而且恢复时也只生成一个对象，并且仍然使这两个指针指向这同一个对象。对此有兴趣的读者，可以登录 boost 网站(http://www.boost.org)查询相关资料、下载 Serialization 库。

11.7 小结

本章首先介绍流的概念，然后介绍了流类库的结构和使用。C++ 语言中没有输入输出语句。但 C++ 编译系统带有一个面向对象的 I/O 软件包，它就是 I/O 流类库。流是I/O流类的中心概念。流是一种抽象，它负责在数据的生产者和数据的消费者之间建立联系，并管理数据的流动。程序将流对象看作是文件对象的化身。

一个输出流对象是信息流动的目标，最重要的 3 个输出流是 ostream，ofstream 和 ostringstream。

一个输入流对象是数据流出的源头，3 个最重要的输入流类是 istream、ifstream 和 istringstream。

一个 iostream 对象可以是数据的源或目的。两个重要的 I/O 流类都是从 iostream 派生的，它们是 fstream 和 stringstream。

本章只介绍了流类库的概念和简单应用，关于流类库的详细说明，还需要参阅类库参考手册或联机帮助。

习　题

11-1 什么叫作流？流的提取和插入是指什么？I/O 流在 C++ 语言中起着怎样的作用？

11-2 cout、cerr 和 clog 有何区别？

11-3 使用 I/O 流以文本方式建立一个文件 test1.txt，写入字符“已成功写入文件!”，用其他字处理程序(例如 windows 的记事本程序 Notepad)打开，看看是否正确写入。

11-4 使用 I/O 流以文本方式打开 11-3 题建立的文件 test1.txt，读出其内容并显示出来，看看是否正确。

11-5 使用 I/O 流以文本方式打开 11-3 题建立的文件 test1.txt，在文件后面添加字符“已成功添加字符!”，然后读出整个文件的内容显示出来，看看是否正确。

11-6 定义一个 Dog 类，包含体重和年龄两个成员变量及相应的成员函数，声明一个实例 dog1，体重为 5，年龄为 10，使用 I/O 流把 dog1 的状态写入磁盘文件，再声明另一个实例 dog2，通过读文件把 dog1 的状态赋给 dog2。分别使用文本方式和二进制方式操作文件，看看结果有何不同；再看看磁盘文件的 ASCII 码有何不同。

11-7 观察下面的程序，说明每条语句的作用，写出程序执行的结果。

```
#include <iostream>
using namespace std;
int main() {
    ios_base::fmtflags original_flags=cout.flags();          //1
    cout<<812<<'|';
```

```
    cout.setf(ios_base::left,ios_base::adjustfield);               //2
    cout.width(10);                                                //3
    cout<<813<<815<<'\n';
    cout.unsetf(ios_base::adjustfield);                            //4
    cout.precision(2);
    cout.setf(ios_base::uppercase|ios_base::scientific);           //5
    cout<<831.0;
    cout.flags(original_flags);                                    //6
    return 0;
}
```

11-8 编写程序提示用户输入一个十进制整数,分别用十进制、八进制和十六进制形式输出。

11-9 编写程序实现如下功能:打开指定的一个文本文件,在每一行前加行号后将其输出到另一个文本文件中。

11-10 使用宽输入流从一个有中文字符的文本文件中读入所有字符,统计每个字符出现的次数,将统计结果用宽输出流输出到另一个文本文件中。

11-11 修改本章的综合实例,不再在文件中保存用户输入的命令,而是在每次程序结束前使用 boost 的 Serialization 程序库将当前状态保存到文件中,程序启动后再从文件中将状态恢复。

第 12 章

异常处理

在编写应用软件时,不仅要保证软件的正确性,而且应该具有容错能力。也就是说,不仅在正确的环境条件下、在用户正确操作时要运行正确,而且在环境条件出现意外或用户使用操作不当的情况下,也应该有正确合理的处理办法,不能轻易出现死机,更不能出现灾难性的后果。由于环境条件和用户操作的正确性是没有百分之百保障的,所以我们在设计程序时,就要充分考虑到各种意外情况,并给予恰当的处理。这就是我们所说的异常处理。

12.1 异常处理的基本思想

程序运行中的有些错误是可以预料但不可避免的,例如内存空间不足、硬盘上的文件被移动、打印机未连接好等由系统运行环境造成的错误。这时要力争做到允许用户排除环境错误,继续运行程序;至少要给出适当的提示信息。这就是异常处理程序的任务。

在一个大型软件中,由于函数之间有着明确的分工和复杂的调用关系,发现错误的函数往往不具备处理错误的能力。这时它就引发一个异常,希望它的调用者能够捕获这个异常并处理这个错误。如果调用者也不能处理这个错误,还可以继续传递给上级调用者去处理,这种传播会一直继续到异常被处理为止。如果程序始终没有处理这个异常,最终它会被传到 C++ 运行系统那里,运行系统捕获异常后通常只是简单地终止这个程序。图 12-1 说明了异常的传播方向。

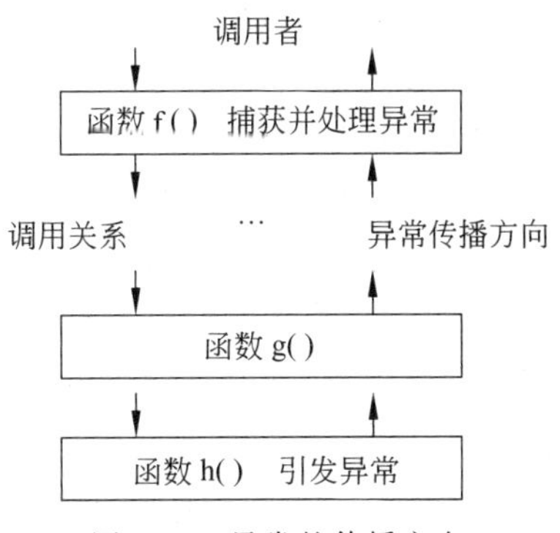

图 12-1　异常的传播方向

C++ 的异常处理机制使得异常的引发和处理不必在同一函数中,这样底层的函数可以着重解决具体问题,而不必过多地考虑对异常的处理。上层调用者可以在适当的位置设计对不同类型异常的处理。

12.2　C++ 异常处理的实现

C++ 语言提供对处理异常情况的内部支持。try、throw 和 catch 语句就是 C++ 语言中用于实现异常处理的机制。有了 C++ 异常处理,程序可以向更高的执行上下文传递意想不到的事件,从而使程序能更好地从这些异常事件中恢复过来。下面就来具体介绍异常处理的语法。

12.2.1　异常处理的语法

throw 表达式语法:

```
throw 表达式
```

try 块语法:

```
try
    复合语句
catch (异常声明)
    复合语句
catch (异常声明)
    复合语句
    …
```

如果某段程序中发现了自己不能处理的异常,就可以使用 throw 表达式抛出这个异常,将它抛给调用者。throw 的操作数表示异常类型语法上与 return 语句的操作数相似。如果程序中有多种要抛出异常,应该用不同的操作数类型来互相区别。

try 子句后的复合语句是代码的保护段。如果预料某段程序代码(或对某个函数的调用)有可能发生异常,就将它放在 try 子句之后。如果这段代码(或被调函数)运行时真的遇到异常情况,其中的 throw 表达式就会抛出这个异常。

catch 子句后的复合语句是异常处理程序,"捕获"由 throw 表达式抛出的异常。异常声明部分指明了子句处理的异常的类型和异常参数名称,它与函数的形参是类似的,可以是某个类型的值,也可以是引用。类型可以是任何有效的数据类型,包括 C++ 的类。当异常被抛出以后,catch 子句便依次被检查,若某个 catch 子句的异常声明的类型与被抛出的异常类型一致,则执行该段异常处理程序。如果异常类型声明是一个省略号(...),catch 子句便处理任何类型的异常,这段处理程序必须是 try 块的最后一段处理程序。

提示　异常声明的形式与函数形参的声明类似。函数形参的声明中允许只指明类型,而不给出参数名,同样地,catch 子句的异常声明中也允许不给出异常参数名称,只是在这种情况下在复合语句中就无法访问该异常对象了。

异常处理的执行过程如下。

(1) 程序通过正常的顺序执行到达 try 语句,然后执行 try 块内的保护段。

(2) 如果在保护段执行期间没有引起异常,那么跟在 try 块后的 catch 子句就不执行。程序从异常被抛出的 try 块后跟随的最后一个 catch 子句后面的语句继续执行下去。

(3) 程序执行到一个 throw 表达式时,一个异常对象会被创建。若异常的抛出点本身在一个 try 子句内,则该 try 语句后的 catch 子句会按顺序检查异常类型是否与声明的类型匹配;若异常抛出点本身不在任何 try 子句内,或抛出的异常与各个 catch 子句所声明的类型皆不匹配,则结束当前函数的执行,回到当前函数的调用点,把调用点作为异常的抛出点,然后重复这一过程。此处理继续下去,直到异常成功被一个 catch 语句捕获。

(4) 如果始终未找到与被抛出异常匹配的 catch 子句,最终 main 函数会结束执行,则运行库函数 terminate 将被自动调用,而函数 terminate 的默认功能是终止程序。

(5) 如果找到了一个匹配的 catch 子句,则 catch 子句后的复合语句会被执行。复合语句执行完毕后,当前的 try 块(包括 try 子句和一系列 catch 子句)即执行完毕。

细节 当以下条件之一成立时,抛出的异常与一个 catch 子句中声明的异常类型匹配。

(1) catch 子句中声明的异常类型就是抛出异常对象的类型或其引用。

(2) catch 子句中声明的异常类型是抛出异常对象的类型的公共基类或其引用。

(3) 抛出的异常类型和 catch 子句中声明的异常类型皆为指针类型,且前者到后者可隐含转换。

例 12-1 处理除零异常。

```
//12_1.cpp
#include <iostream>
using namespace std;

int divide(int x, int y) {
    if (y==0)
        throw x;
    return x/y;
}

int main() {
    try {
        cout<<"5/2="<<divide(5, 2)<<endl;
        cout<<"8/0="<<divide(8, 0)<<endl;
        cout<<"7/1="<<divide(7, 1)<<endl;
    } catch (int e) {
        cout<<e<<" is divided by zero!"<<endl;
    }
    cout<<"That is ok."<<endl;
    return 0;
}
```

程序运行结果如下:

```
5/2=2
8 is divided by zero!
That is ok.
```

从运行结果可以看出,当执行下列语句时,在函数 divide 中发生除零异常。

```
cout<<"8/0="<<divide(8, 0)<<endl;
```

异常在 divide 函数中被抛出后，由于 divide 函数本身没有对异常的处理，divide 函数的调用中止，回到 main 函数对 divide 函数的调用点，该调用点处于一个 try 子句中，其后接收 int 类型的 catch 子句刚好能与抛出的异常类型匹配，异常在这里被捕获，异常处理程序输出有关信息后，程序继续执行主函数的最后一条语句，输出“That is ok.”。而下列语句没有被执行：

```
cout<<"7/1="<<divide(7, 1)<<endl;
```

catch 处理程序的出现顺序很重要，因为在一个 try 块中，异常处理程序是按照它出现的次序被检查的。只要找到一个匹配的异常类型，后面的异常处理都将被忽略。例如，在下面的异常处理块中，首先出现的是 catch (…)，它可以捕获任何异常，因此在任何情况下其他的 catch 子句都不被检查，所以 catch (…)应该放在最后。

```
try {
    …
} catch (…) {
    //只在这里处理所有的异常
} catch (const char * str) {      //错误：后面的两个异常处理程序段不会被检查
    //处理 const char * 型异常
} catch (int) {
    //处理 int 型异常
}
```

12.2.2 异常接口声明

为了加强程序的可读性，使函数的用户能够方便地知道所使用的函数会抛掷哪些异常，可以在函数的声明中列出这个函数可能抛掷的所有异常类型，例如：

```
void fun() throw(A, B, C, D);
```

这表明函数 fun()能够且只能够抛掷类型 A、B、C、D 及其子类型的异常。

如果在函数的声明中没有包括异常接口声明，则此函数可以抛出任何类型的异常，例如：

```
void fun();
```

一个不抛出任何类型异常的函数可以进行如下形式的声明：

```
void fun() throw();
```

或

```
void fun() noexcept;
```

细节 如果一个函数抛出了它的异常接口声明所不允许抛出的异常时，unexpected 函数会被调用，该函数的缺省行为是调用 terminate 函数中止程序。用户也可以定义自己的 unexpected 函数，替换默认的函数。

12.3 异常处理中的构造与析构

在程序中，找到一个匹配的 catch 异常处理后，如果 catch 子句的异常声明是一个值参数，则其初始化方式是复制被抛出的异常对象。如果 catch 子句的异常声明是一个引用，则其初始化方式是使该引用指向异常对象。

C++ 异常处理的真正能力，不仅在于它能够处理各种不同类型的异常，还在于它具有为异常抛出前构造的所有局部对象自动调用析构函数的能力。

异常被抛出后，栈的展开过程便开始了。从进入 try 块（与截获异常的 catch 子句相对应的那个 try 块）起，到异常被抛出前，这期间在栈上构造（且尚未析构）的所有对象都会被自动析构，析构的顺序与构造的顺序相反。这一过程称为栈的解旋（unwinding）。

例 12-2　使用带析构语义的类的 C++ 异常处理。

```
//12_2.cpp
#include <iostream>
#include <string>
using namespace std;

class MyException {
public:
    MyException(const string &message) : message(message) {}
    ~MyException() {}
    const string &getMessage() const {return message;}
private:
    string message;
};

class Demo {
public:
    Demo() {cout<<"Constructor of Demo"<<endl;}
    ~Demo() {cout<<"Destructor of Demo"<<endl;}
};

void func() throw (MyException) {
    Demo d;
    cout<<"Throw MyException in func()"<<endl;
    throw MyException("exception thrown by func()");
}

int main() {
    cout<<"In main function"<<endl;
    try {
        func();
    } catch (MyException& e) {
        cout<<"Caught an exception: "<<e.getMessage()<<endl;
    }
    cout<<"Resume the execution of main()"<<endl;
    return 0;
}
```

以下是程序运行时的输出：

```
In main function
Constructor of Demo
Throw MyException in func()
Destructor of Demo
Caught an exception: exception thrown by func()
Resume the execution of main()
```

注意在此例中，catch 子句中声明了异常参数(catch 子句的参数)：

```
catch (MyException e) {…}
```

其实，也可以不声明异常参数(e)。在很多情况下只要通知处理程序有某个特定类型的异常已经产生就足够了。但是在需要访问异常对象时就要声明参数，否则将无法访问 catch 处理程序子句中的那个对象。例如：

```
catch (MyException) {
    //在这里不能访问 Expt 异常对象
}
```

用一个不带操作数的 throw 表达式可以将当前正被处理的异常再次抛出，这样一个表达式只能出现在一个 catch 子句中或在 catch 子句内部调用的函数中。再次抛出的异常对象是源异常对象(不是副本)。例如：

```
try {
    throw MyException("some exception");
} catch (...) {         //处理所有异常
    //...
    throw;              //将异常传给某个其他处理器
}
```

12.4　标准程序库异常处理

C++ 标准提供了一组标准异常类，这些类以基类 Exception 开始，标准程序库抛出的所有异常，都派生自该基类，这些类构成如图 12-2 所示的异常类的派生继承关系。该基类提供一个成员函数 what()，用于返回错误信息(返回类型为 const char *)，在 Exception 类中，what()函数的声明如下：

```
virtual const char* what() const throw();
```

该函数可以在派生类中重定义。

表 12-1 列出了各个具体异常类的含义及定义它们的头文件。runtime_error 和 logic_error 是一些具体的异常类的基类，它们分别表示两大类异常：logic_error 表示那些可以在程序中被预先检测到的异常，也就是说如果小心地编写程序，这类异常能够避免；而 runtime_error 则表示那些难以被预先检测的异常。

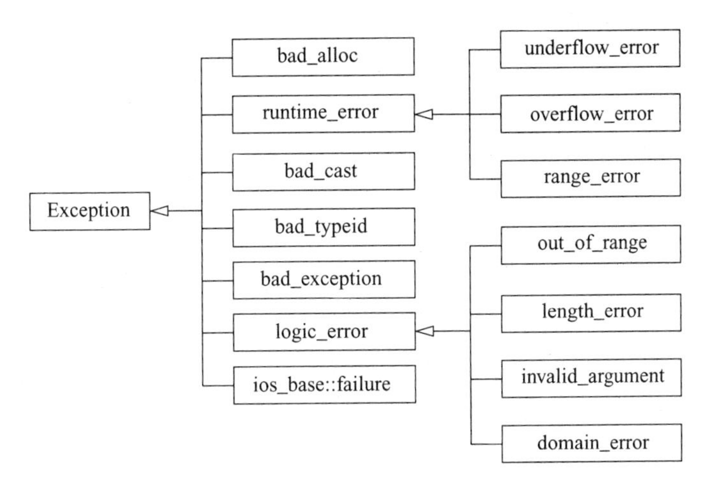

图 12-2　标准异常类的继承关系

表 12-1　C++ 标准库各种异常类所代表的异常

异常类	头文件	异常的含义
bad_alloc	exception	用 new 动态分配空间失败
bad_cast	new	执行 dynamic_cast 失败(dynamic_cast 参见 8.7.2 小节)
bad_typeid	typeinfo	对某个空指针 p 执行 typeid(* p)(typeid 参见 8.7.2 小节)
bad_exception	typeinfo	当某个函数 fun()因在执行过程中抛出了异常声明所不允许的异常而调用 unexpected()函数时,若 unexpected()函数又一次抛出了 fun()的异常声明所不允许的异常,且 fun()的异常声明列表中有 bad_exception,则会有一个 bad_exception 异常在 fun()的调用点被抛出
ios_base::failure	ios	用来表示 C++ 的输入输出流执行过程中发生的错误
underflow_error	stdexcept	算术运算时向下溢出
overflow_error	stdexcept	算术运算时向上溢出
range_error	stdexcept	内部计算时发生作用域的错误
out_of_range	stdexcept	表示一个参数值不在允许的范围内
length_error	stdexcept	尝试创建一个长度超过最大允许值的对象
invalid_argument	stdexcept	表示向函数传入无效参数
domain_error	stdexcept	执行一段程序所需要的先决条件不满足

习惯　一些编程语言规定只能抛出某个类的派生类(例如 Java 中允许抛出的类必须派生自 Exception 类),C++ 虽然没有这项强制的要求,但仍然可以这样实践,例如,在程序中可以使得所有抛出的异常皆派生自 Exception(或者直接抛出标准程序库提供的异常类型,或者从标准程序库提供的异常类派生出新的类),这样会带来很多方便。

logic_error 和 runtime_error 两个类及其派生类,都有一个接收 const string & 型参数的构造函数,在构造异常对象时需要将具体的错误信息传递给该函数,如果调用该对象的

what 函数,就可以得到构造时提供的错误信息。

下面的例子使用了标准程序库提供的异常类。

例 12-3　三角形面积计算。

编写一个计算三角形面积的函数,函数的参数为三角形三边边长 a、b、c,可以用 Heron 公式计算:

设 $p=\frac{a+b+c}{2}$,则三角形面积

$$S=\sqrt{p(p-a)(p-b)(p-c)}$$

在计算三角形面积的函数中需要判断输入的参数 a、b、c 是否构成一个三角形,若三个边长不能构成三角形,则需要抛出异常。下面是源程序:

```
//12_3.cpp
#include <iostream>
#include <cmath>
#include <stdexcept>
using namespace std;

//给出三角形三边长,计算三角形面积
double area(double a, double b, double c) throw (invalid_argument) {
    //判断三角形边长是否为正
    if (a <=0 || b <=0 || c <=0)
        throw invalid_argument("the side length should be positive");
    //判断三边长是否满足三角不等式
    if (a+b <=c || b+c <=a || c+a <=b)
        throw invalid_argument("the side length should fit the triangle
        inequation");
    //由 Heron 公式计算三角形面积
    double s=(a+b+c)/2;
    return sqrt(s * (s-a) * (s-b) * (s-c));
}

int main() {
    double a, b, c;                    //三角形三边长
    cout<<"Please input the side lengths of a triangle: ";
    cin>>a>>b>>c;
    try {
        double s=area(a, b, c);        //尝试计算三角形面积
        cout<<"Area: "<<s<<endl;
    } catch (exception &e) {
        cout<<"Error: "<<e.what()<<endl;
    }
    return 0;
}
```

程序运行结果 1:

```
Please input the side lengths of a triangle: 3 4 5
Area: 6
```

程序运行结果 2：

```
Please input the side lengths of a triangle: 0 5 5
Error: the side length should be positive
```

程序运行结果 3：

```
Please input the side lengths of a triangle: 1 2 4
Error: the side length should fit the triangle inequation
```

C++ 标准程序库对于异常处理作了如下保证：C++ 标准程序库在面对异常时，保证不会发生资源泄露，也不会破坏容器的不变特性。

（1）对于以结点实现为基础的容器，如 list、set、multiset、map 和 multimap，如果结点构造失败，容器应当保持不变。同样需要保证删除结点操作不会失败。在顺序关联容器中插入多个元素时，为保证数据的有序排列，应当保证如果插入不成功，则容器元素不作任何改动。对于删除操作，确保操作成功。比如，对于列表容器，除了 remove()、remove_if()、merge()、sort()和 unique()之外的所有操作，要么成功，要么对容器不做任何改动。

（2）对于以数组实现为基础的容器，如 vector 和 deque，在插入或删除元素时，由于有时需要调用复制构造函数和复制赋值运算符，当这些操作失败而抛出异常时，容器的不变性不能被保证，除此以外，对于这些容器的不变特性的保证程度与以结点实现为基础的容器相同。

12.5　综合实例——对个人银行账户管理程序的改进

第 11 章的综合实例，在用户的输入完全符合要求时能够正常工作，但当用户的输入不符合要求时，就会出现一些问题。例如，如果用户在查询账户时输入了一个不合法的日期，在 Date 的构造函数中将直接终止程序，因为 Date 构造函数并不知该如何处理这个错误。再如，如果用户试图从一个账户中超额取款而失败，虽然错误信息能够输出，账户状态也不会被改变，但该条命令还是会被写到文件中，因为主函数并不知道在处理取款命令时发生了错误。

为了解决这些问题，本节将程序进行修改，使用 C++ 的异常处理机制来处理这些错误。在检测到错误的地方将异常抛出，由主函数对这些异常进行统一处理。

本程序中，在构造或输入一个 Date 对象时如发生了错误，直接使用标准程序库中的 runtime_error 构造异常并抛出。在账户类中如发生了错误，由于希望异常信息能够标识是哪个账户发生了错误，因此本程序中创建了一个类 AccountException，该类从 runtime_error 派生，该类中保存了一个 Account 型常指针，指向发生错误的账户，这样在主函数中，输出错误信息的同时也可以将账号输出。

例 12-4　个人银行账户管理程序。

程序分为 6 个文件：date.h 是日期类头文件，date.cpp 是日期类实现文件，accumulator.h 为按日将数值累加的 Accumulator 类的头文件，account.h 是各个储蓄账户类定义头文件，

account.cpp是各个储蓄账户类实现文件,12_4.cpp是主函数文件。

```
//date.h的内容与例11-13完全相同,不再重复给出

//date.cpp
#include "date.h"
#include <iostream>
#include <stdexcept>
using namespace std;
Date::Date(int year, int month, int day) : year(year), month(month), day(day) {
    if (day <=0 || day>getMaxDay()) throw runtime_error("Invalid date");
    int years=year-1;
    totalDays=years * 365+years/4-years/100+years/400
        +DAYS_BEFORE_MONTH[month-1]+day;
    if (isLeapYear() && month>2) totalDays++;
}
istream & operator>>(istream &in, Date &date) {
    int year, month, day;
    char c1, c2;
    in>>year>>c1>>month>>c2>>day;
    if (c1 !='-' || c2 !='-')
        throw runtime_error("Bad time format");
    date=Date(year, month, day);
    return in;
}
//…
//date.cpp的其他内容与例11-13完全相同,不再重复给出

//accumulator.h的内容与例8-8完全相同,不再重复给出

//account.h
#ifndef __ACCOUNT_H__
#define __ACCOUNT_H__
#include "date.h"
#include "accumulator.h"
#include <string>
#include <map>
#include <istream>
#include <stdexcept>
//…
//account.h中增加了以下类,其他各类的定义与例11-13完全相同,不再重复给出
class AccountException : public std::runtime_error {
private:
    const Account * account;
public:
    AccountException(const Account * account, const std::string &msg)
```

```
        : runtime_error(msg), account(account) {}
    const Account * getAccount() const {return account;}
};
#endif //__ACCOUNT_H__

//account.cpp 中仅以下成员函数的实现与例 11-13 不同,其他内容皆与之完全相同
//…
void Account::error(const string &msg) const {
    throw AccountException(this, msg);
}

//12_4.cpp 仅主函数的实现与例 11_13.cpp 不同,其他皆与之完全相同
//…
int main() {
    Date date(2008, 11, 1);           //起始日期
    Controller controller(date);
    string cmdLine;
    const char * FILE_NAME="commands.txt";
    ifstream fileIn(FILE_NAME);       //以读模式打开文件
    if (fileIn) {                     //如果正常打开,就执行文件中的每一条命令
        while (getline(fileIn, cmdLine)) {
            try{
                controller.runCommand(cmdLine);
            } catch (exception &e) {
                cout<<"Bad line in "<<FILE_NAME<<": "<<cmdLine<<endl;
                cout<<"Error: "<<e.what()<<endl;
                return 1;
            }
        }
        fileIn.close();               //关闭文件
    }
    ofstream fileOut(FILE_NAME, ios_base::app);    //以追加模式
    cout<<"(a)add account (d)deposit (w)withdraw (s)show (c)change day (n)next
month (q)query (e)exit"<<endl;
    while (!controller.isEnd()) {     //从标准输入读入命令并执行,直到退出
        cout<<controller.getDate()<<"\tTotal: "<<Account::getTotal()
            <<"\tcommand>";
        string cmdLine;
        getline(cin, cmdLine);
        try {
            if (controller.runCommand(cmdLine))
                fileOut<<cmdLine<<endl;    //将命令写入文件
        } catch (AccountException &e) {
            cout<<"Error(#"<<e.getAccount()->getId()<<"): "
                <<e.what()<<endl;
```

```
        } catch (exception &e) {
            cout<<"Error: "<<e.what()<<endl;
        }
    }
    return 0;
}
```

运行结果：

```
……(前面的输入和输出与例 9-16 给出的完全相同,篇幅所限,不再重复)
2009-1-1        Total: 20482.9  command>w 2 20000 buy a car
Error(#C5392394): not enough credit
2009-1-1        Total: 20482.9  command>w 2 1500 buy a television
2009-1-1        #C5392394       -1500    -1550     buy a television
2009-1-1        Total: 18982.9  command>q 2008-12-5 2009-1-32
Error: Invalid date
2009-1-1        Total: 18982.9  command>q 2008-12-5 2009-1-31
2008-12-5       #S3755217       5500     10500     salary
2009-1-1        #S3755217       17.77    10517.8   interest
2009-1-1        #02342342       15.16    10015.2   interest
2009-1-1        #C5392394       -50      -50       annual fee
2009-1-1        #C5392394       -1500    -1550     buy a television
2009-1-1        Total: 18982.9  command>e
```

12.6 深度探索

12.6.1 异常安全性问题

一些在没有异常发生情况下可以很好运转的代码，一旦遇到异常会有麻烦发生，例如例9-8 中 Stack 模板的下列成员函数：

```
template <class T, int SIZE>
void Stack<T, SIZE>::push(const T &item) {       //将元素 item 压入栈
    assert(!isFull());                           //如果栈满了，则报错
    list[++top]=item;                            //将新元素压入栈顶
}
```

如果 T 是一个复杂的数据类型，T 类或者 T 的数据成员的类型的赋值运算符可能会被重载，那么在执行赋值的过程中就可能会有异常抛出。一旦在这里抛出异常，对于当前的对象来说，后果是非常严重的：top 已经增加了 1，但栈顶没有被成功赋值，这意味着下一次再执行 pop 函数时，弹出栈的将是一个不确定的对象。如果将这个函数改写成这样，情况会变好：

```
template <class T, int SIZE>
void Stack<T, SIZE>::push(const T &item) {       //将元素 item 压入栈
    assert(!isFull());                           //如果栈满了，则报错
```

```
    list[top+1]=item;                    //将新元素压入栈顶
    top++;
}
```

这时,一旦有异常在执行赋值时抛出,由于这时 top 尚未加 1,栈顶仍然是一个确定的对象(用户最后一次成功执行 push 时压入的对象),栈的状态与这一次执行 push 函数之前的完全一致,当前的栈对象仍然可以正常使用。

细节 以上的讨论是基于一个前提——被执行的"="运算符本身是异常安全的,也就是说它至少应当保证"="执行失败后,被赋值的对象 list[top+1]仍然处于一个合法的状态,否则仍然会有不可预期的事情发生。

push 函数的前一种实现不是异常安全的,而后一种实现是异常安全的。严格地说,具有异常安全性的函数,在异常发生时,既不应泄露任何资源,也不能使任何对象陷入非法的状态。

编写异常安全的函数,是一种比较高的要求。不过如果能够理解一些异常安全编程的基本原则,掌握一些通用方法,编写异常安全的函数也并不是很困难。本节将探讨一些异常安全编程的基本原则,12.6.2 小节着重讨论避免资源泄露的问题。

在编写异常安全的函数时,明确哪些操作绝对不会抛出异常是非常关键的。例如,以上修改的 push 函数之所以是异常安全的,一个重要的前提是"top++"不会抛出任何异常,假设连这一点都保证不了,push 函数的异常安全性就无从谈起。因此,不会抛出异常的操作是异常安全函数的基石。

基本数据类型的绝大部分操作(整数被 0 除是个例外,在有些环境下整数被 0 除会抛出异常),指针的赋值、算术运算和比较运算都不会抛出异常。STL 的很多容器和算法,在为模板参数类型所定义的相关操作(例如复制构造、赋值、比较)不抛出异常的情况下也不会抛出异常,另外 STL 中各个容器的 swap 函数是绝对不会抛出异常的。例如,可以利用 swap 函数不会抛出异常的特性,编写出下面的异常安全的函数:

```
void reverse(vector<SomeClass>&s) {                     //将 s 中的元素顺序变为原先的逆序
    vector<SomeClass>t;
    copy(s.rbegin(), s.rend(), back_inserter(t)); //将 s 中的元素按照逆序插入 t 中
    s.swap(t);                                         //将 s 与 t 交换
}
```

以上函数中,由于只有 s.swap(t)会改变 s 对象的状态,而 s.swap(t)绝对不会抛出任何异常,因此即使有异常在函数执行过程中发生(例如没有足够的空间分配给 t 的元素,或 copy 算法在调用 SomeClass 的赋值运算符时发生异常),也不会使 s 的状态改变,所以以上函数是异常安全的。

像这种先计算,再用 swap 交换的方式,是编写异常安全函数的一种通用技巧,因此 swap 函数对于异常安全编程具有重要意义。不仅 STL 容器的 swap 函数不会抛出任何异常,对各种基本数据类型和 STL 的类型使用 STL 中的 swap 函数模板也不会有任何异常抛出。当用户使用自定义类型对 STL 的 swap 模板进行特化,或定义自己的交换函数时,也应当确保不抛出异常,这样会为编写其他异常安全的函数提供良好的基础。

编写异常安全程序还有一个原则——尽量确保析构函数不会抛出异常。在一个程序

中，一旦有异常抛出，到进入截获异常的 catch 子句之前，会有一些栈上的对象被析构，在调用这些对象的析构函数时，如果又有新的异常被抛出，异常处理机制就无法继续工作，这会导致 terminate 函数被调用并中止程序。

确保析构函数不抛出异常也并不困难。在针对基本数据类型的指针使用 delete 或 delete[]时，只要程序本身没有逻辑错误，就不会有异常被抛出。针对类类型的指针使用 delete 或 delete[]，只要这些类的析构函数不会抛出异常，delete 和 delete[]就不会抛出异常。而多数析构函数的主要工作是释放内存，因此确保析构函数不抛出异常也是能够做到的。

提示　如果由于程序的逻辑错误，导致一些未分配的内存被改写，或 new 和 delete 不匹配(例如执行 new 时分配了单个对象，却用 delete[]释放)，那么 delete 和 delete[]将不能保证不抛出异常。

12.6.2　避免异常发生时的资源泄露

如何正常释放资源是 C++ 编程中常遇到的一个问题，异常的引入使这一问题变得更加复杂。C++ 程序可能涉及的最常见的资源是动态内存(堆)，本节将以动态内存为例探讨如何避免异常发生时的资源泄露。

提示　C++ 程序可能涉及资源除了动态内存外，还可能包括文件、互斥锁、条件变量、套接字、管道等，这些资源都是和操作系统相关的。

如果在函数中用 new 分配了动态内存，一般需要在函数退出之前将其释放。在不考虑异常的情况下，一般可以在函数末尾或 return 语句前进行释放，但异常的引入使控制流变得更加复杂，需要在会有异常向主调函数抛出前将动态内存释放，例如：

```
void someFunction(int n) {
    int * s=new int[n];           //分配动态内存
    …
    if (…) {
        delete[] s;               //释放动态内存
        throw someException();    //当前函数向外抛出异常
    }
    …
    try {
        someOtherFunction();      //执行一个可能会抛出异常的函数
    } catch (...) {
        delete[] s;               //释放动态内存
        throw;                    //被截获的异常,当前函数无法处理,需要抛给主调函数
    }
    …
    delete[] s;                   //函数正常结束前,释放动态内存
}
```

无论是当前函数需要向外抛出自己产生的异常，还是调用的其他函数会抛出当前函数无法处理的异常，都需要在异常被抛给主调函数前将资源释放。如果还需要对不同类型的

异常有不同的处理，如果当前函数还会调用更多的会抛出异常的函数，那么就需要在更多的地方添加释放资源的代码，这是一件相当烦琐的工作。好在只有直接用 new 生成的对象或数组需要人为释放，而直接在栈上分配的局部变量无须如此——在异常向外抛出时各对象的析构函数会被自动调用，函数退出后这些变量所占用的栈空间会被自动回收。因此，解决这一问题的一个捷径是把一切资源包装成对象，把对象定义为栈上的局部变量，这样当异常需要向外抛出时，对象的析构函数就会被自动调用，将资源回收。例如，上例中的动态数组，完全可以用 STL 的 vector 来管理，上面的程序可以改写成这个样子：

```
void someFunction(int n) {
    vector<int>s(n);              //将原先的动态数组替换为 vector
    …
    if (…) {
        throw someException();    //可以直接抛出异常，无须手工释放资源
    }
    …
    someOtherFunction();          //如果该函数抛出异常，s 占用的空间也会被自动释放
    …
}
```

这样比原先方便了许多。然而，有时有些对象又不得不用 new 在堆上生成，因为毕竟用 new 生成对象比起在栈上定义要更加灵活，那么有什么办法能方便地维护这些资源，避免异常发生时的资源泄露呢？C++ 标准库中提供的一个称为智能指针的工具——auto_ptr，能够帮助我们解决这一问题。

auto_ptr 是 C++ 标准库中提供的一个类模板，使用它时需要引用头文件 memory。auto_ptr 模板有一个类型参数（以下用 X 表示该参数），该参数表示它所指向对象的类型，例如，auto_ptr<int>就是一个指向 int 型数据的智能指针。

简单地说，智能指针是对普通指针的包装，每个 auto_ptr 的对象都关联着一个指针。在构造一个智能指针时，可以指定与它关联的指针，以下是它的构造函数的原型：

```
explicit auto_ptr(X * p=0) throw();
```

该构造函数的参数 p 就表示该智能指针初始化后所关联的普通指针。如果省略该参数，则 p 取默认值空指针，这时智能指针对象初始化后关联的指针为空。一个智能指针对象一旦关联到一个指针，就意味着删除该指针所指向的堆对象的责任将由该智能指针对象承担（除非调用了智能指针的 release 函数，或该智能指针又被赋给了其他智能指针，后文将详细说明）。一个智能指针对象在析构时，会自动对它所关联的指针执行 delete，这样就无须手动释放资源了，这就是智能指针的最大优点。

注意 auto_ptr 只能关联到一个指向堆对象的指针（也就是说用 new 生成对象的指针），不能关联到其他对象的指针，也不能关联到用 new 动态分配的数组，否则会在智能指针对象析构时出问题。

对于一个构造好的智能指针对象，可以使用成员函数 get 得到它所关联的指针：

```
X * get() const throw();
```

不过,多数情况下,需要对该指针进行操作时,无须调用 get 函数,因为 auto_ptr 的“ * ”和“ -> ”运算符都被重载了,很多时候都可以像操作普通指针那样操作一个智能指针。对一个智能指针 ap 而言, * ap 就等价于 * (ap.get()),而 ap->fun()就等价于 ap.get()->fun(),这为智能指针的使用提供了很大的便利。

使用下面的函数可以改变一个智能指针对象所关联的指针:

```
void reset(X * p=0) throw();
```

调用该函数会使当前的智能指针对象关联到指定的指针 p。需注意的是,如果在执行该函数前该智能指针所关联的指针不为 p,则会对该指针执行 delete 操作。

习惯 为 auto_ptr 的构造函数或 reset 函数提供的参数,一般是刚刚得到的一个堆对象的指针(例如用 new 构造好的堆对象的指针,或调用其他函数时创建并返回的一个堆对象的指针),因为这样可以很明确地表示这个堆对象由智能指针负责删除。一般不要将由智能指针负责删除的堆对象赋给普通的指针变量,因为这样容易混淆堆对象删除责任的归属。

使用下面的成员函数可以解除一个智能指针对象与当前指针的关联:

```
X* release() throw();
```

该函数会使当前的智能指针所关联的指针将变为空,然后返回智能指针原关联的指针,但不会对该指针执行 delete 操作。当不再需要让一个智能指针对象来负责一个指针的删除时,可以调用该函数。

智能指针之间可以赋值,也可以用一个智能指针“复制构造”另一个智能指针,但与普通的对象赋值和复制构造不同的是,一旦用一个智能指针为另一个只能指针赋值,或用它构造另一个智能指针,该智能指针对象会接触与当前指针的关联。也就是说,执行复制构造。

```
auto_ptr<SomeClass>ap2(ap1);
```

等价于

```
auto_ptr<SomeClass>ap2(ap1.release());
```

而执行赋值

```
ap2=ap1;
```

等价于

```
ap2.reset(ap1.release());
```

这是因为同时至多只能有一个智能指针对象负责同一个指针的删除。

提示 除 auto_ptr 外,还有多种被广泛应用的智能指针对象,如 shared_ptr,它们即将进入下一版的 C++ 标准,Boost 的 Smart Ptr 程序库提供了它们的实现,10.9.3 小节曾对该程序库有所介绍。

将 auto_ptr 对象定义在栈上,可以很方便地删除堆对象,在发生异常时无须做特别处理,例如:

```
void someFunction() {
    auto_ptr<SomeClass>ap(new someClass(…));        //创建一个堆对象,将它关联到 ap
```

```
    ...
    if (…) {
        throw someException();       //可以直接抛出异常,无须手工释放资源
    }
    ...
    someOtherFunction();            //如果该函数抛出异常,ap 维护的堆对象也会被自动删除
    ...
}
```

12.6.3　noexcept 异常说明

为了满足异常处理的需要,编译器和程序运行时需要付出额外的时间开销,如果事先知道函数不会抛出异常,则可省去异常处理设计,有利于编译器简化改函数的调用,提高程序的运行效率。因此 C++ 11 标准引入 noexcept 说明(noexcept specification)来标识函数不会抛出异常。具体形式是 noexcept 关键字跟随在函数声明后,示例如下:

```
void func(…) noexcept;   //声明函数不会抛出异常,...为形参列表
void func(…);            //函数可能会抛出异常
```

注意　noexcept 使用时要保证该函数的所有声明和定义语句处要保持一致性,即均包含 noexcept 说明或均不使用。此外,编译器编译时不会检查 noexcept 说明,如果有函数在使用了说明并在函数实现中包含 throw 语句或者其他可能会抛出异常的函数,则编译不会报错,但是执行中一旦遇到此类异常抛出则程序会异常终止。因此,noexcept 需要确保不会有异常时使用,或者是异常无法被处理,需要程序异常终止时使用。

noexcept 说明有对应的 noexcept 运算符与其配套使用,以保证函数调用之间的异常处理一致性。noexcept 运算符判断函数是否使用了 noexcept 说明:

```
void f() noexcept(true);      //等价于 void f() noexcept;
void f() noexcept();          //等价于 void f(),可能会抛出异常
noexcept(f());                //f 函数若有 noexcept 声明,f 本身不包含 throw()且 f 调
                              //用的其他函数均有 noexcept 说明是返回 true,否则结果返
                              //回 false
```

通过如上 noexcept 运算符的使用,可保证函数之间的异常说明一致:

```
int func1() noexcept(noexcept(func2()));      //func1 异常说明与 func2 一致
```

如果 func2 没有异常说明符,则 func1 也不会有;如果 func2 承诺不会抛出异常,则 func1 也会相应承诺。

12.7　小结

程序运行中的有些错误是可以预料但不可避免的,当出现错误时,要力争做到允许用户排除环境错误,继续运行程序,这就是异常处理程序的任务。C++ 语言提供对处理异常情况的内部支持。try、throw 和 catch 语句就是 C++ 语言中用于实现实现异常处理的机制。

为了加强程序的可读性,使函数的用户能够方便地知道所使用的函数会抛掷哪些异常,可以在函数的声明中列出这个函数可能抛掷的所有异常类型,这就是异常接口声明。

C++ 异常处理的真正能力,不仅在于它能够处理各种不同类型的异常,还在于它具有在堆栈展开期间为异常抛出前构造的所有局部对象自动调用析构函数的能力。

最后,对 C++ 标准程序库中标准异常类及功能进行了介绍,同时介绍了 C++ 标准程序库对异常处理作的保证,即 C++ 标准程序库在面对异常时,应当保证不会发生资源泄露,也不能破坏容器的不变特性。

习　　题

12-1　什么叫作异常?什么叫作异常处理?

12-2　C++ 的异常处理机制有何优点?

12-3　举例说明 throw 、try、catch 语句的用法。

12-4　设计一个异常抽象类 Exception,在此基础上派生一个 OutOfMemory 类响应内存不足,一个 RangeError 类响应输入的数不在指定范围内,实现并测试这几个类。

12-5　练习使用 try、catch 语句,在程序中用 new 分配内存时,如果操作未成功,则用 try 语句触发一个 char 类型异常,用 catch 语句捕获此异常。

12-6　修改例 9-3 的 Array 类模板,在执行“[]”运算符时,若输入的索引 i 在有效范围外,抛出 out_of_range 异常。

12-7　例 9-10 的 Queue 模板中有哪些函数不是异常安全的?请尝试对这些函数进行修改,使之成为异常安全的。

12-8　智能指针 auto_ptr 有什么用处?设计一个类 SomeClass,在它的默认构造函数、复制构造函数、赋值运算符和析构函数中输出提示信息,在主程序中创建多个 auto_ptr <SomeClass>类型的实例,彼此之间进行复制构造和赋值,观察输出的提示信息,体会 auto_ptr 的工作方式。

12-9　练习使用 noexcept 异常声明去实现函数之间异常声明一致性功能,并验证在包含 noexcept 声明条件下,函数内存在抛出异常可能性下,程序编译是否正常,运行过程中如有异常抛出程序终止情况。

参 考 文 献

[1] Stephen Prata. C++ Primer Plus 中文版. 张海龙,袁国忠,译. 6 版. 北京：人民邮电出版社,2012.

[2] Nicolai M Josuttis. C++ 标准程序[M]. 侯捷,孟岩,译. 武汉：华中科技大学出版社,2002.

[3] Bjarne Stroustrup. C++ 程序设计语言英文版[M]. 4 版. 北京：机械工业出版社,2016.

[4] ISO/IEC 14882:2017. Programming languages—C++ [EB/OL]. [2017-11-30].https://www.iso.org/standard/68564.html.

平台功能介绍

如果您是教师，您可以

- 建立课程
- 管理课程
- 管理题库
- 发布试卷
- 布置作业
- 管理问答与话题

如果您是学生，您可以

- 发表话题
- 提出问题
- 加入课程
- 下载课程资料
- 编辑笔记
- 使用优惠码和激活序列号

如何加入课程

1 找到教材封底“数字课程入口”

2 刮开涂层获取二维码，扫码进入课程

获取更多详尽平台使用指导可输入网址

http://www.wqketang.com/course/550

如有疑问，可联系微信客服：DESTUP

图书资源支持

感谢您一直以来对清华版图书的支持和爱护。为了配合本书的使用，本书提供配套的资源，有需求的读者请扫描下方的“书圈”微信公众号二维码，在图书专区下载，也可以拨打电话或发送电子邮件咨询。

如果您在使用本书的过程中遇到了什么问题，或者有相关图书出版计划，也请您发邮件告诉我们，以便我们更好地为您服务。

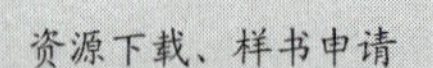

书圈

我们的联系方式：

地　　址：北京市海淀区双清路学研大厦 A 座 701

邮　　编：100084

电　　话：010-83470236　010-83470237

资源下载：http://www.tup.com.cn

客服邮箱：2301891038@qq.com

QQ：2301891038（请写明您的单位和姓名）

扫一扫，获取最新目录

课 程 直 播

用微信扫一扫右边的二维码，即可关注清华大学出版社公众号“书圈”。